普通高等教育“十一五”国家级规划教材

大学物理实验

第2版

汪　涛　陶纯匡　王银峰　等编著

机　械　工　业　出　版　社

本书是根据教育部高等学校物理基础课程教学指导分委员会最新制定的《理工科类大学物理实验课程教学基本要求》（2010 年版），并结合重庆大学的特色编写而成的。全书共分七章，第 1 章是绪论，明确提出了物理实验课程的目标是培养学生的实验能力，特别是创新意识、创新精神和创新能力；第 2 章介绍测量不确定度以及主要的数据处理方法；第 3 章介绍常用的物理实验仪器；第 4 章是开放式预备物理实验，是专门为那些在中学未做过物理实验的学生准备的；第 5 章是基本物理实验，涵盖了力学、热学、电磁学、光学以及近代物理实验；第 6 章为综合性实验，目的在于巩固学生在基本实验阶段的学习成果，开阔眼界及思路，提高学生对实验方法和技术的综合运用能力；第 7 章是设计与研究性实验，目的在于进一步提高学生的综合实验能力与科学研究素质。全书共 70 个实验项目，其中一些与生产实践或科研联系密切，具有很强的时代气息，例如单缝衍射及在现代检测中的应用、CCD 器件的特性及应用、全息无损检测、光学位相滤波与透明材料位相缺陷的检测、霍尔效应及应用、原子力显微镜的使用、激光共焦扫描显微镜的使用、全息光栅的设计与制作、工业 CT 等。

本书为理工科院校各专业一二年级本科学生的物理实验教学用书，对于从事大学物理实验教学的高校教师来说，本书的部分新颖实验内容具有很好的参考价值。

图书在版编目（CIP）数据

大学物理实验/汪涛等编著．—2 版．—北京：机械工业出版社，2012.3（2016.1 重印）

普通高等教育“十一五”国家级规划教材

ISBN 978-7-111-37151-9

Ⅰ．①大…　Ⅱ．①汪…　Ⅲ．①物理学－实验－高等学校－教材
Ⅳ．①04－33

中国版本图书馆 CIP 数据核字（2012）第 009142 号

机械工业出版社（北京市百万庄大街 22 号　邮政编码 100037）
策划编辑：李永联　责任编辑：李永联
版式设计：石　冉　责任校对：张　媛
封面设计：马精明　责任印制：李　洋
北京机工印刷厂印刷（三河市南杨庄国丰装订厂装订）
2016 年 1 月第 2 版第 3 次印刷
169mm×239mm · 25 印张 · 486 千字
标准书号：ISBN 978-7-111-37151-9
定价：39.80 元

前　言

大学物理实验课程是高等理工科院校对学生进行系列科学实验基本训练的必修公共课程，也是学生接受系统实验方法与实验技能训练的开端。大学物理实验课程覆盖面广，具有丰富的实验思想、方法和手段，是培养学生科学实验能力，提高科学素质的摇篮。它在激发学生创新意识以及适应科技发展的综合应用能力等方面具有其他课程不可替代的作用。因此，抓好本课程的建设对于培养国家所需的科技人才能起到事半功倍的效果。

进入21世纪以来，特别是教育部高等学校物理基础课程教学指导分委员会制定的《理工科类大学物理实验课程教学基本要求》（2010年版）正式颁布实施以来，大学物理实验课程发生了很大变化，新形势要求它在传授知识和实验技能的同时更应加强对学生能力的培养，概括起来就是，大学物理实验课程应担负起培养学生创新精神、创新意识和创新能力的任务。要完成这一任务就要求大学物理实验课程与时俱进，对教学体系、教学内容、教学方法和教学手段进行深入的改革。

本世纪初，我校物理实验中心对大学物理实验课程教学体系进行了重大改革，同时以世界银行贷款仪器作为硬件环境支撑，完成了对老旧实验仪器的改造，特别是2009年我们实验中心成为国家级示范中心建设单位后在重新审视以往教学模式的基础上，对相应实验仪器进行了更新换代，对原教材内容进行梳理和整合，在吸纳传统实验项目精华的同时增加新实验内容，本教材正是在总结近几年工作的基础上写成的。

2007年我们编著的《大学物理实验》（被评为普通高等教育“十一五”国家级规化教材）得到不少兄弟院校同行的好评，其原因在于该教材内容在传承传统实验项目精华的同时注意与时俱进，推陈出新。受其感染，本教材仍将部分具有时代气息的实验项目收入其中，比如扫描遂道显微镜、原子力显微镜的使用、光学信号的抽样与还原、计算机虚拟实验、数字存储示波器的使用、CT实验等；其次，打破了近代物理实验与大学物理实验的界限，把一批近代物理实验融入到基本物理实验和综合实验中，如密立根油滴实验、光电效应、夫兰克-赫兹实验、激光倍频、康普顿散射、相对论效应的实验研究、声光衍射等；另外，我们还增加了一些与生产实践或科研有密切联系的实验项目，如单缝衍射及在现代检测中的应用、CCD器件的特性及应用、全息无损检测、光学位相滤波与透明材料位相缺陷的检测、霍尔效应及应用、原子力显微镜的使用、激光共焦扫描显微镜的使用等。

值得一提的是，近几年来，特别是我校物理实验中心成为国家级示范中心建设单位后，我校物理教师在新形势下通过创新活动，带领学生先后研制开发成功了多功能干涉衍射实验仪、IPC-205B扫描隧道显微镜、IPC-208B原子力显微镜、傅里叶透镜系列、OIP光学信息处理系统、OPC-T光学信号相关扫描仪、SLD声光衍射效应仪、SI智能单缝衍射测量仪和OEMS光电技术实验系统等仪器。这些仪器不仅为我们开出了具有时代气息的新实验项目，更主要的是使我们的综合性实验、设计性实验更有技术含量和底蕴，也为国家培养了初具创新精神、创新意识和创新能力的科技苗子。

本教材共分六章，第1章是绪论，主要介绍物理实验课程的目的和任务，以及告诉学生学习本课程应注意的教学环节；第2章介绍测量不确定度以及主要的数据处理方法，这章内容是本课程的重点和难点，要求每位学生必须掌握；第3章介绍常用的物理实验仪器，由学生自己阅读；第4章是开放式预备物理实验，共9个。这章是专门为那些在中学未做过物理实验的学生准备的。实验中心已专门开放一间实验室，其内设置相应的仪器，只要学生进行了预习，就可以自己独立地在这里完成本章的所有实验；第5章是基本物理实验，共39个，这章涵盖了通常所说的力、热、电磁、光学以及近代物理实验。根据专业的不同选择不同的实验项目，学生在本章应完成自己必须完成实验项目的60%～70%；第6章为综合性、设计性与研究性实验，共22个。综合性实验中每一个实验均涉及两个领域以上的技术，实验目的是巩固学生在基本实验阶段的学习成果，开阔眼界和思路，提高学生对实验方法和技术的综合运用能力；设计与研究性实验要求学生自己设计实验方案并基本独立完成实验的全过程，目的在于进一步提高学生的综合实验能力与科学研究的素质。本教材中的每个实验均对学生提出了相应要求，并且留有思考题，用于提高学生对该实验的认识水平。另外，为了方便读者，主要实验仪器还附有相应生产单位，以便查找。

本教材是我校物理实验中心教职工多年教学改革成果的结晶。除三位主要编著者外，参加编写的还有韩忠、吴世春、赵艳、吴晓波、彭华、何光宏、吴芳、陈安、李田、赵及则、刘燕玲、文琼和周寅康（他们所编写的实验已在相应实验后注明）等老师。在这里，我们还要感谢已退休的吴大华、刘振飞和童明薇等同志，他们也为本教材提供了不少的素材和建议。

由于我们水平有限，加之时间紧，编写的工作量大，本教材中定有疏漏和不妥之处，望读者和各位同仁不吝赐教，给予指正！

编著者

2012年5月12日

目　录

第1章　绪　论

1.1　物理实验课程的教学目标和任务

科学实验不仅是自然科学发展的源泉，也是自然科学研究的主要手段。科学实验是人类有目的地借助一定的仪器设备，人为地控制或模拟自然对象，对自然事物及现象进行缜密、反复的观察和检测，借以探索其内在规律性的行为。这些对自然有目的、有组织、有控制的探索活动，是推动现代科学技术迅猛发展的原动力。

物理学是研究物质基本结构、基本运动形式、相互作用及其转化规律的学科。物理学的研究方法包括实验和理论两个方面。由于物理现象的发现和解释、物理规律的揭示以及物理学理论的验证都依赖于实验，因此，物理学本质上是一门实验科学。

在物理学的发展过程中，人类积累了丰富的实验思想、实验方法以及实验手段。它们不但是人类文明的宝贵财富，更是人类探索未来的重要武器。

物理实验课程是高等理工科院校对学生进行系列科学实验基本训练的必修公共基础课程，是本科生进入大学后接受系统实验方法和实验技能训练的开端。物理实验课程集力、热、电磁、声、光以及近代物理学于一体，覆盖面广，具有丰富的实验思想、方法和手段。物理实验课程的教学目标是既能为量大面广的本科生提供基本实验技能训练，又能以综合性很强的近代物理实验来提高学生分析实际问题的能力，是培养学生科学实验能力、提高科学素质的重要手段。另外，它在培养大学生严肃认真、一丝不苟、实事求是的科学态度，激发学生探索自然的创新意识和理论联系实际、综合应用科技知识的能力等方面具有其他课程不可替代的作用。

物理实验课程的具体任务是：

（1）以丰富的实验内容培养学生基本的科学实验技能，提高学生的科学实验素质，使学生初步掌握实验科学的思想和方法。

（2）培养和提高学生的科学实验能力。这些能力是：

1）**独立实验的能力**：能够借助实验教材和有关资料，掌握实验原理及方法；正确使用仪器，独立完成实验内容；撰写合格的实验报告。

2）**分析与研究的能力**：能够融合实验原理、实验方法对实验结果进行分析、判断、归纳与综合，掌握通过实验进行物理现象和物理规律研究的基本方法。

3）**理论联系实际的能力**：能够在实验中发现问题、分析问题，并学习解决问题的科学方法，逐步提高综合运用所学知识和技能解决实际问题的能力。

4）**创新能力**：能够完成符合规范要求的，带有设计性、综合性内容的实验。本课程以具有研究性或创意性内容的实验来激发学生的学习主动性，逐步培养学生的创新能力。

（3）培养学生的科学思维方式，激发创新意识与激情。

（4）提高学生的科学实验素养，培养学生理论联系实际和实事求是的科学作风、认真严谨的科学态度、积极主动的探索精神，以及遵守纪律、团结协作、爱护公共财产的优良品德。

1.2 物理实验课程的教学环节

物理实验是一门在教师指导下由学生独立完成的课程。在整个实验教学过程中，学生应该主动、自觉、创造性地获取知识和技能，而决不是仅仅通过实验记录几个数据；学生应通过实验探索、研究问题，将知识转化为能力。实验教学能否达到预期的目标，在很大程度上取决于学生自己的努力。为此，可把物理实验课程分为如下三个阶段：

1）课前预习：实验能否进行，能否获得预期的效果，很大程度上取决于预习是否充分。因此，每次做实验前一定要预习。预习的主要方式是阅读教材，了解实验目的，弄懂原理，要测试什么，采用什么实验方法等。对实验中使用的仪器或装置要阅读教材中有关仪器部分的介绍，了解其使用方法和注意事项，在此基础上撰写预习报告。预习报告内容包括：实验名称、目的、原理、仪器和拟定的数据记录表格等。

2）课内实验：进入实验室应遵守实验室的规章制度。实验课开始时，一般指导教师会交待有关实验和仪器的注意事项，学生要结合自己的预习逐一领会，特别要注意实验中容易引起失误的地方。

进行实验时，首先要记录主要仪器的型号、规格、精度等，再布置、安装（或接线）和调试仪器。仪器的布置是否合理，会直接影响到操作、读数是否方便。对仪器装置进行调试（水平、垂直、正常的工作电压、光照等），使仪器装置达到最佳工作状态。调试必须细致、耐心，切忌急躁。要合理选择仪器的量程。如果在调试中遇到困难不能解决，可以请教指导教师（在电磁学实验中，接线完毕后，自己作一次检查，再请教师检查，确认正确无误后才能接通电源）。

调试准备就绪后，就可以进行测量了。每次测量所得的原始数据要记录在自己准备好的记录表格中。要特别注意数据的有效数字和单位。注意记录实验过程中观察到的现象，特别是观察到的异常现象，以便分析讨论。

在测量过程中要尽量保持实验条件不变，如果遇到仪器、装置出现故障，应及时请教指导教师，在教师的指导下力求自己动手解决。

实验完后，暂不要改变测试条件，将记录的数据请教师审阅签字，如发现错误数据时要重新进行测量。最后，整理好仪器才能离开实验室。

3）撰写实验报告：做完实验后应及时处理数据，撰写实验报告。实验报告是实验工作的总结，是交流实验经验和推广实验结果的媒介。因此，写实验报告应字迹清楚、文理通顺、简明扼要、图表正确。经验告诉我们，撰写实验报告是逐步培养学生分析、总结问题能力的一个重要方面。

实验报告的内容应包括：

1）实验名称。

2）实验者姓名、实验日期。

3）实验目的：写明为什么做这个实验，要用自己的语言来写，不要照抄教材。

4）实验原理：应简明扼要、文理通顺，不要照抄教材（应包括必要的计算公式、原理图、电路图或光路图等）。

5）实验仪器（型号、规格、精度或最小分度值）及装置。

6）实验操作步骤：按实际操作情况简明扼要地写出。

7）实验数据记录：把所记录的原始数据仔细地转记下来，并尽可能列出表格，把数据处理的最后结果转记在表格内。

8）数据处理：含计算、作图等，写出测量结果并进行不确定度分析。

9）问题讨论：可以是影响实验结果的主要因素分析；减小误差应采取的措施；对实验中观察到的现象（特别是异常现象）的解释；改进实验的建议和心得体会；回答实验的思考题等。

第2章 测量误差、不确定度和数据处理

2.1 测量误差与不确定度

2.1.1 测量

在科学实验中，一切物理量都是通过测量得到的。所谓测量，就是将待测物理量与规定作为标准单位的同类物理量（或称为标准量）通过一定方法进行比较。测量中的比较倍数，即为待测物理量的测量值。测量可分为两类：一类是用已知的标准单位与待测量直接进行比较，或者从已用标准量校准的仪器仪表上直接读出测量值（例如，用米尺量得物体的长度为0.7300m；用秒表测得单摆周期为1.05s；用毫安表读出电流值为12.0mA等），称这类测量为直接测量（或简单测量）；另一类测量，它不能直接把待测量的大小测出来，而是依据该待测量和一个或几个直接测得量的函数关系求出该待测量（例如，测量铜圆柱体的密度时，首先用游标卡尺或千分尺测出它的高 h 和直径 d，用天平称出它的质量 m，然后再通过函数关系式 $\rho = 4m/\pi d^2 h$ 计算出铜的密度 ρ），把这类测量称为间接测量（或称复合测量）。

一般地说，大多数测量都是间接测量。但随着科学技术的发展，许多原来只能以间接测量方式来获得的物理量，现在也可以直接测量了。例如电功率的测量，现在可用功率表直接测量。又如速度也可用速率表来直接测量等。

测得的数据（即测量值）不同于数学中的一个数值，它是由数值和单位两部分组成的。一个数值有了单位，便具有了一种特定的物理意义，这时它才可以称为一个物理量。因此，在实验中经测量所得的值（数据）应包括数值和单位，二者缺一不可。

2.1.2 误差

任何物质都有自身的特性。反映这些特性的物理量所具有的客观真实数值称为这些物理量的真值。测量的目的就是要力求得到真值。但测量总是依据一定的理论和方法，使用一定的仪器，在一定的环境中由一定的人员进行的。在测量过程中，由于受到测量仪器、测量方法、测量条件和测量人员的水平以及种种因素的限制，使测量结果与客观存在的真值不可能完全相同，导致所测得的结果只能是该物理量的近似值。也就是说，任何一种测量结果的测量值与客

观存在的真值之间总会或多或少地存在一定的差值，称这种差值为该测量值的测量误差（或测量值的绝对误差），简称“误差”，即

$$测量值\ (x)\ -\ 真值\ (X)\ =\ 误差\ (\varepsilon) \tag{2.1-1}$$

误差存在于一切测量之中，而且贯穿测量过程的始终。每使用一种仪器进行测量都会引起误差。测量所根据的方法和理论越繁多，所用仪器越复杂，所经历的时间越长，则引进误差的机会就越多。因此，实验应该根据要求和误差限度来制订或选择合理的方案和仪器，要避免测量中某个环节盲目追求不切实际的高指标，因这样做既不符合现代信息论的基本思想，又提高了测量的代价。一个优秀的实验工作者，应该是在一定的要求下，以最低的代价来取得最佳的结果。要做到既保证必要的实验精确度，又合理地节省人力与物力。

2.1.3　误差的分类及相关知识

误差产生的原因是多方面的。根据误差的性质和来源，可将误差分为两类；系统误差和随机误差。现分别对它们作必要的介绍。

1. 系统误差

在同一实验条件下（方法、仪器、环境和观测者都不变）多次测量同一物理量时，误差的绝对值和正负号保持不变，或按一定规律变化的误差，称为系统误差。系统误差的特征是它的确定性。它主要来自以下几个方面：

1）理论（方法）误差：这是由于测量所依据的理论公式本身的近似性，或实验条件不能达到理论公式所规定的要求，或由于所采用测量方法或数据不完善而引起的误差。例如，单摆的周期公式 $T=2\pi\sqrt{l/g}$的成立条件是摆角趋近于零，这实际上是达不到的，用它来计算周期必然引起误差。

2）仪器误差：这是由于测量仪器本身的固有缺陷或没有按规定使用而引起的。例如，用未经校准零位的千分尺测量零件长度，用不等臂的天平称衡物体的质量，都会引入仪器误差。

3）环境误差：由于环境条件变化所引起的误差，如温度、气压、湿度的变化等。

4）个人误差：这是由于观测者的生理或心理因素所造成的。它通常与观测人员的反应速度和观测习惯有关。例如，用肉眼在米尺刻线上读数时，习惯地偏向一个方向；按动秒表时，习惯地提前或滞后等。

系统误差的规律及产生的原因可能是实验者已知的，也可能是未知的。已被确切掌握了其大小和符号的系统误差被称为可定系统误差。对大小和方向未知（或尚未确定）的系统误差被称为未定系统误差。前者一般可在测量中采取一定的措施给予减小、消除，或在测量结果中进行修正，而后者一般难以作出修正，只能估计它的取值范围。

总之，系统误差是在一定实验条件下由一些确定的因素引起的，它使测量结果总是偏向一边，即偏大或偏小。因此，试图在相同条件下用增加测量次数来减小或消除它是徒劳的，只有找出导致该系统误差产生的原因，对症下药，采取一定的方法，才能减小或消除它的影响，或对测量结果进行修正。

（1）系统误差的发现　要发现系统误差，就必须仔细地研究测量理论和方法的每一步推导，检验或校准每一件仪器，分析每一个因素对实验的影响等。下面从普遍意义上介绍几种发现系统误差的途径和方法。

1）对比的方法

① 实验方法的对比。用不同方法测同一个量，看结果是否一致。如用一个单摆测量重力加速度 $g=9.80\pm0.01\mathrm{m/s^2}$，用复摆测得 $g=9.830\pm0.003\mathrm{m/s^2}$，用自由落体法测得 $g=9.7763\pm0.0005\mathrm{m/s^2}$，三者结果不一致，这说明至少其中两种方法存在系统误差。

② 仪器的对比。如用两个电流表串联于同一个电路中，读数不一致，则说明至少有一个电流表不准。如果其中一个是标准表，就可以找出另一个的修正值了。

③ 改变测量方法。例如，把电流反向进行读数；在增加砝码过程中与减少砝码过程中读数；分光计测角盘转 180°读数等。

④ 改变实验中某些参量的数值。例如，改变电路中电流的数值，如果测量结果单调或有规律地变化，则说明有某种系统误差存在。

⑤ 改变实验条件。例如在电路中将某个元件的位置变动一下。

⑥ 两个人对比观测，可发现个人误差，等等。

2）理论分析的方法

① 分析测量所依据的理论公式所要求的条件与实际情况有无差异。如在“单摆”实验中，公式 $T=2\pi\sqrt{l/g}$，这是做了 $\theta\approx0$ 的近似，公式把摆球看做质点，忽略了摆线质量、空气浮力与阻力等。

② 分析仪器是否达到了所要求的使用条件。例如用测高仪测物体高度时，要求支架垂直、望远镜平移，否则测出的结果不能反映物体的实际高度。

3）分析数据的方法：若测量所得数据明显不服从统计分布规律，则可将测量数据依次排列，若偏差大小有规则地向一个方向变化，则测量中存在线性系统误差；若偏差符号作有规律交替变化，则测量中存在周期性系统误差。

（2）系统误差的消除和修正　从原则上来说，消除系统误差的途径，首先是设法使它不产生，如果做不到，那么就修正它，或在测量中设法抵消它的影响。下面介绍几种消除系统误差的途径：

1）消除产生系统误差的根源

① 采用符合实际的理论公式。

② 消除仪器的零位误差。例如，在使用千分尺之前，要先检查零位，并记下零读数（即零位误差），以便对测量值进行修正；又如电表的指针在未通电时不指零位，可进行机械校零或记下零读数，最后再对测量值进行修正。

③ 保证仪器装置及测量满足规定的条件。

④ 采用某种方法（如比较法），在公式中消去某个量，就可能避免它的系统误差。例如在测定液体的比热容实验中，若能保证两个量热器系统完全相同，升温也相同，就能消除因散热而引起的系统误差。

2）找出修正值，对测量结果进行修正

① 用标准仪器校准一般仪器，得出修正值或校准曲线。如经长期使用过的电表、电阻箱在使用前必须经过校准或得出校准曲线。

② 对理论公式进行修正，找出修正值。例如，用单摆测周期 $T=2\pi\sqrt{l/g}$ 时，若考虑摆球的体积大小及空气的浮力和阻力，则此公式必须修正。

3）从测量方法上或仪器设计上抵消系统误差影响

① 对称测量可以抵消系统误差的影响。例如，在分光计上读出刻度盘相隔 180°处的两组数据，以消除偏心差。

② 保持实验或仪器一定，可抵消某种系统误差。例如 $m=m_1-m_0$，测量 m_1 及 m_0 时用同一个砝码可以抵消砝码的系统误差。

③ 线性观测法可抵消某种线性变化的系统误差。例如，电源电动势随时间线性降低，则使用电位差计时可隔相等时间轮流测标准量和待测量，如第一、三次测标准量，将其平均值与第二次所测的待测量对应。

④ 周期性系统误差的消除。对按正弦规律变化的周期性系统误差，可采取在每半个周期进行偶数次测量的方法予以消除。

在实际工作中，有时系统误差的大小不易确定或不必精确计算，这时只需判断它的正负和估计它的数量级就行了。如其中有些误差对测量结果无影响，就可不予考虑了，这对实际工作很有意义。

2. 随机误差

若系统误差已经减弱到可以忽略的程度，被测量本身又是稳定的，则在同一条件下对该物理量进行多次测量时，测量值总有稍许差异，而且大小和方向变化不定。这种数值大小和正负号经常变化的误差称为“随机误差”。随机误差主要来自以下几方面：

1）主观方面：由于人们的感官灵敏度和仪器的精度有限，实验者对操作不熟练，估计读数不准等。

2）客观方面：外界环境干扰，如温度的微小起伏、气流扰动、振动、杂散电磁场的不规则脉动等，既不能消除，又无法估量。

3）其他不可能预测的次要因素。

从随机误差的定义和来源可知，它是实验过程中各种随机的或不确定因素的微小变化引起的。它的显著特点是在任意一次测量之前无法事先知道它的大小和方向。鉴于此，有必要对它进行深入的讨论。

(1) 测量列的算术平均值　在深入讨论随机误差问题时，可假定系统误差已经被消除或减小到可忽略的地步。

在相同条件下（即等精度）对某一物理量进行 K 次测量，其测量值为 x_1，x_2，x_3，…，x_k，算术平均值为 $\bar{x}$，则

$$\bar{x} = \frac{1}{K}\sum_{i=1}^{K} x_i \tag{2.1-2}$$

根据统计误差理论，在一组 K 次测量的数据中，算术平均值最接近于真值，称为测量的“最佳值”。当测量次数 $K\to\infty$，$\bar{x}=X$（真值）。

测量次数的增加对于提高算术平均值的可靠性有利，但不是测量次数越多越好。因为增加测量次数必定延长测量时间，这样给保持稳定的测量条件增加困难，还可能引起大的观测误差。另外，增加测量次数对系统误差的减小不起作用，所以实验测量次数不必过多。一般在科学研究中，取 10～20 次，而在物理教学实验中，通常取 6～10 次。

(2) 测量列的标准误差　如前所述，随机误差的大小和方向都不能预知，但在等精度条件下，对物理量进行足够多次的测量就会发现，测量的随机误差是按一定的统计规律分布的，而最典型的分布就是正态分布（高斯分布）。

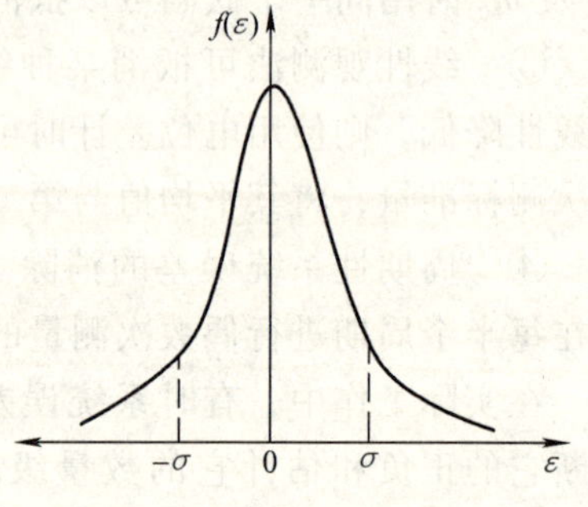

图 2.1-1　随机误差分布曲线

典型的正态分布如图 2.1-1 所示。图中 ε 为绝对随机误差（绝对误差），$f(\varepsilon)$ 为概率密度函数，σ 为标准误差。

由概率论知识可以证明

$$f(\varepsilon) = \frac{1}{\sigma\sqrt{2\pi}}e^{-\varepsilon^2/2\sigma^2} \tag{2.1-3}$$

其中 σ 被定义为测量列的标准误差。σ 可表示为

$$\sigma = \lim_{K\to\infty}\sqrt{\frac{1}{K}\sum_{i=1}^{K}(x_i - X)^2} = \lim_{K\to\infty}\sqrt{\frac{1}{K}\sum_{i=1}^{K}\varepsilon_i^2} \tag{2.1-4}$$

(3) 随机误差的特点　具有正态分布的随机误差具备以下特点：

1) 有界性：绝对值很大的误差出现的概率为零，即误差的绝对值不会超过一定的界限。

2）单峰性：绝对值小的误差出现的概率比绝对值大的误差出现的概率大。

3）对称性：绝对值相等的正、负误差出现的概率相同。

4）抵偿性：即随机误差的算术平均值随测量次数的增加而趋于零，即 $\lim\limits_{K \to \infty} \frac{1}{K} \sum_{i=1}^{K} \varepsilon_i = 0$。由此可见，可用增加测量次数的方法来减小随机误差。

（4）σ 的统计意义　由式（2.1-3）表示的正态分布函数和概率论知识有

$$\int_{-\infty}^{\infty} f(\varepsilon) \mathrm{d}\varepsilon = 1$$

$$\int_{-\sigma}^{\sigma} f(\varepsilon) \mathrm{d}\varepsilon = P(\sigma) = 0.683$$

$$\int_{-2\sigma}^{2\sigma} f(\varepsilon) \mathrm{d}\varepsilon = P(2\sigma) = 0.954$$

$$\int_{-3\sigma}^{3\sigma} f(\varepsilon) \mathrm{d}\varepsilon = P(3\sigma) = 0.997$$

由上述各式可表明：当 $K \to \infty$ 时，任何一次测量值与真值之差落在区间（$-\infty$，∞）里的概率为 1（满足归一化条件），而落于区间［$-\sigma$，σ］里的概率为 0.683，即置信概率 $P = 0.683$，落于区间［-2σ，2σ］里的概率为 0.954，置信概率 $P = 0.954$，落于区间［-3σ，3σ］里的概率为 0.997，置信概率 $P = 0.997$。由此可看到 σ 是一个统计特征值，它表明了在一定条件下等精度测量列随机误差的概率分布情况。从上面的介绍可知，当测量次数无限多时，测量误差的绝对值大于 3σ 的概率仅为 0.3%，对于有限次测量这种可能性是极微小的，于是可以认为此时的测量是失误，该测量值不可信，应予剔除。这就是著名的 3σ 判据（准则），在分析多次测量的数据时很有用处。由此可知，标准误差 σ 是随机误差散布情况的量度。

（5）标准偏差——σ_x 的最佳估计值　在实际测量中，测量次数 K 总是有限的，况且真值 X 也不知道，因此，标准误差只具有理论价值，对它的实际处理只能进行估算。设 $\bar{x}$ 为多次测量值 x_i 的算术平均值，定义测量列的标准偏差为

$$\sigma_x = \sqrt{\frac{1}{K-1} \sum_{i=1}^{K} (x_i - \bar{x})^2} \tag{2.1-5}$$

式（2.1-5）的统计意义为：当测量次数足够多时，测量列中任一测量值与平均值的偏离落在区间（$-\sigma_x$，$+\sigma_x$）里的概率为 68.3%。式（2.1-5）亦称为贝塞尔公式。

综上所述，系统误差和随机误差性质不同，来源不同，处理方法也不相同。在实验中系统误差和随机误差往往是并存的，并共同影响着实验测量结果。有

关随机误差的进一步介绍将在下一节里进行。

2.1.4 精密度、准确度、精确度

通常人们用“精度”这类词来形容测量结果的误差大小。但精度是一个笼统的概念，我们有必要从误差角度对此作一定的说明。

精密度——指重复测量所得结果相互接近的程度。精密度反映了随机误差大小的程度。

准确度——指测量值或实验所得结果与真值符合的程度。它是描述测量值接近真值程度的尺度，反映了系统误差大小的程度。

精确度——为精密度与准确度的综合，既描述了测量数据间的接近程度，又表示了与真值的接近程度。总之，精确度反映了综合误差大小的程度。

图 2.1-2 可以形象地帮助读者理解以上三名词。

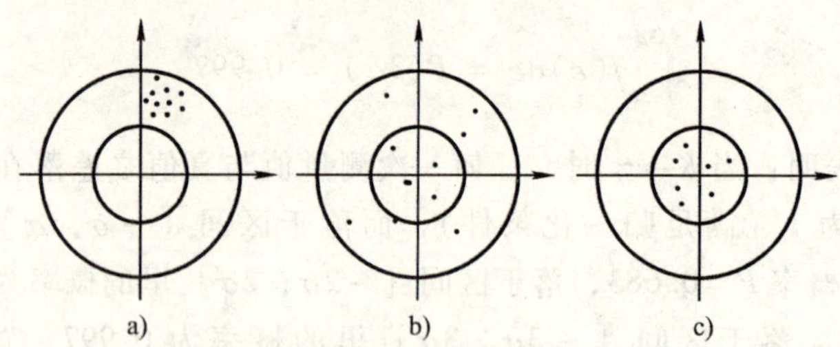

图 2.1-2 精密度、准确度、精确度

a) 精密度 b) 准确度 c) 精确度

图 2.1-2a 所示为子弹击中靶子的点比较集中，但都偏离靶心，表示精密度较高而准确度较差；图 2.1-2b 表示虽然弹着点较分散，但平均值较接近靶心，表示准确度较高而精密度较差；图 2.1-2c 则表明了精密度和准确度均较好，即精确度较高。

2.1.5 不确定度

测量中的误差是客观而普遍存在的，随着测量者水平的提高以及实验条件的改善，误差可以被减小，但不可能完全被消除（也没有必要这样做）。人们关心的是怎样把误差控制在允许的范围内。

如何评价测量结果的优劣是我们关心的另一个问题。测量结果的表述应当包含结果精确度，即误差的信息。但是误差通常是无法知道的。于是，人们引入了一个新的概念——不确定度，来对误差情况作定量的估计。

不确定度（uncertainty）表征了被测物理量的真值在某个量值范围内的一个评定，即测量结果附近的一个范围，这个范围可能包含测量误差。误差是测量值与真值之差，真值经常无法知道，因此误差通常也无法知道，而不确定度表

示的是测量误差可能出现的范围，这样一来不确定度就能更好地反映测量结果的性质和优劣。

2.2　仪器误差与估计误差

2.2.1　仪器误差（限）

当人们使用仪器进行各种测量时，最关心的问题无疑是仪器提供的测量结果与真值的一致程度以及各系统误差与随机误差的综合估计——不确定度的大小。从后面的式（2.3-3）可看到仪器误差（$\Delta_{仪}$）在不确定度估算中扮演了重要角色，因此，仪器误差是本节的重要内容。

所谓仪器误差（限），是指在满足仪器规定的使用条件下正确使用仪器时，仪器的示值与被测量真值之间可能产生的最大误差的绝对值。在实验教学中它常被用来估计由测量仪器导致的误差范围，这有助于我们从量级上把握测量仪器的准确度以及测量结果的可靠程度。

导致仪器产生仪器误差的因素是多方面的，现以电表为例介绍构成电表仪器误差的因素。它们分别是：①仪器活动部分，如轴尖轴套间的摩擦；②磁场不均匀；③游丝弹性不均匀及游丝老化；④分度刻线不均匀；⑤外界条件的变动对仪表读数的影响；⑥调节仪表指针至所要求的示值所引起的起伏；⑦检验用的标准所引起的误差。若仪器的可定系统误差为 ε_e，未定系统误差为 ε_s，随机误差为 ε_R，则仪器误差可表示为

$$\Delta_{仪} = |\varepsilon_e| + c\sqrt{\varepsilon_R^2 + \varepsilon_s^2} = |\varepsilon_e| + c\varepsilon \tag{2.2-1}$$

式中，c 为置信因子，其值取决于 ε 所遵从的规律以及 $c\varepsilon$ 值的置信水平。当 ε 呈正态分布，并且置信概率 $P=0.99$ 时，$c=3$。从以上分析可知，仪器误差既包含了系统误差，也包含了随机误差。对级别不高的仪表则主要是系统误差。为了简化计算，可约定在大学物理实验中的仪器误差直接作为不确定度中的非统计方法估计的分量处理。

通常，生产厂家在仪器出厂时已在其上注明仪器误差，但注明方式各不相同。最常采用的有以下几种形式：

1）在仪器上直接写出准确度来表明该仪器的仪器误差。如准确度为 0.05mm 的游标卡尺，其仪器误差就是 0.05mm。

2）标出仪器的精度级别，用户自己算出仪器误差。如某电表的精度级别定义为

$$\frac{电表的最大误差}{电表的满量程} = 级别数\% \tag{2.2-2}$$

于是，可得到

$$最大误差 = 满量程 \times 级别数\% \quad (2.2\text{-}3)$$

式中，最大误差就是仪器误差 $\Delta_{仪}$。

3）数字式仪器的仪器误差表达式常采用

$$\Delta_{仪} = K \cdot \% \cdot N_x + \xi \cdot \% \cdot N_m \quad (2.2\text{-}4)$$

或

$$\Delta_{仪} = K \cdot \% \cdot N_x + n \quad (2.2\text{-}5)$$

式中，K 为该仪器的准确度等级；N_x 是示值；N_m 是仪器的满量程；ξ 是常量，即误差的绝对项系数；n 代表仪器固定项误差，常取1，2，…等整数，相当于最小量化单位的 n 倍。以式（2.2-5）为例，对于准确度 $K=0.02$，量程为2V的某数字电压表，其 $\Delta_{仪} = 0.02\% \cdot U_x + 2$ 倍最小量化单位。当显示电压为 $U_x = 1.4786\text{V}$ 时，最小量化单位为 0.0001V。于是 $\Delta_{仪} = (0.02\% \times 1.4786 + 2 \times 0.0001)\ \text{V} \approx 5 \times 10^{-4}\text{V}$，实验教学中作为粗略的估计，数字仪器也可用显示的最小读数单位作为仪器误差。

对于未注明仪器误差的仪器（或量具），作为教学规范可规定：能连续读数的仪器，取其最小分度值的一半作为仪器误差，如米尺、千分尺、读数显微镜等；对于不能连续读数的仪器就以最小分度值作为仪器误差，如机械停表。以上规则在运用中有时也有例外。如最小分度值为1℃的温度计，它能连续读数，仪器误差为0.5℃，但由于其准确度不高，也可以用最小分度值1℃作为仪器误差。

为了方便读者，考虑到大学物理实验的对象，根据上述原则和习惯，现将常用物理实验仪器的仪器误差列成表2.2-1供大家参考。

2.2.2 估计误差

估计误差涉及物理实验测量中的估计读数方法。以图2.2-1所示的用米尺测量物体长度为例，物体始端与米尺零刻线对齐，其终端介于16cm与17cm之间，即物体比16cm长，比17cm短。凭着自己的经验，实验者可先把米尺的相邻两刻线（米尺的最小分度）分成10个等份，再估计物体长于16cm部分占16cm刻线到17cm刻线部分（最小分度）的多少等份，其测量值为16.5cm、16.4cm及16.6cm都是正确的。估计读数一般按最小刻度的几分之一（如1/10，1/5，1/2等）进行，这最小刻度的几分之一，即为测量值的估计误差，记为 $\Delta_{估}$。估计误差是一种非统计性误差，并且与仪器误差是相互独立的。

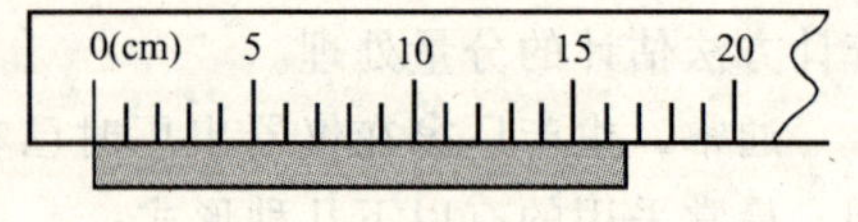

图2.2-1 用米尺测物体长度

在物理实验中估计读数是普遍存在的，因此，估计误差也是普遍存在的。例如，除前面提到的米尺测长外，用千分尺、指针式电表、水银温度计等进行测量时都会遇到这种误差。在测量中怎样科学、规范地读数与记录详见本章2.4

节。

表 2.2-1　常用物理实验仪器的仪器误差

仪器名称	仪器误差 $\Delta_{仪}$	说明
毫米尺	0.5mm	最小分度值的 1/2
游标卡尺	0.05mm（1/20 分度） 0.02mm（1/50 分度）	最小分度值
千分尺	0.004mm（或 0.005mm）	最小分度值的 1/2
读数显微镜	0.004mm（或 0.005mm）	最小分度值的 1/2
测微目镜	0.004mm（或 0.005mm）	最小分度值的 1/2
水银温度计 （最小分度值 1℃）	0.5℃（或 1℃）	最小分度值的 1/2（或最小分度值）
计时仪器	1s，0.1s，0.01s（各类机械表）	最小分度值
	$(5.8\times10^{-6}t+0.01\text{s})$（电子表）	t 为时间的测量值
物理天平	0.05g（感量 0.1g） 0.01g（感量 0.02g）	天平标尺最小分度值的 1/2
分光计	1′	最小分度值
电桥	$K\cdot\%\left(R+\dfrac{R_0}{10}\right)$	K 为仪器精度级别 R 为测量值，R_0 为基准值
电位差计	$K\cdot\%\left(V+\dfrac{U_0}{10}\right)$	K 为仪器精度级别 V 为测量值，U_0 为基准数值
电阻箱	$K\cdot\%\cdot R$	K 为仪器精度级别 R 为测量值
指针式电表 （电流表，电压表）	$K\cdot\%\cdot N_m$	K 为仪器精度级别 N_m 为电表的满量程值
各类数字仪表	$K\cdot\%\cdot N_x+\xi\cdot\%\cdot N_m$ 或 $K\cdot\%\cdot N_x+n$ 或仪器最小读数单位	K 为仪器精度级别 N_x 为测量值，N_m 为满量程值 ξ 为误差绝对项系数 n 为仪器固定项误差，为最小量化单位的 n 倍

2.3　测量结果的不确定度

2.3.1　直接测量结果的不确定度

不确定度是指测量值（近真值）附近的一个区域范围，测量值与真值之差即误差可能位于其中。不确定度小，测量结果可信度高；不确定度大，测量结果的可信度低。我们不可能用指出误差的办法去说明可信度，只能用误差的某种可能值去说明可信度，因此，不确定度更能表示测量结果的性质和质量。以上观点已得到国际公认。

由于误差分为随机误差和系统误差，考虑到测量中对测量结果的已定系统误差分量进行修正以后，其余各种未定系统误差因素和随机误差因素共同影响着测量结果的不确定度。因此，不确定度的分量计算原则上分为两类，即 A 类不确定度（统计不确定度）和 B 类不确定度（非统计不确定度）。下面就两类不确定度的计算作进一步的介绍。

1. 直接测量结果的 A 类不确定度分量估算

A 类不确定度分量是指可以用统计方法计算的不确定度。这类不确定度因服从正态分布规律，因而可以像计算标准偏差一样进行计算。

设待测物理量 x（真值为 X）是稳定的，足够大的 K 次独立测量的结果为 x_1，x_2，…，x_K，平均值 $\bar{x} = \frac{1}{K}\sum_{i=1}^{K} x_i$ 作为 x 的最佳估计，则平均值的标准偏差为

$$u_{\bar{x}} = u_{\mathrm{A}} = \sqrt{\frac{\sum_{i=1}^{K}(x_i - \bar{x})^2}{K(K-1)}} \tag{2.3-1}$$

它就是该量的 A 类不确定度分量，即该测量列的平均值的标准偏差（标准差）。$u_{\bar{x}}$的统计意义在于：待测物理量落入区间（$\bar{x} - u_{\bar{x}}$，$\bar{x} + u_{\bar{x}}$）里的概率为 68.3%；落入区间（$\bar{x} - 2u_{\bar{x}}$，$\bar{x} + 2u_{\bar{x}}$）里的概率为 95.4%；落入区间（$\bar{x} - 3u_{\bar{x}}$，$\bar{x} + 3u_{\bar{x}}$）里的概率为 99.7%。

需指出，对 A 类不确定度分量的计算还可以采用最大偏差法、极差法、最小二乘法等方法计算。为了不增加读者的负担，本书仅推荐贝塞尔法，即式(2.3-1)。

对于实际测量，测量次数既不可能足够的多，更不可能无限多，当测量次数减少时，概率密度分布曲线由正态分布曲线变得较平坦，变成了 t 分布（亦称学生分布），其图形如图 2.3-1 所示。

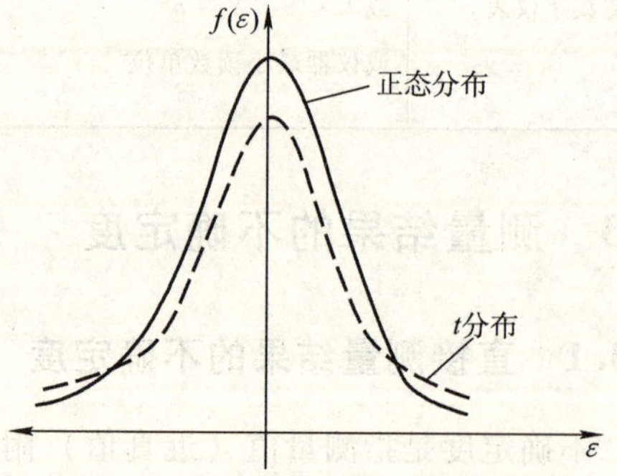

图 2.3-1 正态分布与 t 分布的比较

很显然，对于有限次测量，特别是在大学物理实验中，要保持同样的置信概率水平的办法只有一个：将 $u_{\bar{x}}$ 乘上一个大于 1 的因子 t_p，使置信区间扩大。这样一来，A 类不确定度就表

示为

$$\Delta_A = t_p u_A = t_p \sqrt{\frac{\sum_{i=1}^{K}(x_i - \bar{x})^2}{K(K-1)}} \tag{2.3-2}$$

表 2.3-1 给出了在不同置信概率水平下 t_p 因子与测量次数 K 的关系。

表 2.3-1　t_p 与测量次数 K 的关系对照

K / t_p / P	2	3	4	5	6	7	8	9	10
$t_{0.68}$	1.84	1.32	1.20	1.14	1.11	1.09	1.08	1.07	1.06
$t_{0.95}$	12.71	4.30	3.18	2.78	2.57	2.45	2.36	2.31	2.26
$t_{0.99}$	63.66	9.92	5.84	4.60	4.03	3.71	3.50	3.36	3.25

在大学物理实验教学中为了简化、方便和统一，我们约定置信概率 P 取 95%，以下的讨论也遵从这种约定，不再重复。

2. 直接测量结果的 B 类不确定度分量估算

B 类不确定度分量是指用不同于统计方法获得（或评定）的不确定度（Δ_B）。

评定 B 类不确定度分量常用估计的方法。要做到估计适当，对初学者往往是很困难的，因为需要实验者确定误差的分布规律、参照标准、估算误差限以及实验者的实践经验等。考虑到本书的读者大多数是大学一、二年级的本科生，因此本书对 B 类不确定度分量的估算仅作简化处理。我们约定大学物理实验中的 B 类不确定度仅涉及仪器的最大允差（仪器误差）$\Delta_{仪}$ 和测量时实验者选用的估计误差 $\Delta_{估}$。由于 $\Delta_{仪}$ 和 $\Delta_{估}$ 是相互独立的，都不遵从统计规律，因此，B 类不确定度分量[2,3]为

$$\Delta_B = \sqrt{\Delta_{仪}^2 + \Delta_{估}^2} \tag{2.3-3}$$

在多数测量中存在 $\Delta_{估} < \frac{1}{3}\Delta_{仪}$ 的情况，作为一种简化有

$$\Delta_B \approx \Delta_{仪} \tag{2.3-4}$$

例如，用一级精度千分尺测量物体长度时，$\Delta_{仪} = 0.004\text{mm}$（或 0.005mm）。实验者将最小分度 0.01mm 按 1/10 估读，这时估计误差 $\Delta_{估} = 0.001\text{mm}$。按式（2.3-3）计算 $\Delta_B = 4.2 \times 10^{-3}\text{mm}$，按式（2.3-4）计算 $\Delta_B = 4.1 \times 10^{-3}\text{mm}$。因此在上述情况下采用式（2.3-4）是可行的，但必须满足上述条件，即 $\Delta_{估} < \frac{1}{3}\Delta_{仪}$。

有时也有例外。例如用毫米尺测物体长度时，$\Delta_{仪} = 0.5\text{mm}$，若物体边缘粗

糙，常按 1/2 估读，$\Delta_{估}=0.5\text{mm}$，这时仍然应按式（2.3-3）计算 B 类不确定度分量。

3. 直接测量结果的不确定度及测量结果表示

（1）直接测量结果的总不确定度 U　按 ISO、IUPAP 颁布的指南精神，直接测量列结果表示中的总不确定度的具体计算为

$$U=\sqrt{\Delta_{A}^{2}+\Delta_{B}^{2}}=\sqrt{(t_{p}u_{A})^{2}+\Delta_{仪}^{2}+\Delta_{估}^{2}} \tag{2.3-5}$$

或
$$U=\sqrt{(t_{p}u_{A})^{2}+\Delta_{仪}^{2}}\quad（当\ \Delta_{估}<\frac{1}{3}\Delta_{仪}） \tag{2.3-6}$$

对于单次测量或只能（或只需）进行一次测量的情况，此时贝塞尔公式是发散的，不能用式（2.1-5）、式（2.3-1）和式（2.3-2）计算，作为一种简化，于是有[3]

$$U=\sqrt{\Delta_{仪}^{2}+\Delta_{估}^{2}} \tag{2.3-7}$$

或
$$U=\Delta_{仪} \tag{2.3-8}$$

应当指出，式（2.3-7）、式（2.3-8）并不说明单次测量的总不确定度 U 比多次测量的 U 值小，只能说明这种估算比式（2.3-5）更为粗糙。

（2）直接测量结果的规范表述　对于直接测量结果

$$x=\bar{x}\pm U\quad（单位）（P=0.95） \tag{2.3-9}$$

其中各量可按如下方式计算

$$\left.\begin{aligned}
\bar{x}&=\frac{1}{K}\sum_{i=1}^{K}x_{i}（单位）\\
\Delta_{A}&=t_{p}u_{A}=t_{p}\sqrt{\frac{\sum_{i=1}^{K}(x_{i}-\bar{x})^{2}}{K(K-1)}}(P=0.95)\\
\Delta_{B}&=\sqrt{\Delta_{仪}^{2}+\Delta_{估}^{2}}\\
U&=\sqrt{\Delta_{A}^{2}+\Delta_{B}^{2}}=\sqrt{(t_{p}u_{A})^{2}+\Delta_{仪}^{2}+\Delta_{估}^{2}}（单位）(P=0.95)\\
E_{r}&=\frac{U}{\bar{x}}100\%(P=0.95)
\end{aligned}\right\} \tag{2.3-10}$$

注：若测量中存在可修正的系统误差（可定系统误差 Δ），则应对测量值进行修正，这时的最佳值应为

$$\bar{x}=\frac{1}{K}\sum_{i=1}^{K}x_{i}-\Delta \tag{2.3-11}$$

4. 测量结果的规范表示细则

每一位实验者都应学会怎样正确、规范、科学地书写测量结果的最终报告形式。作为一种教学规范，我们约定：

1）当直接测量结果是最终结果时，不确定度取位为 1～2 位，即不超过 2 位有效数字。若其作为间接测量的中间结果，不确定度最好比正常截取时多取 1 到 2 位，以避免舍入误差的积累效应。相对不确定度则一律用 2 位有效数字（百分数）表示。

2）为保证不确定度的置信概率水平不致降低，不确定度值截取时采取“只入不舍”的原则，亦即宁大勿小。

例如：$U=0.3411\text{mm}$，若截取 2 位数有效数字，就是 $U=0.35\text{mm}$，截取 1 位数，则 $U=0.4\text{mm}$。

3）测量结果表达式中测量值（平均值）的最末位数应与不确定度 U 的最末位数对齐。对测量值中保留数字末位以后的部分，应按通常的“四舍六入五凑偶”的修约规则进行。例如，一测量数据计算的平均值为 13.5025cm，其经计算获得的不确定度值为 0.0134cm，不确定度取 2 位有效数字应为 0.014cm，则测量结果为

$$L=13.502\text{cm}\pm0.014\text{cm}\ (P=0.95)$$

即测量值平均值的有效数字位数最终应根据不确定度的有效数字位数来决定，而平均值的修约原则则按“四舍六入五凑偶”规则进行。

4）在测量结果 x 以及 u_A，Δ_A，U，E_r 等量的后面，必须用括号注明置信概率的近似值（虽然前面已约定了 $P=0.95$）。

5）测量结果完整表达式中应包含该物理量的单位。

2.3.2　间接测量的不确定度及结果表达式

设间接测量量 N 与各直接测量量的函数关系为

$$N=f\ (x,\ y,\ z\cdots)$$

1. 间接测量量的平均值

间接测量结果是由一个或几个直接测量值经过公式计算得出。因 $\bar{x}$，$\bar{y}$，…均代表各直接测量量的最佳值，于是间接测量量的最佳值就应该是

$$\overline{N}=f\ (\bar{x},\ \bar{y},\ \bar{z},\ \cdots) \tag{2.3-12}$$

即间接测量量的最佳值由各直接测量量的最佳值代入函数表达式求得。

2. 间接测量结果的不确定度

设 U_x，U_y，U_z，…分别为 x，y，z，…等相互独立的直接测量量的不确定度，则间接测量量的总不确定度为

$$U_N=\sqrt{\left(\frac{\partial f}{\partial x}\right)^2U_x^2+\left(\frac{\partial f}{\partial y}\right)^2U_y^2+\left(\frac{\partial f}{\partial z}\right)^2U_z^2+\cdots} \tag{2.3-13}$$

式中，偏导数 $\frac{\partial f}{\partial x}$，$\frac{\partial f}{\partial y}$，$\frac{\partial f}{\partial z}$，…称为传递系数，它的大小直接代表了各直接测量

结果不确定度对间接测量结果不确定度的贡献（权重）。

间接测量量的相对不确定度可表示为

$$\frac{U_N}{N}=\sqrt{\left(\frac{\partial \ln f}{\partial x}\right)^2 U_x^2+\left(\frac{\partial \ln f}{\partial y}\right)^2 U_y^2+\left(\frac{\partial \ln f}{\partial z}\right)^2 U_z^2+\cdots} \tag{2.3-14}$$

式中，$\ln f$ 表示对函数 f 取自然对数。

式（2.3-13）、式（2.3-14）仅仅是原理性的表达式，当落实到一个具体的间接测量量的函数关系式参与运算时其计算量不小，为了方便读者，表2.3-2将常用函数不确定度公式列于其中。

表2.3-2 常用函数不确定度使用说明

间接测量结果的函数表达式	不确定度的传递公式	说明
$N=x\pm y$	$U_N=\sqrt{U_x^2+U_y^2}$	直接求 U_N
$N=x\cdot y$	$E_N=\frac{U_N}{N}=\sqrt{\left(\frac{U_x}{x}\right)^2+\left(\frac{U_y}{y}\right)^2}$	宜先求相对不确定度 E_N
$N=\frac{x}{y}$	$E_N=\frac{U_N}{N}=\sqrt{\left(\frac{U_x}{x}\right)^2+\left(\frac{U_y}{y}\right)^2}$	宜先求相对不确定度 E_N
$N=\frac{x^a\cdot y^b}{z^c}$	$E_N=\frac{U_N}{N}=\sqrt{a^2\left(\frac{U_x}{x}\right)^2+b^2\left(\frac{U_y}{y}\right)^2+c^2\left(\frac{U_z}{z}\right)^2}$	宜先求相对不确定度 E_N
$N=Ax$	$U_N=AU_x$；$E_N=\frac{U_N}{N}=\frac{U_x}{x}$	直接求 U_N
$N=\sqrt[n]{x}$	$E_N=\frac{U_N}{N}=\frac{1}{n}\frac{U_x}{x}$	宜先求相对不确定度 E_N
$N=\sin x$	$U_N=U_x\cos x$	直接求 U_N

注：用表中公式进行计算时，无论直接测量量与间接测量量，均应以其平均值代入。

3. 不确定度计算实例

【例1】 利用流体静力称衡法测一铜块的密度，密度公式为 $\rho=\frac{m}{m-m_1}\rho_0$，其中 m 为空气中铜块的质量（注：空气浮力可以忽略）；m_1 为铜块浸没于纯水中的质量；ρ_0 为纯水密度。现已测得 $m=(89.08\pm0.02)\mathrm{g}$（$P=95\%$），$m_1=(79.09\pm0.02)\mathrm{g}$（$P=95\%$），纯水密度 $\rho_0=(0.9997\pm0.0003)\mathrm{g/cm^3}$（$P=95\%$），求铜块的密度测量结果。

【解】 铜块密度近真值

$$\bar{\rho}=\frac{\bar{m}}{\bar{m}-\bar{m}_1}\bar{\rho}_0=\frac{89.08}{89.08-79.09}\times0.9997\mathrm{g/cm^3}=8.9142\mathrm{g/cm^3}$$

利用式（2.3-13）求铜块密度的合成不确定度

$$\frac{\partial}{\partial m}\left(\frac{m}{m-m_1}\rho_0\right)U_m=\frac{-m_1}{(m-m_1)^2}\rho_0 U_m$$

$$=-\frac{79.09}{(89.08-79.09)^2}\times 0.9997\times 0.02\mathrm{g/cm^3}\approx -1.58\times 10^{-2}\mathrm{g/cm^3}$$

$$\frac{\partial}{\partial m_1}\left(\frac{m}{m-m_1}\rho_0\right)U_{m_1}=\frac{m}{(m-m_1)^2}\rho_0 U_{m_1}$$

$$=\frac{89.08}{(89.08-79.09)^2}\times 0.9997\times 0.02\mathrm{g/cm^3}\approx 1.79\times 10^{-2}\mathrm{g/cm^3}$$

$$\frac{\partial}{\partial \rho_0}\left(\frac{m}{m-m_1}\rho_0\right)U_{\rho_0}=\frac{m}{m-m_1}U_{\rho_0}$$

$$=\frac{89.08}{89.08-79.09}\times 0.0003\mathrm{g/cm^3}\approx 0.27\times 10^{-2}\mathrm{g/cm^3}$$

$$U_\rho=\sqrt{\left(\frac{\partial\rho}{\partial m}U_m\right)^2+\left(\frac{\partial\rho}{\partial m_1}U_{m_1}\right)^2+\left(\frac{\partial\rho}{\partial\rho_0}U_{\rho_0}\right)^2}$$

$$=\sqrt{(-1.58\times 10^{-2})^2+(1.79\times 10^{-2})^2+(0.27\times 10^{-2})^2}\mathrm{g/cm^3}$$

$$=2.4\times 10^{-2}\mathrm{g/cm^3}\quad (P=95\%)$$

铜块密度的测量结果为

$$\rho=(8.914\pm 0.024)\mathrm{g/cm^3},\ E_\rho=0.27\%\quad (P=95\%)$$

【例 2】 用单摆测重力加速度，$g=4\pi^2\frac{L}{T^2}$，已测得摆长 L 和周期 T 的测量结果为

$$L=\bar{L}\pm U_L=(100.011\pm 0.010)\ \mathrm{cm}\ (P=95\%)$$

$$T=\bar{T}\pm U_T=(2.0020\pm 0.0020)\ \mathrm{s}\ (P=95\%)$$

求重力加速度的测量结果。

【解】 重力加速度的近真值为

$$\bar{g}=4\pi^2\frac{\bar{L}}{\bar{T}^2}=4\times(3.14159)^2\times\frac{100.011}{2.0020^2}\mathrm{m/s^2}$$

$$=9.8510\mathrm{m/s^2}$$

按式（2.3-14）或表 2.3-2 求重力加速度的相对不确定度

$$E_g=\frac{U_g}{g}=\sqrt{\left(\frac{U_L}{L}\right)^2+\left(\frac{-2U_T}{T}\right)^2}$$

$$=\sqrt{\left(\frac{0.010}{100.011}\right)^2+\left(\frac{-2}{2.0020}\times 0.0020\right)^2}$$

$$=0.0020\quad (P=95\%)$$

重力加速度的不确定度为

$$U_g = \overline{g}E_g = 9.8510 \times 0.0020\text{m/s}^2 = 0.020\text{m/s}^2 \quad (P = 95\%)$$

重力加速度的测量结果为

$$g = (9.851 \pm 0.020)\text{m/s}^2 \quad (P = 95\%)$$

对于例2，有兴趣的读者也可采用式（2.3-13）求解，但经比较你会发现，当间接测量量与直接测量量的函数关系为乘、除或幂函数关系时，用式（2.3-14）先求相对不确定度可以大大简化运算。因此，表2.3-2就是按此思路制成的。读者参照此表，并根据其说明栏的步骤计算可以使计算量减至最小，而且不易出错。

应当指出，无论用式（2.3-13）、式（2.3-14）还是按表2.3-2计算间接测量量的不确定度，均应保持置信概率的统一。例如各直接测量量的不确定度用标准不确定度（$P = 68.3\%$）表达时，它们传递的间接测量结果的不确定度也是标准不确定度（$P = 68.3\%$）。当所有直接测量量都用高置信概率下的不确定度时，经传递后间接测量结果的不确定度也只能是在该高置信概率下的不确定度。

2.3.3 不确定度均分原理

前面已经谈到，不确定度能科学地反映测量结果的可靠程度，但不确定度的意义远不止这些。人们还可以根据对测量的不确定度大小的要求设计实验方案，选择实验仪器，不断改进实验，提高测量精确度等。以上这些问题涉及不确定度均分原理和不确定度的分配调整，它对测量有指导性意义。所谓不确定度均分原理，就是间接测量结果的总不确定度均匀地分配到各直接测量量的不确定度中去，利用这一原理就可以从总体上科学、合理地指导实验。

【例】 已知一圆柱体，其直径 $D \approx 10\text{mm}$，高 $h \approx 30\text{mm}$，若要求该圆柱体体积 V 的相对不确定度不大于1.0%，求 D、h 的允许不确定度，进而设计一个测量该圆柱体体积的实验仪器方案。

【解】 圆柱体体积 $V = \pi D^2 h/4$，其相对不确定度的表达式应满足

$$\frac{U_V}{V} = \sqrt{\left(2\frac{U_D}{D}\right)^2 + \left(\frac{U_h}{h}\right)^2} \leqslant 1.0\%$$

根据不确定度均分原理，应当有

$$\frac{2U_D}{D} = \frac{U_h}{h}$$

即

$$\sqrt{2\left(2\frac{U_D}{D}\right)^2} \leqslant 1.0\%$$

或
$$\sqrt{2\left(\frac{U_h}{D}\right)^2} \leqslant 1.0\%$$

也就是
$$\frac{U_D}{D} \leqslant \frac{1}{2\sqrt{2}} \times 1.0\%$$

$$\frac{U_h}{h} \leqslant \frac{1}{\sqrt{2}} \times 1.0\%$$

得
$$U_D \leqslant 0.036\ (\text{mm})$$
$$U_h \leqslant 0.22\ (\text{mm})$$

由于量程为 0 ~ 25mm 的一级精度千分尺的仪器误差为 0.004（或 0.005）mm，二级精度千分尺的仪器误差为 0.012mm，估计误差为 0.001mm。A 类不确定度也大约在此数量级。因此，选用一、二级精度的千分尺均能够满足测量直径 D 的不确定度要求。若考虑用游标卡尺测直径，20 分度的游标卡尺仪器误差为 0.05mm，肯定不行。50 分度的游标卡尺的仪器误差为 0.02mm，再考虑估计误差为 0.02mm 以及 A 类不确定度，因此也是不行的。再看圆柱体高度测量，由于高度 $h \approx 30$mm，实验室一般千分尺量程为 0 ~ 25mm。因此，不能在测高度时采用它。又看毫米尺，其仪器误差为 0.5mm（太大），故也不能选用毫米尺测高度。再看游标卡尺，量程最小的一种为 0 ~ 125mm。另外，对于 20 分度和 50 分度游标卡尺，它们的仪器误差、估计误差、A 类不确定度全考虑进去也不超过 0.2mm，因此，圆柱体的高度测量宜采用游标卡尺（无论 20 分度，50 分度均可）。

2.4　测量值的有效数字及运算规律

2.4.1　测量值的有效数字

1. 有效数字

在进行直接测量时要用到各种各样的仪器、仪表。根据仪器、仪表显示读数的方式，可把仪器、仪表分为两类：用一定长度或弧长表示某物理量大小的称为模拟式仪表；直接用数字显示测量结果的称为数字式仪表。

用模拟式仪器、仪表进行测量时，首先要弄清它的测量范围（即量程）以及整个测量范围包含多少最小分度。其最小分度值称为仪器、仪表的最小量或读数精度。从仪表上读取数字时要尽可能读到仪器、仪表最小分度值的下一位（有时在同位）。最小分度值以上的数字可以直接读出，是准确的，称为可靠数字（也称准确数字）。最小分度值以下的数字只能估计得到（且只能估计出一个数字）。这个数字因为是估计得到的，是不准确的，我们把这个数字称为可疑数字（也称欠准数字）。可疑数字虽不准确，但它仍代表了该物理量的一定大小，是有一定意义的，是对测量值有一定贡献的数字，因而是有效的。我们把仪器、仪表上直接读得的准确数字和最后一位估计得到的可疑数字统称为测量值的有效数字。一个实验数据的数值有几个有效数字，就称该测量值有几位有效数字。

另外，要估读到最小分度值的几分之一（如 1/10，1/5，1/2 等），这个最小分度值的几分之一，即为测量值的估计误差，简记为 $\Delta_{估}$。

现以毫米尺测物体长度为例介绍如何确定物体长度的有效数字。如图 2. 4-1a 所示，从尺上可直接读出 4. 57cm 这个数据的前两位数“4”，“5”，它们是可靠的，而最后一位数“7”是估计出来的（只能估计一位），是可疑的，这时就说测得该物体长为 4. 57cm。这个数据有 3 个有效数字，就说它有 3 位有效数字。又如图 2. 4-1b 所示，可读得物体的长为 4. 50cm，也是有 3 位有效数字，其中，最后一位“0”是估计得到的，这个“0”不能省去，因为毫米尺的精度（即最小量）是 1mm，如果省去“0”，那么“5”就是估计得到的可疑数字，这把尺子就不是毫米尺，而是厘米尺了。这两个物体的长，如果再用精度为 0. 002cm 的游标卡尺来测量，可读得 4. 574cm 和 4. 502cm，它们有四位有效数字，其中最后一位的“4”和“2”都是可疑的。以上物体用两种精度不同的尺子测量其长度，用毫米尺只有三位有效数字，而用游标卡尺却有四位有效数字，可见测量结果所包含的有效数字位数是由所用测量仪器的精度及估计读数方式决定的。因此，在记录测量结果时不允许任意增减有效数字。一个数据有效数字的多少，往往能反映诸如测量所用仪器、测量方法等情况。大体上说，一个数据有效数字位数越多，相对误差就越小，测量就越精确；有效数字位数越少，相对误差就越大，测量就越不精确。另外，可疑数字所占数位越低，测量就越精确。

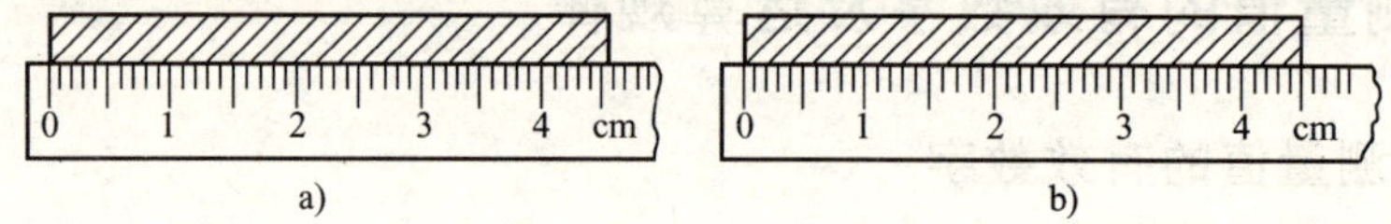

图 2. 4-1 毫米尺测物体长度

测量得到的数据都应以有效数字表示，准确数字由仪器直接读得，最后一位可疑数字由估计读数得到。至于怎样科学地进行估计读数，应根据具体情况确定，一般最小分度刻线间的宽度为 1mm 或以上者，应按 10 等分估计读数，否则，可根据情况按 5 等分或 2 等分估计读数。但如果是指针式仪表或光标仪表，它们的指针或光标尺丝线较宽，大于最小分度的 1/10 时，可按 1/5 估读；若它们的宽度大于最小分度的 1/5 时，可按 1/2 估读。另外，还要根据仪器精度等级以及所测物理量的不确定度对整个测量的总不确定度的贡献大小来确定估读方式。如果仪器的精度等级高，就必须按 1/10 估读；如果该物理量对总不确定度的贡献小，则可按 1/2 或 1/5 估读。使用数字式仪器、仪表进行测量时，不需要进行估计读数，显示的末位数字就是可疑数字，其估计误差为此位的 ±1 个单位。

2. 记录实验数据宜采用科学记数法

实验数据用有效数字记录。在记录时为了方便和不易出错，常用科学记数法记录实验数据。科学记数法，即把数据写成小数乘以 10 的 n 次幂的形式（n 可以是正数，负数），且小数的小数点前只有一位整数。例如地球直径为 6371km，用科学记数法表示就是 6.371×10^3km。科学记数法有以下好处：

1）能方便地表达出数据有效数字的位数。如地球直径是 4 位有效数字。

2）单位改变时，只是乘幂次数改变，其他不变。但一般的书写就要出错，如以米为单位写出地球的直径，一般书写法在 6371 之后要添 0 才能保证数值大小不变，写成 6371000m，但这是 7 位有效数字了，显然是错误的。测量数据不能因为单位换算而改变其有效数字的位数。

3）表示很大和很小的数字特别方便，也容易记忆。如铂的电阻温度系数为 $a=0.00391\text{K}^{-1}$，科学记数法写成 $a=3.91\times10^{-3}\text{K}^{-1}$，很方便。

3. 有效数字尾数舍入规则

在实验数据参与运算后，在用不确定度规范测量值时存在数值的“舍入”（或“修约”）问题。舍入时按熟知的“四舍五入”规则是见“五”就入。这一规则有不完善之处：导致从 1 到 9 的九个数字中，入的机会总是大于舍的机会，这是不合理的，这就不可避免带来舍入误差。为了弥补这一缺陷，现在通用的规则是：对保留数字末位以后部分的第一个数，小于“5”则舍，大于“5”则入，等于“5”则把保留数字末位凑为偶数，即原来末位是奇数则加 1（五入），原来末位是偶数则不变（五舍）。此规则称为“四舍六入五凑偶”规则。

2.4.2　有效数字的运算规则

间接测量值是由直接测量值通过公式计算得到的，所以间接测量值也应该用有效数字表示。下面讨论有效数字运算规则。

有效数字运算的总原则是：①准确数字与准确数字进行四则运算时，其结果仍为准确数字；② 准确数字与可疑数字以及可疑数字与可疑数字进行四则运算时，其结果均为可疑数字；③ 在运算最后结果中一般只保留一位可疑数字，其余可疑数字应根据尾数取舍规则处理。

一个经计算得到的结果不会比参与计算的诸数据中最不准确的数值更准确或可靠。因此，为了简化运算，在进行四则运算前，可将参加运算的原始数据分别按加、减、乘、除不同情况进行修正。在加、减运算时，应首先找出参与运算的诸项中可疑数字所占数位最高的项，以此项为标准，其余各项一律按尾数取舍原则使这些项的可疑数字占的数位比标准项可疑数字数位低一位。在乘、除运算时，应首先找出参与运算的各项中所含有效数字个数（即位数）最少的项，以此项为标准，其他各项按尾数取舍原则使各项有效数字的个数比标准项多一个。

1. 四则运算

在运算时，为了把可疑数字与可靠数字加以区别，我们在可疑数字下加一横线。

（1）加和减运算

【例 1】 $12.3\underline{4}+2.357\underline{4}=14.6\underline{97}\underline{4}=14.7\underline{0}$

【例 2】 $43.3\underline{2}-6.256\underline{8}=37.0\underline{63}\underline{2}=37.0\underline{6}$

由例 1、例 2 可以看到，在加、减运算中，和或差的可疑数字所占数位与参加运算的各数据项中可疑数字所占数位最高的相同。

（2）乘除法运算

【例 3】 $2432.\underline{6}\times 0.34\underline{1}=8.295\times 10^3=8.3\underline{0}\times 10^3$

【例 4】 $354.\underline{4}\div 27.\underline{1}=13.08=13.\underline{1}$

由例 3、例 4 可以看到，在乘、除运算中，积或商所包含的有效数字位数，与参加运算的各数据项中有效数字位数最少的那个相同。

（3）在混合运算中，要按部就班地运用有效数字四则运算规则。

2. 函数运算

在进行函数运算时，不能沿用四则运算的有效数字运算规则。乘方或开方运算结果的有效数字位数应与其底的有效数字位数相同。对于其他函数运算，应该先计算出间接测量结果的不确定度，用不确定度来确定间接测量结果的有效数字位数。这在相应的实验中再具体介绍。

在用有效数字运算规律进行运算时，还应注意以下三点：

1）出现在计算公式中的比例常数是非测量值，可以认为它们具有足够多位有效数字，不因它们的出现而影响运算结果的位数。至于无理数 π、$\sqrt{2}$、$\sqrt{3}$、e 等，在运算中要截取成有效数字形式时，应比其他测量得到的数据有效数字位数最少者多取 1 位或 2 位。

2）一个数据的第一个数是 9 或 8，在乘除运算中计算有效数字的位数时，可多取 1 位。例如 $9.81\times 16.24=159.3$，可把 9.81 看为 4 位有效数字，所以结果应记为 159.3。

3）有多个数据参加运算时，运算的中间结果应保留两个可疑数字以减少多次取舍引入的计算误差，但运算到最后仍应舍去。例如：

$$
\begin{aligned}
3.14\underline{4}\times(3.61\underline{5}^2-2.68\underline{4}^2)\times 12.3\underline{9} &= 3.144\times(13.0\underline{68}-7.20\underline{39})\times 12.3\underline{9} \\
&= 3.14\underline{4}\times 5.8\underline{6}\times 12.3\underline{9}=22\underline{8}
\end{aligned}
$$

最后还需再次指出，上述运算涉及的间接量的有效数字位数的确定仅仅是一种粗略的估计，用不确定度来决定测量值的有效数字位数才是总的原则和依据，即测量结果的有效数字的取位是由不确定度最终来决定的。方法是，测量结果（无论直接测量量还是间接测量量）的算术平均值的最末一位一定要与不确定度的末位对齐。

2.5 物理实验数据处理的基本方法

实验得到的一系列数据往往是零碎而有误差的，要从这一系列数据中得到最可靠的实验结果，找出物理量之间的变化关系及其服从的物理规律，这要靠正确的数据处理方法。所谓数据处理，就是对实验数据通过必要的整理分析和归纳计算，得到实验的结论。常用的方法有列表法、作图法、逐差法和最小二乘法。

2.5.1 列表法

在记录和处理数据时，常常将所得数据列成表。数据列制成表后带来若干方便：可以简单而明确、形式紧凑地表示出有关物理量之间的对应关系；便于随时检查结果是否合理，及时发现问题，减少和避免错误；有助于找出有关物理量之间规律性的联系，进而求出经验公式等。

列表的要求是：

1）要写出所列表格的名称，列表力求简单明了，便于看出有关量之间的关系，便于后面处理数据。

2）列表要标明各符号所代表物理量的意义（特别是自定的符号），并注明单位。单位及测量值的数量级写在该符号的标题栏中，不要重复记在各个数值上。

3）列表时可根据具体情况决定列出哪些项目。个别与其他联系不密切的项目数据可以不列入表内。列入表中的除原始数据外，计算过程中的一些中间结果和最后结果也可以列入表中。

4）表中所列数据要正确反映测量结果的有效数字。

2.5.2 作图法

1. 作图法的作用和优点

物理量之间的关系既可以用解析函数关系表示，还可用图示法来表示。作图法是把实验数据按其对应关系在坐标纸上描点，并绘出曲线，以此曲线揭示物理量之间对应的函数关系，求出经验公式。作图法是一种被广泛用来处理实验数据的很重要的方法，其优点是能把一系列实验数据之间的关系或变化情况直观地表示出来。同时，作图连线对各数据点可起到平均的作用，从而减小随机误差；还可从图线上简便求出实验需要的某些结果，例如求直线斜率和截距等；从图上还可读出没有进行观测的对应点（称内插法）；此外，在一定条件下还可从图线延伸部分读到测量范围以外的对应点（称外推法）。

作好一幅正确、实用、美观的图是实验技能训练的一项基本功，应该很好掌握它。实验作图不是示意图，它既要表达物理量间的关系，又要能反映测量的精确程度，因此，必须按一定要求作图。

2. 作图的步骤及规则

（1）作图一定要用坐标纸　根据所测的物理量，经过分析研究后确定应选用哪种坐标纸。常用坐标纸有：直角坐标纸，单对数坐标纸，双对数坐标纸，极坐标纸等。

（2）确定坐标纸的大小　坐标纸大小，一般根据测得数据的有效数字位数来确定。原则上应使坐标纸上的最小格对应于有效数字最后一位可靠数位。

（3）选坐标轴　以横轴代表自变量，纵轴代表因变量，要画两条粗细适当的线表示横轴和纵轴，并画出方向。在轴的末端近旁标明所代表的物理量及单位。

（4）定标尺及标度　在用直角坐标纸时，采用等间隔定标和整数标度，即对每个坐标轴在间隔相等的距离上用整齐的数字标度。

标尺的选择原则是：① 图上观测点坐标读数的有效数字位数与实验数据的有效数字位数相同；② 纵坐标与横坐标的标尺选择应适当，应尽量使图线占据图面的大部分，不要偏于一角或一端；③ 标尺的选择应使图线显示出其特点，标尺应划分得当，以不用计算就能直接读出图线上每一点的坐标为宜，通常使坐标纸的一小格表示被测量的最后一位准确数字的 1 个单位、2 个单位或 5 个单位（而不应使一小格表示 3、7 或 9 个单位）；④ 如果数据特别大或特别小，可以提出相乘因子，例如，提出 $\times 10^5$、$\times 10^{-2}$ 放在坐标轴上最大值的右边；⑤ 标度时，一方面要整数标度，另一方面又要标出有效数字的位数。

（5）描点　依据实验数据在图上描点，并以该点为中心，用 +、×、△、⊙、⊡等符号中的任一种符号标注。同一图形上的观测点要用同一种符号，不同曲线要用不同符号加以区别，并在图样的空白位置注明符号所代表的内容。

（6）连线　用直尺、曲线板（云规）等器具，根据不同情况把点连成直线、光滑曲线或折线。如要校正曲线应通过校准点连折线。当连成直线或光滑曲线时，曲线并不一定要通过所有的点，而是要求线的两侧偏差点有较均匀的分布。在画线时，个别偏离过大的点应当舍去或重新测量核对，如图线需延伸到测量范围以外时，则应按其趋势用虚线表示。

（7）写图名和图注　在图样的上部空旷处写出图名、实验条件及图注，或在图样的下方写出图名。一般将纵轴代表的物理量写在前面，横轴代表的物理量写在后面，中间加一连线。

表 2.5-1　等容变化时 p、t 数据表

t/℃	7.5	16.0	23.5	30.5	38.0	47.0	$\Delta t=\pm 0.5$℃
p/cmHg①	73.8	76.6	77.8	80.2	82.0	84.4	$\Delta p=\pm 0.5$cmHg

① 1cmHg = 1.33kPa。

3. 作图举例

【例】　一定质量的气体，当体积一定时，其压强与温度的关系为 $p=p_0\beta t+p_0$（直线关系：$y=ax-b$，式中 $\alpha=p_0\beta$，$b=p_0$，$x=t$，$y=p$）。观测得到表 2.5-1 所列的一组数据，试用作图法求 β。

如图 2.5-1 所示，采用毫米坐标纸，横轴为温度 t，每小格代表 1℃，纵轴为压强 p，每 5 小格代表 1cmHg，用"+"表示对应坐标点的位置，其误差界限为 $2\Delta t=1$℃为 1 个小格；$2\Delta p=2\times 0.5=1$cmHg 为 5 个小格。

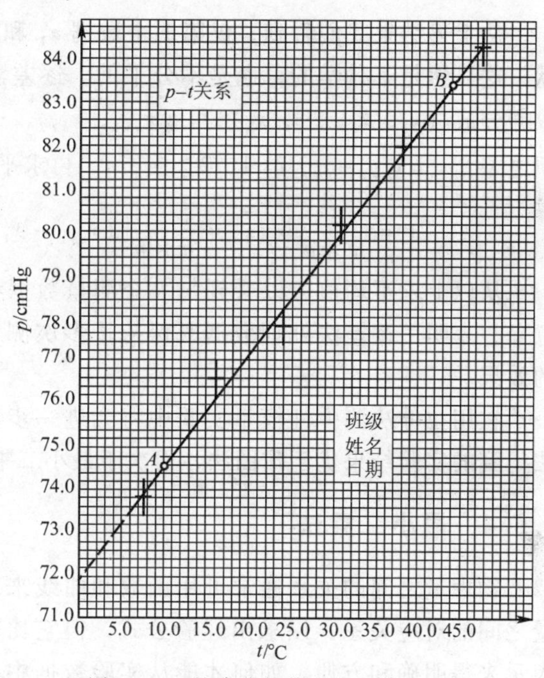

图 2.5-1　按直线规律变化的作图法

由 $p=p_0\beta t+p_0$ 知 $p-t$ 函数关系为一条直线。作直线时，使其穿过各坐标点的误差界限。

由式 $p=p_0\beta t+p_0$ 知 p_0 为纵轴截距，$k=p_0\beta$ 为直线斜率。

延长直线交纵轴于 p_0，得 $p_0=71.9$cmHg，在画好的直线上靠近两端取两点 A 和 B，用符号○表示

$$k=p_0\beta=\frac{83.7-74.5}{45.0-10.0}\text{cmHg}\cdot℃^{-1}=0.263\text{cmHg}\cdot℃^{-1}$$

$$\beta=\frac{k}{p_0}=\frac{0.263}{71.9}℃^{-1}=0.00367℃^{-1}$$

2.5.3　逐差法

逐差法是物理实验中处理数据常用的一种方法。凡是自变量作等量变化，因变量也作等量变化，便可采用逐差法求出因变量的平均变化值。逐差法的优点：计算简便，特别是在检查数据时，可随测随检，及时发现差错和数据规律；更重要的是可充分地利用已测到的所有数据，并具有对数据取平均的效果；还可绕过一些具有定值的未知量，求出所需要的实验结果；可减小系统误差和扩

大测量范围等。

在谈论逐差法的优点时还应指出通常人们采用的相邻差法的缺点。例如，我们测得一组坐标数据 x_1，x_2，x_3，…，x_k，共 k 个（偶数个）。按相邻差法各相邻坐标距离的平均值为

$$\bar{x} = \frac{1}{k}\sum_{i=1}^{k-1}(x_{i+1} - x_i) = \frac{1}{k}[(x_2 - x_1) + (x_3 - x_2) + \cdots + (x_k - x_{k-1})]$$

$$= \frac{1}{k}(x_k - x_1)$$

从上述结果我们看到，仅第 1 个数据 x_1 和第 k 个数据 x_k 才对平均值 $\bar{x}$ 有贡献，这显然是不科学的，也是不公平的。逐差法是把这 k 个（偶数个，$k = 2n$）数据分成（x_1，x_2，…，x_n）和（x_{n+1}，x_{n+2}，…，x_{2n}）两组，取两组数据对应项之差：$\bar{x}_j = x_{n+1} - x_j$，$j = 1$，2，…，$n$，再求平均得相邻坐标间距离的平均值为

$$\bar{x} = \frac{1}{n \times n}\sum_{j=1}^{n}\bar{x}_j = \frac{1}{n \times n}[(x_{n+1} - x_1) + \cdots + (x_{2n} - x_n)] \quad (2.5\text{-}1)$$

从以上求平均值可以看到每一个测量数据都对平均值有贡献，都有自己的意义，表明用逐差法处理数据既保持了多次测量的优点，又具有对数据取平均的效果。

在用拉伸法测弹性模量实验中将会进一步介绍逐差法。一般地说，用逐差法得到的实验结果优于作图法，而次于最小二乘法。

2.5.4 最小二乘法

物理量之间的关系通常可用函数和曲线来表示。曲线能直观地表示出物理量之间的对应关系，以求出经验公式，但它比较粗糙，不如直接用函数关系式表示来得明确和方便。如何才能从实验数据中找到一个最佳函数形式拟合于观测点的测量值（所谓拟合，就是给观测点的测量值配上一个方程的过程），求出经验方程？或者说，如何估计一条曲线能最好地拟合于观测点，且左右分布匀称？答案是采用最小二乘法。它能从一组等精度的测量值中确定最佳值；或能使估计曲线最好地拟合于观测点。最小二乘法是最科学、最准确的数据处理方法，是从事科学研究的人员应该具备的知识。由于最小二乘法拟合曲线是以误差理论为依据的严格方法，它涉及许多概率论知识，故计算比较繁杂。另外，由于大学物理实验中常常遇到物理量之间的函数关系是线性的，或能通过变量代换化为线性的，因此，下面仅介绍如何用最小二乘法进行直线拟合的问题。

最小二乘法拟合曲线的原理是：若能找到最佳的拟合曲线，那么这一拟合曲线与各测量值之偏差的平方和，在所有拟合曲线中应最小。

现假设两物理量之间可满足线性关系，其函数形式为 $y = mx + b$，并由实验

等精度地测得一组数据（x_i，y_i，$i=1$，2，3，…，k）。因为测量总是有误差的，所以 x_i 和 y_i 中都含有误差，但相对来说 x_i 的误差远比 y_i 的误差小。为了讨论简便起见，认为 x_i 值是准确的，而所有的误差都只与 y_i 联系着。假若对于一组（x_i，y_i，$i=1$，2，3，…，k）数据点，$y=mx+b$ 是最佳拟合方程，那么每次测量值与按方程 mx_i+b 计算出的 y 值之间偏差为

$$\nu_i = y_i - (mx_i + b)$$

根据最小二乘法原理，所有偏差平方和为最小，即

$$s(m,b) = \sum_{i=1}^{k} \nu_i^2 = \sum_{i=1}^{k} [y_i - (mx_i + b)]^2 = \text{最小} \tag{2.5-2}$$

式中，y_i，x_i 是已经测定的数据点，它们不是变量，要使方程达到最小，变动量就只能是 m 和 b，如果设法确定这两个参数，那么该直线也就确定了。根据求极值的条件，式（2.5-2）对 m 和 b 的一阶导数分别为0，即

$$\left.\begin{aligned} \frac{\partial s}{\partial b} &= -2\sum_{i=1}^{k}(y_i - mx_i - b) = 0 \\ \frac{\partial s}{\partial m} &= -2\sum_{i=1}^{k} x_i(y_i - mx_i - b) = 0 \end{aligned}\right\} \tag{2.5-3}$$

（1）求解 m 和 b　联立求解式（2.5-3），得

$$\left.\begin{aligned} m &= \frac{\overline{x}\cdot\overline{y} - \overline{xy}}{(\overline{x})^2 - \overline{x^2}} \\ b &= \overline{y} - m\,\overline{x} \end{aligned}\right\} \tag{2.5-4}$$

式中，$\overline{x} = \frac{1}{k}\sum_{i=1}^{k} x_i$；　$\overline{y} = \frac{1}{k} = \sum_{i=1}^{k} y_i$；　$\overline{x^2} = \frac{1}{k}\sum_{i=1}^{k} x_i^2$；　$\overline{xy} = \frac{1}{k}\sum_{i=1}^{k} x_i y_i$。

要验证式（2.5-2）表示的极值最小，还需证明二阶偏导数大于零，这里不再证明。实际上，由式（2.5-4）给出的 m 和 b 对应的 $\sum_{i=1}^{k} v_i^2$ 就是最小值。

（2）各参量的标准误差　y 测量值偏差的标准误差为

$$\sigma_y = \sqrt{\frac{\sum_{i=1}^{k}(y_i - mx_i - b)^2}{k-2}} \tag{2.5-5}$$

上式分母是 $k-2$，这是因为确定两个未知数要用两个方程，多余的方程数为 $k-2$。

斜率 m 值的标准误差为

$$\sigma_m = \frac{\sigma_y}{\sqrt{k\left[\overline{x^2} - (\overline{x})^2\right]}} \tag{2.5-6}$$

截距 b 值的标准误差为

$$\sigma_b = \frac{\sqrt{\overline{x^2}}}{\sqrt{k\left[\overline{x^2} - (\overline{x})^2\right]}}\sigma_y \tag{2.5-7}$$

（3）拟合直线的检验　在待定参量确定后，还要检验一下拟合直线是否成功。引入一个叫相关系数 γ 的量，它的定义为

$$\gamma = \frac{\overline{xy} - \overline{x} \cdot \overline{y}}{\sqrt{\left[\overline{x^2} - (\overline{x})^2\right]\left[\overline{y^2} - (\overline{y})^2\right]}} \tag{2.5-8}$$

γ 表示两变量之间的函数关系与线性函数的符合程度，γ 值总在 0 与 ±1 之间。γ 值越接近 1，说明实验数据分布越密集，越符合求得的直线，或说明 x 和 y 的线性关系越好，用线性函数进行拟合比较合理；相反，如果 γ 值远小于 1 而接近 0，说明不能用线性函数拟合，x 与 y 完全不相关，必须用其他函数重新试探。$\gamma>0$，拟合直线斜率为正，称为正相关；$\gamma<0$，拟合直线斜率为负，称为负相关。

练　习　题

1. 指出下列各量有几位有效数字

（1）$l=0.0001\text{cm}$　　（2）$T=1.0001\text{s}$

（3）$g=980.12306\text{cm/s}^2$　　（4）$\lambda_{CH_4}=339.223140\text{nm}$

（5）$E=2.7\times10^{23}\text{J}$　　（6）$I=0.0300\text{mA}$

2. 指出下列各数据的有效数字位数并把它们取成三位有效数字

（1）1.0751　　（2）0.86249　　（3）27.052

（4）3.14159　　（5）0.002005　　（6）4.5254×10^3

3. 有 A、B、C、D 四个人用同一把千分尺测量同一钢球的直径，其结果分别为：

A.（1.2832 ±0.0006）cm　　B.（1.283 ±0.0006）cm

C.（1.28 ±0.0006）cm　　D.（1.3 ±0.0006）cm

注：以上各结果均有 $P=95\%$

问：哪个结果正确？其他结果错在哪里？

4. 某物体质量的测量结果为 $m=(34.28\pm0.06)\text{g}$，$E=0.18\%$，$P=95\%$，指出下列解释中哪种是正确的？

（1）被测物质量是 34.22g 或 34.34g。

（2）被测物质量是 34.22g ~34.34g 之间。

（3）在 34.22 ~34.34g 范围里含被测物体质量真值的概率约为 95%。

（4）用 34.28g 表示被测物质量时，其测量误差的绝对值小于 0.06g 的概率约为 68%。

5. 用科学表达式正确写出下列完整表达式（以下各式均有 $P=95\%$）。

(1) $A=(17000\pm100)$ km　　(2) $B=(0.001730\pm0.0005)$ m

(3) $C=(10.8000\pm0.2)$ cm　　(4) $D=(99.5\pm0.2)$ ℃

6. 根据有效数字运算规则改正下列错误：

(1) $216.5-1.32=215.18$　　(2) $0.0221\times0.0221=0.00048841$

(3) $\dfrac{400\times1500}{12.60-11.6}=600000$　　(4) $15\text{cm}=150\text{mm}=150000\mu\text{m}$

7. 根据有效数字运算规则计算以下各式：

(1) $98.754+1.3=$　　(2) $107.50-2.5=$

(3) $27.6\div0.012=$　　(4) $121\times10=$

(5) $\dfrac{76.00}{40.00-2.0}=$　　(6) $\dfrac{50.00\times(18.30-16.3)}{(103-3.0)(1.00+0.001)}=$

(7) $\dfrac{100.0\times(5.6+4.412)}{(78.00-77.0)\times10.000}+110.0=$　(8) $\dfrac{25^2+943.0}{479.0}=$

(9) $\dfrac{23.3-21.3}{2.5}\times100-14.30=$

8. 用千分尺（仪器误差为0.004mm）测量一圆柱体直径 D，所得数据如下表：($P=95\%$)

测量次序 i	1	2	3	4	5	6
直径 D/mm	9.835	9.836	9.838	9.834	9.837	9.836

求圆柱体直径 D 的测量结果。

9. 一圆柱体已测得其质量 $m=(254.142\pm0.002)$ g，($P=95\%$)；直径 $D=(2.534\pm0.005)$ cm，($P=95\%$)；高 $h=(9.20\pm0.01)$ cm ($P=95\%$)。求其密度 $\rho=4m/(\pi D^2h)$ 的不确定度及测量结果，并分析直接测量值 m、D、h 的不确定度对间接测量量 ρ 的影响。

10. 指出下列情况属于随机误差还是系统误差：

(1) 视差；　　(2) 千分尺零位不准；

(3) 天平零点漂移；　　(4) 电表的接入误差；

(5) 电源电压不稳定引起的测量值起伏；

(6) 忽略空气浮力对测量物体质量的影响。

【参考文献】

[1] 李化平. 物理测量的误差评定 [M]. 北京：高等教育出版社，1994.

[2] 吴泳华，霍剑青，等. 大学物理实验：第一册 [M]. 北京：高等教育出版社，2001.

[3] 朱鹤年. 基础物理实验教程——物理测量的数据处理与实验设计 [M]. 北京：高等教育出版社，2003.

[4] 杨俊才，何焰蓝. 大学物理实验 [M]. 北京：机械工业出版社，2004.

（陶纯匡　稿，汪涛　校）

第3章　常用物理实验仪器

在物理实验中，无论观察现象或进行测试，都离不开实验设备。根据它们的构造原理和用途不同可分为仪器、量具、器件。一般凡具有指示器和在测量过程中有可以运动的测量元件都称测量仪器，如千分尺、温度计、电表等；没有上述特点的则称量具，如米尺、标准电阻、标准电池等（仪器和量具统称器具）；凡不能用于测量的称器件。

下面对物理实验中常用的部分仪器、量具及器件作简要的介绍。

3.1　长度测量器具

长度是最基本的物理量之一。长度测量是实验中最基本的测量，是一切测量的基础。在实验中进行的大多数测量，基本上都可化为长度或弧长来读数，如测温度是量水银柱在毛细管中的长度；各种指针式电表其刻度是弧长等。因此，长度测量的读数规则和基本方法在实验中具有普遍意义。长度测量使用的仪器、量具较多，最基本的器具有米尺、游标卡尺、千分尺。不同的仪器、量具精密度不同，亦即分度值大小不同；分度越小，仪器越精密，仪器本身允许的测量误差也越小。当精密度要求高于 10^{-3}mm 时，可采用更精密的仪器，如光学比长仪、迈克尔逊干涉仪等。

3.1.1　米尺

常用米尺量程大多是 0～100cm，分度值为 1mm。测量长度时常可估计到 0.1mm。紧贴、对准和正视是测量时的要领和关键。测量时，必须使待测物体与米尺刻度面紧贴，如图 3.1-1 所示，并使待测物的一端准确对准选作起点（一般不选用“0”刻度线）的某一刻度线，根据待测物体的另一端在米尺刻度上的位

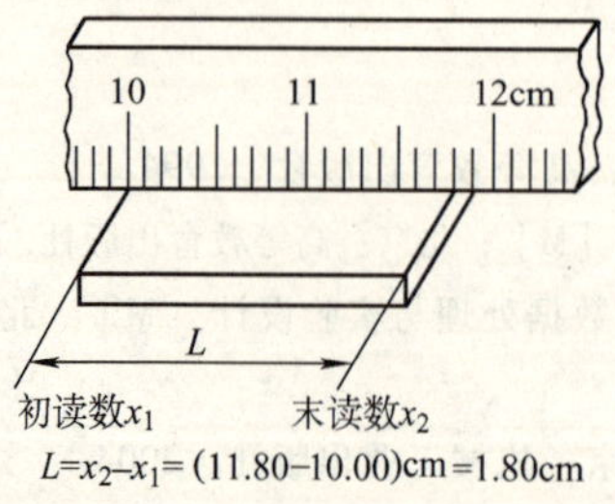

图 3.1-1　米尺测量方法

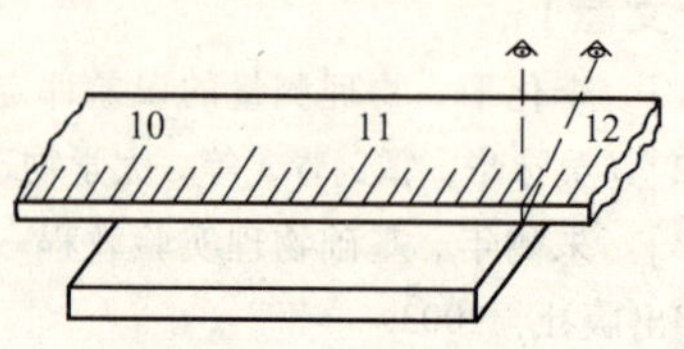

图 3.1-2　错误的米尺读数方法

置，正视读出数值，物体两端读数之差即为待测物体的长度值。上述测量方法可避免由于米尺端边磨损引入的误差。由于米尺具有一定厚度，观测者视线方向不同会引入测量误差（即视差），如图 3.1-2 所示。

3.1.2　游标卡尺

米尺的分度值 1mm 不够小，常不能满足需要。为提高测量精度，可在尺身（即米尺）上附带一根可沿其移动的游标，构成游标卡尺，如图 3.1-3 所示。根据游标上的分度数不同，游标卡尺大致可分为 10 分度、20 分度、50 分度三种规格。

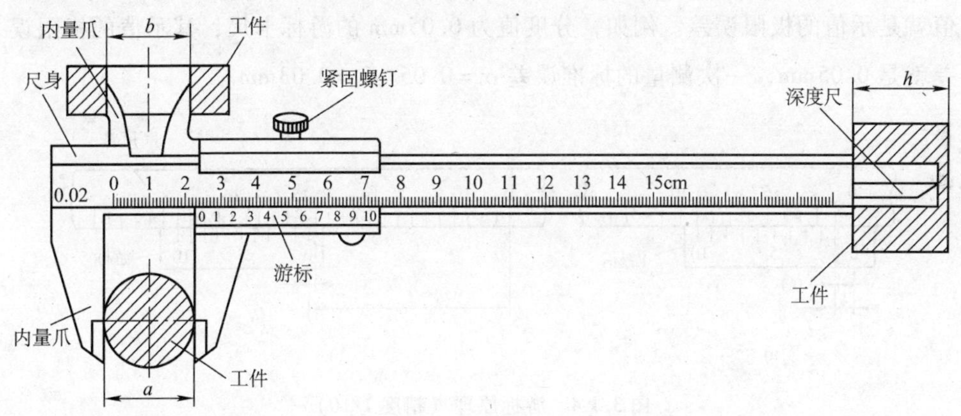

图 3.1-3　游标卡尺

1. 读数原理及方法

尽管 10 分度游标卡尺已不常被人们使用了，但其原理与 20 分度、50 分度游标卡尺一样，加之最简单、易懂，因此我们仍以 10 分度游标卡尺为例简述其读数原理。

当外量爪的两个测量平面（或测量刀口）紧密贴合时，游标上的“0”线与尺身上的“0”线对齐，如图 3.1-4a 所示。游标上共有 10 个分格，其总长为 9mm，即每一分格长 0.9mm，比尺身上每一个分格短 0.1mm。微微移动游标，使游标的第一分格线与尺身上 1mm 分度线对齐，则游标的“0”刻线与尺身的“0”刻线离开了 0.1mm，也就是外量爪的两测量刀口张开了 0.1mm。若游标的第二条刻线与尺身的 2mm 刻线对齐，则两测量刀口张开 0.2mm，其余依次类推。与米尺不同，在本例中毫米的十分位读数不是估计读得的，而是由两个准确数值之差来求得的。游标卡尺的分度值等于尺身上 1 个分格与游标上 1 个分格的长度之差。上述游标卡尺的分度值（或精度）就是 0.1mm。设测量面之间卡入某待测物体后，游标移至如图 3.1-4b 所示位置，这时，第一步在尺身上读出毫米以上的数值 14mm；第二步在游标上读出毫米以下的数值，图上游标的第五条分度线与尺身上刻线对齐，对应的数值为 0.1mm × 5 = 0.5mm；第三步得到待测物体的长 $L = 14\text{mm} + 0.1\text{mm} \times 5 = 14.5\text{mm}$。有时游标上所有分度刻线可能都不与尺身上的某一条刻线严格对齐，此时，一般就取与尺身刻线对齐最好的那条分度线值作为游标读数值。显然，此时的测读误差小于分度值的二分之一，即测读误差不会超过游标精度的二分之一。要提高测量的精确度，必须增加游标的分度总数减小分度值。20 分度游标卡尺其分度值为 0.05mm，50 分度游标卡尺分度值为 0.02mm。它们的估读误差（小于最小分度值的二分之一）可认为在 0.01mm 这一位上。故游标卡尺的分度值越小，其误差也越小。

游标卡尺不标精度等级。一般测量范围在 300mm 以下的游标卡尺，其分度值就是示值的极限误差。例如，分度值为 0.05mm 的游标卡尺，其示值的极限误差就是 0.05mm，一次测量的标准误差 $\sigma = 0.05/\sqrt{3} = 0.03\text{mm}$。

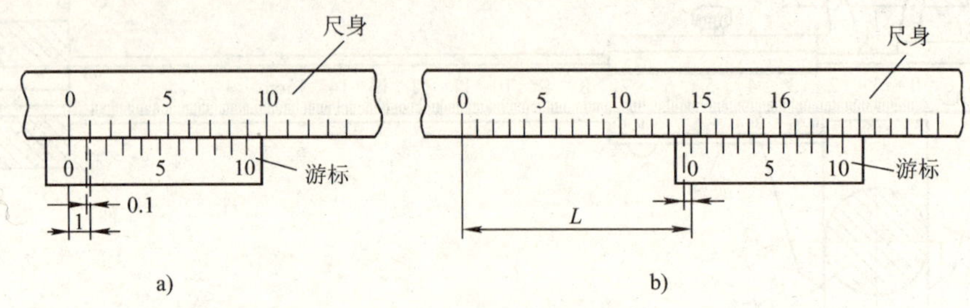

图 3.1-4　游标原理（精度 1/10）

a）游标卡尺刻度关系　b）游标卡尺读法

2. 使用方法

测量前应先将两量爪合拢，检查游标卡尺有无零值误差（即尺身“0”线和游标的“0”线是否对准），如有，则应记下此值，用以修正测量所得结果。测量时，一手拿物体，一手持尺，量爪要卡正物体，松紧要适当，必要时可将紧固螺钉旋紧。应特别注意保护量爪不被磨损，不允许用游标卡尺测量粗糙的物体，更不允许在刀口内挪动被夹紧的物体。利用内量爪和深度尺，游标卡尺还可测内径和孔的深度。

3.1.3　千分尺（螺旋测微计）

千分尺又叫螺旋测微计，它是比游标卡尺更精密的长度测量仪器。0 ~ 25mm 量程的千分尺常用于测量较小的长度，如金属丝直径、薄板等。千分尺的外形如图 3.1-5 所示。刻有分度的固定套筒通过弓架与测量砧台连为一体。副尺刻在活动套筒的圆周上，活动套筒内连有精密螺杆和测量杆。活动套筒通过内部精密螺杆套在固定套筒之外。转动活动套筒，套筒边沿固定套筒尺身刻度移动，并带动测量杆移动。在尺身上有一条直线作为准线，准线上方（或下方）有毫米分度，下方（或上方）刻出半毫米的分度线，因而尺身最小分度值是 0.5mm。副尺套筒周边刻有 50 个均匀分度，旋转副尺套筒一周，测量杆将推进一个螺距（0.5mm），故副尺套筒每转动周边上一个分度，测量杆将进或退 0.5/50mm，即千分尺的最小分度值为 0.01mm。可见，利用测微螺旋装置后，使测量砧和测量杆间的长度可量准到 0.01mm，对最小分度还可进行 1/10 估计读数，读出 0.001mm 位的读数。

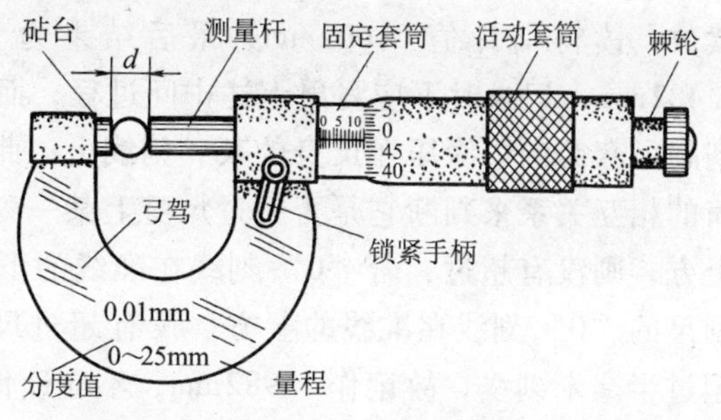

图 3.1-5　千分尺

千分尺分 0 级、1 级和 2 级三种精度级别，通常实验室使用的为 1 级，其示值误差在 0～100mm 范围内为 ±0.004mm，加上估读误差，则千分尺的极限误差为 0.005mm。

1. 读数方法

1）旋进活动套筒，使测量砧和测量杆的两测量面轻轻吻合，此时，副尺套筒的边缘应与尺身的“0”刻线重合，而圆周上的“0”刻线也应与准线重合（对准），记为 0.000mm，这就是零位校正。若不重合，将给测量造成误差，这个误差属于系统误差中的零值误差。因此，在测量前必须读记下零读数，以便测量结束后对测量结果进行修正，即从测量结果中减去零读数，得出最后结果。在确定零读数时必须注意它的正负，如图 3.1-6a 所示，读得 +0.026mm；如图 3.1-6b 所示，读得 −0.013mm。

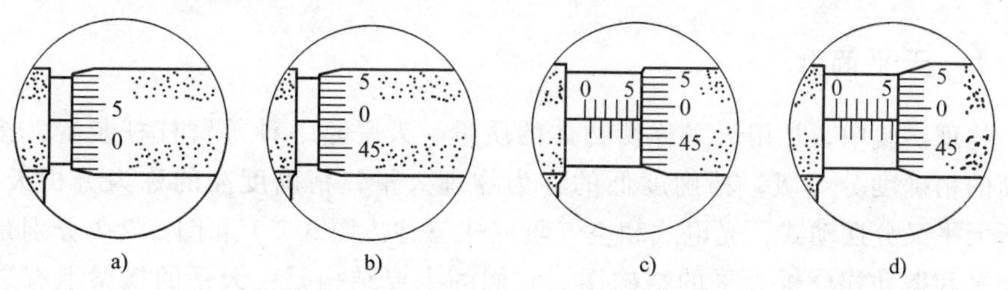

图 3.1-6　千分尺读数

a）零读数 +0.026mm　b）零读数 −0.013mm　c）（5 +0.482）mm = 5.482mm　d）（5.5 +0.482）mm = 5.982mm

2）后退测量杆，将待测物夹在两测量面间，并使两测量面与待测物轻轻接触。若副尺套筒的边缘在如图 3.1-6c 所示的位置，则第一步在尺身上读出 0.5mm 以上读数 5mm；第二步在副尺上读出与准线最接近的分度数，图中可读得 0.01 ×48mm = 0.48mm；第三步再根据准线所对某分度的位置，按 1/10 估计读数，读得估计值 0.002mm，最后结果为 5mm + 0.01mm × 48 + 0.002mm = 5.482mm，记录时不应写出上述中间过程，而应直接写出最后结果。测量时常遇到副尺套筒的边缘压在尺身的某一刻线上，此时，应根据准线和副尺“0”刻线筒的相互关系来判断它是否超过尺身上某一刻线。如果副尺的“0”刻线在准线上方，则没有超过，若“0”刻线在准线的下方，则已超过。如图 3.1-6d 所示，副尺的“0”刻线在准线的上方，没有超过尺身的 6mm 刻度线，但它的边缘已超过半毫米刻线，故读作 5.982mm，不应读作 5.482mm。

2. 使用方法

左手把住弓架，先按待测物体的长度用右手转动副尺套筒，使待测物体能夹在测量杆和测量砧之间（见图 3.1-5），当测量杆的测量面与待测物体之间还有很小距离时，再旋转棘轮带动副尺套筒一起旋转，夹住待测物。由于使用了棘轮装置，当待测物被夹住后，再旋转棘轮就不能带动副尺套筒一起旋转，而发出“嗒”、“嗒”响声。当听到二、三下“嗒”、“嗒”的响声时，表示夹紧待测物的力足够了，可以进行读数。

千分尺是精密仪器，使用时必须注意下列各点：

1）因为螺旋是力的放大装置，不论是读取零读数或夹住测量物测量，都不准直接旋转套筒使测量杆与量砧或待测物体接触，而应旋转棘轮，否则不仅会因用力不均匀而测量不准，还会夹坏待测物或损坏千分尺的精密螺旋。

2）千分尺用毕，测量杆和测量砧之间要留有间隙才能放于盒中，以免气候变化，受热膨胀影响使两测量面相互挤压而损坏螺旋机构。

3.2 质量称衡仪器

3.2.1 天平简介

物理实验中，常用天平称衡物体的质量。天平是一种等臂杠杆装置，按其称衡的精确度分等级，精确度低的称为物理天平，精确度高的称为分析天平。分析天平又分摆动式、光电式和空气阻尼式三种。图 3.2-1 和图 3.2-2 分别是物理天平和摆动式分析天平的结构图。它们的主要结构是：天平的横梁上有三个刀口，两侧的刀口向上，用以承挂左右秤盘；而中间刀口则可搁在立柱上部的刀承平面上，在称衡时全部重力（包括横梁、秤盘、砝码、待测物）都由刀口承担。横梁中部装有一根与之垂直的指针，立柱下部有一标尺（从左到右有 20 个分度），通过指针在标尺上所指示的读数可以确定天平是否达到平衡。在立柱内部装有制动器，而在底部有一制动旋钮，旋转制动旋钮可使刀承上、下升降。平时刀承降下，使横梁搁在托承上，中间刀口不受力，借此保护刀口，同时横梁也不会摆动。

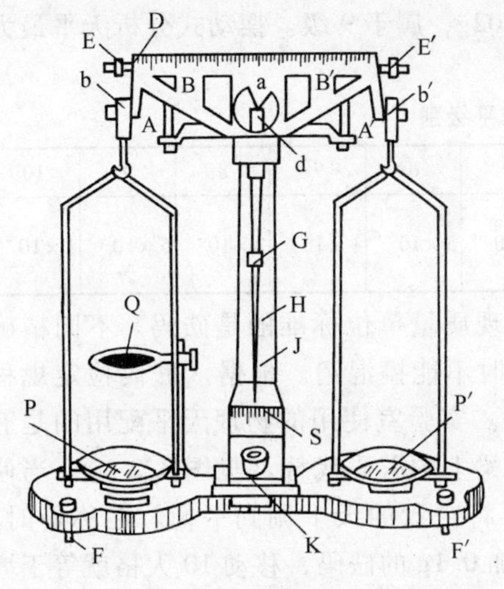

图 3.2-1　物理天平
A、A′—托承　B、B′—横梁　D—游码
E、E′—平衡螺母　a—中间刀口　b、b′—
两端刀口　d—刀承　F、F′—底脚螺钉
G—重心螺母　H—立柱　J—读数指针
K—制动旋钮　S—标尺　P、P′—
秤盘　Q—托架

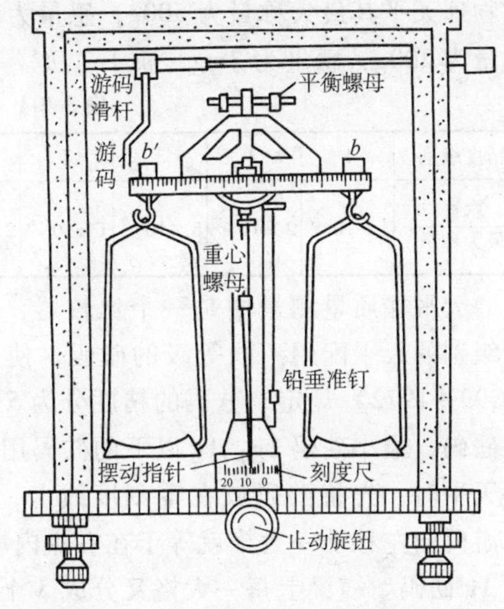

图 3.2-2　分析天平

分析天平的刀口和刀承均用玛瑙制成以保证天平的灵敏度。为防止空气流动对称衡的干扰，分析天平都装在玻璃罩内，加减重物和砝码时只需分别打开玻璃罩两侧面的玻璃门。

天平上装有水准仪或铅垂用来指示立柱的垂直（即刀承平面水平）。这样在称衡时，刀口不会滑移。

在物理天平底座左右装有托架，这是为了便利某些实验，如用阿基米德原理测量非规则物体的体积。

天平的规格主要由最大称量和感量（或灵敏度）来确定，一般都标在标牌上。最大称量是天平允许称量的最大值。感量是天平的指针从标尺上零点平衡偏离一个最小分度时，天平两盘上的质量差。一般来说，感量的大小与天平砝码（游码读数）的最小分度值相适应（例如相差不超过一个数量级）。感量的倒数是灵敏度，即天平平衡时，在一个称盘中加单位质量后指针偏转的格数（分度数）。

根据国家《天平检定规程 JJG98—1972》规定，按天平的感量与最大称量之比决定天平的精确度级别，把天平分为 10 级，见表 3.2-1。例如，实验室常用的物理天平其最大称量为500g，感量为0.02g，属于9级。摆动式分析天平最大称量为200g，感量为2mg，属于7级。

表3.2-1 天平级别

精度级别	1	2	3	4	5	6	7	8	9	10
$\frac{\text{感量}}{\text{最大称量}}$	1×10^{-7}	2×10^{-7}	5×10^{-7}	1×10^{-6}	2×10^{-6}	5×10^{-6}	1×10^{-5}	2×10^{-5}	5×10^{-5}	1×10^{-4}

天平在质量测量中是一个比较器，体现质量单位标准的是砝码。不同精确度级别的天平配用不同等级的砝码，使用时不能搞混淆。根据《砝码检定规程JJG99—1972》规定，砝码的精度分为5等。实验室使用的物理天平配用的是五等砝码，最小砝码1g，1g以下的砝码用横梁上的游码代替（见图3.2-1）。当使用天平时，先将游码放在零刻度线上，再将空盘的天平调到平衡。在称衡时，当游码向左移动一大格就等于在右盘内增加0.1g的砝码，移动10大格就等于增加1g砝码。横梁上每一大格又分成5个小格，因此，利用游码可测读到0.02g，还可以估读到0.002g。摆动式分析天平配用三等砝码，最小砝码为0.01g，称0.01g以下的质量用游码。游码由金属丝制成挂钩状（见图3.2-2），跨在与横梁相连的游码标尺槽内。游码标尺中间刻度为零，两侧各有10个大刻槽，每一个大刻槽又分成5个小刻槽，每一刻槽表示0.2mg。若在左侧的第一大槽内放上游码，相当于在左称盘内加上1mg的砝码，在右侧的第一个大刻槽内放上游码，相当于在右称盘内加上1mg的砝码。利用游码滑杆一端的小钩就能将游码安放在槽内或取下，不必打开玻璃门。

3.2.2 天平的使用规程

天平及砝码都是精密仪器，特别是分析天平，如果使用不当不仅会使称衡达不到应有的准确度，而且还会损坏天平，降低天平的灵敏度和砝码的准确度。因而使用时必须遵守下列操作规程：

1）使用天平前必须首先了解天平的最大称量是否满足称衡要求。

2）在动手操作之前要先检查一下天平横梁、吊盘等是否架装正确，砝码是否齐全。

3）使用天平首先检查天平是否水平，若不，则可转动底脚螺钉，将立柱调整到铅直方向（可以观察天平底座上的水准器内气泡是否在中间位置或垂直锤是否正对铅垂准钉来判断）。

4）转动制动旋钮，使天平处于开启状态，利用指针摆动法检查天平的停点，若需把停点调到零点（即标尺的中点10的位置），则需将天平止动，调节平衡螺母。检查调整天平的空载灵敏度，这可通过将重心螺母上下移动来实现。开启或止动天平时，要缓缓地进行，如果天平正在摆动，则应在指针经过零点时止动，不可使天平横梁受到冲击。

5）左盘放重物，右盘放砝码。待测物体和砝码要放在称盘正中间。增减砝码或移动游码时，必须将天平止动，不可在天平摆动时进行。

6）取用砝码必须使用镊子，不可用手拿。砝码只能放在天平盘中或砝码盒子里的原来位置上，异组砝码不可混用。

7）天平应当经常处于止动状态。只有在称衡时，才能轻开制动旋钮，称衡完毕，立即止动，进行读数。

8）当天平还不平衡时，不可将制动旋钮完全放开，只要能看出指针向那一边偏转就够了，断定指针的偏转方向后立刻止动，再增减砝码。

9）不可长时间把重物和砝码放在天平盘上，称衡读数完毕应即取下。

10）使用分析天平时，除非是取放砝码，否则玻璃罩的门不可长时间打开，读数时也应当将门关闭。

11）在天平调零点时，切忌直接用手调节平衡螺母，必须带上手套或采取其他方式。

12）天平的各部分以及砝码都要防锈、防蚀。高温物体、液体及带腐蚀性的化学药品不得直接放在称盘内称衡。

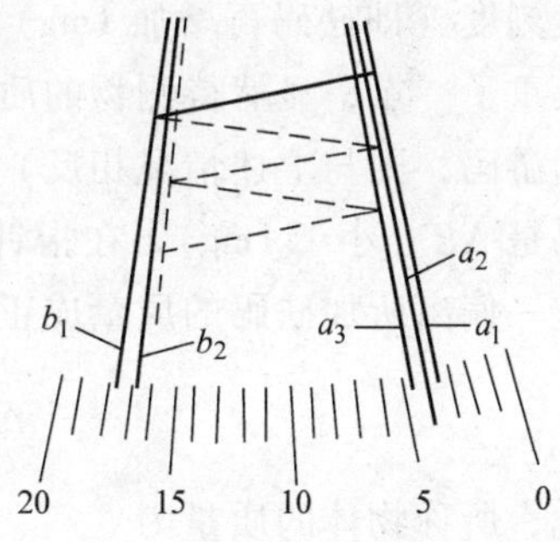

图 3.2-3　天平指针读数

摆动式分析天平十分灵敏，当横梁开始摆动后阻尼很小，指针要作长时间的往返摆动才能达到停止。因此，利用摆动式分析天平进行精密称衡时，常按下列方式进行：

1）用摆动法确定天平的停点。为了准确确定天平平衡时其指针在刻度尺上的读数（称为停点），假定在摆动时，指针在刻度尺的中线 10.0 的左右两边所达到的连续 5 次位置读数为 a_1、b_1、a_2、b_2、a_3，如图 3.2-3 所示，则停点

$$e = \frac{\frac{1}{3}(a_1 + a_2 + a_3) + \frac{1}{2}(b_1 + b_2)}{2}$$

如图 3.2-3 所示情况，$a_1 = 3.5$，$b_1 = 17.6$，$a_2 = 4.1$，$b_2 = 16.8$，$a_3 = 4.8$

则
$$e = \frac{\frac{1}{3}(3.5 + 4.1 + 4.8) + \frac{1}{2}(17.6 + 16.8)}{2} = 10.7$$

注意在读数时，必须估读一位。

用摆动法求停点，所取的摆动次数越多，求出的停点位置也就越接近真实的平衡位置。但实际上只取有限次数的连续摆动，一般取奇数次（如三次或五次）以减少摆幅衰减的影响。

2）检查天平空载灵敏度。设天平空载时测出的停点为 e_0，如在右盘上加一质量 m'的砝码或游码（实用上常取 1mg），则指针偏转，停点为 e'，则天平空载灵敏度 S（格/mg）为

$$S = \frac{|e' - e_0|}{1\text{mg}} = |e' - e_0| \ (\text{格}/\text{mg})$$

天平的灵敏度一般与它的负载有关，此外，也与横梁的重量及其重心位置有关，一般负载愈重，灵敏度愈低，横梁愈轻；重心愈高，灵敏度愈高。因此，调节附在指针上的重心螺母的位置可使灵敏度有一定的改变。

3）在确定了天平空载停点 e_0 并检查了空载灵敏度后，可以按规定要求进行称衡。砝码从大到小逐次增减，直至最小砝码，再用游码。当移动游码到天平横梁上中位位置右侧的某一刻度位置，指针的停点为 e_1，位于空载时停点 e_0 的右侧表示砝码稍轻一些（此时砝码加游码的总质量为 P），若把游码再向右移一个大刻度（即砝码再增加 1mg），指针的停点 e_2 位于 e_0 的左侧，表示砝码比重物又重了一点，显然待测物的质量在 P 与（$P+1\text{mg}$）之间（若在横梁中点左侧移动游码，则与上述情况相反）。设恰好能使指针到空载停点 e_0 处时，需增加的砝码是 ΔP（小于 1mg），在指针偏转角不太大的情况下，指针偏离的距离与引起这一偏离所加砝码的质量成正比，所以近似有

$$\Delta P = \frac{e_1 - e_0}{e_1 - e_2} \cdot 1\text{mg}$$

因此，所称物体的质量为

$$m = P + \Delta P = P + \frac{e_1 - e_0}{e_1 - e_2} \cdot 1\text{mg}$$

结果可准确到 1mg。

3.3 时间测量仪器

时间是基本物理量之一。时间的测量也是基本测量。时间的测量可分为时段测量和时刻测量。机械秒表是典型的时段测量仪器，而钟是测量时刻仪器。在物理实验中，常用的计时仪器有机械秒表、电子秒表和数字毫秒仪（或数字频率仪）等。

CS-Z 智能数字测时器

CS-Z 型智能数字测时器（以下简称测时器）是一种通用测时仪器，它以 8031 单片机为核心，外加光电门信号整形电路、电频率信号检测电路和显示电路所组成，如图 3.3-1 所示。单片机采用 Intel 公司 MCS—51 系列芯片 8031，外加一片 EPROM2732 以固化程序来控制单片机，这一部分是测时器的核心。在软

件控制下，它可完成多种工作，如测时、计数和测频率等，并有数据的处理和计算功能，使测时器具有智能功能。

在软件控制下，测时器可完成两种操作：计数和计时。在计数和计时的基础上测时器可实现其所有功能。

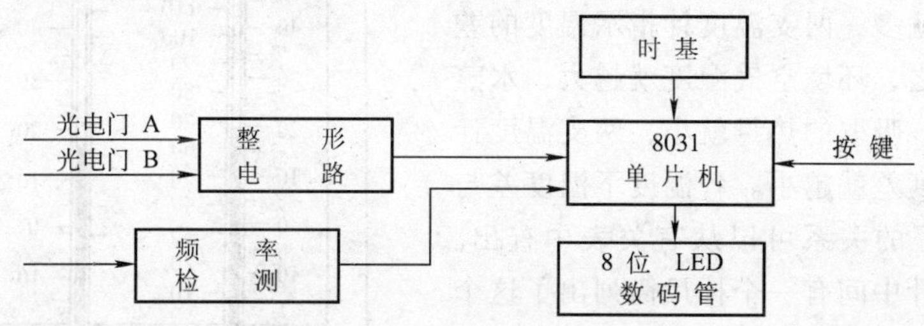

图 3.3-1　CS-Z 数字测时器原理

测时器有九种功能：① 1*Pr*（测一个时间间隔 Δt）；② 2*Pr*（测两个时间间隔 Δt_1，Δt_2）；③ 3-*v*（测一个速度 v）；④ 4-*v*（测两个速度 v_1、v_2）；⑤ 5*A*（测加速度 a）；⑥ 6*Pd*（测周期 T）；⑦ 7*Fr*（测电频率 f）；⑧ 8*Cc*（测碰撞功能）；⑨ 9*Ev*（事件计数）。

本仪器是测周期时处于第⑥种功能状态下工作。其操作步骤如下：电源开关处于 ON（接通）位置，电源指示灯亮，屏中出现 HELLO 显示，此时按选择键，则出现 1*Pr*，以后每按一次选择键分别出现：2*Pr*、3-*v*、4-*v*、…当出现 6*Pd* 时，即处于测周期的功能。

测周期功能步骤：可先预置周期数，方法是显示 6*Pd* 时按“执行”键，则显示 0，以后每按一次“选择”键，显示加 1。当达到你所需要的预置周期数后，再按“执行”键即显示 YES，这即表示进入测周期的程序。

由于我们使用开口光电门，挡光杆每挡光两次，显示的周期预置数就减 1，当最后一次挡光后，屏幕上显示的为时间总数，其单位为毫秒（ms）。

必须注意，尽管单摆的挡光杆只在一个光电门内来回摆动，另一个光电门与单摆毫无关系，但由于红外发光和红外接收，两套光电门必须同进插入仪器相应的插孔内，否则仪器可能无法工作。

若重复测周期，必须再按“执行”键，显示 0，然后按“选择”键，先预置周期数，当出现显示 YES 后，重复上面的步骤即可。

3.4　湿度和气压测量仪器

3.4.1　干湿球湿度计

干湿球湿度计由两支相同的温度计 A 和 B 组成，如图 3.4-1 所示。温度计 B

的测温球上裹着细纱布，纱布的下端浸在水槽内。由于水蒸发而吸热，使温度计 B 所指示的温度低于温度计 A 所指示的温度。环境空气的湿度小，水蒸发就快，吸取的热量就多，两支温度计指示温度的差就大。反之，环境空气湿度就越大，水蒸发就越慢，吸取的热量就小，两支温度计指示的温度差就越小。各温度下温度差与相对湿度[⊖]的关系可以从有关表中查出。有些湿度计中间有一个标尺筒列出了这个表，有些湿度计是在下方中间的一个转盘中列出此表。

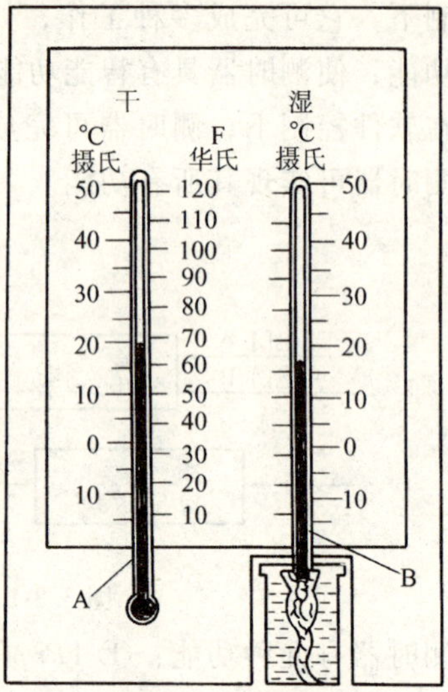

图 3.4-1 干湿球湿度计

3.4.2 气压计

福廷式气压计是一种常用的水银气压计，其结构如图 3.4-2 所示。一根长约 80cm 的玻璃管一端封口，灌满水银后垂直地倒插入水银杯内，当有标准大气压作用在杯内水银面上时，管内水银柱将会下降到距杯内水银面 76cm 的高度。气压变化，水银柱的高度也随之改变。利用玻璃管旁设置的尺身（米尺）及副尺（即游标）可测量水银柱的高度。米尺的下端连结着一象牙针 N，其针尖是水银柱高度的零点。

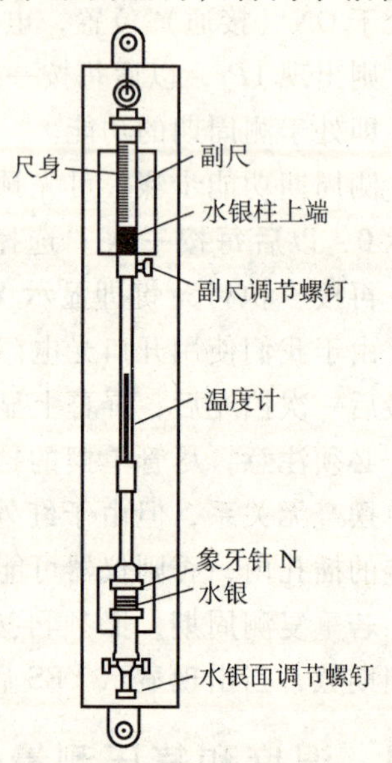

图 3.4-2 气压计

测量方法：

1）先记下保护管上温度计的指示温度，然后将通气孔螺钉拧松，使气压计与大气相通。

2）利用底部水银面调节螺钉升降水银杯，使杯中的水银面恰好与象牙针尖端接触（利用水银面反映的象牙针倒影判断）。要注意，当管中水银上升时，它的凸面格外凸出，反之，当其下降时，它就凸得不很显著。为使凸面有正常形状，可用手指在保护管上端靠近水银面外轻轻地弹一下，使水银振动，就能使凸面自由地形成。

⊖ 相对湿度（%）为大气中水蒸气压与同温度下水的饱和气压之比。

3）利用副尺调节螺钉移动副尺（即游标），使游标的下缘（游标的零线）与管中水银柱的凸面相切。这时，从尺身和游标所得的读数即为大气压示值 p_1。

4）精确测量时，还必须进行下列几项修正：

① 温度的修正　由于水银密度随温度升高而变小以及标尺受热而膨胀等因素影响读数，须对上述示值 p_1 进行修正。一般以 0℃时水银密度和黄铜标尺的长度为准，而水银体膨胀系数 $\alpha = 1.82 \times 10^{-4}℃^{-1}$，黄铜的线膨胀系数 $\beta = 1.9 \times 10^{-5}℃^{-1}$，则修正值为

$$c_t = -p(\alpha - \beta)t = -1.63 \times 10^{-4} p_1 t \tag{3.4-1}$$

式中，t 为附属温度计示值。

② 重力加速度的修正　国际上用水银气压计测定大气压强时，是以纬度 45℃的海平面上重力加速度 $g_0 = 980.665\text{cm/s}^2$ 为准的。由于各地区纬度不同，海拔高度不同，重力加速度值也就不同，这就会使同样高度的水银柱具有不同的压强，所以要作重力修正（包括纬度修正和高度修正）。此项修正值为

$$c_g = -p_1(2.65 \times 10^{-3}\cos 2\psi + 3.15 \times 10^{-1} h) \tag{3.4-2}$$

式中，ψ 是指纬度；h 为海拔高度，单位为 m。

5）由于毛细管作用而导致水银面的降低，以及象牙针尖位置与标尺零点不一致等原因，尚需作仪器差修正。此项修正一般定期与标准气压计相比较后作为仪器常数给出。

3.5　电磁测量仪器

3.5.1　滑线变阻器

滑线变阻器的结构与外形见图 3.5-1。变阻器的用途是控制电路中的电流和电压。电阻丝（如镍铬丝）密绕在绝缘的瓷管上，两端分别固定在接线柱 A，B 上，所以 A、B 两接线柱间的电阻即为变阻器总电阻。

电阻丝上涂有绝缘物质，使电阻丝圈与圈之间是绝缘的。在瓷管的上方装有可在铜棒 F 上滑动的接触器 D，接触器下端始终与已被刮掉绝缘物的线圈接触，所以接触器在铜棒 F 上滑动，就可以改变 AC 或 BC 之间的电阻。我们常称 A、B 两个接线柱为滑线变阻器的固定端，C 接线柱为滑动端。

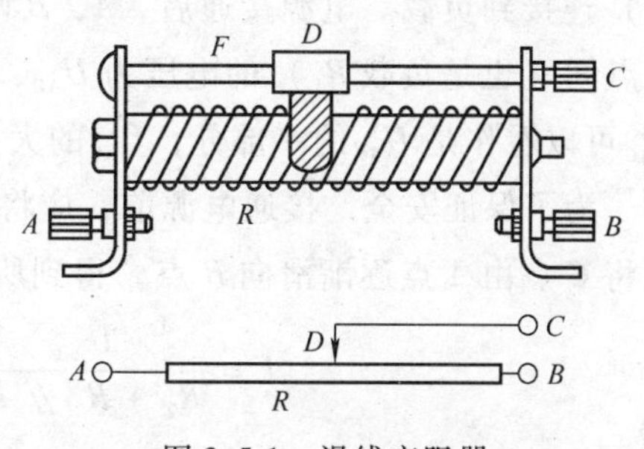

图 3.5-1　滑线变阻器

滑线变阻器的规格是：

（1）总电阻　即 A，B 间的阻值。

（2）额定电流　允许通过的最大电流。

滑线变阻器根据在电路中的作用不同而有不同的连接方法。

(1) 限流接法　限流接法如图 3.5-2 所示，一个固定点（固定端）与滑动点（滑动端）串在电路中（如图中 A、C 接线柱），另一个固定点（如 B 点）空着。当滑动点 C 滑动时，整个回路电阻就改变。当 C 点滑到 B 点时，R_{AC}最大，回路电流最小；当 C 点滑到 A 点时，$R_{AC}=0$，回路电流最大，亦即 C 点由 B 点逐渐滑向 A 点时，R_{AC}逐渐减小，回路电流逐渐增大，即有限流作用。为保证实验安全，在接通电源前，应将 C 点滑到 B 点，使 R_{AC}最大，回路电流最小，通电后，逐渐改变 C 点位置，得到需要的电流值。

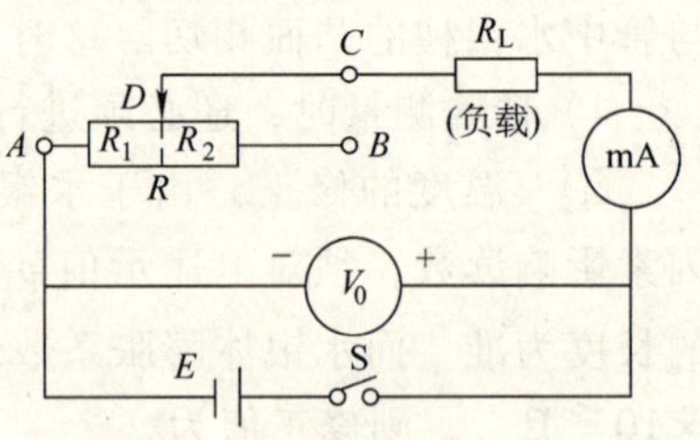

图 3.5-2　滑线变阻器限流接法

限流电路中的电流可按下式计算：

$$I=\frac{U_0}{R_L+R_1} \tag{3.5-1}$$

式中，R_L为电路的总负载；R_1为两接点间的电阻值。将式（3.5-1）变成

$$I=\frac{U_0}{R_L+(R-R_2)}=\frac{U_0}{R\left(\frac{R_L}{R}+1-\frac{R_2}{R}\right)}$$

便可看出，当 R_L 一定时：滑片 C 不管滑到哪个位置，限流电路中的电流 I 都不可能为零。变阻器阻值 R 愈小，电流 I 可调节的范围愈小，但 I 变化均匀；R 愈大，I 可调节的范围愈大，I 变化不均匀。故一般在负载 R_L 固定后，应根据需要来选择 R 值。常在 $2>R_L/R\geqslant 1$ 范围内取 R 值。

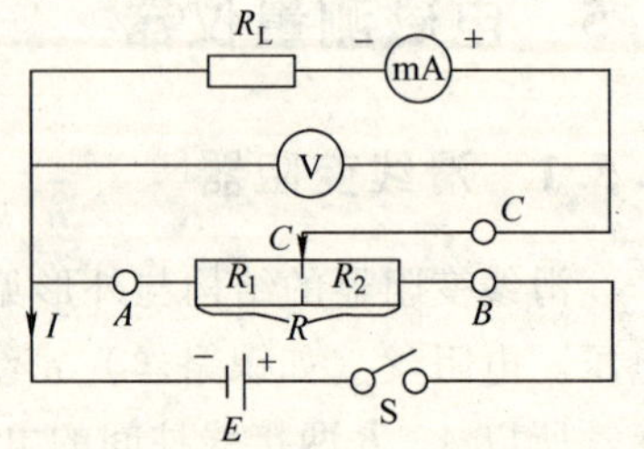

图 3.5-3　滑线变阻器分压接法

(2) 分压接法　如图 3.5-3 所示，变阻器的两个固定端 A，B 分别接在电源的两个电极上，滑动点与一个固定点（A 或 B，看电源的极性而定）连接到负载。电源接通后，A，B 两点间的电压 U_{AB}等于电源电压，而 A，C 两点间（也是负载 R_L）的电压为 U_{AC}，滑线变阻器两端电压 $U_{AB}=U_{AC}+U_{BC}$，而 U_{AC}可以看作是 U_{AB}的一部分，U_{AC}的大小随 C 点位置不同而不同。

为了保证安全，接通电源前，应将 C 点滑到 A 端，使 $U_{AC}=0$，接通电源后，再将 C 点由 A 点逐渐滑向 B 点，得到所需之负载电压 U_{AC}。分压电路的总电流为

$$I=\frac{U_{AB}}{R_2+R_1/\!/R_L}=\frac{U_{AB}}{R_2+\frac{R_1R_L}{R_1+R_L}} \tag{3.5-2}$$

输出的分压 U_{AC} 为

$$U_{AC}=I\frac{R_1R_L}{R_1+R_L}=\frac{R_1R_LU_{AB}}{R_2(R_1+R_L)+R_1R_L} \tag{3.5-3}$$

当负载 R_L 一定时，如何选择滑线变阻器的 R 值，才能使滑动点 C 匀速滑动时，分压 U_{AC} 均匀变化（即 U_{AC} 随 R_1 变化成线性关系）？根据 U_{AC} 与 U_{AB} 之比值可知，R 愈大 U_{AC} 变化愈不均匀；R 愈小 U_{AC} 的变化愈均匀，亦即线性关系愈好。一般选择 $R\leqslant\frac{R_L}{2}$ 的变阻器作为分压器，R 选取太小，R 上消耗的电功率太大，会使变阻器烧毁。

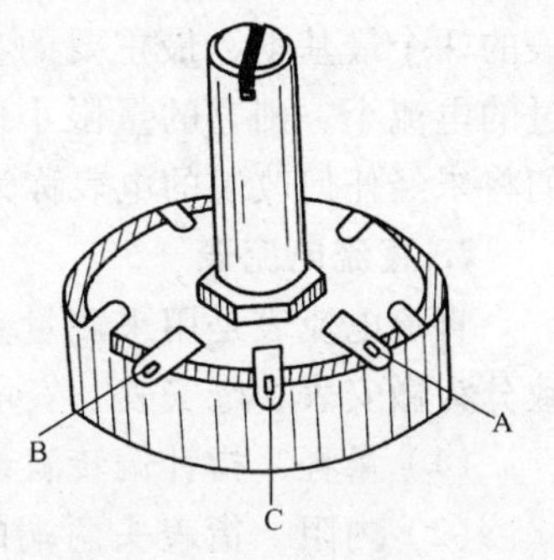

图 3.5-4　电位器

小型变阻器通称电位器，如图 3.5-4 所示，其内部结构与滑线变阻器类似。它的额定功率只有零点几瓦到数瓦。电阻较小的电位器多数用电阻丝绕成，称为线绕电位器。而阻值较大（约从千欧到兆欧）的电位器，则用碳质薄膜作为电阻，故称碳膜电位器。

3.5.2　电流表、电压表

电流、电压测量仪表的种类很多，按其工作原理可分为磁电式、热电式、电动式、静电式和整流式等。由于磁电式仪表具有准确度高、稳定性好以及受外磁场和温度影响小等优点，所以应用比较广泛。物理实验中使用的大都是磁电式电表。

1. 磁电式直流电表

磁电式电表的构造简图，如图 3.5-5 所示。在永久磁铁的两极上安有圆形极掌，极掌中间有一圆柱形铁心固定在底座上。其作用是使极掌与铁心间形成以转轴为中心呈均匀辐射状的强磁场。长方形线圈固定在上下轴上，并可以在铁心与极掌间转动而不触磁铁心与极掌。在上轴上固定有指针。两盘游丝的一端分别固定在上下轴上，另一端固定在支架上。当电流通过线圈时，线圈就受磁力矩作用而偏转，直到跟游丝的反扭转力矩平衡时为止。线圈偏转角度的大小与所通入的

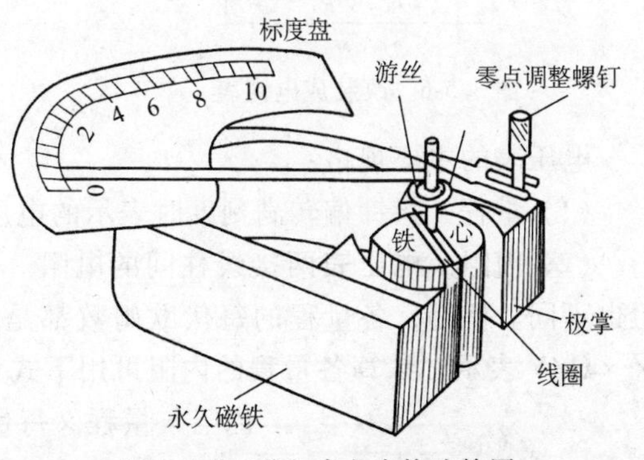

图 3.5-5　磁电式电表构造简图

电流成正比。电流方向不同，偏转方向也不同。这就是磁电式电表的基本工作原理。线圈的电阻与引线（包括两盘游丝）的电阻之和称为电表的内阻。指针偏转一小格所需通入的电流称为电表的电流常数（它的倒数称为灵敏度），是电表的两个最基本、最重要的参数。内阻大，说明绕制线圈的漆包线细，允许通过的电流小，则它的量限小，电流常数越小，该电表的灵敏度就越高。一般我们将未经任何改装的电表称为表头。

2. 直流电流表

直流电流表是用来测量直流电路中电流大小的仪表。根据量程的不同，大致分为微安表、毫安表、安培计三类。其主要规格是：

（1）量程　指针偏转满刻度时的电流值。

（2）内阻　指表头两端的电阻值。量程越大的内阻越小，一般微安表内阻在 1000 ~ 3000Ω 范围内，毫安表内阻在 100 ~ 200Ω 范围内，安培计内阻在 1Ω 以下。

一个表头的量程只有一个，为扩大其使用范围，常在表头的两端并联一个阻值很小的分流电阻，如图 3.5-6 所示，构成电流表。分流电阻阻值大小不同，则扩大的量程大小不同。有几个量程的电表称为多量程电表。电流表的内阻是指表头的内阻与并联的分流电阻的并联电阻值。

3. 直流电压表

直流电压表是用来测量直流电路中两点间电压大小的仪器。它由磁电式表头的线圈上串联一个大电阻构成，如图 3.5-7 所示。附加的大电阻起限流的作用，绝大部分电压降落在附加电阻上。在表头上串联的附加电阻不同，可以测量的最大电压也不同，即得到不同量程的电压表。在同一表头上串联几个不同电阻值的附加电阻，可得到一个多量程的电压表。

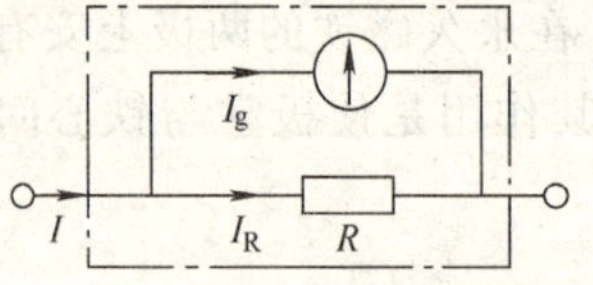

图 3.5-6　改装成电流表

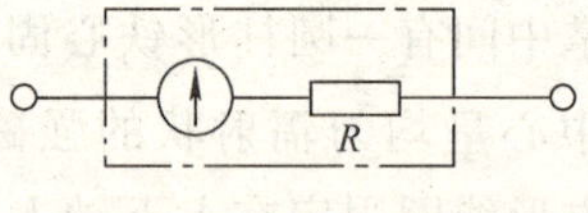

图 3.5-7　改装成电压表

电压表的主要规格：

（1）量程　指针偏转满刻度时表示的电压值。

（2）内阻　电压表两接线柱间的电阻。同一个电压表由于量程不同，其内阻也不同。但是，各量程的每伏欧姆数都是相同的，所以电压表内阻一般用 × × ×Ω/V 表示。计算各量程的内阻可用下式计算：

$$内阻 = 量程 \times 每伏欧姆数$$

4. 电表的基本误差（仪器误差）

由于电表的结构设计、加工制造、材料性质等不尽完善，例如活动部分在轴承里的摩擦、游丝的弹性不均匀、磁铁间隙中磁场不均匀、表盘分度不准确等，使电表的示数具有一定误差。这个误差称为电表的基本误差（即电表的仪器误差）。为了确定基本误差，先将一个电表和一个标准电表同时测量一定的电流或电压，称为校准。两电表在各刻度上读数差值，称为绝对误差，然后选取最大的绝对误差除以电表的量程，即为该电表的基本误差

$$\text{基本误差} = \frac{\text{最大绝对误差}}{\text{量程}} \times 100\% \tag{3.5-4}$$

根据基本误差的大小，可把电表分为不同的准确度等级。设电表的量程为 A_m，最大绝对误差为 Δ_m，准确度等级为 K，则

$$K = \frac{\Delta_m}{A_m} \times 100 \tag{3.5-5}$$

准确度等级一般为 0.1、0.2、0.5、1.0、1.5、2.5、5.0 七级。目前已有 0.05 级的电表出现。电表的等级常用一个圆圈标在电表的面板上。例如，1.0 表示该表为 1.0 级，其基本误差不大于 1.0%。

0.1 级和 0.2 级表多用作标准表校准其他电表，0.5 级多用于精确度要求较高的测量中，实验室常用的是 1.0 级电表。

使用电表测量时，可以根据所用电表的准确度级别计算测量的最大误差（极限误差），即

$$\Delta_m = KA_m\% \tag{3.5-6}$$

相对误差为

$$E_r = \frac{\Delta_m}{A} = \frac{KA_m}{A}\% \tag{3.5-7}$$

式中，A 代表电表测量时的指示值，对于选定的电表，其级别和量程是确定的，因而，测量的绝对最大误差 Δ_m 也是固定的。这样，用大量程的表测量小的量值就会产生相当大的相对误差，选用电表时应注意。

这里还需指出，在测量中一般既包括系统误差，也包括偶然误差。但用 0.1 级、0.2 级、0.5 级表来测量时，主要是偶然误差，系统误差可以不加考虑；而用 1.0 级以下的表测量时，主要是系统误差起作用，偶然误差是次要的。在实际确定测量时，除了电表本身引起的误差外，还应考虑读数误差、在非正常条件下使用电表的附加误差以及接入线路后引起的接触误差。所谓正常条件是指：① 电表在规定的放置方式下工作；② 外磁场干扰很小；③ 环境温度在 20℃ 左右；④ 工作在规定的频率范围内等等。

根据我国的规定，电气仪表主要技术性能都以一定的符号表示，并标记在仪器的面板上。表 3.5-1 给出了一些常见电气仪表面板上的标记。

表 3.5-1 常见电表板上的标记

名称	符号	名称	符号
指示测量仪表一般符号	○	磁电系仪表	[illegible]
检流计	↑	静电系仪表	[illegible]
安培计	A	直流	—
毫安表	mA	交流（单相）	~
微安表	μA	交直流两用	≃
伏特表	V	以满标百分数表示的准确等级。如1.5级	1.5
毫伏表	mV	相对湿度，分A、B、C三级	B（三角形内）
千伏表	kV	标度尺为垂直放置	⊥
欧姆表	Ω	标度尺为水平放置	⊓
兆欧表	MΩ	绝缘强度试验电压为2kV	2（五角星内）
负端钮	−	接地	⏚
正端钮	+	调零器	⌒
公共端钮	*	Ⅱ级防外磁场及电场	Ⅱ（方框内）

5. 使用各种电表时注意事项

(1) 量程的选择　根据待测电流或电压的大小，选择合适的量程。如果量程选择过小，则过大的电流、电压会使电表烧毁；如果量程选择过大，则指针偏转过小，读数不准确。一般选择量程的原则是：先估计待测量的大小，选择量程比待测量稍大些，即待测量可使指针偏转2/3满标左右为好。否则不能达到应有的准确度。

(2) 电流方向的确定　直流电表指针偏转方向取决于电流方向。所以首先要注意电表上接线柱的标记“+”、“−”或“红色”、“黑色”。红色接线柱或标有“+”号的接线柱为电流流入端，又称正极端（接电路高电位点），黑色接线柱或标有“−”号的接线柱为电流流出端，又称负极端（接电路低电位点），切不可接错，以免撞坏指针。对于检流计，可以不考虑“+”、“−”极性。

(3) 电表在电路中联结法　安培计是测量电流的，使用时应串联在待测电路中；伏特表是测电路中两点间电压的，使用时应并联在这两点上。

(4) 视差问题　为减小读数误差，应使实验者的视线垂直于标度盘表面。对于精度高的电表来说，刻度线旁附有反光镜面，当指针在镜中的像与指针重合时，读数才是准确的。

3.5.3　检流计

检流计可作为电桥、电位差计等仪器的电流指零仪或测量微小电流及电压用。根据灵敏度的高低（或电流常数的大小），检流计大致可分为指针式和光点反射式两类。指针式的较光点反射式的灵敏度低。

1. 指针式检流计

指针式检流计的指针零点在标度盘的正中央，用来检测电路中不同方向的微小直流电流。其主要规格参数是：

（1）电流常数　指针偏一小格所需的电流值。实验中常用的有 10^{-4}A/分度和 10^{-7}A/分度。

（2）内阻　检流计两接线柱之间的电阻。不同型号的指针式检流计其内阻不同，一般在 100Ω 左右。

一般指针式检流计允许通过的电流在几十微安到几个毫安之间，故使用时，常串联一个电阻（称保护电阻）以免电流过大时损坏检流计。

2. AC15 型直流反射式检流计

（1）工作原理　AC15 型直流检流计属于磁电式结构。测量机构与工作原理基于有电流经过线圈与永久磁铁磁场间的相互作用。活动线圈放置在软铁制成的铁心及永久磁铁中间。当电流通过导线游丝、拉丝（悬丝）而流过线圈时，检流计活动部分产生转动力矩而使活动部分转动，其偏转的角度由通过线圈的电流值、拉丝及导电游丝的反作用力矩所决定。

为了提高检流计灵敏度，检流计活动部分上装有小平面镜，利用一面小平面镜，一面球面反射镜及一面反射镜，根据光线的反射原理把具有叉丝的光斑反射到标度尺上。

（2）技术性能　AC15 型直流检流计系有 6 种不同性能的系列产品，它的主要技术数据列于表 3.5-2。

表 3.5-2　AC15 型检流计主要技术数据

参数	测量单位	检流计型号						
		AC15/1	AC15/2	AC15/3	AC15/4	AC15/5	AC15/6	
							“—”“—”“1”	“—”“—”“2”
		不大于						
内阻	Ω	1.5k	500	100	50	30	50	500
外临界电阻	Ω	100k	10k	1k	500	40	500	10k
分度值	A/分度	3×10^{-10}	1.5×10^{-9}	3×10^{-9}	5×10^{-9}	1×10^{-8}	5×10^{-9}	1.5×10^{-9}
临界阻尼时间	s	4						

零位不变等级：0.5 分度。

指示器偏转的对称性：5%。

照明电压：≌ 6.3V 或 ~220V。

标度尺：长 130mm 等分为 130 分度，每分度 1mm。标度 60—0—60。

检流计适用于周围温度 +10 ~ +35℃、相对湿度为 80% 以下的环境。

（3）面板上各开关、旋钮的作用

图 3.5-8 所示是 CA15/4 型直流复射式检流计面板图。检流计装有零点调节器旋钮（可进行多圈旋转）及标盘活动调零器。零点调节器的作用是零点粗调，标盘活动调零器的作用是零点细调。

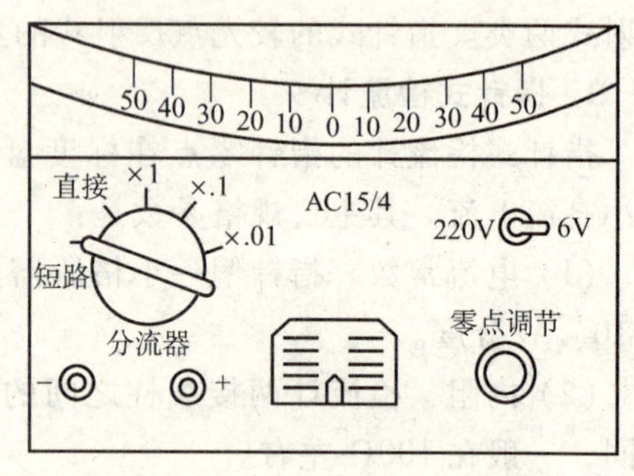

图 3.5-8　直流复射式检流计

检流计装有分流器选择开关，测量时，应从检流计最低灵敏度的测量档开始，如偏转不大，则可逐步转到灵敏度较高的测量档。×0.01 档为灵敏度最低档。为了防止检流计活动部分、拉丝和导电游丝受到机械振动而遭到损坏，检流计采用短路阻尼的方法，因此分流器开关具有短路档。如发现标尺上找不到光斑时，可将分流器选择开关置于直接档，轻微摆动检流计，如有光斑掠过，则可调节零点调节器，使光斑调到标尺上，如仍无光斑掠过，可能是灯泡烧坏。

“+”、“-”两个接线柱是用来接测量电路的，电流从“+”极流向“-”极时，检流计光斑应向右偏转。

本仪器有两种供电方法：当 220V 电源插口接上 220V 电压时，电源开关置于 220V 处，电源接通；当 6V 电源插口接上 6V 电压时，电源开关置于 6V 处，电源接通。

（4）使用注意事项

1）在测量中的光斑摇晃不停时，可用短路档使检流计受到阻尼；在改变电路、使用结束和搬动仪器时，均应将检流计短路，此时分流器开关旋钮置于“短路”位置。

2）由于检流计十分灵敏，若使用检流计的地方存在振动，可把检流计放在敷有海棉、橡皮衬垫的厚铁板上进行工作。

3.5.4　DA—16 型晶体管毫伏表

DA—16 型晶体管毫伏表是测量交流电压的仪表，主要有检波-放大式和放大-检波式两种。前者由于具有宽广的频率响应而被广泛地用于超高频，后者具有较高的灵敏度、稳定度和良好的指示线性。本晶体毫伏表采用放大-检波的形式，其前置电路使用两串接晶体管，具有低噪声电平及高输入电阻，用于工厂、实验室测量 100mV ~ 300V 的交流电压，其频率范围 20Hz ~ 1MHz，电表刻度指示为正弦波有效值。

1. 主要技术性能

（1）测量交流电压范围 100mV ~ 300V，分 1mV、10mV、30mV、100mV、300mV、1V、3V、20V、30V、300V 共 11 档，－72 ~ ＋32dB（600Ω）。

（2）被测电压频率范围　20Hz ~ 1MHz。

（3）交流精度　±3%。

（4）频率响应　20Hz ~ 100kHz，≤ ±3%；100kHz ~ 1MHz，≤ ±5%；

（5）输入阻抗　输入电阻在 1kHz 时约 1.5MΩ；输入电容在 1mV ~ 0.3V 时约 70pF，1 ~ 300V 时约 50pF（包括接线电容在内）。

（6）噪声　当输入端短路时，电表指示不大于 1 小格。

（7）使用电源　220V，50Hz，消耗功率 3W。

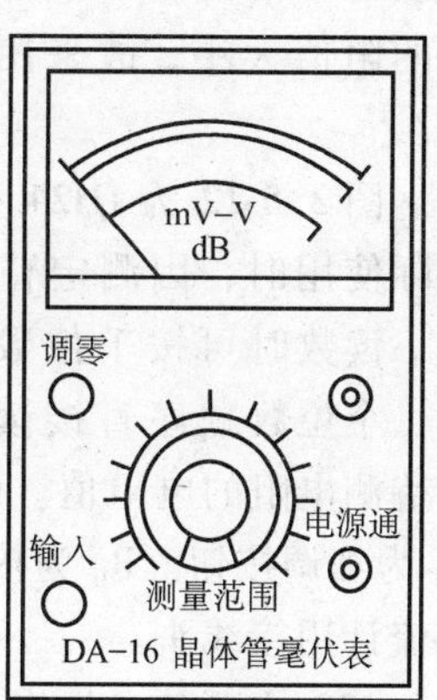

图 3.5-9　晶体毫伏表面板图

2. 使用说明

DA—16 型晶体管毫伏表的面板图如图 3.5-9 所示。

1）电源线插入 220V 交流电源上，接通电源，指示灯亮，待电表指针摆动数次，在选定测量范围后，使输入端短路，校正调零旋钮使指针到零位，即可进行测量。

2）所测交流电压中的直流分量不得大于 300V。

3）如果测量 36V 以上电压，应注意机壳带电，以免发生危险。

4）由于本仪器灵敏度高，接地点必须良好，应正确选择接地点，否则测试效果不好。

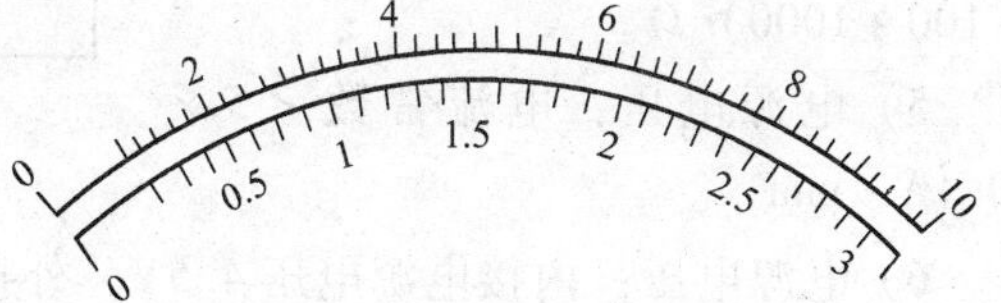

图 3.5-10　面板刻度

5）本仪器测量范围分两类，一类是 0 ~ 10（即 1mV，10mV，0.1V 等）；另一类是 0 ~ 3（即 3mV，30mV 等）。对应的面板刻度也有两类见图 3.5-10，一类是 0-2-4-6-8-10，适用于测量范围 0 ~ 10；另一类是 0-0.5-1-1.5-2-2.5-3，适用于测量范围 0 ~ 3。测量时应根据有效数字要求适当变换测量范围。注意每调换一次测量范围都应重新校零。

3.5.5 电桥

1. QJ24 型直流单臂电桥

QJ24 型携带式直流单臂电桥是专门用来测量中值电阻的仪器之一。

(1) 基本原理 QJ24 型电桥的简化电路如图 3.5-11 所示。图中 R_1 和 R_2 两个臂只需要知道它们的比值 C，故称比率臂。R_1 和 R_2 在仪器中常一起变动，一般直接给出比值。对于电阻 R，必须知道它的阻值大小，故采用电阻箱，称测定臂。

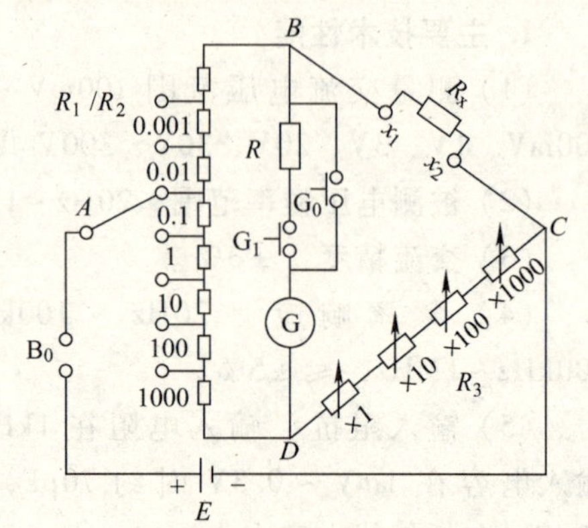

图 3.5-11 单臂电桥简化电路

图 3.5-12 为 QJ24 型电桥的面板图。实际使用时，因测定臂采用十进位电阻箱，读数时可按千位数、百位数、十位数、个位数顺序直接读出，然后乘以 C 得待测电阻的电阻值。G_1 和 G_0 是调节检流计灵敏度的按钮，G_1 为粗调按钮，G_0 为细调按钮。B_0 为接通电源按钮，B+、B−为外接电源用接线头，G 为外接检流计用接线头。

(2) 主要技术规格

1) 保证准确度测量范围 20 ~ 99990Ω。

2) 准确度等级：0.1 级

3) 比率臂比值：0.001、0.01、0.1、1、10、100、1000。

4) 测定臂可调范围：9 (1 + 10 + 100 + 1000) Ω。

5) 电源电压：电流常数 $< 5 \times 10^{-7}\mathrm{A \cdot mm^{-1}}$。

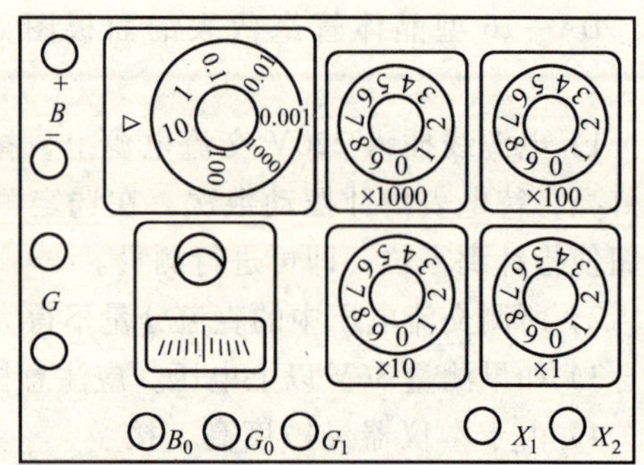

图 3.5-12 QJ24 型电桥面板图

6) 电源电压：内接电源电压 4.5V，外接电源电压 15V。

(3) 使用方法 QJ24 型电桥有两种供电方式，一种内接电源（装三节一号电池）；另一种用外接电源，从 B+、B−专用接线柱接入仪器，内接电源自动断开。

QJ24 型电桥有两种指零仪器，一种是内接检流计；如果想要提高灵敏度，可以用外接检流计，它可从 G 两端专用接线柱接入仪器。这时，内接检流计自动断开。

(4) 操作步骤

1) 根据需要选择内接或外接电源。

2) 根据需要选择内接或外接检流计，并调节零点。

3) 将待测电阻接在 X_1、X_2 两接线柱间。

4) 估计待测电阻值。方法很多，一般可用万用表中欧姆档测量，也可参看固定电阻上的标称值等。

5) 适当选择比率臂。为了保证测量时具有最多位数的有效数字，比率臂应按表 3.5-3 中的数选用。

表 3.5-3　比率臂的选择

待测电阻值/Ω	比率臂的大小
10 以下	0.001
10 ~ 100	0.01
100 ~ 1000	0.1
1000 ~ 10000	1
10000 ~ 100000	10
100000 ~ 1000000	100（外接电源 15V）
1000000 以上	1000（外接电源 15V）

6) 根据待测电阻的估计值和选择的比率臂大小，选择测定臂的大小，然后按下 B_0 按钮（可以旋入）和 G_1 按钮（粗调），从大到小调节测定臂电阻箱旋钮直到检流计指零。放开 G_1 按钮，再按下 G_0 按钮进行细调，直到检流计指零，并采用跃接法检查检流计指针是否真正指零，记下比率臂和测定臂的数值。

注意：

1) 当检流计的指针偏转到两个端点位置时，不能长久按住 G_1 或 G_0，调节测定臂电阻 R_3，因为检流计长期过载电流，容易损坏仪器，只有在检流计指针偏转在刻度范围内，才能按住 G_1 或 G_0 调节测定臂。因此，在调节大值旋钮时应特别注意这一点。

2) 电桥应存放在周围空气温度 +10 ~ +40℃，相对湿度 <80%，空气中不含有腐蚀性气体的室内。

2. QJ42 型携带式直流双臂电桥

QJ42 型携带式直流双臂电桥，即开尔文电桥。电路图如图 3.5-13 所示，面板图如图 3.5-14 所示。

(1) 主要技术规格

1) 基本量程：0.001 ~ 11Ω。

2) 准确度等级：2 级。

3) 比率臂倍率值：见表 3.5-4。

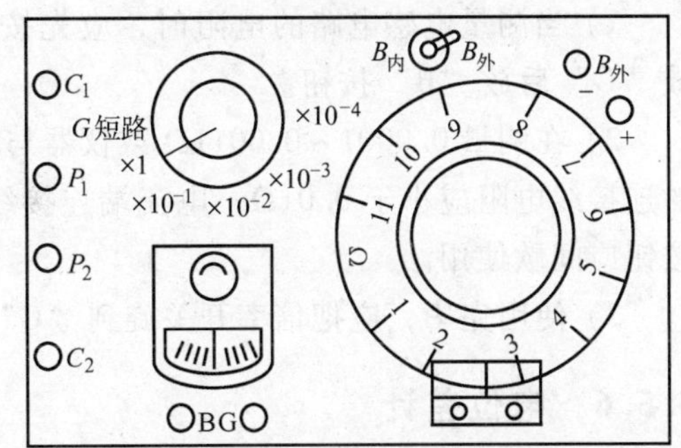

图 3.5-13　QJ42 型双臂电桥简化电路图

4）工作电源电压：1.5～2V。

5）使用温度：+4～+40℃

（2）使用方法

1）在仪器底部电池盒中装上3～6节一号干电池，或在外接电源接线柱“$B_{外}$”上接入1.5～2V容量大于10A·h的直流电源，“电源选择”开关拨向相应的位置。

2）将检流计指针调到“0”位（通过检流计上调节旋钮调节）。

3）将被测电阻R_x按四端接线法接在电桥相应的接线柱上，如图3.5-15所示。

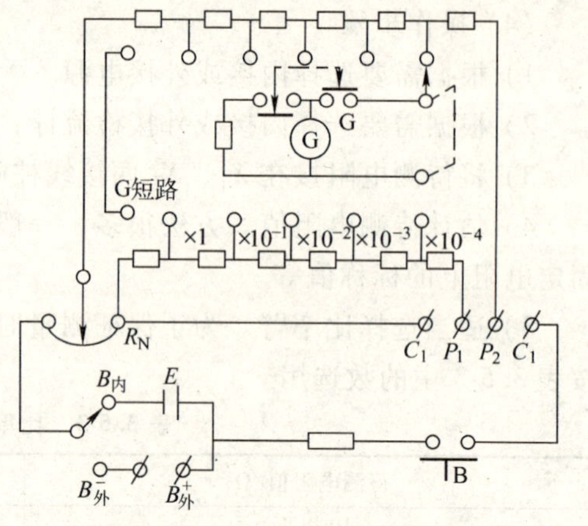

图3.5-14 QJ42型双臂电桥面板面

表3.5-4 QJ42双臂电桥比率臂比值

倍率 M	测量范围/Ω	准确度（%）
×10⁻⁴	0.0001～0.0011	20
×10⁻³	0.001～0.011	2
×10⁻²	0.01～0.11	
×10⁻¹	0.1～1.1	
×1	1～11	

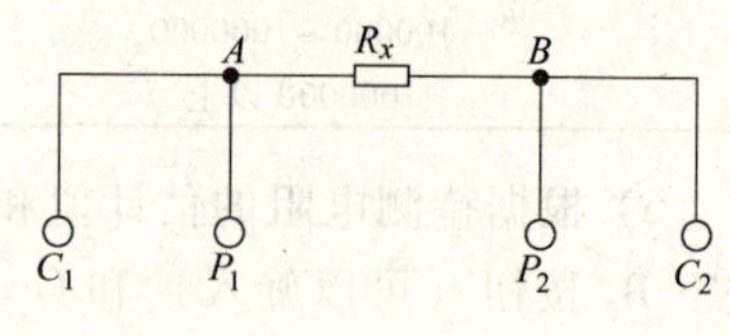

图3.5-15 电阻的四端接法

4）估计被测电阻值，参考倍率表，将倍率开关旋到相应的位置上，按下“G”和“B”按钮，并调节读数盘R_N，使检流计指针重新回到“0”位。此时电桥已处于平衡，而被测电阻值R_x为

$$R_x = MR_N$$

式中，M为倍率开关所示值；R_N为读数盘所示值。

（3）注意事项

1）当测量电感电路的电阻时，应先按“B”后按“G”按钮，断开时应先放“G”后放“B”按钮。

2）在测量0.0001～0.0011Ω或仪器与被测电阻间需要用连接线时，电位端的连接线电阻应小于0.01Ω，电流端连接线不宜太长太细。在一般情况下“B”按钮应间歇使用。

3）使用完毕，应把倍率开关旋到“G”短路位置上。

3.5.6 电位差计

电位差计是一种利用补偿原理测量电动势（或电压）的精密仪器。它不像电压表那样从待测线路中分流，从而干扰待测电路。电位差计测量的精确度仅依赖于标准电池、标准电阻的准确度以及检流计的灵敏度。电位差计是精密测量中应用最广的仪器之一，不但用来精确测量电动势、电压，还可用来精确测量电流和电阻、校准电表和直流电桥等直读式仪表。在非电参量（如温度、压力、位移和速度等）的电测法中也占有重要地位。

UJ36a 型电位差计

UJ36a 型携带式直流电位差计，可在实验室或工作现场以补偿法原理测量电动势或直流电压，也常用来校正直流毫伏表及电子电位差计，如配合其他仪器还能对直流电阻、电流及非电学量（如温度、位移等）物理量进行测量。

（1）结构　UJ36a 型电位差计，由步进读数盘和滑线读数盘以及晶体管放大检流计、电键开关、标准电池等组成。工作回路电流分别为：×1 时 5mA，×0.2 时 1mA，步进读数盘由 22 只 2Ω 电阻组成，滑线盘电阻为 2.2Ω。UJ36a 型电位差计的面板如图 3.5-16 所示。图中调零为检流计的电气调零旋钮；倍率开关共有 G_1、×1、断、×0.2、$G_{0.2}$ 五档；步进读数盘旋钮，每档递增 10mV，最高档为 220mV；滑线读数盘，自 0～10.5mV 连续可调。

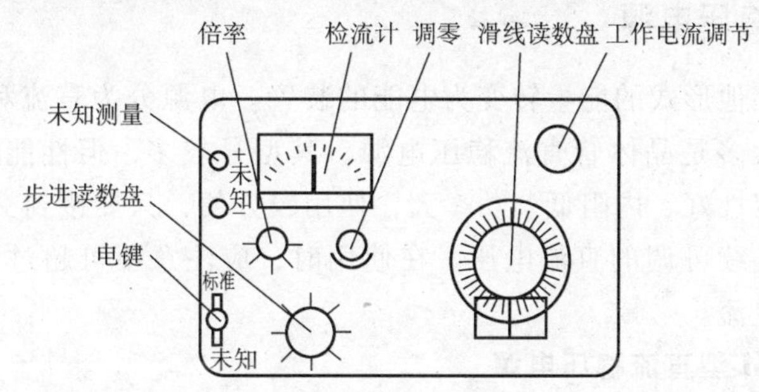

图 3.5-16　U36a 电位差计

（2）主要技术性能

1）电位差计能在环境温度 5～35℃ 范围内、相对湿度 25%～80% 的条件下正常工作。

2）当环境温度在 20℃ ±2℃，相对湿度 40%～60% 时，允许基本误差：

①　×1 档：$E_{\lim} \leqslant \pm(0.1\% U_x + 2.3 \times 10^{-6})$ V，其中 U_x 为测量盘示值(mV)。

②　×0.2 档：$E_{\lim} \leqslant \pm(0.1\% U_x + 4.6 \times 10^{-6})$ V。

3）在环境 5～35℃ 范围引起的变差不超过一个基本误差极限值。

4）测量范围：倍率 ×1 时 0～230mV，×0.2 时 0～46mV。

5）仪器的工作电源 1.5V1 号干电池（4 节并联），检流计放大器工作电源 9V（6F22）层叠干电池（2 节并联）。

（3）使用说明

1）将待测“未知”的电压或电动势接在未知的两个接线柱上（注意极性）。

2）把倍率开关旋向需要位置上（根据待测电动势大小进行选择），同时也接通了电位差计工作电源和检流计放大器电源。

3）调节调零旋钮，使检流计指针指零。

4）将电键开关扳向“标准”端，调节工作电流旋钮，使检流计指零。

5）再将电键开关扳向“未知”端，调节步进读数盘和滑线读数盘使检流计再次指零，未知电压（或电动势）按下式读出：

$$U_x = （步进读数盘读数 + 滑线盘读数）\times 倍率$$

6）倍率开关旋向 G_1 时，电位差处于 ×1 位置，检流计短路；倍率开关旋向 $G_{0.2}$ 时，电位差计处于 ×0.2 位置，检流计短路。在未知端可输出标准直流电动势（不可输出电流）。

7）在连续测量时，要求经常核对电位差计工作电流，防止工作电流变化。

3.6 常用电子仪器

3.6.1 直流稳压电源

电源是把其他形式的能量转变为电能的装置。电源分为直流和交流两大类。实验室现用的大多是晶体管直流稳压电源，其型号较多，但性能大同小异，它的输出电压稳定性好、内阻低、功率大，使用较方便，只要接到交流 220V 电源上，就能输出连续可调的直流电压。在使用时，应注意不可超过仪器的最大允许输出电压和电流。

1. QF1713M 型直流稳压电源

QF1713M 型直流稳压电源是一种高稳定度、低内阻、0～30V 连续可调的直流稳压电源，性能好、工作可靠，可作为半导体电路调试与电路研究以及电子设备的电源。其面板如图 3.6-1 所示。

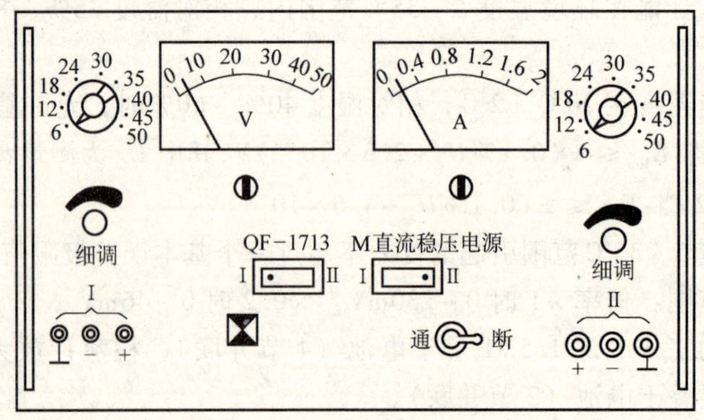

图 3.6-1 QF1713M 型晶体管稳压电源面板图

（1）工作条件

输入电压：（220 ±10%）V，50Hz。

环境温度：-10 ~ +40℃。

相对湿度：温度在 40℃时不大于 80%。

（2）主要技术特性

1）输出直流电压：0 ~ 30V 连续可调，两组独立输出互不影响，极性可变。

2）输出最大电流：两组（Ⅰ、Ⅱ）分别为 2A。

3）输出电压稳定度 S_v：当输入电压变化 ±10% 时，在额定负载内，电压稳定度 $S_v \leqslant 0.03\%$。

4）负载稳定度 S_i：负载电流由 0 变化到 2A 时，$\Delta V_0 \leqslant 0.3\%$。

5）输出波纹电压 V_s：$V_s \leqslant 400\mu V$（有效值）。

6）连续工作时间：8h。

7）温度系数 K_T：在额定负载下 $K_T \leqslant 2 \times 10^{-4}$℃$^{-1}$。

8）保护性能：输出过载或短路时均可自动保护，输出电压近似为零。

9）最大输出功率：120W。

（3）使用方法

1）将输入电源线插头插入（220 ±10%）V，50Hz 的交流电源插座上。

2）将电源开关拨至“通”，指示灯亮，则交流电接入。

3）两组电源可同时使用，按下左边带红色点记号的船形开关，则Ⅰ组接通。按下右边带红色点记号的船形开关，则Ⅱ组接通。

4）两组电源的输出电压、电流大小均可由电压表、电流表检测。通过粗调和细调旋钮的恰当配合调节，可获得所需电压。例如需要电压 15V 时，将粗调旋钮放在 18V 位置上，然后调节细调旋钮将电压调至 15V。

5）两组电源同时使用时，它们的输出电压值应分别调节。调节某一组的电压必须关掉另一组电源，否则电压表检测不出来。

6）外电路出现过载或短路时，本机自动保护无输出电压，待故障排除后，将电源开关“断”、“通”一次即可恢复工作。

7）两组输出电压不能串联或并联使用。

8）输出电压的极性可变，使用者可任意选择。

图 3.6-2 HY1791—2s 型直流稳定电源

2. HY1791—2s 型直流稳定电源

（1）概述 HY179 系列直流稳压（CV）稳流（CC）电源，是推出的新一代电源产品，如图 3.6-2 所示。本系列电源引进“悬浮式”和“预稳式”等新型的设计，因此在高稳高效高可靠等诸方向，是其他稳压电源无法与其媲美的。该系列电源功能齐全，使用方便，稳流，稳压，连续可调，不怕短路，其稳压稳流两种工作状态，可随负载的变化能自动换转。

HY179 系列电源造型美观，工艺先进，结构简单，维修方便，其输出读数清晰调整方便，可长期工作，广泛适用于国防、生产、科研、实验室和学校教学等领域，也可用于计算机和自控系统等直流供电。

（2）性能指标　其性能指标见表 3.6-1。

表 3.6-1　HY1791—2s 型直流稳定电源性能指标

型　号			HY1791—2S
输出	调节范围	电压/V	0~30
		电流/A	0~2
	控制范围	电压/V	3~30
		电流/A	0.2~2
输入电压			220V ±10%
源效应		稳压(CV)	$\leqslant 5\times10^{-4}+0.5\text{mV}$
		稳流(CC)	$\leqslant 1\times10^{-2}+3\text{mA}$
负载效应		稳压(CV)	$\leqslant 5\times10^{-4}+1\text{mV}$
		稳流(CC)	$\leqslant 1\times10^{-2}+5\text{mA}$
周期与随面偏移 PARD (r,m,s)		稳压(CV)	≤1mV
		稳流(CC)	≤20mA
指示表精度		电压	指针表:2.5 级(满度)LED ±1% ±2 个字
		电流	指针表:2.5 级(满度)LED ±1% ±2 个字
负载效应瞬态恢复			20mV　≤50μs
预热时间			≤30min
工作环境		温度	0~40℃
		湿度	20% ~90% RH

（3）工作原理

1）原理框图　HY1791—2s 型直流稳定电源原理框图如图 3.6-3 所示。

2）原理阐述　主电路采用“悬浮放大”和“预稳”等新型设计方案使电路调压范围宽，精度高，能保持长期稳定可靠工作。预稳换档电路是通过输出电压变化与辅助稳压电源进行比较，经驱动电路而改变的，以使调整管上的压降在整个输出电压范围内保持基本不变，既保证调整管长期安全可靠工作，又提高了整机效率。

调整电路是串联线性调整的，由电压（电流）比较放大器的输出控制，使

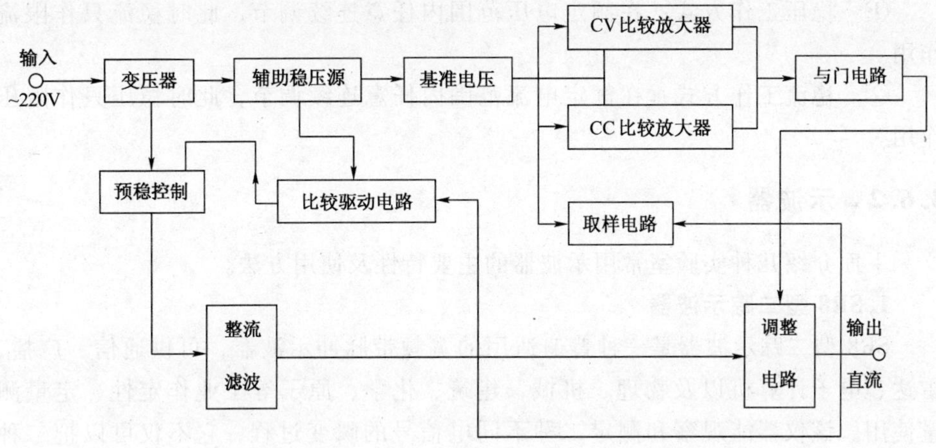

图 3.6-3　HY1971—2s 型单路直流稳定电源原理框图

输出电压（电流）恒定。

当恒压工作时电压比较放大器对调整管处于优先控制状态，当输出电压由于输入电压或负载的变化而使其偏离原来的电压值时，已变化了的电压量经取样电阻送入比较放大器的反相输入端，与同相输入端设定的基准电压进行比较放大后，经与门去控制调整管，使其输出电压趋于原来的数值，从而达到稳压目的。

电路恒流工作时，电流比较放大器处于控制优先，控制过程与恒压工作时完全相同。

电路工作状态可自动转换，当负载在额定值范围内变动时，电路工作在稳压状态，当负载超过额定值，或输出端短路时，电路失去稳压作用，自动转到稳流状态；若负载转到额定值时，或是开路，电路又自动转到稳压状态。

本电路工作在稳压状态时，稳流部分即为限流保护电路；电路工作在稳流状态时，稳压部分又起到限压作用，相互保护，可为理想设计。

(4) 使用方法

1）面板控制功能说明

① 电源开关（POWER）：整机电源控制。

② 调压旋钮（VOLTAGE）：调节输出电压值。

③ 调流旋钮（CURRENT）：调节稳流（限流）电流值。

④ 指示表头：分别指示输出电压值和稳流（限流）电流值（单表时由按键转换）。

⑤ 稳压指示（CV）：当本机处于稳压状态时，此灯亮。

⑥ 稳流指示（CC）：当本机处于稳流状态时，此灯亮。

2）输出工作方式

① 稳压工作方式：在额定电压范围内任意连续调节，此时稳流只作限流作用。

② 稳流工作方式：在额定电流范围内任意连续调节，此时稳压只作限压作用。

3.6.2 示波器

下面介绍几种实验室常用示波器的主要特性及使用方法。

1. SR8 型二踪示波器

SR8 型二踪示波器是一种普遍适用的宽频带脉冲示波器，可供通信、广播、雷达、电子计算机以及物理、机械、建筑、化学、原子等工业作定性、定量测量使用。该仪器能观察和测定二种不同电信号的瞬变过程，它不仅可以把二种不同的电信号同时在屏幕上显示，以便进行对比、分析、研究外，而且也可以构成一差分放大的形式，供二信号叠加后显示，还可以任意选择某通道独立工作，进行单踪显示。随着时间的流逝，SR8 型二踪示波器的外形、电路设计都有些过时，但时间证明这是一款经得起锤炼的示波器，20 世纪 90 年代上无 21 厂生产的 SR8 型二踪示波器与 2000 年以后面市的其他双踪示波器相比更能经受物理实验的考验。

SR8 型二踪示波器的面板图如图 3.6-4 所示。

(1) 技术性能

1) Y 轴放大器：本系统前置放大级分别由二个结构相仿的电路所组成，因此，前置通道 Y_A 和通道 Y_B 的性能和精度是相同的。

① 输入灵敏度：自 10mV/div ~ 20V/div，按 1、2、5 顺序分 11 个档级，其最高灵敏度为 10mV/div，校准后，各档误差均≤5%。另外还设有灵敏度微调装置，其微调的增益变化范围大于 2.5 倍，因此灵敏度能连续可调，仪器的最低灵敏度可达 50V/div。

② 频带宽度：根据 Y 轴输入选择开关“AC—⊥—DC”的位置，可达到下述的频带宽度：

AC（交流）耦合，10Hz ~ 15MHz，－3dB；DC（直流）耦合，DC ~ 15MHz，－3dB。

③ 输入阻抗：直接耦合：电阻约 1MΩ，电容≤35pF。

经探头耦合（10∶1)：电阻约 10MΩ，电容≤15pF。

④ 最大输入电压：DC 为 250V（DC + AC_{p-p})，AC 为 500V（AC_{p-p})。

⑤ 上升时间≤24ns。

⑥ 上冲量≤5%。

⑦ 延迟时间≤40ns。

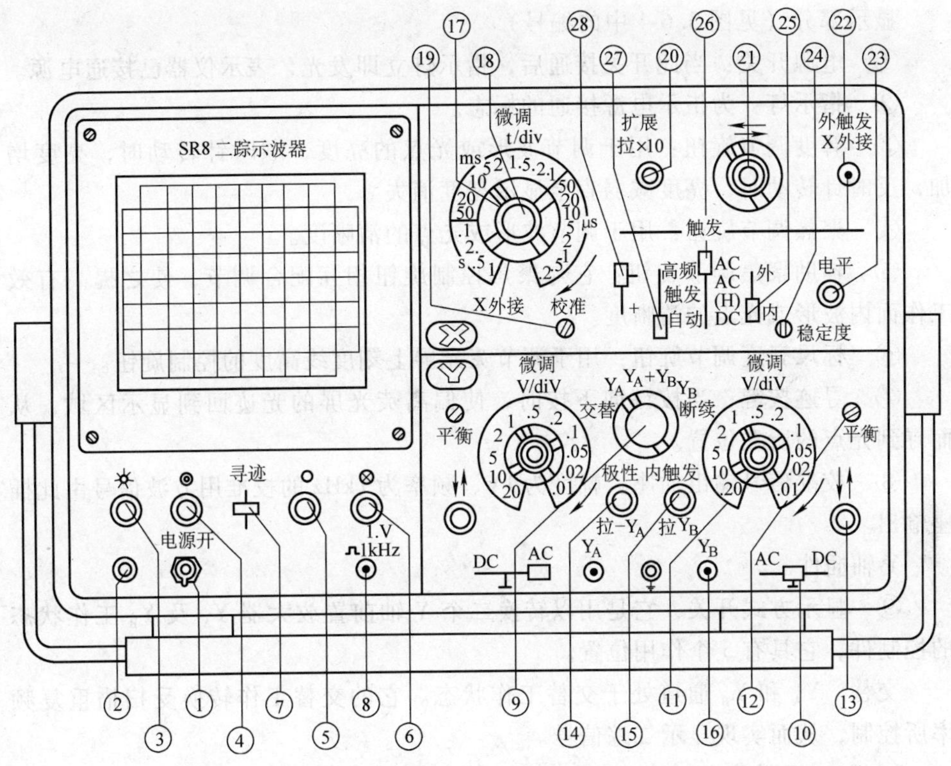

图 3.6-4　SR8 二踪示波器面板图

2）X 轴系统

①　扫速范围：自 0.2μs/div～1s/div，按 1、2、5 顺序分 21 档级，当校准后，各档误差均≤5%。另外还设有扫速“微调”装置，其微调的扫速变化范围大于 2.5 倍，因此扫速能连续可调，仪器的最慢扫速可达 2.5s/div。

②　扩展 ×10：扩展 ×10 时，其最快扫速可达 20ns/div。扩展后的允许误差≤10%。

③　触发同步性能见表 3.6-2。

表 3.6-2　触发同步性能

方式	耦合方式	频率范围	内触发	外触发
触发	AC	10Hz～5MHz	≤1div	≤0.5V_{p-p}
	DC			
高频（同步）	AC（H）	5～15MHz		

④　X 外接：灵敏度≤3V/div，频带宽度 0～500kHz，3dB，输入阻抗电阻约 1MΩ 电容≤35pF。

（2）控制件的作用

显示部分（见图 3.6-4 中的编号）

① 电源开关：当此开关接通后，指示灯立即发光，表示仪器已接通电源。

② 指示灯：为指示电源接通的标志。

③ 辉度调节旋钮：用于调节波形或光点的亮度，顺时针转动时，亮度增加，反时针转动时，亮度减弱直至显示亮度消失。

④ 聚焦调节旋钮：用于调节波形或光点的清晰度。

⑤ 辅助聚焦调节旋钮：它与聚焦控制旋钮相互配合调节，使之提高有效工作面内波形或光点的清晰度。

⑥ 标尺亮度调节旋钮：用于调节荧光屏上刻度线高度的控制旋钮。

⑦ 寻迹按键：当按键向下按时，使偏离荧光屏的光迹回到显示区域，从而寻到光点的所在位置。

⑧ 校准信号输出插座：幅度为 1V、频率为 1kHz 的校准用方波信号由此插座输出。

Y 轴插件

⑨ 显示方式开关：它是用以转换二个 Y 轴前置放大器 Y_A 及 Y_B 工作状态的控制件，它具有 5 个作用位置。

交替 Y_A 和 Y_B 通道处于交替工作状态。它的交替工作转换受扫描重复频率所控制，从而实现显示二踪信号。

Y_A Y_A 通道放大器单独工作，仪器作为单踪示波器使用。

Y_A+Y_B Y_A 和 Y_B 两通道同时工作，并通过 Y_A 通道的极性作用开关选择，可以显示通道输入信号的和或差。

Y_B Y_B 通道放大器单独工作，仪器作为单踪示波器使用。

断续 Y_A 和 Y_B 两通道前置放大器，受电子开关的自激振荡频率（约 200kHz）的控制，促使两通道交换工作，从而实现显示二踪信号。

⑩ DC—⊥—AC：Y 轴输入选择开关。用以选择被测信号馈至示波器输入端的耦合方法。置于 DC 位置时，能观察到含有直流分量的输入信号。

当置于 AC 位置时，只耦合交流分量，对于输入信号中含有的直流分量，予以切断。

当开关置于“⊥”位置时，Y 轴放大器的输入端与被测输入信号切断，仪器内放大器的输入端接地，这时很容易检查地电位的显示位置，一般被用来作为测试直流电平时参考用。

⑪ 微调 V/div：灵敏度选择开关及微调装置。

灵敏度选择开关系套轴装置，黑色旋钮是选择 Y 轴灵敏度的粗调装置，自 10mV/div～20V/div 分 11 个档级，可按被测信号的幅度用以选择最恰当的档级，以利观测。

当微调装置的红色旋钮，以顺时针方向转至满度时，即“校准”位置，可按黑色旋钮所指示的板面上标称值读取被测信号的幅度值。

微调的红色旋钮是用以连续调节输入信号增益的细调装置，当此旋钮以反时针转到满度时（非校准位置），其变化范围应大于 2.5 倍。因此，可连续调节微调装置，以获得各档级之间的灵敏度复盖。唯在作定量测试时，此旋钮应处于顺时针满度的校准位置上。

⑫　平衡当 Y 轴放大器输入级电路出现不平衡时，显示的光点或波形就随 V/div 开关的微调转动而出现 Y 轴方向的位移，平衡控制器就能把这种变化调至最小。

⑬　↑↓　Y 轴移位，它是用以调节波形或光点垂直位置的控制件。

⑭　极性（拉—Y_A）在 Y_A 通道系统中，设有极性转换的控制件，它系按拉式开关，当开关拉出时，使 Y_A 通道为倒相显示。

⑮　内触发（拉—Y_B）该按拉式开关是用于选择内触发源而置。在按的位置上（常态），扫描的触发信号取自经电子开关后 Y_A 及 Y_B 通道的输入信号。

在拉的位置上，扫描的触发信号只取自于 Y_B 通道的输入信号，通常适用于有时间关系的二踪信号的显示。

⑯　Y 轴输入插座被测信号由此直接或经探头输入。

X 轴插件

⑰　t/div 扫速开关在应用示波器显示电压与时间关系的曲线时，用来对该被测波形进行测量或计算，通常以 Y 轴方向表示电压而 X 轴方向用以表示时间。

示波管屏幕上光点按 X 轴方向移动的速度是由扫速开关“t/div”所决定。当该开关上红色微调旋钮按顺时针方向转至满度，并接上开关后，即为校准位置，此时面板上所指示的标称值可被直读为扫描速度值。

⑱　微调　置于扫描速度选择套轴开关上的红色旋钮，是以连续改变扫描速度的细调装置。当此旋钮以反时针转至满度时为非校准位置，其扫描变化范围应大于 2.5 倍。当以顺时针转至满度并接通开关时是“校准”位置，此时，其开关的黑色旋钮所指示的面板上标称值可以直接读测。

⑲　校准　是扫描速度校准装置，可借助较高精度的时标信号对扫描速度进行校准。

⑳　扩展（拉 ×10）　扩展装置系按拉式开关，在按的位置上仪器正常使用；当在拉的位置时，X 轴放大显示，可扩大 10 倍。此时，面板上的扫描标称值应以加快为 10 倍计算。

㉑　“⇆”X 轴移位　它系套轴旋钮装置，用以调节时基线或光点的水平位置。其套轴上的小旋钮系细调装置，以适用于观察经扩展后信号的位移。

㉒ 外触发 X 外接 在使用外触发形式时，作为连接外触发信号插座，也可用作 X 轴放大器外接时信号输入插座。

㉓ 电平 用于选择输入信号波形的触发点，使在某一所需的电平上启动扫描。当触发电平的位置越过触发区域时，扫描将不启动，屏幕上无被测波形显示。

㉔ 稳定性 用以调节扫描电路的工作状态，使达到稳定的触发扫描。调准后不需要经常调节。

㉕ 内外 触发源选择开关，用于选择触发信号源。在内的位置上，扫描触发信号取自 Y 轴通道的被测信号。在外的位置上，触发信号取自外来信号源，也就是取自外触发 X 外接输入端的外触发信号。

㉖ AC（AC（H）DC）触发耦合方式开关它是触发耦合的控制开关，分为 3 种方式。

AC 其触发形式属交流耦合状态，由于触发信号的直流分量已被切断，因而其触发性能不受直流分量的影响。

AC（H） 其触发形式属低频抑制状态，通过高通滤波器进行耦合。

DC 其触发形式属于直流耦合状态，可用于变化缓慢的信号进行触发扫描。

㉗ 高频/触发/自动 触发方式开关，它是用以按不同的目的或用途转换触发方式而置的。

高频 将触发方式开关置于高频时，则扫描处于高频同步状态。本状态对观察较高频率的波形有利。

触发 将触发方式开关置于触发时，是观察脉冲信号常用的触发扫描方式，由来自 Y 轴或外接触发源的输入信号进行触发扫描。

自动 将触发方式开关置于自动时，则扫描处于自激状态，不必调整电子旋钮，即能自动显示扫描线。

㉘ +/- 触发极性开关，是用以选择触发信号的上升部分或下降部分来对扫描进行触发的控制件。

+：扫描是以触发输入信号波形的上升部分进行触发使扫描启动。

-：扫描是以触发输入信号波形的下降部分进行触发使扫描启动。

（3）使用方法

1）将电源线插头插在 220V、50Hz 的交流电源的插座上，接通电源开关，指示灯亮。把各控制件置于表 3.6-3 所列的作用位置后寻找光点。

如果看到光点，可调整辉度，使光点或时基线的亮度适当（不宜过亮，以免损坏荧光屏）。如果找不到光点，则可按下寻迹按键，借以判别光点的所在位置，调 Y 轴和 X 轴移位，把光点移到荧光屏中心。

2）调节聚焦和辅助聚焦旋钮使波形或亮点达到最清晰。

表 3.6-3　示波器起始位置

控制件名称	作用位置	控制件名称	作用位置
辉　度	适　当	触发方式	“自动”
显示方式	“YA”	Y 轴移位	居　中
“极性　拉—YA”	常态（按）	X 轴移位	居　中
“DC—⊥—AC”	置于“⊥”	X 轴移位微调	居　中
“内触发”拉 Y_B	常态（按）		

3）根据输入信号确定耦合方法，将 Y 轴输入耦合选择开关 DC—⊥—AC 置于 AC 或 DC 位置，将触发耦合方式开关 AC/AC(H)/DC 置于 AC 或 DC 或 AC(H) 位置，触发方式开关置于触发位置。

4）将输入信号的同轴电缆线或探头插入 Y_A 插座，输入信号进行观测。

2. YB4242 型双踪示波器

YB4242 型双踪示波器是一种典型的实验教学仪器。

（1）技术参数

1）示波管　有效面为 8×10cm，加速电压为 1.8kV，型号为 15SJ110Y27（内刻度矩形屏、长余辉）。

2）Y 轴系统频响：DC 耦合 DC～7MHz，3dB；AC 耦合 10Hz～7MHz，3dB。

上升时间：约 50ns，上冲≤5%。

灵敏度：5mV/cm～10V/cm，1—2—5 进位。

输入阻抗：灵敏度开关均置基准档，直接，1MΩ//40pF，经 10：1 探极，10MΩ//15pF。

工作方式：Y_1，Y_2，Y_1+Y_2，交替，断续。最大输出电压：400V（DC + AC_{p-p}）。

3）水平系统　频带宽度：DC 耦合 DC～1MHz，3dB，AC 耦合 10Hz～1MHz，3dB。

偏转灵敏度：同 Y 轴。

扫描时间：0.5μs/cm～5s/cm。

触发源：内、外、电视。

触发极性：+或-。

触发电平：内 10Hz～2MHz≥1cm，外 DC～7MHz≥0.5V_{p-p}，高频 2～7MHz≥2cm。

4）校准信号　波形：方波。

频率：1kHz。

幅度：0.02V、0.2V、2V 共 3 档。

5）其他　电源：220V±10%　50Hz±2Hz。

消耗功率：约 50W。

工作时间：连续使用 8h。

正常工作环境：温度 −10 ~40℃，湿度≤85% RH，大气压力 750mmHg。

极限输入电压：Y 轴输入：直接 400V，经探极 400V。

外触发输入：50V。

（2）面板功能件　图 3.6-5 为本仪器的面板控制器位置图。

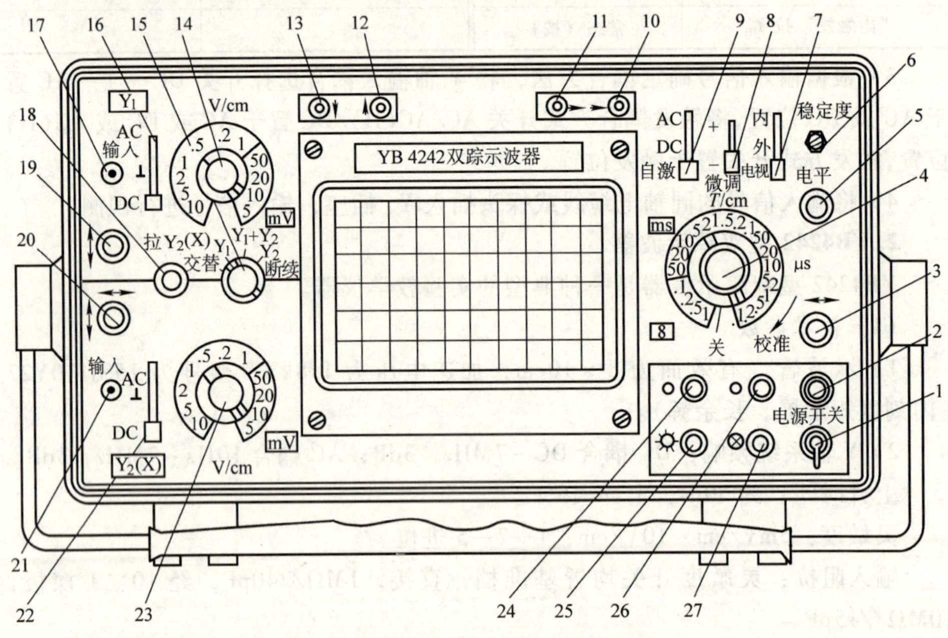

图 3.6-5　YB4242 双踪示波器面板图

1）电源开关。

2）电源指示灯：电源开关置开位置，该指示灯亮。

3）扫描移位及扫速扩展开关置位出位置各档扫速被扩展 5 倍。

4）扫描速率转换开关。

5）电平调整触发信号的触发电平。

6）稳定度调节　调节触发灵敏度。

7）触发信号耦合开关　置内或电视位置，触发信号来自内触发放大器，置外位置则来自触发输入连接器。

8）触发极性 + 或 − 选择开关。

9）选择触发电路的工作方式。

10）、11）、12）、13）光迹偏离指示。

14）Y_1 通道灵敏度选择开关。

15）Y 轴工作方式选择开关。

16）Y_1 通道输入信号耦合开关。

17）Y_1 通道输入信号座。

18）拉 Y_2（X）置拉出位置，仪器为 X-Y 显示，Y_2 为 X 轴通道。

19）Y_1 移位钮。

20）Y_2 移位钮 X-Y 显示方式时，X 轴方向移位。

21）Y_2 输入信号座。

22）Y_2 输入信号耦合开关。

23）Y_2 通道灵敏度选择开关。

24）聚焦调节钮。

25）辉度调节钮。

26）辅助聚焦钮。

27）标尺亮度钮。

此外还有外触发信号输入座、扫速校正钮、Y_2 通道信号极性开关，置 - 时 Y_2 输入信号相反。这些控制件的位置在仪器的右侧。

（3）基本使用方法　为了得到正确的使用结果，下面介绍几种常用的测量方法。

1）使用前检查

①　各控制机件如表 3.6-4 所示。

表 3.6-4　示波器控制机件表

控制机件	作用位置	控制机件	作用位置
○	居　中	拉 Y_2（x）	按
⊙	居　中	⇄	居　中
○	居　中	触发方式	自激（高频）
显示方式	Y_1	触发源	内
⇅	居中	触发极性	+
DC—⊥—AD	⊥	I/cm	0.5ms
V/cm	0.05V		

②　接通电源，电源指示灯发光，经示波管灯丝预热后，显示屏上显示出一条扫描基线，调整“¤”、“⊙”、“○”使基线清晰。

③　在作精确测量时，需对本机进行校准，其方法是将本机 0.2V 的校准信号（位置在本机右侧）连至 Y 输入端，输入耦合置于 AC 位置，触发方式置于触发位置，调节电平，使屏上显示 4cm 的方波，且水平方向每 2cm 一个周期。

2）电压测量　运用偏转放大器的校准偏转因数，可以对被观察波形进行电压测量。在一般情况下，多数被测波形的电压同时包含交流分量和直流分量。

①　交流分量电压的测量　交流分量电压的测量，多数是测量正峰到负峰之间的数值，或者是测量峰到某一个波谷之间的数值。在通常情况下，测量交流分量电压应将输入选择开关放在AC位置，使被测信号上的直流分量隔开，但如果测量重复频率报低的交流分量电压时，应将输入选择开关放到DC位置，否则将由于频响的限制，使所测电压的结果不真实。

测量可按照以下的步骤进行：

a. 将输入选择开关放在AC位置。

b. 将被测信号接入输入信号座，调节 Y_1 或 Y_2 通道灵敏度选择开关，使信号波形高度不超过偏转放大器的线性偏转范围。

c. 在坐标片上读出从正峰到负峰Y轴偏转的距离 H，乘以开关（即Y通道灵敏度选择开关）所放的位置每厘米电压值 K。再乘上所用探极的衰减因数（本仪器使用10：1衰减探极），即得到实际的峰值电压

$$V_{p-p} = 10 \times K \times H$$

②　直流分量电压测量　直流分量电压的测量需要一个相对的参考基准电压，一般情况下基准电位是对地电位而言的。通常把地电位作为基准电位，其值为零。测量方法可按下述步骤进行：

a. 将输入选择开关做到DC位置，将测试探极的探针接地或其他所需要的参考电位，触发使扫描连续，此时扫描时基线即为参考基准线，如果探针接地，时基线为零电位，如果探针接其他所需要的参考电位，时基线的电位即为所需的参考电位。为了便于读数，一般调节Y轴移位使时基线所放位置与坐标片的厘米刻线重合。在参考基准线确定后，测试时切勿再移动Y轴移位。

b. 将测试探极离开参考基准电压或接地点，接入到被测信号端，此时波形上移或下移由输入信号的极性而定，然后调节触发电平使波形稳定。

c. 在坐标片上读出Y轴偏转的距离 H。

d. 将所测得的偏转距离乘以输入偏转因数V/cm的每厘米电压值 K，再乘以所用探极的衰减倍数，即

$$V = 10 \times K \times H$$

3）时间测量　周期（频率）、时间间隔、时间差、脉冲的前后沿时间的测量都是时间测量。

将扫描速率转换开关t/cm的微调装置顺时针旋至校准位置，在示波管有效面积内读测所需二点的水平距离 D，乘以t/cm开关的指标值 G，即为被测信号的时间变化值，即

$$T = G \times D$$

4）相位测量　在许多场合下，需要测量某一网络的相移，例如要测量一个正弦波经放大器放大后，相位滞后角度等等。其方法如下：

在双踪显示时，应用相位超前的信号触发扫描电路，根据本机特点，应将相位超前的信号输入 Y_1 通道，然后将触发信号耦合开关置内，用内触发形式启动扫描。

调节扫描速率 t/cm 开关及微调装置，使所显示的波形的一个完整波在坐标片上占 9cm，则每厘米为 40°相位，一个周期 360°，二信号的相位差 θ 可按下式计算：

$$\theta = \text{两波水平距离 } d \times 40°$$

5）X - Y 显示将面板上 Y_2（X）开关拉出，此时 Y_2 通道前置放大器转换为 X 放大器的前置放大器，仪器成为 Y（Y_1）—X（Y_2）工作状态，Y_2（X）输入成为 X 输入，Y_2 移位成为 X 移位，原有 X 移位失去作用。这时从 Y_1 输入送入 Y 轴信号，Y_2（X）输入端送入 X 轴信号，即可观测到李萨如图形，从而可以利用李萨如图形法测出信号的频率和相位来。

3. TDS200 数字示波器（图 3.6-6）

（1）数字存储滤波器的主要技术指标

1）最大取样速率　单位时间内完成的完整 A-D 转换的最高次数，常以频率表示。取样速率越高，反映仪器捕捉信号的能力越强。取样速率主要由 A-D 转换速率来决定。数字存储示波器在测量时刻的实时取样速率可根据被测信号所设定的扫描时间因素（t/div）来推算。其推算公式为 $f = N/(t/\mathrm{div})$，N 为每格的取样数，t/div 为扫描时间因素，即扫描一格所占用的时间。例：扫描时间因素为 10μs/div，每个取样数为 100 时，此时的取样速率等于 10MHz。

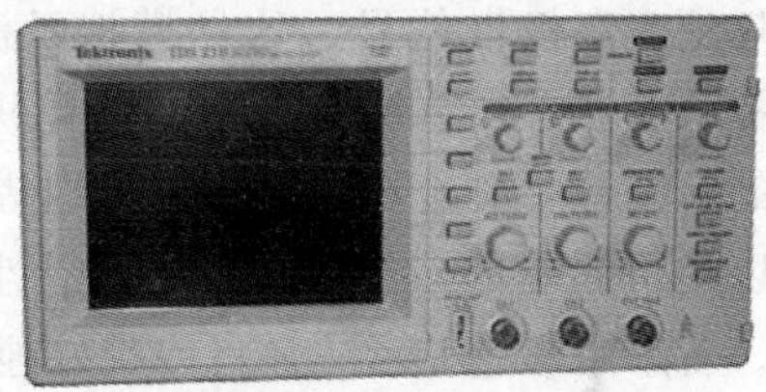

图 3.6-6　TDS200 数字示波器

2）存储带宽（B）　存储带宽与取样速率密切相关，根据取样定理，如果取样速率大于或等于信号频率的 2 倍，便可重现原信号波形。实际上，为保证显示波形的分辨率，往往要求增加更多的取样点，一般取 4 ~ 10 倍或更多。

3）分辨率　分辨率是反映存储信号波形细节的综合特性，它包括垂直分辨率（电压分辨率）和水平分辨率（时间分辨率）。垂直分辨率与 A-D 转换器的分辨率相对应，常以屏幕每格的分级数（级/div）或百分数表示。一般示波器屏幕上的坐标刻度为 8 × 10div，如果采用 8 位 A-D 转换器（256 级），则仪器垂直分辨率表示为 32 级/div，或用百分数表示为 1/256≈0.39%。水平分辨率由存储器的容量来决定，常以屏幕每格含多少取样点或以百分数来表示。如果采用容量为 1k（1024 个字节）的存储器，屏幕水平显格为 10 格，则仪器的水平分辨率为 1024/10≈100 点/div，或用百分数表示为 10/1024≈1%。

4）存储容量　又称记录长度，它由采集存储器（主存储器）的最大存储容量来表示，常以字（word）为单位。存储容量与水平分辨率在数值上有互为倒数的关系。在数字存储器中，采集存储器通常采用 256、512、1k、4k 等容量的高速半导体存储器。由于仪器最高取样速率的限制，若存储容量选取不当，往往会因时间窗口缩短而失去信号的重要成分，或者因时间窗口增大而使水平分辨率降低。

5）读出速度　指将存储的数据从存储器中读出的速度，常用（时间）/div 来表示。其中，时间等于屏幕中每格内对应的存储容量×读脉冲周期。使用中应根据显示器、记录装置或打印机等对速度的不同要求，选择不同的读出速度。

（2）数字示波器的特点

1）数字示波器对波形的采样和存储与波形的显示是可以分离的。在存储工作阶段，对快速信号采用较高的速率进行取样与存储，对慢速信号采用较低速率进行取样与存储。但在显示工作阶段，其读出速度可以采取一个固定的速率，并不受取样速率的限制，因而可以获得清晰而稳定的波形。这样我们就可以无闪烁地观察极慢信号，这是模拟示波器无能为力的。对于观测极快信号来说，模拟示波器必须选择带宽很高的阴极射线示波管，这就使造价上升，并且带宽高的示波管一般显示精度和稳定性都较低。而数字示波器采用低速显示，从而可以使用低带宽、高精度、高可靠性而低造价的光栅扫描式示波管或液晶显示屏，若采用彩色显示，还可以很好地分辨各种信息。

2）数字示波器能长时间地保存信号。这种特性对观察单次出现的瞬变信号尤为有利。有些信号，如单次冲击波、放电现象等都是在短暂的一瞬间产生，在示波器的屏幕上一闪而过，很难观察。数字示波器问世以前，屏幕照相是“存储”波形所采取的主要方法。数字示波器是把波形用数字方式存储起来，因而其存储时间在理论上可以是无限长的。

3）具有先进的触发功能。数字示波器不仅能显示触发后的信号，而且能显示触发前的信号，并且可以任意选择超前或滞后的时间，这对材料强度、地震研究、生物机能实验提供了有利的工具。除此之外，数字存储示波器还可以向用户提供边缘触发、组合触发、状态触发、延迟触发等多种方式，来实现多种触发功能，方便、准确地对电信号进行分析。

4）测量精度高。模拟示波器水平精度由锯齿波的线性度决定，故很难实现较高的时间精度，一般限制在 3%～5%。而数字示波器由于使用晶振作高稳定时钟，有很高的测时精度，采用多位 A-D 转换器也使幅度测量精度大大提高。尤其是能够自动测量直接读数，有效地克服示波管对测量精度的影响，使大多数的数字示波器的测量精度优于 1%。

5）具有很强的处理能力。这是由于数字示波器内含微处理器，因而能自动实现多种波形参数的测量与显示，例如上升时间、下降时间、脉宽、频率、峰-峰值等参数的测量与显示。能对波形实现多种复杂的处理；例如取平均值、取上下限值、频谱分析以及对两波形进行+、-、×等运算处理。同时还能使仪器具有许多自动操作功能，例如自检与自校等功能，使仪器使用很方便。

6）具有数字信号的输入输出功能，可以很方便地将存储的数据送到计算机或其他外部设备，进行更复杂的数据运算或分析处理。同时，还可以通过 GPIB 接口与计算机一起构成强有力的自动测试系统。

数字示波器也有它的局限性，例在观测非周期信号时，由于 A/D 转换器最大取样速率等因素的影响，使数字示波器目前还不能用于较高的频率范围。

（3）TDS200 数字示波器性能概述　200MHz、100MHz、60MHz 三种带宽、七种型号，最高采样速率达 2GS/s；2 或 4 条独立通道，8 位垂直分辨率；良好的时基系统；灵巧的捕获方式；强大的触发系统，使高级触发功能成为标准配置完备的测量系统，11 种自动测量功能，可选四种参数实时显示；更多的数学计算功能，标准配置增加 FFT 算法；菜单模式的“AutoSet”功能，让自动设置也可选，操作更加简便；可靠的探头校验向导；多种语种界面支持，多语种上、下文相关帮助；彩色、单色 LCD 显示，多种显示模式；轻巧、便携的物理特性；良好的安全特性，标准的电磁兼容性。

可编程的 GPIB（IEEE-488—1987 接口），通过接口可控制和设置示波器，进行自动化测量。可编程 RS232 接口，通过接口可控制和设置示波器，速度可达 19200bit/s，九针，DTE；标准并行端口（Centronics），用于连接打印机。打印机类型：Bubble Jet、DPU-411、DPU-412、DPU-3445、Thinkjet、Deskjet、LaserJet 和 Epson（9 或 24 针）；打印方向：横向或纵向。图形格式：TIFF、PCX、BMP、EPS、RLE。

（4）TDS200 数字示波器捕获方式

1）峰值检测　以每两个采样周期为一个峰值检测周期，在一个峰值检测周期内，采样最大、最小值，以此作为恢复波形的采样点。本捕获方式应用于捕获高频和随机毛刺。在 5μs/div ~ 50s/div 的所有时间分度下，可捕获窄至 12ns 的毛刺。

2）取样　等时间间隔的数据取样。

3）平均值　平均计算捕获的波形数据，4、16、64、256 可选择。

4）单次捕获　仅仅触发一次，用于捕获单个波形状态或一个脉冲序列。

（5）TDS200 数字示波器触发系统

1）主要触发方式　自动（支持 40 ms/div 和更慢的滚动模式）、正常，单序列。

2）触发类型：

边沿　常规式电平驱动触发，可选择任何通道上的上升或下降延；耦合选择：DC 、噪声抑制、高频抑制、低频抑制。

视频　可在非同步复合视频的场（Field）或线（Lines）上触发，在 NTSC、PAL 或 SECAM 广播标准视频上触发。

脉冲宽度或毛刺触发　当脉冲的宽度大于、小于、等于或不等于选择设定的脉冲宽度时，进行触发；脉冲宽度的设定范围是：33ns ~ 10s。

3）触发源　任意通道、外触发通道、外触发通道/5、市电。

4）触发显示　可以显示触发电平，预览触发源的频率情况。

5）光标　水平光标（电压）、垂直光标（时间），可以测量 [Δ]T(时间)、1/[Δ]T(频率）和 [Δ]U 等参数值。

(6) TDS200 数字示波器测量系统

1）自动波形测量　自动测量 11 个参数：周期、频率、正脉冲宽度、负脉冲宽度、上升时间、下降时间、最大值、最小值、峰 - 峰值、平均值、周期均方根值，可在线显示四种任意组合的波形测量值。

2）阈值设定　可按百分比或电压值来设置各种阀值，如上升沿从 10% ~ 90%，或者设定为上升延从 0.1 ~ 0.9V。

3）数学运算功能

加、减运算：

两通道：CH1 - CH2，CH2 - CH1，CH1 + CH2；

四通道：CH1 - CH2，CH2 - CH1，CH1 + CH2，

CH3 - CH4，CH4 - CH3，CH3 + CH4；

FFT 数学分析：

视窗：汉宁窗、矩形窗；

取样点：2048 点。

(7) TDS200 数字示波器菜单模式的自动设置“AutoSet”功能　自动设置功能，是对垂直方向、水平时基、触发方式、采集方式等基本的功能进行设置，自动适应被测信号，能大体地、稳定地捕获波形（通常为五个周期），为进一步的优化观察波形提供方便。

使用菜单模式，可以把在“AutoSet”模式下捕获的波形分成三类：方波、正弦波、视频信号，并可以在菜单中直接选择期望观察的角度：

方波　单个周期、多个周期、上升延、下降延；

正弦波　单个周期、多个周期、FFT 运算；

视频信号　场（所有场、奇数、偶数）、行（所有行、指定行）。

(8) 技术指标　见表 3. 6-5。

表 3.6-5 TDS2000 与 TDS1000 系列存储示波器技术参数

<table>
<tr><th></th><th>TDS1002</th><th>TDS1012</th><th>TDS2002</th><th>TDS2012</th><th>TDS2014</th><th>TDS2022</th><th colspan="2">TDS2024</th></tr>
<tr><td>带 宽</td><td>60 MHz</td><td>100 MHz</td><td>60 MHz</td><td>100 MHz</td><td>100 MHz</td><td>200 MHz</td><td colspan="2">200 MHz</td></tr>
<tr><td>通 道</td><td>2</td><td>2</td><td>2</td><td>2</td><td>4</td><td>2</td><td colspan="2">4</td></tr>
<tr><td>每条通道采样率</td><td>1 GS/s</td><td>1 GS/s</td><td>1 GS/s</td><td>1 GS/s</td><td>1 GS/s</td><td>2 GS/s</td><td colspan="2">2 GS/s</td></tr>
<tr><td>垂直分辨率</td><td colspan="8">8 位（所有型号）</td></tr>
<tr><td>垂直灵敏度（/div）</td><td colspan="8">5～10 mV/div(2mv/div 时 20M 带宽限制器自动打开)</td></tr>
<tr><td>最大记录长度</td><td colspan="8">2.5K 点（所有型号）</td></tr>
<tr><td>垂直精确度</td><td colspan="8">±3%（所有型号）</td></tr>
<tr><td>最大输入电压（1MΩ）</td><td colspan="8">300 VRMS CAT Ⅱ;3MHz 以上,在 100KHz 至 13Vp－p AC 之上减额至 20dB/十进制</td></tr>
<tr><td>位置范围</td><td colspan="8">2～200mV/diV 时，±2V；>200mV～5V/div 时，±50V</td></tr>
<tr><td>带宽 BW 限制器</td><td colspan="8">20 MHz</td></tr>
<tr><td>输入阻抗</td><td colspan="8">1MΩ//20pF</td></tr>
<tr><td>输入耦合</td><td colspan="8">AC, DC, GND（所有型号）</td></tr>
<tr><td>时基范围（/div）</td><td>5ns～50s/div</td><td>5ns～50s/div</td><td>5ns～50s/div</td><td colspan="2">5ns～50s/div</td><td>5ns～50s/div</td><td>2.5ns～50s/div</td><td>2.5ns～50s/div</td></tr>
<tr><td>水平精度</td><td colspan="8">50ppm</td></tr>
<tr><td>显示器(1/4VGA LCD)</td><td colspan="3">单色</td><td colspan="5">彩色</td></tr>
<tr><td>安全标准</td><td colspan="8">UL3111－1，IEC61010－1，IEC61010－1，CSA1010.1</td></tr>
<tr><td>环境——温 度</td><td colspan="8">操作:0～+50℃，非操作:－40～+70℃</td></tr>
<tr><td>环境——湿 度</td><td colspan="8">操作状态：+30℃以下:90% RH，+41～+50℃：
60% RH；非操作状态：+50℃以下，60% RH</td></tr>
<tr><td>环境——高 度</td><td colspan="8">操作:2000m，非操作:15000m</td></tr>
</table>

3.6.3 信号发生器

1. XFD—7A 型低频信号发生器

XFD—7A 型低频信号发生器是一种稳定性比较高的 RC 信号发生器，能产生声频和超声频正弦波的电振荡。

仪器使用频率范围为 200～200000Hz，最大输出功率为 5W，输出阻抗有 50Ω、150Ω、600Ω 和 5000Ω4 档（其中 600Ω 备有内部负载）。为了在输出端得到实际应用中所需要的微小电压（或功率），本仪器还设电阻式可变衰减器，最大衰减值达 100dB。此外，本仪器还设有量程分别为 15V、30V、75V 和 150V 的电子管电压表。其面板图如图 3.6-7 所示。

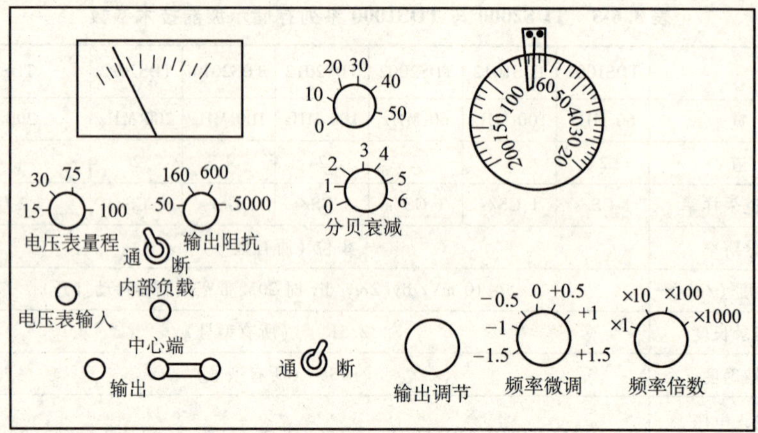

图 3.6-7 XFD-7A 型低频信号发生器面板图

(1) 主要技术特性

1) 频率

① 频率范围：20～200000Hz。

② 全部频率分 4 个频段：×1：20～200Hz；×10：200～2000Hz；×100：2000～20000Hz；×1000：20000～200000Hz。

③ 频率基本误差：±（0.02f+1）Hz。

④ 频率微调范围：±0.015fHz。

⑤ 频率微调误差：±0.003fHz。

⑥ 频率漂移（预热 30min 后）：第 1h 内不超过 0.004fHz；在其后的 7h 内附加误差不超过 0.008fHz。

2) 频率特性曲线的不均匀性

匹配负载 600Ω，相对 400Hz 的电平，不应超过下列值：

① 输出功率 0.5W

a. 频率 20～60000Hz：±0.5dB。

b. 频率 60～200kHz：±1.0dB。

② 输出功率 5W

a. 频率 20～60000Hz：±1.0dB。

b. 频率 60～200kHz：±3.0dB。

匹配负载 50Ω、150Ω 和 5000Ω，频率 20～200000Hz 时，不超过下列数值：

① 输出功率 0.5W：±1.0dB。

② 输出功率 5W：±3.0dB。

3) 非线性失真

输出功率 0.5W：

① 频率 400 ~ 5000Hz，≤0.3%。

② 频率 60 ~ 390Hz 和 5.1 ~ 15kHz，≤0.7%。

输出功率 5W：频率 60 ~ 15kHz，≤1.6%。

频率在 15kHz 以上时，输出波形仍应接近正弦波。

4）输出

输出功率：

① 额定输出功率：0.5W。

② 最大输出功率：5W。

输出阻抗：50Ω、150Ω、600Ω 和 500Ω。

5）衰减器　由每步衰减为 1dB 和 10dB 组成，最大可衰减至 100dB。衰减器的误差：

频率 20 ~ 60000Hz：

① 衰减不超过 80dB，±1.0dB。

② 衰减到 100dB：±3.0dB。

频率 60 ~ 200kHz：

① 衰减不超过 80dB，±3.0dB。

② 衰减到 100dB：±6.0dB。

6）电子管电压表　量程：15V、30V、75V 和 150V。

基本误差（满刻度）：

① 频率由 20 ~ 1000000Hz：±5%。

② 频率由 1000000 ~ 2000000Hz：±10%。

温度由 +10 ~ +35℃变化时的附加误差：±0.3%。

电源电压变化 ±10% 时的附加误差：±3.0%。

被测波形失真 5% 时的附加误差：±2.0%。

输入电阻：>500kΩ。

输入电容：<50pF。

（2）使用说明

1）将电源线接入 220V、50Hz 的市电电源上，接通电源开关。如欲得频率的足够准确度与稳定度，仪器在正常工作前必须预热 30min。

2）输出信号的频率调节　输出音频信号的频率可从频率倍数和度盘刻度上获得：输出频率 $f = A$（频率倍数）$\times C$（频率度盘上刻度示值）。如果使用频率微调旋钮，一般大度盘应取整数示值，这时输出频率 $f = A(1 \pm E\%)C$，E 为频率微调的示值。

3）输出电压调节　这有两种调节方式：

① 连续变化：可调节输出调节旋钮。注意在使用仪器之前或用毕后，都

应检查出调节旋钮是否已旋至输出幅度最小的位置。

② 跳步输出：可调节“分贝衰减器”。分贝衰减器 X（dB）与电压比的关系为

$$X = 20\lg \frac{U_{入}}{U_{出}}$$

例如，分贝衰减旋在20，则信号发生器产生的正弦电压 $U_{入}$ 经过衰减10倍后再输出，即输出电压 $U_{出} = \frac{U_{入}}{10}$。

为读出输出电压值，须用一短线将信号输出端与电压表输入连接。选择适当的电压表量程即可从电压表上读出电压值。

4）为了使负载上能获得最大的输出功率，本仪器输出部分装有阻抗变换器，可与50Ω、150Ω、600Ω和5000Ω4种阻抗的负载相接。由于本仪器还装有600Ω内部负载电阻，故须获得功率输出时，内部负载开关应放在断的位置。一般仅需电压输出时，则内部负载放在通的位置。

5）当发生器与高阻抗网络相连接时，必须把内部负载开关先放到通的位置，并把输出阻抗旋钮按需要电压的大小旋到适当的一档上，发生器的输出电压随输出阻抗值的不同而改变。按表3.6-6可知，在负载为600Ω时的电压值乘以相应的系数，便得到不同输出阻抗时的输出电压值。

表3.6-6 系数数值表

发生器的输出阻抗/Ω	电压变化的倍数
50	0.289
150	0.500
600	1.00
5000	2.89

图3.6-8 SC2000-Ⅱ功率函数发生器

2. SC2000-Ⅱ功率函数发生器（图3.6-8）

（1）性能参数

波形种类：正弦波，正弦半波，正弦余波，方波，梯形波，反锯齿波，锯齿波，三角波，正负脉冲波，正脉冲波，负脉冲波，积分波。

频率范围：正弦波：20Hz～200kHz；其他波形：20Hz～50kHz

频率调节步长：1Hz。

相位调节：步长1°，调节范围0～360°

电压输出范围：输出电压峰值为0.02～5.0V可调，调节步长为0.02V。

频率误差：±0.037Hz+0.1‰。

电压误差：<10%。

正弦波失真度：<0.7%

参考波形输出：波形为正弦波；频率为 100.58Hz；电压为 1.0～3.0V 峰值。

功率输出：峰值电压 0.06～15V，最大输出电流 0.5A（正弦有效值）。

电源：AC220V ±5%，50Hz。

（2）使用方法

1）信号输出　仪器前面右侧有两个 BNC 输出接口，上面为信号输出接口；下面为参考频率输出接口。功率输出接口位于后面板上，输出为 BNC 接口和接线柱两种方式。

功率输出与信号输出波形、频率都相同，功率输出口电压为信号输出口电压的 3 倍（前面板上显示的电压为信号输出端口的电压）。

参考频率输出为 100.58Hz 正弦波，半峰值电压为 2.5V。参考频率输出与信号输出相位差可在 0～360°之间任意调节。

2）操作按键介绍　前面板上共用八个操作按键，分为调节、位选择、设置、电压/频率/相位、波形选择、功率开关六组：

调节按钮 △ ▽ 用于修改波形参数（电压、频率、相位）；

位选择按钮 ▷ 用于选择参数修改步长；

设置按钮 S 进入参数设置状态；

电压/频率/相位切换按钮 △ 切换电压、频率和相位的显示；

波形选择按钮 ◁ ▷ 选择输出波形；

功率开关 ○ 用于切换功率输出与参考频率输出。

3）频率设置

① 按电压/频率/相位切换按钮 △ 切换显示器为频率显示（kHz 指示灯亮）。

② 按设置按钮 S 进入频率设置状态，此时频率显示最高位开始闪烁。

③ 按位选择按钮 ▷ 改变闪烁位到所需步长。

④ 按调节按钮 △ ▽ 修改频率，如果闪烁位在 100.000kHz 位，则频率增加或减少 100.000kHz；如果闪烁位在 10.000kHz 位，则频率增加或减少 10.000kHz，其余类推。

⑤ 再次按设置按钮 S 退出频率设置状态。

在参数设置状态，除以上的按钮和电压/频率/相位切换按钮 △，其余按钮均无效。在频率设置状态，按电压/频率/相位切换按钮 △，进入频率比设置方式，kHz 指示灯闪烁，此时设置/显示的频率值为实际频率与参考频率

(100.58Hz) 之比乘 100Hz。在频率设置状态再次按按电压/频率/相位切换按钮 ，则回到正常频率设置状态。

为了观察到稳定的李萨如图形，必须使用频率比设置方式设置频率。

SC2000-Ⅱ功率函数发生器，输出正弦波频率为 20Hz ~ 200kHz，其余波形为 20Hz ~ 50kHz。功率输出正弦波不失真频率为 20Hz ~ 80kHz。

4）电压设置

① 按电压/频率/相位切换按钮 切换显示器为电压显示（V 指示灯亮）。

② 按设置按钮 进入电压设置状态，此时电压显示最高位开始闪烁。

③ 按位选择按钮 改变闪烁位到所需步长。

④ 按调节按钮 修改电压，如果闪烁位在 1.00V 位，则电压增加或减少 1.00V；闪烁位在 0.10V 位，则频率增加或减少 0.10V；闪烁位在 0.01V 位，则频率增加或减少 0.02V。

⑤ 再闪按设置按钮 退出电压设置状态。

设置/显示的电压为波形的峰值电压，调节范围为 0.02 ~ 5.00V，电压精度优于 10%。

5）相位设置

① 按电压/频率/相位切换按钮 切换显示器为相位显示（DEG 指示灯亮）。

② 按设置按钮 进入相位设置状态，此时相位显示最高位开始闪烁。

③ 按位选择按钮 改变闪烁位到所需步长。

④ 按调节按钮 修改相位，如果闪烁位在 100°位，则相位差增加或减少 100°；闪烁位在 10°位，则相位增加或减少 10°；其余类推。

⑤ 再次按设置按钮 退出相位设置状态。

设置/显示的相位为信号输出与参考频率输出相位差的改变量，不是输出信号与参考频率的绝对相位差。相位调节范围为 0 ~ 360°。要显示绝对相差，可以如下操作：开机后，调节相位，使信号输出与参考频率输出同相，在相位设置状态按 按钮，相位清零，这样面板上显示的相位值就是信号输出与参考频率的绝对相位差。

6）改变输出波形　波形选择按钮 改变输出变形，SC2000—Ⅱ功率函数发生器可以输出十二种波形，输出波形标记在前面板上。由于正弦波的频率范围为 20Hz ~ 200kHz，其余波形为 20Hz ~ 50kHz，在改变输出波形时，输出信号频率可能改变。如输出正弦波时，频率设置大于 50kHz，当切换到其他波形时，输出频率将改为 50kHz。在参数设置状态时，不能改变输出波形。

7）功率输出　按功率开关按钮将接通功率输出，前机板功率开关指示灯亮。当切换到功率输出时，为了保护外部设备，信号输出电压自动降为 0.02V（功率输出端 0.06V），此时必须重新设置输出电压到所需值。再次按按钮，将关闭功率输出，信号输出自动恢复到进入功率输出前的电压。

SC2000—Ⅱ功率函数发生器设有功率输出过流保护装置，当功率输出负载电流超过 0.5A（正弦有效值）时，电路自动进入保护状态，关闭功率输出，同时输出电压降为 0V，此时显示 P-Erro 标志，按功率开关按钮可恢复正常。

3.7　常用光学仪器

光学是物理学的一个重要部分，因此光学实验也是物理实验的内容之一。物理实验中常常接触测微目镜、读数显微镜、分光计和迈克尔逊干涉仪等光学仪器。现分别介绍这些光学仪器的性质和使用方法。

3.7.1　测微目镜

测微目镜是测量微小长度的常用仪器，它也可以作为测微自准直管、测微望远镜和测微显微镜、工具显微镜、维氏硬度计等仪器的部件。总之，实验室里经常要使用它。

1. 仪器结构

测微目镜的种类很多，常见的有丝杆式测微目镜，如图 3.7-1a 所示。其中 1 是滚花紧固螺钉，2 是壳体，3 是目镜管，目镜就安装在其末端；4 是如图 3.7-

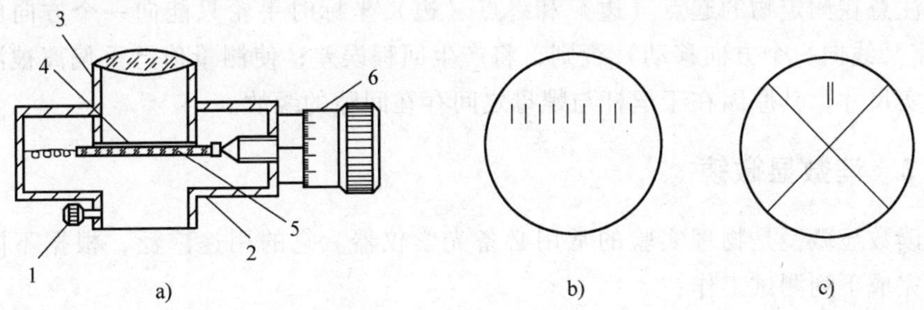

图 3.7-1　测微目镜

a）丝杆式测微目镜　b）固定分划板　c）活动分划板

1—滚花紧固螺钉　2—壳体　3—目镜管　4—固定分划板

5—活动分划板　6—读数鼓轮

1b 所示的固定分划板，5 是活动分划板，其图形见图 3.7-1c，6 是读数鼓轮。固定分划板是一个毫米分度的光学刻尺，范围是 0～8mm。当旋动鼓轮，活动分划板作平动，这时从目镜视场中就可以看到叉丝交点和两竖直平行线在固定分划板的刻尺上移动。

2. 使用方法

1）旋松螺钉 1，将测微目镜套入仪器（如显微镜）的测量系统的目镜管内，使目镜管端面与测微目镜的端面相接触，再拧紧滚花螺钉 1。

2）调节仪器的升降机构，使被测物表面在目镜视场内成清晰像。

3）调节目镜管 3 使分划板 5 上的十字叉线及双刻线在目镜视场内成清晰的像（这时被测物表面的像可能模糊了）。再调节仪器的升降机构，使被测物表面在目镜视场内重新成清晰像。

4）拧松滚花螺钉 1 转动壳体 2 使分划板 5 上的双刻线垂直于所测的方向，再探紧螺钉 1。

5）转动与读数鼓轮 6 相连的手轮，用活动分划板上的十字叉线交点瞄准待测对象的被测部分，此时视场内双刻线位于固定分划板刻线尺的某两数字刻线之间。毫米以上的整数就取这两个数字中的小的数字，毫米以下的小数从读数鼓轮（分度值 0.01mm）上读出，这两处读数之和就是十字叉线交点的坐标，例如图 3.7-2 给出的叉线交点坐标为 3.439mm 也就是被测物的起点（边）坐标 x_1。转动手轮使十字叉线交点瞄准被测物的终点边，读取坐标 x_2，则被测物的长度为 $l = |x_2 - x_1|$。

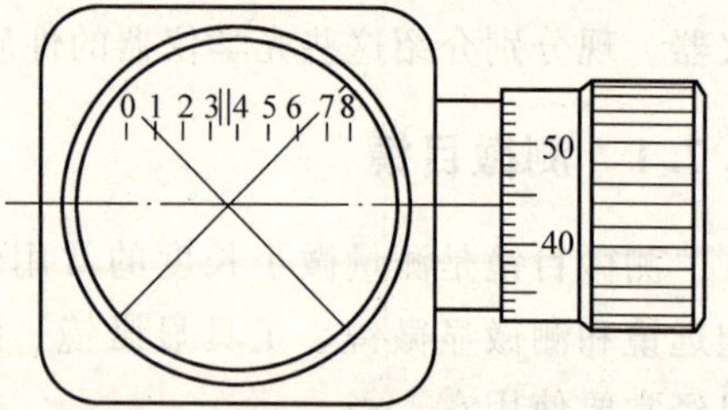

图 3.7-2　测微目镜叉丝交点坐标

注意在测定物的起点（边）和终点（边）坐标时手轮只能向一个方向旋转（十字叉线向一个方向移动）否则，将产生回程误差，使测量值严重偏离被测物的真实尺寸，其原因在于丝杆与螺母之间存在间隙的缘故。

3.7.2　读数显微镜

读数显微镜是物理实验的常用必备光学仪器。它的用途广泛，根据不同需要可完成下列测试工作：

1）既可测量长度也可作低倍数放大观察使用，如测孔距、直径、线距及线宽度等。

2）配备测微目镜和物方测微器还可测量显微镜的放大率和平板玻璃的折射率。

3）改变显微镜的位置还能组成各种测试与观察装置。

1. 仪器结构

读数显微镜的种类较多，但功能大致差不多。图 3.7-3 所示为 JCD_3 型读数显微镜。图中目镜 2 可用锁紧螺钉 3 固定于任一位置。为了使用方便棱镜室 19 可在 360°方向上旋转。物镜 15 用丝扣拧入镜筒内，调焦手轮 4 可使镜筒 16 上下移动完成调焦。转动测微鼓轮 6，显微镜就会沿燕尾导轨移动。旋动锁紧手轮 7，可将方轴 9 固定在接头轴十字孔中。接头轴 8 可在底座 11 中旋转、升降，用锁紧手轮 10 可以使其固定。根据使用要求的不同方轴可插入接头轴的另一十字孔中，使镜筒处于水平位置。压片 13 用来固定被测元件。旋转反光镜旋轮 12 可调节反光镜方位。半反镜 14 是专为牛顿环实验配备的。

2. 使用说明

现以测量细小物体长度为例说明本仪器的使用方法。先调节反光镜旋轮 12 使目镜内观察到的视场明亮均匀，将被测件放在工作台面上，用压片 13 固定。旋转棱镜室 19 至最舒适位置，用锁紧螺钉 18 固定，调节目镜 2 进行视度调整，使分划线清晰。转动调焦手轮 4，使镜筒自下而上地移动直到从目镜中观察的被测件成像清晰为止。调整被测件使其被测部分的轮廓线与显微镜目镜内的纵向叉丝平行（即与显微镜的移动方向平行）。转动测微鼓轮 6，使十字分划板的纵叉丝与被测件的起点（边）重合，记下此值 x_1，沿同方向转动测微鼓轮，使纵叉丝与被测件的终点（边）重合，记下此值 x_2，则所测件长度为 $L=|x_2-x_1|$。

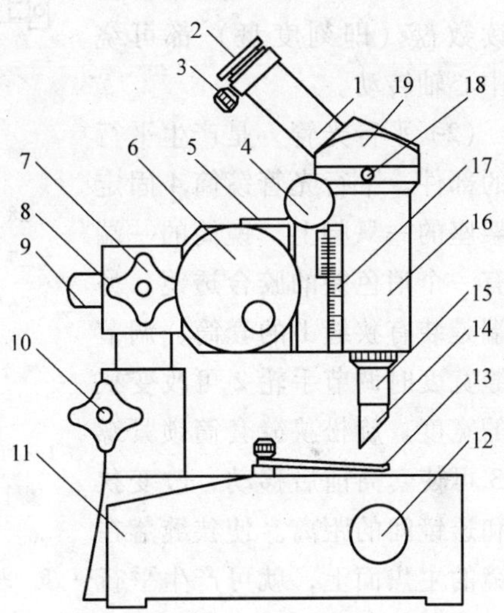

图 3.7-3 读数显微镜正视图

1—目镜接筒 2—目镜 3—锁紧螺钉 4—调焦手轮 5—标尺 6—测微鼓轮 7—锁紧手轮Ⅰ 8—接头轴 9—方轴 10—锁紧手轮Ⅱ 11—底座 12—反光镜旋轮 13—压片 14—半反镜组 15—物镜组 16—镜筒 17—刻尺 18—锁紧螺钉 19—棱镜室

读数显微镜的读数由两部分组成，毫米以上的整数在标尺 5 上读出，毫米以下的小数在测微鼓轮上读出。以上两数之和即纵叉丝的位置坐标。纵叉丝沿燕尾导轨的有效活动范围是 0～50mm，这就是读数显微镜的测量范围。从测微鼓轮上可看到仪器的最小读数值为 0.01mm。

3.7.3 分光计

分光计是一种能精确测量角度的光学仪器，利用它能直接测定反射角、折射角、衍射角、劈尖的角度。要想利用它准确地进行测量，就必须了解它的结构并掌握它的调整方法。

1. 分光计的构造及各部分的作用

分光计由望远镜、平行光管、载物平台、读数装置（包括读数盘和游标盘）和底座组装成，如图 3.7-4 所示。

(1) 三脚架座　是分光计的底座，架座中心有垂直方向的转轴，望远镜、载物平台、游标盘和读数盘（即刻度盘）都可绕该中心轴转动。

(2) 平行光管　是产生平行光的部件。平行光管镜筒 4 固定在架座的一只脚上，镜筒的一端装有一个消色差的胶合透镜。另一端是装有狭缝 1 的套筒，调节狭缝宽度时调节手轮 2 可改变狭缝的宽度。旋松狭缝套筒锁紧螺钉 3 可使套筒前后移动，改变狭缝和透镜间的距离。使狭缝落在透镜的主焦面上，就可产生平行光。若平行光管的主光轴与中心转轴偏离或倾斜时，可分别通过平行光管水平微调螺钉 6 和平行光管高低调节螺钉 5 来调整。

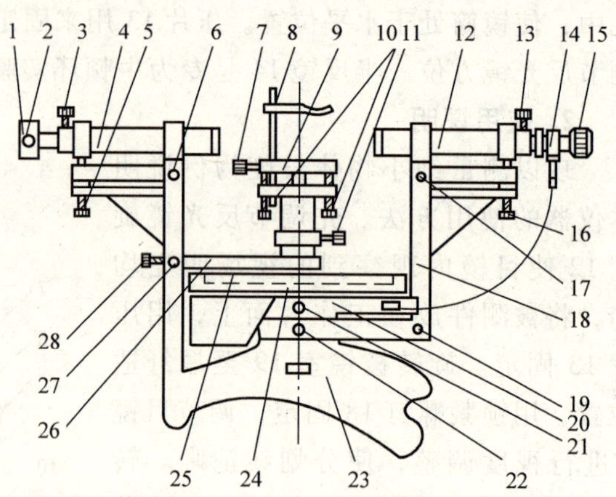

图 3.7-4　分光计结构正视图

1—可调狭缝　2—狭缝宽度调节手轮　3—狭缝套筒锁紧螺钉　4—平行光管镜筒　5—平行光管高低调节螺钉　6—平行光管水平微调螺钉　7—夹持弹簧片锁紧螺钉　8—夹持弹簧片　9—载物平台　10—载物平台调平螺钉（三只）　11—载物平台锁紧螺钉　12—望远镜镜筒　13—望远镜套筒锁紧螺钉　14—照明小灯、分划板及全反射棱镜　15—望远镜目镜调节手轮　16—望远镜高低调节螺钉　17—望远镜水平调节螺钉　18—望远镜支臂　19—望远镜微调螺钉　20—望远镜转座　21—望远镜与读数盘联结螺钉　22—望远镜制动螺钉　23—三角底座　24—读数盘（刻度盘）　25—游标盘　26—游标盘制动架　27—游标盘微调螺钉　28—游标盘制动螺钉

(3) 望远镜　本仪器采用阿贝式自准望远镜，如图 3.7-5a 所示，它由镜筒、物镜（消色差凸透镜）分划板、阿贝式目镜、套筒、全反射式棱镜以及小灯组成。分划板装在套筒中间部位，阿贝式目镜装在套筒的一端，并能转动，以便调焦看清楚分划板上的十字叉丝和消除视差。图 3.7-5b 是分划板示意图。它的原理是接通电源小灯发光，经全反射棱镜照亮分划板上的十字刻线，当分划板位于物镜焦平面上时，十字刻线发出的光经物镜后形成平行光，成像于无限远处。若在前

面放置一个垂直于望远镜主光轴的平面反射镜，则平行光被反射回来，再经物镜聚焦在分划板上方十字叉丝处形成亮十字像。望远镜镜筒 12 固定在支臂 18 上方，支臂和望远镜转座 20 固定在一起旋松望远镜制动螺钉 22，望远镜支臂就可带动望远镜转动。拧紧望远镜与读数盘（刻度盘）的联结螺钉 21 则读数盘就跟着望远镜一起转动。旋松望远镜套筒的固定螺钉 13，套筒可前后移动，以调节分划板在物镜的焦平面处。转动阿贝式目镜调节手轮15可调焦看清楚分划板上的叉丝。在调整望远镜的过程中，若望远镜的主光轴与中心轴之间存在倾斜和偏离，则可分别调节望远镜高低调节螺钉 16 和望远镜水平调节螺钉 17。在调整反射回来的亮十字像与分划板上方十字叉丝精确重合时，若需要微转望远镜，则可拧紧望远镜制动螺钉 22，调节望远镜微调螺钉 19。

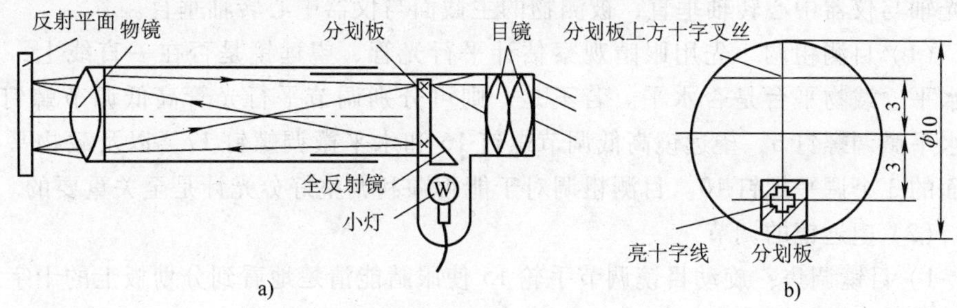

图 3.7-5　阿贝式自准直望远镜原理图
a）阿贝式自准望远镜　b）分划板

（4）载物台　弹簧片 8 用以夹持待测元件，由螺钉 7 来锁紧。载物平台 9 的下方有 3 个等分圆的螺钉 10，用来调节载物平台与中心转轴的倾斜度。整个载物平台可升降，以适应待测物不同大小的需要，升降后用锁紧螺钉 11 锁定，使载物平台与中心转轴连在一起。

（5）读数装置　由刻度盘 24 和游标盘 25 组成，且与中心转轴垂直。拧紧联结螺钉 21 可把刻度盘（即读数盘与望远镜支臂连结成一体，望远镜转动时，读数盘也跟着转动。游标盘和中心转轴固定在一起，旋紧游标盘制动螺钉 28 它们不能转动，只能通过调节游标盘微调螺钉 27 实现微转动。读数盘分为 360°，每一度又分两个小格，每格为 0.5°（即 30′）称半度格。游标盘上有两个游标，位于直径两端与刻度盘相接触，其目的是消除偏心差。游标共分 30 格，其弧长与刻度盘上 29 小格相等，两者的每个小格相差 1′，故此角游标尺的精度为 1′。读数方法与直线游标卡尺相似，以角游标的零线为准读出度，再找游标上与刻度盘上刚好重合的刻线，读出其分数。例如图 3.7-6 所示，游标尺上 22 与刻度盘上的刻度重合故读为 149°22′。

又如图 3.7-7 所示，游标尺上 14 与刻度盘上的刻度重合，但零线过了刻度的半度线，故读数为149°44′。

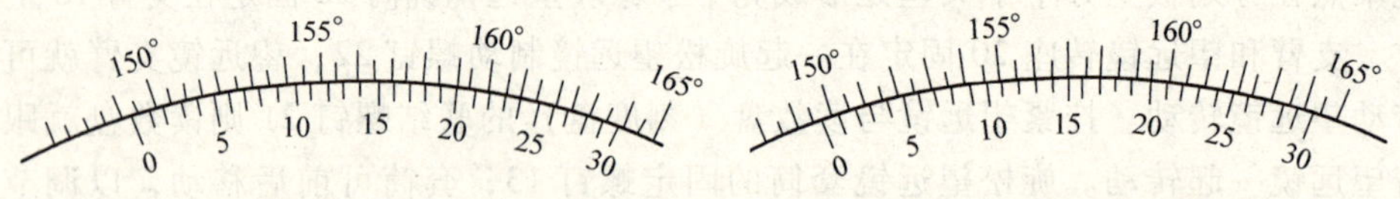

图 3.7-6 分光计，圆游标读数　　图 3.7-7 分光计圆游标读数

2. 分光计的调整

为了精确测量角度事前必须将分光计调整好。调节分光计的要求是：使平行光管发出平行光，望远镜能接受平行光（聚焦无穷远）；平行光管和望远镜的主光轴与仪器中心转轴垂直，被测物的主截面与仪器中心转轴垂直。

（1）目测粗调　先用眼睛观察估计平行光管、望远镜是否在一直线上，是否水平，载物平台是否水平。若不是，则可分别调节平行光管高低调节螺钉 5 和水平微调螺钉 6，望远镜高低调节螺钉 16 和水平微调螺钉 17，以及载物平台下面的 3 个调平螺钉 10。目测粗调对于能否顺利调整好分光计是至关重要的。

（2）望远镜的调节

1）目镜调焦：旋动目镜调节手轮 15 使眼睛能清楚地看到分划板上的十字叉丝线。

2）望远镜调焦：接上电源，开亮小灯，分划板上的十字刻线被照亮。在载物平台上放上平面平镜，放法如图 3.7-8 所示。旋紧望远镜的制动螺钉 22，旋松游标盘的制动螺钉 28，转动游标盘使平面平镜的一个面（如 b_1 所对面）对着望远镜，观察有无反射回来的亮十字像或亮光斑。如果没有，则来回微转游标盘边调节调平螺钉（如 b_1）使看到反射回来的亮斑或不清楚的亮十字像。旋松望远镜套筒的锁紧螺钉 13 前后移动套筒进行调焦，使能清楚地看到亮十字像。再旋紧锁紧螺钉 13。

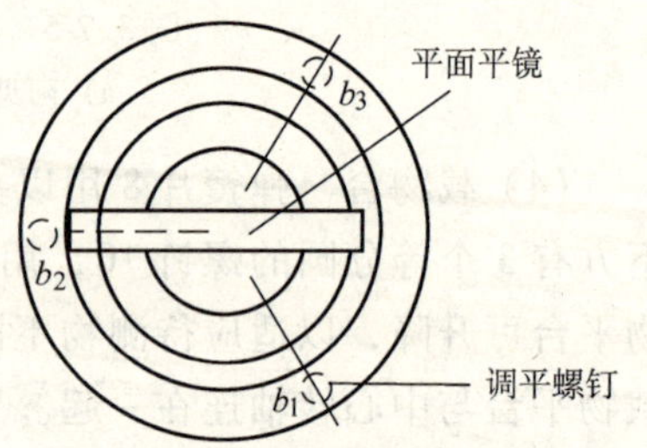

图 3.7-8 平面平镜的放法

3）调整望远镜主光轴与中心转轴垂直：将在望远镜调焦的过程中所看到的亮十字像调到视场中央，转动游标盘使另一面正对着望远镜，观察有无亮十字像。如没有，则来回微转动游标盘边调节调平螺钉 b_3，使能看到被反射回来的亮十字像。当两个面反射回来的亮十字像都能看到时，确定它是在分划板上方横向叉丝的同侧还是在两侧，如果在同侧，则说明望远镜主光轴是俯仰着，这时，需调节望远镜高低调节螺钉 16，使两亮十字像分居在上方横向叉丝的两侧，然后，分别将两亮十字像与上方横向叉丝间的距离缩小 1/2 这样重复几次，采

用逐渐逼近法，将两亮十字像横线调到与上方横向叉丝精确重合。此时，望远镜主光轴已与中心转轴垂直，到此为止望远镜已调好。同时平面镜两面的法线也和中心转轴垂直（注意：望远镜调好后切忌再调望远镜的高低调节螺钉 16，否则前功尽弃）。

（3）平行光管的调整　点亮钠光灯，使平行光管正对着钠光灯窗口，取下平面平镜旋松望远镜制动螺钉 22 转动望远镜，使它与平行光管在同一直线上，从望远镜中观察狭缝光源的亮调节平行光管的高低调节螺钉 5 使亮线条被望远镜分划板上中间横向叉丝平分。如看到亮像线模糊不清，旋松狭缝套筒锁紧螺钉 3 前后移动套筒，直至观察到清晰亮线条。如亮线条太粗则可调节狭缝宽度调节螺钉 2 使亮线条等于 1mm 左右。这时平行光管已调整好，光轴已与中心转轴垂直。

3.7.4　迈克尔逊干涉仪

迈克尔逊干涉仪是现代干涉仪之母。它是用分振幅的方法获得双光束干涉的精密光学仪器，它在近代物理和计量技术中有着广泛的应用。使用它可以观察光的等厚、等倾干涉现象，还可以用来测定单色光波长，测定光的相干长度等。迈克尔逊干涉仪的结构如图 3.7-9 所示，它由一套精密的机构传动系统和 4 个高质量的光学镜片装在底座上组成，其光路图如图 3.7-10 所示。其中 G_1 是一块后表面镀有铬半反射膜的平行平面镜亦叫做分光镜。来自光源 S 的光束到达 O 点时一半透射，一半反射，分成（1）、（2）两路进行，分别被与 G_1 成45°角的平面反射镜 M_1 和 M_2 反射，又在 O 点会合射向观察位置 E。由于（1）、（2）两束光来自光源 S 上同一点，满足相干光的条件，因而在 E 处可以观察到干涉图

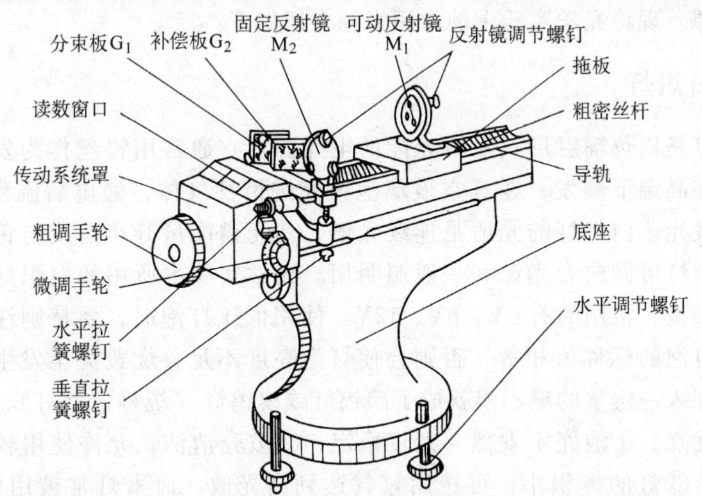

图 3.7-9　迈克尔逊干涉仪

样。G_2 是一块与 G_1 的厚度和折射都相同的平行平板玻璃，且与 G_1 平行放置。它的作用是使（1）、（2）两光束在玻璃中经过的色散完全相同，所以叫补偿板。有了它，在计算两光束的光程差时，只要计算它们在空气中的几何路程之差就可以了。平面反射镜 M_2 是固定的，M_1 可沿导轨前后移动，以改变（1）、（2）两光束的光程差。M_1 由一个精密丝杆控制，其移动的距离可由转轮上读出。仪器前方转轮上最小刻度读数为 10^{-2}mm，右侧微调手轮的最小刻度读数为 10^{-4}mm 可估计到 10^{-5}mm。M_1 和 M_2 背面各有三颗螺钉，用来调节 M_1 和 M_2 平面的方位，M_2 下方有两个相互垂直的拉簧螺钉，以便用来对 M_1 和 M_2 的方位作更细微的调节。

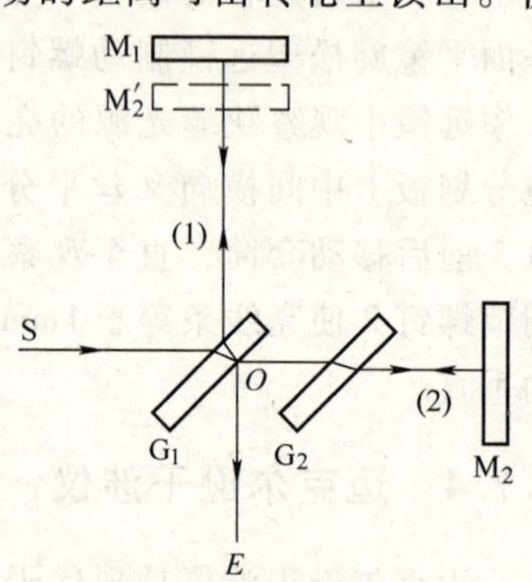

图 3.7-10 光路图

实验使用的 WSM—100 型迈克尔逊干涉仪其主要性能如下：

1）动镜移动范围：0～100mm。

2）动镜移动最小读数：0.0001mm。

3）丝杆导轨直线性误差：≤16″。

4）干涉条纹变形量：≤1/3 条干涉带宽。

5）当计数干涉条纹级次 $\Delta K \geqslant 100$ 时，波长测量精度≤2%。

3.8 常用光源

光源是光学实验系统中不可缺少的组成部分，对于不同的光学实验常使用不同的光源。现将光学实验中的常用光源介绍如下：

3.8.1 白炽灯

白炽灯是以热辐射形式发射光能的电光源。它通常用钨丝作为发光体，为防止钨丝在高温下蒸发，在真空玻璃泡内充进惰性气体，通电后温度约 2500K 达到白炽发光。白炽灯的光谱是连续光谱，其光谱能量分布曲线与钨丝的温度有关。白炽灯可做白光光源和一般照明用。光学实验中所用的白炽灯一般多属于低电压类型，常用的有 3V、6V、12V。使用低压灯泡时，要特别注意供电电压必须与灯泡的标称值相等，否则会使灯泡亮度不足、烧毁甚至发生爆炸。在白炽灯中加入一定量的碘、溴就成了碘钨灯或溴钨灯（统称卤素灯），这种灯有其特别的优点：①泡壳不发黑、光较稳定；②玻壳清洁，允许使用较高的稀有气体气压；③灯的体积小，可选用氪气达到高光效。卤素灯常被用作强光源，使用时除注意工作电压外，还应考虑到电源的功率及散热的问题。

3.8.2　汞灯

汞灯是一种气体放电光源。它是以金属汞蒸气在强电场中发生游离放电现象为基础的弧光放电灯。

汞灯有低压汞灯与高压汞灯之分，实验室中常用低压汞灯。这种灯汞蒸气压通常在一个大气压以下，正常点燃时发出汞的特征光谱，其波长见表 3.8-1。

表 3.8-1　低压汞灯光谱线波长表

颜色	波长/nm	相对强度	颜色	波长/nm	相对强度
紫	404.66	弱	绿	546.07	很强
紫	407.78	弱	黄	576.96	强
蓝	435.83	很强	黄	579.07	强
青	491.61	弱			

在低压汞灯内壁上涂荧光粉，使涂层转变成可见辐射、选择适当荧光物质，则发出的光与日光接近，这种灯称为荧光灯。荧光灯点燃时发出的光谱既有白光光谱又有汞的特征光谱线。使用汞灯时必须在电路中串联一个符合灯管参数要求的镇流器后才能接到交流电源上去。严禁将灯管直接并联到 220V 的市电上去，否则即刻烧坏灯丝。灯管点燃后，一般要等 10min 甚至 30min 发光才趋稳定，灯管熄灭后若想再次点燃，则必须等待灯管冷却，汞蒸气压降到适当程度之后，才可以重复点燃。为了保护眼睛，不要直接注视汞灯光源，以防紫外线灼伤。

3.8.3　钠光灯

钠光灯也是一种气体放电光源。它是以金属钠蒸气在强电场中发生游离放电现象为基础的弧光放电灯，实验室常用低压钠灯。点燃后，当管壁温度为 260℃时，管内钠蒸气压为 3×10^{-3}Torr（1Torr = 135.3Pa），发出波长为 589.0nm 和 589.6nm 两种黄光谱线。由于这两种单色黄光波长较接近，一般不易区分，故常以它们的平均值 589.3nm 作为钠黄光的波长值。钠光灯可作为实验室一种常用的单色光源。钠光灯的使用方法与汞灯相同。

3.8.4　氦-氖激光器

He-Ne 激光器是 20 世纪 60 年代发展起来的一种新型光源。它与普通光源相比，具有单色性好、相干长度大、发光强度大、方向性好（几乎是平行光）等优点。

实验室常用的 He-Ne 激光器，由激光工作物质（He、Ne 混合气体）、激励装置和光学谐振腔3部分组成。放电管内的He、Ne混合气体，在直流高压激励作用下产生受激辐射形成激光，经谐振腔加强到一定程度后，从谐振腔的一端面反射镜发射出去。谐振腔的两端各装有一块镀有多层介质膜面对面地平行放置的反射镜，它是激光管的重要组成部分，必须保持清洁，防止灰尘和油污的污染。

在光学实验中，可以利用各种光学元件将激光管射出的激光束进行分束、扩束或改变激光束的方向以满足实验的不同要求。

另外，He-Ne激光器的形式颇多，因此，输出的激光特性也各不相同。例如装有布儒斯特窗的外腔式激光管输出的激光为线偏振光，而内腔式激光管输出的则是圆偏振光。

由于激光管射出的激光束，发散角小，能量集中，故切勿迎着激光束直接观看激光。直视未充分扩束的少许光将造成人眼网膜的永久损伤。另外，激光器工作时激光管两端加有直流高压（1200～8000V），实验中不得触摸，以防电击事故发生。

第4章 开放式预备物理实验

本章的实验是关于长度、质量、密度、时间、电流、电压、温度等常见物理量的测量，它们是物理学中最基础的实验，也是进一步学习其他章节物理实验的基础，学生们可以利用课余时间，根据自己的情况在开放式实验室选择相应的实验项目，借助教材和仪器使用说明书自己独立地完成实验。

4.1 长度的测量

实验1 用常用方法测量长度

长度是最基本的物理量，长度测量是基本测量之一。工农业生产和科学研究中离不开长度测量，在物理学中从原子直径到天文距离，都与长度测量有关。在实验室里的很多仪表是利用一条直线或弧线的长度来表示物理量的数值的，如水银温度计、指针式电表等，其他一些量的测量也常归结为测量长度。因此，长度测量的读数规则和基本方法在实验中具有普遍意义。

测量长度的仪器和方法较多，物理实验中常用的直接测量长度的仪器有米尺、游标卡尺和千分尺。不同的仪器除测量范围（即量程）不同外，分度值（即精度）也不同。分度值越小，仪器越精密，仪器本身允许的尺寸偏差也越小。当精度要求高于 10^{-3}mm 时可采用更精密的仪器和测量方法进行测量。

学习使用任何仪器都要注意掌握它们的结构特点、规格性能、读数原理、使用方法及维护知识等。

【实验目的】

（1）了解游标卡尺的结构及规格，掌握游标原理及游标卡尺的正确使用方法。

（2）掌握千分尺的读数原理及正确使用方法。

（3）在长度测量中进一步学习使用不确定度。

【实验原理】

1. 游标卡尺

游标卡尺的精密度比米尺高，能够将米尺的估读位准确读出，可估读到毫米的的百分位。游标卡尺的结构及规格见第3章，主要由尺身及可在其上滑动的游标组成。

1）游标分度原理：为了适应不同精度要求，各种游标有不同读数值。若游

标上有 p 个分格，每一分格长为 x，尺身上每一分格长为 y，游标上一格对应的最接近的尺身格数（即模数）为 n；模数大，游标刻线间距较大，易分辨。刻线总是使游标上 p 格总长与尺身上总长 $np-1$ 相等。即 $px=(np-1)y$，则游标每分格长为

$$x=(np-1)y/p=\left(n-\frac{1}{p}\right)y$$

而游标卡尺的最小量为

$$\delta=ny-x=ny-(n-1/p)y$$

即

$$\delta=y/P \tag{4.1-1}$$

由此可见，只要知道尺身上的读数值 y 和游标上的分度总数 p，就可确定该游标卡尺的最小量，这个方法适用于所有游标。

2）游标读数原理及方法：未测量前，游标卡尺量爪的固定钳口与活动钳口合拢，深度尺末端与尺身末端对齐，此时游标与尺身上的“零刻线”准确对齐；测量时，由于量爪两钳口间夹入被测物，游标上的“零刻线”在尺身上移动了一段距离 l。显然，游标零线与尺身零线间的距离 l 就是被测物的长度。l 的读数由尺身上可直接读出的毫米整数部分 l_1 和利用游标读出的不足毫米部分 l_2 两部分组成，即 $L=l_1+l_2$。

当游标的零刻线恰好与尺身某条刻线对齐时，游标上毫米以下部分读数 $l_2=0$，当游标上第 k 条刻线与尺身某条刻线对齐时，读数 $l_2=k\delta$，若此时游标“零线”前对应的尺身毫米整数为 c，则物体总长为

$$l=l_1+l_2=cy+k\delta \tag{4.1-2}$$

游标卡尺的量程为游标上最末一条刻线与尺身上最末一条刻线对准时，游标与尺身两零线之间的距离。

使用游标卡尺可以提高读数的准确程度，游标卡尺的估读误差不大于 $\delta/2$，一般 10 分度（$p=10$）游标读数时按 $\delta/2$ 估计，其最小量为 0.1mm，估读误差为 0.05mm。20 分度以上的游标（常用长度游标 $p=20$ 或 $p=50$），其估读估差在毫米的百分位上，与游标卡尺的最小读数值同位，故取为 δ。所以常用游标卡尺的读数都写到百分位上，毫米以下部分从游标上读取。如图 4.1-1 中 $l_a=cy+k\delta=11.85\text{mm}$，$l_b=16.70\text{mm}$。

为了便于读数，游标上刻有一些数字，如 25、50、75 或 1、2、3…、9。如果这些数字相应的刻线与尺身线对齐，其读数分别为 0.25mm、0.50mm、…或 0.10mm、0.20mm、…。

2. 千分尺

千分尺的精度高于游标卡尺，可准确读到毫米的百分位，估读到毫米的千分位。千分尺主要用于测量较小的长度，如金属丝直径、薄板厚度等。千分尺

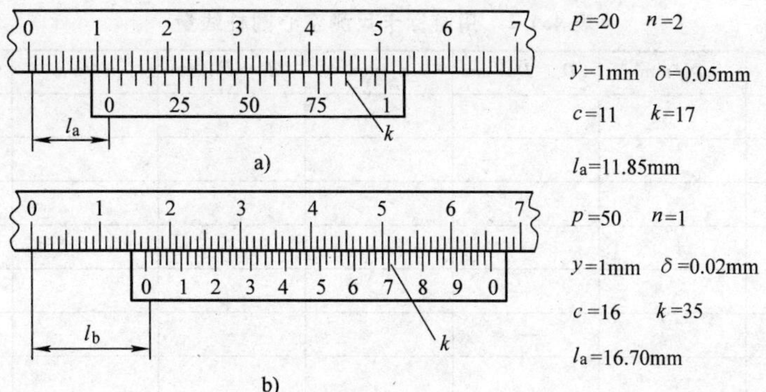

图　4.1-1

的读数方法和使用方法详见第 3 章。

本实验所用千分尺的螺距为 0.5mm，螺杆套筒上有 50 分格，转过一格时螺杆沿轴线移动 0.5mm/50 = 0.01mm，估读误差为 0.001mm，考虑到仪器本身的误差，单次测量的误差取为 0.005mm。螺杆上沿轴线的固定标尺上刻有毫米线和半毫米线，作为套筒读数的准线。测量结果由固定标尺和套筒读数两部分组成，再减去零位校准值，如图 4.1-2a 所示；$l' = 3.227\text{mm}$，$l_0 = +0.018\text{mm}$，则 $l_a = l' - l_0 = 3.209\text{mm}$；如图 4.1-2b 所示，$l' = 3.893\text{mm}$，$l_0 = -0.023\text{mm}$，则 $l = l' - l_0 = 3.916\text{mm}$。

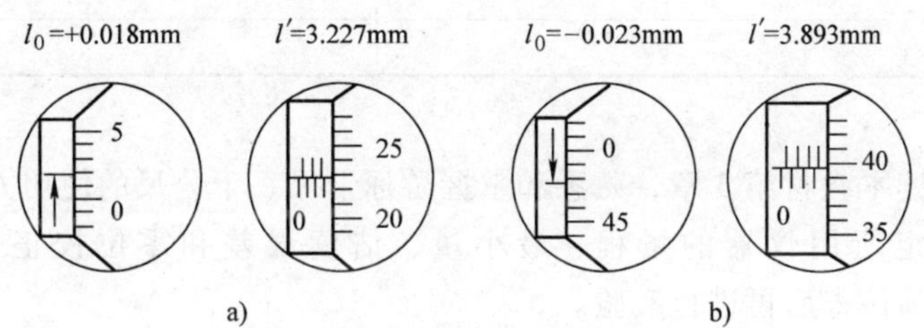

图　4.1-2

【实验仪器】

游标卡尺、千分尺。

表 4.1-1　测量仪器性能

仪器	量程	最小量	估读误差	仪器误差	零位校正值
米尺					
游标卡尺					
千分尺					

表 4.1-2 用游标卡尺测空心圆柱线量

	D_i/mm	$(D_i-\bar{D})$/mm	d_i/mm	$(d_i-\bar{d})$/mm	H_i/mm	$(H_i-\bar{H})$/mm
1						
2						
3						
4						
5						
平均值/mm		—		—		—
完整式						
相对误差						

表 4.1-3 用千分尺测小圆柱线量

	ϕ_i/mm	$(\phi_i-\bar{\phi})$/mm	h_i/mm	(h_i-h)/mm
1				
2				
3				
4				
5				
平均值/mm		—		—
完整式				
相对误差				

【实验内容】

(1) 阅读本教材第 3 章，熟悉和掌握游标卡尺、千分尺的使用方法。

(2) 确定所用仪器的量程、最小量、估读误差和零位校正值，填入表 4.1-1，经教师检查后再进行实验。

(3) 用游标卡尺测量空心圆柱不同部位的外径 D、内径 d 和长度 H 各 5 次。计算平均值、绝对误差、相对误差，用完整式表示各结果。将结果记入表 4.1-2 内。

(4) 用千分尺测量小圆柱不同部位的外径 ϕ 和高 h 各 5 次，计算平均值、标准误差并判断有无剔除数据，完整表示测量结果，并将数据记入表 4.1-3 中。

(5) 计算空心圆柱体积 V、E_V、U_V，完整表示结果。

(6) 计算小圆柱的侧面积 S、E_s、U_s，完整表示结果。

(7) 用米尺、游标卡尺、千分尺分别测同一物体长（如小圆柱体的高）1 次，结果有什么区别？

（王银峰 稿）

实验 2　用光学法测量长度

【实验目的】

(1) 掌握测微目镜和读数显微镜的原理、结构及使用方法。

(2) 学会用测微目镜和读数显微镜测量微小长度的方法。

【实验原理】

1. 测微目镜的使用方法

测微目镜是测量微小长度（距离）的常用仪器，其结构如第 3 章 3.7.1 节所述。它的使用方法如下：

1) 调节测微目镜的调焦环，使分划板上刻线和叉丝清晰。

2) 调整整个测微目镜与被测对象的距离，使看到的像最清晰。

3) 旋转读数鼓轮，使叉丝交点和被测物上的一点（或一条线）对准，记下读数 x_1，继续转动鼓轮，使叉丝交点对准另一点（或一条线），再记下读数 x_2，两次读数之差的绝对值 $|x_2-x_1|$ 即所测两点（或两条线）间的距离。

注意：

1) 测量时，应缓慢转动鼓轮，而且鼓轮应沿一个方向转动，中途不能反转，以避免回程差。

2) 移动活动分划板时，要注意观察叉丝指示的位置，不能移出毫米标度线所示的范围（通常为 0 ~ 8mm)，且移动方向应与被测两点间连线平行（若待测的是两条线之间的距离，移动方向应与两线之间的公垂线平行）。

测微目镜的读数方法：测微目镜中，双线和叉丝交点的位置的毫米数由固定分划板上读出，毫米以下的小数由读数鼓轮上读出。它的最小量为 0.01mm，可以估读至 0.001mm。测微目镜的读数方法与千分尺相似。

2. 读数显微镜的使用方法

读数显微镜是用于精确测量微小长度的专用显微镜，其结构如第 3 章 3.7.2 节所述（图 3.7-3)。它的使用方法如下：

1) 调节反光镜旋轮 12，使目镜内观察到的视场明亮均匀。将待测物安放在测量工作台上，用压片固定。

2) 调整目镜 2，使十字叉丝清晰。

3) 旋转调焦手轮 4，使镜筒下降到接近物体的表面，然后自下而上的逐渐上升，直到从目镜中观测的被测物成像清晰为止。

4) 调整被测物使其被测部分的轮廓线与显微镜目镜内的纵向叉丝平行。转动测微鼓轮 6，使十字分划板的纵向叉丝与被测物的起点（边）重合，记下读数 x_1，继续沿同方向转动测微鼓轮，使纵向叉丝与被测物的终点（边）重合，记

下读数 x_2，即所测长度为 $|x_2 - x_1|$。

注意：

1）测量时，显微镜筒的移动方向应与被测两点间连线平行。

2）为了防止回程差，测量时应向同一方向转动鼓轮，若不小心超过了被测目标，就应退回，再重新测量。

读数显微镜的读数方法：纵向叉丝的位置的毫米数在标尺 5 上读出，毫米以下的小数在读数鼓轮上读出，读数方法与千分尺相似。纵向叉丝沿导轨的有效活动范围是 0 ~ 50mm，这就是读数显微镜的测量范围。读数鼓轮上仪器的最小读数值为 0.01mm。

【实验仪器】

光具座、激光器、白炽灯、测微目镜、读数显微镜、透镜、粗光栅、小圆片。

【实验内容】

（1）确定测微目镜和读数显微镜的量程、最小量和估读误差，填入记录表格内。

（2）实验室已用光具座、激光器、透镜、粗光栅给出了光栅的自成像光路。将测微目镜安放在测微目镜架上，在光轴方向上移动滑座，使测微目镜视场中观察到清晰的光栅像，旋动读数手轮，测量光栅常数。

（3）用读数显微镜测量小圆片不同部位的直径 3 次。计算平均值和不确定度，用完整式表示。

（4）用白炽灯、读数显微镜测粗光栅的光栅常数，并与实验内容 2 的结果进行比较。

【思考题】

为什么在测量中测微目镜和读数显微镜的鼓轮应向同一方向转动？造成回程差的原因是什么？

（吴芳　稿）

4.2 质量的测量

实验 3　用天平测量物体的质量及密度

【实验目的】

（1）理解物理天平的原理，学习使用方法。

（2）学习用静力称衡法测不规则固体的密度。

（3）学习用比重瓶法测液体的密度。

【实验原理】

密度是物质的重要属性之一，它是某种物质单位体积的质量。若质量为 m，体积为 V，则其密度 ρ 为

$$\rho = m/V \tag{4.2-1}$$

物体的质量用天平测量。体积可用各种方法测量。对于形状现则的固体，可通过直接测量各线度计算体积，对于形状不规则的固体和液体，常用静力称衡法和比重瓶法测量其体积和密度。

1. 静力称衡法

根据阿基米德定律：浸在液体中的物体要受到向上的浮力，浮力大小等于它排开的同体积液体的重量。如果不计空气浮力，物体在空气中重 $W_1 = m_1 g$，全部浸入水中的重量 $W_2 = m_2 g$，其所受浮力为 $W_1 - W_2 = (m_1 - m_2)g$，应等于同体积水的重量 $\rho_w Vg$，由此可得 $V = (m_1 - m_2)/\rho_w$

所以
$$\rho = \frac{m_1}{m_1 - m_2}\rho_w \tag{4.2-2}$$

只有当物体浸入液体后其性质不发生变化才能用此方法。

2. 比重瓶法

比重瓶是用玻璃制成的，其容积固定不变。简单比重瓶如图 4.2-1 所示，它采用了一个中央有毛细管的磨口瓶塞，使用时先往瓶中注入蒸馏水，直到瓶口，再将瓶塞塞紧，多余的水通过毛细管流出，这样就使瓶中液体体积与瓶的容积相同。

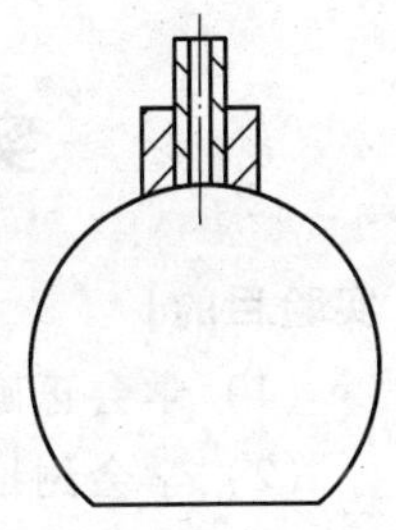

图 4.2-1　比重瓶

测量时，先测出空瓶质量 m_1，再分别测出装满被测液体的质量 m_2 和装满蒸馏水的质量 m_3，则由 $V = (m_3 - m_1)/\rho_w$ 可得

$$\rho = \frac{m_2 - m_1}{V} = \frac{m_2 - m_1}{m_3 - m_1}\rho_w \tag{4.2-3}$$

【实验仪器】

物理天平、温度计、烧杯、比重瓶、小毛巾、蒸馏水、待测物（不规则物体和酒精）。

【实验内容】

（1）根据要求自行设计表格。

（2）用静力秤衡法测不规则物体的密度。

1）测出固体块在空气中的质量 m_1。

2）测出固体块全部浸入蒸馏水中（既不接触器壁、器底，块面也不附气泡）的质量 m_2。

3）用温度计测出水的温度 t，用内插法从表中查出温度 t 时水的密度 ρ_w。

4）由式（4.2-2）求固体块的密度 ρ_1 并计算 $\Delta\rho_1$，完整表示结果。

（3）比重瓶法测酒精的密度

1）用天平分别测出已烘干的空比重瓶质量 m_1、装满酒精的质量 m_2 和装满蒸馏水的质量 m_3。

2）记录水的温度 t，同上法查出水的密度 ρ_w。

3）计算酒精的密度 ρ_2 和误差 $\Delta\rho_2$，完整表示测量结果。

4）与标准值比较求百分误差。

（4）试分析此实验引起系统误差的因素。

注意事项

1）天平的结构原理、性能参看第 3 章，严格按照操作步骤和规则进行测量。

2）实验中手不要直接接触比重瓶、水和酒精，流到外面的液体要用小毛巾擦干。

（王银峰　稿）

实验 4　用电子天平测量物体的密度

【实验目的】

（1）学会正确使用电子天平测量物体的质量。

（2）学会测量颗粒状物体的密度。

【实验原理】

电子天平（即电子秤）是随着传感器和电子技术的发展而发展起来的，为了适应不同的需要，目前，电子天平的种类已经达到了三百多种，其称衡质量的范围已达到几十吨，读数的精度范围由微克到千克。

实验室常用的电子天平按读数精度分等级。一般质量称衡，读数精度在数克；标准精度天平，读数精度为毫克；高精度的分析天平，读数精度在微克。目前最高精度电子天平的读数精度达到了一亿分之一克（0.01μg），比传统的机械杠杆式电光分析天平高出几个数量级。不同称量和读数精度的电子天平，可以满足各种不同的要求。

电子天平的特点是操作简单、测量快捷、精度较高。此外，有些电子天平还带有故障检测、超载保护、数据输出等功能。

在科学实验和工程应用中，掌握材料的密度是十分重要的。物质的密度是某种物质单位体积的质量。若质量为 m，体积为 V，则密度 ρ 为

$$\rho=\frac{m}{V} \tag{4.2-4}$$

根据式（4.2-4），质量可由电子天平测量，如果不计空气浮力，物体在空气中的重量 $W=mg$，由此可得 $m=W/g$。通常重力加速度 g 按常数考虑，所以可用天平直接称量出物体的质量。

物体的体积有不同的测量方法：对于形状规则的固体可通过测量各线度进行计算；对于形状不规则的不吸水固体，可以用流体静力法测量密度，也可以用其排水量来测定其体积；对于形状不规则的吸水性固体，则应先用漆类物质对固体表面进行封闭，使其不吸水，再用流体静力法测量密度或用其排水量测定其体积；对于液体，常用固定容积的比重瓶测量其体积。

不吸水颗粒状固体的密度测量，其困难主要是测量它的体积，因为颗粒材料堆放时，颗粒之间有空气间隙，必须设法消除这些间隙，才能测量出颗粒材料的体积，我们采用注入液体的方法来测量颗粒材料的体积，方法如下：

1）称出空量筒的质量 m_1，再将颗粒材料放入量筒内，颗粒材料充满量筒容积的 80% 左右，称出量筒和颗粒材料的总质量 m_2，则颗粒材料的质量为 $m_3=m_2-m_1$。

2）用滴定管向量筒内加入蒸馏水。一边加水，一边摇动，排出颗粒材料中的空气。注意一定要排净空气，才能准确测量颗粒材料的体积。加入的蒸馏水应使颗粒材料全部被淹没，并到达量筒的一个整数刻度线，此时，从量筒读出颗粒材料和蒸馏水的总体积为 V_1。从滴定管可以读出加入的蒸馏水的体积为 V_2，则颗粒材料的体积为 $V_3=V_1-V_2$。

3）由密度公式 $\rho=m_3/V_3$，即可求得颗粒材料的密度。

注意：

1）测量中第一步称量颗粒材料质量时，颗粒材料必须为干燥状态。

2）量筒和滴定管的读数精度直接影响体积的测量精度，应尽可能选择读数精度高的量筒和滴定管。

电子天平的使用可以详见其使用说明书，需要说明的是不要超过量程使用电子天平，超量程很容易损坏电子天平的传感器。

下面以德国 Sartorius 公司的 BP2100S 型电子天平为例，介绍电子天平的使用方法。

BP2100S 型电子天平的称量为 2100g，读数精度为 0.01g，重复精度 ±0.01g，线性 ±0.02g，响应时间小于 1.5s，有自动去皮重功能，皮重最大 2100g，使用温度 0～40℃，使用 220V 电源。BP2100S 电子天平的面板如图 4.2-2 所示。使用时，首先将天平放置在稳定的平面上，利用天平下面的水平调节螺钉，将天平调节到水平状态。天平的后面带有水平指示器可供观察。然后将稳压电源插头插入220V交流电源插座，将输出的直流电源插头插入天平背后的插孔内。

天平电线接好后，按一下电源开关键打开电源，天平先进行自检。自检完毕，显示屏上显示出0.00g，此时，准备工作就完成了。将待称量的物体放在天平称盘上，天平显示屏就会自动显示出物体的质量。如果自检后天平的显示不为0.00g，则可以按一下“TARE”键，天平自动置零，然后再进行称量。

BP2100S电子天平还有许多其他功能，详细内容可以查阅使用说明书。

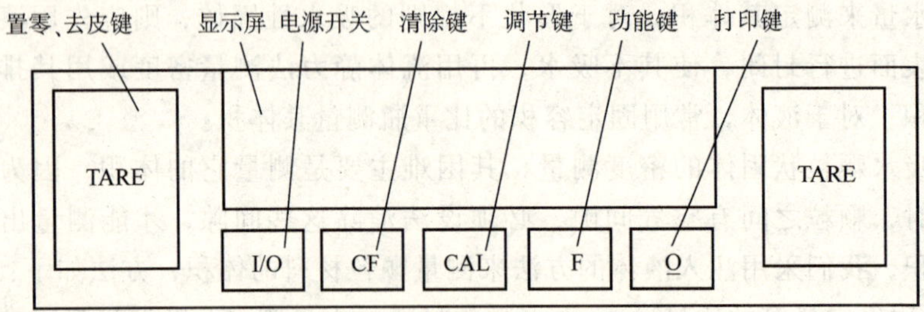

图4.2-2 BP2100S电子天平面板

【实验仪器】

电子天平、量筒、滴定管、干毛巾、散粒状物体（不吸水）、蒸馏水。

【实验内容】

（1）检查仪器、器具是否完好，记录仪器。检查待测量的颗粒材料是否干燥。

（2）调节电子天平成水平状态，连接天平电源线，打开天平电源开关，天平自检后，将其显示置零。

（3）选择干净的量筒，称出其质量。

（4）在量筒内加入颗粒材料，颗粒材料体积约占量筒容积的80%。

（5）称出量筒和颗粒材料的总质量。

（6）用滴定管向量筒内加入蒸馏水。蒸馏水应使颗粒材料全部被淹没，水面应到达量筒的一个整数刻度线，从量筒读出颗粒材料和蒸馏水的总体积。

（7）从滴定管读出加入的蒸馏水的体积。

（8）将已浸湿的颗粒材料倒入专用的过滤器内，洗净量筒，放掉滴定管内的余水，整理好所有仪器和器具。

（9）计算颗粒材料的密度和不确定度，分析影响密度测量准确性的主要因素，并估算它们所占的百分比。

注意事项

1）严格按照天平的操作规则进行操作，电子天平为精密仪器，使用时必须要细心。

2）尽量保持温度和量筒容积不变，不要用手直接接触量筒筒体。流到量筒外的水要擦干。

【思考题】

（1）本实验为什么可忽略空气浮力影响？

（2）为什么手不能接触量筒筒体？

（3）如何测量比水的密度小的颗粒材料的密度？

（吴世春　稿　彭华　校）

4.3　时间的测量

实验 5　机械秒表、电子秒表和智能测时仪器的使用

【实验目的】

（1）学习使用秒表、电子秒表和智能测时仪器。

（2）学习用单摆测定当地重力加速度的方法。

（3）研究单摆振动的周期、摆长和摆角间的关系。

【实验原理】

实验装置如图 4.3-1 所示，一根长为 l 的细线，上端固定，下端悬挂一直径为 d、质量为 m 的小球，线的质量相对于小球可以忽略，而球半径与线长相比又很小，即可以把小球看成一个质点。当小球稍加移动就会在铅直面内来回摆动，该装置就是单摆，也称为数学摆。

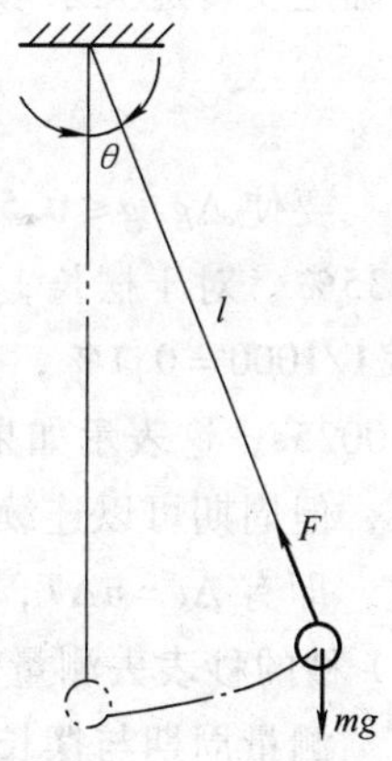

图 4.3-1　单摆

显然，小球所受的合外力为 $mg\sin\theta$，其中 g 为当地的重力加速度。小球的线加速度为 $a=g\sin\theta$，角加速度为 $\alpha=a/l=g\sin\theta/l$，当摆角非常小时（一般 $\theta<5°$ 时），$\sin\theta\approx\theta$，这时 $\alpha=g\theta/l$，由转动定理可以得到单摆的运动方程为

$$ml^2\frac{\mathrm{d}^2\theta}{\mathrm{d}t^2}+mgl\theta=0$$

即

$$\frac{\mathrm{d}^2\theta}{\mathrm{d}t^2}+\frac{g}{l}\theta=0 \qquad (4.3\text{-}1)$$

可见，单摆的振动是简谐振动，若其角频率为 ω，则有 $\omega^2=g/l$，因为 $\omega=2\pi/T$，其中 T 为简谐振动周期，所以

$$T=2\pi\sqrt{\frac{l}{g}} \qquad (4.3\text{-}2)$$

当摆角为一般 θ 角时，经理论证明其振动周期为

$$T = 2\pi\sqrt{\frac{l}{g}}\left(1 + \frac{1}{4}\sin^2\frac{\theta}{2} + \left(\frac{1.3}{2.4}\right)^2\sin^4\frac{\theta}{2} + \cdots\right)$$

若略去 $\sin^4(\theta/2)$ 及其后各项，则

$$T = 2\pi\sqrt{\frac{l}{g}}\left(1 + \frac{1}{4}\sin^2\frac{\theta}{2}\right) \tag{4.3-3}$$

由式（4.3-2）可得

$$g = 4\pi^2\frac{l}{T^2} \tag{4.3-4}$$

式中，l 是悬点到小球中心的距离。只要测出 l 和周期 T，就能求出 g。

变换式（4.3-4），可得

$$T^2 = \frac{4\pi^2}{g}l \tag{4.3-5}$$

令 l 为 x，T^2 为 y，$4\pi^2/g$ 为 k，则 $y = kx$，这是一个直线方程，其斜率为 $4\pi^2/g$。若测出各种摆长情况下所对应的周期，则可从 T^2-l 图线的斜率求出 g 值。

如果实验要求相对不确定度 $E_g = \Delta g/g \leqslant 0.5\%$，要满足这一点，必须根据不确定度传递关系来设计实验方案，由相对不确定度合成公式得

$$\frac{\Delta g}{g} = \left[\left(\frac{\Delta l}{l}\right)^2 + \left(2\frac{\Delta T}{T}\right)^2\right]^{1/2} \tag{4.3-6}$$

要使 $\Delta g/g \leqslant 0.5\%$，由不确定度均分原则，即要求 $\Delta l/l \leqslant 0.35\%$，$2\Delta T/T \leqslant 0.35\%$。对于摆长，若 l 取 1m，用一般的米尺测量，不确定度 $\Delta l \leqslant 1\text{mm}$，则 $\Delta l/l \leqslant 1/1000 = 0.1\%$，是完全满足此要求的。对于周期 T，若取 $T \approx 2\text{s}$，则 $\Delta T \leqslant 0.0025\text{s}$，这表示如果只测一个周期，那么必须要用毫秒计去测量，才能满足要求，但周期可以连续测量许多个。例如，测 n 个周期共用的时间为 t，因为 $t = nT$，即有 $\Delta t = n\Delta T$，如取 $n = 100$，则 $\Delta t = 100\Delta T \leqslant 0.25\text{s}$，这时用最小分度为 0.1 秒的秒表去测量就可满足要求了。

测量周期与摆长的关系时，一般使用秒表（或电子秒表），测量周期与摆角 θ 的关系时，周期的测量用数字测时器。

【实验仪器】

单摆、米尺、游标卡尺、秒表、CS-E 数字测时器。

【实验内容】

（1）取摆长为 1m 左右的单摆，用米尺测摆线悬点到摆锤顶点的距离 l_1，用游标卡尺测量摆锤的高度 h，各 2 次，取平均值计算出摆长 l。用米尺测量摆线长时，应注意米尺与摆线平行，读数时可用附在米尺上能滑动的小镜，在被测的点和它在镜中的像刚好重合的方向去读数。

(2) 用秒表及电子秒表测量单摆连续摆动 50 个周期的时间 t，用两种秒表各测 3 次，注意摆幅不要大，摆幅取小于 $l/10$（即摆角 $\theta<5°$），为减少误差，应在摆锤通过平衡位置时开始计时。

(3) 将摆长每次缩短约 15cm，测量其摆长及其周期，直至摆长约为 50cm 时为止，摆长测量 1 次，周期用秒表测量 2 次，每次 50 个周期。

(4) 取摆长约为 1m 时，测量不同摆角时的周期，用数字测时器测量，在 5°~25°（算出摆幅，用小横尺控制摆幅）之间至少测量 4 组数据，每个摆角测量 2 次，每次 2 个周期。

【思考题】

(1) 单摆公式（4.3-2）是在摆幅很小（即摆角 $\theta\to0$）时成立的，当 θ 不大时，单摆周期公式近似为

$$T=2\pi\sqrt{\frac{l}{g}}\left(1+\frac{1}{4}\sin^2\frac{\theta}{2}\right)$$

问：当 $\theta=5°$ 时，所测量的周期比式（4.3-2）大多少？当 $\theta=10°$ 时又如何？从计算可得出什么结论？

(2) 如果用直尺测量摆幅，取 $l=1\text{m}$，能否简捷地估算当摆幅为多少时 θ 约为 5°？

(3) 用数字测时器测量单摆周期时，我们在摆锤下面加了个挡光杆，挡光杆是否一定要装在正下方？装得不正行不行？档光杆粗细对测量有没有影响？

（吴世春　稿　彭华　校）

4.4　电流的测量

实验 6　电流表、电压表的使用及测量电路

【实验目的】

掌握电流表、电压表、滑线变阻器及电阻箱的使用方法和基本测量电路。

【实验原理】

1. 直流电表的使用方法及注意事项

(1) 注意电表极性　使用直流电表，必须注意电表的正负极。接线柱旁标有“+”“-”极性，“+”表示电流流入端，“-”表示电流流出端，接线时切不可把极性接错，以免损坏电表。

(2) 正确连接电表　电流表必须串联在待测电路中，电压表必须与待测电路并联。

(3) 合理选择量程　根据待测电流或电压的大小，选择合适的量程。若量程太小，过大的电流或电压会将电表损坏。量程太大，则指针偏转太小，测量的相对误差较大。

(4) 读数避免视差　为了减小视差，读数时必须使视线垂直于刻度面。

2. 滑线变阻器的使用方法

(1) 分压接法　将滑线变阻器接成图 4.4-1a 的形式，即为分压接法。滑动头 C 从滑线电阻的 BC 段上取出输出电压 U_{BC}。当滑动头 C 从 B 滑向 A 时，U_{BC} 的电压值在 $0 \sim U_{AB}$ 之间连续变化。为了安全起见，在接通电源前，滑动头 C 应置于 B 处，使 U_{BC} 的起始值为零。

(2) 限流接法　将滑线变阻器接成图 4.4-1b 的形式，这种接法将变阻器的固定端 A 与滑动头 C 串联在电路中，起到一个串联可变电阻的作用，从而改变电路中的电流大小。当滑头 C 从 B 滑向 A 时，A、C 之间的电阻值在 $R_{AB} \sim 0$ 之间连续变化，电流连续从小变大。为了使接通电源时的初始电流最小，应将滑动头 C 预置 B 端。

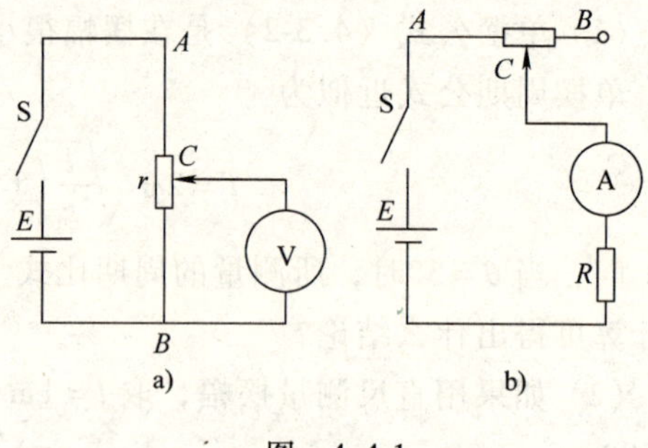

图 4.4-1

a) 分压接法　b) 限流接法

【实验仪器】

直流稳压电源、电流表 A（量程为 0 ~ 100μA），电流表 A_0（量程为 0 ~ 150μA）、电压表、滑线变阻器、电阻箱、单刀双掷开关及导线。

【实验内容】

1. 滑线变阻器的使用

按图 4.4-1a 分压接法接线，改变滑动头 C 的位置，观察对应的电压表的示值变化。

2. 用替代法测量电流表 A 的内阻 R_g

按图 4.4-2 接线。

1) 将开关 S_2 接向 1 端，合上开关 S_1，接通电源 E，调节滑线变阻器 R_1 的活动头 C，改变输出电压，使 A 满度，记下 A_0 的读数 I_0，切断电源 E。

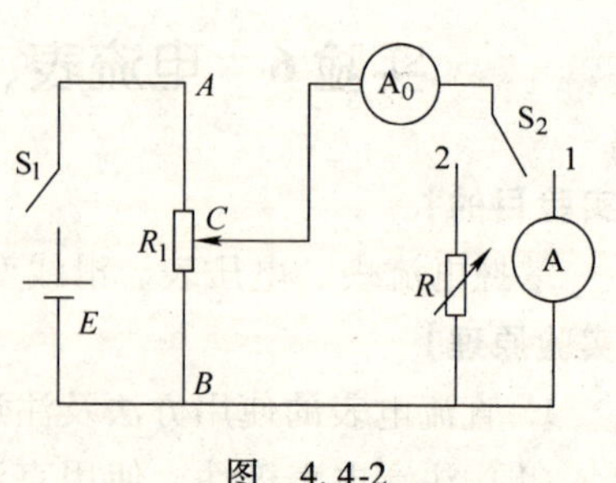

图 4.4-2

2) 将开关 S_2 接向 2 端，电阻箱 R 的阻值先调到 5000Ω，合上开关 S_1，接通电源 E，再调节电阻箱 R 的阻值，使 A_0 回复到原来的读数 I_0。记录此时电阻箱 R 的读数即为 R_g。

【思考题】

(1) 除了替代法之外，还有没有其他的测表内阻的方法？试设计一种测量电路。

(2) 直流电表扩大量程的方法和条件是什么？

(3) 用伏安法测电阻时，电流表内接和外接有什么区别？

（吴芳　稿）

实验 7　电流表、电压表的改装和校准

电表是用来测量电流、电压的仪表，实验室使用的电表，大部分是磁电式仪表，它具有灵敏度高、功率消耗小、受磁场影响小、刻度均匀、读数方便等优点。未经改装的电表，由于灵敏度高，满度电流（电压）很小，只允许通过微安级或毫安级的电流，一般只能测量很小的电流和电压，如果要想测量较大的电流或电压，就必须进行改装，或串联一个电阻改装成为较大量程的电压表。

【实验目的】

(1) 学会测量电表内阻的一种方法。

(2) 掌握将电表改装成较大量程的电流表和电压表的原理和方法，以及校准的方法。

(3) 掌握变阻器的使用方法。

【实验原理】

1. 改装成较大量程的电流表

用电流表测量电流时，应将电流表串联于待测电路中，使待测电流流过电流表，当电流表两端并联一电阻后，流入的电流只有一部分经过表头，另一部分经过并联电阻 R_p，如图 4.4-3 所示。并联电阻 R_p 起了分流作用，称为分流电阻，由表头和 R_p 组成的整体可测量较大的电流。若要将量程为 I_g、内阻为 R_g 的电流表的量程扩大 n 倍，改为量程为 I 的电流表，则流过分流电阻 R_p 的电流为

$$I_p = I - I_g = nI_g - I_g = (n-1)I_g$$

根据欧姆定律

$$R_g I_g = R_p (n-1) I_g$$

则分流电阻

$$R_p = \frac{R_g}{n-1} = \frac{I_g}{I - I_g} R_g \qquad (4.4\text{-}1)$$

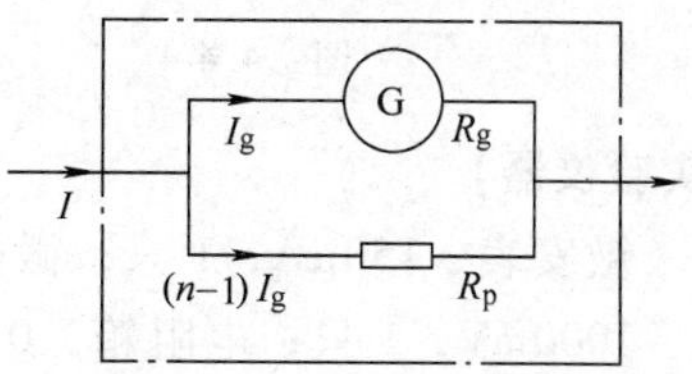

图　4.4-3

2. 改装成电压表

在测量电压时，应将电表并联在待测电路

的两端。用量程为 I_g、内阻为 R_g 的电表测量电压，它的电压量程为 $U_g = I_g R_g$，但通常 R_g 数值不大，故其电压量程很小，一般为零点几伏。为了测量较高的电压，可在表头上串联一适当电阻 R_s，如图 4.4-4 所示，使一部分电压降落在表头上，超过表头电压量程的那部分电压降落在电阻 R_s 上，表头和串联电阻 R_s 所组成的整体可测量较大的电压。串联电阻 R_s 起分压作用，称为分压电阻。如果要将原电流量程为 I_g、内阻为 R_g 的表头改装为量程为 U 的电压表，则根据欧姆定律，电压

$$U = I_g(R_g + R_s)$$

则分压电阻

$$R_s = \frac{U}{I_g} - R_g \tag{4.4-2}$$

一个电表可改装成多个量程的电流表或电压表，只需多装几个接头，在每个接头处分别并联或串联适当的电阻就行了。使用多量程电表时，应注意每个接头处所标量程的数值，如果超过量程，就可能烧坏电表。

3. 电表的基本误差和校准

电表的基本误差可参阅本书第 2 章的有关部分。电表经过改装或经过长期使用后，必须进行校准。其方法是将待校准的电表和一个准确度等级较高的标准表同时测量一定的电流或电压，分别读出被校准表的数值 A 和标准表所对应的值 A_s，得到各刻度的修正值 $\delta_A = A_s - A$

以 A 为横坐标，δ_A 为纵坐标画出电表的校正曲线，两个校准点之间用直线连接，整个图形是折线状，如图 4.4-5 所示。以后使用这个电表时，根据校准曲线可以修正电表的读数，得到较准确的结果。由校准曲线找出最大误差 δ_{Am} 可计算出被校准电表的准确度等级 K。

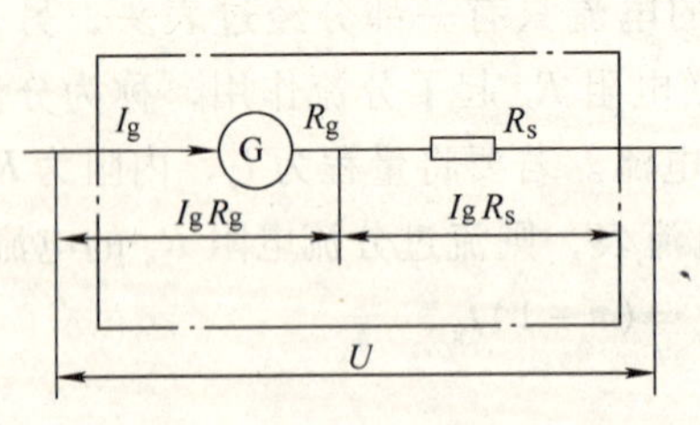

图 4.4-4

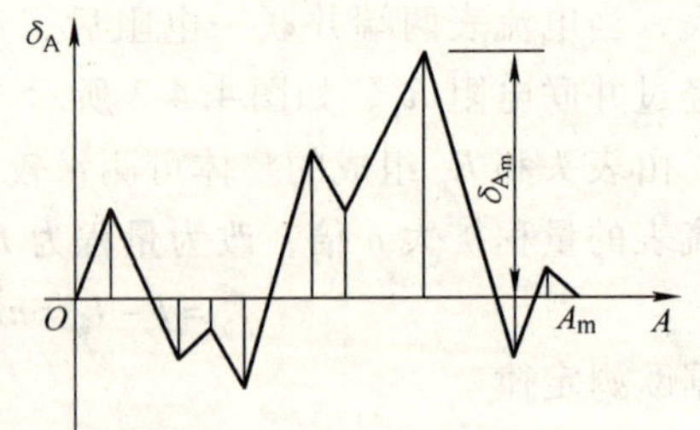

图 4.4-5

【实验仪器】

微安表，150μA，1 只；微安表，100μA，1 只；毫安表，5mA，1 只；毫伏表，1000mV，1 只；电阻箱，0～99999.9Ω，1 只；滑线电阻器，2.6kΩ，1 只；直流稳压电源，1 台；单刀开关，2 只；导线，若干。

【实验内容】

1. 电表内阻的测定

要改装电表，必须首先知道电表的内阻 R_g，在没有其他测量仪器的情况下，可用半值法或替代法进行测量。

本实验采用半值法测量电表的内阻，测量线路如图 4.4-6 所示。图中 G（量程 100μA）为被测量电表，G_0（量程 150μA）为监控电表，R_1 为滑动变阻器，R 为电阻箱，E 是直流稳压电源。合上开关 S_1，断开 S_2，将滑动变阻器的滑动头 C 从固定端 B 逐渐向 A 端移动，改变输出电压，使 G 满量程（或一定值），这时由于监控电表（又称校正电表）G_0 与 G 串联，所以流过 G_0 和 G 的电流相等，记下 G_0 和 G 的读数。再合上 S_2，改变电阻箱 R 的阻值，这时由于整个电路的电阻发生变化，流过 G_0 和 G 的电流也发生变化。因此在调节电阻箱 R 的阻值的同时，应调节滑动变阻器 R_1 的滑动头 C 的位置，使 G_0 的读数保持原值不变，G 的读数为原值的一半，这时流过电阻箱 R 上的电流与流过电表 G 的电流相等，则电阻箱 R 上的指示数 $R = R_g$。

用替代法测量电表内阻的线路如图 4.4-7 所示。将开关 S_2 接向 1 端，接通电流，调节变阻器 R_1 的活动头 C，改变输出电压，使 G 满量程（或某适当值），记下 G_0 的读数。切断电源 E，将 S_2 接向 2 端，把电阻箱 R 的值先调到 5000Ω 左右，接通电源，再调 R 的值，使 G_0 保持原值不变，这时电阻箱 R 上的指示数 $R = R_g$。

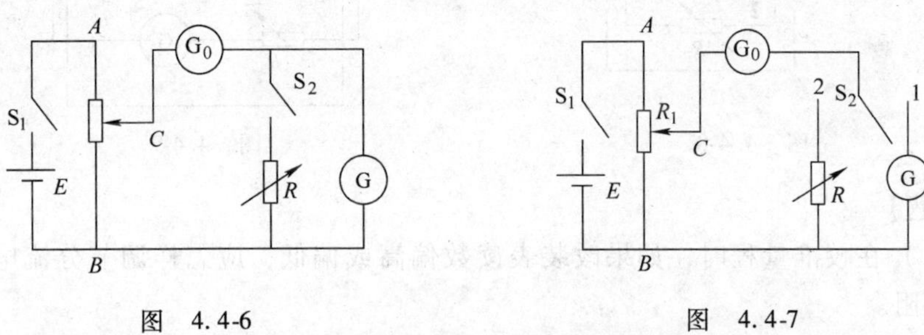

图　4.4-6　　　　图　4.4-7

2. 将量程为 100μA 的电流表扩程为 5mA 的电流表并校准

1）按图 4.4-8 连接线路（图中 A_s 为量程 5mA 的标准电流表）。根据式（4.4-1）计算出分流电阻 R_p 的值，并在电阻箱 R 上调出 R_p 的值。

2）校准标准电流表和改装电流表 G 的机械零点。

3）校准量程。将变阻器 R_1 的滑动头 C 滑动到 B 端，接通电源，调节 R_1 的滑头 C（从 B 端向 A 端移动），使标准电流表指针满量程，观察被改装电流表 G 是否刚好满量程，若不是，调节电阻箱 R 使改装电流表和标准电流表同时满量程，记下此时电阻箱上的读数 R_p，R_p 为分流电阻的实际值。

4）校准刻度。调节变阻器 R_1 使电流从零增加到满刻度，将改装电流表每隔 1mA 记下的对应标准电流表的读数 I_s 填入自拟表格。

5）作校正曲线。根据改装电流表和标准电流表的对应值，算出各点的修正值 $\delta_I = I_s - I$，在坐标纸上画出以 δ_I 为纵坐标，I 为横坐标的 δ_I-I 校正曲线，并计算出改装后电流表的准确度等级 K。

3. 将 100μA 微安表改装成 1000mV 的电压表并校准

1）按图 4.4-9 连接线路（图中 V_s 为量程 1000mV 的标准电压表），根据式（4.4-2）计算出串联电阻 R_s，在电阻箱 R 上调出 R_s 值。

2）校准电表的机械零点，校准量程，核准刻度等，方法与改装电流表相同。分别记下分压电阻的计算值 R_s 和实际值 R_s，改装表每隔 200mV 记下标准电压表的读数 U_s，填入自拟表格。

3）根据改装表和标准电压表的读数 U 和 U_s 算出各点修正值 $\delta_U = U_s - U$，在坐标纸上，以 δ_U 为纵坐标、U 为横坐标作校正曲线，并计算出改装后电压表的准确度等级 K。

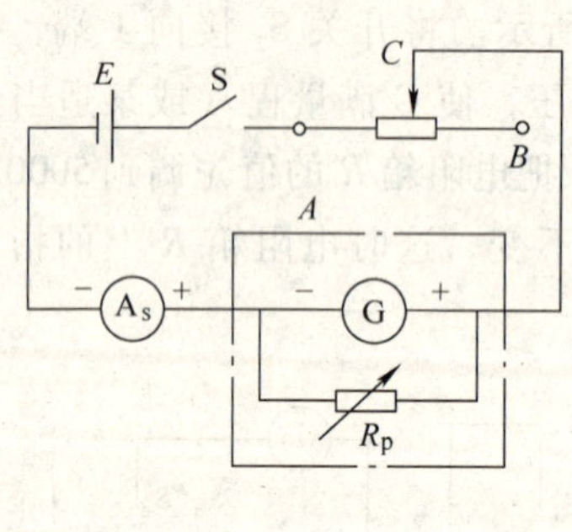

图　4.4-8

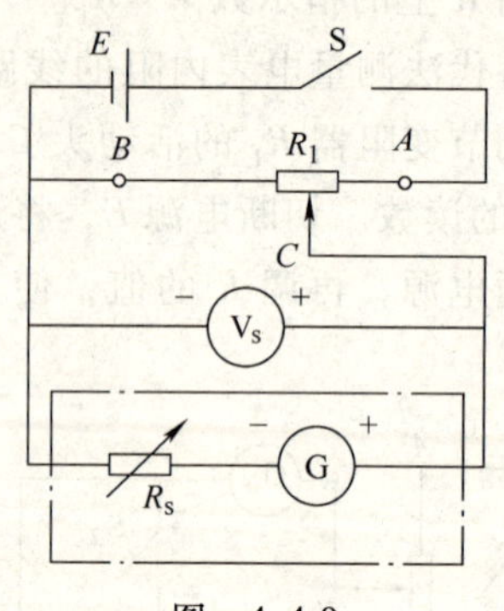

图　4.4-9

【思考题】

(1) 在校准量程时，如果改装表读数偏高或偏低，应怎样调节分流电阻或分压电阻。

(2) 能否把本实验用的电表改装成任意量程的表，如 50μA 或 0.1V，为什么?

(3) 要测量 0.5A 的电流，用下列哪个安培表测量误差最小?

1）量程 $I_m = 3A$，等级 $K = 1.0$ 级。

2）量程 $I_m = 1.5A$，等级 $K = 1.5$ 级；

3）量程 $I_m = 1A$，等级 $K = 2.5$ 级。

从结果的比较中得出什么结论?

（王银峰　稿）

4.5　温度的测量

实验 8　液体温度计的校准

【实验目的】

（1）了解定容气体温度计的结构及测温原理。

（2）标度定容气体温度计。

（3）用定容气体温度计校准液体温度计。

【实验原理】

温度是国际单位制中七个基本单位之一，它是描述热平衡状态系统特性的一个物理量。凡是处于热平衡状态系统中的物体，它们就具有相同的温度。如果我们使待测物体与一个标准物体（如温度计）达到热平衡，并且已经对标准物体的温度定标，那么待测物体的温度也就得到了一个指示，这就是测量温度的基本原理。

常用的温度计是液体温度计，此外还有气体温度计、热电偶温度计、半导体温度计、辐射高温计等。

摄氏温标是历史上广泛应用的经验温标，它规定两个基本的标准点：一个是纯水与纯冰在一个标准大气压（101.325kPa）下达到平衡的温度为0℃，另一个是规定在一个标准大气压下纯水的沸点为100℃，其间均分为100等份，每一分度为1℃。常用的水银温度计、酒精温度计、电阻温度计都可用以上的方法分度。显然，这就要求测温物质（如水银、酒精等）的测温特性随温度作严格的线性变化，这样才能保证测温时其指示值的一致。实际上并非如此，如水银、铂铑-铂热电偶、铂电阻等温度计测温时，只有在0℃及100℃时保持一致，而在中间温度时彼此略有差别。

为了解决这个问题，国际上采用建立在热力学第二定律和卡诺定理基础上的热力学温标，它与所选用的测温物质无关，是一种科学的温标。需要指出的是热力学温标与理想气体温标相同，并可用理想气体温标来复现。

由于在很大的温度范围内，实际气体的性质与理想气体的性质差别很小，故常选用实际气体做气体温度计，它所确定的温标十分接近于理想气体温标，因此，这种气体温度计具有很高的精确度，通常作为标准温度计使用。

本实验用的是定容式气体温度计，它要求保持容积不变。实验中就是利用这种气体温度计校准水银温度计。

一定质量的气体当容积不变时，由查理定律

$$p = p_0(1 + \alpha t)$$

$$\alpha = (p - p_0)/p_0 \tag{4.5-1}$$

式中，p_0 和 p 分别为0℃和 t℃时的压强；α 为压强系数。

α 可以这样确定：保持定容的条件下，测出水沸腾时，定容气体的压强 p_b，然后测出冰点时定容气体的压强 p_0，由压强－沸点表查出在实验条件的大气压强下水的沸点温度 t_b，则

$$\alpha = \frac{p_b - p_0}{p_0 t_b} \tag{4.5-2}$$

实验时测得任意温度 t 时的气体压强 p，则由式（4.5-1）与式（4.5-2）可求出温度 t 为

$$t = \frac{t_b}{p_b p_0}(p - p_0) \tag{4.5-3}$$

图4.5-1为定容气体温度计示意图。主要分为两部分：

1）装气体的定容瓶（图4.5-1中的玻璃泡A）。

2）测量定容气体压强的U形水银气压计。

A是充满干燥气体（这里是空气，最好用氮气或氦气）的玻璃泡，其上端与毛细管3相连接，U形水银气压计的一端直接与大气相通，另一端通过橡皮软管与旋阀4和毛细管相连，其内充满水银，毛细管上有一条红色的刻度线作为定容标记，定容气体的体积即从此刻度线计算。实验时，将玻璃泡A放入大水杯做成的恒温水溶槽内，调节A及大水杯的高低位置，使图4.5-1中左端毛细管水银面始终保持在刻度线处，保证A内容积不变。弯管两端水银面的高度差通过有标线的平面镜在标尺6上读出，从而可以算出A内气体的压强。

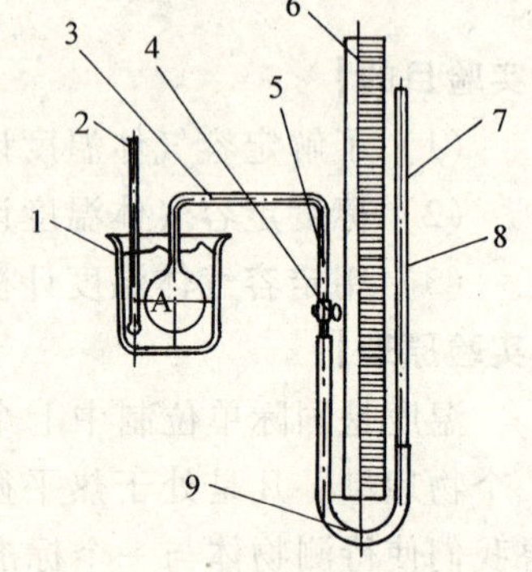

图4.5-1　定容气体温度计
1—冰水混合物　2—水银温度计　3—毛细管　4—旋阀　5—刻度线　6—标尺　7—水银液面　8—玻璃管　9—软管
A—玻璃泡

用这种气体温度计测温时，将A全浸入盛液的水溶槽中。校准温度计时，将A与待校水银温度计一起同时放入水溶槽中，而水溶槽放在电炉上加热或放入冰块冷却。

注意事项

1）气体温度计和水银温度计玻璃部分易损坏，使用时要特别小心。

2）玻璃泡A先放入水溶槽后再加入冰水混合物，注意U形水银气压计升降时，避免水银流出管外或流入A内，升降动作要轻。

3）读取压强值时，左边管内水银面必须与刻度线对齐，右边管的水银面位置、平面镜的像与标尺刻线三者对齐，再从游标卡尺上读数。

【实验仪器】

气体温度计、待校水银温度计、福廷气压计、大水杯（恒温水溶槽）、电

炉、冰块等。

【实验内容】

(1) 实验开始和终了时，在福廷气压计上读取两次大气压值，以平均值 p_a 为准，从压强与沸点关系曲线（或从表格中）中查出该气压下对应的沸点 t_b。

(2) 把 U 形水银气压计放在某一高度适当位置，把玻璃泡 A 全部浸没在大水杯内，然后，在杯内加冰水混合物（冰块小些、多些好），降到冰点温度 0℃（或接近 0℃，尽量低一些），调整 A 及水杯高度，使水银面高度达到定容刻度处，移动平面镜读取其高度 h_1（注意：以后每次读取压强值，毛细管水银面必须与刻度标记对齐），然后移动平面镜，读出右边玻璃管水银面的高度 h_0。此时，A 内压强为（以毫米汞高为单位）。

$$p_0 = p_a + (h_0 - h_1)$$

p_0 相当于气体温度计的冰点压强，记下水银温度计示值 T_0。

(3) 用电炉对恒温水溶槽加热，逐步升高恒温水溶槽的温度，以待校水银温度计为准，每升高 10~20℃，记平衡时 A 内压强 p_t 与待校温度计示值 T_t。

(4) 最后对大水杯加热到沸腾，用以上的方法记录 p_b、T_b，在表上查出与水银温度计示值 T_b 对应的沸点 t_b。

(5) 由式 (4.5-3) 算出气体温度计在一系列压强下所对应的温度值（即气体温度计的示值）。

(6) 定容气体温度计的定标

利用经验温标的标定方法，可对定容气体温度计进行标度，取一张坐标纸，以气体温度计的温度为横坐标，压强为纵坐标，作 p_t-t_t 定标曲线，它是连接 (p_0，t_0) 点与 (p_b、t_b) 点的直线。在直线上标出上述测得的一系列压强下的对应点。

(7) 作 t_t-T_t 校正曲线，以水银温度计 T_t 为横坐标，以气体温度计示值 t_t 为纵坐标，作校正曲线。

(8) 讨论。

【思考题】

(1) 气体温度计由哪两部分组成？它是用什么作为测温物质？用什么属性来标志温度变化的？

(2) 对气体温度计玻璃泡 A 在加热或冷却时，应特别注意什么问题？分别讨论在上述情况下，右边开口管应下降还是上升？

(3) 定标曲线怎么作？校正曲线如何作？两者的区别在哪里？

(4) 通过实验，你对气体温度计可以当作一个标准温度计使用是怎么理解的？

（吴世春　稿）

实验9　冰的熔解热的测定

本实验利用混合法测定冰的熔解热。由于整个实验过程中量热器不可避免地要与外界进行热交换，在实验中就很难形成一个严格的孤立系统。为了减小实验的系统误差，采用温度-时间曲线进行散热修正，以减小系统与外界进行热交换因素的影响。

【实验目的】

（1）学习用混合法测定冰的熔解热的原理及方法。

（2）学习用温度-时间曲线进行散热修正的方法。

（3）进一步学习使用温度计。

【实验原理】

1. 用混合法测定冰的熔解热

单位质量的固体物质在熔点时从固态全部变成液态所需要的热量，称为该物质的熔解热。根据热平衡原理，用混合法可以测定冰的熔解热。热交换是在量热器内进行的。量热器是由一个铜制的小内筒和一个较大的外筒构成，内筒放置在外筒内的绝热架上，外筒上加绝热盖，还有铜制的搅拌器和水银温度计。内筒、温水、温度计、搅拌器、冰块一起构成了一个实验系统。如果该系统是孤立系统，即与外界没有热交换，则高温物体所放出的热量必定等于低温物体所吸收的热量。

将质量为 m_0、温度为0℃（以 T_0 表示）的冰块投入到量热器内初温为 T、质量为 m 的水中，待冰块完全熔解并升温至与量热器中水的温度相等后测出水的温度 T_1，即量热器系统的末温。在此热交换过程中，冰先吸收热量 λm_0（λ 为冰的熔解热）而熔解为0℃的水，再从0℃升温到 T_1，吸收的热量可表示为 $c_0m_0\ (T_1-T_0)$，c_0 为水的比热容。量热器系统（内筒、搅拌器、温度计）与原来的温水放出的热量可表示为 $(c_0m+c_1m_1+c_2m_2+c_0m_3)(T-T_1)$，其中，$c_1$、$m_1$ 分别为内筒的比热容和内筒的质量，c_2、m_2 分别为搅拌器的比热容和质量，c_0m_3 为温度计温度降低1℃所放出的热量，它相当于质量为 m_3 的水温度降低1℃所放出的热量，习惯上 m_3 称为温度计的水当量，m_3（单位为kg）的值可由近似公式 $m_3=4.62\times10^{-4}V$ 算出，其中 V 是温度计浸入液体中的体积，单位是 cm^3，可在冰熔解之后进行测量计算。根据热平衡原理有

$$\lambda m_0+c_0m_0(T_1-T_0)=(c_0m+c_1m_1+c_2m_2+c_0m_3)(T-T_1) \tag{4.5-4}$$

即

$$\lambda=\frac{(c_0m+c_1m_1+c_2m_2+c_0m_3)(T-T_1)-c_0m_0(T_1-T_0)}{m_0} \tag{4.5-5}$$

式中，$c_0=4173\text{J}/(\text{kg}\cdot℃)$；$c_1=370\text{J}/(\text{kg}\cdot℃)$；$c_2=385\text{J}/(\text{kg}\cdot℃)$。它们随温度的变化可忽略不计。

2. 散热修正

保持实验系统为孤立系统是混合法测量冰的熔解热的必要条件，但是，把冰块投入量热器的温水中，冰块不可能立刻熔解，在整个实验过程中，系统必然要与外界交换热量。换言之，系统不是一个严格的孤立系统。这就破坏了式（4.5-5）成立的条件，所以按式（4.5-5）计算出来的熔解热必然存在比较大的误差，为此必须对热量损失进行修正。

根据牛顿冷却定律，在系统温度与室温相差不大时，系统与环境之间的传热速率 $\mathrm{d}Q/\mathrm{d}t$ 与温差（$T-T_r$）成正比，即

$$\frac{\mathrm{d}Q}{\mathrm{d}t}=K(T-T_r) \tag{4.5-6}$$

$$\int \mathrm{d}Q=\int KT\mathrm{d}t-\int KT_r\mathrm{d}t$$

式中，K 是常量；系统温度 T 为时间 t 的函数，T_r 是室温，基本不变。如果我们以横轴代表时间 t，以纵轴代表温度 T，作出 T-t 图，则 $T-t$ 曲线与等温线 T_r 所包围的面积可代表传热量 Q（相差一个比例常量 K），图 4.5-2 所示的就是这样的 T-t 图。图 4.5-2 中 t_1 为投入冰的时刻，t_2 为温度最低的时刻。曲边三角形 BFC' 的面积可代表系统向外界散发的热量，曲边三角形 $C'DG$ 的面积可代表系统从外界吸收的热量。

把水的初温调节到室温以上（加入热水），而使冰熔解后系统的末温在室温以下。以室温为界，把整个过程分为放热和吸热两个阶段，这样，就能使第一阶段和第二阶段不免要发生的热量交换得到一定的补偿。

一般说来，系统向外界散发热量不会等于它从外界吸收的热量，因为这涉及的因素很多，诸如水的初温、水的质量、冰块的质量等。为了获得更准确的测量结果，还必须进行散热修正。

图 4.5-3 表示系统温度 T 随时间 t 的变化曲线，图 4.5-3 中 AB 段是投冰前温水的自然降温曲线（由于温度高于室温 T_r，系统向外界散热，温度逐渐降低）。在 B 点（温度 T_B）将冰投入水中，BD 段是投冰后水的降温曲线，到 D 点冰全部熔解并升温至与量热器中水的温度相等，此时温度 T_D 低于室温 T_r，系统将从外界吸收热量而逐渐升温，如图 4.5-3 中 DE 段所示。

BD 段水的温度由 T_B 降至 T_D 是由两个因素共同造成的：一个是系统与外界有热交换导致水温变化，其中系统向外界散发的热量可用面积 S_4 表示，从外界吸收的热量可用面积 S_2+S_5 表示，系统从外界吸收的净热量表示为 $S_2+S_5-S_4$，图 4.5-3 中 O' 是 BD 与 T_r 等温线的交点；另一个是冰的吸热引起水温下降。因

此，只是由于冰的吸热引起的水温下降并不等于（$T_B - T_D$），用 T_B 和 T_D 分别代替式（4.5-5）中的 T 和 T_1 显然是不妥当的。

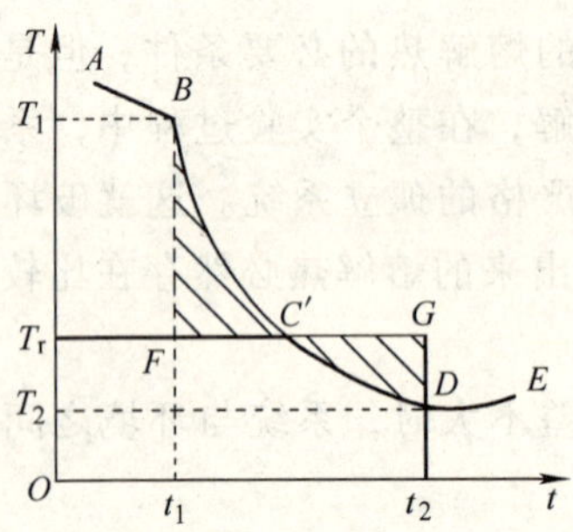

图 4.5-2　热量补偿

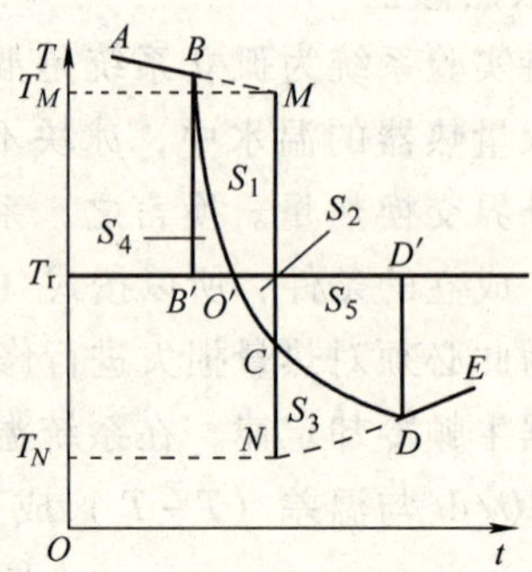

图 4.5-3　散热修正

下面设计一个与实际过程 BD 等价的过程，即图 4.5-3 中的 $BMND$ 过程（M 点为理想投冰点），来将上述两个因素分开，将系统与外界的热交换引起的温度变化限制在 BM 段和 ND 段，所交换热量与 BD 段系统和外界实际交换的热量相等。为此，我们在曲线 BD 上找一点 C，过 C 点作时间 t 轴的垂线，交 AB 的延长线于 M，交 DE 的反向延长线于 N，使曲边三角形 BMC 的面积 $S_1 + S_2$ 与曲边三角形 DNC 的面积 S_3 相等，即 $S_3 - S_1 = S_2$，那么，过程 $BMCND$ 从外界吸收的净热量为 $S_3 + S_5 -$（$S_1 + S_4$）$= S_2 + S_5 - S_4$，这与实际过程从外界吸收的净热量相等。

在过程 $BMCND$ 中，设想冰从 M 点投入，在 N 点全部熔解且使系统温度达到最低点，MN 是瞬间进行的“冰的吸热”过程，没有与外界进行热量交换，这样，过程 $BMCND$ 就把上述两个因素分别用过程 $BM + ND$ 和过程 MN 表示了。因此，投冰时水的初温是 T_M，末温是 T_N。$T_M - T_N$ 单纯由于冰吸收热量所引起，用它们分别代替式（4.5-5）中的 T 和 T_1 即可得到较为准确的测量结果，即式（4.5-5）可改写为

$$\lambda = \frac{[c_0(m + m_3) + c_1 m_1 + c_2 m_2](T_M - T_N) - c_0 m_0 (T_N - T_0)}{m_0} \tag{4.5-7}$$

【实验仪器】

物理天平、量热器、温度计、秒表、冰块。

【实验内容】

（1）称出量热器内筒的质量 m_1 和搅拌器的质量 m_2。查看其是否为同一种金属材料，以便查出其比热容 c_1 和 c_2。

（2）测出室温 T_r（℃）。

（3）配制温水，水温高于室温10℃左右。

（4）称出温水的质量 m，其水位约为内筒高度的2/3。

（5）当水温高于室温8℃左右时测自然降温曲线（AB 段）5min，每30s记一次温度值。

（6）从冰箱里取出冰块敲碎成约 $1cm^3$ 的小块，用干毛巾包好，放置约5min，让冰块温度接近0℃。投入冰块的质量 m_0 按比例 $m_0/m=15/(T_r+75)$ 进行估算，式中 m 为水的质量，T_r 为室温。

（7）投入冰块，用搅拌器不断轻轻搅拌，每15s记一次温度值，直到温度不再下降。

（8）测自然升温曲线（DE 段）5min，每30s记一次温度值。

（9）称出量热器内筒及冰水的总质量，计算出冰块的质量 m_0。

（10）自己拟定数据记录表格，记录测量数据。

（11）用坐标纸作图，以查小方格个数的方法确定面积，求出 T_M、T_N，求出冰的熔解热 λ 及总不确定度，并与标准值334.4J/g比较，求出百分误差。

【思考题】

（1）混合法测熔解热必须保证的实验条件是什么？

（2）当冰块投入量热器时，若冰块温度不是0℃时对实验结果的 λ 值有何影响？

（汪涛 稿）

第5章 基本物理实验

5.1 物性测量

实验10 气体密度的测量

【实验目的】

（1）掌握测量气体密度的原理。

（2）学习测定空气密度的方法。

（3）掌握大气压计、温度计、机械真空泵的使用方法。

【实验原理】

由于气体分子之间的距离大，各分子之间除碰撞的瞬间外，不存在相互作用。因此，一定质量的气体没有确定的体积。要称衡一定量的气体，必须先装在容积为 V 的真空定容瓶里再称衡。设瓶质量为 m_0（机械泵抽真空后称量获得），瓶的真空活塞开启后空气与瓶的质量为 m_1，将瓶装满水后的质量为 m_2，则空气的密度为

$$\rho = (m_1 - m_0)/V \tag{5.1-1}$$

真空定容瓶的容积为 $V = (m_2 - m_0)/\rho_{水}$，于是

$$\rho = \rho_{水}\frac{m_1 - m_0}{m_2 - m_0} \tag{5.1-2}$$

式中，$\rho_{水}$ 为 t℃时水的密度。式（5.1-2）测得的是目前实验条件下的瓶内空气密度，在此环境条件下压强、温度都是非标准状态下的，而且瓶中的气体是干燥空气和水蒸气的混合气体。要获得标准状态下的干燥空气密度，还得进行修正。

瓶内空气可近似看成理想气体，满足于理想气体状态方程

$$\rho = \frac{\mu p}{RT} \tag{5.1-3}$$

式中，ρ 为空气密度；μ 为摩尔质量；p 为压强；R 为摩尔气体常数；T 为热力学温度。现设干燥空气以及水蒸气的密度、压强、摩尔质量分别为 ρ_a、p_a、μ_a 和 ρ_w、p_w、μ_w，干燥空气与水蒸气均视为理想气体，目前温度为 T，则

$$\rho_a = \frac{\mu_a p_a}{RT} \tag{5.1-4}$$

$$\rho_w = \frac{\mu_w p_w}{RT} \tag{5.1-5}$$

混合气体的密度

$$\rho = \rho_a + \rho_w = \rho_a\left(1 + \frac{\mu_w p_w}{\mu_a p_a}\right) \tag{5.1-6}$$

在室温下，$p_w \ll p_a$，于是有

$$\rho_a \approx \rho\left(1 - \frac{\mu_w p_w}{\mu_a p_a}\right) \tag{5.1-7}$$

从福廷气压计测得空气压强 $p = p_a + p_w = p_a(1 + p_w/p_a)$　(5.1-8)

或　$p_a \approx p(1 - p_w/p_a)$　(5.1-9)

在标准状态（温度 0℃，压强 1.01×10^5Pa）下，干燥空气的密度

$$\rho_0 = \frac{\mu_a p_0}{RT_0} \tag{5.1-10}$$

而室温下　$\rho_a = \dfrac{\mu_a p_a}{RT} = \dfrac{\mu_a p_a}{RT_0(1 + \alpha t)}$　(5.1-11)

式中 $T = T_0$（$1 + \alpha t$），$\alpha = \dfrac{1}{273.15}$℃$^{-1}$，于是

$$\rho_0 = \rho_a(1 + \alpha t) p_0/p_a \tag{5.1-12}$$

将式（5.1-7）代入上式，得到最终结果

$$\rho_0 = \rho \frac{p_0}{p_a}\left(1 - \frac{\mu_w p_w}{\mu_a p_a}\right)(1 + \alpha t) \tag{5.1-13}$$

其中 $p_a = p - p_w$，p_w 为水蒸气的压强。

要进行精确测量，还应考虑以下几个问题：

1）温度的修正，考虑到气压计水银与标尺的热膨胀系数（$\beta_{铜} = 0.000019$℃$^{-1}$），在室温 t℃时从气压计测得大气压强为 p_t，实际压强为

$$\begin{aligned} p &= p_t[1 - (0.000182 - \beta)t] \\ &= p_t(1 - 0.000163t) \end{aligned} \tag{5.1-14}$$

2）实验室所在地纬度、海拔等因素带来重力加速度 g 的数值差异，导致修正因子 g/g_0 的出现，其中 $g_0 = 9.80665\text{m/s}^2$，为标准重力加速度。

3）气压计系统误差（如针尖与标尺零点的移位）导致的修正。

【实验仪器】

分析天平、物理天平、机械泵及真空系统、真空规、火花检漏器、福廷气压计、干湿球湿度计、真空定容瓶。

【实验内容】

（1）根据第 3 章内容熟悉福廷气压计和干湿球湿度计的使用方法。

（2）在教师指导下熟悉机械泵的工作原理和操作，按图 5.1-1 接好真空系

统。图中，1，2，3 均为气阀；A 为机械真空泵；B 为真空容器；C 为真空规及真空检测仪器。

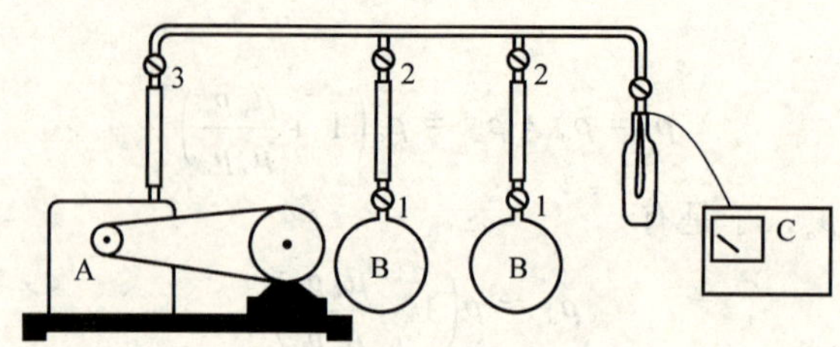

图 5.1-1

（3）将真空定容瓶抽真空，并在分析天平上称出空瓶质量 m_0。

（4）缓慢旋动活塞，放入空气，再称出空气与瓶的质量 m_1。

（5）抽真空后使瓶灌满蒸馏水，称出蒸馏水和瓶的质量 m_2。

（6）测出温度、大气压强和相对湿度。

（7）根据已测得的数据和实验室提供的水的饱和蒸汽压—温度关系表，计算 ρ 与 ρ_0。

【思考题】

（1）有人提出测量中用手握真空定容瓶会影响测量的精确度，你认为有道理吗？

（2）测 m_0、m_1、m_2 时是否应考虑空气浮力的影响？

（3）灌满水的瓶用物理天平测量，是否影响测量的精确度？

【参考文献】

［1］ 林抒，等．普通物理实验［M］．北京：人民教育出版社，1981.

［2］ 吴咏华，等．大学物理实验：第一册［M］．北京：高等教育出版社，2001.

（汪涛　稿）

实验 11　空气的比热容比测量

【实验目的】

（1）理解热力学过程、状态以及比热容比的含义。

（2）学习测定空气的比定压热容与比定容热容之比。

（3）观察热力学过程中状态的变化。

【实验原理】

本实验的过程如下：

（1）如图 5.1-2 所示，把贮气瓶处于大气压强 p_0 及室温 T_0 下的空气称为状

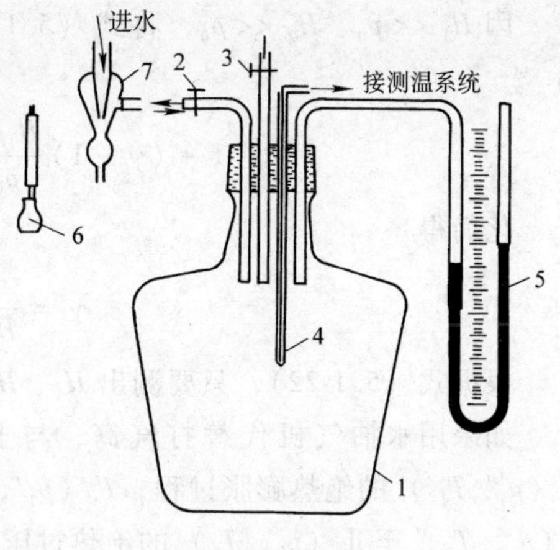

图　5.1-2

态 O（p_0，T_0），关闭与大气相通的玻管活塞3，从活塞2处用打气筒把空气打入贮气瓶内，达到状态Ⅰ′（p_1'、T_1'）。若进气过程很快时，本过程可以近似地看做是一个绝热压缩过程。本过程使瓶内空气的压强增大，温度升高，有 $p_1'>p_0$，$T_1'>T_0$。

（2）关闭活塞2，待稳定后瓶内空气达到状态Ⅰ（p_1，T_0），这是一个等容放热过程，系统温度降至室温 T_0，压强减小，即 $p_1>p_1'$，可测得

$$p_1 = p_0 + H_1\rho g \quad (5.1\text{-}15)$$

式中，H_1 是压力计两边液面的高度差；ρ 是液体的密度；g 是重力加速度。

（3）迅速打开活塞3，使瓶内空气与大气相通，到达状态Ⅱ（p_0，T_1）。当压强到达 p_0 时即关闭活塞3。这是一个绝热膨胀过程，压强减小，温度降低。

（4）关上活塞3后瓶内空气温度慢慢升高，压强增大，待稳定后达到状态Ⅲ（p_2，T_0），这是一个等容吸热过程。

有
$$p_2 = p_0 + H_2\rho g \quad (5.1\text{-}16)$$

式中，H_2 是目前情况下压力计两边的高度差。

由过程Ⅰ→Ⅱ→Ⅲ，可以求出空气的比定压热容 c_p 与比定容热容 c_V 之比 $\gamma=c_p/c_V$。

状态Ⅰ到Ⅱ是绝热过程。把绝热膨胀后留在瓶内的这一部分气体当做热力学系统（在状态Ⅰ时它只是占有瓶内的一部分体积。但压强与温度分别是 p_1、T_0），于是有

$$\left(\frac{p_1}{p_0}\right)^{\gamma-1} = \left(\frac{T_0}{T_1}\right)^{\gamma} \quad (5.1\text{-}17)$$

状态Ⅱ到Ⅲ是等容过程，对同一系统，有

$$\frac{p_2}{p_0} = \frac{T_0}{T_1} \quad (5.1\text{-}18)$$

由式（5.1-17）、式（5.1-18）得

$$\left(\frac{p_1}{p_0}\right)^{\gamma-1} = \left(\frac{p_2}{p_0}\right)^{\gamma} \quad (5.1\text{-}19)$$

结合式（5.1-15）、式（5.1-16）可得

$$\left(1+\frac{H_1\rho g}{p_0}\right)^{\gamma-1} = \left(1+\frac{H_2\rho g}{p_0}\right)^{\gamma} \quad (5.1\text{-}20)$$

因 $H_1 << p_0$、$H_2 << p_0$，将式（5.1-20）用牛顿二项式展开，略去高次项，有

$$1 + (\gamma - 1)\frac{H_1\rho g}{p_0} = 1 + \gamma\frac{H_2\rho g}{p_0} \tag{5.1-21}$$

化简得

$$\gamma = \frac{H_1}{H_1 - H_2} \tag{5.1-22}$$

根据式（5.1-22），只要测出 H_1、H_2 就可得出 γ。

如果用水抽气机代替打气筒，与上述过程相应，有状态 O（p_0，T_0）至 I'（p_1',T_1'）的绝热膨胀过程，I'（p_1'，T_1'）至 I（p_1，T_0）的等容吸热过程，I（p_1，T_0）至Ⅱ（p_0，T_1）的绝热过压缩过程以及Ⅱ（p_0，T_1）至Ⅲ（p_2，T_0）和等容放热过程。

【实验仪器】

透明贮气瓶、水抽气器、U 形管压力计、打气筒、温度计等。

说明：气体的比定压热容 c_p 与比定容热容 c_V 之比 $\gamma = c_p/c_V$ 在热力学过程、特别是绝热过程中是一个很重要的参量。本实验测量 γ 的装置如图 5.1-2 所示，贮气瓶 1 连接两个活塞 2 和 3 及带有标尺的 U 形管压力计 5，贮气瓶密封，压力计内封装有带颜色的水，瓶内还插上温度计 4。因过程的温度变化很小，空气的热容量也很小。一般的温度计是测不出来的，4 是高灵敏度的半导体管压降温度计。活塞 2、3 可以用一个三通真空活塞来代替，6 是打气球（或用打气筒），7 是水抽气机。

【实验内容】

（1）按顺序实现从状态 0→Ⅰ′→Ⅰ→Ⅱ→Ⅲ的过程，读出 H_1，H_2，求 γ。重复三次，求 γ 的平均值。

（2）观察各过程中温度和压强的变化。

（3）在 p-V 图，p-T 图，V-T 图上画出状态 0→Ⅰ′→Ⅰ→Ⅱ→Ⅲ的过程曲线（半定量），假定过程是准静态的，以最后留在瓶内的气体作为工作物质。注意曲线走向、斜率的变化及各参量数值的比例等。

（4）用水抽气机抽气，测 γ 及观察温度和压强变化。在 p-V 图、p-T 图、V-T 图上画出过程曲线。

【注意事项】

（1）透明贮气瓶的密封要可靠，以保证各过程的真实可靠性。

（2）绝热膨胀过程要求活塞 3 放气要迅速。

（3）瓶内达到了平衡态才能测量 H_1，H_2。

（4）注意 O 形管内液体喷出。

【思考题】

(1) 状态Ⅰ至Ⅱ过程中温度的变化估计为多少？与压强差是否有关？该温度差用怎样的温度计才能观测出来？用普通的温度计或温差电偶（电位差计）行吗？

(2) 如用一个水抽气器代替打气筒来做这个实验，式（5.2-22）是否仍适用？

(3) 怎样才能把 H_1 和 H_2 读准确？什么时候读数才是正确的？

(4) H_1 大或 H_2 小对于测量 γ 来说哪个好些？为什么？实际情况又是怎样？试一试，有人说，为了使过程更接近于准静态过程，H_1 应尽量小，为此，压力计尽量斜放进行测量，也设法试一下。

(5) 解释水抽气器的工作原理。

（汪涛　稿）

实验 12　固体弹性模量的测量

弹性模量（也称杨氏模量）是描述固体材料抵抗形变能力的重要物理量，是工程技术中的常用参数，是选择材料的重要依据之一。因此，学会测定弹性模量是十分重要的。本实验将采用拉伸法测量钢丝伸长的弹性模量。

【实验目的】

(1) 学会用拉伸法测金属丝的弹性模量。

(2) 掌握光杠杆法测微小长度变化的原理及调节方法。

(3) 学会用逐差法处理数据。

【实验原理】

在外力作用下固体所发生的形状变化称为形变，外力撤去后物体能完全恢复原状的形变称为弹性形变。最简单的形变是棒状物体受外力后的伸长和缩短。如果长为 L，横截面积为 A 的金属丝（或棒），受到沿长度方向的外力 F 作用后伸长 ΔL，根据胡克定律：在弹性限度内，伸长应变 $\Delta L/L$ 与外应力 F/A 成正比，有

$$\frac{\Delta L}{L} = \frac{1}{E}\frac{F}{A} \tag{5.1-23}$$

由此可得

$$E = \frac{F}{A}\frac{L}{\Delta L} \tag{5.1-24}$$

式中 E 为该材料的弹性模量。它是某种材料伸长应变为 1 时，单位面积所受的力。

在国际单位制中 E 的单位为 N/m^2（即 Pa）。式中 F、A、L 都较易测量，而 ΔL 是很小的长度变化，普通方法很难测准，我们用光杠杆（镜尺组）放大法进行测量。

实验装置如图 5.1-3 所示，一个直立的平面镜 M 装在三脚支架上，3 个脚尖成等腰三角形。后足尖 f_3 与前足尖的连线 $\overline{f_1f_2}$ 的垂直距离为 b（称为光杠杆常数）。使用时，前足尖 f_1、f_2 放在支架平台的固定槽内，后足尖 f_3 放在夹紧金属丝并可在平台圆孔中上下自由移动的圆柱上，平面镜镜面与安放在另一支架上的望远镜和竖直标尺对准，从望远镜中同时能看到望远镜的基准叉丝线和标尺的清晰像，从而可读出叉丝线在标尺像上的位置。

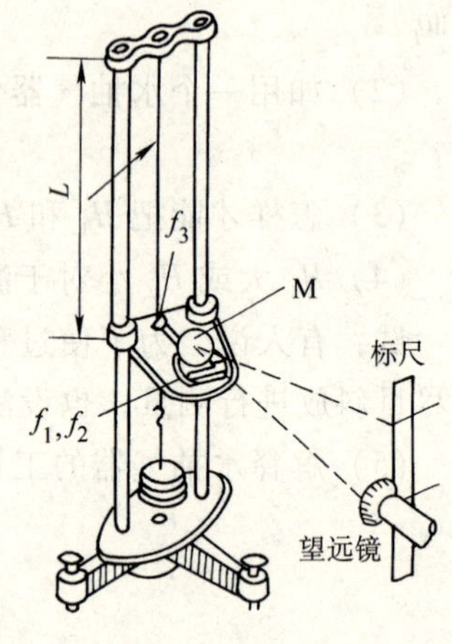

图 5.1-3

当外力增加金属丝伸长后，f_3 随着下降，使平面镜以 $\overline{f_1}\ \overline{f_2}$ 为轴转过一角度 θ，从而入射光线与反射光线夹角为 2θ，对应于原叉丝线在标尺刻度上的位置改变。如图 5.1-4 所示，当 θ 角不大时由图可知

$$\theta \approx \tan\theta = \Delta L/b, 2\theta \approx \tan 2\theta = x/S$$

于是

$$\Delta L = bx/2S \tag{5.1-25}$$

由此可见，光杠杆的作用是把微小长度变化 ΔL 放大为对应于原叉丝线在标尺刻度上的位置改变量 x，其放大倍数为

$$K = x/\Delta L = 2S/b \tag{5.1-26}$$

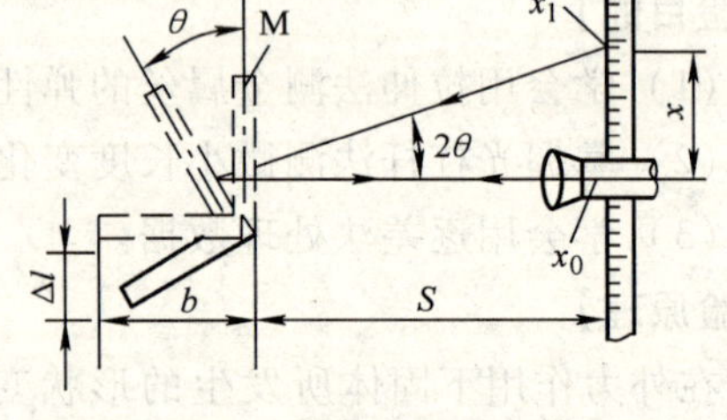

图 5.1-4

由式（5.1-24）、式（5.1-25）和截面积 $A = \pi d^2/4$、$F = mg$ 可得

$$E = \frac{8mgSL}{\pi d^2 bx} \tag{5.1-27}$$

式中，d 为金属丝直径；m 为对应于位移 x 所增加的砝码质量。

【实验仪器】

杨氏弹性模量测定仪（生产单位：长春五光厂）、镜尺组、卷尺、游标卡尺、千分尺。

【实验内容】

（1）确定各仪器读数要求，仿照实验 1 自行设计并画好记录表格。

（2）在砝码盘上加两个砝码使钢丝拉直，调节平台使钢丝竖直穿过平台圆孔，夹紧钢丝的圆柱在孔内可自由移动。

（3）用卷尺量出钢丝两紧固点间的长度 L，在纸上印出光杠杆脚尖痕迹，用游标尺测出 f_3 到 $\overline{f_1f_2}$ 连线的垂直距离 b（均完整表示结果）。

（4）用千分尺在金属丝 L 段不同部位测直径 d 共5次，求 $\overline{d}$ 和不确定度，完整表示结果。

（5）调节镜尺组和光杠杆。利用平面镜成像原理，使自己能从镜尺组望远镜中同时看到基准叉丝线和标尺在平面镜中的清晰像，且二者间无视差（即眼睛上、下移动时，叉丝像在标尺上无相对位移）。

1）将光杠杆平面镜前、后脚尖对位放好，镜面垂直于平台面。

2）调整望远镜，使镜筒水平，并与平面镜在同一水平面上。

3）适当左、右移动镜尺组和调整望远镜镜筒的水平方位，并调节目镜和物镜间距离（即望远镜调焦），使之能看到叉丝和标尺的清晰像。

（6）测量 S 和 x：

1）当望远镜中标尺的像不振动时，记录上、下叉丝线在标尺上的位置 $x_{上}$ 和 $x_{下}$，如图5.1-5所示。根据仪器放大倍数和距离关系（见［附录］），计算 S。

$$S=\frac{|x_{上}-x_{下}|}{2}\times 100 \qquad (5.1\text{-}28)$$

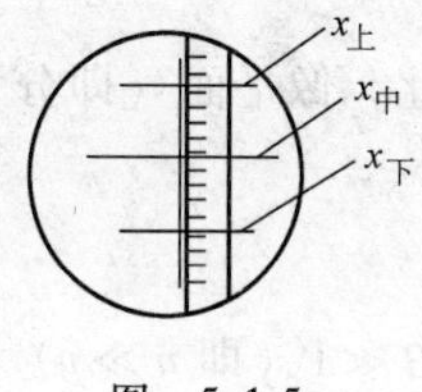

图　5.1-5

2）记下在加有2个砝码时，中间叉丝横线 $x_{中}$ 的位置 $x_{中}$，以后每增加1个砝码记录1次中间叉丝横线 $x_{中}$ 的位置 x_1，x_2，…共8次，再每减一个砝码对应记下 $x_{中}$ 的位置 x_8，x_7，…，将同一负荷下叉丝线位置平均 $\overline{x}_1$，$\overline{x}_2$，…，$\overline{x}_8$，用逐差法求 x（逐差法参阅2.5节）。此 x 对应于4个砝码。

（7）利用式（5.1-27）计算 E，并写出 E 的完整表示结果。

（8）将测量值与公认值 $E_{公认}$ 比较求百分误差。

【思考题】

（1）解释光杠杆为什么能起到光放大的作用，放大倍数与哪些因素有关？

（2）测量中为什么事先要放2个砝码，不事先放砝码行吗？

【附录】

公式 $S=\frac{|x_{上}-x_{下}|}{2}\times 100$ 的推导。

如图5.1-6所示，物镜、目镜、分划板是望远镜的基本组成部分，直尺通过物镜成像在分划板上，图中 u 为物距，v 为像距，f 是物镜的焦距，d 是直尺到分划板的距离（显然镜面到分划板的距离 $S=\frac{d}{2}$）。分划板及直尺在分划板中的像如图5.1-7所示，分划板上下分划线实际尺寸为 a，显然，a 是固定不变的，

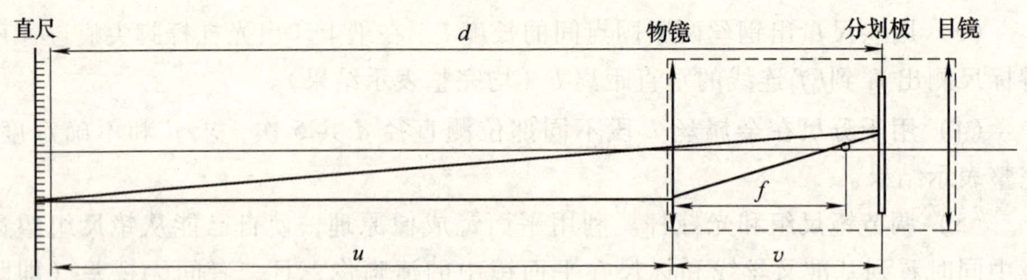

图 5.1-6

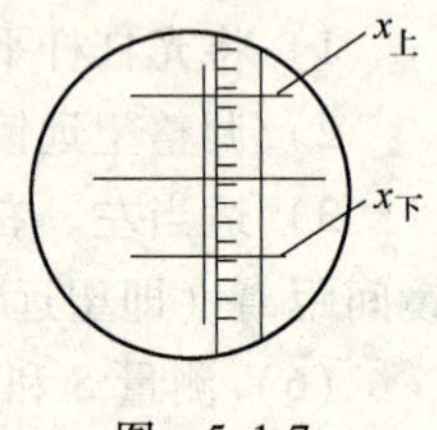

图 5.1-7

设成像在上下分划线间直尺上的尺寸为 b，即

$$b = |x_上 - x_下|$$

由透镜成像公式$\frac{1}{u}+\frac{1}{v}=\frac{1}{f}$及放大倍数公式$\beta=\frac{v}{u}=\frac{a}{b}$易知

$$u = \left(\frac{a}{b}+1\right)f,\quad v = \left(\frac{b}{a}+1\right)f$$

因此，像平面（即分划板）到直尺的距离

$$d = u+v = \left(\frac{a}{b}+\frac{b}{a}+2\right)f$$

当$\beta \ll 1$（即$u \gg v$）时，$\frac{b}{a} \gg 2 \gg \frac{a}{b}$，由上式可得

$$d \approx \left(\frac{b}{a}+2\right)f \approx b \cdot \frac{f}{a}$$

若$\frac{f}{a}=100$，则 $d=100b=|x_上 - x_下| \times 100$，即

$$S = \frac{|x_上 - x_下|}{2} \times 100$$

（王银峰　稿）

实验 13　固体切变模量的测量

【实验目的】

（1）观察扭振动现像。

（2）利用扭摆法测金属杆的切变模量。

【实验原理】

物体在力偶作用下，两个平行截面将会发生相对平行移动，使其形状发生变化，这种形变称为切变。在弹性限度内，外力偶去掉后，物体又恢复原状。

1. 切变模量

厚度为 l、底面积为 A 的弹性物体顶部固定、底部受一沿底面切向力 F_t 作用，如图 5.1-8 所示。在此力作用下，各层发生相对位移，每一垂直于 F_t 作用线并与 BC 平行的直线（即与固定的一定质点联系的线），都转过一 Ψ 角，此角称为切变角，亦称切应变。在切变角 Ψ 很小的情况下，切应变为

$$\Psi \approx \tan\Psi = \frac{CC'}{l} \tag{5.1-29}$$

作用在单位面积上的力 $\tau = F_t/A$ 称切应力。根据切变的胡克定律：在弹性限度内，切应力与切应变成正比 $\tau = G\Psi$，即

$$G = \tau/\Psi \tag{5.1-30}$$

G 为切变模量（又称刚量模量），是切应力与切应变之比，约为弹性模量的 0.4 倍，是决定材料弹性的比例系数。它的单位为 N/m^2 或（Pa）。

2. 金属杆的扭转力矩和扭转系数

如图 5.1-9 所示金属杆当上端固定、下端有力矩 M 的作用时，其半径 r 将转过 Ψ 角，与轴 OO' 平行的直线 BC 相应扭转了 Ψ 角。此时金属杆的切应变 $\Psi = CC'/l = \theta_\rho/l$，切应力 $\tau = F_t/A$。

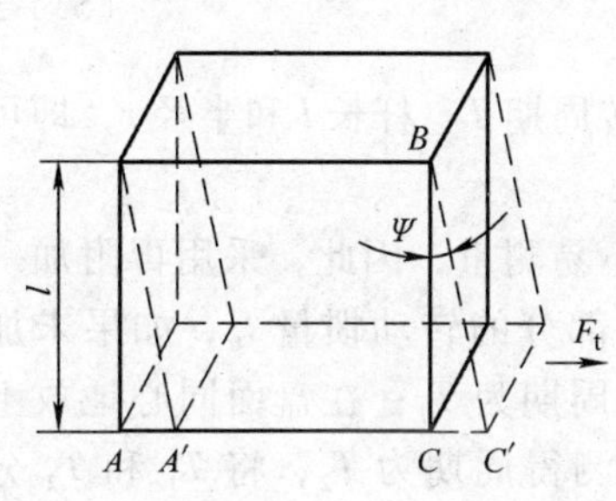

图　5.1-8

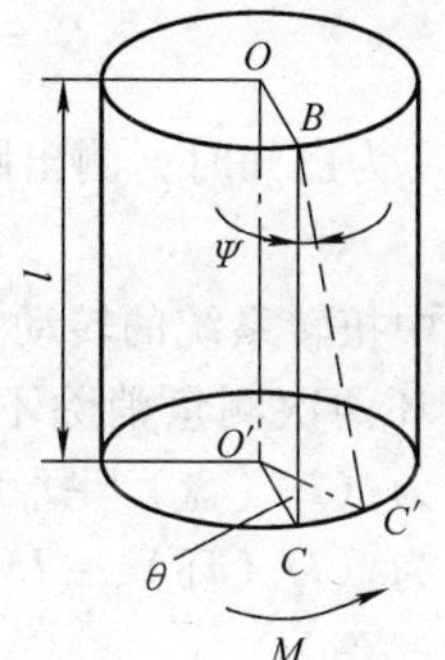

图　5.1-9

面积元 dA 受到的切向力矩 $dM = dF_t \cdot \rho = \tau \cdot dA \cdot \rho$，而 $dA = \rho \cdot d\Psi \cdot d\rho$，$\tau = G\Psi$ 所以总力矩为

$$M = \int dM = \int \tau\rho dA = \int \frac{G\theta}{l}\rho^3 d\Psi d\rho$$

$$= \frac{G\theta}{l}\int_0^{2\pi} d\Psi \int_0^r \rho^3 d\rho = \frac{G\theta}{l} \cdot \frac{r^4}{4} 2\pi$$

所以

$$M = \pi G\theta r^4/(2l) \tag{5.1-31}$$

由转动定律 $M = D\theta$（其中 D 为扭转系数，θ 为扭振动的角位移，小于 5°），代入式（5.1-31）可得

$$D = \frac{\pi G r^4}{2l} \tag{5.1-32}$$

3. 扭摆

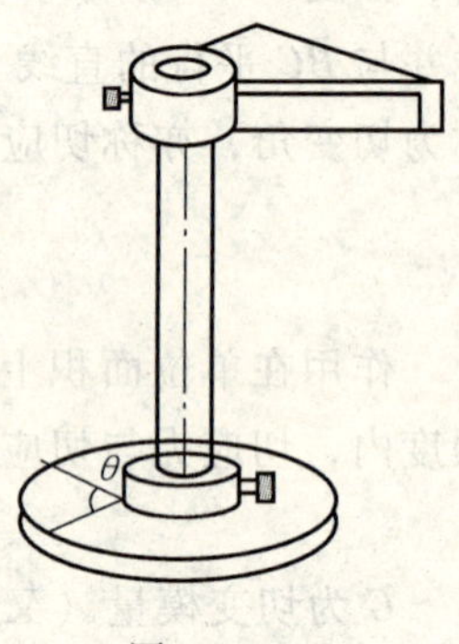

图 5.1-10

如图 5.1-10 所示金属杆上端固定，下端连接一均匀圆盘的中心，以杆为轴将圆盘转过一小角度后松开，圆盘将来回扭转振动，此系统称为扭摆。

由 $M = -D\theta$ 和 $M = I\beta$ 可得

$$\beta = -D\theta/I \tag{5.1-33}$$

由此可见，在回复力矩作用下，扭摆作谐振动，其性质与质点谐振动相似。上式可写成 $\mathrm{d}^2\theta/\mathrm{d}t^2 = -D\theta/I$ 解此微分方程可得

$$\theta = \theta_0 \cos(\omega t + \alpha) \tag{5.1-34}$$

这里角频率 $\omega^2 = D/I$ 而 $\omega = 2\pi/T$，所以

$$T = 2\pi\sqrt{\frac{I}{D}} = 2\pi\sqrt{\frac{2lI}{\pi G r^4}} \tag{5.1-35}$$

由此可得

$$G = \frac{8\pi l I}{T^2 r^4} \tag{5.1-36}$$

当物体转动惯量 I 为已知时，测出圆盘扭转周期 T、杆长 l 和半径 r，即可得 G。

但式（5.1-36）中扭转系统的转动惯量 I 不易测量，因此，采用再附加一已知转动惯量的附加圆环两次测量消除不便计算部分的转动惯量 I_0，如果未加圆环时系统的转动惯量为（I_1（盘）$+I_0$），测得周期为 T_1；在盘面同心地放上附加圆环后的转动惯量为（I_2（环）$-I_1+I_0$），测得周期为 T_2，将 T_1 和 T_2 分别代入式（5.1-35）得

$$T_1^2 = 4\pi^2 \frac{2l(I_1 + I_0)}{\pi G r^4}$$

和

$$T_2^2 = 4\pi^2 \frac{2l(I_2 + I_1 + I_0)}{\pi G r^4}$$

二式相减化简后得

$$G = \frac{8\pi l I_2}{r^4(T_2^2 - T_1^2)} \tag{5.1-37}$$

圆环对其中心对称轴的转动惯量应为 $I_2 = m_3\ (R_1^2 + R_2^2)/2$，其中 m 为圆环质量，R_1、R_2 分别为其内、外半径。代入式（5.1-37）得

$$G = \frac{4\pi l m_2(R_1^2 + R_2^2)}{r^4(T_2^2 - T_1^2)} \tag{5.1-38}$$

【实验仪器】

扭摆装置、圆环、游标卡尺、米尺、秒表。

【实验内容】

(1) 自行设计表格，并记下圆环质量 m_2。

(2) 测圆环内、外径 $2R_1$、$2R_2$ 及金属杆长 l。

(3) 在不同部位测杆的直径 $2r$ 取平均值 4 次。

(4) 用停表法测出圆盘及在圆盘上加同心圆环的扭振动周期：分别测扭振动 50 次的时间 t_1 和 t_2，计算出周期 T_1 和 T_2。

(5) 由式 (5.1-38) 计算切变模量 G。并求 ΔG，完整表示结果。

【思考题】

(1) 本实验过程中应注意哪些问题?

(2) 为什么要附加圆环? 不加圆环直接用式 (5.1-36) 得结果能行吗?

(3) 利用 CS—Z 智能数字测时仪和光电转换器，自己设计一个自动读数系统。

(王银峰　稿)

实验 14　液体表面张力系数的测量

液体表面层分子所处的环境与内部分子不同，使表面层有如张紧的弹性薄膜，具有尽量缩小其表面积的趋势，即存在表面张力。表面张力能说明液态物质所特有的许多现像，如泡沫的形成、润湿和毛细现像等。常用测定液体表面张力系数的方法有拉脱法、毛细管升高法、液滴测重法和最大气泡压力法等。拉脱法直接测定表面张力系数，所用时间少，简便可靠，本实验介绍它的两个内容。

如图 5.1-11 所示，如果假设在液体表面层有一条分界线 MN，把液体表面分为 A、B 两部分。这两部分表面层中的分子存在相互作用的引力 $\boldsymbol{F}_1$ 和 $\boldsymbol{F}_2$。此二力大小相等，方向相反，垂直于分界线 MN，沿着液体表面分别作用在表面层相互接融部分。这一对力叫做液体的表面张力，它的大小正比于表面层分界线的长度，即

$$F_{表} = \alpha l_{MN} \qquad (5.1\text{-}39)$$

式中，比例系数 α 是表征表面张力特性的物理量，称为液体的表面张力系数，数值上等于沿液体表面作用在单位长度上的力，单位为 N/m。

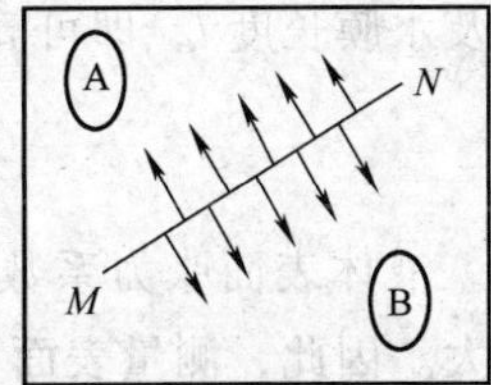

图　5.1-11

为了测得液体表面张力系数，下面研究 ⌈⌉ 形金属

薄片的受力情况。将一表面洁净的冂形金属薄片竖直地浸入水中，令其底面保持水平，然后轻轻提起。由于表面张力的作用，金属片四周将带起一部分水膜，水面呈弯曲形状，如图 5.1-12a、b 所示。这时，金属片在竖直方向受力为：①重力 mg，m 为金属片的质量；②向上的拉力 $\boldsymbol{F}$；③金属片四周水的表面层对金属片作用的表面张力 $F_{表}\cos\theta$，θ 为水表面与金属的接触角；④设大气压强为 p_0，金属片顶部及底部各有方向相反的压力 $\boldsymbol{p}_0 ld$，l 为金属片长，$l=LL'$，d 为宽度。

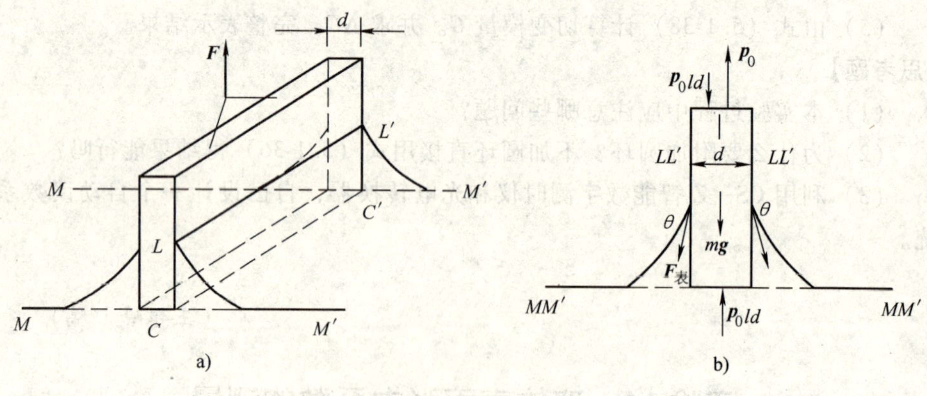

图 5.1-12

当金属片静止，并略去水膜重量时，有

$$mg+F_{表}\cos\theta-F=0$$

考虑到 θ 角很小，$\cos\theta\approx 1$，略去后可得

$$F=mg+F_{表} \tag{5.1-40}$$

根据表面张力的定义，在这种情况下有

$$F_{表}=2\alpha(l+d) \tag{5.1-41}$$

其中 $2(l+d)$ 是金属片与水面接触部分的周长，实验中用金属丝做成冂形框代替金属片 $l>>d$，略去 d 不计，式（5.1-41）化为

$$F_{表}=2\alpha l \tag{5.1-42}$$

由式（5.1-40）及式（5.1-42）可知，如果分别测得 F 和 mg（或 $F-mg$）以及水膜长度 l，即可算出表面张力系数 α，即

$$\alpha=\frac{F-mg}{2l} \tag{5.1-43}$$

液体表面张力系数随液体温度的升高而下降。液体中杂质对表面张力影响极大。因此，测量表面张力系数时，应同时测量液体的温度，并对液体的纯度作相应的了解。

实验一　用扭力秤测定液体的表面张力系数

【实验目的】

（1）学习用扭力秤测量微小力的原理和方法。

（2）测定液体的表面张力系数。

（3）测定钢丝的扭转系数。

【实验原理】

仿前所述，当⊓形金属丝与水之间形成水膜时，见图 5.1-13，水的表面张力有如下式

$$F_{表} = 2\alpha l \tag{5.1-44}$$

可用以测定水的表面张力系数 α。

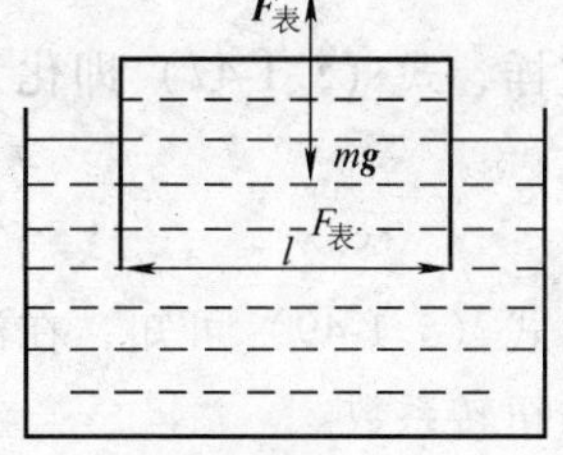

图　5.1-13

实验中，被测力 10^{-3}N 数量级，所以必须用能够量度微小力的仪器进行测量。扭力秤即是测量微小力的一种仪器。

如图 5.1-14 所示扭力秤的主体为一根可以拉紧的钢丝 A，其一端固定，另一端夹在能转动的有刻度的圆盘 B 的中心。钢丝的中段与杠杆一端相联结。杠杆另一端悬挂被测物体。观测管 E 内部装有特定的标线，由标线与杠杆的相对位置可以判断扭力秤杠杆是否达到平衡，进而确定杠杆所受的微小力。

设杠杆处于某平衡位置，砝码盘和⊓形丝的总质量为 $m_{总}$，将其挂在杠杆上。杠杆受重力矩作用向下转动，钢丝也随之被扭转，并产生一个扭转力矩与重力矩平衡。在圆盘端旋转钢丝使杠杆回到最初未挂 $m_{总}$ 时的平衡位置（由观测管内的标线判断），其转过的角度 θ_0 即为钢丝被扭转的角度。在 θ_0 角不大时，钢丝产生的反力矩与转角成正比，因而得到扭力秤的平衡条件

$$m_{总} gL = D\theta_0 \tag{5.1-45}$$

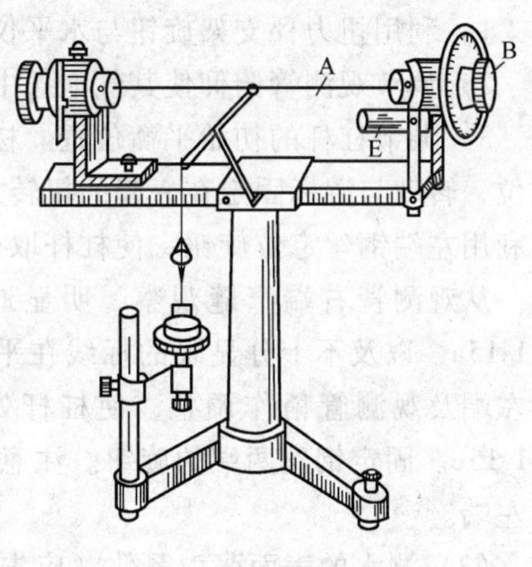

图　5.1-14

式中，D 为钢丝的扭转系数；L 为杠杆的臂长。

将⊓形丝浸入水中形成水膜，杠杆下转，旋转钢丝使杠杆再一次回到最初平衡位置，设此时在圆盘上读得转角 θ_1，同理可得

$$(m_{总} g + 2\alpha l)L = D\theta_1 \tag{5.1-46}$$

由式（5.1-46）减去式（5.1-45）并化简，即可得

$$\alpha = \frac{D(\theta_1 - \theta_0)}{2lL} \tag{5.1-47}$$

为了消去未知量扭转系数 D，可在砝码盘中加进砝码 mg。若此时圆盘转角为 θ_2 杠杆处于最初平衡位置，则有

$$(m_{总} g + mg)L = D\theta_2 \tag{5.1-48}$$

利用式（5.1-48）与式（5.1-45）解得

$$D = \frac{mgL}{\theta_2 - \theta_0} \tag{5.1-49}$$

这样，式（5.1-47）即化为

$$\alpha = \frac{mg(\theta_1 - \theta_0)}{2l(\theta_2 - \theta_0)} \tag{5.1-50}$$

由式（5.1-49）可知，在测定液体表面张力系数的过程中，也同时能确定钢丝的扭转系数。

【实验仪器】

扭力秤、⌈⌉形金属丝、温度计、镊子、纯水、酒精灯、玻璃皿、吸管、游标卡尺等。

【实验内容】

（1）仪器的调节

1）利用扭力秤支架旋钮与水平仪将仪器调至水平。

2）调节观测管俯仰使其气泡居中，观测管处于水平。

3）调节杠杆的初始平衡位置。杠杆上不挂重物，利用旋钮将钢丝左端大致定位，转动与游标固定在一起的扭转金属丝的旋钮，使游标 0 与刻度盘 0 重合，再利用左端钢丝定位旋钮，使杠杆取适当的平衡位置（水平或稍下倾均可）。

从观测管右端窄缝观察，明显地看到管前端的两条水平平行标线，如图 5.1-15a，以及不十分显眼的标线在平面镜中的像，如图 5.1-15b 中虚线。对钢丝左端及观测管稍作调整，使杠杆处于两条标线之间并保持二者平行，如图 5.1-15c。固定钢丝两端的旋钮。注意，在以下的操作中，不能再动观测管和钢丝左端。

（2）测水的表面张力系数（应先读注意事项）

1）用镊子将清洁处理后的⌈⌉形丝挂在砝码盘下再将砝码盘挂在已调好的扭力秤的钩上，旋转扭转金属丝的旋钮 B 使杠杆恢复到平衡位置，记下转角 θ_0。

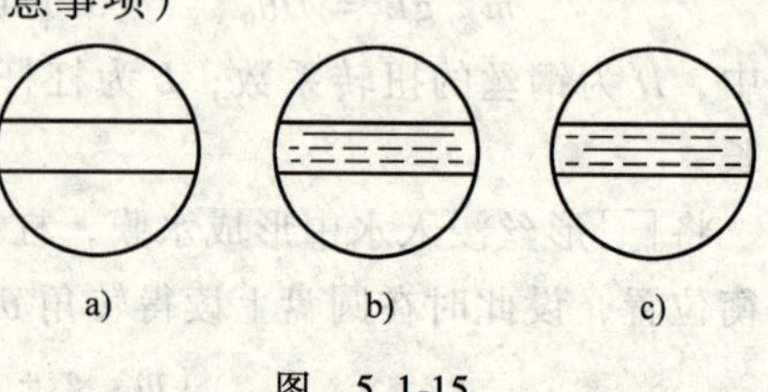

图 5.1-15

2）利用旋钮使盛有适量纯水的玻璃皿升至浸没⊓形丝，缓慢降下玻璃皿，⊓形丝与水形成水膜；旋转 B 使杠杆平衡，再下降玻璃皿，再使杠杆平衡，直到稍许下降玻璃皿水膜立即破灭，记下此时的转角 θ_1（重复 3 次取平均值）。

3）取下⊓形丝，移开玻璃皿，在砝码盘中加入 mg（取 0.5g）砝码，使杠杆平衡，记下转角 θ_2。

4）用游标卡尺量出 l，上中下各测两次取平均值。由表 5.1-1 查出实验温度下水的表面张力系数。

表 5.1-1　水的［动力］粘度 η 和表面张力系数 α（空气接触）与相应的温度 t 的关系表

t/℃	5	10	15	20	25	30	35	40
η/（μPa·s）	1516	1306	1141	1005	894	802	721	653
α/（mN/m）	74.90	74.20	73.48	72.75	71.96	71.15	70.35	69.55

5）利用式（5.1-50）求出表面张力系数 α_1。

6）重复步骤 1～5，再测一组数据，求得 α_2，求 α 平均值，计算对 $\alpha_{公认}$ 的百分误差。

【注意事项】

（1）与水接触的用具，包括⊓形丝、玻璃皿、镊子，都必须进行清洁处理（先用碱液洗，再用清水冲净）。

（2）将⊓形丝整形后，用镊子夹好在酒精灯上烧红作进一步清洁处理。处理后不能与手接触。

（3）旋转钢丝要缓慢，切忌用力过猛断丝。实验完毕要放松钢丝。

【思考题】

（1）为了测得 θ_1，下述方法均可，试一下哪种方法更好？

1）转动螺旋使⊓形丝下降浸入水中，再转回来将其提出水面。

2）将玻璃皿升高，形成水膜后再降低。

3）将⊓形丝浸入水中后，从皿中吸出水以形成水膜。

（2）各量为什么不能取单次测量值？水温为什么取实验前后的平均值？

（3）以下情形使表面张力系数偏大还是偏小？

1）清洁处理不好，⊓形丝上有汗渍或油污。

2）⊓形丝 l 段不直，或⊓形丝不在同一平面内。

3）θ_1 不是水膜刚要破裂时的值。

4）扭力秤的最初平衡位置没有调好，或在实验过程中改变了最初的平衡位置。

（4）说明从液体中慢慢向上提拉⊓形丝的过程中，拉力 F 的变化情况。

（5）能否用扭力秤法测定水银的表面张力系数？试就测量水银表面张力系数产生表面张力的仪器结构提出原则性设想。

实验二　用扭力天平测定液体的表面张力系数

【实验目的】

（1）学习用扭力天平测量微小力的原理和方法。

（2）测定液体的表面张力系数。

【实验原理】

如前所述，对⊓形金属丝与水之间形成的水膜，可用式（5.1-43）$\alpha=(F-mg)/2l$ 求得表面张力系数 α。本实验用扭力天平测量表面张力 $F_{表}$（即 $F-mg$）。

扭力天平也是一种测量微小力的仪器，其结构如图 5.1-16 所示。杠杆 A 以 O 为旋转轴，右端 G 悬待测物；左端是平衡重锤 M 和阻尼器 R，中部伸出一平衡指针 C，上有一小杆 B 与一螺旋形盘状弹簧 S 的外端相连；盘簧内端固定在一可旋转的读数指针 Q 的轴杆 D 上，P 为刻度盘。当杠杆右端受力 $\boldsymbol{F}$ 作用下垂时，平衡指针 C 向右偏转，盘簧 S 因而被盘紧（这时 D 杆因摩擦力很大固定不转），直到盘托的反抗力矩与杠杆偏转力矩平衡时，杠杆就停止偏转。若限定 $\boldsymbol{F}$ 在一定范围内，使盘簧盘紧的程度与 $\boldsymbol{F}$ 成正比，于是就能测力 $\boldsymbol{F}$ 的大小了。

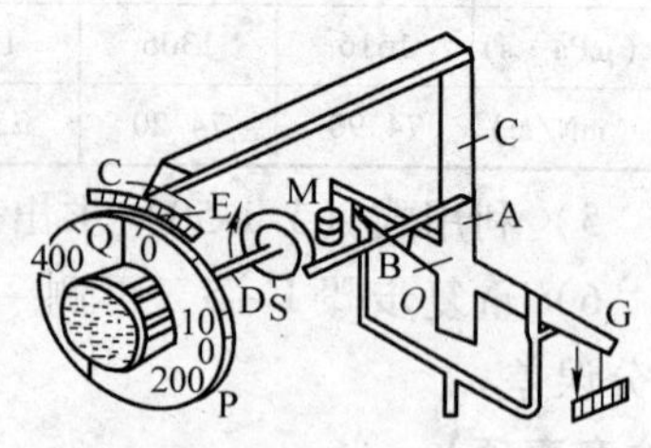

图　5.1-16

盘簧的盘紧程度可以利用读数指针 Q 偏转的角度（或格数）来衡量。设在扭力天平上加了负重 $\boldsymbol{F}$，在加 $\boldsymbol{F}$ 前后刻度盘的读数分别为 x_1 和 x_2，则

$$F=K(x_2-x_1) \tag{5.1-51}$$

式中，K 为比例常数，称为扭力天平常数。它表示指针每转一格杠杆一端 G 所加的力。K 的数值可用仪器所附标准砝码确定。若在 G 端加一质量为 m_0 的标准砝码前后刻度盘读数分别为 x_{10}，x_{20}，则由式（5.1-51）可得

$$K=m_0g/(x_{20}-x_{10}) \tag{5.1-52}$$

又设挂上质量为 m 的⊓形金属丝后读数盘读数为 x_1，⊓形丝放入水中形成水膜后读数为 x_2，则

$$F-mg=K(x_2-x_1) \tag{5.1-53}$$

由式（5.1-52）、式（5.1-53）消去 K，再代入式（5.1-43）可得

$$\alpha=\frac{m_0g(x_2-x_1)}{2l(x_{20}-x_{10})} \tag{5.1-54}$$

图 5.1-17 是扭力天平的外形图。实验室另备有放置盛水玻璃皿的可以升降的平台。

【实验仪器】

扭力天平、玻璃皿、温度计、⊓形金属丝、摄子、纯水、清洗器具。

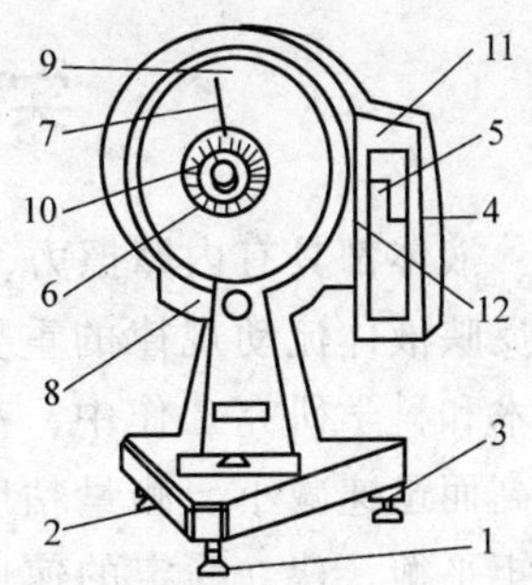

图　5.1-17

1—垫脚　2—水准器　3—测平脚
4—秤盘　5—秤钩　6—读数旋钮
7—读数指针　8—制动旋钮
9—平衡指针　10—保护壳
11—计量盘　12—提手

【实验内容】

(1) 利用垫脚螺钉和水准仪将仪器调至水平。

(2) 零点校准。使用扭力天平前应仔细检查零点，办法如下：转动读数旋钮 6，使读数指针 7 对准零刻度，然后转动制动旋钮 8 开启天平，观察平衡指针 9 与它在镜中的像以及刻度盘上的校准线三者是否重合。如不重合，天平的平衡位置不在零点，应予校正。

(3) 加标准砝码 m_0 测出式 (5.1-52) 中 x_{20} 及 x_{10}。

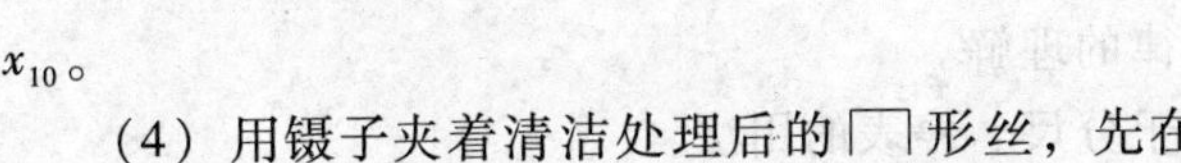

(4) 用镊子夹着清洁处理后的⊓形丝，先在水里浸湿（为什么?），挂在秤钩上。读出 x_1，测出水膜要破未破张力最大时读数 x_2。

注意，测量中所有读数都应在天平平衡时进行。测最大张力时要反复升降盛水皿，同时平衡天平，再读 x_2。

(5) 利用式 (5.1-54) 计算水的表面张力系数 α。

(6) 重复步骤(3) ~ (5)四次。求 α 的平均值，计算对公认值的百分误差。

注意事项

1) 扭力天平和其他天平一样，在加减负载和不称量时，必须随时开闭制动旋钮使杠杆不致摆动以免损坏仪器。

2) 若零读数不准需要调整（一般不再调），必须由教师或实验工作人员进行，学生不得自己调整。

【思考题】

(1) 扭力天平测微小力，依据是什么？你使用的仪器量程是多少？最小能测出多大的力?

(2) 重复测量是为了减小哪些因素所带来的误差?

(3) 若平衡指针和它的像及校准线三者已重合，但读数指针已有读数，此时天平是否平衡？不再校准能否正确读数?

(4) 试比较用扭力秤和扭力天平测 α 的百分误差，分析影响结果的主要因素。

（王银峰　稿）

实验 15　液体粘度的测量

液体都具有内摩擦力，即有粘滞性。液体的粘度是液体粘滞性大小的量度，是反映液体流动规律的重要物理量之一。在液体输送、液压传动、润滑等工程技术和科学研究工作中，都必须对它有深刻的了解。通常，液体的粘度随温度升高而迅速减小。测量粘度的主要方法有：旋转圆筒法，利用外力矩与内摩擦力矩平衡，建立稳定的速度梯度来确定粘度；毛细管法，通过测定一定时间内流过毛细管的液体体积来确定粘度；落球法，利用小球在液体中恒速下落的受力关系（斯托克斯公式）测定液体的粘度。下面介绍用落球法测定液体的粘度。

【实验目的】

（1）利用斯托克斯公式测定油的粘度。

（2）加深对液体内摩擦规律的理解。

（3）进一步熟悉游标尺、千分尺、停表的用法。

【实验原理】

在稳定流动的液体中，由于各层液体流速不同，互相接触的两层液体之间有力的作用。这个力使流速较快的液层减速，使流速较慢的液层加速。两相邻层间的作用力称为内摩擦力或粘滞力。液体的这一性质称为粘滞性。

实验指出，粘滞力 F 与摩擦面积 S 沿 S 法线方向的速度梯度 $\mathrm{d}v/\mathrm{d}n$ 成正比，写成等式即为

$$F = \eta S\mathrm{d}v/\mathrm{d}n \tag{5.1-55}$$

式中，η 称为粘度（内摩擦系数），单位是帕·秒（Pa·s）。

当半径为 r 的光滑圆球，以速度$\boldsymbol{v}$在均匀的无限宽广的液体中运动时，若速度不大且液体不产生涡流，小球在液体中受到的粘滞阻力大小为

$$F = 6\pi\eta vr \tag{5.1-56}$$

式中，η 即粘度，式（5.1-56）称为斯托克斯公式。

当质量为 m、体积为 V 的小球在密度为 ρ 的液体中下落时，作用在小球上的力有 3 个：重力 $m\boldsymbol{g}$ 铅直向下；液体的浮力 $\rho V\boldsymbol{g}$，液体的粘滞阻力 $6\pi\eta\boldsymbol{v}r$，均铅直向上，如图 5.1-18 所示。

图　5.1-18

球刚开始下落时，速度$\boldsymbol{v}$很小，阻力不大，小球以加速度下落。随着速度的增加阻力也逐渐增大，当速度达到一定大小时，阻力与浮力之和等于重力，此时，小球的加速度等于零即小球开始匀速下落，这个匀速运动的速度称为收尾速度。当达到收尾速度时有

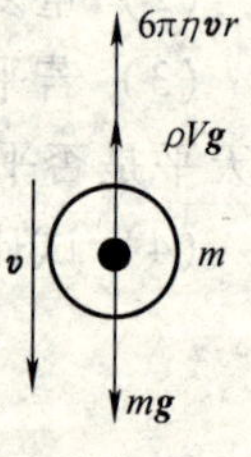

$$mg = \rho Vg + 6\pi\eta vr$$

整理可得

$$\eta = \frac{(\rho_0 - \rho)Vg}{6\pi vr}$$

式中，ρ_0 为小球密度。将 $V = 4\pi r^3/3 = \pi d^3/6$ 代入上式得

$$\eta = 2(\rho_0 - \rho)gr^2/9v$$

即

$$\eta = (\rho_0 - \rho)gd^2/18v \tag{5.1-57}$$

式（5.1-57）就是由斯托克斯公式推导出的液体粘度 η 的一般公式。

推导式（5.1-57）时，是假定小球在无限宽广的液体中下落，但实验中小球是在有限的圆形油筒中下落，如图 5.1-19，即筒的直径和液体的深度是有限的。实验指出，当圆筒直径较之小球直径甚大时，由式（5.1-57）得出的 η 的理论值和实验值的差异是很小的，故只要对斯托克斯公式加以修正，同样可以用来描述小球在有限液体中的运动。显然，当小球在有限液体中运动时，受到的阻力比在无限宽广的液体中受到的阻力更大，考虑到这个修正，式（5.1-57）应变为

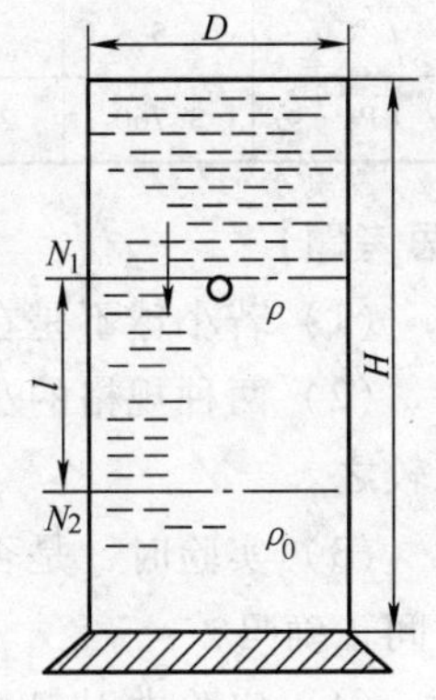

图　5.1-19

$$\eta = \frac{\left(m - \frac{4}{3}\pi r^3 \rho\right)}{6\pi vr\left(1 + 2.4\frac{r}{R}\right)}$$

或

$$\eta = \frac{(\rho_0 - \rho)gd^3}{18v\left(1 + 2.4\frac{d}{D}\right)} \tag{5.1-58}$$

式中，d 为小球直径；D 为圆筒内径。

【实验仪器】

玻璃圆筒、停表、千分尺、游标卡尺，比重计、温度计、小钢球、镊子、磁铁、待测液体蓖麻油。

玻璃圆筒用量筒代替，内盛待测的油，见图 5.1-19。量筒处于铅直位置。落到筒底的钢球，可在筒外壁用磁铁吸至筒顶取出。

【实验内容】

（1）用物理天平称出两种小钢球各 5 个的总质量，求得其平均质量 m。

（2）用千分尺测每个小钢球的直径 d，分别求两种小钢球直径的平均值，并计算它们的标准误差，写出其完整表达式。

（3）用游标卡尺测量量筒内径 3 次，求平均值，完整表达其结果。

（4）用比重计测油的比重得出密度 ρ。

（5）在量筒中部取液柱总高度 H 约 1/3 的一段，标下 N_1 与 N_2，如图 5.1-

19，用镊子小心夹起钢球，先在油中浸一下，然后放入圆筒中心的油中，用停表测量小球通过两标线间距离 l 所用的时间 t，每种小球5个，测5次，求 t 的平均值。观察时，一定要使视线与筒壁垂直。

测出 l。记下待测油的温度。

（6）按每种小球的数据由式（5.1-58）计算 η，然后求各自的平均值，并查表5.1-2与公认值比较，求百分误差。

表5.1-2 蓖麻油的粘度 η 与相应的温度 t 关系表

t/℃	5	10	15	20	25	30	35	40
η/（Pa·s）	3.760	2.418	1.514	0.950	0.621	0.451	0.312	0.220

【思考题】

（1）若小球不是在圆筒中心，而是在靠近筒壁处下落是否可以？为什么？

（2）两种规格的小钢球哪种得出的结果要好一些？从你的实验结果分析与比较之。

（3）实验时，是否可以不要标线 N_1 和 N_2？若测出的是落球从 N_1 到筒底的时间正确吗？

（4）实验中引起测量误差的因素是哪些？从式（5.1-58）分析，要提高结果的精确性，应用什么方法，对哪些量的测量精确性加以提高？

（5）试验一下，以下因素造成的影响是使结果偏大还是偏小？

1）油筒不铅直；2）油不静止；3）油中有气泡；4）小球不圆。

（王银峰　稿）

实验16　金属线胀系数的测量

线胀系数是很多工程技术中选择材料的一个重要的技术指标，它是从事热工机械、建筑工程设计、通信工程安装及各种新型复合材料研制等工作的科技人员经常要参考和测量的重要的物理参数。如考虑欠妥，有可能影响通信传输性能、造成建筑给水管的变形或破坏、以及加工材料中的失败等等。

对大多数固体材料而言，都遵从热胀冷缩的规律。其原因是物体受热温度升高时，分子热运动加剧，分子间的距离增大；温度降低物体冷却后，分子热运动减弱，分子间的距离缩小。线胀系数就是为表征物体受热时，其长度方向变化的程度而引入的物理量。

本实验是采用电热法测定金属铜管的线胀系数，其实验方法利用了光杠杆放大微小伸长量的特点。

【实验目的】

（1）掌握电热法测定金属铜管线胀系数的实验方法。

（2）学会用光杠杆法测固体长度的微小变化量。

（3）学会运用最小二乘法求解铜管的线胀系数。

【实验原理】

随温度的变化，固体在某方向长度的改变量称为固体材料的线膨胀量，它可表述为：温度上升 1℃时所引起固体材料沿一定方向长度的增加量和它在 0℃时长度的比值，也可理解为每变化单位摄氏度所引起固体材料长度的相对变化量。固体材料的线胀系数用符号 α 表示，即

$$\alpha = (l_t - l_0)/l_0 t \quad 或 \quad l_t = l_0(1 + \alpha t) \tag{5.1-59}$$

式中，l_0、l_t 分别表示温度为 0℃及 t℃时固体的长度。由于固体材料的性质不同，线胀系数也不相同。同时，对同一种材料在不同温度下其 α 值也不同，但其变化很微小，故在温度变化范围不太大时，α 可近似地视为与温度无关的常数，其单位为℃$^{-1}$。

一般不易测 0℃时的长度 l_0，可通过测铜管的温度由 t_1 上升至 t_2 时铜管的长度 l_1、l_2、来确定 α，由式（5.1-59）得

$$\begin{cases} l_1 = l_0(1 + \alpha t_1) \\ l_2 = l_0(1 + \alpha t_2) \end{cases}$$

两式相除，可消去 l_0，得

$$\alpha = \frac{l_2 - l_1}{l_1\left(t_2 - \dfrac{l_2}{l_1}t_1\right)}$$

且 l_2 与 l_1 非常接近，可取 $l_2/l_1 \approx 1$，

故　$\alpha = (l_2 - l_1)/l_1(t_2 - t_1)$

(5.1-60)

上式中 l_1、t_2、t_1 都容易测得，而铜管受热膨胀的伸长量$(l_2 - l_1)$非常微小，很难用常规的机械量具测出。本实验是通过光杠杆法将$(l_2 - l_1)$放大成 $|n_2 - n_1|$ 来测量。光杠杆是一种利用光放大原理测量被测物微小长度变化的装置，其优点是简便、直观、精度高。光杠杆由一个三角支架及支架上的平面镜构成，测量时，光杠杆的单尖足足尖放在被测铜管的上端面上，如图 5.1-20 所示。

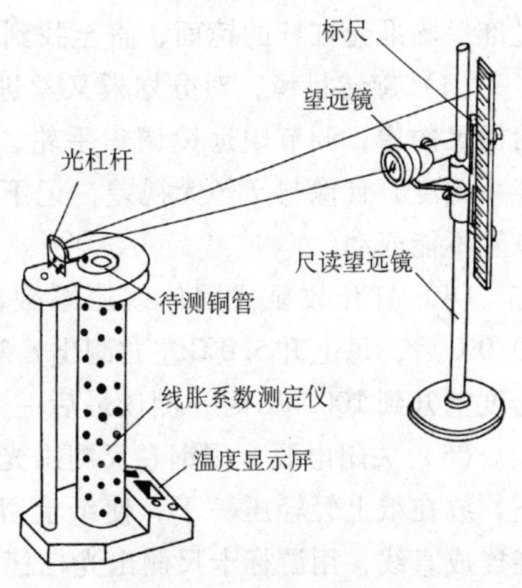

图 5.1-20　实验装置图

光杠杆放大原理如图 5.1-21，M 为光杠杆平面镜，K 为光杠杆单足足尖至前两足尖连线的垂直距离，称为光杠杆常数。开始时平面镜的法线 On_1 在水平方向，当铜管受热伸长时，光杠杆后足随之抬高 Δl，则平面镜由 M 转一 θ 角至 M'，法线也同样转 θ 角，因此有关系式 $\tan\theta = \Delta l/K$，又因当平面镜在 M 位置时，

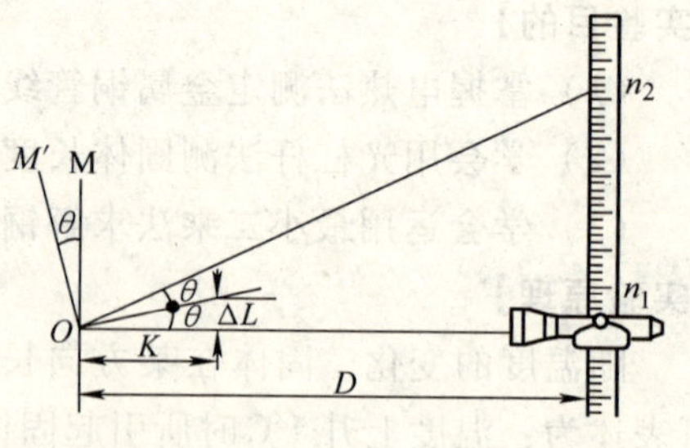

图 5.1-21 光杠杆放大原理示意图

从望远镜中观察到标尺的读数为 n_1；当平面镜转过 θ 角到 M'时，望远镜中观察到标尺的读数为 n_2，由图中可知 $\tan 2\theta = \Delta n/D$，因 θ 角很小，得 $\Delta l/K = \Delta n/2D$，即

$$\Delta l = l_2 - l_1 = K|n_2 - n_1|/2D \tag{5.1-61}$$

将式（5.1-61）代入式（5.1-60）得

$$\alpha = \frac{K|n_2 - n_1|}{2Dl_1(t_2 - t_1)} \tag{5.1-62}$$

由于尺读望远镜标尺刻度“0”在中心位置，所以取 $\Delta n = |n_2 - n_1|$。

【实验仪器】

数显式固体线胀系数测定仪（参考单位：长春第一光学仪器厂）、尺读望远镜、光杠杆、钢卷尺、游标卡尺。

【实验内容】

（1）光杠杆放在工作平台上，两前足放入横槽内，单尖后足放在被测铜管的上端面上，尽量调节光杠杆镜面与望远镜轴线垂直。

（2）移动尺读望远镜的底座并调节望远镜的高度，沿镜筒的轴线方向，通过准星瞄准光杠杆的镜面，直至找到标尺的像。

（3）旋转目镜，对分划板叉丝进行聚焦，从望远镜目镜观察光杠杆平面镜内标尺的像，调节望远镜调焦手轮，直至清楚对准标尺由光杠杆镜面反射出的某一刻度，且像与叉丝无视差，记下此刻度 n'，以后光杠杆、望远镜和标尺的位置不能变动。

（4）打开数显式固体线胀系数测定仪，记下室温 t_0'然后加热，使温度达 40.0℃后，每上升 5.0℃左右测出 t_i 和 n_i 的一一对应数据，共测十个数据点。待温度上升到 100.0℃时，测读最后一个点 t''和 n''数据。

（5）关闭电源，用钢卷尺测出光杠杆镜面至标尺的距离 D，再将光杠杆取下，放在纸上轻轻压一下，使纸上留下光杠杆三足尖之印迹，再将二前足尖印迹连成直线，用游标卡尺测出光杠杆常数 K。铜管原长已测出为 $l_1 = 49.90\text{cm}$。

数据处理提示

1）按两点法将首尾两点的 t'、n' 和 t''、n'' 代入式（5.1-62），求出铜的线胀系数 α_1 值。

2）运用最小二乘法求解线胀系数 α_2 值：令 $x_i = t_i - t'$，$y_i = |n' - n_i|$

参数 次数	t/℃	n/cm	X/℃	X^2/℃^{2}	Y/cm	Y^2/cm^2	XY/℃·cm
1	40.0						
2	45.0						
3							
4							
⋮							
10	85.0						
平均值							

由 $\gamma = \dfrac{\overline{xy} - \overline{x} \cdot \overline{y}}{\sqrt{[\overline{x^2} - (\overline{x})^2][\overline{y^2} - (\overline{y})^2]}}$计算相关系数 γ 值，并由相关系数表查得的检验值 $\gamma = 0.632$ 进行比较，判定 Δl 与 Δt 是否线性相关，属正相关还是负相关，并说明其物理含义。

求出　$m = \dfrac{\overline{xy} - \overline{x} \cdot \overline{y}}{\overline{x^2} - (\overline{x})^2}$

再由 $\alpha_2 = \dfrac{Km}{2Dl_1}$　求出 α_2 值。

3）铜的线胀系数的公认值 $\alpha_{公} = 1.71 \times 10^{-5}$℃$^{-1}$，并将 α_1 和 α_2 值分别与 $\alpha_{公}$ 比较计算相对误差 E_{r1} 和 E_{r2}。

【思考题】

（1）光杠杆有何作用？如何提高光杠杆测量的灵敏度？

（2）试分析哪一个是影响实验结果的主要物理量，测量时应注意什么？

（3）实验过程中，仪器调整后，不能再变动，为什么？

（4）是否还能用其他实验方法测量固体的线胀系数？

【参考文献】

[1]　丁慎训，张连芳．物理实验教程［M］．北京：清华大学出版社，2002.

（刘燕玲　稿）

实验 17　液体比热容的测量

物质比热容的测量是热学的基本测量之一。比热容是单位质量的物质温度升高 1K 时所吸收的热量，单位为 J·kg^{-1}·K^{-1}（焦耳·千克$^{-1}$·开$^{-1}$），它是物质热学性质的一个特征量。常用小写字母 c 表示。物质的质量 m 与其比热容 c 的乘积，称为热容，用大写字母 C 表示，则有 $C=mc$。

物质的热容除与物质本身比热容和质量有关外，还与转变过程的温度变化有关。若物质从温度 t_1 升至 t_2，则吸收的热量为 $Q=mc(t_2-t_1)=C(t_2-t_1)$。

在热学实验中各种热交换问题一般比较复杂，但利用牛顿冷却定律，用作图的方法对散热进行修正，可以得出比较准确的结果。

【实验目的】

（1）用电热法测液体比热容。

（2）学习一种散热修正的方法——修正终温。

【实验原理】

图 5.1-22 是量热器的结构图，它是双层套筒结构，A 是量热器外套筒，用隔热较好的材料制成，目的是使量热器与外界的热交换尽量少，B 是量热器的内杯，C 是绝热垫圈，D 是绝热盖，L 是接线柱，R（连同与它相连的两根铜杆）是电阻加热器，G 是搅拌器。

1. 电热法测液体比热容

实验装置如图 5.1-23 所示，用两只完全相同的量热器，一个装纯水，另一个装待测液体——变压器油。

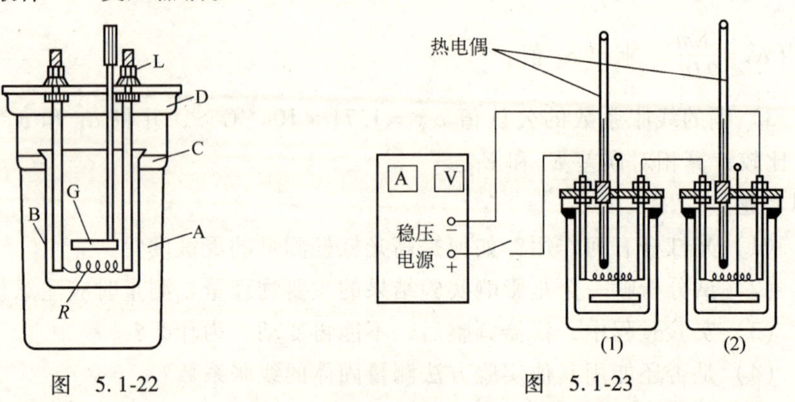

图 5.1-22　　图 5.1-23

数字式温度计通常由传感器和电子电路构成，传感器有半导体、热电偶等。热电偶传感器价格便宜、体积小、适应性好，受到广泛应用。本实验使用 NTY—5B 型数字式温度计，采用的是热电偶传感器，量程为 0～300℃，读数精度 0.1℃，线性 ±0.2℃，使用 220V 电源。

根据焦耳-楞次定律，量热器系统从电阻加热器 R 获得的热量为

$$Q=I^2Rt=IUt \tag{5.1-63}$$

式中，I 的单位为 A；R 的单位为 Ω；U 的单位为 V；t 的单位为 s；Q 的单位为 J。根据热平衡原理，对量热器系统 1 有

$$Q_1 = (c_0 m_0 + c_{铝} m_1 + C_{铜} + C_{R1} + C_{偶})(T_1' - T_1) + \delta Q \quad (5.1\text{-}64)$$

对量热器系统 2 有

$$Q_2 = (cm + c_{铝} m_2 + C_{铜} + C_{R2} + C_{偶})(T_2' - T_2) + \delta Q \quad (5.1\text{-}65)$$

式中，c_0、m_0 为水的比热容和质量；$c_{铝}$ 为量热器铝制内杯的比热容；m_1、m_2 为内杯 1 与内杯 2 的质量；c、m 为待测液体的比热容和质量；$C_{铜}$ 为铜制搅拌器的热容；C_{R1} 与 C_{R2} 分别为量热器 1 与量热器 2 内电阻加热器的热容；$C_{偶}$ 为热电偶的热容。热电偶通常安装在不锈钢管头部的里面，热电偶的体积也很小，所以，$C_{偶}$ 实际上是指安装热电偶的不锈钢管及热电偶共同的热容，$C_{偶}$ 不容易测量，由实验室给出，为了减小其对量热器系统的影响，应将在量热器外面的不锈钢管用绝热材料包裹，以防止散热。T_1、T_2 分别为量热器 1、2 的初温，T_1'、T_2' 分别为量热器 1、2 的末温，δQ 为量热器系统散失的热量。

因为 $Q_1 = Q_2$，由式（5.1-64）和式（5.1-65）经整理可得

$$c = \frac{1}{m}\left[\frac{T_1' - T_1}{T_2' - T_2}(c_0 m_0 + c_{铝} m_1 + C_{铜} + C_{R1} + C_{偶}) - (c_{铝} m_2 + C_{铜} + C_{R2} + C_{偶})\right] \quad (5.1\text{-}66)$$

式（5.1-66）表明，只要测出水与油的质量、量热器内杯的质量、量热器的初温和末温，记下已知量：$c_{铝}$，c_0，$C_{铜}$，C_{R1}，C_{R2}，$C_{偶}$ 就可求出油的比热容 c。

2. 散热修正

在上述电热法测液体的比热容中，只有两个量热器系统完全相同，散失的热量相等时，式（5.1-66）才成立，但实际上两量热器系统不可能完全相同，即使相同，量热器与周围环境的热交换，因温升不同，而散失的热量也不相同。为使测量准确，必须对两系统散热进行修正，其方法之一是用作图法修正终温。

实验装置如图 5.1-24 所示。对图中的量热系统，达到热平衡状态时其获得的热量为

$$Q = (cm + c_{铝} m_2 + C_{铜} + C_{R2} + C_{偶})(T_2' - T_2)$$

因为 $Q = IUt$，故热平衡方程变为

$$IUt = (cm + c_{铝} m_2 + C_{铜} + C_{R2} + C_{偶})[T_2' - T_2] \quad (5.1\text{-}67)$$

式（5.1-67）中各量的物理意义与式（5.1-65）相应量意义相同。该式在没有热量散失的条件下成立，实际上量热器油温在不断上升，与周围环境的温差逐渐增大，量热器将不断地向周围散失热量，使测得的终温 T_2 比真实应该上升的温度 T_f 要低，为此必须对终温加以修正。

修正方法是接通电源后每隔 1min 记 1 次温度，约测 10min 切断电源，然后再每隔 1min 记录 1 次降温过程中的温度，约测 8min，并注意在实验的整个过程中要缓慢地用搅拌器搅拌，以保证量热器杯中的温度尽可能相同。

用坐标纸作 T-t 曲线，纵坐标是温度，其坐标原点不取 0°C，可取室温；横

坐标是时间，以 min 为单位，见图 5.1-25。曲线 ab 是升温段，bc 是降温段（几乎是直线）。c 点用下法确定：取 bc 段下阴影部分的面积 A_2 与升温曲线 ab 下面阴影部分的面积 A_1 相等，则 $dc=\Delta b$ 即为由于散热而降低的温度，其大小即为所求终点 b 的温度修正值。上述修正的理由如下，根据牛顿冷却定律，当一个系统温度与环境温度相差不大时，系统所散失的热量与温度差和时间 t 成正比。换言之，系统散失的热量 ΔQ 与升温曲线 ab 所包围的面积成正比，即 $\Delta Q = K\int_0^{t_b}(T-T_a)\mathrm{d}t$ 式中 K 为散热系数，T 为系统的温度，T_a 为系统的初温（约等于环境温度）。由于我们取 $A_1=A_2$，这意味着散失的热量相同，而相同的散失热量必然引起相等的温度下降。这样，延长 c 至 d，由于 bc 段是降温（自然冷却），降低的温度为 $dc=\Delta b$，显然 dc 段就反映了 bc 段所散失的热量相应引起系统温度下降的大小，所以无热量损失的终点温度 $T_f=T_b+\Delta b$。将 T_f 代替式（5.1-67）中的 T_2'，即可求出修正之后的液体比热容了。即

$$c=\frac{1}{m}\left(\frac{IUt}{T_f-T_2}-c_{铝}m_2-C_{铜}-C_{R2}-C_{偶}\right) \tag{5.1-68}$$

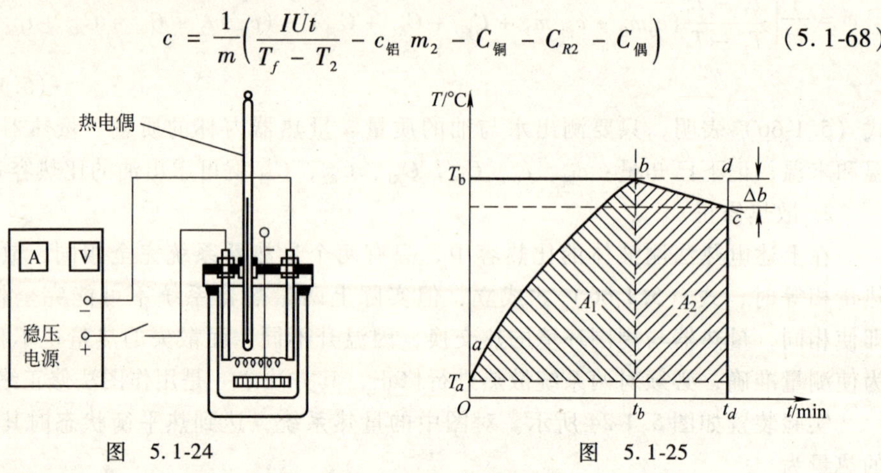

图 5.1-24　　　　图 5.1-25

【实验仪器】

电子天平、数字温度计两支（最小量为 0.1℃）、直流稳压电源、量热器、秒表。

【实验内容】

（1）按图 5.1-23 接线，用电热法测油的比热容。

按实验室规定的电流值调电流（约为 1A 左右），动作要快，然后断电，再使电阻丝置于空气中自然冷却。

用电子天平称量热器内杯质量 m_1 与 m_2，量热器 1 盛蒸馏水 140g 左右，量热器 2 盛变压器油 220g 左右，两数据之比尽量接近 1:2。

分别记下初温，用秒表计时，通电 5min，计时应准确，在通电过程中要不断地搅拌，断电后仍要继续搅拌，待温度不再升高时记下它们的末温。

（2）倒去量热器 2 内杯的油，按图 5.1-24 接线，做散热修正实验。

调节电流为 0.6～0.8A（为使本实验误差减小，电流不宜大），动作要快，然后断电，再使电阻丝置于空气中自然冷却。

称好一定量的变压器油（与步骤 1 中油的质量差不多），记下其初温，然后通电，并缓慢地不断搅拌，每隔 1min 记录一次油温，约 10min，切断电源，继续搅拌，测自然冷却降温曲线，方法仍为每隔 1min 记录一次油温，测到约 8min。注意：测降温曲线过程中仍需要不断地轻轻地上下搅拌。

用坐标纸作 T-t 图，按图 5.1-25 的方法求温度修正值。

（3）按式（5.1-66）与式（5.1-68）求两种情况下油的比热容，并分别与公认值相比较求百分误差。

【思考题】

（1）比较法测液体比热容有什么优点？需要些什么条件？本实验是否满足？

（2）用作图法修正终点温度的理论根据是什么？

（3）从两种方法测油的比热容中，比较、分析它们的结果，讨论各自产生误差的原因。

（吴世春　稿　彭华　校）

实验 18　热导率的测定

热传导是热量传播的重要方式，它是由物体直接接触而产生的。热导率和热阻是描述物体热传导性能的物理量，也是材料基本热性能的参量，它不仅是评价材料的重要依据，而且还是应用材料的一个设计参数。例如，在散热器、热交换器、冷凝器等设备中的管道和散热片就是采用热导率大（热阻小）的金属材料；而锅炉的炉膛、汽包壁、蒸汽管道要求散热小的设备，其外面采用热导率小（热阻大）的材料包裹起来，以达到绝热效果。

【实验目的】

（1）学习一种测量金属热导率的方法。

（2）学习用流体换热法测定热量。

【实验原理】

（1）热传导是能量的迁移过程，物体内部相距为 dx 的两个平行平面，如果温差为 dT，则热量将从温度较高的平面流向温度较低的平面，如图 5.1-26 所示。实验证明：在一定时间 t 内通过导体某截面的热量 Q 与导热面积 A、温度梯度 dT/dx 及经历时间 t 成正比，即

$$Q = \lambda \frac{dT}{dx} A \cdot t \tag{5.1-69}$$

式中，λ 为物质的热导率，不同的物质 λ 值不同，λ 大的称为热的良导体，λ 很小为热的不良导体。一般地，金属的热导率比非金属的大，固体的热导率比液体的大，大气的热导率最小。

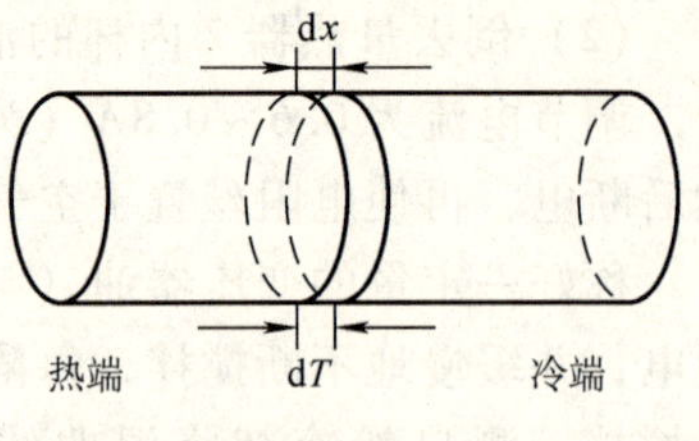

dx
热端　dT　冷端

图　5.1-26

如果热导体是侧面绝热的圆柱体，当对其一端加热时，热量将沿轴向传到另一端。稳定后，各截面的温度沿轴向线性下降，在时间 t 内流过各截面的热量为

$$Q = \lambda \frac{T_1 - T_2}{l} A \cdot t$$

即

$$\lambda = \frac{l}{T_1 - T_2} \cdot \frac{Q}{A \cdot t} \tag{5.1-70}$$

由上式可知，热导率是当温度梯度为每 1℃/m 时，在单位时间内，通过单位面积所传递的热量。在国际单位制中，热导率 λ 的单位为 W/（m·K）。式中温度 T_1、T_2、面积 A、长度 l、时间 t 均易测量。热量 Q 由于散热而不易测准，通常对良导体和不良导体用不同的方法。良导体用流体换热法测量 Q。

（2）流体换热法（恒流量热法）：用一定质量、已知比热容的一定温度的液体稳定地流过物体，液体因受热而温度上升，根据流过液体的质量 m、温度升高值 $T_3 - T_4$ 及液体比热容 c 就可算出液体在流动时间 t 内所传递的热量 Q。因为一般液体的比热容较大，所以这个方法适合于测量单位时间内传递热量较大如良导体的情况。

实验装置如图 5.1-27，待测金属铜圆柱的一端 B 置于蒸汽室内，另一端 D 外绕有铜管。从稳压水槽来的冷水经 E 管和铜管流出，使铜体 D 端冷却。待测部分放在绝热箱 H 中，使铜棒向四周散失的热量比传递的热量小得多，入口和出口处水温用温度计 T_3、T_4 测量。由蒸汽发生器来的蒸汽不断流经汽室，形成稳定的热流，使导体一端保持高温；稳压水槽来的冷水不断把热量带走，形成稳定的低温端。于是，导体内部的热量逐步由热端传到冷端，只要能使冷水流

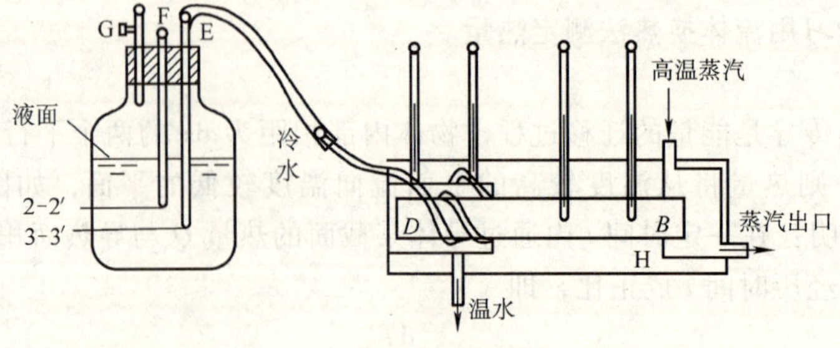

图　5.1-27

速稳定，单位时间内带走的热量相同，就能保证是稳定的传热状态。

稳压水槽（水位箱）的作用是使冷水稳定的流动。本实验采用的是一个有瓶塞的大瓶，塞上插有3根玻璃管，管G是附有开关的排气管，管F是稳压管（也作为加水时的进水管），管E是出水管，用软管与装置中冷端进水口相通。使用时，各连接处均应保持密封。关闭G，由F向稳压瓶适当打气后，由于虹吸效应水沿管E流出，管F恒与大气相通，下端管口压强等于2-2′处时，外面空气即通过管F压入瓶内，使瓶内空气压强增加，保持2-2′面处水的压强等于外界大气压，以维持E管下端3-3′面处的压强恒定，与瓶内液面降低无关。

如果t（单位：s）时间内流过冷端的水为m，则这段时间传给低温D端的热量，即流过D端外绕水管中冷水带走的热量$Q=mc(T_3-T_4)$。直径为d的圆柱截面积$A=\pi d^2/4$，代入式（5.1-70）得

$$\lambda=\frac{4cl}{\pi d^2}\cdot\frac{m}{t}\cdot\frac{(T_3-T_4)}{T_1-T_2} \tag{5.1-71}$$

【实验仪器】

金属热导率测定仪（生产单位：复旦大学科教仪器厂）1套，量筒，烧瓶，稳压水瓶、温度计（0～100℃和0～50℃各2支）、停表、游标卡尺等。

【实验内容】

（1）在烧瓶中装入适当冷水（占总容积2/3以上），在各温度计插口滴入几滴水，接好管管口并检查是否漏水、漏气，再对烧瓶加热使之产生蒸汽。

（2）打开装置外盖，测量圆柱外径d及T_1、T_2两温度计之间的长度l，然后关好外盖。

（3）将D端外温水出口塞旋到适当位置，用量筒及停表测出水流量，调到约1mL/s，再将软管夹紧。

（4）当有大量蒸汽进入加热汽室时，移开软管夹让恒流冷水流过，当4支温度计示值都稳定后，记录各温度值，并测3次流量，取平均值。

（5）将各值代入式（5.1-71）计算λ，并求出$\Delta\lambda$，完整表示结果。

（6）对结果进行分析，查找误差原因。

【思考题】

（1）为什么要做到稳定导热？实验中是怎样保证此条件的？

（2）本实验用什么方法测热量？必须满足什么条件？此装置能否测不良导体的热导率？

（3）稳压水槽是怎样保持水压稳定的？如果实验中把G管上的开关打开了会有什么结果？

（4）装温度计的孔为什么要滴几滴水？直接插入有什么不好？

（5）如果冷却水管打开后，F管口处并无空气向瓶内排放，这时水压是否

稳定？如果瓶内液面下降到 F 管以下，水压是否稳定？

（汪涛 稿）

实验 19 物体转动惯量的测量

实验一 用三线摆法测定物体的转动惯量

【实验目的】

（1）掌握用三线摆法测定物体转动惯量的原理。

（2）验证转动惯量的平行轴定理。

（3）学习使用智能测时仪。

【实验原理】

三线摆装置如图 5.1-28 所示，在均匀圆盘 B 边缘同一圆周上对称的 3 点 b_1、b_2、b_3 接出 3 根悬线；另一端同样对称地悬挂在上面小圆盘 A 边缘 3 点 a_1、a_2、a_3 上。A 可绕自身的轴转动，悬线长短可以调节。当 3 根悬线等长、受力相等时，下盘 B 水平。轻轻转动 A 盘，B 盘将在张力矩作用下，以 OO_1 为轴作周期性的扭转振动。

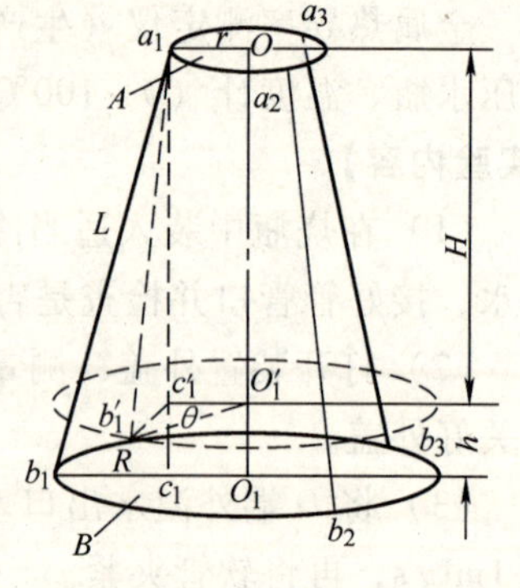

图 5.1-28

1. 测圆盘 B 的转动惯量

当质量为 m 的圆盘作扭转振动时，既有绕中心转轴 oo_1 的转动，又有圆盘 B 的质心沿着转动轴移动（升降）。而在圆盘 B 扭转振动通过平衡位置时速度最大、盘的位置最低、热能为 0 且动能 $E_1 = I_o\omega^2/2 + m(\mathrm{d}h/\mathrm{d}t)^2/2$；而当它转到任一方向最大角位移 θ_0 时，盘的位置最高、速度为零、动能为零且势能 $E_2 = mgh$。若忽略摩擦力，则机械能守恒，即

$$mgh = \frac{1}{2}I_o\omega^2 + \frac{1}{2}m\left(\frac{\mathrm{d}h}{\mathrm{d}t}\right)^2 \qquad (5.1\text{-}72)$$

再考虑到圆盘 B 的转动动能远比平动能大，则

$$mgh = I_o\omega_0^2/2 \qquad (5.1\text{-}73)$$

当转角不大时，可以证明，圆盘 B 的振动为谐振动，振动方程为

$$\theta = \theta_0 \sin 2\pi \frac{1}{T}$$

角速度为

$$\omega = \frac{d\theta}{dt} = \theta_0 \frac{2\pi}{T} \cos \frac{2\pi}{T} t$$

每次通过平衡位置$\left(t=0、\frac{T}{2}、T、\cdots\right)$角速度最大为 ω_0

$$\omega_0 = \frac{2\pi}{T}\theta_0 \tag{5.1-74}$$

代入式（5.1-73）有

$$mgh = \frac{1}{2}I_o\left(\frac{2\pi}{T}\theta_0\right)^2$$

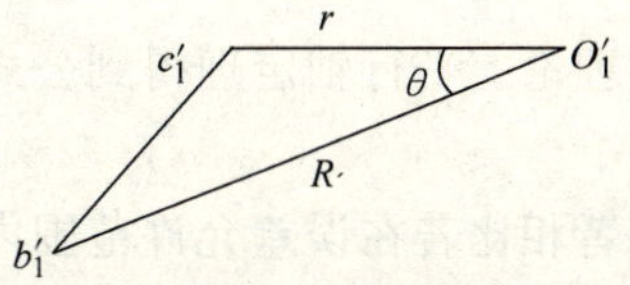

则

$$I_o = \frac{mgh}{2\pi^2\theta_0^2}T^2 \tag{5.1-75}$$

r, c_1', O_1', θ, R, b_1'

图 5.1-29

由图 5.1-28 和图 5.1-29 可看出

$$h = a_1c_1 - a_1c_1 = \frac{(a_1c_1)^2 - (a_1c'_1)^2}{a_1c_1 + a_1c_1'}$$

将

$$(a_1c_1)^2 = l^2 - (R-r)^2 = l^2 - R^2 - r^2 + 2Rt$$

$$(a_1c'_1) = (a_1b_1)^2 - (b_1c_1)^2 = l^2 - (R^2 + r^2 - 2Rr\cos\theta_0)$$

代入有

$$h = \frac{2Rr(1-\cos\theta_0)}{a_1c + a_1c'_1} = \frac{4Rr\sin^2 + \dfrac{\theta_0}{2}}{a_1c_2 + H} \tag{5.1-76}$$

当 θ_0 很小时，$\sin(\theta_0/2) \approx \theta_0/2$，$a_1c_1' \approx H$，则可得 $h = Rr\theta_0^2/2H$，将 h 值代入式（5.1-75）得到圆盘的转动惯量 I_o

$$I_o = \frac{mgRrT^2}{4\pi^2 H} \tag{5.1-77}$$

2. 测量圆环的转动惯量

把质量为 m_1 的圆环放到圆盘 B 上，使环与盘同心，测得系统绕中心轴的转动周期 T_1，则盘与环系统的转动惯量为

$$I'_1 = \frac{(m+m_1)gRt}{4\pi^2 H}T_1^2 \tag{5.1-78}$$

圆环绕中心轴的转动惯量 I_1 为

$$I_1 = I'_1 - I_o \tag{5.1-79}$$

由理论上推得的圆环绕中心轴的转动惯量为

$$I_{10} = \frac{1}{2}m_1(R_1^2 + R_2^2) \tag{5.1-80}$$

其中，R_1 和 R_2 为圆环的内、外半径；m_1 为环的质量。

3. 验证平行轴定理

将两个质量、半径分别为 m_2 和 r_2 的相同圆柱体对称地放在圆盘 B 上。如果圆柱中心到 B 盘中心的距离为 d，盘与柱体一起共同振动的周期为 T_2，则两柱体绕其中心轴的转动惯量为

$$I_2 = \frac{1}{2}\left[\frac{(m + 2m_2)Rrg}{4\pi^2 H}T_2^2 - I_o\right] \tag{5.1-81}$$

由理论上平行轴定理得到公式为

$$I_{20} = m_2 r_2^2/2 + m_2 d^2 \tag{5.1-82}$$

二者相比若在误差允许范围内，即证明了平行轴定理。

【实验仪器】

三线摆、水准器、CS-Z 智能数字测时仪（生产单位：华东师大科教仪器厂）、卷尺，游标卡尺、待测圆环和圆柱。

【实验内容】

（1）认真阅读第 3 章 CS-Z 智能数字测时仪的介绍。

（2）将光电传感器安装在三线摆上。

（3）利用水准器及圆盘 A 上的有关螺旋，调节 A、B 水平，再将旋钮旋紧。

（4）测定仪器常数 l、R、r，并记录盘、环、柱体质量。其中 l 为悬线长，R 和 r 分别为两圆盘中心到悬点的距离，通过测出的两圆盘相邻两悬点间距离 B 和 a，由等边三角形关系算出 R、r，即

$$r = a/\sqrt{3}, \quad R = b/\sqrt{3}$$

（5）测圆环外径 $2R_1$、内径 $2R_2$、圆柱直径 $2r$。

（6）轻轻转动上圆盘 A（$\theta_0 < 5°$），使圆盘 B 作扭振动，从某次平衡位置开始记录振动 50 次的时间，计算周期 T。

（7）将圆环同心地放到 B 盘上测出振动 50 次的时间，取下圆环，再将两圆柱对称放到 B 盘上测出振动 50 次时间，计算周期 T_1、T_2。

（8）计算圆盘、圆环、圆柱的转动惯量 I_o、I_1、I_2。

（9）将实验值与理论公式值结果进行比较求百分误差。

【思考题】

如何利用实验方法测不规则物体的转动惯量？

实验二　用扭摆法测定转动惯量

【实验目的】

（1）用扭摆法测定形状不同的物体的转动惯量，验证平行轴定理；

（2）用理论值与实验测量的值进行比较。

【实验原理】

转动惯量是刚体转动时惯性大小的量度，是表征刚体特性的一个物理量。转动惯量与物体的质量有关，还与质量的分布和转轴位置有关。对于形状简单且质量分布均匀的物体，可用数学方法直接计算得出，但对实际物体由于其形状较复杂，质量分布也不均匀，用数学方法计算是相当困难的。对于它们通常用实验方法测定之。

转动惯量的测量，一般都是使刚体以一定形式运动，通过表征这种运动特征的物理量与转动惯量的关系，进行转换测量。本实验使物体作扭转摆动，由摆动周期及其他参数的测定计算出物体的转动惯量。

转动惯量测定仪构造见图 5.1-30 所示，在其垂直轴 1 装有一根薄片状的螺旋弹簧 2，用以产生恢复力矩。在垂直轴 1 的上方可以装上各种待测物体。垂直轴与支座间装有轴承，使摩擦力矩尽可能降低。

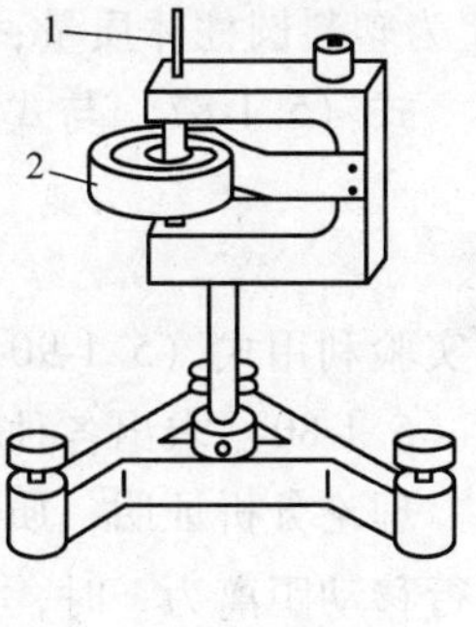

图　5.1-30

1—垂直轴　2—螺旋弹簧

当物体在水平面内转过一角度 φ 后，在弹簧的恢复力矩的作用下，物体就开始绕垂直轴作往返扭转运动。根据胡克定律，弹簧受扭转而产生的恢复力矩（或称回复力矩）M 与所转过的角度成正比，即

$$M = -k\varphi \tag{5.1-83}$$

式中，K 为弹簧的扭转常数。根据转动定律

$$M = I\beta \tag{5.1-84}$$

式中，I 为物体绕转轴转动时的转动惯量；β 为角加速度。式（5.1-83）和式（5.1-84）联立，有

$$-K\varphi = I\beta$$

因为

$$\beta = \mathrm{d}^2\varphi/\mathrm{d}t^2$$

现令 $\omega^2 = K/I$，我们忽略轴承的摩擦力矩，则可得

$$\frac{\mathrm{d}^2\varphi}{\mathrm{d}t^2} + \omega^2\varphi = 0 \tag{5.1-85}$$

与谐振动方程相比，上式是属于谐振动类型的运动方程，即扭摆运动具有角谐振动的特性。式（5.1-85）微分方程的解为 $\varphi = A\cos(\omega l + \varphi_0)$。式中 A 为谐振动的角振幅；φ_0 为初相角；ω 为角速度。ω 与谐振动周期 T 关系为 $\omega = 2\pi/T$，即

$$T = \frac{2\pi}{\omega} = 2\pi\sqrt{\frac{I}{K}} \tag{5.1-86}$$

只要测出扭摆的摆动周期 T，若又知道 K，则可计算出转动物体的转动惯量 I。

为求 K，我们在原金属载物盘上加一个塑料圆柱体（注意圆柱体中心轴要与转轴重合），测出总的摆动周期 T_1，令原载物盘的周期为 T_0，则

$$T_0 = 2\pi\sqrt{\frac{I_0}{K}} \tag{5.1-87}$$

又

$$T_1 = 2\pi\sqrt{\frac{I_0 + I_1}{K}} \tag{5.1-88}$$

上面两式相除，得

$$\frac{T_0}{T_1} = \frac{\sqrt{I_0}}{\sqrt{I_0 + I_1}} \quad 或 \quad \frac{I_0}{I_1} = \frac{T_0^2}{T_1^2 - T_0^2} \tag{5.1-89}$$

式中，I_0 为金属载物盘的转动惯量；I_1 为塑料圆柱体的转动惯量，其理论值为

$$I_1 = \frac{1}{2}m_1R^2 = \frac{1}{2}m_1\left(\frac{D}{2}\right)^2 = \frac{1}{8}m_1D^2$$

m_1 为塑料圆柱体质量；D 为该圆柱体直径。

式（5.1-87）与式（5.1-89）联立得

$$K = 4\pi^2\frac{I_1}{T_1^2 - T_0^2} \tag{5.1-90}$$

本实验利用式（5.1-90）先求弹簧的 K，而后由式（5.1-77）、式（5.1-78）和式（5.1-80）求出各种样品的转动惯量。

理论分析证明，质量为 m 的物体，绕通过质心轴的转动惯量为 I_0，当转轴平行移动距离为 x 时，则此物体对新轴线的转动惯量变为 $I_0 + mx^2$，这称为转动惯量的平行轴定理。利用平行轴定理可以简化转动惯量的计算。

本实验利用可移动的滑块来改变距离 x，测出不同 x 下的转动惯量，并与理论值比较，从而验证平行轴定理。

【实验仪器】

转动惯量测定仪（即扭摆）、塑料圆柱、金属空心圆筒、实心球体、金属细长杆 1 根、圆柱形滑块 2 个、数字式计时仪、游标卡尺、钢卷尺、物理天平等。

【实验内容】

（1）熟悉扭摆的构造、使用方法。当金属载物盘放在垂直轴 1 上（注意螺旋应旋紧在 1 上）后，调整扭摆基座底脚螺钉，使水准泡的气泡居中（调节时要细心，且在实验整个过程中，尽量使气泡居中）。练习数字式计时仪的使用方法。

（2）先测金属载物盘的摆动周期，为此先要调整光电探头的位置，使载物盘上的挡光杆处于其缺口中央，且能遮住发射、接收红外光线的小孔（注意：孔内均有光电管，下面是红外发射，上面是接收），计时仪周期处于 $10T$（即 10 个周期）位置，测载物盘周期 T。测 4 次，摆动角度取 ±30°左右，动作要小心。

（3）将塑料圆柱体垂直地放在载物盘上，测出其周期 T_1，测四次；尔后用金属圆筒代替塑料圆柱体，测出其周期 T_2，测 4 次。

（4）取下金属载物盘，装上球体，照上面的方法测其周期 T_3，测 4 次。

(5) 取下球体，用夹具装上金属细杆（细杆中心位于转轴中央处），测金属细杆的周期 T_4，也测4次。

(6) 将两个圆柱形滑块对称地放置在细杆两边的凹槽内（凹槽间隔位置均为5cm），测出5种情况下（距转轴位置分别为5cm、10cm、15cm、20cm、25cm）细杆摆动的周期，测3~4次，用5T位置。

(7) 用相应的天平称出待测物体的质量。用游标尺测出圆柱体、金属圆筒的直径（或内、外径），用钢卷尺测金属细杆长度（各测3次）。

(8) 先求K，然后用相关公式求各种情况下的转动惯量及总不确定度，再用理论值求百分误差。

【思考题】

(1) 上述实验中，至少有三处引入了在理论计算时并未计入的物体转动惯量，使实际的转动惯量与理论值产生误差，你能分析出来吗？

(2) 验证转动平行轴定理时，两个滑块不对称放置时是否能够验证平行轴定理？为什么？

（王银峰 稿）

5.2 物体运动规律的测量与研究

实验20 气轨上简谐振动的研究

简谐振动是一类较普遍的周期性运动，在摆动系统、弹性系统里有大量的简谐振动例子，例如，单摆、弹簧振子以及晶格上微观离子的弹性振动。简谐振动的周期只与振动系统本身有关，而与系统的初始状态无关。研究简谐振动的运动学和动力学特性，在工程中具有重要的意义。

【实验目的】

(1) 观察弹簧振子的简谐振动，测定振动周期、弹簧的劲度系数和系统的有效质量。

(2) 测量弹簧振子系统的机械能。

(3) 观察弹簧振子振动的运动学特征。

【实验原理】

1. 简谐振动

如图5.2-1所示，质量为 m_1 的滑块固定在两个弹簧中间，两弹簧两端分别固定在气轨的两端，两弹簧的劲度系数分别为 k_1 和 k_2。

当滑块偏离平衡位置的距离为 x 时，它受弹簧作用力的合力为

$$f = -(k_1 + k_2)x \tag{5.2-1}$$

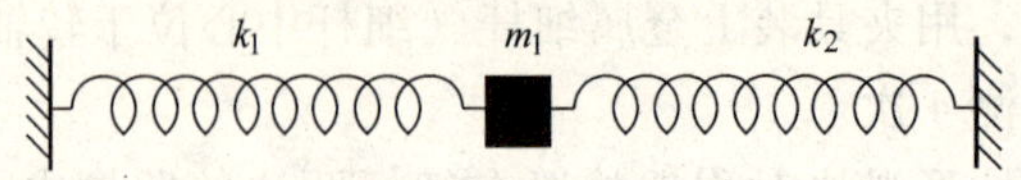

图 5.2-1 弹簧振子

负号表示合力的方向与位移方向相反。

令 $k=k_1+k_2$，由牛顿第二定律可以得到滑块的运动方程

$$m\frac{\mathrm{d}^2x}{\mathrm{d}t^2}=-kx \tag{5.2-2}$$

可求出方程的解为

$$x=A\sin(\omega_0 t+\varphi_0) \tag{5.2-3}$$

式中，A 是振幅；φ_0 是初相位。位移是时间的正弦或余弦函数关系的振动即被称为简谐振动。简谐振动系统中通常有恢复力起作用。式（5.2-3）中

$$\omega_0=\sqrt{\frac{k}{m}} \tag{5.2-4}$$

称为振动系统的固有角频率，$m=m_0+m_1$ 是振动系统的有效质量，m_0 是弹簧的有效质量。由式（5.2-4）可知 ω_0 由系统本身决定，与初始状态无关。A 和 φ_0 与初始状态有关。系统的振动周期

$$T=\frac{2\pi}{\omega_0}=2\pi\sqrt{\frac{m}{k}}=2\pi\sqrt{\frac{m_1+m_0}{k}} \tag{5.2-5}$$

由于存在阻力，气轨上的滑块运动是一种振幅逐渐衰减的振动，但衰减较慢，可近似视为简谐振动。

实验中通过测定不同 m_1 下相应的 T，来研究 T 与 m_1 的关系，并可求出 k 和 m_0。

2. 简谐振动的运动学特征

把式（5.2-3）对时间求微分，有

$$v=\mathrm{d}x/\mathrm{d}t=A\omega_0\cos(\omega_0 t+\varphi_0) \tag{5.2-6}$$

可见，滑块的运动速度 v 随时间的变化关系也是一个简谐振动，其角频率也是 ω_0，振幅为 $A\omega_0$，而且 v 的相位比 x 超前 $\pi/2$。

由式（5.2-3）和式（5.2-6）消去 t，有

$$v^2=\omega_0^2(A^2-x^2) \tag{5.2-7}$$

可以看出：v^2 与 x^2 成线性关系。当 $x=A$ 时，$v=0$；当 $x=0$ 时，$v=\pm\omega_0 A$，这时 v 达到最大值

$$v_{\max}=\omega_0 A \tag{5.2-8}$$

实验中，可以观测 x 和 v 随时间的变化规律。

从式（5.2-4）和式（5.2-8）也可以求出 k 为

$$k = m\omega_0^2 = m\frac{v_{max}^2}{A^2} \tag{5.2-9}$$

3. 简谐振动的机械能

在滑块运动中，任意位置时系统的振动动能为

$$E_k = \frac{1}{2}mv^2 = \frac{1}{2}(m_1 + m_0)v^2 \tag{5.2-10}$$

系统的弹性势能为（滑块在平衡位置时系统的势能为零位置）

$$E_p = \frac{1}{2}kx^2 \tag{5.2-11}$$

系统机械能

$$E = E_k + E_p = \frac{1}{2}m\omega_0^2A^2 = \frac{1}{2}kA^2 \tag{5.2-12}$$

式中，k、A 均不随时间变化，说明简谐振动系统的机械能守恒。实验中测定在不同位置 x 上滑块的运动速度 v，从而求得 E_k 及 E_p，观察它们之间的相互转换。

实验说明：

1）速度的测量：要使物体作匀速直线运动是很困难的，因为总是存在阻力。在气轨上的运动滑块只受到空气阻力，可以近似视为匀速直线运动。实验所用气轨用铝型材做成，气轨的两个上侧面钻有小孔，空气从小孔喷出，铝合金做成的滑块放在气轨的上面，滑块的内表面与气轨之间就形成了一层很薄的气垫，使滑块漂浮在气垫上。

把气轨调至水平，并轻轻推动滑块，就可以观察到滑块作近似的匀速直线运动。为了抵消空气阻力的影响，可以把气轨调成有一个小倾角让滑块在重力作用下滑动，它的运动更接近于匀速运动，可以通过测量滑块在两个任意点的速度，看它们是否相等就可以判断了。

准确测量滑块的速度需要准确地测量时间。实验中采用光电计时器计时精度可以达到 0.01ms，计时开始和停止由光电门和挡光片控制。光电门固定在气轨旁，挡光片装在滑块上，随滑块在气轨上运动。当挡光片第一边挡住光时，计时器开始计时。第二个边再次挡光时，计时器停止，并显示出两次挡光的时间间隔 t。用游标尺测出两个挡光边的距离 s，就可算出滑块的运动速度

$$v = \frac{s}{t}$$

注意事项：

① 气轨表面不允许划伤，未通气时，滑块绝不能在其上推动，否则会损坏气孔。

② 气泵风量可调，不要长期工作在大负荷下，未使用时应及时关闭。

③ 滑块运动时，挡光片不要与光电管摩擦。

2）振动周期的测量：用两个相同的弹簧中间系一滑块做弹簧振子，滑块上装有单条形挡光片，用来测量振动周期。滑块处于平衡位置时，把光电门的光束对准挡光片的中心位置。用计时器测量档光片第一次挡光到第三次挡光之间的时间间隔，就是滑块的振动周期。

【实验仪器】

气轨、微音气泵（生产单位：涿州长城教学仪器厂）、螺旋弹簧、滑块、砝码、光电计时器、挡光片、天平、米尺等。

【实验内容】

（1）测量弹簧振子的振动周期，研究周期和振幅的关系。

滑块振动的振幅 A 分别取 10.0mm、20.0mm、30.0mm 时，测其振动周期，分析和讨论实验结果。若滑块运动无阻力，实验结果应该是怎样的？

（2）研究振动周期和振子质量的关系。

在滑块上加砝码（铁片），每增加一个测一组周期。注意加砝码不能使滑块与气轨发生摩擦。作 T^2-m_1 图，从式（5.2-5）分析，T^2-m_1 图应为一直线，其斜率为 $4\pi^2/k$，截距为 $4\pi^2 m_0/k$。用最小二乘法作直线拟合，求出 k 和 m_0。

（3）研究振动系统的机械能

固定振幅 A，测出不同 x 处的滑块速度 v（至少测三处不同 x 点），由此算出滑块振动过程中每一点 x 处的动能和势能。

【思考题】

（1）弹簧质量对滑块的振动有什么影响？

（2）若将气轨由水平调节成倾斜状态，滑块的运动是否还是简谐振动？

（3）如何测出空气阻力对滑块运动速度的影响，写出测量方法。

【参考文献】

[1] 任隆良，谷晋骐．物理实验［M］．天津：天津大学出版社，2003.

[2] 周殿清．大学物理实验［M］．武汉：武汉大学出版社，2002.

[3] 吕斯骅，段家秖．基础物理实验［M］．北京：北京大学出版社，2002.

（吴世春 稿）

实验 21 计算机虚拟实验

虚拟实验是以计算机技术为基础、利用虚拟现实技术和计算机仿真技术实现的新型实验手段。它通过计算机把实验设备、实验内容、指导教师和学生等实验要素有机结合在一起，不仅可以提供实际物理实验无法提供的实验条件，还具有良好的互动性和时空灵活性，提高了学生学习的主动性，使学生对物理思想、仪器结构和实验原理等有更为深入的了解。虚拟实验已经成为现代物理实验的重要手段。

【实验目的】

（1）掌握驻波法和行波法测声速的原理。

（2）学习用虚拟实验方法测量声速。

【实验原理】

声速是声波在介质中的传播速度，它是声波的重要特征参数之一。空气中的声速为

$$v = \sqrt{\frac{\gamma RT}{M}} \tag{5.2-13}$$

式中，R 是摩尔气体常量；M 是气体的摩尔质量；T 是热力学温度；γ 是空气比定压热容 c_p 和比定容热容 c_V 之比

$$\gamma = \frac{c_p}{c_V} \tag{5.2-14}$$

若忽略空气中水蒸气和其他夹杂物的影响，则 t℃时空气中的声速为

$$v_t = v_0\sqrt{1 + \frac{t}{273.15}} \tag{5.2-15}$$

式中，$v_0 = 331.45\text{m/s}$ 是 0℃时声波在空气中的声速。

由波动理论，波的频率 f、波速 v 和波长 λ 之间有如下关系

$$v = \lambda f \tag{5.2-16}$$

若用信号发生器激励换能器，则信号发生器的输出频率就是声波的频率，而声波波长可用驻波法和行波法测量，然后根据式（5.2-16）即可得到声波波速。

1. 驻波法

驻波法又称共振干涉法。

如图 5.2-2 所示，发射换能器 S_1 发出的入射波经接收换能器 S_2 前表面反射后，入射波 y_1 和反射波 y_2 在两平行平面 S_1 和 S_2 之间叠加。

若 S_2 为全反射，则

$$y_1 = A\cos 2\pi\left(ft - \frac{x}{\lambda}\right) \tag{5.2-17}$$

$$y_2 = A\cos 2\pi\left(ft + \frac{x}{\lambda}\right) \tag{5.2-18}$$

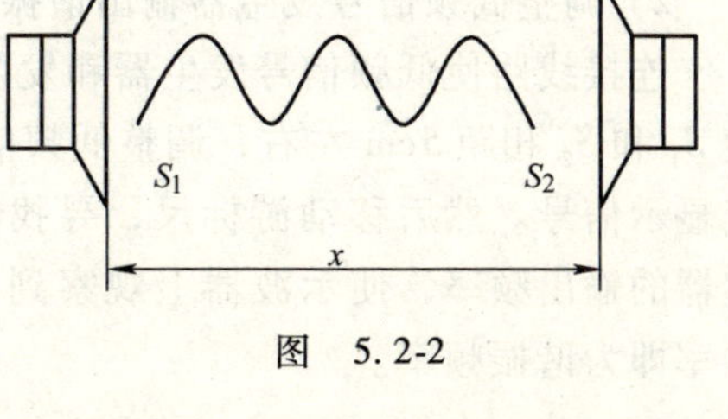

S_1　S_2　x

图　5.2-2

二者叠加后的波动方程为

$$y = y_1 + y_2 = (2A\cos 2\pi \frac{x}{\lambda})\cos 2\pi ft \tag{5.2-19}$$

可见，叠加后在两平行平面 S_1 和 S_2 之间出现驻波。改变 S_1 和 S_2 之间的距离 x，当 $x = \pm n\frac{\lambda}{2}$时，出现波腹，当 $x = \pm(2n+1)\frac{\lambda}{4}$时，出现波节。相邻两波腹（或波节）的距离为$\frac{\lambda}{2}$。因此，只要测得相邻两波腹（或波节）的位置，即可测得声波波长。

2. 行波法

行波法又称相位法。由式（5.2-17）知，当发射换能器平面 S_1 和接收换能器平面 S_2 间的距离为 x 时，S_1 和 S_2 处声波的位相差为

$$\Delta\phi = 2\pi\frac{x}{\lambda} \tag{5.2-20}$$

因此，距离 x 每改变一个波长，相位差就改变 2π。将发射声波和接收声波信号分别接入示波器的 X 和 Y 轴输入端合成李萨如图形。改变距离 x，根据李萨如图形观察二者位相差的变化，当位相差变化 2π 时，x 的改变量即为波长（图 5.2-3）。

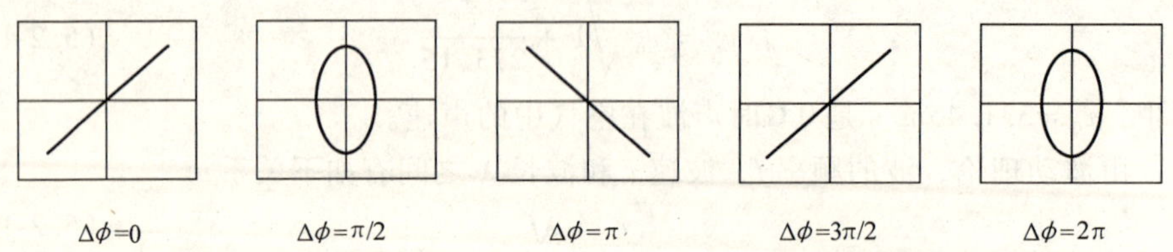

图 5.2-3　李萨如图形与两垂直简谐振动的位相差

【实验仪器】

虚拟信号发生器、示波器、超声发射换能器、超声接收换能器、游标卡尺。

【实验内容】

（1）打开计算机，进入虚拟声速测量实验系统。

（2）压电换能器的调整

1）分别调整发射换能器的端面 S_1、接收换能器的端面 S_2 同游标卡尺滑动方向垂直，将游标尺固定于 S_2，主尺固定于 S_1。

2）调整低频信号发生器输出谐振频率 f_0。

连接线路使低频信号发生器和发射换能器相连，接收换能器与示波器相连。使 S_1 和 S_2 相距 5cm 左右，调整低频信号发生器的输出频率，同时调整示波器使其显示信号。然后移动游标尺，寻找幅度最强的位置。最后，调节低频信号发生器的输出频率，使示波器上观察到的信号幅度最大。记录此时发生器的输出频率即为谐振频率。

（3）驻波法测量声速

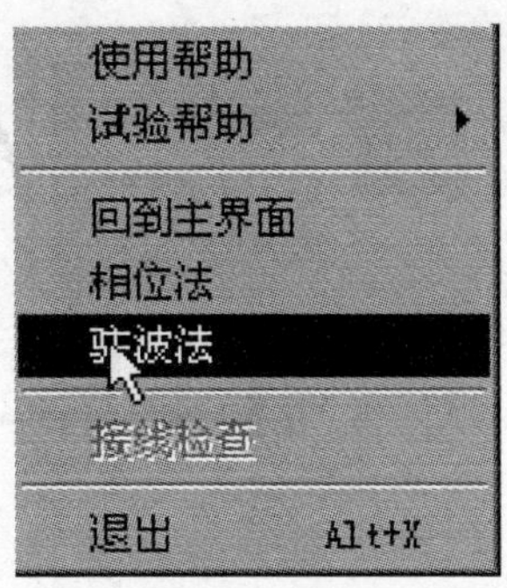

图　5.2-4

1）在程序主界面选择“驻波法”（图 5.2-4）。

2）按图 5.2-5 连线并进行连线检查。

3）将 S_2 从一端缓慢移向另一端，观察示波器上信号幅度的变化，了解波的干涉现象（图 5.2-6）。

4）缓慢移动 S_2，依次记录信号幅度最大时 S_2 的位置 x_1，x_2，…，x_{10} 共 10 个数据。

5）利用逐差法处理数据，求出波长，并根据式（5.2-16）计算声速。

（4）行波法测量声速

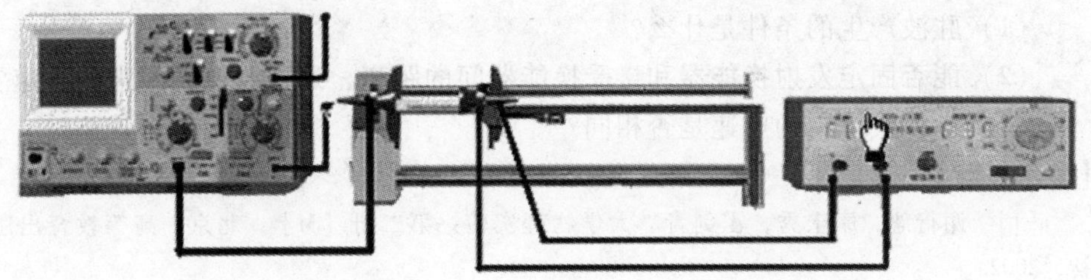

图　5.2-5

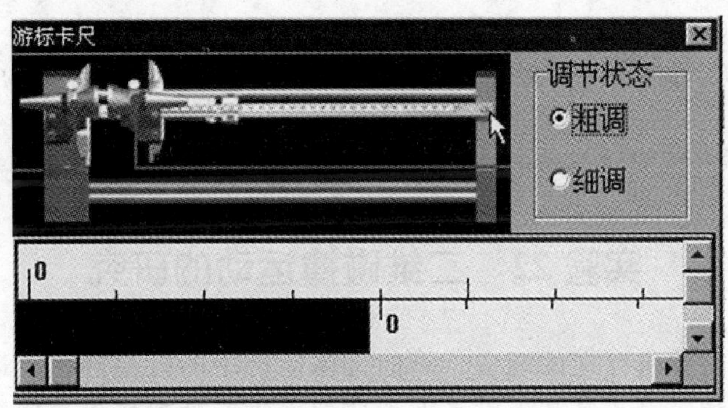

图　5.2-6

1）在程序主界面选择“相位法”。

2）按图 5.2-7 将 S_1 和 S_2 分别接入示波器的 X、Y 输入端，示波器工作于 x-y 工作模式，并进行连线检查。

3）调节示波器使出现李萨如图形。

4）缓慢改变 S_1 和 S_2 间的距离，记录出现同样直线时 S_2 的位置 x_1，x_2，…，x_{10} 共 10 个数据。

5）利用逐差法处理数据，求出波长，并根据式（5.2-16）计算声速。

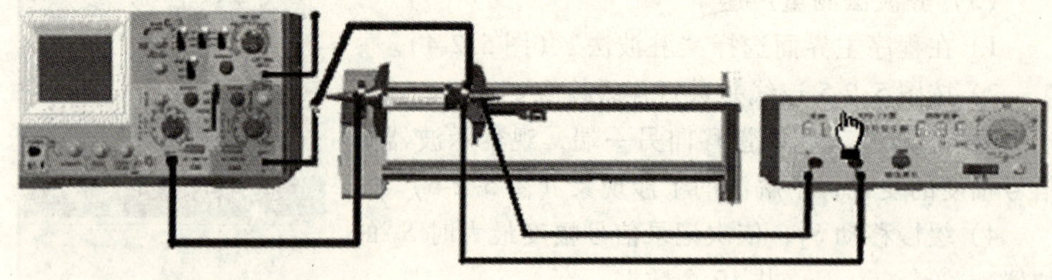

图 5.2-7

(5) 同根据式 (5.2-15) 计算的声速理论值比较，计算百分误差。

【思考题】

(1) 驻波产生的条件是什么？

(2) 能否固定发射换能器和接受换能器间的距离，通过改变频率来测声速？

(3) 各种气体中的声速是否相同？

【参考文献】

[1] 谢行恕，康士秀，霍剑青．大学物理实验：第二册 [M]．北京：高等教育出版社，2002.

[2] 陈红雨，潘正权．大学物理虚拟实验 [M]．杭州：浙江大学出版社，2003.

[3] 何光宏，陶纯匡．虚拟现实、虚拟仪器及其对大学物理实验建设的影响 [J]．大学物理实验，2003，16 (2).

[4] 曹正东，何雨华，孙文光．大学物理实验 [M]．上海：同济大学出版社，2003.

(何光宏 稿)

实验 22 二维碰撞运动的研究

碰撞是一类普遍存在的现象，例如天体运行中的行星碰撞，运动物体的碰撞，研究原子核、电子等基本粒子在加速器内进行的碰撞等。碰撞的过程都要经历三个阶段：碰撞前的状态、碰撞、碰撞后的状态。不同的研究目的需要着眼于不同的碰撞阶段。对于刚体的碰撞，可以分为弹性碰撞和非弹性碰撞。对于它们的研究，通常是着眼于它们在碰撞前后的自由运动状态，而不去考虑碰撞中间阶段的复杂变化，本实验就是研究二维运动状态下刚体碰撞的运动规律。

【实验目的】

(1) 研究二维碰撞中动量的变化规律。

(2) 学习二维运动物体运动参数的测定。

(3) 学习二维运动物体图像采集和运动数据的处理。

【实验原理】

一个运动体系所受的合外力为零时，根据动量守恒定律，体系的总动量为

$$\Sigma m_i \boldsymbol{v}_1 = \boldsymbol{p} = \text{常量} \tag{5.2-21}$$

当体系中只有两个物体，在它们发生碰撞时，存在关系式：

$$m_1 \boldsymbol{v}_{11} + m_2 \boldsymbol{v}_{21} = m_1 \boldsymbol{v}_{12} + m_2 \boldsymbol{v}_{22} \tag{5.2-22}$$

式中，m_1、m_2 分别为两个物体的质量；$\boldsymbol{v}_{11}$ 和 $\boldsymbol{v}_{12}$ 为物体 m_1 碰撞前后的速度；$\boldsymbol{v}_{21}$ 和 $\boldsymbol{v}_{22}$ 为物体 m_2 碰撞前后的速度。

在二维碰撞条件下，上面式（5.2-22）的矢量方程可以写为 x 和 y 两个坐标方向的标量方程

$$\begin{cases} m_1 v_{11x} + m_2 v_{21x} = m_1 v_{12x} + m_2 v_{22x} \\ m_1 v_{11y} + m_2 v_{21y} = m_1 v_{12y} + m_2 v_{22y} \end{cases} \tag{5.2-23}$$

如果已知碰撞前的状态，即已知 v_{11x}、v_{21x}、v_{11y}、v_{21y}，碰撞后共有四个未知量 v_{12x}、v_{22x}、v_{12y}、v_{22y}，无法进行求解。

如果碰撞是弹性的，碰撞中无能量损失，则根据动能守恒定律可以得到第三个标量方程

$$\frac{1}{2}m_1(v_{11x}^2 + v_{11y}^2) + \frac{1}{2}m_2(v_{21x}^2 + v_{21y}^2)$$

$$= \frac{1}{2}m_1(v_{12x}^2 + v_{12y}^2) + \frac{1}{2}m_2(v_{22x}^2 + v_{22y}^2) \tag{5.2-24}$$

式（5.2-23）和式（5.2-24）共三个方程，仍然无法解出四个未知量，故只能用实验的方法来测定，以便得出碰撞之后两个物体的运动参数。

为了便于测量，二维碰撞的设计如图 5.2-8 所示。浮子 m_2 静止，浮子 m_1 由弹射器将其沿 x 坐标的方向弹射出。浮子 m_1 与 x 坐标轴的距离 d 用来选择不同的碰撞角度，以便模拟不同的碰撞情况。$d=0$ 时相当于对心正碰撞。设碰撞后 m_1 和 m_2 运动方向与 x 轴的夹角分别为 ϕ_1 和 ϕ_2，则动量方程（5.2-23）可简化为

$$\begin{cases} m_1 v_{11} = m_1 v_{12}\cos\phi_1 + m_2 v_{22}\cos\phi_2 \\ 0 = -m_1 v_{12}\sin\phi_1 + m_2 v_{22}\sin\phi_2 \end{cases} \tag{5.2-25}$$

动能守恒方程（5.2-24）可简化为

$$\frac{1}{2}m_1 v_{11}^2 = \frac{1}{2}m_1 v_{12}^2 + \frac{1}{2}m_2 v_{22}^2 \tag{5.2-26}$$

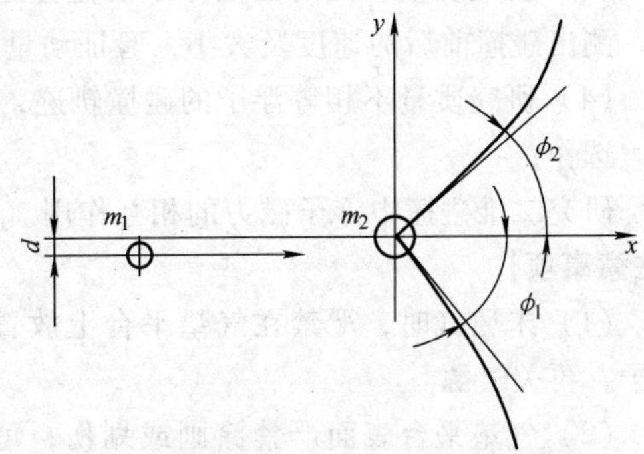

图 5.2-8　二维碰撞

式（5.2-25）、式（5.2-26）中 v_{11}

和 v_{12} 分别为 m_1 碰撞前后的速度，v_{22} 为 m_2 碰撞后的速度。在式（5.2-25）、式（5.2-26）两式中，只要通过实验测出四个未知量（ϕ_1，ϕ_2，v_{12}，v_{22}）中的任意一个，则其余三个就可通过式（5.2-25）、式（5.2-26）方程组求解出来，从而获得二维碰撞后的运动状态。

实验装置介绍如下：

（1）气垫平台　气垫平台的台面布置有均匀的小孔，压缩空气从小孔喷出，实验用的浮子可以在上面飘浮移动，近似一种无摩擦的二维运动。压缩空气的压力可以调节，以便浮起不同重量的浮子。气垫平台应调节水平。

（2）浮子　浮子分为磁性的和无磁性的，质量的大小也不同。磁性浮子可用于非弹性碰撞实验。浮子用弹射器沿设定的方向弹射出来与静止浮子相碰撞。静止浮子用小钢针轻轻挡住（注意不要挡在可能移动的方向上）。

（3）数据采集系统　浮子的运动由设在气垫平台正上方的 CCD 摄像头拍摄下来，通过图像采集卡送入计算机，再由软件处理，系统每秒钟最多可采集 24 次，采样周期可设定，最小为 0.04s。画出浮子的运动轨迹曲线后，就可以确定浮子的运动方向，从而求出碰撞后的速度大小。

浮子碰撞后的运动轨迹也可以用数码照相机连续拍摄，来确定其运动方向。

【实验仪器】

气垫平台、气泵、磁性浮子和非磁性浮子若干、弹射器、CCD、图像采集卡、图像数据处理软件及计算机等。

【实验内容】

（1）气垫平台调水平，调试 CCD 及计算机软件，设置采样周期，设计浮子的碰撞方位。

（2）研究质量相同的非磁性浮子的运动轨迹，设定三种以上不同参数 d 进行碰撞，每一个 d 测量两次，观察 d 对散射角 ϕ_1 和 ϕ_2 的影响。测出浮子碰撞前后速度的大小和方向，验证碰撞前后的动量关系。

（3）研究质量相同的磁性浮子的碰撞运动轨迹，观察参数 d 对散射角的影响，测出碰撞前后的速度及大小，验证动量是否守恒。

（4）研究质量不相等浮子的碰撞轨迹，测定碰撞前后浮子的速度和方向。

选作：

研究二维碰撞中浮子磁力的相互作用。

【注意事项】

（1）未通气时，严禁在气垫平台上放置任何东西。实验结束时，要先取走浮子，再关气源。

（2）气垫平台表面严禁涂画或划伤，可用软毛刷进行清洁。实验完后，要加上防尘罩。

（3）气垫平台出气孔堵塞时，不能自作主张打通，应报告老师用专用工具清除堵塞物。

【思考题】

（1）气垫平台的水平度对实验结果有何影响？

（2）从测量的不确定度分析，如何证明二维碰撞中的动量守恒关系？

【参考文献】

［1］ 丁慎训，张连芳．物理实验教程：第 2 版［M］．北京：清华大学出版社，2002.

［2］ 任隆良，谷晋骐．物理实验［M］．天津：天津大学出版社，2003.

（吴世春 稿）

实验 23　碰撞过程的瞬态数字测量

碰撞和冲击通常是一个很短暂的时间过程，例如高速汽车的碰撞、子弹与物体的碰撞。碰撞中运动物体的动能在极短的时间内被碰撞物体所吸收，冲击力的变化十分迅速，往往对碰撞物体造成很大的破坏。研究碰撞中冲击力的变化在工程设计中具有重要的意义。本实验采用压电传感器、高速 A/D 卡及高速数据采集系统采集碰撞中冲击力的变化曲线，进而实现碰撞过程的瞬态测量。

【实验目的】

（1）学习光电计时器的原理及使用、瞬时速度的测量。

（2）测量碰撞时冲击力随时间变化过程的曲线，精确计算冲量。

（3）学习压电传感器、信号处理等现代传感技术的初级知识。

（4）学习数字信号的微机接口和用计算机进行实验数据采集及处理。

【实验原理】

质点在碰撞时，其动量变化服从动量定理：

$$m\boldsymbol{v} - m\boldsymbol{v}_0 = \int_0^t \boldsymbol{F}(t)\,\mathrm{d}t \tag{5.2-27}$$

上式中 $\boldsymbol{v}_0$ 和 $\boldsymbol{v}$ 分别为碰撞前后质点的速度矢量。$\boldsymbol{F}(t)$ 为冲击力，是时间的函数。传统的碰撞装置不能用来进行动量定理的实验和验证，主要困难是不能进行冲击力变化过程的瞬态测量。本实验采用石英晶体传感器进行力—电信号的转换，使用计算机采集数据实现冲击力的瞬态测量，从而使问题得以解决。

石英晶体以及经极化处理的压电陶瓷，在受到外力作用发生形变时，它们的表面会产生电荷，这种效应称为压电效应；反过来，当它们在外电场的作用下，又会产生形变，这种效应则被称为逆压电效应。对于一维的压电状态有

$$Q = S_0 F \tag{5.2-28}$$

式中，Q 为压电陶瓷（或石英晶体）极板上的电荷；F 为作用力；S_0 称为压电

常数，也称为力传感器的灵敏度。

本实验用的力传感器如图 5.2-9 所示，石英晶体的前端是一个碰撞头，后端与基座连接。当碰撞头受外力 F 作用时，由于基座质量很大，系统加速度可视作零，晶体两极面受到压力 F 作用，由式（5.2-28）可知，只要知道了压电常数 S_0，就可以通过极板电荷的变化推知作用力的变化。实际上由于各种误差的存在，传感器的电荷与作用力的关系还需要经过校准（定标）。校准通常是把一个已知的力施加在传感器上，测出相应的电荷输出来对其定标（绝对校准）；或者把相同作用力施加在两个力传感器上，其中一个的输入（作用力）输出（电压值）关系已知，从而可以完成对待测传感器的定标（相对校准）。

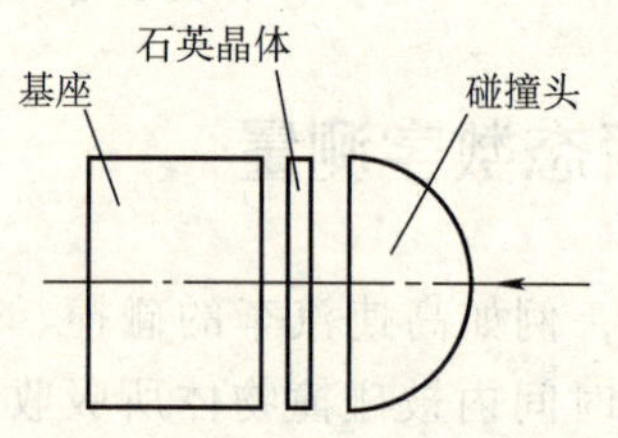

图 5.2-9 力传感器受力分析

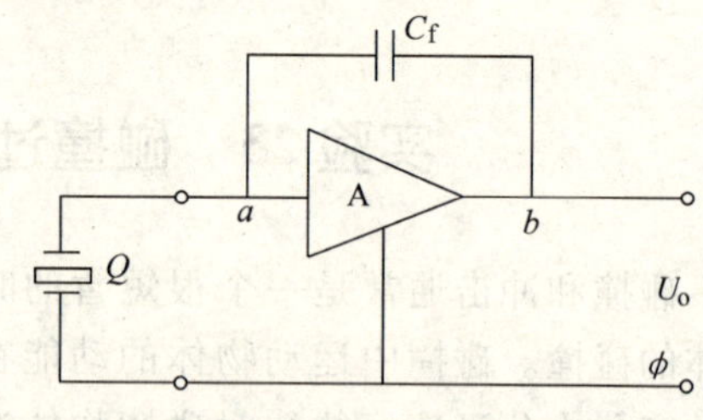

图 5.2-10 电荷放大器

压电传感器产生的电荷不便于直接测量，可经电荷放大器把它转化为电压输出。电荷放大器的工作原理如图 5.2-10 所示，运算放大器 A 的输出端通过电容 C_f 与输入端相连，由于 A 输入阻抗很高，放大器输入端几乎没有分流，而 A 极高的放大倍数又使 $V_a \approx 0$，因此传感器的电荷将全部进入电容 C_f。

$$V_o = \frac{Q}{C_f} = GS_0F \tag{5.2-29}$$

上式表示电荷放大器的输出电压与受力的关系。利用压电传感器和电荷放大器，我们把力的变化过程转换成了电压的变化过程，转换系数 GS_0 可由力传感器的灵敏度和电荷放大器的反馈电容得出。只要测出电荷放大器输出电压就可以知道碰撞过程中的冲击力，但这个过程变化速度很快，需要用瞬态记录仪或数字存储示波器等来进行测量。

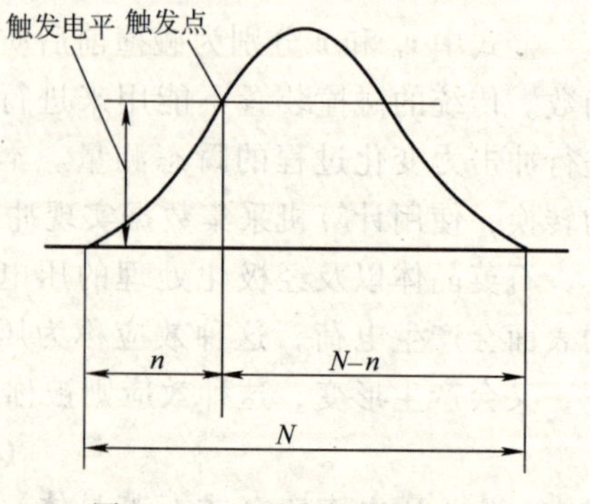

图 5.2-11 瞬态数据的采集

利用 A/D 转换可以把模拟信号变成数字信号，但瞬态信号的出现具有突然性，对瞬态信号需要解决何时开始采样的问题。A/D 转换通常采用信号达到一定大小才触发开始采样，但这样就可能丢失触发之前的信息，仅采集到触发之后的部分。如图 5.2-11 所示，瞬态记录仪增加了前触发功能，预先设定好一个

数 n（提前量），在采样触发信号到达前已启动采样，并且不断把采样数据送入循环存储器。循环存储器按照先进先出的原则，只保存 N 个（采样长度）数据。一旦出现触发信号，系统将继续进行 $N-n$ 次采样，并送入存储器。采样结束时，存储器中保存的 N 个信号由触发前的 n 个记录和触发后的 $N-n$ 个记录组成。只要 n 设置得当，就可以采集到完整的信号。

【实验装置】

1. 实验系统

组成如图 5.2-12 所示，传感器采用石英晶体制作，其输出通过同轴电缆接入电荷放大器。电荷放大器、归一化放大器、低通滤波器、电压放大器以及瞬态采集电路等单元集中在一块高性能的印制电路板上，其相应的参数选择和功能调节采用了软开关技术，全部操作可以在计算机的屏幕上通过键盘或鼠标进行。

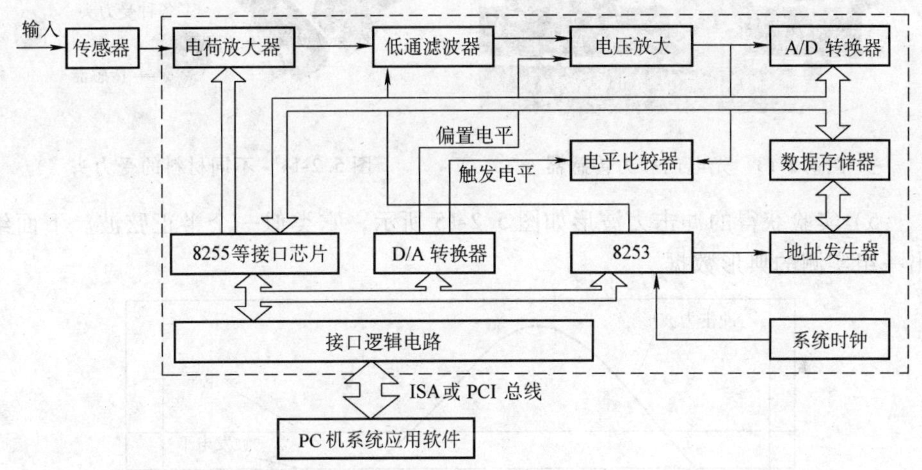

图 5.2-12 系统框图

相应的技术指标如下：

力传感器：量程：0.4 ~ 5kN，灵敏度约 4pC/N；电荷放大器：0.01 ~ 10.0 V/Unit；滤波器：0 ~ 20kHz；电压放大器：0.5 ~ 5.0 倍可调；采样速度：100Hz ~ 1MHz 可调；采样长度：1 ~ 32k 字节可调；采样分辨率：8bit；提前与延迟：0 ~ 1000 点可调；触发电平：−2.5V ~ +2.5V 可调；偏置电平：−2.5V ~ +2.5V 可调；触发斜率：正负可调；内外触发：内外可选；波形极性：正负可调。

2. 实验装置

1）力传感器安装在质量块上，质量块架在气垫导轨上，它与气垫导轨表面接触部分应该垫些软物质，并且最好安装在靠气垫导轨的端部。

2）插件板（电荷放大器和瞬态数字插卡）有两个 Q9 输入插座，右边插座与力传感器连接，作为冲击力信号的输入接口：左边的一个是外触发信号的输入接口（在其他研究项目时经常要用到，本实验用内触发信号即可），插件板已装入微机内。

3）为了较准确地测量物体碰撞前后的速度，光电门在安装时，要尽量靠近传感器。光电门和传感器安装位置如图 5.2-13 所示。

4）每个传感器都配有多种材质的碰撞头，也可以在滑块相碰撞的端面粘贴橡胶等不同材质的物体，以便研究材料的碰撞特性。碰撞头如图 5.2-14 所示。

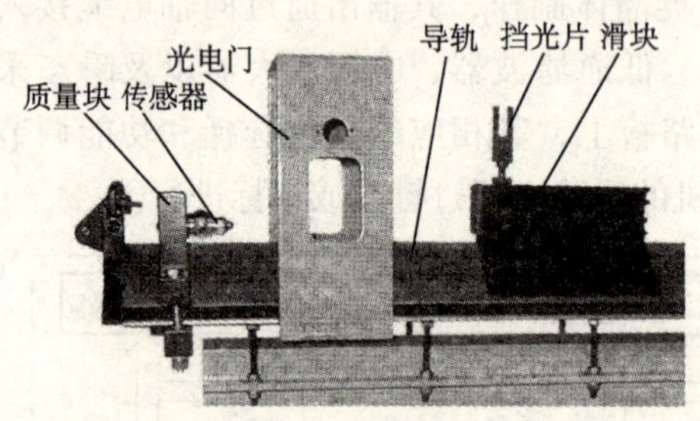

图 5.2-13 光电门和力传感器

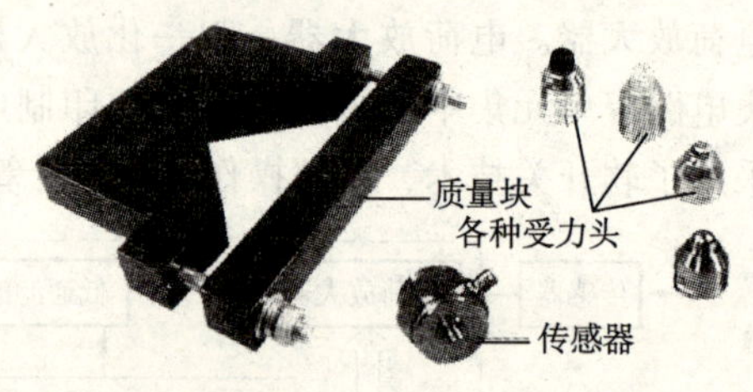

图 5.2-14 不同材料的受力头

5）实验获得的冲击力波形如图 5.2-15 所示，它类似一个半正弦波。下面给出一组实测的典形数据。

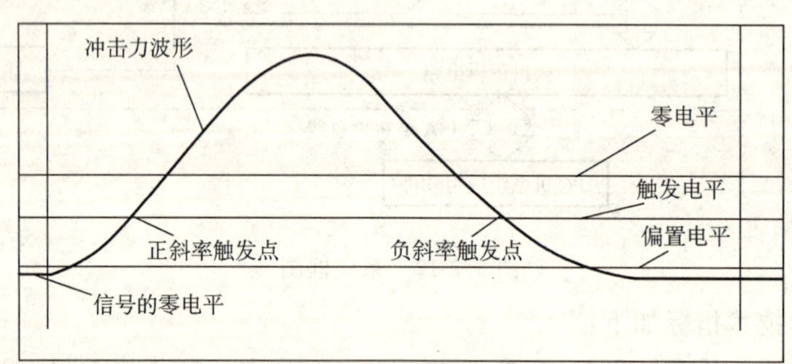

图 5.2-15 冲击力瞬态波形

动量测量部分：

滑块上挡光杆间距 $\Delta L = 1.000\text{cm}$；滑块质量 $m = 0.2206\text{kg}$；碰撞前滑块通过光电门的挡光时间 $\Delta t_1 = 33.12\text{ms}$。

碰撞后滑块通过光电门挡光时间 $\Delta t_2 = 43.90\text{ms}$

由此可以算出碰撞前后的动量改变量为

$$\Delta(mv) = m\Delta L\left(\frac{1}{\Delta t_1} + \frac{1}{\Delta t_2}\right) = 0.11685\text{kg}\cdot\text{m/s}$$

冲击测量部分：

传感器灵敏度 $S_0=4.00\text{pC/N}$，板卡编号为 0

电荷放大器灵敏度 $Q=0.1\text{N/Unit}$，电压放大倍数 $k=1.0$。

触发电平：1.0V，偏置电平：−2.0V。

触发方式：内触发、正斜率、零位调整为中点。

采样长度：1000，提前量：200，采样速率 $\Delta T=20\mu s$，上限频率：10000Hz。翻转波形√（选中）。

采集得到的冲击瞬态波形如图 5.2-15 所示。数值积分计算结果为

$$\int F(t)\,dt = \Delta T\frac{1}{kQ}\frac{5}{256}\times 10^{-6}\Sigma x_i = 0.11891\text{kgm/s} \tag{5.2-30}$$

比较动量变化和冲量的计算结果，两者的百分差为

$$E=\left|\frac{0.11891-0.11685}{0.11891}\right|=1.7\%$$

式（5.2-30）中“5”来自 A/D 采样的动态范围 ±2.5V；“256”来自 A/D 的分辨率 8bit，二进制与十进制的换算 $2^8=256$；x_i 是冲击波形的采样值减去零电平的差值。

3. 软件操作实例

输入操作者信息后，按“确认”键，转换界面：

(1) 参数设置及数据采集　按 F2 或点击工具条上参数设置图标，进入参数设置界面；按参数设置中的提示，做好准备工作并按下一步键，屏幕出现参数设置第二菜单，仍以前面所举的数据为例，依次操作，各参数设置如下：

传感器灵敏度：4.00pC/N

板卡编号：0（板卡编号可以从 0 ~ 7，它是为用户做多通道数据采集进行二次开发而保留的。本系统永久设为 0 号。

电荷放大器灵敏度：0.1N/Unit；电压放大倍数：1.0 倍。

触发电平：1.0V；偏置电平：−2.0V；触发方式：内触发，正斜率。

零位调整：活动柄拖为中点。

采样长度：000 点；提前量：200；采样速率：20μs。

上限频率：10000Hz。

翻转波形：(不选)。

注：翻转波形用于改变输出波形的极性。它可以把负极性的信号通过翻转波形变成正极性信号，以便适应人们的视觉习惯。该功能是否选择决定于传感器电极面的配置和实际波形的极性，本实验不选。

参数设置中，如果在立即启动 A/D 转换栏前选中√（即用鼠标左键点击一下），系统会自动启动瞬态采集界面，否则，需要点击工具栏上的 A/D 启动图标或按 F3 来实现下一步操作。出现一个对话框问你选择采样数据保存与否。一般

来说，初做实验时，由于参数选择不当，很难一次获得理想的波形，故先选择不保存数据项进行实验，待有了把握后，再选择保存数据项，以得到正确结果。

出现“正在采样……”，对话框后，可以给滑块一个适当的初速度，让它通过光电门去碰撞力传感器，如果参数设置与碰撞力的大小相匹配时，就会在屏幕上显示冲击力的波形。如图 5.2-15 所示。

下一步在弹出的对话框内，填入动量测量的一些参数，并按确认键；否则按关闭键重新做实验。

注：按确认键后，对话框并不消失，但填入的参数已生效（暗响应效果）。

（2）保存实验数据　如果你对本次碰撞的结果满意，所谓满意的一般含义是：所采集的波形“胖瘦”合适，波形的高低部分整体能充满方格框的最上、最下线并且没有失真，波形近似半正弦波，这时你就可以把结果保存下来（数据保存在 Data 子目录下）。注意：Data 目录下的 *. csf 文件只能用本软件打开。

（3）导出文本文件　保存数据后，应运行菜单中“文件→导出文件”项来导出一个文本文件。用于进行冲击测量部分和动量测量部分的数据处理，这时会弹出一个对话框，你可以选择保存的路径和指定保存的文件名。导出的文本文件可以用文本编辑器来查看。

更详细的软件使用说明，请参见软件帮助。

【实验内容】

（1）按照实验要求，设计实验方案。

（2）检查质量块和传感器的安装是否适当，接通传感器电缆和相应电源。

（3）调节气垫导轨，调整好光电门和数字毫秒计，固定滑块上的挡光片并测出总质量。

（4）设置电荷放大器和瞬态记录仪的有关参数。

（5）使滑块和力传感器发生碰撞，记录碰撞前后滑块的通过时间，同时观察并采集碰撞发生时冲击力的图像。

（6）选取效果较好的一次实验，将滑块质量、档光片宽度及碰撞前后时间输入，保存数据，导出数据的文本文件并用打印机打印出来。

（7）根据打印的文本文件对采集后的数据进行处理，算出碰撞过程经历的准确时间、最大冲击力、冲量、平均冲击力和动量改变量，并验证动量定理。

【思考题】

（1）用什么方法从计算机存储的数据序列中提取碰撞发生时间、最大冲击力、冲量和平均冲击力？

（2）分析测量中的不确定度因素，如何进一步提高滑块动量变化量、冲量值的测量精度？

【参考文献】

［1］杨述武等．普通物理实验（综合及设计部分）［M］．北京：高等教育出版社，2000.

［2］吕斯骅，段家祇．基础物理实验［M］．北京：北京大学出版社，北京，2002.

（吴世春　稿）

5.3　电磁实验与电磁参量测量

实验 24　静电场的模拟

电场用电场强度 $\boldsymbol{E}$ 或电位 V 描述。在一般情况下，用数学方法求解静电场比较复杂和困难，往往借助实验进行测量。然而，由于测量仪器引入静电场中会导至原来电场发生变化，直接对静电场进行测量也相当困难。所以，常常用模拟法来研究静电场。

静电场的模拟可用于电子管、示波管或电子显微镜等电子束管内部电极形状的研制。静电场中的一些物理现象对科研和生产也极为重要。

【实验目的】

（1）学习用模拟法测量静电场分布。

（2）加深对电场强度和电位概念的理解。

【实验原理】

1. 用稳恒电流场模拟静电场

如果有两个物理现象或过程所遵从的规律形式上相似，就可利用其相似性，对容易测量和控制的现象或过程进行研究，以代替对不易测量和控制的现象或过程的研究。用稳恒电流场模拟静电场，是研究静电场的一种既简便又可靠的办法。模拟法在科学试验中有极广泛的应用。

静电场与稳恒电流场是两种不同的场，但这两种场遵守的规律在形式上相似。例如，它们都可引入电位 V，而且电场强度 $\boldsymbol{E}=-\nabla V$；它们都遵守高斯定理：对静电场是 $\oint_s \boldsymbol{E}\cdot \mathrm{d}\boldsymbol{S}=0$（面内无电荷），对电流场则是 $\oint_s \boldsymbol{j}\cdot \mathrm{d}\boldsymbol{S}=0$（稳流），而 $\boldsymbol{j}=\sigma\boldsymbol{E}$，即两者满足相似的方程；它们都遵从拉普拉斯方程，当边界条件相同时，方程的解是惟一的。

必须注意到，静电场中的介质相应于电流场中的导电质，如果是真空（或空气）中的静电场，则相应于均匀分布的导电质。静电场中带电导体的表面是一个等位面，这就要求电流场中的良导体也是等位面，这只有在良导体的导电率远大于导电质的导电率时才有保证。所以，导电质的导电率不宜大。常用的导电质是导电纸、导电玻璃、导电微晶，也可用自来水或稀硫酸铜溶液。

本实验模拟研究两无限长、均匀、异号、平行柱面电荷电场，先测绘等电位点，绘制等位线，再根据等位线与电力线正交的关系，画出电力线，形象地表示电场的分布，也可将测量结果与理论计算值进行比较。由于电荷分布的对称性，我们只需要研究与带电圆柱垂直的任一平面上的电场分布就可以了。

2. 静电场分布的理论分析

两异号平行柱面电荷在垂直于它们的平面上的电场分布如图 5.3-1 所示，其中实线是电力线，虚线是等位线。设两导体电极半径为 a，两电极处电位分别为 $-0.5V_0$ 和 $+0.5V_0$。轴心距离为 $2h$，由于静电场感应，等效电轴与圆柱轴线不重合，设等效电轴间距为 $2b$，电荷线密度分别为 $-\lambda$ 和 $+\lambda$，如图 5.3-2 所示，则垂直于轴的平面上任一点 $p(x, y)$ 的电位 V 为两线电荷的电位 V_1，V_2 之和。而经计算 $V_1=-\dfrac{\lambda}{2\pi\varepsilon}\ln\dfrac{r_1}{a}+0.5V_0$，$V_2=\dfrac{\lambda}{2\pi\varepsilon}\ln\dfrac{r_2}{a}-0.5V_0$，故

$$V=\frac{\lambda}{2\pi\varepsilon}\ln\frac{r_2}{r_1} \tag{5.3-1}$$

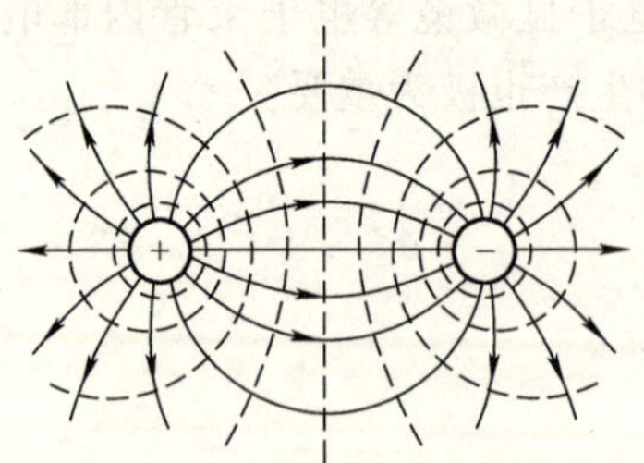

图 5.3-1　静电场的分布

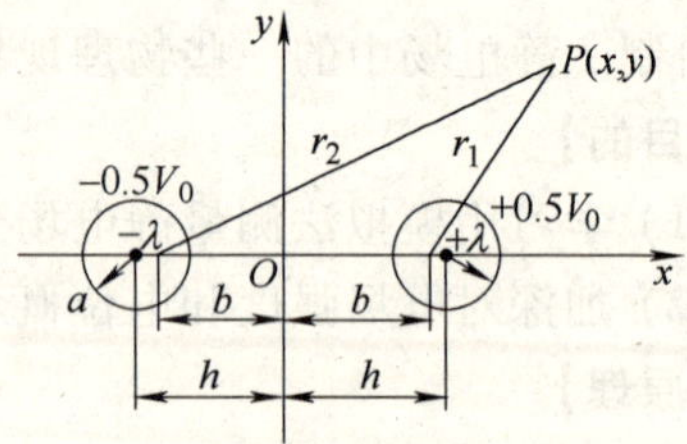

图　5.3-2

由于任意等位线上的电位 V 是固定不变的，因此使 $r_2/r_1=K$（K 为常数）的点的轨迹对应于某一等位线，由图 5.3-2 可知

$$K^2=\frac{(x+b)^2+y^2}{(x-b)^2+y^2}$$

即 $x^2+y^2-2b\dfrac{K^2+1}{K^2-1}x+b^2=0$，这说明等位线是一些圆，圆心在 x 轴上，坐标为 $x_0=\dfrac{K^2+1}{K^2-1}b$，半径 $R=\left|\dfrac{2bK}{K^2-1}\right|$，并且有关系式 $b=\sqrt{x_0^2-R^2}$ 及 $K=\left|\dfrac{b+x_0}{R}\right|$。对于电位 $0.5V_0$ 的电极，$x_0=h$，$R=a$，代入式（5.3-1）有 $0.5V_0=\dfrac{\lambda}{2\pi\varepsilon}\ln\dfrac{b+h}{a}$，故

$$\ln\frac{r_2}{r_1}=\left(2\ln\frac{b+h}{a}\right)\cdot\frac{V}{V_0} \tag{5.3-2}$$

即 $\ln\frac{r_2}{r_1}$与$\frac{V}{V_0}$有线性关系。

由于 $b=\sqrt{h^2-a^2}$，当 $h>>a$ 时，有 $b=h$，利用电力线与等位线正交的关系，可以证明，此时电力线也是一些圆，圆心在 y 轴上，设某电力线的圆心坐标为 y_0，圆半径为 r，则有关系式 $r=\sqrt{y_0^2+b^2}$。通过实验，可对中间区域（可视为均匀分布的导电质）的等位线和电力线进行验证。

【实验仪器】

GVZ-3 型导电微晶静电场描绘仪（生产单位：上海惠耿科教仪器厂）。

【实验内容】

(1) 将导电微晶上两平行柱电极分别与直流稳压电源的正、负极相连，电压表正负极分别与同步探针及电源负极相连接，将探针架放好，并使探针下探头置于导电微晶电极上。启动开关，校正。

(2) 开启测量开关，如数字显示为 0V，则移动探针架至另一电极上，数字显示 10V。然后纵横向移动探针架，则电源电压液晶显示读数随着探针架运动而变化。

(3) 在描绘架上铺平白纸，用橡胶磁条吸住，当液晶显示电压为需要记录值时，轻轻按一下，即能清晰记下小点，从 1V 开始，每隔 1V 测导电微晶上 1 ~8V 的等位线，为实现清晰快捷，每条等位线记录 8 ~ 10 点，连接后即为等位线。

(4) 根据电场线与等位线正交原理，画出电场线，并指出电场强度方向，得到一张完整的电场分布图。

(5) 在坐标纸上作出相对电位$\frac{V}{V_0}$与 $\ln\frac{r_2}{r_1}$的关系曲线，并与理论结果比较。

【思考题】

(1) 在实验装置中，当电源电压改变时，电场强度和电位是否变化？电力线和等位线的形状是否变化？

(2) 能否从你绘制的等位线或电力线图中，判断哪些地方电场较强？哪些地方电场较弱？

(3) 分析模拟装置与理论上要求的符合与不足之处，指出影响结果的主要因素。

(4) 在导电微晶边缘部分测绘的等位线有无畸变？有哪些原因可能引起你测绘的等位线不对称？

(5) 能否用稳恒电流场模拟稳定的温度场？为什么？

（汪涛　稿）

实验25 非线性元件伏安特性测量

【实验目的】

（1）进一步学习电表的使用，了解伏安法测电阻的误差。

（2）测绘晶体二极管伏安特性曲线，学习用图线表示实验结果。

【实验原理】

当一个元件的两端加上电压，元件内有电流通过时，电压与电流之比称为该元件的电阻。由于导电机理不同，可将元件分为两类。元件两端电压与通过它的电流成正比，伏安特性曲线为一条直线，这类元件称为线性元件（服从欧姆定律，电阻为确定值）。金属膜电阻、碳膜电阻、丝绕电阻等都是线性元件。若元件两端电压与通过它的电流不成正比，伏安特性曲线不再是直线，而是一条曲线，这类元件称为非线性元件（不服从欧姆定律，电阻不确定）。二极管、热敏电阻、稳压管、发光二极管、光电二极管、光敏电阻等都是非线性元件。在生产和科学研究中，电阻的非线性特性有着广泛的、特殊的用途。

1. 二极管简介

二极管是由不同导电性能的N型半导体和P型半导体结合形成的PN结所构成的，其正负两个电极分别由P型半导体和N型半导体引出，如图5.3-3a所示；PN结具有单向导电性，用图5.3-3b所示的符号表示。

图5.3-4为二极管的伏安特性曲线。从曲线可以看出，当二极管加上正向电压时，呈低阻状态。在曲线*OA*段，外加电压不足以克服PN结内电场对多数载流子的扩散所造成的阻力，正向电流较小，二极管的电阻较大。在*AB*段，外加电压超过阈电压（锗管约为0.3V，硅管约为0.7V）后，内电场大大削弱，二极管的电阻变得很小（约几十欧姆），电流迅速上升，二极管呈导通状态。若二极管加反向电压，当电压不大时，反向电流很微弱，在曲线*OC*段，二极管呈高阻状态（截止态）；继续增加电压达到该二极管的击穿电压时，电流剧增（*CD*段），二极管被击穿损坏，此时电阻值非常小。

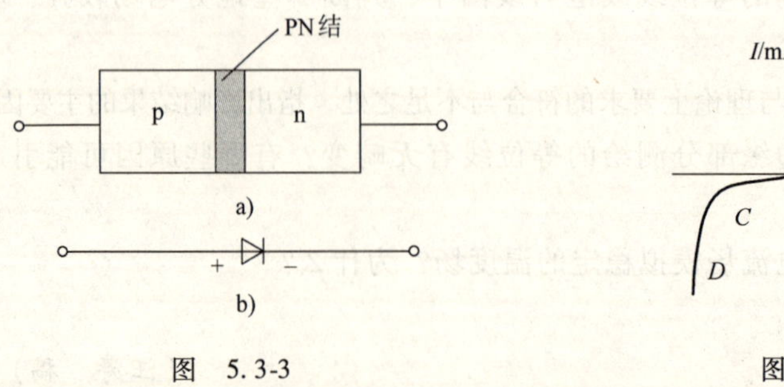

图 5.3-3　　图 5.3-4

2. 电表的联接与接入误差

伏安法要求同时测量流经元件的电流和元件两端的电压，线路接法有两种可能，见图 5.3-5 和图 5.3-6。前者称为电流表的内接，后者称为电流表的外接，由于要同时测量电流和电压，因此，无论哪种接法，都会产生接入误差。

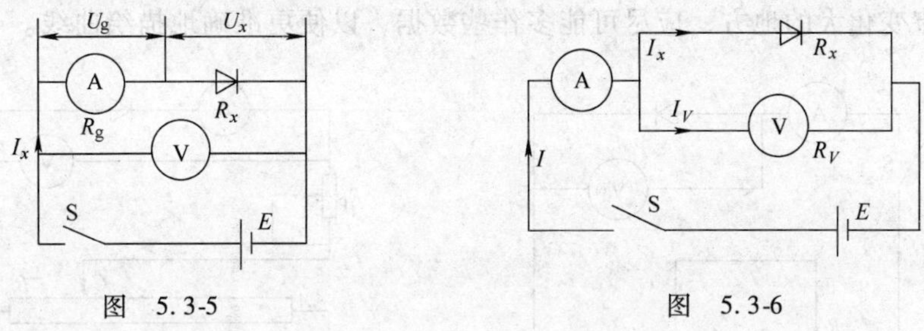

图　5.3-5　　　　图　5.3-6

电流表内接时，测出的电流确实是流经 R_x 的电流，但测出的电压为电流表和 R_x 电压之和，可见由于安培计的接入产生了电压的测量误差 U_g。由图 5.3-5 可计算出

$$U/I_x = R_x(1 + R_g/R_x) \tag{5.3-3}$$

显然，这时测得的并非是待测电阻，而是待测电阻与电流表内阻之和。R_g/R_x 就是电表的接入误差。如果 $R_x >> R_g$，R_g/R_x 可略去不计，即电流表的内接适合于测量较大的电阻。

电流表外接时，电压表确实是测出了 R_x 两端的电压，但测出的电流是流经 R_x 和电压表的电流之和。可见，由于电压表的接入，产生了电流的测量误差 I_V。由图 5.3-6 可计算出

$$U_x/I = R_x(1 - R_x/R_g) \tag{5.3-4}$$

显然，R_x/R_g 就是电表的接入误差。如果 $R_g >> R_x$，R_x/R_g 可略去不计，即电流表的外接适合于测量较小的电阻。

由上述讨论可知，只要知道电流表的内阻，就可对测量结果进行修正。本实验由于二极管正、反向电阻的差异很大，测绘其伏安特性曲线时，必须考虑电表的接入误差。

【实验仪器】

电流表、电压表、变阻器、直流电源、待测二极管等。

【实验内容】

测绘 $2GW_1$ 稳压二极管的正、反向伏-安特性曲线。

(1) 记录实验室给出的二极管的型号和主要参数，判断其正、负极。

(2) 正向特性曲线测绘，按图 5.3-7（即电流表外接、限流电路）接线。合上开关 S，调节变阻器 R，从 0mA 开始，每隔 1mA，记录相应的电压值，直到 30mA 为止（曲线变化小的地方可少测些数据）。

（3）反向特性曲线测绘，按图 5.3-8（即电流表内接、分压限流细调电路）接线。图中，为了观察反向电流在击穿电压附近的变化，在分压线路上接入限流电阻 R_1 作细调。合上 S，调节反向电压，由小到大，从 0V 开始，每隔 0.1V，记录相应的电流值，直到 25mA。注意用 R 调节比较困难时，应改用 R_1。在电压或电流变化大的地方，应尽可能多作些数据，以便更准确地描绘曲线。

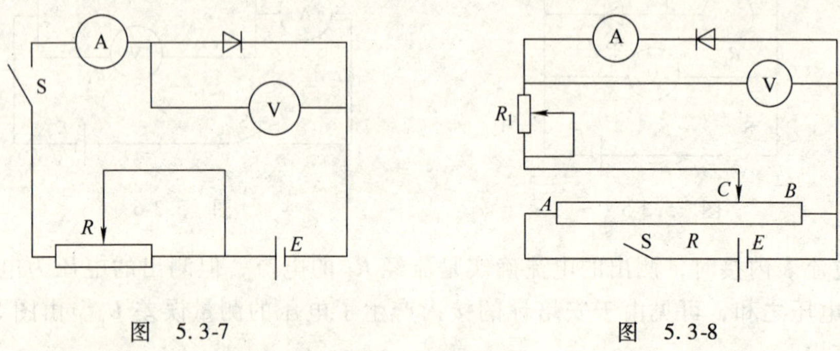

图 5.3-7 图 5.3-8

（4）将所得数据在同一张坐标纸上作伏-安特性曲线。正、反向的电流、电压相差较大，作图时坐标轴可标取不同的单位。

注：将内容 2、3 中所得数据直接标在坐标纸上，更便于判断结果。

【思考题】

（1）为什么说伏-安特性曲线的斜率就是元件的电阻？

（2）如何根据实验中的数据，对伏-安法测得的结果进行修正？试估算本实验的相对误差。

（3）如何用万用表来判断二极管的正负极？

（王银峰 稿）

实验 26 用直流电桥测量电阻温度系数

电桥是一种比较式测量仪器，它通常是在平衡条件下将待测物理量与同种标准物理量进行比较确定其数值。它可以用来测量电阻、电容、电感、频率以及温度、湿度、压力等许多物理量，此外在自动控制技术中也有着广泛的用途。电桥具有测试灵敏、准确度高和使用方便等特点。根据用途不同，电桥分为直流电桥和交流电桥两大类；按测量范围，直流电桥又分为惠斯顿电桥和开尔文电桥，惠斯顿电桥主要用于精确测量中等大小（即 $10 \sim 10^6\Omega$ 范围）的电阻，开尔文电桥适用于精确测量低值（即 $10^{-3} \sim 10\Omega$ 范围内）的电阻。下面介绍用惠斯顿电桥测定电阻温度系数。

【实验目的】

（1）掌握用惠斯顿电桥测量电阻的原理和使用方法。

（2）学习测定电阻温度系数的方法。

【实验原理】

1. 惠斯顿电桥的工作原理

惠斯顿电桥的原理如图 5.3-9 所示，它是由电阻 R_1、R_2、R_3 和待测电阻 R_x 联成一个封闭的四边形 $ABCD$，四边形的每一条边称为电桥的一个臂，它的一对角点 A 和 C 与电池 E 相连，另一对角点 B 和 D 与检流计 G 相连。接入检流计的对角线称为“桥”，适当调节 R_1、R_2 和 R_3 的阻值，可使 B、D 两点的电位相等，此时检流计上无电流通过，指针不发生偏转，这叫做“电桥平衡”。电桥平衡时，有

$$V_B=V_D,\ I_g=0,\ I_1=I_x,\ I_2=I_3$$

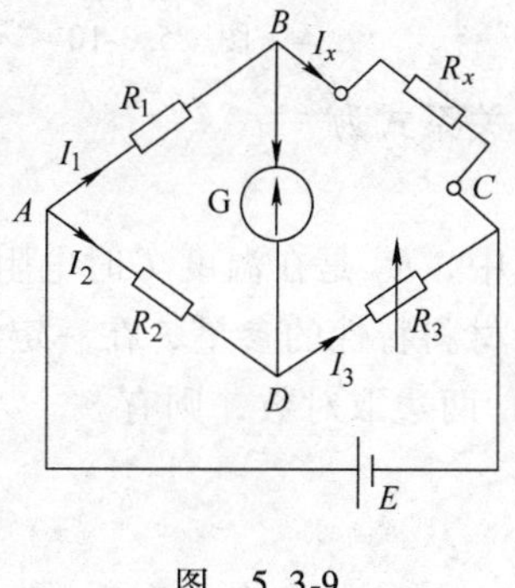

图　5.3-9

由此可得

$$\begin{cases}I_1R_1=I_2R_2\\ I_1R_x=I_2R_3\end{cases}$$

上两式相除得

$$R_1/R_x=R_2/R_3 \tag{5.3-5}$$

式（5.3-5）即为电桥的平衡条件。由式（5.3-5）可得

$$R_x=\frac{R_1}{R_2}\cdot R_3=cR_3 \tag{5.3-6}$$

式（5.3-6）就是惠斯顿电桥测量电阻的基本公式，若知道 R_1/R_2 的比值 c 和电阻 R_3 就可算出 R_x 的值。本实验采用 QJ24 型携带式直流惠斯顿电桥。

2. 电阻温度系数

大多数物质的电阻是温度的函数。各种金属导体的电阻（某些合金除外）随温度升高而增大，在温度变化不太大的范围内，电阻与温度之间存在着线性关系：

$$R_t=R_0(1+\alpha t) \tag{5.3-7}$$

式中，R_t 是温度为 t℃时的电阻；R_0 为 0℃时的电阻；α 称为电阻温度系数，单位为 1/℃。如果得到一组与温度 t 相应的 R_t 值，根据这些数值作图，则 R_t-t 关系曲线近似为一条直线，如图 5.3-10 所示，截距为 R_0，斜率为 $K=R_0\alpha$，则

$$\alpha=K/R_0 \tag{5.3-8}$$

大多数金属具有一个较小的正电阻温度系数。

与金属导体不同，由半导体材料制成的热敏电阻，在温度变化不大的范围内，其电阻随温度升高而减小，变化规律不是线性的，而是按指数规律减小，

如图 5.3-11 所示。

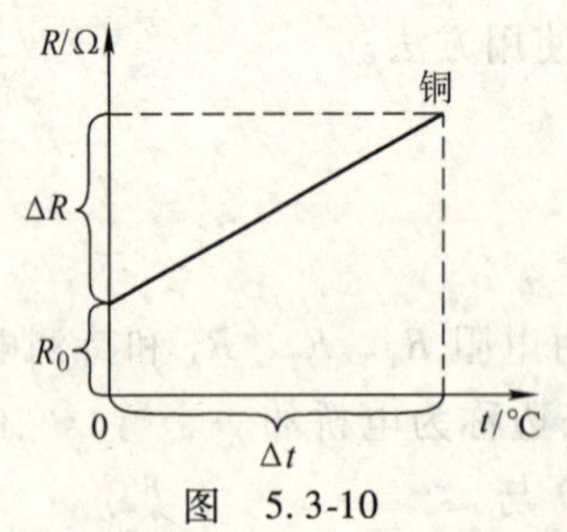

图 5.3-10

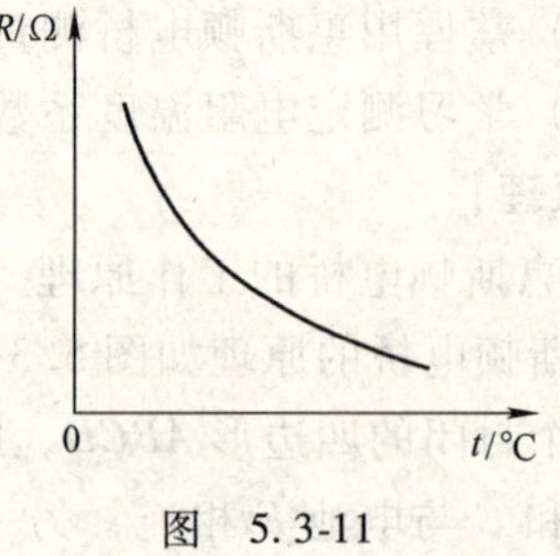

图 5.3-11

其关系式为

$$R_T = R_0 e^{\beta/T} \tag{5.3-9}$$

式中，R_T 是在温度 T 时电阻的欧姆值；R_0 是在温度 T_0 时电阻的欧姆值；β 是表示材料特性的参量，在一定温度范围内是个常数；T 为热力学温度。对式（5.3-9）两边取对数，则有

$$\ln R_T = \frac{\beta}{T} + \ln R_0 \tag{5.3-10}$$

$\ln R_T$ 与 $1/T$ 成线性关系，在实验中测得各个温度 T 的 R_T 后，即可通过作图求出 β 和 R_0 值，以之代入式（5.3-9），可得到 R_T 的表达式。

由于热敏电阻具有较大的负温度系数，对温度很敏感，对微小温度的变化反应非常灵敏，而且体积可制得很小，所以，目前用它来制成的半导体温度计，已广泛地使用在自动控制和科学仪器中。但在使用中必须注意：

1）热敏电阻只能在规定的温度范围内工作，否则会损害元件，导致其性能不稳定。

2）应尽量避免热敏电阻自身发热，因此在测量时流过它的电流必须很小。

【实验仪器】

QJ24 型携带式直流惠斯顿电桥（生产单位：杭州大华仪器制造有限公司）1 台，待测铜丝电阻和热敏电阻各 1 个，加热保温容器 1 个，温度计（0～100℃）1 支，换接开关 1 个。

【实验内容】

（1）熟悉掌握万用表和 QJ24 型惠斯顿电桥的使用方法（参阅本书第 3 章 3.5.5 小节）。

（2）将铜丝电阻和热敏电阻放入装有冷水的加热保温容器内，并将它们的两端接在换接开关上。先用万用表分别估测它在冷水中的阻值，再根据此值，适当选用电桥的比率，精确测定它们的阻值，同时记下冷水的温度。

（3）将加热器接通电源，保温容器内水的温度升高，当其温度比冷水高 6～7℃时，断开加热器电源，用搅拌器搅拌，此时温度逐渐下降（可下降几度），如此重复操作，直到升温间隔 5℃左右，记下此时的温度数值。拨动换接开关，分别测出铜丝电阻和热敏电阻的相应阻值（注意观察温度有无变化），并记录下来。

（4）重复第 3 步，每次升温间隔稳定在 5℃左右，分别测出水温和铜丝电阻、热敏电阻的电阻值，一直升温到 50℃左右，数据不得少于 5 组。记录表格自拟。

（5）在直角坐标纸上以 R_t 为纵轴，t 为横轴作铜丝电阻的 R_t-t 图，根据图线求出直线斜率 K 和截距 R_0，代入式（5.3-8）计算在本实验温度范围内铜的电阻温度系数 α，并与公认值比较，求其百分误差。

（6）用半对数坐标纸以 $\ln R_T$ 为纵轴，$1/T$ 为横轴作热敏电阻的 $\ln R_T$-$1/T$ 图，根据图线求出直线的斜率 β 和截距 $\ln R_0$，并写出 R_T 的表达式。

测量时要注意：

1）测量时，必须由大到小地调节可变电阻器的 4 个旋钮。当大阻值旋钮转过一格，检流计指针从一边越过零点偏向另一边时，说明阻值改变范围太大，应改调小一档阻值的旋钮。

2）电桥的平衡状态是指检流计没有电流流过。因此，测量时采用使电路时通时断的方式来判断，如果电桥真正平衡，那每次通断时 G 的指针都不会动。

【思考题】

（1）什么叫电桥达到平衡？在实验中如何判断电桥达到平衡？

（2）如何适当选择比率臂？

（3）为什么 G 要用按钮开关，而不是一般的开关？

（4）电源 E 与检流计 G 的位置互换是否会影响电桥的平衡？为什么？

（5）在电桥测量中，你认为哪些因素影响测量精度？

（6）用电桥测量电表的内阻时，应采取什么措施来保护电表？

（7）如何估计由于温度的不稳而对实验结果的影响？

（8）如何估算电桥对实验结果的影响？

（9）试讨论当比值 R_1/R_2 增大时，惠斯顿电桥的精确性和灵敏度？

（王银峰　稿）

实验 27　用电位差计测量温差电动势

电位差计是一种高精度和高灵敏度的比较式电磁测量仪器。电位差计利用了补偿法原理，其测量精度可以达到 0.001%。在精密测量中，电位差计应用十分广泛，它还被用来对常规测量仪器（如电表、电桥）进行检验和校准。电位差计不但可以测量电动势，配上不同的传感器还可以对非电参量，如压力、位移、温度等进行精确测量，在自动检测和自动控制中，发挥着重要作用。

电位差计的种类较多，常见的有滑线式电位差计和箱式电位差计。滑线式电位差计是为教学设计的，直观性强，便于理解，但测量精度低；箱式电位差计是测量电位差（电动势）的专用仪器，便于携带，操作方便，稳定性好，测量精度高。

【实验目的】

（1）学习电位差计的工作原理和结构。

（2）学习用热电偶测量温度的原理及方法，观察温差电现象。

（3）掌握电位差计的使用方法。

【实验原理】

1. 补偿法原理

用电压表测量直流电路中电源的电动势时，总要消耗被测电动势的部分能量，测得的不是电动势，而是端电压，它小于电动势。要想准确地测量电动势，可以用补偿法来解决。补偿法的基本思路是另外产生一个量，与被测量相比较，当新产生的量与被测量相同时，对新产生的量进行测量，而不影响被测量原来的状态。

补偿法原理如图 5.3-12 所示，E_x 是待测电动势，AD 是电阻。调节 B、C，则 U_{BC}改变，当检流计 G 指示为零（即回路电流为零）时，则

$$E_x = U_{BC} \tag{5.3-11}$$

此时 E_x 与 U_{BC}大小相等，方向相反，称为电路处于补偿状态。在补偿状态下，如果测出 U_{BC}的值，就可知道 E_x，这种测量方法就称为补偿法，其实质是一种比较测量的方法。

2. 滑线式电位差计工作原理

滑线式电位差计工作原理如图 5.3-13 所示。图中 AC 为电阻，B 端为滑动触头，E 为工作电源，E_N 为标准电池，E_x 为待测电动势，R_P 为可调电阻，G 为检流计。

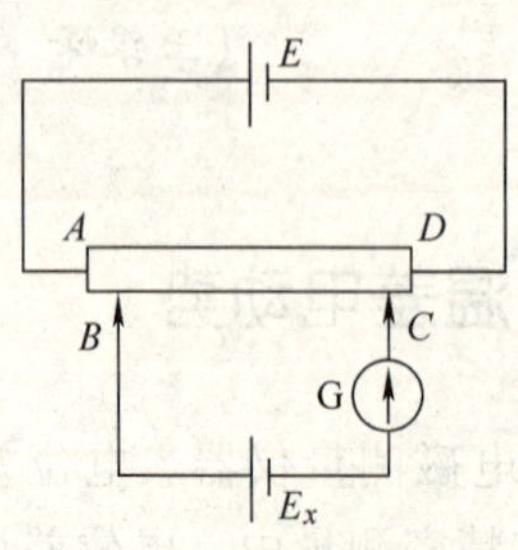

图 5.3-12 补偿法原理

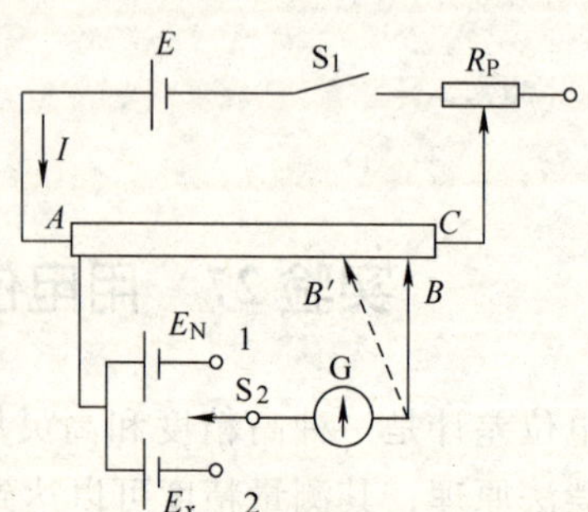

图 5.3-13 滑线式电位差计原理

当 S_1 闭合时，在回路 ACR_PS_1EA 中有电流 I 流过，调节 R_P 可改变 I 的大小。将 S_2 拨向 2 端，调节滑动触头 B 的位置，使检流计指示为零，则

$$E_x = U_{AB} \tag{5.3-12}$$

如果电阻 AC 的单位长度上的电压降为 U_o，AB 段的长度为 L_{AB}，则

$$E_x = U_{AB} = U_o L_{AB} \tag{5.3-13}$$

式中，如果知道 U_o，则对 E_x 的测量可以转换为对电阻长度的测量。为此，在电路中增加了由标准电池 E_N 构成的另一个回路，其目的是使 U_o 为一个标准值。

测量 E_x 的步骤如下：

1）合上 S_1，S_2 拨向 1 端，调节 R_P，使检流计指示为零，此时，AB 段上的电压降 U_{AB} 与 E_N 相等，有

$$U_o = E_N / L_{AB} \tag{5.3-14}$$

式中，L_{AB} 为此时 AB 段的长度。

2）将开关 S_2 拨向 2 端，调节滑动触头 B 的位置，在位置 B' 时，使检流计指示为零，此时

$$E_x = U_{AB'} = U_o L_{AB'} \tag{5.3-15}$$

$L_{AB'}$ 为此时电阻长度。由式（5.3-14）和式（5.3-15）可得

$$E_x = \frac{L_{AB'}}{L_{AB}} E_N \tag{5.3-16}$$

式（5.3-16）中 E_N 为已知，如果测出 $L_{AB'}$ 和 L_{AB}，则 E_x 就可以求出了。

3. 箱式电位差计工作原理

箱式电位差计工作原理如图 5.3-14 所示，其电路可以分为三个基本回路：

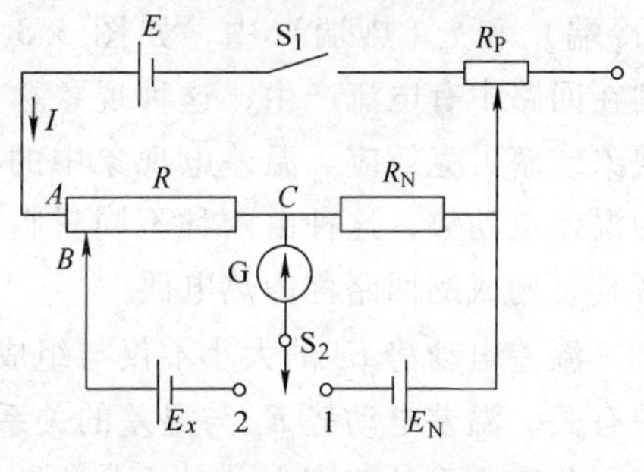

图 5.3-14 箱式电位差计

1）工作电流调节回路：由开关 S_1、工作电源 E、补偿电阻 R、标准电阻 R_N 和可调电阻 R_P 构成，其作用是提供稳定的工作电流。调节 R_P，可以改变工作电流 I 的大小。

2）标准工作电流回路：由标准电阻 R_N、标准电池 E_N、开关 S_2 和检流计 G 构成，其作用是使工作电流 I 工作在标准状态下（即对电位差计校准）。合上 S_1，将 S_2 拨向 1 端，调节 R_P，使检流计指示为零，此时 R_N 上的电压降与 E_N 相等，即有

$$I = E_N / R_N \tag{5.3-17}$$

3）测量回路：由待测电动势 E_x、开关 S_2、检流计 G 和 R 的一部分构成。在工作电流标准化之后，将 S_2 拨向 2 端，调节滑动触头 B 的位置，使检流计指示为零。此时，R_{BC} 的电压降与 E_x 相等，而工作电流 I 并未改变，故有

$$E_x = U_{BC} = IR_{BC} \tag{5.3-18}$$

将式（5.3-17）代入式（5.3-18）可得

$$E_x = \frac{R_{BC}}{R_N}E_N \tag{5.3-19}$$

由于 E_N、R_N 可视为常量，所以 R 的分度可以转化为电动势的值标在电阻 R 的刻度盘上，直接读出 E_x 的数值。

4. 电位差计的测量精度

从以上工作原理分析中我们可以看出，电位差计是以比较法为基础的，把待测量与标准量进行比较，通过补偿的方式完成测量工作。当电路处于补偿状态时（即测量回路中电流为零），回路既不向待测电动势输入电流，也不让待测电动势输出电流，待测电动势不因测量而发生变化，因而能准确地进行测量。测量结果的准确度依赖于标准电池的电动势、标准电阻和读数盘电阻的准确度，还与工作电源的稳定度和检流计的灵敏度相关。

标准电池和标准电阻都有较高的准确度，工作电源也可以做到高稳定度，因此，配以适当灵敏度的检流计，可以获得较高的测量精度。UJ36a 型电位差计的准确度可达 1μV。

5. 热电偶的测温原理

由两种不同材料的金属或者合金构成回路，若两个连接点 A、B 放置于不同的温度 t_0（冷端）和 t（热端）中，如图 5.3-15 所示，则在回路中有电流产生，这种现象称为温差电现象或塞贝克效应。温差电现象中的电动势称为温差电动势，这种由两种不同材料的金属或者合金构成的回路称为热电偶。

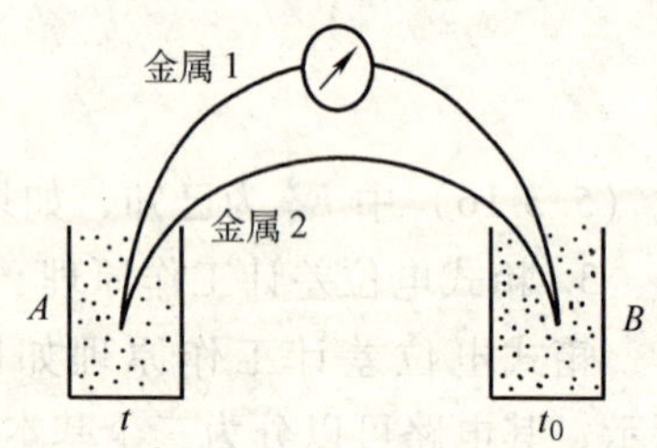

图 5.3-15 热电偶

温差电动势 E_x 的大小不仅与组成热电偶的材料有关，还与两个接触点的温差有关。温差电动势 E_x 与温差的关系比较复杂。本实验用的铜-康铜热电偶在温度变化不太大的范围内，温差电动势 E_x 与温差 $(t-t_0)$ 的关系近似为

$$E_x = \alpha(t-t_0) \tag{5.3-20}$$

式中，α 称为热电偶常数或温差系数，它只与构成回路的材料有关，α 反映了热电偶对温度的敏感程度，其物理意义是该热电偶在温差为 1℃ 时的温差电动势。铜-康铜热电偶 $\alpha_{公认} = 4.25 \times 10^{-2}$ mV/℃。

热电偶在用于温度测量时，保持冷端温度不变，作为参考端，其热端则与被测物体接触，测出此时的温差电动势 E_x。若已知温差系数 α，则可由式（5.3-20）求出待测点的温度 t。

热电偶体积小，结构简单，测温范围广，灵敏度高，能直接将温度量转换

为电学量。目前，在自动控温和自动测温中已成为应用最广泛的测温元件。

【实验仪器】

UJ36a 型电位差计、温度计、小型管式电炉、调压器、热电偶、水杯、板式电位差计、标准电池、稳压电源、检流计、滑线变阻器、电池、开关等。

【实验内容】

下面的实验内容中，用箱式电位差计测量温差电动势为必做实验，用滑线式电位差计测量干电池的电动势为选做内容。

1. 用滑线式电位差计测量干电池电动势

滑线式电位差计也叫做板式电位差计，其结构和接线如图 5.3-16 所示。A、E 之间由 14 个电阻丝和一个拉直的电阻丝 CE 组成。插销 B 可以在 0 ~ 14 号插孔间选择，以改变接入的电阻值。每个电阻丝长 30cm。D 为滑动触头，小于 30cm 长度的电阻丝可由 CE 间的米尺读出。R_2 为检流计 G 的保护电阻。

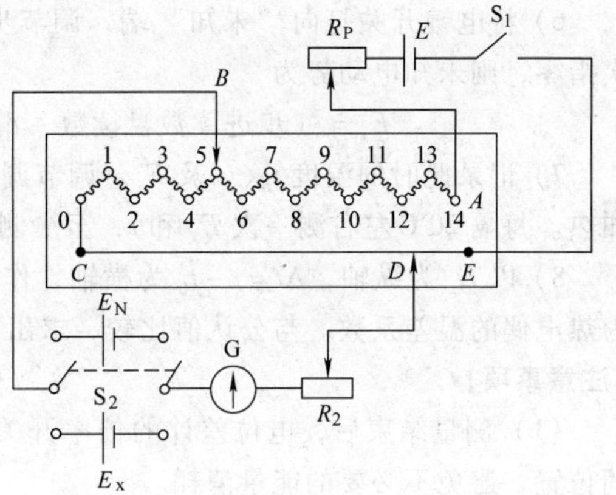

图 5.3-16　滑线式电位差计结构

实验步骤如下：

1）按图 5.3-16 接线。注意接线时所有开关应断开，电池的正负极不能接错。保护电阻 R_2（10kΩ）放在最大值处。

2）校准电位差计。闭合 S_1，将 S_2 合向标准电池 E_N 一边。B 和 D 均置于中间位置。调节 R_P，使检流计 G 的指示接近零位置。逐渐减小 R_2 的电阻值，仔细调节触头 D，使 G 的指示为零。读出此时 BCD 之间电阻丝总长 L_{BCD}。

3）测量电动势。R_2 置于最大值，S_2 合向待测电池 E_x 一边。逐渐移动插头 B 和触头 D，使检流计 G 的指示偏向于零。然后，再逐渐减小 R_2 的值，再仔细调节 B 和 D，使 G 的指示为零。读出此时 BCD 之间电阻丝长度 L'_{BCD} 。

将 L_{BCD}，L'_{BCD} 和 E_N 带入式（5.3-16），就可求出待测电动势 E_x。

使用标准电池必须注意以下几点：

1）标准电池内部是半流体，不能倒置，不能振动、摇晃。

2）不允许通过大于 10μA 的电流，电池两端不能短路，否则失去电动势的标准性质。

3）不允许用电压表测量其电动势，更不能将它作为一般电源使用。

2. 用箱式电位差计测量温差电动差

1）阅读第3章3.5.6小节内容，熟悉掌握UJ36a型电位差计的性能及使用方法，掌握读数方法。设计好记录表格。

2）将电位差计上“未知”接线柱上的“+”、“-”端分别接到热电偶的热端和冷端。

3）根据待测电动势大小，把倍率开关调至所需位置（同时接通了工作电源）。

4）调节调零旋钮，使检流计指针指零。

5）将电键开关打向“标准”端，调节 R_P 旋钮，使检流计指示为零，此时工作电流标准化。

6）将电键开关打向“未知”端，调节步进读数盘和滑线读数盘使检流计再次指零，则未知电动势为

$$E_x = （步进读数盘读数 + 滑线盘读数）\times 倍率$$

7）记录此时的温度 t_0、t 及 E_x。调节调压器电压到180V左右，开始对热端加热。每隔20℃左右测一次 E_x 和 t，至少测6组数据。

8）以 E_x 为纵轴，$\Delta t = t - t_0$ 为横轴，作出 E_x-Δt 关系线，求出此线的斜率即为热电偶的温差系数。与公认值比较，求出百分误差。

【注意事项】

（1）测量结束后，电位差计的倍率开关应放在断位置，电键开关应放在中间位置，避免不必要的能量消耗。

（2）滑线读数盘必须指示在有刻度的部分，否则内部电路不接通。

（3）为了保证测量准确，每次测量之前必须重新进行工作电流标准化。

【思考题】

（1）使用电位差计时，有三次调节均使检流计指零各表示什么意思？其顺序能否调换？

（2）采用数字式电压表能否准确测量温差电动势？

（3）使用电位差计时，如果无论怎样调节，检流计指针总是偏向一边，可能是哪些因素所致？

（彭 华 稿）

实验28 用电位差计测电表内阻和校准电表

磁电式电表在电学测量中被广泛采用，但由于电表结构以及长时间使用后所导致的性能变化等原因，使其示值与实际值有偏离。本实验介绍一种校正电表的方法——用电位差计校正电表。由于电位差计的准确度等级很高，所以它是一种具有很高准确性的校准方法，常用来校验准确度要求较高的电表。

【实验目的】

（1）掌握电位差计的测量原理，用电位差计测电表的内阻。

（2）学习用电位差计校准电表。

（3）进一步掌握电位差计的使用方法及应用。

【实验原理】

电位差计能精确地测量待测电动势或电位差，还可以借助于分流器、标准电阻和其他器件测量回路中的电流、电阻值等。由于许多非电学量能转换成电学量，因此，电位差计还能间接地精确测量非电学量，从而使它在科研和生产实践中有极其广泛的应用。

UJ36 型电位差计的工作原理及使用方法已在实验 27 里进行了介绍，下面讨论与本实验有关的两种电位差计测量线路。

1. 用电位差计校正电流表

校正电流表的测量线路如图 5.3-17 所示。图中毫安表为被校电流表，R 为限流电阻，R_S 为标准电阻。R_S 有 4 个接头，上面两个大的是电流接头接电流表，下面两个小的是电压接头接电位差计。

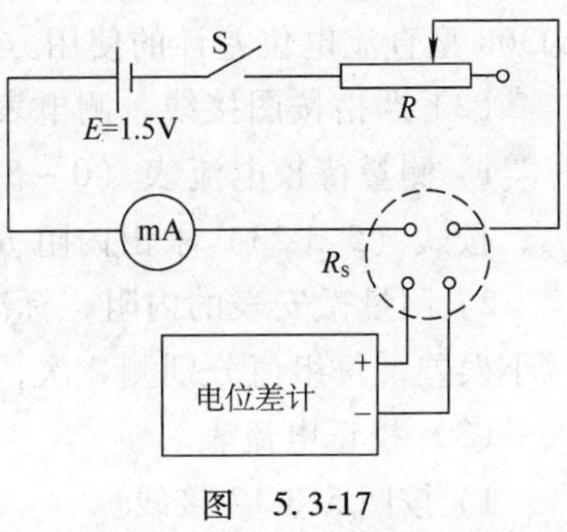

图　5.3-17

电位差计可测出 R_S 上的电压 U_S，则流过 R_S 中电流的实际值为

$$I_0 = U_S/R_S \quad (5.3\text{-}21)$$

在毫安表上读出电流表指示值 I，它与 I_0 的差值称为电流表指示值的绝对误差，即

$$\Delta I = I - I_0$$

找出所测值中的最大绝对误差，按式（5.3-22）确定电流表的准确度等级 K 为

$$K = \Delta I_m / \text{限量} \times 100\% \quad (5.3\text{-}22)$$

应当指出，为了使待校电流表校正后有较高的准确度，电位差计与标准电阻的准确度等级 K 必须比待校电表的级别至少高 3 级。

箱式电位差计直接可以测量电压，故可以用来校正电压表（直流），这种测量回路比较简单，这里就不再赘述了。

2. 用电位差计测电流表的内阻

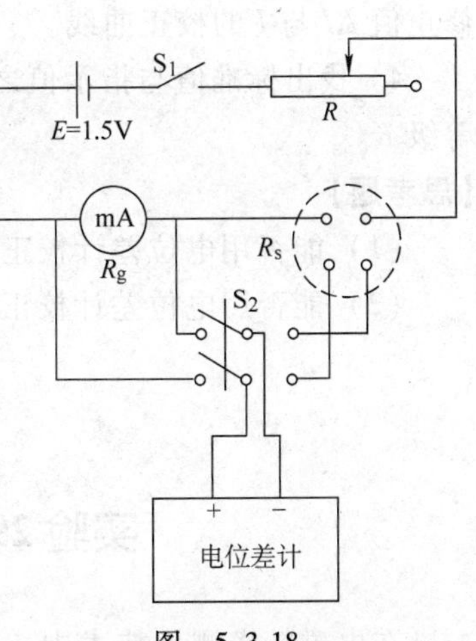

图　5.3-18

按图 5.3-18 接线，S_2 是双刀双掷开关，S_1 是单刀单掷开关，R_S 为标准电阻，R_g 为待测电

流表内阻。

根据串联电路中电流相等的原理，可以得到

$$U_g/R_g = U_S/R_S$$

接通电源，分别测出 R_g 与 R_S 的两端电压 U_g 与 U_S，待测电表内阻为

$$R_g = U_g R_S/U_S \tag{5.3-23}$$

【实验仪器】

UJ36a 型携带式直流电位差计（生产单位：上海上表企业有限公司）、待校电表（5mA 电流表 1 只、100uA 指针式检流计 1 个）、工作电源（1.5V 电池 1 个）、分压限流器、标准电阻 2 个（10Ω，1000Ω），双刀双掷开关 1 个。

【实验内容】

（1）阅读第 3 章 3.5.6 小节关于 UJ36a 型电位差计的介绍，进一步掌握 UJ36a 型直流电位差计的使用方法。

（2）严格按图接线，测电表的内阻。

1）测量待校电流表（0 ~ 5mA）的内阻，标准电阻 R_S 取 10Ω，读出 U_g 与 U_S，按式（5.3-23）求出内阻 R_g。

2）测量微安表的内阻，标准电阻 R_S 取 1000Ω，读出 U_g 与 U_S，求出 R_g，为减小误差，每组值分别测 2 次，求其平均值。

（3）校正电流表。

1）按图 5.3-17 接线。

2）对待校毫安表各刻度示值（1mA，2mA，3mA，4mA，5mA）逐一进行校正（注意：在选标准电阻时，应使从电位差计上读取的数值有尽量多的有效数字）。

3）算出电流表的标准值 I_0 与指示值 I 的差值，即为修正值。在坐标纸上作修正值 ΔI 与 I 的校正曲线。

4）找出标准值与指示值之间的最大差值（绝对值），求待校电表的准确度等级 K。

【思考题】

（1）能否用电位差计校正电压表？说出你的思路和主要测量步骤。

（2）能否用电位差计校正高量程电压表（如 1V）？说出你的思路。

（吴晓波 稿）

实验 29 灵敏电流计的研究

在电磁精密测量技术中，为了提高测试装置的灵敏度，减小测量误差，往

往采用补偿法和电桥平衡法进行测量。在这些方法中，要有能够测量或检查微小电流或电压的灵敏检流计。由于普通微安表转动部分的支承轴存在着机械接触摩擦，灵敏度不高，故不能直接用来测量微安以下的电流。

灵敏电流计采用弹性细丝（称张丝）悬挂转动线圈的结构，消除了接触摩擦，故其灵敏度相当高，常用它测微弱电流（$10^{-11}\sim10^{-6}$ A）或微小电压（$10^{-8}\sim10^{-3}$ V），如光电流、生物电流、温差电动势等，故可作为电桥、电位差计的零示器。若需测更微弱的电流，则用静电计，它的最低量已达 10^{-17} A 的数量级。

【实验目的】

（1）了解灵敏电流计的结构性能，学会正确使用灵敏电流计。

（2）测定灵敏电流计的特性参量——内阻、电流常数和外临界电阻等。

【实验原理】

1. 灵敏电流计的结构

灵敏电流计的种类较多，按结构不同，一般分为墙式检流计和便携式检流计两种。前者灵敏度很高，但极易受外界振动的影响，使用时应将它固定安装在稳固位置或坚实墙壁上；后者灵敏度较低，但使用上比墙式检流计方便。本实验使用便携式检流计，它将光源和标尺等合装于一长方形箱内。为了提高灵敏度，采用了多次反射式光标系统。灵敏电流计的结构原理如图 5.3-19 和图 5.3-20 所示。可分为三部分：

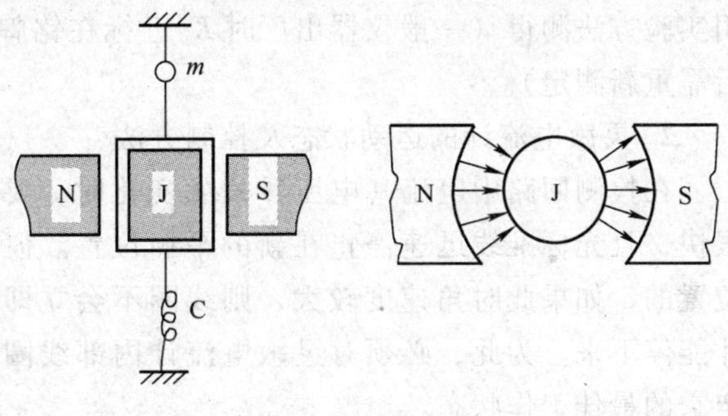

图　5.3-19

1）磁场部分　永久磁铁 N、S 产生磁场，圆柱形软铁芯 J 使磁场呈均匀辐射状。

2）偏转部分　线圈 C 能在磁铁和铁芯间的气隙中转动，C 的上下两端用金属弹性细丝（张丝）绷紧，金属丝同时作为线圈两端的电流引线。

3）读数部分（小镜 m 和弧形标尺）小镜 m 固定在线圈 C 的上方，它把光源（仪器内的小灯）射来的光反射到弧形标尺上，并形成一光标，如图 5.3-20 所示。没有电流通过线圈时，反射光标位于弧形标尺

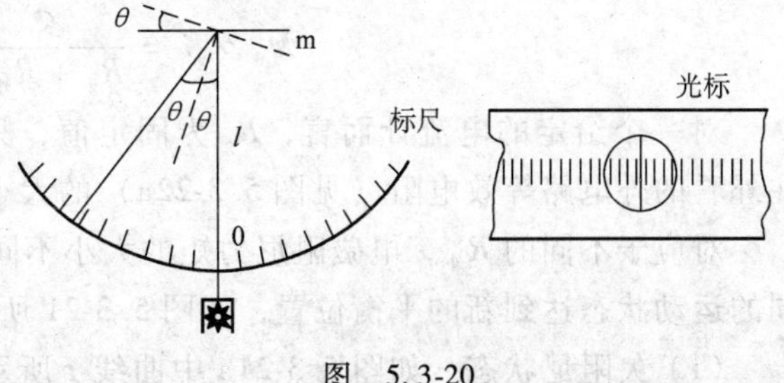

图　5.3-20

的“0”点上，当某一稳定电流 I 流过线圈时，由于磁场的作用，线圈受到一个电磁力矩 $M_B = nBSI$（n 为线圈匝数，B 为磁感应强度，S 为线圈面积）的作用而产生转动，同时，张丝随线圈转动而发生扭转，并产生一个反向扭转力矩 $M_D = -D\theta$（D 为扭转系数），当电磁力矩和张丝的反向扭转力矩相等时，线圈将停止不动（光标停止在新的平衡位置 d 处）。此时有

$$nBSI = D\theta$$

从图 5.3-20 可看出，线圈偏转角与反射光标在弧形标尺上偏离 0 点的距离 d 成正比，即 $\theta = d/2l$（l 为小镜到标尺的距离）。

所以
$$I = \frac{D}{2nBSl}d = K_i d \tag{5.3-24}$$

由此可见，通过电流计的电流与线圈的偏转角成正比，亦即与反射光标在弧形标尺上移动的距离成正比。式（5.3-24）中，比例常数 K_i 为电流计的电流常数，即光标移动 1mm 所对应的电流值，其倒数 $1/K_i = S_i$ 称为电流计的电流灵敏度，表示单位电流引起的偏转。显然 S_i 越大 K_i 越小，电流计越灵敏。知道了 S_i（或 K_i）的数值，就可根据从标尺上读得的 d 值求出电流 I 的值。K_i（或 S_i）用实验方法测得（一般仪器出厂时 K_i 已标在铭牌上，但仪器经长期使用或检修后需重新测定）。

2. 灵敏电流计的运动状态及控制方法

在检测回路中电流（电压）发生变化时，要求灵敏电流计的反应速度必须很快，且光标准线迅速停止在新的平衡位置。但线圈是在转动中到达新的平衡位置的，如果此时角速度较大，则线圈不会立即停止，而很可能经过一段时间才能停下来。为此，必须对灵敏电流计内部线圈的运动特性有所了解，以便确定它的最佳工作状态。

在通电线圈运动过程中，除了受到电磁力矩和张丝扭转力矩的作用外，还要受到电磁阻尼力矩的作用。根据电磁感应定律，线圈因切割磁力线将产生一感应电动势 $\mathscr{E}$。如果线圈与外电路组成闭合回路，则产生一感生电流 i，这个感生电流与磁场相互作用，就产生一个阻止线圈运动的电磁阻尼力矩 M_0，它的大小与回路总电阻 R（$R = R_g + R_{外}$）成反比，即

$$M_0 \propto i = \frac{\mathscr{E}}{R_g + R_{外}} \tag{5.3-25}$$

对一个给定的电流计而言，R_g 为固定值，只要适当改变 $R_{外}$ 从电流计两端往外看的外电路等效电阻（见图 5.3-22a）的大小，即可控制线圈的运动状态。

对应于不同的 $R_{外}$，电磁阻尼力矩的大小不同，线圈（或光标）将以三种不同的运动状态达到新的平衡位置，如图 5.3-21 所示。

（1）欠阻尼状态　如图 5.3-21a 中曲线 I 所示，当 $R_{外} = R_0$ 且较大时，阻尼

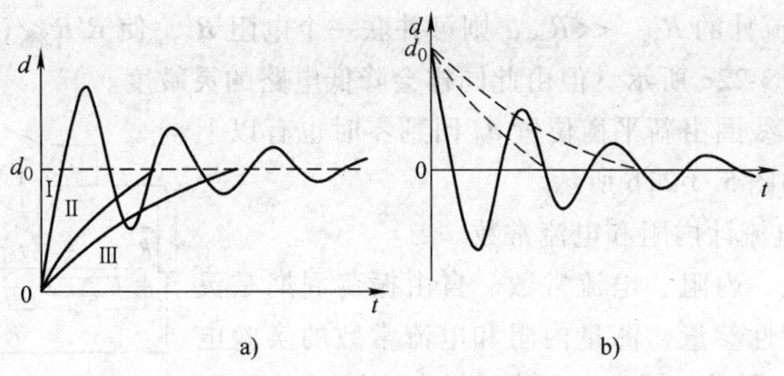

图　5.3-21

力矩 M 较小，线圈作振幅逐渐衰减的振动，需经较长时间，才停在新的平衡位置 d_0，$R_外$ 越大，M 越小，振动的时间越长。显然，此状态不利于迅速准确地测量。

（2）过阻尼状态　如图 5.3-21a 中曲线Ⅲ所示，当外电阻 $R_外$ 为较小的 R 时，电磁阻力矩 M 较大，线圈缓慢地趋向新的平衡位置 d_0，且不会越过它，$R_外$ 越小，M 越大，运动越慢，达到平衡位置所需时间越长。显然，此状态也不利于迅速进入测量状态。

当 $R_外=0$（即电流计外部短路）时，阻尼很大。如果在光标回到零点的瞬间，用阻尼开关 S_4 使外部短路，则线圈就会在大阻尼作用下运动变慢，并很快停止在零点，给调节工作带来极大方便。为了保护电流计免受振动和避免张丝振断，一般都附有短路阻尼开关，用完后必须将其置于短路位置。

（3）临界阻尼状态　如图 5.3-21a 中线Ⅱ所示，当 $R_外=R_0$ 为某一适当值时，线圈很快无振动地达到新的平衡位置 d_0，这种状态介于前两种状态之间，叫临界阻尼状态。显然，线圈工作于此状态最便于测量。对应于此状态的 $R_外$ 叫外临界电阻 $R_{外临}$。

控制运动状态的方法：

1）选择适当的电流计，使其 $R_{外临}=R_外$，如图 5.3-22a 所示。

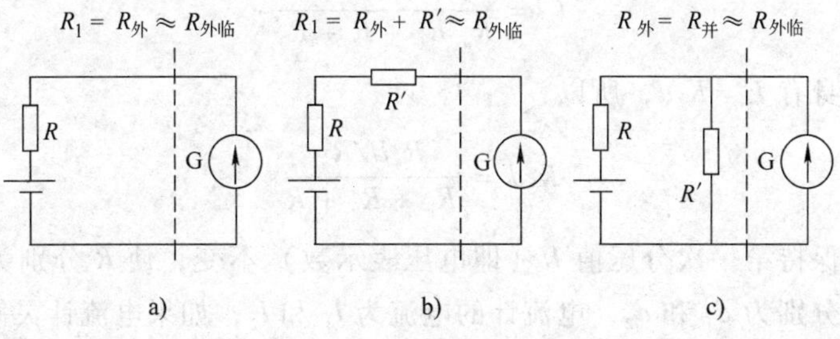

图　5.3-22

2）若电流计已定，且 $R_{外临}>>R_外$，则可串联一电阻 R' 使 $R_外+R'\approx R_{外临}$，如图 5.3-22b 所示，但由此会降低整个电路的灵敏度。

3）若电流计的 $R_{外临} \ll R_{外}$，则可并联一个电阻 R'，使 $R'R_{外}/(R'+R_{外}) \approx R_{外临}$，如图 5.3-22c 所示，但由此同样会降低电路的灵敏度。

当电流计线圈由新平衡位置 d_0 回到零时也有以上运动状态，如图 5.3-21b 所示。

3. 测量电流计内阻和电流常数

临界电阻、内阻、电流常数、自由振荡周期是灵敏电流计的特性参量，测量内阻和电流常数的实验电路如图 5.3-23 所示。图中，G 为灵敏电流计；电阻 R_b 和 R_a 组成固定分压器，R_b 为 1Ω 的标准电阻，比值 R_b/R_a 分别取为 0.001 和 0.0001，根据需要选用；S_2 为双刀双掷换向开关，用来改变电流方向，以消除零点未调好而带来的误差；S_3 为电流计断路开关，断开后线圈可自由振荡；S_4 为阻尼开关，起阻尼作用（仪器上的“短路”位置即阻尼开关）。r 为分压器，R 为外电阻（电阻箱）。

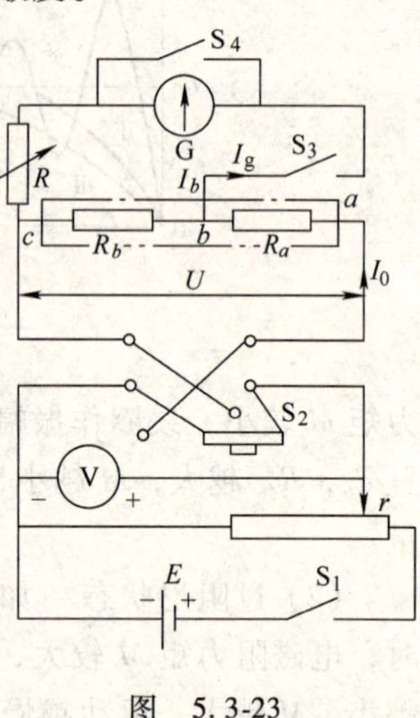

图 5.3-23

由于电流计允许通过的电流很小，故实验中采用二次分压电路，由图 5.3-23 可知，流过电流计的电流为

$$I_g = U_{bc}/(R_g + R) \tag{5.3-26}$$

而 $U_{bc} = I_b R_b = (I - I_g) R_b$，$I = U\Big/\left[R_a + \dfrac{R_b(R+R_g)}{R_b+R+R_g}\right]$

代入式（5.3-26）整理后得

$$I_g = \frac{R_b U}{R_a(R_b + R + R_g) + R_b(R + R_g)} \tag{5.3-27}$$

当 $R_a \gg R_b$ 时，式中 $R_b(R+R_g)$ 项可略去，则

$$I_g = \frac{R_b}{R_a}\frac{U}{R_b + R + R_g} \tag{5.3-28}$$

由电流计本身有 $I_g = K_L d$，所以

$$K_L d = \frac{R_b U/R_a}{R_b + R_g + R} \tag{5.3-29}$$

测量中保持第一次分压值 U（即电压表示数）不变，使 R 分别为 R_1 和 R_2，电流计偏转分别为 d_1 和 d_2，电流计的电流为 I_1 和 I_2，如果电流计灵敏度在 I_1 和 I_2 之间不变，且略去 R_b，便可得到电流计内阻 R_g 和电流常数 K_L。

$$R_g = \frac{d_2R_2 - d_1R_1}{d_1 - d_2} \tag{5.3-30}$$

$$K_L = \frac{\frac{R_b}{R_a}U}{d_1(R_1 + R_g)} \tag{5.3-31}$$

【实验仪器】

直流反射式检流计（生产单位：上海上表企业有限公司）、数字毫伏表、固定分压器、旋转式电阻箱、滑动变阻器、甲电地、双刀双掷开关、单刀双掷开关及导线等。

【实验内容】

（1）阅读本书第 3 章 3.5.3 小节了解直流反射射式检流计的结构，使用注意事项及各仪器的读数要求。

（2）将检流计水平放置，按照图 5.3-23 接线，经教师检查后再做实验。

（3）观察光标运动情况，确定 $R_{外临}$。

1）调节分压器 r 使输出电压由小到大，先取 $R_b/R_a = 0.001$，并使外电阻 $R = 100\Omega$，合上 S_3，S_2 倒向任一侧。断开 S_1，利用调零旋钮和标盘调零，再合上 S_1，使光标偏转某一值，再断开 S_1，观察光标回零运动状况（回零快慢，是否有振动）。

2）改变外电阻为大、中、小不同值，每次分别调零，再调分压器 r 使光标与 1）有相同偏转值时，观察每次断开 S_1 后光标回零运动情况，由此确定运动状态和 $R_{外临}$。

（4）测内阻 R_g 和电流常数 K_L。

1）利用式（5.3-30）和式（5.3-31）测 R_g 和 K_L 时，外电阻 R 可取任意两个值，为简单起见，实验中取 $R_1 = 0\Omega$，$R_2 = 50\Omega$，两次电压 U 不变。

2）为了减小误差，除了耐心地调节光标零点，以消除零位误差外，每次测量都要改变电流方向测 d^+、d^-，取其平均值（即 $\overline{d}_1 = (d_1^+ + d_1^-)/2$，$\overline{d}_2 = (d_2^+ + d_2^-)/2$）。

3）将 $\overline{d}_1$、$\overline{d}_2$ 和 U 代入式（5.3-30）和式（5.3-31），计算 R_g 和 K_L 及误差。

（5）使 $R = R_{外临}$，调光标使 $d > 20\text{mm}$，断开 S_3，测自由振荡周期 T_0，再使光标偏转最大，断开 S_1，测回零的阻尼时间。

（6）将测量结果与仪器铭牌上所标之值进行比较。

【思考题】

（1）根据所用检流计的灵敏度说明其物理意义。

（2）用灵敏电流计测量内电阻很大的光电管电流时，电流计将工作在什么状态？怎样才能使它工作于临界状态？（$R_{外临} = 1.3\text{k}\Omega$，$R_g = 1\text{k}\Omega$，仿照图 5.3-22 画出简单草图）。

（王银峰　稿）

实验30 电子示波器的使用

电子示波器（简称示波器）是用来显示两个信号电压间的变化关系图像的一种电子仪器，特别是因为经常用它显示电压随时间变化的函数图像，即波形图，所以叫示波器。

示波器的用途极其广泛，适用于一切可能转化为对应电压的电学量（如电流、电功率、阻抗等）和非电学量（如温度、位移、速度、压力、声强、光强、磁场、频率等）以及它们对时间变化过程的研究。

【实验目的】

(1) 了解示波器显示图像的原理。

(2) 学习示波器和低频信号发生器的使用方法。

【实验原理】

1. 示波器的主要组成部分

如图5.3-24所示，示波器主要由示波管、扫描及整步装置（即锯齿波发生器）、放大与衰减装置、电源4个部分组成。

(1) 示波管　它是示波器显示图像的关键部件，是示波器的心脏。它是在一个抽成高真空的玻璃泡中，装置有多个电极，如图5.3-25所示，主要由电子枪、偏转极和荧光屏3部分组成。

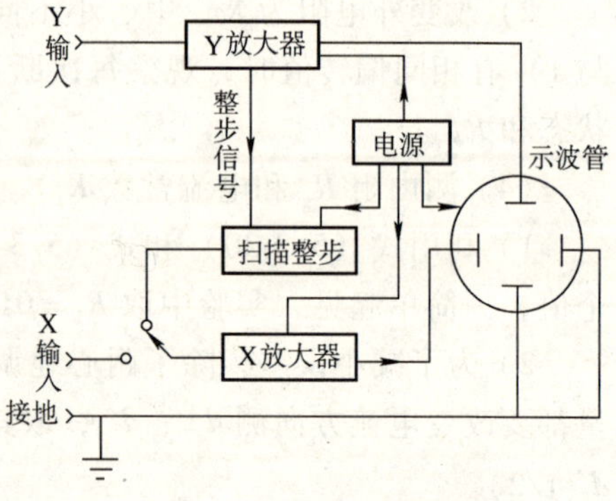

图5.3-24　示波器方框图

1）电子枪：它是由灯丝、热阴极、控制栅极、加速电极、第一阳极和第二阳极构成。灯丝通电以后发热，热阴极是一个顶部表面涂有氧化物的金属圆筒，经灯丝加热后温度上升，一部分电子脱离金属表面，成为自由电子发射出去。控制栅极为顶端开有小孔的圆筒，其电位比热阴极低。这样，热阴极发射出来的具有一定初速的自由电子，通过控制栅极和热阴极间形成的电场时被减速。初速大的电子可以穿过控制栅极顶端小孔射向荧光屏。初速小的电子则被电场排斥返回热阴

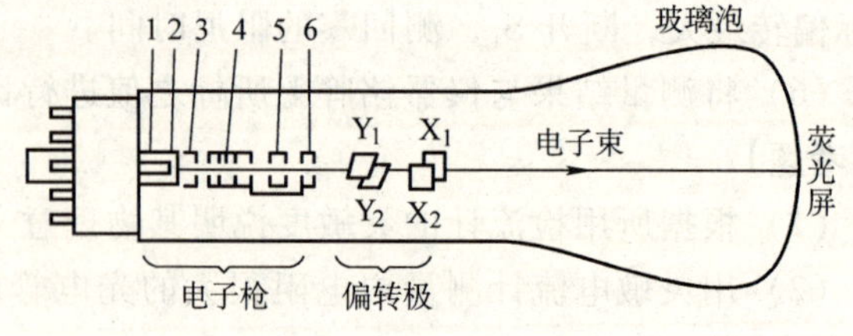

图5.3-25　示波管

1—灯丝　2—热阴极　3—控制栅极　4—加速极　5—第一阳极　6—第二阳极

极。如果控制栅极所加电压足够低，可使全部电子返回热阴极，而不能穿过控制栅极的小孔。这样，调节控制栅极电位就能控制射向荧光屏的电子流密度。打在荧光屏上的电子流密度大，电子轰击荧光屏的总能量大，荧光屏上激发的荧光就亮一些。所以，调节控制栅极和热阴极之间的电位差，就可以控制荧光屏上光点亮度（也称辉度）的变化，这称为辉度调节。

为使电子获得较大的能量，以很大的速度打在荧光屏上，使荧光物质发光；需在控制栅极之后安装加速电极，相对于热阴极的电压一般为 1000 ~ 2000V，加速电极是一个长形金属圆筒，筒内装有具有同心孔的金属膜片，使在圆筒区域内形成平行于中心轴的均匀电场，用于阻挡电子偏离轴线方向，使电子束具有较小的截面。加速电极之后是第一阳极和第二阳极。通常第二阳极和加速电极相连，而第一阳极相对于热阴极的电压一般为几百伏特。这 3 个电极所形成的电场，除了对热阴极发射出来的电子进行加速外，还要使之会聚成很细的电子束。改变第一阳极的电压可改变电场分布，从而改变电子束在荧光屏上的聚焦程度，即改变荧光屏上光点的大小，这称为聚焦调节。改变第二阳极的电压也会改变电场分布，从而也改变电子束在荧光屏上聚焦的好坏，故称辅助聚焦调节。

2）偏转极：为使电子束能够达到荧光屏上的任何一点，在示波管内装有两对互相垂直的极板，第一对是垂直偏转板 Y_1、Y_2，第二对是水平偏转板 X_1、X_2。设电子束原来是射在荧光屏的中心点，如在 Y_1、Y_2 上加一直流电压（Y_1 的电位高于 Y_2），则电子束经过极板时，因受到垂直于运动方向且方向向上的电场力的作用而发生偏转。电子束到达荧光屏时，光点的位置位于中央水平轴的上方；反之，若 Y_2 的电位高于 Y_1，则光点位于下方。光点偏转的距离与所加偏转电压成正比。改变偏转电压的大小可使光点向上或向下移动，称为垂直（Y 轴）位移。同样，X_1、X_2 上加一直流电压，则光点位于中央垂直轴的右方（或左方），改变 X 方向偏转电压的大小可使光点向左或向右移动，这称为水平（X 轴）位移。

3）荧光屏：玻璃泡前端的内壁涂有发光物质，它在吸收打在其上的电子动能之后，即辐射可见光。在电子轰击停止后，发光仍能维持一段时间，称为余辉。余辉时间长短决定于发光物质的成分。在荧光屏上，电子束的动能不仅转换成光能，同时还转换成热能。如电子束长久轰击某一点，或电子流密度过大，就可能使轰击点发光物质烧毁而形成黑斑，操作时应予注意。

（2）电压放大与衰减装置　该装置包括 X 轴放大器、Y 轴放大器、X 轴衰减器、Y 轴衰减器。

由于示波管本身的 X 和 Y 偏转板的灵敏度不高（约 0.1 ~ 1mm/V），把较小的信号电压直接加于偏转板时，电子束不能发生足够的偏转，以致屏上的光点位移过小，不便观察。为此，需要设置 X 轴及 Y 轴放大器，预先把小信号电压放大后再加到偏转板上。

把过大的信号电压输入放大器时，放大器不能正常工作，甚至受损，这就需要设置衰减器，使过大的信号减小，以适应放大器的要求。

扫描与整步的作用将在下面叙述。

2. 示波器显示波形的基本原理

由示波器偏转板的作用可知，只有偏转板上加有电压，电子束的方向才会在偏转电场的作用下发生偏转，从而使荧光屏上亮点的位置跟着变化。在一定范围内，亮点的位移与偏转板上所加电压大小成正比。

（1）示波器的扫描　如果在 Y 偏转板上加一个随时间成周期性变化的正弦波（如 $U_y = U_{ym}\sin\omega t$）电压，则在荧光屏上的亮点在垂直方向上作正弦振动，但由于发光物质的余辉现象和人眼的视觉残留效应，我们在荧光屏上所看到的是一条垂直的亮线段，如图 5.3-26 所示。线段的长度与正弦波的峰峰值成正比。

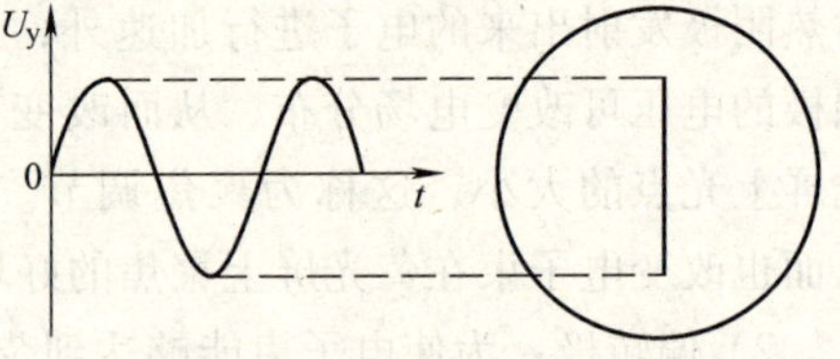

图 5.3-26　Y 偏转板上加正弦交变电压

要在荧光屏上展现出正弦波形，就需要将光点沿 X 轴展开。为此，在 X 偏转板（即水平偏转板）上加一随时间作线性变化的电压 U_x，称为扫描电压，如图 5.3-27 所示。扫描电压的特点是：从 $-U_{xm}$ 开始（$t=t_0$）随时间成正比地增加到 U_{xm}（$t_0<t<t_1$），然后又突然返回到 $-U_{xm}$（$t=t_1$），再从头开始随时间成正比增加到 U_{xm}（$t_1<t<t_2$），以后重复前述过程。扫描电压随时间变化的关系如同锯齿一样，故又称为锯齿波电压。如果单独把锯齿波电压加在 X 偏转板上而 Y 偏转板上不加电压信号，那么，也只能看到一条水平的亮线，此线即为"扫描线"，一般称为时间基线。

假如在 Y 轴加一正弦变化电压 U_y 的同时，在 X 偏转板上加有扫描电压 U_x，则电子束不但受到垂直方向电场力的作用而且还受到水平方向电场力的作用，在这两个电场力的作用下，电子束既有 Y 方向偏转，又有 X 方向的偏转，若扫描电压和正弦电压周期完全一致，则荧光屏上显示的图形将是一个完整的正弦波，如图 5.3-28 所示。如 U_x 的周期为 U_y 的 n（整数）倍，即 $T_x = nT_y$，或 U_x 的频率为 U_y 的 $1/n$ 倍，即 $f_x = f_y/n$，荧光屏上显示 n（整数）个正弦波形。

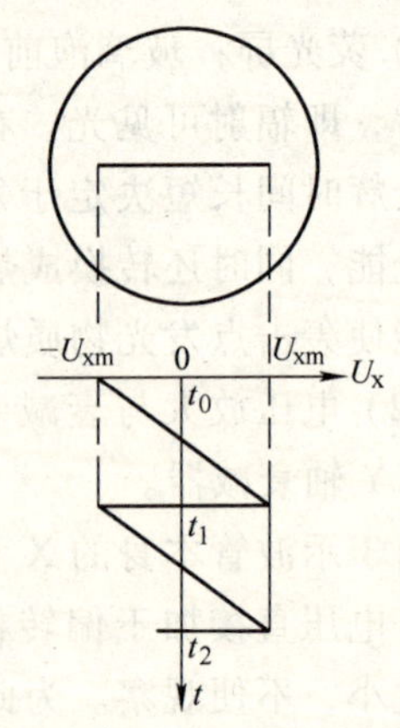

图 5.3-27　锯齿波扫描电压

（2）示波器的整步　由图 5.3-28 可以看出，当 U_y 与 X 轴扫描电压 U_x 周期成整数倍关系，即 $T_x = nT_y$（$n = 1, 2, 3, \cdots$）时，亮点描出一个或 n 个完整的正弦曲线后迅速返回原来开始的位

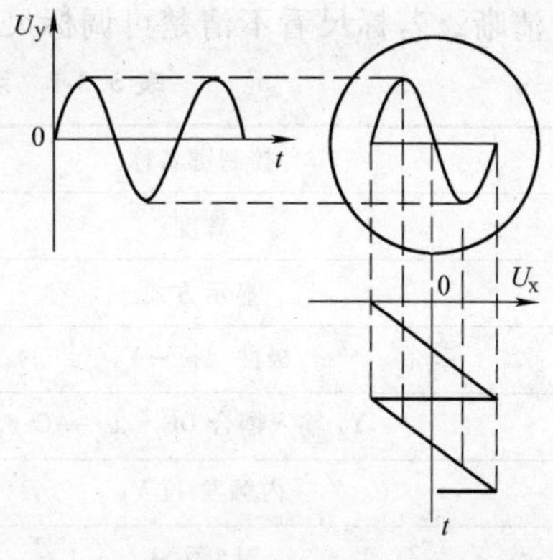

图 5.3-28　亮点的合成位移显示出波形

置，于是又描出一条与前一条完全重合的正弦曲线，如此重复，荧光屏上显示出一条稳定正弦曲线。如果它们的周期不相同或不成整数倍关系，那么，第二次、第三次、……描出的曲线与第一次的就不重合，荧光屏上显示的图形就不是一条稳定的曲线。所以，只有在 U_y 与 U_x 的周期严格相同，或后者是前者的整数倍时，或者说，只有在 U_y 与 U_x 的频率严格相同，或前者是后者的整数倍时，图形才会清晰而稳定。但由于 U_y 与 U_x 的信号来自于不同的振荡源，它们之间的频率比不会简单地满足整数倍，所以示波器中的扫描电压 U_x 的频率必须可以调节。调节扫描信号的频率使其与输入信号的频率成整数倍的调整过程称为“同步”或“整步”，也称“触发”。但此过程仅靠人工调节是不容易准确满足上述关系的，而且待测电压的频率越高，调节就越不容易。为此，一般靠人工调节，在大致满足以上关系的基础上，再引入一个幅度可以调节的电压，对扫描电压的频率进行自动跟踪控制，以准确满足上述关系，所引入的电压叫整步电压。整步电压可取自被测信号（称内整步），或电源电压（称电源整步），也可将另一外加信号由整步输入接线柱接入，称为外整步。具体选用哪种整步方式，视需要而定，在一般情况下，常使用内整步。整步电压不可过大，否则尽管图形是稳定的，但不能获得被测信号的完整波形。

【实验仪器】

SR8 型二踪示波器（其外形图见图 5.3-29）（生产单位：上海新建电子电器公司）1 台，SC2000—Ⅱ型功率函数发生器（生产单位：四川大学物理实验中心）1 台，电源控制板及调压器 1 个。

【实验内容】

（1）阅读第 3 章，了解掌握 SR8 型二踪示波器（3.6.2 小节）及 SC2000—Ⅱ型功率函数发生器（3.6.3 小节）的性能、各控制旋钮的作用及使用方法。

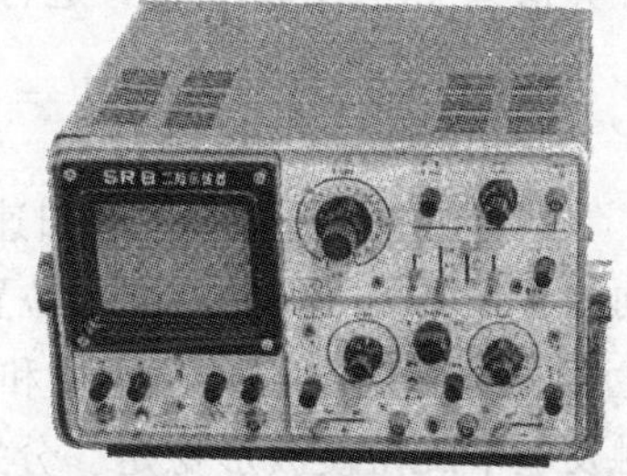

图 5.3-29　SR8 型二踪示波器

将示波器各控制键置于表 5.3-1 所列的作用位置后接通电源开关，10s 后，若看到图线，可调辉度旋钮使图线亮度适当。若看不到图线，可按下寻迹按键，借以判明图线所在的位置。调 Y 轴和 X 轴移位，把图线移到荧光屏中心，调聚焦和辅助聚焦旋钮使图线最清晰，若标尺看不清楚可调标尺亮度旋钮。

表 5.3-1　示波器控制键初始位置表

控制键名称	作用位置
辉度	居中
显示方式	Y_A
极性　拉 - Y_A	常态（按）
Y_A 输入耦合 DC - ⊥ - AC	置“⊥”
内触发 拉 Y_B	常态（按）
触发方式	自动
Y 轴移位	居中
X 轴移位	居中
X 轴移位微调	居中

注意：显示图线的辉度不宜过亮，以免损坏荧光屏，转换各控制键时不要用力过猛。

（2）测定交流电压：

1）将 SC2000—Ⅱ型功率函数发生器的输出阻抗置“5000”档，内部负载开关置“断”，分贝衰减器置“10”，电压表量程置“15V”档。电压输出调节逆时针方向调至最小，输出频率调至 1000Hz 位置。接通函数发生器电源。

2）将示波器的 Y_A 输入插座用衰减数为 n 的输入探头接到函数发生器的输出端（注意：两仪器的接地端应连在一起）。将 Y_A 输入耦合置“AC”；触发方式置“触发”，触发源选择置“内”；触发极性置“十”；Y_A 对输入灵敏度 V/div 置“0.5”档，Y_A 输入灵敏度 V/div 微调（红色旋钮）顺时针方向旋到最右校准位置。调节函数发生器的输出调节，使电压表指示数分别为 6V 和 9V，调节扫速 t/div 及其微调（红色旋钮）以及触发电平旋钮，使其显示稳定的波形，记录相应的峰峰高度 H（div）和 V/div 示数，用下式计算各待测电压的有效值 U'。将计算值 U' 和电压表示数 U 进行比较。

$$U' = \frac{V/\text{div} \times H(\text{div}) \times n}{2\sqrt{2}} \tag{5.3-32}$$

（3）测定信号频率：将扫速 t/div 置“0.1ms”档；扫速 t/div 微调顺时针方向旋到最右校准开关接通的位置；使函数发生器的输出电压调为 6V，使函数发生器的频率 f 分别为 1000Hz 和 10000Hz，调 V/div 及其微调使波形高度适当，调触发电平旋钮使波形稳定。分别测出 N（N 分别取 1 和 10）个完整波形的水平距离 D（div），计算各待测频率 f'，并与函数发生器的频率 f 进行比较。

$$f' = \frac{N}{t/\text{div} \times D(\text{div})} \tag{5.3-33}$$

（4）测定相位差：若将简谐交变电压加在电阻、电容串联电路 AB 的两端，如图 5.3-26 所示，则 AB 两端的总电压与电流之间存在相位差 φ。如图 5.3-27 所示。φ 与电容 C、电阻 R 及信号源的角频率 ω 的关系为

$$\varphi = -\arctan\frac{1}{\omega CR} \tag{5.3-34}$$

式中，负号表示电流超前于电压；$\omega = 2\pi f$，f 为信号源的交变频率。

1）按图 5.3-30 连线。图 5.3-31 显示的是 AB 两端的电压波形；Y_B 显示的是电阻 R 两端的电压波形，即电流波形（因为电阻上的电压波形与电流波形同相位）。

2）将示波器的显示方式开关置“断续”档，内触发开关直拉 Y_B，Y_B 输入耦合置“AC”，将函数发生器的频率调为 500Hz，输出阻抗置“600Ω”，输出电压调为 1V。调节示波器的 Y_B 输入灵敏度 V/div 及其微调和 Y_B 轴移位，使电流波形幅度适当，且对称于 X 轴。调节扫速 t/div 及其微调，使一个波在标尺上的水平长度为 8（div）整，调触发电平旋钮使波形稳定。这时每 1（div）相当于 45°。调 Y_A 的输入灵敏度 V/div 及其微调和 Y_A 轴移位，读出电压波形与电流波形在水平方向的距离 d（div），用下面的式（5.3-35）计算待测电位差 φ'

$$\varphi' = d(\text{div}) \times 45°/\text{div} \tag{5.3-35}$$

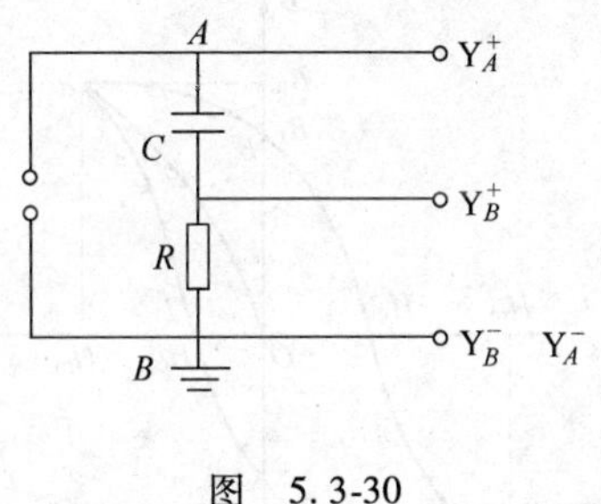

图 5.3-30

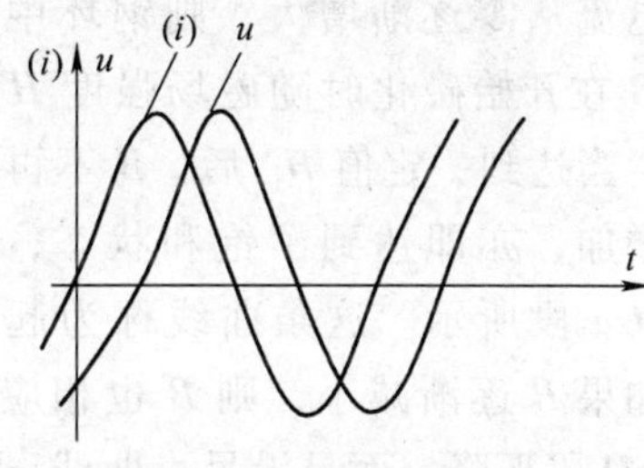

图 5.3-31

在本实验中，$R = 100\Omega$，$C = 1.0\mu f$，由式（5.3-34）计算 φ 并与 φ' 进行比较。

3）将函数发生器频率调为 50000 Hz，计算 φ' 和 φ。

【思考题】

如果示波器是良好的，但由于某些旋钮位置并未调好，荧光屏上看不见亮线，问哪几个旋钮位置不合适就可能造成这种情况？应该怎样操作才能找到亮线？

（王银峰 稿）

实验 31 铁磁材料磁化曲线与磁滞回线的测绘

铁磁材料分为硬磁和软磁两类。硬磁材料的磁滞回线宽，剩磁和矫顽磁力较大，因而磁化后，它的磁感应强度能保持，适宜于制造永久磁铁；软磁材料的磁滞回线窄，矫顽磁力小，但它的磁导率和饱和磁感应强度大，容易磁化和去磁，适于制造电机、变压器和电磁铁。可见铁磁材料的磁化曲线和磁滞回线是该材料的重要特性，也是设计电磁机构和仪表的依据之一。

将较难测量的磁学量，通过一定的物理规律转换为易于测量的电学量，是物理实验的一种基本测量方法，即转换测量法。冲击电流计法和示波器法是磁测量的两种转换测量法。前一种方法准确度较高，但过程复杂、费时；后一种方法准确度稍逊，但直观、方便、迅速，适于工厂快速检测和对成品进行分类。

【实验目的】

（1）了解示波器显示磁滞回线的基本原理。

（2）学习用示波器测绘磁化曲线和磁滞回线。

【实验原理】

1. 起始磁化曲线 基本磁化曲线和磁滞回线

铁磁材料（铁、钴、镍及它们的合金）具有独特的磁化性质，现以一块未磁化的铁磁材料，其外面密绕线圈的钢圆环样品为例来说明。如果流过线圈的磁化电流从零逐渐增大，则钢环中的磁感应强度 B 在开始磁化时随磁场强度 H 的增加而增加，当达到一定值 H_m 后，B 不再随 H 的增加而增加，亦即达到了饱和状态，如图 5.3-32 中 Oa 段所示。这条曲线称为起始磁化曲线。如果 H 逐渐减小，则 B 也相应减小但并不沿 aO 段下降，而是沿另一曲线 ab 下降。B 随 H 变化的全过程如下：

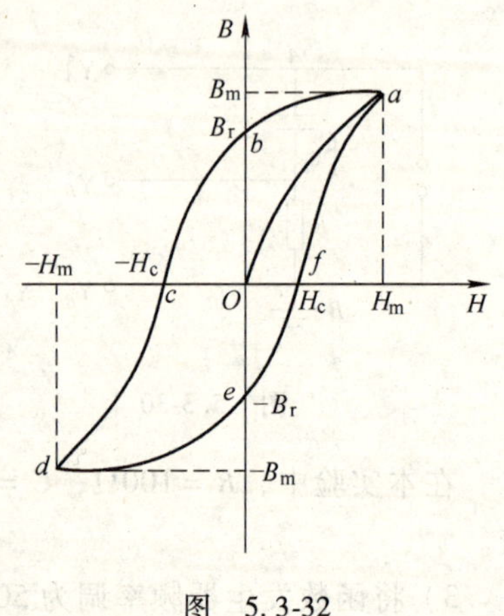

图 5.3-32

当 H 按 $O \to H_m \to O \to -H_c \to -H_m \to O \to H_c \to H_m$ 的顺序变化时，B 相应沿 $O \to B_m \to B_r \to O \to -B_m \to -B_r \to O \to B_m$ 的顺序变化。将上述变化过程的各点连接起来，就得到一条封闭曲线 $abcdefa$，由于磁感应强度 B 总是落后于磁场强度 H 的变化，所以这种现象称为磁滞现象，这条曲线称为磁滞回线。从图 5.3-32 可以看出：

1）当 $H=0$ 时，B 不为零，铁磁材料还保留一定值的磁感应强度 B_r，通常称 B_r 为铁磁材料的剩磁。

2）要消除剩磁 B_r，使 B 降为零，就必需加一个反方向磁场强度 H_c，这个反方向磁场强度 H_c 叫做该铁磁材料的矫顽磁力。

3）H 上升到某个值和下降到同一个数值时，铁磁材料内的 B 值并不相同，说明磁化过程与铁磁材料过去的磁化经历有关。

对于同一铁磁材料，若开始时不带磁性，依次选取磁化电流 I_1，I_2，…，I_m（$I_1 < I_2 < \cdots I_m$），则相应的磁场强度为 H_1，H_2，…，H_m 在每一选定的磁场值下使其方向发生两次变化（即 $H_1 \to -H_1 \to H_1 \to \cdots \to H_m \to -H_m \to H_m$），可得到一组逐渐增大的磁滞回线，如图 5.3-33 所示。把原点 O 和各个磁滞回线的顶点 a_1，a_2，…，a 所连成的曲线称为铁磁材料的基本磁化曲线，可以看到铁磁材料的 B 和 H 不是直线关系，即铁磁材料的磁导率 $\mu = B/H$ 不是常数。

在理论上，要消除剩磁 B_r，只需要通一反向磁化电流（退磁电流），使外加磁场强度正好等于铁磁材料的矫顽磁力就行。实际上，矫顽磁力的大小通常是不知道的，因而无法确定退磁电流的大小。从磁滞回线可以得到启示，如果使铁磁材料磁化达到饱和，然后不断改变磁化电流方向，与此同时逐渐减小磁化电流，直至为零，那么该材料的磁化过程是一连串逐渐缩小而最终趋于原点的循环曲线，如图 5.3-34 所示。当 H 减小到 0 时，B 亦同时降为 0，达到完全退磁。

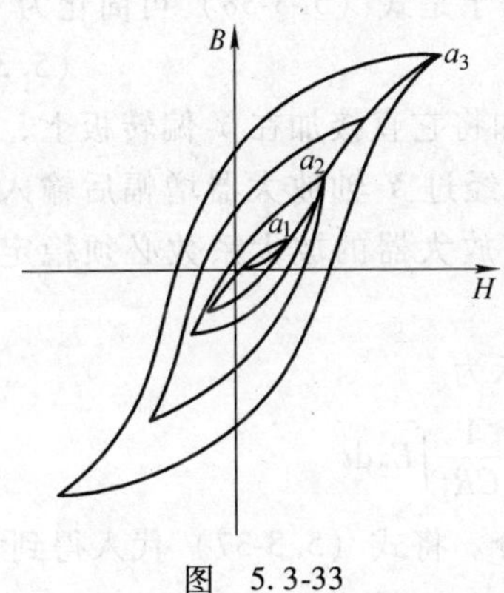

图　5.3-33

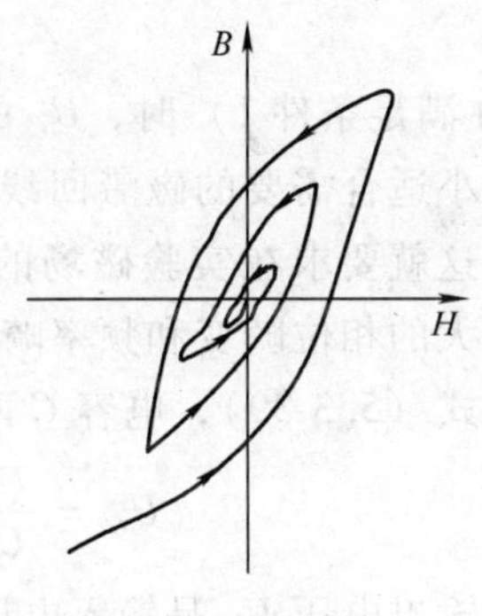

图　5.3-34

2. 示波器显示磁滞回线的原理和线路

为了使示波器显示磁滞回线，在示波器的 X 偏转板输入正比于样品磁场强度 H 的电压，在 Y 偏转板输入正比于样品磁感应强度 B 的电压，在荧光屏上就可得到样品的 B-H 曲线。

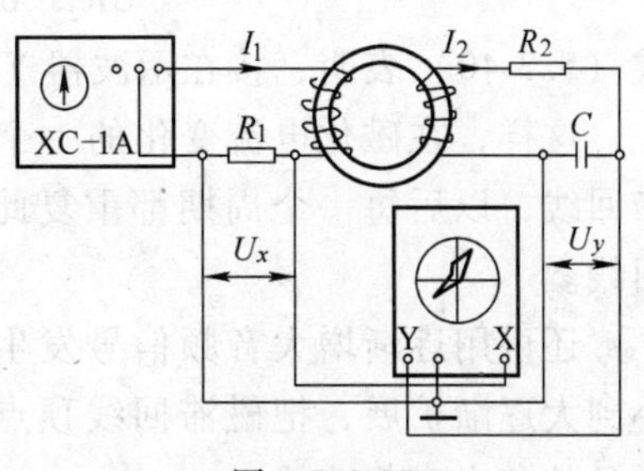

图　5.3-35

如图 5.3-35 所示，若将 R_1 上的电压 $U_x = I_1 R_1$（I_1，U_x 都是交变的）接到示波器 X

轴输入端，由于磁化电流

$$I_1 = HL/N_1$$

则

$$U_x = \frac{LR_1}{N_1}H \tag{5.3-36}$$

式中，N_1 为初级线圈的匝数；L 为圆环的平均周长。上式表明电子束的水平偏移正比于磁场强度 H。

为了获得样品中与磁感应强度瞬时值 B 成正比的电压 U_y，采用电阻 R_2 和电容 C 组成的积分电路，并将电容 C 两端的电压接到示波器 Y 轴输入端。因交变磁场 H 在样品中产生交变的磁感应强度 B，结果在次级线圈内出现感应电动势，其大小为

$$E_2 = \frac{\mathrm{d}\varphi}{\mathrm{d}t} = N_2 A \frac{\mathrm{d}B}{\mathrm{d}t} \tag{5.3-37}$$

式中，N_2 为次级线圈的匝数；A 为圆环的截面积。对于次级回路，有

$$E_2 = U_C + I_2 R_2 \tag{5.3-38}$$

为了如实地显示磁滞回线，要求：

1）积分电路的时间常数 R_2C 应比 $1/(2\pi f)$ （f 为交流电的频率）大 100 倍以上，即要求 R_2 比 $1/(2\pi fC)$ （电容 C 的阻抗）大 100 倍以上，这样，U_c 跟 I_2R_2 相比可忽略（由此带来的误差小于 1%）。于是式（5.3-38）可简化为

$$E_2 = I_2 R_2 \tag{5.3-39}$$

2）在满足条件 1）时，U_C 的振幅很小，如将它直接加在 Y 偏转板上，则不能显示大小适合需要的磁滞回线。为此需特地经过 Y 轴放大器增幅后输入至 Y 偏转板。这就要求在实验磁场的频率范围内，放大器的放大系数必须稳定，以免带来较大的相位畸变和频率畸变。

利用式（5.3-39），电容 C 两端的电压表示为

$$U_C = \frac{Q}{C} = \frac{1}{C}\int I_2 \mathrm{d}t = \frac{1}{CR_2}\int E_2 \mathrm{d}t$$

上式表示输出电压 U_C 是输入电压对时间的积分。将式（5.3-37）代入得到

$$U_C = \frac{N_2 A}{CR_2}\int \frac{\mathrm{d}B}{\mathrm{d}t}\mathrm{d}t = \frac{N_2 A}{CR_2}\int_0^B \mathrm{d}B = \frac{N_2 A}{CR_2} B \tag{5.3-40}$$

式（5.3-40）表明，接在示波器 Y 轴输入端的电容 C 上的电压确实正比于 B。

这样，在磁化电流变化的一个周期内，电子束的径迹描绘出一条完整的磁滞回线，以后每一个周期都重复此过程，结果在荧光屏上看到一条连续的磁滞回线。

还可用逐渐增大音频信号发生器输出电压的方法，使荧光屏上磁滞回线由小到大逐渐扩展，把磁滞回线顶点的位置逐个记录在坐标纸上，连接起来就是样品的基本磁化曲线。

3. 测定磁滞回线上任一点的 H、B 值

为了得到磁滞回线所求点的 B、H 值，需要测出该点的坐标（x，y），从而计算加到示波器上的电压 $U_x = nS_x \cdot x$ 和 $U_y = nS_y \cdot y$。其中，n 为连接示波器 X 输入和 Y 输入的电缆线的衰减数，S_x 和 S_y 分别为示波器 X 输入和 Y 输入灵敏度选择开关示数。代入式（5.3-36）和式（5.3-40）可得

$$H = \frac{nN_1S_x}{LR_1}x \tag{5.3-41}$$

$$B = \frac{nCR_2S_y}{AN_2}y \tag{5.3-42}$$

【实验仪器】

YB4242 型双踪示波器（生产单位：江苏绿扬电子仪器集团有限公司）1 台，XD—1 型低频信号发生器（生产单位：天津市中环科学仪器公司）1 台，待测磁环装置 1 件。

【实验内容】

（1）阅读第 3 章有关内容，掌握 YB4242 型示波器（3.6.2 小节）及 XD—1 型低频信号发生器的性能和使用方法。

（2）照图 5.3-36 连接线路，低频信号发生器接功率输出，输出阻抗调至 500Ω，则功率输出电压为 0 ~ 50V。调信号发生器的频率到 400Hz。示波器按垂直振动图形合成方式连接。注意，本实验中连接示波器 X 轴和 Y 轴的电缆线衰减都为 10。将示波器的灵敏度选择旋钮调到适当的位置（如 S_x 调到 20mV/cm，S_y 调到 10mV/cm）。

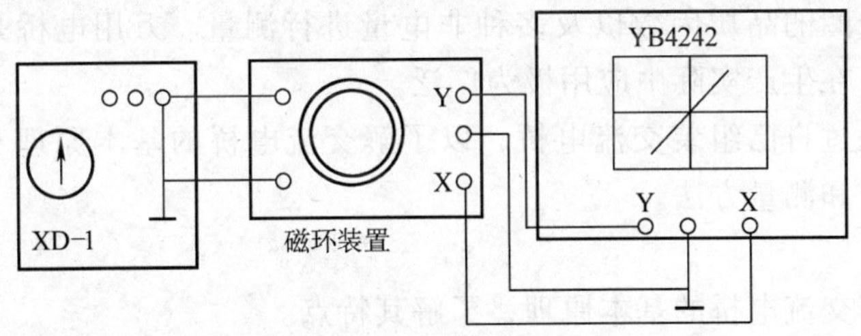

图 5.3-36

（3）接通低频信号发生器的电源和示波器的电源。调节示波器的辉度、聚焦及移位等旋钮，使图线亮度适当且最清晰，图形位于荧光屏中心。

（4）将低频信号发生器的输出电压从零逐渐增加，荧光屏上将出现磁滞回线的图像。待图像饱和后逐渐减小输出电压到零，使样品退磁。

（5）从零起调节低频信号发生器的输出电压。每增加适当电压记一次磁滞回线顶点的坐标（总共记录 6 或 7 次）直到出现饱和磁滞回线为止（注意：每次记录都要将图形移到坐标正中间）。将每条磁滞回线顶点的坐标描绘在坐标纸

上，连接各点成光滑曲线，即得到显示的基本磁化曲线。

(6) 记下饱和磁滞回线上与图 5. 3-32 中对应的 a、b、c、d 各点的坐标，并描绘在显示基本磁化曲线的同一坐标纸上。为了便于画出光滑曲线，可在 a、b 之间，b、c 之间和 c、d 之间再描绘一或两个点的坐标。根据 a、b、c、d 与 d、e、f、a 等各点对称的关系，画出显示的饱和磁滞回线。

(7) 记下有关数据（$C=1.0\mu F$，$R_1=15\Omega$，$R_2=100k\Omega$，$L=0.327m$，$A=2.40\times10^{-4}m^2$，N_1、N_2 的数据在实验数据记录板上）。计算 H_m、B_m、H_c、B_r 各值，并标明在坐标图上。

【思习题】

(1) 若连接示波器 X 输入和 Y 输入的电缆线衰减为“1”，那么计算 H 和 B 的公式有何不同?

(2) 从基本磁化曲线上，根据关系式 $B=\mu H$，$\mu=\mu_0\mu_r$ 和 $\mu_0=4\pi\times10^{-7}$，计算该铁磁质的最大相对磁导率 μ_r。

（王银峰　稿）

实验 32　交流电桥的使用

交流电桥主要用来测量交流等效阻抗、电感和电容等参数。它是将被测对象和标准量具（如标准电感和标准电容）在电桥线路上进行比较的测量仪器，因此可得到较高的测量准确度。交流电桥还可以用来对信号频率、电容的损耗因数、电感线圈的品质因数以及多种非电量进行测量。万用电桥是一种多功能的交流电桥，在生产实际中应用极为广泛。

本实验通过自己组装交流电桥，以了解交流电桥的基本原理和特点，掌握其平衡的调节和测量方法。

【实验目的】

(1) 理解交流电桥的基本原理，了解其特点。

(2) 掌握交流电桥平衡的调节方法，测定电容和电感的参数。

【实验原理】

交流电桥与直流电桥类似，但它的四个桥臂不是全由电阻组成，而是可以包含有电容或电感的阻抗。交流电桥工作时使用交流电源，电桥平衡的检测使用交流指示器，如电子毫伏表等。

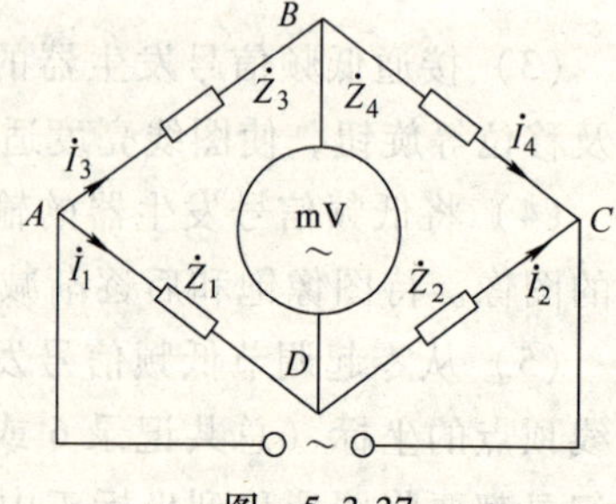

图　5. 3-37

图 5. 3-37 是交流电桥的原理线路，其中

$\dot{Z}_1$、$\dot{Z}_2$、$\dot{Z}_3$ 和 $\dot{Z}_4$ 分别表示四个臂的复数阻抗。当调节各臂阻抗使 BD 支路电流为 0 时，电桥达到平衡，这时有

$$\dot{I}_1\dot{Z}_1 = \dot{I}_3\dot{Z}_3, \dot{I}_2\dot{Z}_2 = \dot{I}_4\dot{Z}_4, \dot{I}_1 = \dot{I}_2, \dot{I}_3 = \dot{I}_4$$

解以上方程可得

$$\dot{Z}_1\dot{Z}_4 = \dot{Z}_2\dot{Z}_3 \tag{5.3-43}$$

式中，$\dot{I}_1$、$\dot{I}_2$、$\dot{I}_3$ 和 $\dot{I}_4$ 均为复数电流。式（5.3-43）就是交流电桥的平衡条件。在正弦交流电的情况下，复数阻抗可以用复数的指数形式 $\dot{Z} = Z\mathrm{e}^{\mathrm{j}\phi}$ 表示，则式（5.3-43）可写成

$$Z_1\mathrm{e}^{\mathrm{j}\phi_1} \cdot Z_4\mathrm{e}^{\mathrm{j}\phi_4} = Z_2\mathrm{e}^{\mathrm{j}\phi_2} \cdot Z_3\mathrm{e}^{\mathrm{j}\phi_3}$$

即

$$Z_1Z_4\mathrm{e}^{\mathrm{j}(\phi_1+\phi_4)} = Z_2Z_3\mathrm{e}^{\mathrm{j}(\phi_2+\phi_3)} \tag{5.3-44}$$

根据复数相等的条件，式（5.3-44）两端的幅模和幅角必须相等，故有

$$Z_1Z_4 = Z_2Z_3 \tag{5.3-45}$$

$$\phi_1 + \phi_4 = \phi_2 + \phi_3 \tag{5.3-46}$$

即电桥平衡时必须同时满足阻抗数值关系式（5.3-45）和相角条件式（5.3-46）。

四个桥臂适当选用各种性质的阻抗（容抗、感性阻抗或纯电阻），可以组成多种形式的电桥而各具特色，但是必须保证能满足电桥平衡的相角条件，还应考虑测量要求和结构的合理性。例如，当桥上有两个相邻臂为纯电阻时，相角条件要求其余两臂必须是同一性质的阻抗（同为电感性，同为电容性或同为纯电阻），电桥才可能调到平衡。而当两个不相邻的臂同为纯电阻时，其余两臂必须也同为电阻或者一个是电感性阻抗，而另一个是电容性阻抗。

1. 测量电容的交流电桥线路

图 5.3-38a 所示的电桥线路原则上可以用来测定电容，但是，由于一般电容器中的电介质在电路中工作时要损耗一部分能量，故在交流电路中，一个电容器应等效于电容 C 与损耗电阻 r_C 的串联。对于不同的电容，其 r_C 是不同的，对于标准电容器而言，当工作于低频时其损耗可忽略不计，即损耗电阻为 0，由于与待测电容 C_x 串联的损耗电阻 r_C 的存在，必须在标准电容 C_0 所在的桥臂上串联一个可变电阻 R_0，以便调节 R_0 使平衡条件得到满足。

实验实际采用的线路如图 5.3-38b，它适合于测量介质损耗小的电容，其中，

$$\dot{Z}_1 = R_1, \dot{Z}_2 = R_2, \dot{Z}_3 = r_c + \frac{1}{\mathrm{j}\omega C_x}, \dot{Z}_4 = R_0 + \frac{1}{\mathrm{j}\omega C_0}$$

将这些关系式代入平衡条件式（5.3-43）有

$$R_1\left(R_0 + \frac{1}{\mathrm{j}\omega C_0}\right) = R_2\left(r_C + \frac{1}{\mathrm{j}\omega C_x}\right)$$

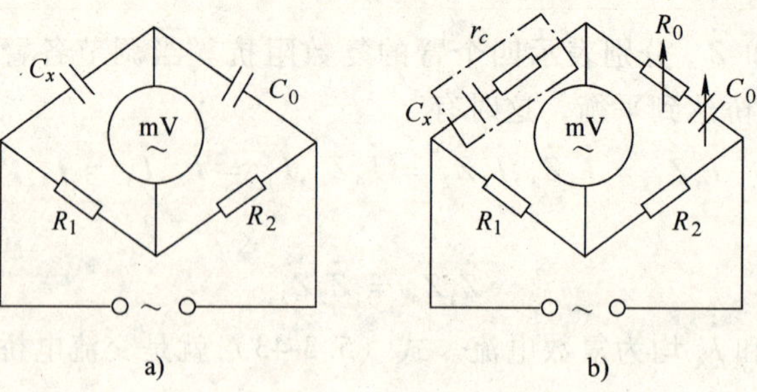

图 5.3-38

整理后令等式两端实部、虚部分别相等，即得

$$C_x = \frac{R_2}{R_1}C_0 \tag{5.3-47}$$

$$r_C = \frac{R_1}{R_2}R_0 \tag{5.3-48}$$

若 R_1、R_2、R_0 和 C_0 已知，即可求得未知电容 C_x 及损耗电阻 r_C 之值。通常用损耗因数表示介质的损耗特性。损耗因数等于等效电阻上的电压与等效电容上的电压之比，即

$$d = U_r/U_C = \omega C_x r_C = \omega C_0 R_0$$

式中，$\omega = 2\pi f$，而 f 为电源频率。

2. 测量电感的交流电桥电路

通常，电感器本身都具有一定的电阻和其他损耗，所以电感在交流电路中可以等效一个自感 L 和损耗电阻 r_L 的串联，如图 5.3-39a 所示。$Q = \omega L/r_L$ 称为线圈的品质因数。测量低 Q 值（$Q < 10$）的电感常用麦克斯韦电桥，其电路如图 5.3-39b 所示。这里

$$\dot{Z}_1 = \frac{1}{\frac{1}{R_0} + j\omega C_0}, \quad \dot{Z}_2 = R_2, \quad \dot{Z}_3 = R_3,$$

$$\dot{Z}_4 = r_L + j\omega L_x$$

在电桥平衡时有

$$\left(\frac{1}{\frac{1}{R_0} + j\omega C_0}\right)(r_L + j\omega L_x) = R_2 R_3$$

整理后，令两端实部、虚部分别相等，可得

$$L_x = R_2 R_3 C_0 \tag{5.3-49}$$

$$r_L = R_2 R_3 / R_0 \tag{5.3-50}$$

及 $$Q = \omega L_x / r_L = \omega C_0 R_0$$

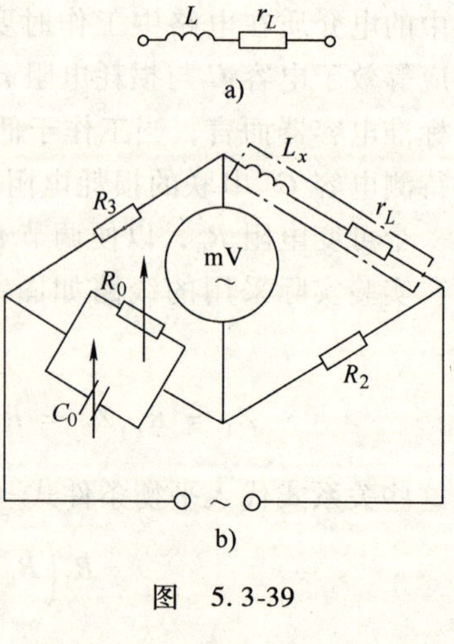

a)

b)

图 5.3-39

3. 交流电桥平衡的调节

交流电桥平衡时必须同时满足两个条件。因此，电桥上至少要有两个元件是可以调节的。下面以测电容为例加以讨论。从式（5.3-47）、式（5.3-48）可以看出，若 C_0 是可以连续调节的，则以调节 C_0 和 R_0 最为方便，因为这时 C_0 的调节只影响式（5.3-47），而 R_0 的调节只影响式（5.3-48），可使电桥的平衡调节大为简化。通常 R_1 和 R_2 也做成可以调节的形式，以便改变电桥的测量范围。如果 C_0 不能连续调节，则调节电桥平衡就要复杂一点，这时可采用调节 R_0 和 R_1（或 R_2）的方式，而用调节 C_0 和 R_2（或 R_1）来改变电桥的测量范围。由于 R_1（或 R_2）同时出现在式（5.3-47）和式（5.3-48）中，既与 C_x 有关，又与 r_C 有关，所以应反复调节 R_1（或 R_2）与 R_0，使毫伏表指示逐渐减小，直到电桥平衡为止。

【实验仪器】

信号发生器 1 台，电子毫伏表 1 台，十进制电容箱 1 个，十进制电阻箱 3 个（或万用电桥 1 台），待测电容和电感各一个。

【实验内容】

（1）测电容：

1）将信号发生器的频率调到 1kHz，输出电压调到 3V 左右。

2）按图 5.3-38b 连线，电子毫伏表的量程先调到 3V，再逐渐减小，测量一下待测电容的大概数值，由 R_1 和 R_2 确定测量范围，再调节 R_0 和 C_0 进行测量。R_0 最初可取为几欧姆，R_1 和 R_2 选用几百欧姆或几千欧姆为宜。阻值选得过高会降低电桥的灵敏度，选得过低会使调节过粗，增大测量误差。本实验可取 R_1 和 R_2 的阻值为 500Ω 或 5000Ω。由于测量电路未加接地屏蔽，因此存在杂散感应和干扰，并且电子毫伏表的灵敏度又比较高，所以它的指示不可能完全调到零，只要调节 R_0 和 C_0 使电子毫伏表的指示值不能再小时即认为电桥已达到平衡了（此时可能还有 10～30mV）。为了避免损坏仪器，接线时应断开电源！

（2）测电感：按图 5.3-39b 连线，测量一个待测电感线圈的电感量和损耗电阻，并计算其品质因数。可先由 R_2 和 R_3 确定测量范围，再调节 R_0 和 C_0 进行测量。R_0 最初可取为 10000Ω，R_2 和 R_3 分别为 200Ω 和 500Ω。

【思考题】

（1）在电源、指零仪、平衡条件以及测量对象等方面，交流电桥和直流电桥有何不同？

（2）在电桥电路中，若将电源和指零仪互换位置，电桥是否可能调到平衡？

（吴晓波　稿）

实验33　非平衡直流电桥的使用

大家知道，直流电桥是一种测量电阻的仪器，由于它灵敏度高，测量精确，因而得到广泛应用。通过传感器，可以把其他物理量（如温度、压力、位移等）的变化转换成与之对应的电阻值的变化，从而用电桥把它们测量出来。直流电桥分为平衡电桥和非平衡电桥两种，常见的惠斯顿电桥、开尔文电桥均是平衡电桥。由于平衡电桥在测量时需要调节平衡，因此它只能用于测量具有相对稳定状态的物理量。在实际的工程和科学实验中，物理量常常是在连续不断地变化着的，要对其进行测量就必须采用非平衡电桥。非平衡电桥是通过直接测量电桥的输出电压后经过运算得到电阻值，从而得到对应的物理量。如今计算机的应用已经很广泛，若在电桥的输出端连接计算机对其进行采样和处理，便可立即得到测量结果。由此可见非平衡电桥有着广阔的应用前景。下面就直流非平衡电桥的基本原理及其应用作一介绍。

【实验目的】

（1）掌握用非平衡直流电桥电压输出方法测量电阻的基本原理和操作方法。

（2）学习与初步掌握非平衡直流电桥的设计方法。

【实验原理】

非平衡直流电桥的原理如图5.3-40所示，B、D之间为一负载电阻R_g，只要测出U_g、I_g，就可以通过计算得到R_x的值。

但是，由于I_g的存在将会使计算比较复杂，因此希望$I_g=0$，这样一来，$I_1=I_4$，$I_2=I_3$。好在如今CMOS电路的大量应用，使我们的想法可以实现。若在B、D两端接的是数字电压表或高输入阻抗放大器，就可以认为$I_g=0$。下面就此种情况进行分析。

根据分压原理，ABC半桥的电压降为U_S，流过R_1、R_4两臂的电流为

$$I_1=I_4=\frac{U_S}{(R_1+R_4)} \quad (5.3\text{-}51)$$

R_4上的电压降为

$$U_{BC}=\frac{R_4}{R_1+R_4}U_S \quad (5.3\text{-}52)$$

同理可得R_3上的电压降为

$$U_{DC}=\frac{R_3}{R_2+R_3}U_S \quad (5.3\text{-}53)$$

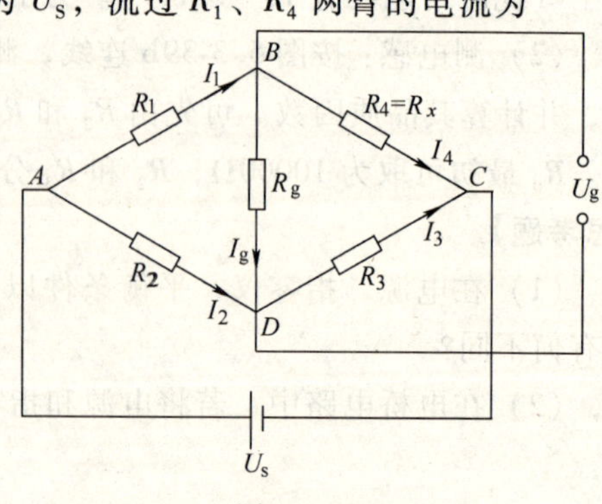

图　5.3-40

输出电压U_g为U_{BC}与U_{DC}之差

$$U_g = U_{BC} - U_{DC} = \frac{R_4}{R_1 + R_4}U_S - \frac{R_3}{R_2 + R_3}U_S$$

$$= \frac{R_2R_4 - R_1R_3}{(R_1 + R_4)(R + R_3)}U_S \tag{5.3-54}$$

当满足条件

$$R_1R_3 = R_2R_4 \quad 或 \quad R_1/R_2 = R_4/R_3 \tag{5.3-55}$$

时，则电桥输出 $U_g = 0$，即电桥处于平衡状态，式（5.3-55）就称为电桥的平衡条件。

为了测量的准确性，在测量的起始点，电桥必须调至平衡，称为预调平衡。这样可使输出电压只与某一臂的电阻变化有关。一般来讲，可选取被测量变化范围的中点作为电桥的平衡点来进行设计。

若 R_1、R_2、R_3 固定，R_4 为温度之函数 $R_t = R(t) = R_x$，则当温度从 $t_0 \to t_0 + \Delta t$ 时，$R_4 \to R_4 + \Delta R_4$，因电桥不平衡而产生的电压输出为

$$U_g = \frac{R_2R_4 + R_2\Delta R_4 - R_1R_3}{(R_1 + R_4)(R_2 + R_3) + \Delta R_4(R_2 + R_3)}U_S \tag{5.3-56}$$

为了方便，取 $R_1 = R_4 = R$，$R_2 = R_3 = R'$（R 和 R' 均为调平衡时的电阻），则有

$$U_g = \frac{R'\Delta R}{4RR' + 2R'\Delta R}U_S \tag{5.3-57}$$

从而有

$$\Delta R = \frac{4RU_g}{U_S - 2U_g} \tag{5.3-58}$$

待测电阻的阻值为

$$R(t) = R + \Delta R \tag{5.3-59}$$

根据电阻值就可以得到对应物理量的值（如温度）。

【实验仪器】

采用 QS14A 万能电桥 1 台（也可以用三个标准电阻箱来代替），标准电阻箱 1 个（用来模拟铜电阻随温度的变化），数字万用表 1 个，直流稳压电源 1 台，按照图 5.3-41 构建一个非平衡直流电桥。

【实验内容】

用标准电阻箱模拟铜电阻 Cu50 在不同温度下的电阻值 R_x，用非平衡电桥测出对应的输出电压 U_g，再利用式（5.3-58）、式（5.3-59）计算出测得的电阻值。根据测得的电阻值与对应的温度，求出测得的电阻温度系数。

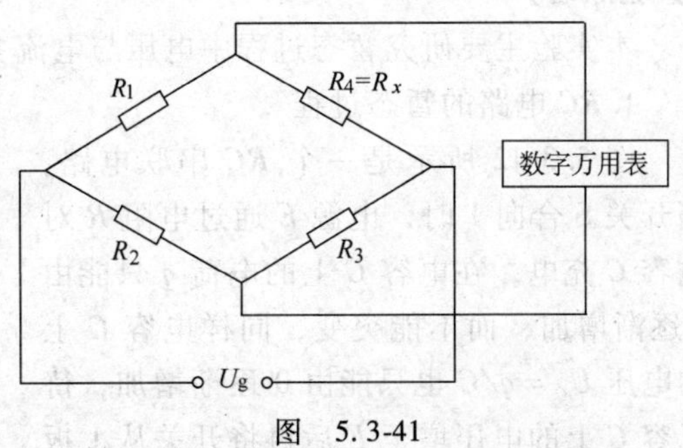

图　5.3-41

(1) 确定各桥臂电阻值及电源电压值。取 0℃的电阻值为 $R=50\Omega$，使 $R_1=R_4=50\Omega$，$R_2=R_3=100\Omega$，电源电压 $U_S=3V$（用稳压电源，数值供参考，可以根据电阻的取值及功率另行设计）。

(2) 预调平衡。将电阻 R_1、R_4 调到 50Ω，R_2、R_3 调到 100Ω，此时电桥输出电压 U_g 应为零，若不为零，则再仔细调整 R_1 使之为零。

(3) 按每升温 5℃模拟输入电阻值，读出电桥的输出电压，填入下表。

t/℃	0	5	10	15	20	25	30	35	40
U_g/mV									

(4) 根据所测得的电压，利用式（5.3-58）、式（5.3-59）求出各点的电阻值，然后作 $R(t)$-t 图，用图解法求出电阻的温度系数 α，并求其与标准的电阻温度系数 α_0 的百分误差（$\alpha_0=0.00428℃^{-1}$）。

【思考题】

用非平衡电桥测电阻时，怎样才能使测量误差最小？

（吴晓波　稿）

实验 34　*RLC* 串联电路暂态过程的研究

RLC 电路在接通或断开电源的短暂时间内，电路从一个稳定状态转变到另一个稳定状态，这个变化过程称为 *RLC* 电路的暂态过程。暂态过程在电子学特别是脉冲技术中有着广泛的应用。

【实验目的】

(1) 通过对 *RC*、*RL* 电路暂态过程的研究，掌握该过程电压与电流变化遵从的规律。

(2) 通过对 *RLC* 电路暂态过程的研究，加深对阻尼运动规律的理解。

【实验原理】

本实验主要研究暂态过程中电压与电流变化的规律。

1. *RC* 电路的暂态过程

图 5.3-42 所示是一个 *RC* 串联电路，当开关 S 合向 1 时，电源 E 通过电阻 R 对电容 C 充电，在电容 C 上的电荷 q 只能由 0 逐渐增加，而不能突变，同样电容 C 上的电压 $U_C=q/C$ 也只能由 0 逐渐增加，待电容 C 上的电压增至 E 后再将开关从 1 扳

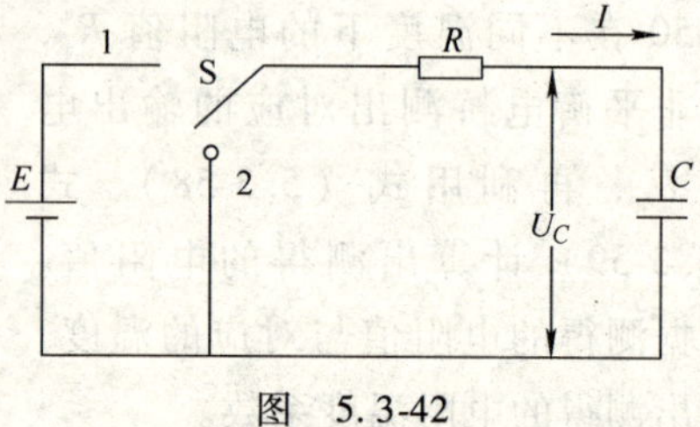

图　5.3-42

向 2，这时电容 C 将通过电阻 R 放电，在这两个过程中有下式成立：

$$IR + U_C = \begin{cases} E\ (\text{充电}) \\ 0\ (\text{放电}) \end{cases} \tag{5.3-60}$$

由于

$$I = \mathrm{d}q/\mathrm{d}t = C\mathrm{d}U_C/\mathrm{d}t \tag{5.3-61}$$

有

$$RC\frac{\mathrm{d}U_C}{\mathrm{d}t} + U_C = \begin{cases} E \\ 0 \end{cases} \tag{5.3-62}$$

初始条件为：充电，$t=0$ 时，$U_C=0$；放电，$t=0$ 时，$U_C=E$，由式（5.3-62）可得充电过程的解为

$$U_C = E(1 - \mathrm{e}^{-\frac{t}{RC}}) \tag{5.3-63}$$

$$I = \frac{E}{R}\mathrm{e}^{-\frac{t}{RC}}$$

同理，可得放电过程的解为

$$U_C = E\mathrm{e}^{-\frac{t}{RC}} \tag{5.3-64}$$

$$I = -\frac{E}{R}\mathrm{e}^{-\frac{t}{RC}}$$

可见，在充、放电的过程中，U_C、I 均按照指数规律变化，如图 5.3-43 所示。令 $\tau=RC$，τ 称为电路的时间常数，它反映充放电过程的快慢，τ 越大，充放电过程越慢，反之则越快。

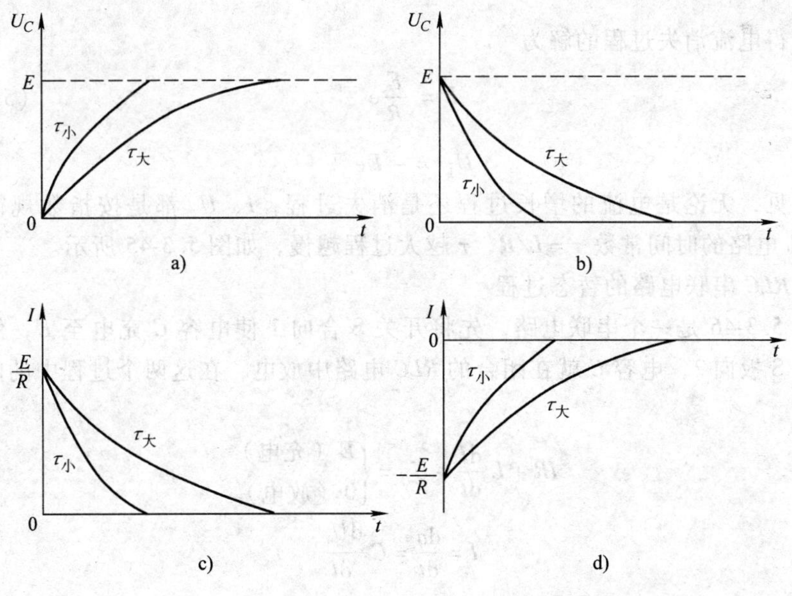

图　5.3-43

a）充电过程　b）放电过程　c）充电过程　d）放电过程

2. *RL* 电路的暂态过程

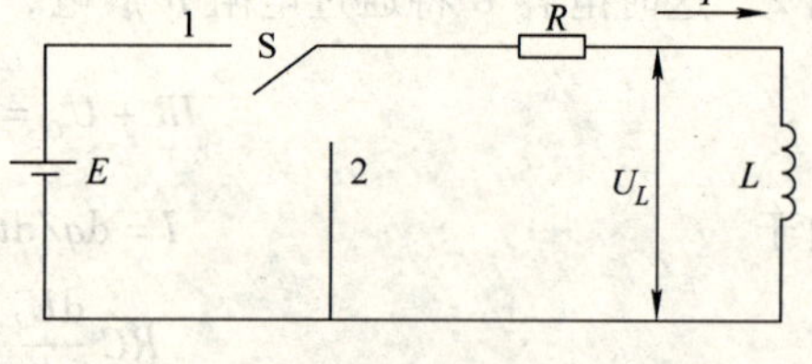

图 5.3-44

图 5.3-44 是一个 *RL* 串联电路，当开关 S 合向 1 时，电路将会有电流 I 流过，由于自感 L 的存在，电路中电流 I 的变化将引起感应电动势

$$\mathscr{E}_L = -L\frac{\mathrm{d}I}{\mathrm{d}t}$$

这个感应电动势总是阻碍电流的变化，因而电流 I 不能突变，只能由 0 逐渐增加，最后达到稳定值 E/R。同理，当开关 S 从 1 扳向 2 时，电流 I 也不会突然降至 0，而只能逐渐消失，在这两个过程中有下式成立：

$$IR + L\frac{\mathrm{d}I}{\mathrm{d}t} = \begin{cases} E\ (\text{电流增长}) \\ 0\ (\text{电流消失}) \end{cases} \tag{5.3-65}$$

初始条件为

$$t=0\ \text{时},\ I=0 \qquad (\text{电流增长过程})$$
$$t=0\ \text{时},\ I=E/R \qquad (\text{电流消失过程})$$

由式（5.3-65）可得电流增长过程的解为

$$I = \frac{E}{R}(1 - \mathrm{e}^{-\frac{R}{L}t}) \tag{5.3-66}$$
$$U_L = E\mathrm{e}^{-\frac{R}{L}t}$$

同理可得电流消失过程的解为

$$I = \frac{E}{R}\mathrm{e}^{-\frac{R}{L}t} \tag{5.3-67}$$
$$U_L = -E\mathrm{e}^{-\frac{R}{L}t}$$

可见，无论是电流的增长过程还是消失过程，I、U_L 都是按指数规律变化的。*RL* 电路的时间常数 $\tau = L/R$，τ 越大过程越慢，如图 5.3-45 所示。

3. *RLC* 串联电路的暂态过程

图 5.3-46 是一个串联电路，先将开关 S 合向 1 使电容 C 充电至 E，然后再将开关 S 扳向 2，电容 C 就在闭合的 *RLC* 电路中放电，在这两个过程中的电路方程为

$$IR + L\frac{\mathrm{d}I}{\mathrm{d}t} + U_C = \begin{cases} E\ (\text{充电}) \\ 0\ (\text{放电}) \end{cases}$$

因
$$I = \frac{\mathrm{d}q}{\mathrm{d}t} = C\frac{\mathrm{d}U_C}{\mathrm{d}t}$$

故
$$LC\frac{\mathrm{d}^2U_C}{\mathrm{d}t^2} + RC\frac{\mathrm{d}U^2}{\mathrm{d}t} + U_C = \begin{cases} E\ (\text{充电}) \\ 0\ (\text{放电}) \end{cases} \tag{5.3-68}$$

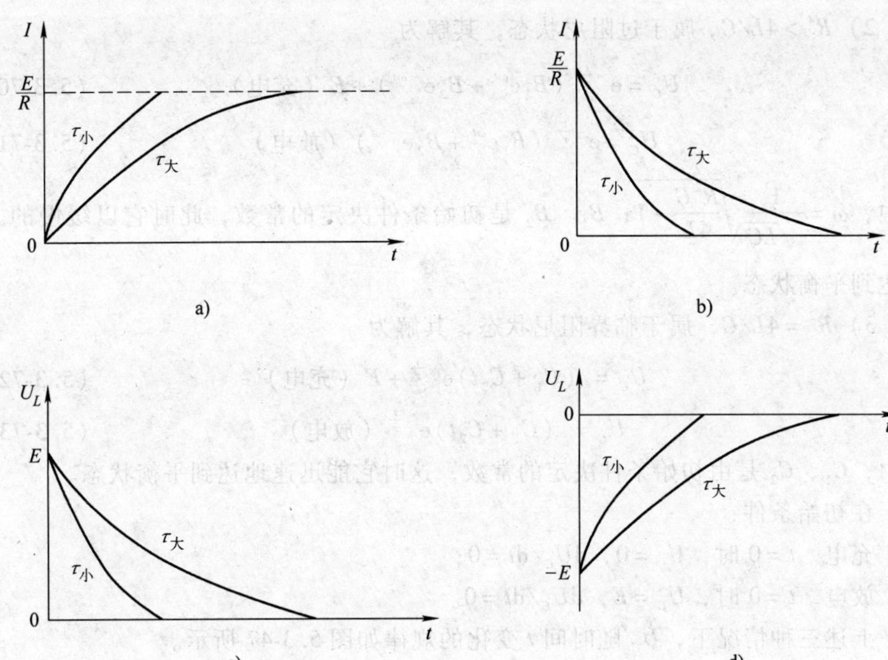

图 5.3-45

a)、c) 电流增长过程 b)、d) 电流消失过程

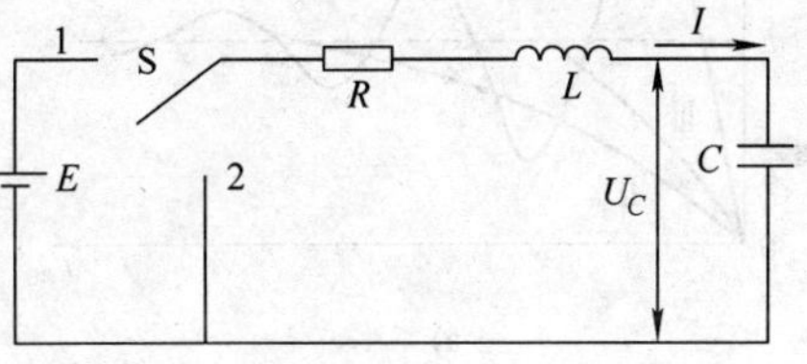

方程的解可分为以下三种情况：

1) $R^2 < 4L/C$，属于阻尼状态，其解为

$$U_C = Ae^{-\frac{t}{\tau}}\cos(\omega t + \varphi) + E \text{（充电）} \quad (5.3\text{-}69)$$

$$U_C = Ae^{-\frac{t}{\tau}}\cos(\omega t + \varphi) \text{（放电）}$$

1 S R L I E 2 U_C C

图 5.3-46

式中，A、φ 是由初始条件决定的常数；τ 为时间常数，$\tau = 2L/R$；ω 为角频率，$\omega = \dfrac{1}{\sqrt{LC}}\sqrt{1 - \dfrac{R^2 C}{4L}}$。

此时作阻尼振动，振动的振幅按指数规律衰减，τ 的大小决定振幅衰减的快慢，τ 越大振幅衰减越缓慢，而 τ 与 R 成反比，当 $R^2 \ll 4L/C$ 时，振幅的衰减也就非常缓慢。此时

$$\omega = \frac{1}{\sqrt{LC}} = \omega_0$$

ω_0 为 LC 串联电路的固有频率，即在 R 很小时，RLC 串联电路以固有频率 ω_0 作衰减振动。

2）$R^2 > 4L/C$，属于过阻尼状态，其解为

$$U_C = e^{-\frac{t}{\tau}}\left(B_1 e^{\omega t} + B_2 e^{-\omega t}\right) + E \text{（充电）} \tag{5.3-70}$$

$$U_C = e^{-\frac{t}{\tau}}\left(B_1 e^{\omega t} + B_2 e^{-\omega t}\right) \text{（放电）} \tag{5.3-71}$$

式中，$\omega = \frac{1}{\sqrt{LC}}\sqrt{\frac{R^2 C}{4L} - 1}$；$B_1$、$B_2$ 是初始条件决定的常数，此时它以缓慢的方式达到平衡状态。

3）$R^2 = 4L/C$，属于临界阻尼状态，其解为

$$U_C = (C_1 + C_2 t)e^{-\frac{t}{\tau}} + E \text{（充电）} \tag{5.3-72}$$

$$U_C = (C_1 + C_2 t)e^{-\frac{t}{\tau}} \text{（放电）} \tag{5.3-73}$$

式中，C_1、C_2 是由初始条件决定的常数，这时它能迅速地达到平衡状态。

在初始条件：

充电　$t = 0$ 时，$U_C = 0$，$dU_C/dt = 0$；

放电　$t = 0$ 时，$U_C = E$，$dU_C/dt = 0$。

上述三种情况下，U_C 随时间 t 变化的规律如图 5.3-47 所示。

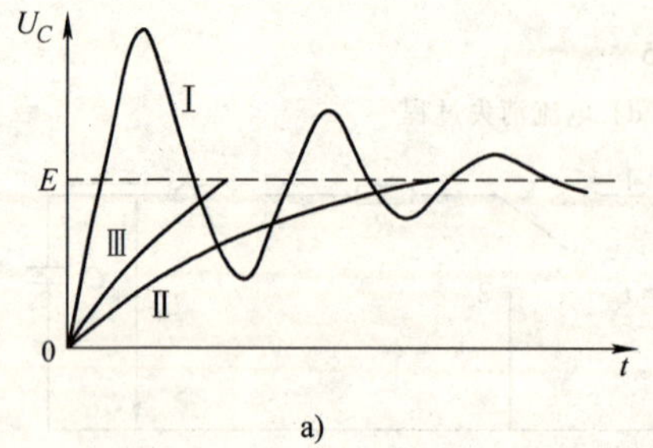

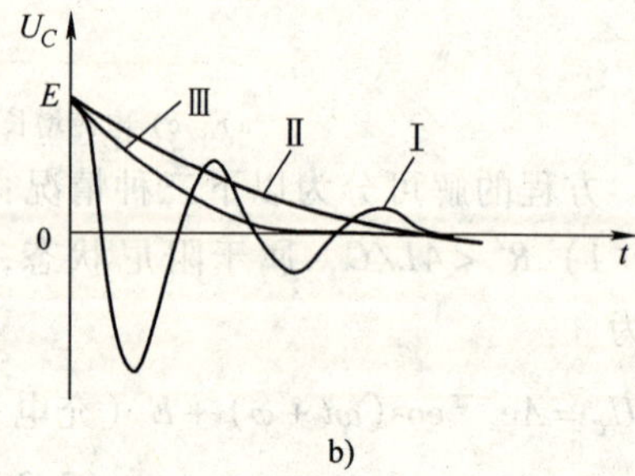

图　5.3-47

a）充电过程　b）放电过程

本实验使用示波器观察上述暂态过程，为了能更好地观察，必须使图形不断出现在示波器的荧光屏上，为此采用方波发生器来代替直流电源。方波发生器的波形如图 5.3-48 所示。它在前半周期（0 ~ T/2）输出电压为正，然后迅速降为 0，后半周期输出电压为 0，这样周而复始不断重复，方波前半周期相当于把开关 S 合向 1，后半周期相当于把开关合向 2。

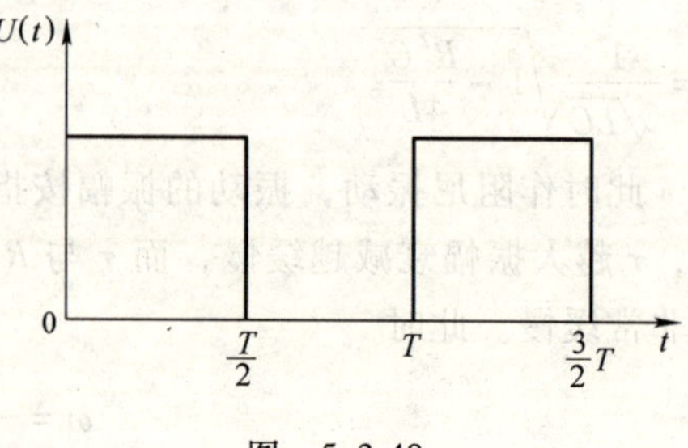

图　5.3-48

【实验仪器】

YB4320G示波器（生产单位：江苏绿扬电子仪器集团有限公司）、方波发生器、可调电阻箱、标准电容（0.01μF）、标准电感（0.01H）。

【实验内容】

1. 观察 RC 电路的暂态过程

1）将方波发声器的输出接到示波器的输入端，观察方波发声器的输出波形。调整方波频率为10kHz（示波器显示的方波周期为0.1ms），方波幅值为5V左右。

2）按图5.3-49接线，电容 C 选用0.01μF，电阻 R 分别调到500Ω，1kΩ和2kΩ，观察并描绘示波器上显示的电容 C 上的电压 U_C 的波形，解释 R 对暂态过程快慢的影响。

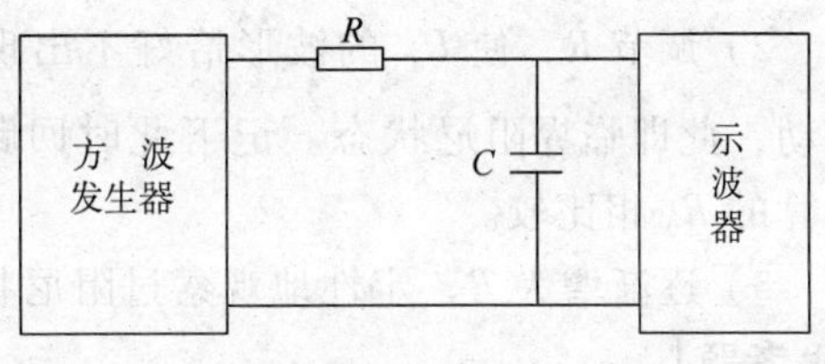

图 5.3-49

3）将示波器接到电阻的两端，观察电阻 R 上的电压 U_R 的波形，即 RC 电路中的电流 I 的波形，因为电阻上的电压与电流同相位，其值 $U_R=IR$ 与 I 成倍数关系，解释 R 对暂态过程快慢的影响。

2. 观察 RL 电路的暂态过程

1）按图5.3-50接线。电感 L 选用0.01H，电阻 R 分别调到500Ω、1kΩ和2kΩ，观察并描绘示波器显示的电感 L 上的电压 U_L 的波形，解释 R 对暂态过程快慢的影响。

2）将示波器接到电阻的两端，观察电阻 R 上的电压 U_R 的波形，解释 R 对暂态过程快慢的影响。

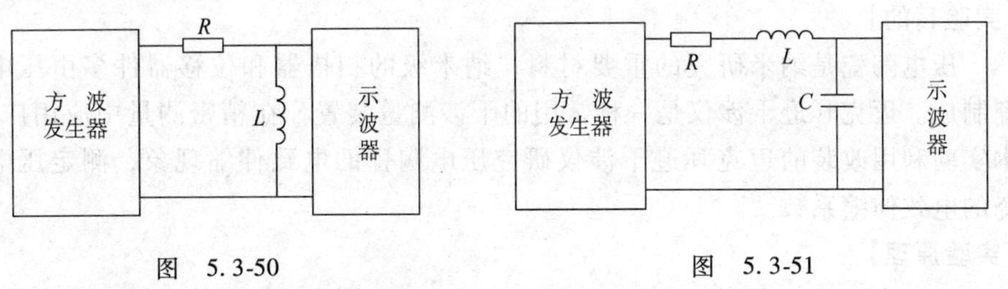

图 5.3-50　　图 5.3-51

3. 观察 RLC 电路的暂态过程

1）调整方波频率为1kHz。按图5.3-51接线。改变 R 的大小，使波形出现阻尼振动，如图5.3-52。调节 R 为几十欧姆，以满足 $R^2 \ll 4L/C$。从示波器荧光屏上测出相邻两次振动波峰间的水平距离 Δx，记下此时的扫描速度示数 t，根据 $T=t\Delta x$ 计算衰减振动的周期 T，与用 $T_0=2\pi\sqrt{LC}$ 计算的 T_0 相比较。

测出相邻两次振动的幅值 U_{C1} 和 U_{C2}，用 $U_{C1}/U_{C2}=Ae^{-\frac{t}{\tau}}/Ae^{-\frac{t+T}{\tau}}=e^{\frac{T}{\tau}}$

$$\tau=T/\ln\frac{U_{C1}}{U_{C2}}$$

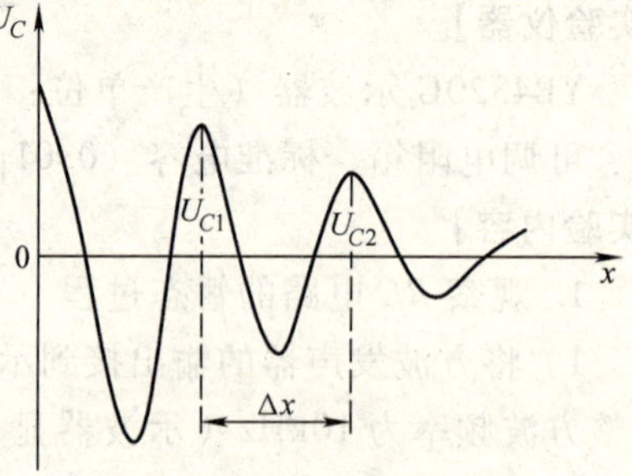

图 5.3-52

计算衰减振动的时间常数 τ，并与公式 $\tau_0=2L/R$ 计算的 τ_0 比较，注意 R 是振动回路全部耗损电阻的总和，包括电感 L 的耗损电阻 R_L 和方波发生器的内阻。

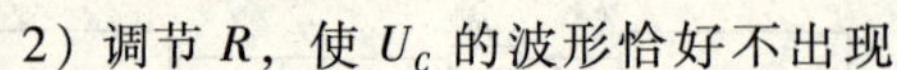

2）调节 R，使 U_C 的波形恰好不出现振动，此即临界阻尼状态。记下此时回路的总损耗电阻 R，与公式 $R_0=2\sqrt{L/C}$ 计算的 R_0 相比较。

3）逐渐增大 R，定性地观察过阻尼状态与 R 的关系。

【思考题】

（1）在 RC 电路充电过程中，计算当 $t=\tau$ 及 $t=4\tau$ 时的 U_C；计算当 $U_C=E/2$ 时的 t（$=T/2$，半衰期）?

（2）在 RLC 电路中，电路的品质因数 $Q=\omega L/R$，当 $R^2<4L/C$ 时，试证明 $Q=\pi\tau/T$，其中 $T=2\pi/\omega$。

（3）今有电阻箱 1 台，如何用示波器测出方波发生器的内阻?

（吴晓波　稿）

实验 35　压电陶瓷的电致伸缩系数测量

【实验目的】

压电陶瓷是纳米研究的重要材料，纳米级的扫描器和位移器件多由压电陶瓷制成。迈克耳逊干涉仪是一种常用的干涉测量装置，在精密测量中应用广泛。本实验利用改装的迈克耳逊干涉仪研究压电陶瓷的电致伸缩现象，测定压电陶瓷的电致伸缩系数。

【实验原理】

1880 年，居里兄弟（J. Curie 和 P. Curie）发现对石英单晶施加机械应力时，在晶体垂直于加力方向的两个表面上可以观测到大小相等、符号相反的电荷。随后，在 1881 年，居里兄弟又发现了前者的逆效应，即在石英晶体相对表面施加电场时，在垂直于电场的方向上晶体产生应变和应力。这类现象称为压电效应，前者称为正压电效应，后者则称为逆压电效应。

具有压电效应的物质有单晶、多晶陶瓷及某些非晶固体。本实验使用一种由锆酸铅（$PbZrO_3$）或钛酸铅（$PbTiO_3$）制成的圆管形压电陶瓷，其结构如图 5.3-53 所示，在圆管的内外表面镀银作为电极，接上导线，就可对其施加电压。当在陶瓷管的外表面加上正电压时（内表面接地），圆管伸长，反之，外表面加上负电压时，它就缩短。

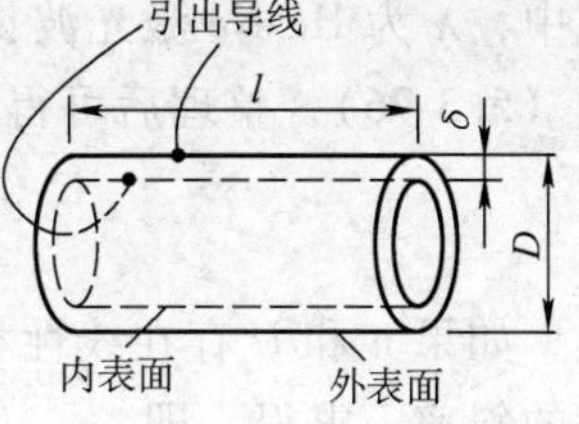

图　5.3-53

设 ε 表示圆管轴向的应变，a 表示压电陶瓷在近似线性区内的电致伸缩系数，E 表示圆管内外表面间的电场强度，于是有

$$\varepsilon = aE \tag{5.3-74}$$

若压电陶瓷管的原长度为 l，压电陶瓷管内外表面上所加的电压为 U，加电压后陶瓷管长度的变化量为 Δl，陶瓷管的壁厚为 δ，则式（5.3-74）可以写成

$$\frac{\Delta l}{l} = a\frac{U}{\delta} \tag{5.3-75}$$

即有

$$a = \frac{\Delta l\delta}{lU} \tag{5.3-76}$$

式中，δ 和 l 可以用游标卡尺测量，电压 U 可由数字电压表测出，但长度 l 的变化量 Δl 很小，用常规的方法无法测量，所以采用干涉法测量，由改装的迈克耳逊干涉仪测出。

图 5.3-54 为测量微小长度变化量 Δl 的示意图。图中 G_1 为分光玻璃片，G_2 为光程补偿片，M_1 和 M_2 分别为可移动平面镜和固定平面镜。迈克耳逊干涉仪调好时，可以在观察屏 P_0 上观察到同心圆环状的干涉条纹。改变加在压电陶瓷管上的电压，则可移动平面镜 M_1，两相干光的光程差发生改变，观察屏上的同心圆环干涉条纹发生涨出或缩进。干涉条纹涨出或缩进的数目 n 和陶瓷管长度的变化量 Δl 的关系为

$$\Delta l = n\frac{\lambda}{2} \tag{5.3-77}$$

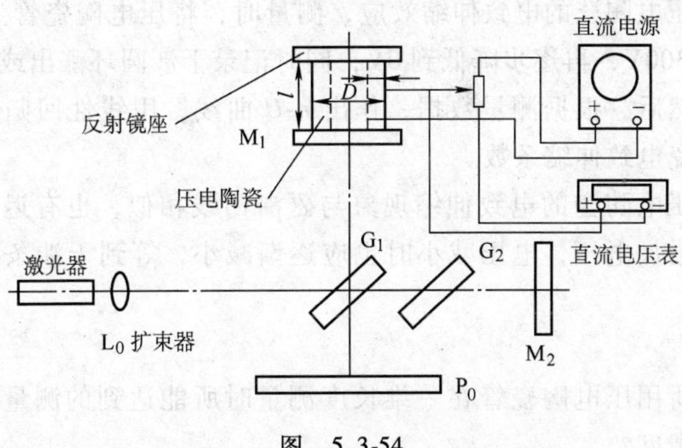

图　5.3-54

式中，λ 为 He-Ne 激光波长；n 为条纹涨出或缩进的数目。把式（5.3-77）代入式（5.3-76），整理后可得

$$n=\frac{2la}{\lambda\delta}U \tag{5.3-78}$$

如果 n 和 U 存在线性相关，则压电陶瓷的电致伸缩系数 a 可由上述回归方程的斜率 b 求得，即

$$b=\frac{2la}{\lambda\delta} \tag{5.3-79}$$

需要指出的是，涨出或缩进的条纹数 n 并不随电压 U 作完全的线性变化，仅在某一电压范围内具有近似线性的特性，图 5.3-55 表示出了 n 和电压变化的关系。本实验要求求出样品在近似线性区的电致伸缩系数。在纳米级的长度测量中，即利用式（5.3-76），用精密的电压 U 测出 0.01 ~100nm 级的长度。

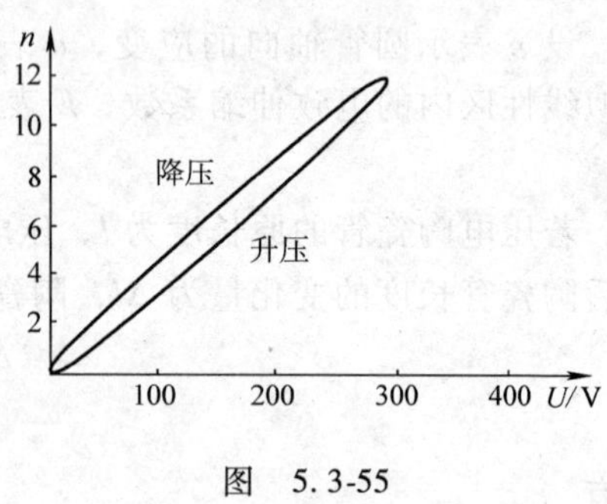

图 5.3-55

【实验仪器】

He-Ne 激光器、迈克耳逊干涉仪、扩束器、直流电源（0 ~ 500V）、数字电压表（0 ~ 1000V）、电位器（500kΩ、2W）、待测压电陶瓷样品 1 ~ 2 只。

【实验内容】

（1）改装迈克耳逊干涉仪，必须仔细调节各光学元件的等高同轴。由于 He-Ne 激光器的相干长度较长，故在图 5.3-54 的光路中，可以省略光程补偿片 G_2。

（2）压电陶瓷管的安装，陶瓷圆管的两端面应与其轴线垂直，把可移动平面镜 M_1 用 502 胶固定在陶瓷圆管的一端，陶瓷圆管的另一端再粘在反射镜架上。注意不要损伤可移动平面镜的反射面。

（3）观察压电陶瓷的电致伸缩效应，测量时，将压电陶瓷管上的电压由 0V 慢慢增加到约 300V，再逐步降低到 0V，同时记录干涉圆环涨出或缩进 1 环时对应的电压值。然后，根据测量数据，作出 n-U 曲线，用线性回归法求近似线性区域的压电陶瓷电致伸缩系数。

（4）注意压电陶瓷的电致伸缩现象与磁滞回线相似，也有迟滞现象，测量中，要缓慢地增加电压，电压减小时也应逐渐减小，等到干涉条纹稳定后再读数。

【思考题】

（1）分析所用压电陶瓷管在一维长度测量时所能达到的测量精度。如何进一步提高测量精度？

（2）设计一个测试压电陶瓷管伸缩迟滞现象的方案，确定其迟滞现象与工作电压变换频率的关系。

（吴世春　稿）

实验 36　霍尔效应及其应用

霍尔效应是霍尔于 1879 年发现的，根据该效应生产的霍尔器件，既可以检测磁场，也可以检测电流，还可以检测位移、振动以及其他能转换成位移量变化的物理量。同时霍尔器件还具有线性特性好，灵敏度高，稳定性好，控制简单、方便等特点。所以，霍尔器件在自动检测、自动控制和信息技术等方面得到了广泛的应用，如在一些具有四遥（遥调、遥控、遥测、遥信）功能的设备上常有它的踪影。

【实验目的】

（1）认识霍尔效应，理解产生霍尔效应的机理。

（2）掌握霍尔电压与工作电流的关系、霍尔电压与磁场的关系。

（3）学习霍尔效应的副效应及消除方法，掌握正确测量霍尔电压的方法。

【实验原理】

1. 霍尔效应及其产生机理

一块长方形金属薄片或半导体薄片，若在某方向上通入电流 I_H，在其垂直方向上加一磁感应强度为 $\boldsymbol{B}$ 的磁场，则在垂直于电流和磁场的方向上将产生电位差 U_H，这个现象称为“霍尔效应”。U_H 称为“霍尔电压”。霍尔发现这个电位差 U_H 与电流 I_H 成正比，与磁感应强度的大小 B 成正比，与薄片的厚度 d 成反比，即

$$U_H = R_H \frac{I_H B}{d} \tag{5.3-80}$$

式中，R_H 叫霍尔系数，它表示材料产生霍尔效应能力的大小。

霍尔电压的产生可以用洛伦兹力来解释。如图 5.3-56 所示，将一块厚度为 d、宽度为 b、长度为 L 的半导体薄片（霍尔片）放置在磁场 $\boldsymbol{B}$ 中，磁场 $\boldsymbol{B}$ 沿 z 轴正方向。当电流 I_C 沿 x 轴正方向通过半导体时，若薄片中的载流子（设为自由电子）以平均速度 $\boldsymbol{v}$ 沿 x 轴负方向作定向运动，所受的洛伦兹力为

$$\boldsymbol{F}_B = e\boldsymbol{v} \times \boldsymbol{B} \tag{5.3-81}$$

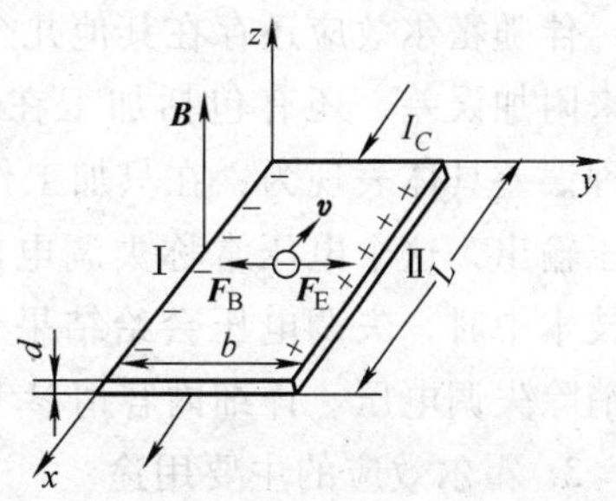

图 5.3-56　霍尔效应原理图

在 $\boldsymbol{F}_B$ 的作用下自由电子受力偏转，结果向板面Ⅰ积聚，同时在板面Ⅱ上出现同数量的正电荷，这样就形成一个沿 y 轴负方向上的横向电场，使自由电子在受沿 y 轴负方向上的洛伦兹力 $\boldsymbol{F}_B$ 的同时，也受一个沿 y 轴正方向的电场力 $\boldsymbol{F}_E$。设 E 为电场强度，U_H 为霍尔片Ⅰ、Ⅱ面之间的电位差（即霍尔电压），则

$$F_B = eE = eU_H/b \tag{5.3-82}$$

F_E 将阻碍电荷的积聚，最后达稳定状态时有

$$F_B = F_E \tag{5.3-83}$$

即 $evB = eU_H/b$ 或

$$U_H = vBb \tag{5.3-84}$$

设载流子浓度为 n，单位时间内体积为 vdb 里的载流子全部通过横截面，则电流 I_H 与载流子平均速度 v 的关系为

$$I_H = vdbne \quad 或 \quad v = \frac{I_H}{dbne} \tag{5.3-85}$$

将式（5.3-85）代入式（5.3-84）得

$$U_H = \frac{1}{ne} \cdot \frac{I_H B}{d} \tag{5.3-86}$$

$$U_H = K_H I_H B \tag{5.3-87}$$

其中，K_H 称为霍尔元件的灵敏度。

2. 霍尔电压的特性及测量

从式（5.3-87）便可看出霍尔电压的特性为：

1）在一定的工作电流 I_H 下，霍尔电压 U_H 与外磁场磁感应强度 B 成正比。

$$B = \frac{U_H}{K_H I_H} \tag{5.3-88}$$

2）在一定的外磁场中，霍尔电压 U_H 与通过霍尔片的电流 I_H（工作电流）成正比。

$$I_H = \frac{U_H}{K_H B} \tag{5.3-89}$$

伴随霍尔效应还存在其他几个副效应（统称热磁效应），给霍尔电压的测量带来附加误差，还有包括加工在内的其他诸多原因给霍尔电压带来附加误差。这种误差具体表现为：在只加工作电流 I_H 不加磁场的情况下霍尔元件会有微量电压输出，这个电压常称失调电压。霍尔元件应用于自动检测、自动控制和信息技术中时，失调电压会给结果带来恶劣影响。因此，在使用霍尔元件时，必须消除失调电压。详细内容请参考本实验附录中的相关部分。

3. 霍尔效应的主要用途

应用霍尔效应不仅可以测量磁场和电流，还可以用来测量其他非电量。例

如，保持流过霍尔元件的电流恒定，使霍尔元件在已知的梯度磁场中移动，则霍尔电势的大小就能反映磁场的变化，因而也就能反映出位移的变化。在此情况下，利用霍尔效应可以测量微小位移和机械振动等等。其他任何非电量，只要能转换成位移量的变化，根据上述原理均可应用霍尔元件制成的变换器进行自动检测。

由于霍尔效应的建立需要的时间仅为 10^{-12}s，因此使用霍尔元件时可以用直流电，也可以用交流电。若工作电流用交流电 $I_H = I_0 \sin\omega t$，则

$$U_H = K_H I_H B = K_H B I_0 \sin\omega t \tag{5.3-90}$$

所得的霍尔电压也是交变的。在使用交流电情况下，式（5.3-87）仍可使用，只是式中 I_H 和 U_H 应理解为有效值。

值得注意的是以上讨论都是在磁场方向与电流方向垂直的条件下进行的，这时霍尔电压最大，因此，在应用时应使霍尔片平面与磁场磁感应强度 $\boldsymbol{B}$ 的方向垂直，这样才能得到正确的结果。

【实验仪器】

HYS-1 型霍尔效应应用技术综合实验仪（生产单位：成都市华宁电器研究所）。

【实验内容】

（1）阅读本实验附录，熟悉实验仪器。

（2）仪表预置。实验电路如图 5.3-57 所示，首先将三个换向开关全合上。三个数字表（包括不用的表）的测量选择开关全置电流端。工作电流 I_H 置最

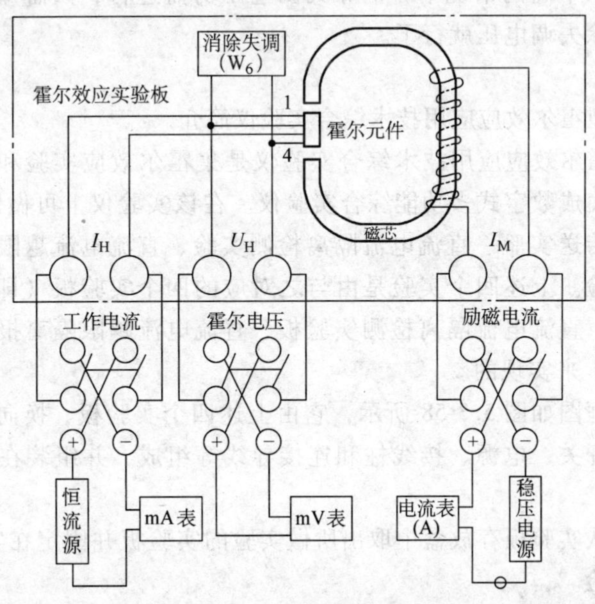

图 5.3-57　霍尔效应实验电路

小，即左旋“电流调整”电位器到底。励磁电流 I_M 置最小，即左旋“电压调整”电位器到底。

（3）按图 5.3-57 接线。除带“○”的一条线暂不接外，其余线接好。

（4）消除失调电压：合上电源开关，调整工作电流 I_H 为 5mA 后，再置一号表于电压端，调 W_6 使 $U_H=0$。然后接好带“○”线，继续进行后续实验。

（5）研究霍尔电压与工作电流的关系。固定磁场 B，改变霍尔元件的工作电流 I_H，测量出 U_H 与 I_H 的关系。对 HYS-1 型霍尔效应应用技术综合实验仪，$K_H=1/ned=19\text{mV/mA}\cdot\text{T}$。

（6）测量电磁铁磁场，研究霍尔电压与磁场的关系。固定霍尔元件的工作电流 I_H，改变磁感应强度的大小 B，测量出 U_H 与 B 的关系。

（7）研究消除霍尔效应的几个副效应（统称热磁效应）的方法（请先阅读本实验附录中的相关内容）。改变 B 和 I_H 的方向，在四种组合（$+I_M$、$+I_H$，$+I_M$、$-I_N$，$-I_M$、$-I_H$，$-I_M$、$+I_H$）的条件下，分别测量出四个 U_H，取四个 U_H 的绝对值的平均值作为 U_H 的测量结果。

（8）作出 U_H-I_H 和 U_H-B 曲线，总结霍尔电压的特性和用途。

【注意事项】

（1）霍尔元件的工作电流不得长时间超过 10mA，否则会因过热而损坏。

（2）三个换向开关可能接触不良，所以每次换向后都应注意观察 I_H、I_M 是否改变，若改变了，就要及时调整过来。

（3）在要求不高的情况下，消除失调电压勿需进行，只需知道在使用霍尔元件时必须消除失调电压就行了。

【附录】

1. HYS-1 型霍尔效应应用技术综合实验仪简介

HYS-1 型霍尔效应应用技术综合实验仪是集霍尔效应实验和霍尔效应应用实验于一体的集成数字式多功能综合实验仪。在该实验仪上可做四个实验，即：直流电压隔离传送实验、直流电流隔离检测实验、直流电流越限隔离报警实验和霍尔效应实验。上述四个实验是由与之对应的四个实验板（即：直流电压隔离传送实验板、直流电流隔离检测实验板、直流电流越限隔离报警实验板和霍尔效应实验板）来实现的。

该实验仪框图如图 5.3-58 所示，它由上述四个实验板、换向开关、数字表头、测量选择开关、电源、接线柱和连接导线等组成，并组装在一个铝合金箱内。

使用时，从实验板存放盒中取出所做实验的实验板并固定在实验板位置上，即可接线做实验。

实验仪上的一号表、二号表、三号表三个数字表头与测量选择开关配合，

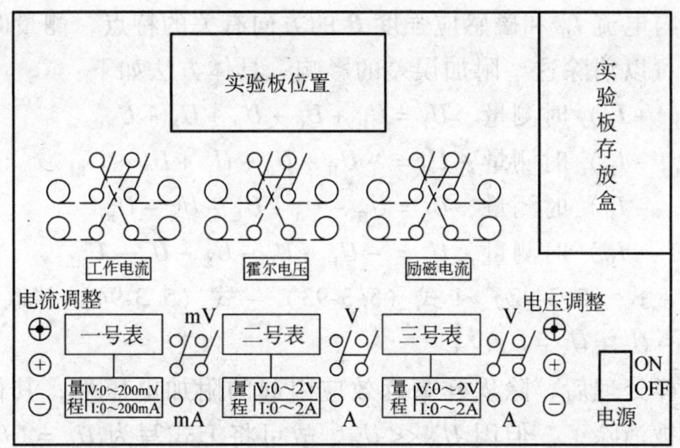

图 5.3-58　HYS-1 型霍尔效应应用技术综合实验仪

既能测电压，也能测电流。当测量电压时，测量选择开关置电压端；当测量电流或不用时，测量选择开关置电流端。

2. 霍尔效应的副效应及其消除方法

在产生霍尔电压时，会伴随产生一些副效应，这些副效应将影响测量霍尔电压的准确度。

（1）不等位效应　由于制造工艺技术的限制，霍尔元件的电位极不可能接在同一等位面上，因此，当电流 I_H 流过霍尔元件时，即使不加磁场，两电极间也会产生一电位差，称为不等位电位差 U_0。显然，U_0 只与电流 I_H 有关，而与磁场无关。

（2）埃廷豪森效应（Etinghausen effect）　由于霍尔片内部的载流子速度服从统计分布，有快有慢，于是它们在磁场中受的洛伦兹力不同，则轨道偏转也不相同。动能大的载流子趋向霍尔片的一侧，而动能小的载流子趋向另一侧，随着载流子的动能转化为热能，霍尔片两侧的温升不同，形成一个横向温度梯度，引起温差电压 U_E，U_E 的正负与 I_H、$\boldsymbol{B}$ 的方向有关。

（3）能斯特效应（Nernst effect）　由于两个电流电极与霍尔片的接触电阻不等，当有电流通过时，在两电流电极上有温度差存在，出现热扩散电流，在磁场的作用下，建立一个横向电场 $\boldsymbol{E}_N$，因而产生附加电压 U_N。U_N 的正负仅取决于磁场的方向。

（4）里纪 - 勒杜克效应（Righi-Leduc effect）　由于热扩散电流的载流子的迁移率不同，与埃廷豪森效应中载流子速度不同一样，也将形成一个横向的温度梯度而产生相应的温差电压 U_{RL}，U_{RL} 的正、负只与 $\boldsymbol{B}$ 的方向有关，和电流 I_H 的方向无关。

综上所述，由于附加电压的存在，实测的电压既包括霍尔电压 U_H，也包括 U_0、U_E、U_N 和 U_{RL} 等这些附加电压，形成测量中的系统误差来源。但我们利用这些附加电压与电流 I_H 和磁感应强度 $\boldsymbol{B}$ 的方向有关的特点，测量时改变 I_H 和 $\boldsymbol{B}$ 的方向基本上可以消除这些附加误差的影响。具体方法如下：

当（$+\boldsymbol{B}$，$+I_H$）时测量，$U_1 = U_H + U_0 + U_E + U_N + U_{RL}$ (5.3-91)

当（$+\boldsymbol{B}$，$-I_H$）时测量，$U_2 = -U_H - U_0 - U_E + U_N + U_{RL}$ (5.3-92)

当（$-\boldsymbol{B}$，$-I_H$）时测量，$U_3 = U_H - U_0 + U_E - U_N - U_{RL}$ (5.3-93)

当（$-\boldsymbol{B}$，$+I_H$）时测量，$U_4 = -U_H + U_0 - U_E - U_N - U_{RL}$ (5.3-94)

式（5.3-91）－式（5.3-92）＋式（5.3-93）－式（5.3-94）并取平均值，则得 $U_H + U_E = (U_1 - U_2 + U_3 - U_4)/4$。

可见，这样处理后，除埃廷豪森效应引起的附加电压外，其他几个主要的附加电压全部被消除了。但因 $U_E \ll U_H$，故可将上式写为 $U_H = (U_1 - U_2 + U_3 - U_4)/4$，即

$$U_H = (|U_1| + |U_2| + |U_3| + |U_4|)/4 \tag{5.3-95}$$

（汪涛 稿）

实验 37 数字示波器的原理及使用

示波器在各种测量中的应用极为广泛，目前大量使用的示波器有两种：模拟示波器和数字示波器。模拟示波器发展较早，技术也非常成熟，其优点主要是带宽宽、成本低。但是随着数字技术的飞速发展，数字示波器拥有了许多模拟示波器不具备的优点：能方便、长时间地保存信号；测量精度高；具有很强的信号处理能力；具有输入输出功能，可以与计算机或其他外设相连实现更复杂的数据运算或分析；具有先进的触发功能并能显示触发前的信号等等。而且随着相关技术的进一步发展，数字示波器的频率也越来越高了，其使用范围将更为广泛。因此，学习数字示波器的使用具有重要的意义。

【实验目的】

（1）理解数字示波器的工作原理。

（2）掌握数字示波器的使用方法。

（3）学习利用数字示波器测量电压信号的幅度、周期、相位等。

【实验原理】

一个典型的数字示波器原理框图如图 5.3-59 所示，模拟输入信号先适当地放大或衰减，然后再进行数字化处理。数字化包括“取样”和“量化”两个过程，取样是获得模拟输入信号的离散值，而量化则是使每个取样的离散值经 A-D 转换器转换成二进制数字。最后，数字化的信号在逻辑控制电路的控制下依次写入 RAM（存储器）中，CPU 从存储器中依次把数字信号读出并在液晶屏上显

示相应的信号波形。GPIB 为通用接口总线系统，通过它可以程控数字示波器的工作状态，并且使内部存储器和外部存储器交换数据成为可能。

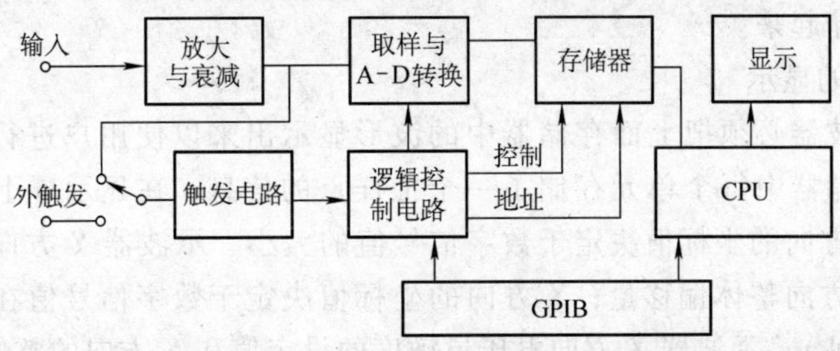

图 5.3-59　典型数字示波器原理框图

由此可见，数字示波器必须要完成波形的取样、存储和波形的显示。另外，为了满足一般应用的需求，几乎所有微机化的数字示波器都提供了波形的测量与处理功能。

1. 波形的取样和存储

由于数字系统只能处理离散信号，所以必须对模拟连续波形先进行抽样，再进行 A-D 转换。根据尼奎斯特（Nyquist）定理，只有抽样频率大于要处理信号频率的两倍时，才能在显示端理想地复现该信号。

连续信号离散化通过如图 5.3-60 所示的取样方法完成，把模拟波形送到加有反偏的取样门的 a 点，在 c 点加入等间隔的取样脉冲，则对应时间 t_n（$n=1$，2，3，…）取样脉冲打开取样门的一瞬间，在 b 点就得到相应的模拟量 a_n（$n=1$，2，3，…），这个模拟量就是离散化了的模拟量，把每一个模拟量进行 A-D

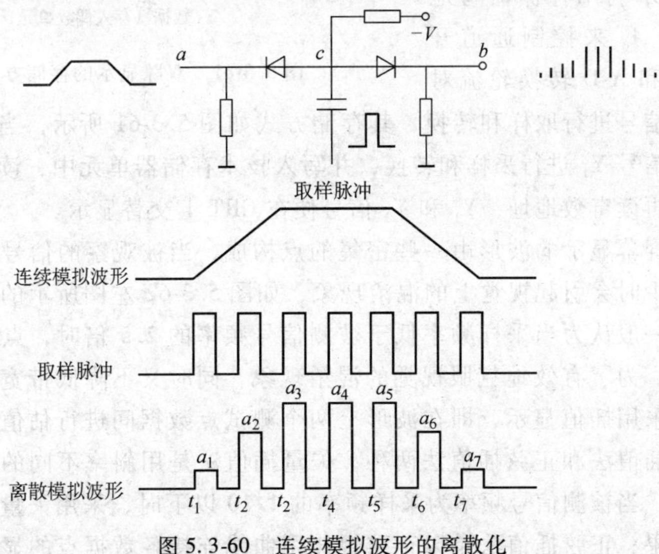

图 5.3-60　连续模拟波形的离散化

转换，就可以得到相应的数字量，如 a_1→A-D→01H；a_2→A-D→02H；a_3→A-D→03H……。如果把这些数字量按序存放在存储器中，就相当于把一幅模拟波形以数字量存储起来。

2. 波形的显示

数字示波器必须把上面存储器中的波形显示出来以便用户进行观察、处理和测量。存储器中每个单元存储了一个抽样点的信息，在显示屏上显示为一个点，该点 Y 方向的坐标值决定于数字信号值的大小、示波器 Y 方向电压灵敏度设定值和 Y 方向整体偏移量；X 方向的坐标值决定于数字信号值在存储器中的位置（即地址）、示波器 X 方向电压灵敏度的设定值和 X 方向的整体偏移量。

为了适应对不同波形的观测，智能化的数字存储器有多种灵活的显示方式：存储显示、双踪显示、插值显示、锁存和半存显示、滚动显示等。

存储显示是示波器最基本的显示方式。它显示的波形是由一次触发捕捉到的信号片断，即在一次触发形成并完成数据存储之后，通过控制存储器的地址将数据读出，然后在 CPU 的控制下稳定地显示在 CRT 上。存储显示还有连续捕捉显示和单次捕捉显示之分，在连续捕捉显示方式下，每满足一次触发条件，屏幕上原来的波形就被新存储的波形更新，而单次捕捉显示只保存并显示一次触发形成的波形。

如果需要显示两个电压波形并保持两个波形在时间上的原有对应关系，可采用交替存储技术以达到双踪显示。这种交替存储技术利用存储器写地址的最低位 A_0 来控制通道开关，使取样和 A-D 转换轮流对两通道输入信号进行取样和转换，其存储方式如图 5.3-61 所示，当 A_0 为 1 时，对通道 1 的信号 Y_1 进行采样和转换，并写入技术存储器单元中，读出时，先读偶数地址，再读奇数地址，Y_1 和 Y_2 信号便在 CRT 上交替显示。

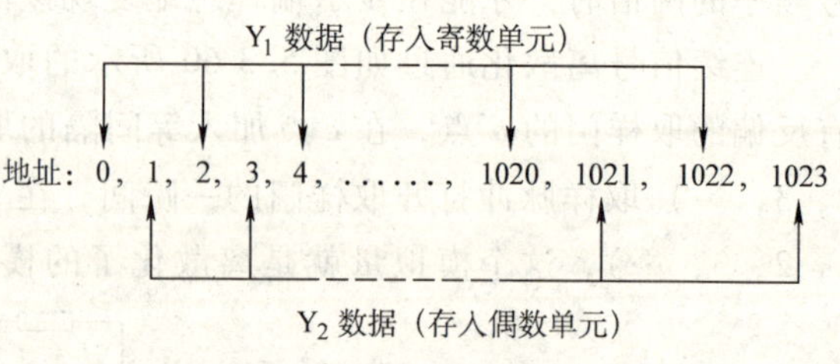

图 5.3-61 双踪显示的存储方式

示波器屏幕显示的波形由一些密集的点构成，当被观察的信号在一周期内采样点数较少时会引起视觉上的混淆现象，如图 5.3-62 左图所示的正弦波形就很难辨认，一般认为当采样频率低于被测信号频率的 2.5 倍时，点显示就会造成视觉混淆，为了有效地克服视觉的混淆现象，同时又不降低带宽指标，数字滤波器往往采用插值显示，即在波形上两个测试点数据间进行估值。估值方式通常有矢量插值法和正弦插值法两种，矢量插值法是用斜率不同的直线段来连接相邻的点，当被测信号频率为采样频率的 1/10 以下时，采用矢量插值可以得到满意的效果；正弦插值法是以正弦规律用曲线连接各数据点的显示方式，它能显示频率为采样频率的 1/2.5 以下的被测波形，其能力已接近奈奎斯特极限频率。

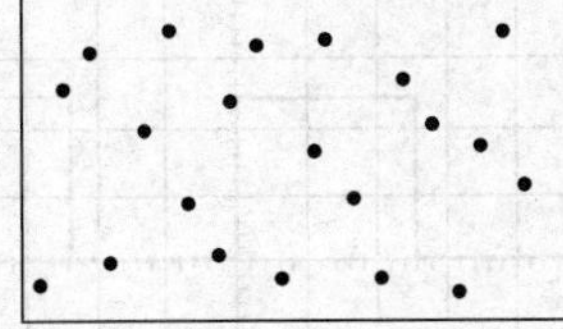
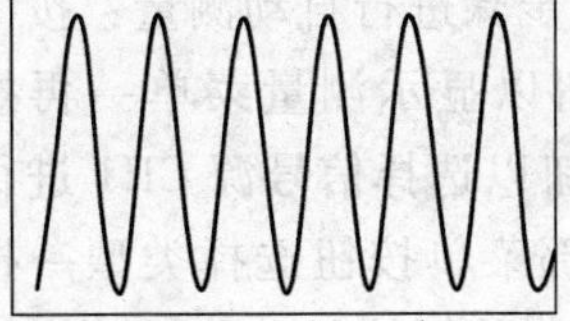

图 5.3-62　波形的插值显示

3. 信号的触发

为了实时稳定地显示信号波形，示波器必须重复地从存储器中读取数据并显示，如图 5.3-63 所示。为使每次显示的曲线和前一次重合，必须采用触发技术。信号的触发也叫整部或同步，一般的触发方式为：输入信号经衰减放大后分送至 A-D 转换器的同时也分送至触发电路，触发电路根据一定的触发条件（如信号电压达到某值并处于上升沿）产生触发信号，控制电路一旦接收到来自触发电路的触发信号，就启动一次数据采集与 RAM 写入循环。

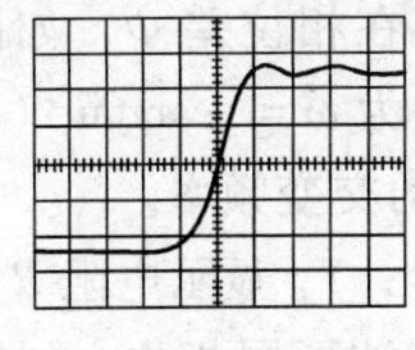
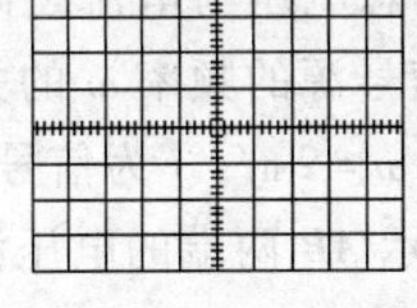
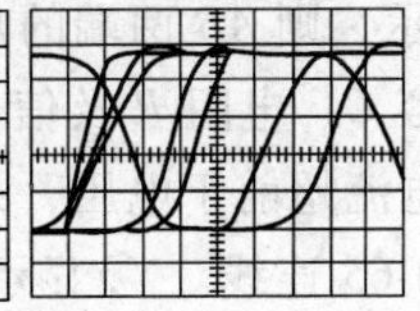

触发波形　　未触发波形

图 5.3-63　信号的触发

触发决定了示波器何时开始采集数据和显示波形，一旦触发被正确设定，它可以把不稳定的显示或黑屏转换成有意义的波形。示波器在开始收集数据时，先收集足够的数据用来在触发点的左方画出波形。示波器在等待触发条件发生的同时连续地采集数据。当检测到触发后，示波器连续地采集足够的数据以在触发点的右方画出波形。

触发可以从多种信号源得到，如输入通道、市电、外部触发等。常见的触发类型有边沿触发和视频触发；常见的触发方式有自动触发、正常触发和单次触发。

【实验内容】

（1）阅读本书第 3 章 3.6.2 节和 3.6.3 节以及 TDS200 数字式示波器用户手册，了解和掌握 TDS200 型数字式示波器及 SC2000—Ⅱ型功率函数发生器的性能及使用方法。

（2）测量电压信号的频率、周期和峰-峰幅值。

1）调节信号发生器，产生一定频率、幅度的方波信号。

2）信号发生器输出端接示波器通道 1 的探头。

3）按下“自动设置”按钮，示波器将自动设置垂直、水平和触发控制，手动调整这些控制时波形显示达到最佳，如图 5.3-64 所示。

4）按如下步骤进行自动测量：按下 MEASURE 按钮以显示测量菜单→再按下顶部菜单按钮以选择信号源 CH1 进行测量→按下顶部菜单按钮选择类型→按下第一个 CH1 菜单框按钮以选择频率→按下第二个 CH1 菜单框按钮以选择周期→按下第三个 CH1 菜单框按钮以选择峰-峰值。经过这些操作，频率、周期和峰-峰值的测量结果将显示在菜单中并被周期性地修改，记录相应数据并与信号发生器的标准值进行比较。

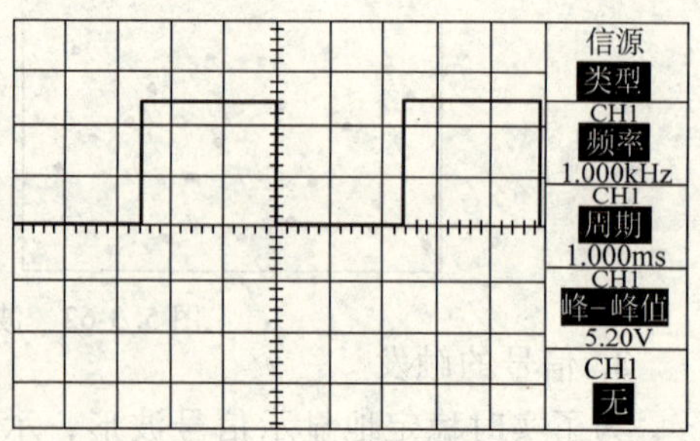

图 5.3-64　数字示波器进行自动测量示意图

（3）测定相位差：若将简谐交变电压加在电阻、电容串联电路 AB 两端，如图 5.3-65 所示，则 AB 两端的总电压与电流之间存在相位差 Φ，如图 5.3-66 所示。Φ 与电容 C、电阻 R 及信号源的频率 ω 的关系为 $\omega = -\arctan\ (l/\omega CR)$，式中负号表示电流超前于电压，$\omega = 2\pi f$，$f$ 为信号源的交变频率。

按图 5.3-65 连线。Y_A 显示 AB 两端的电压波形；Y_B 显示电阻 R 两端的电压波形，即电流波形（因为电阻上的电压波形与电流波形同相位，如图 5.3-66 所示）。将信号发生器频率调为 500Hz，输出电压调为 1V 并且施加到图 5.3-65 所示电路中。在示波器的菜单中选择 CH1 和 CH2 以同时显示两个通道信号，按下“自动设置”按钮，示波器将自动设置垂直、水平和触发控制，手动调整这些控制时波形显示达到最佳。记下示波屏上任何一个信号一个周期的水平长度的格数 D 以及两个波的波峰之间的水平距离 d，利用 $\Phi' = 360° \times d/D$ 计算待测相位差 Φ'。计算相位差的理论值 Φ 并与 Φ'进行比较。在本实验中，$R = 100\Omega$，$C = 10\mu f$。

将信号发生器频率调为 50kHz，重复以上测量相位差的操作，并与理论值比较。

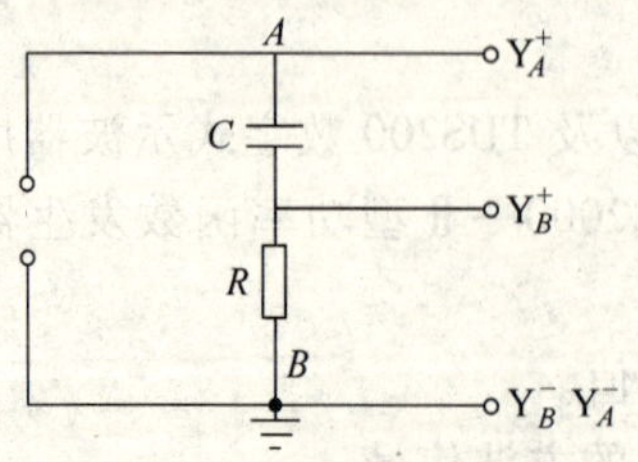

图 5.3-65　相位差测量电路

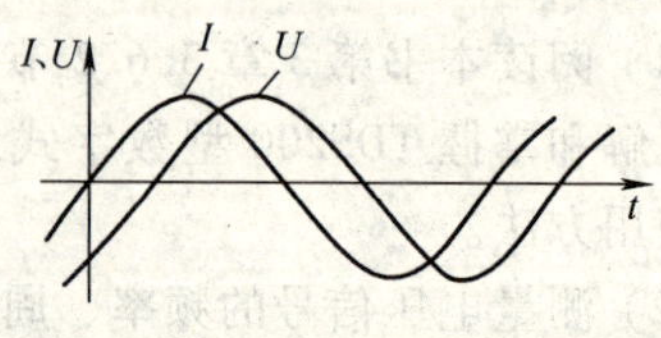

图 5.3-66　RC 电路中的电流和电压

【参考文献】

赵茂泰．智能仪器原理及应用［M］．北京：电子工业出版社，1999.

（汪涛　稿）

5.4　基本常量测量

实验 38　用密立根油滴法测定基本电荷

油滴实验是近代物理学中直接测定电子电荷的一个著名的实验，该实验是由美国物理学家密立根（R. A. Millikan）经历了十年多的时间设计并完成的，他对带电油滴在静电场中的运动进行了详细的研究和实验，测出了基本电荷值，明确了带电油滴所带的电荷都是基本电荷的整数倍，用实验的方法，证实了电荷的不连续性，为物理学的发展作出了卓越贡献。油滴实验是用宏观的力学方法来解释微观粒子的量子特性，在思想概念上和实验装置上都很有启发性和创造性。密立根由于取得了测定电子电荷（即基本电荷）和借助光电效应测出普朗克常数等成就，荣获了 1923 年的诺贝尔物理学奖。

本实验采用 CCD 摄像机和监视器，可以非常清楚地看到钟表润滑油油滴的运动过程，大大改善了观察条件，使测量更为准确。

【实验目的】

（1）通过密立根油滴实验验证电荷的不连续性。

（2）测定基本电荷。

（3）了解油滴实验的方法与特点。

（4）了解 CCD 图像传感器的原理与应用，学习电视显微的测量方法。

【实验原理】

如图 5.4-1 所示，质量为 m，电荷量为 q 的油滴处在两块水平放置的平行极板之间，两极板间距离为 d，极板上加有电压 U，极板间的电场强度则为 $E=U/d$。油滴在极板中受到的电场力大小为 $qE=qU/d$，重力大小为 mg。改变极板间的电压 U，就可以改变油滴受到的电场力的大小和方向，当油滴在空中静止时，电场力与重力平衡，可以得到

$$q = mg\frac{d}{U} \tag{5.4-1}$$

为了测定油滴所带的电荷量 q，除应测出 U、d 外，还必须测出油滴的质量 m。由于油滴非常小，它的半径在 10^{-6}m 数量级，质量约在 10^{-15}kg 数量级，用常规的方法是无法测量的，故采取如下方法测量：

当平行极板上的电压 $U=0$ 时，油滴受重力的作用而加速下落，由于空气阻力的作用，下落很小一段距离后，油滴将作匀速运动，速度为 $\boldsymbol{v}_g$，这时重力与空气粘滞阻力 $\boldsymbol{F}_r$ 平衡（空气浮力忽略不计），如图 5.4-2 所示。

$$F_r = mg \tag{5.4-2}$$

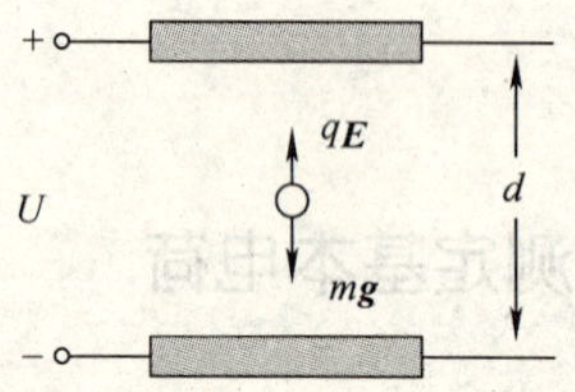

图 5.4-1 电场中的油滴

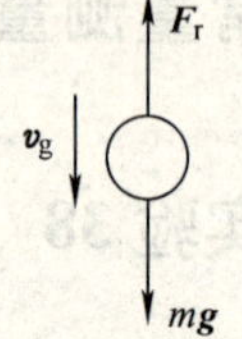

图 5.4-2 空气中的运动油滴

根据斯托克斯定律，粘滞阻力 $F_r = 6\pi a\eta v_g$，故有

$$6\pi a\eta v_g = mg \tag{5.4-3}$$

式中，η 是空气粘度；a 是油滴半径。由于表面张力的作用，微小的油滴呈小球状，其质量为

$$m = 4\pi a^3\rho/3 \tag{5.4-4}$$

式中，ρ 是油的密度。

由式（5.4-3）和式（5.4-4）得油滴的半径

$$a = \sqrt{\frac{9\eta v_g}{2\rho g}} \tag{5.4-5}$$

由于油滴非常小，空气已不能看成连续的介质，而斯托克斯定律只适用于连续的介质，所以空气的粘度 η 应修正为

$$\eta' = \frac{\eta}{1+\frac{b}{pa}} \tag{5.4-6}$$

式中，b 为修正常数；p 为空气压强；a 为未经修正的油滴半径，由于它在修正项中，不必计算得很精确，由式（5.4-5）计算就够了。

实验时，当两极板间电压 $U=0$ 时，设油滴匀速下落的距离为 l，时间为 t_g，则

$$v_g = \frac{l}{t_g} \tag{5.4-7}$$

将式（5.4-4）、式（5.4-5）、式（5.4-7）代入式（5.4-1），η'代替式（5.4-5）中的 η，可得

$$q = \frac{18\pi}{\sqrt{2\rho g}}\left[\frac{\eta l}{t_g\left(1+\frac{b}{pa}\right)}\right]^{3/2}\frac{d}{U} \tag{5.4-8}$$

上式即为静态（平衡）法测油滴电荷的公式。

对实验测得的各个电荷 q_i 求最大公约数，就是基本电荷 e 的值。若求最大公约数有困难，可用作图法求 e 值。

实验所需的参数如下：

油的密度：$\rho = 981\text{kg} \cdot \text{m}^{-3}$（20℃） 重力加速度：$g = 9.79\text{m} \cdot \text{s}^{-2}$

空气粘度：$\eta = 1.83 \times 10^{-5}\text{Pa} \cdot \text{s}$ 修正常数：$b = 8.22 \times 10^{-3}\text{m} \cdot \text{Pa}$

大气压强：$p = 1.013 \times 10^{5}\text{Pa}$ 平行极板间距离：$d = 5.00 \times 10^{-3}\text{m}$

【实验仪器】

OM98 CCD 微机密立根油滴仪（生产单位：南京浪博科教仪器研究所），MOD-5 型密立根油滴仪（生产单位：南京培中科技开发研究所）。

【实验内容】

（1）阅读本实验附录，熟悉密立根油滴仪的使用。

（2）调节仪器底座的调节手轮，使水平仪气泡居中，此时平行极板水平。

（3）打开监视器和油滴仪电源，将电压选择开关拨向“平衡”，调节平衡电压旋钮，给极板加上 250V 左右的电压，正负换向开关打在“+”或“-”均可。

（4）用喷雾器对准喷雾口向油雾室喷油，微调显微镜调焦手轮，使显微镜聚焦，从屏幕上可看见大量的、清晰的油滴。

（5）选择一颗合适的油滴很重要。质量太大的油滴，下落时间快，时间测量误差大；太小的油滴，布朗运动比较明显，也造成测量误差。油滴所带电荷量的多少对测量误差也有影响。通常选择平衡电压在 150 ~ 300V 左右，匀速下落 1.5mm 的时间在 8 ~ 20s 左右，目视油滴的直径（屏幕上尺寸），选择在 0.5 ~ 1mm 左右的油滴比较适宜。

（6）将选中的一颗油滴用电压选择开关移到“0”刻度线上，仔细调节平衡电压，使这颗油滴静止在“0”刻度线上（判断油滴是否平衡要有耐心），并记录下平衡电压 U。

（7）将电压选择开关拨向“0V”，油滴开始匀速下落，同时计时器开始计时，油滴下落到指定点时，迅速将电压选择开关拨向“平衡”，油滴停止下落，同时计时器也停止计时，记录油滴下落时间 t_g。

（8）选择不同的油滴进行测量，每颗油滴重复测量 3 次。

（9）实验完毕后，断电，用实验室准备的布或纸将油雾室及上下极板擦拭干净，整理好仪器再离开实验室。

（10）用作图法求基本电荷 e。

【思考题】

（1）对实验结果造成影响的主要因素有哪些？

(2) 选用蒸馏水代替钟表润滑油，效果会怎么样？

(3) 如何判断油滴盒内两平行极板是否水平？不水平对实验有何影响？

【附录】

1. OM98CCD 微机密立根油滴仪

油滴仪主要由油雾室、油滴盒、CCD 电视显微镜、电路箱、监视器等组成。

油雾室用有机玻璃制成，其上有喷雾口和油雾孔，该孔可以通过拉动铝片开关。

油滴盒的结构如图 5.4-3 所示。中间是两个圆形平行极板，间距为 d，放在有机玻璃防风罩中。上电极板中心有一个直径 0.4mm 的小孔，油滴经油雾孔落入小孔，进入上下电极板之间，由照明灯照明。防风罩前装有测量显微镜。目镜中有分划板，分划板刻度：垂直线视场 2mm，分 8 格，每格为 0.25mm。

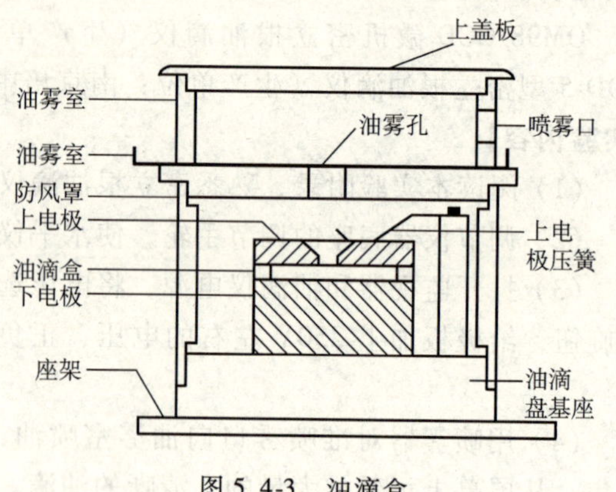

图 5.4-3 油滴盒

照明灯安装在照明座中间位置，在照明光源和照明光路设计上也与一般油滴仪不同。照明灯采用了带聚光红色发光二级管。

CCD 是电荷耦合器件的英文缩写（即 Charge Coupled Device），它是固体图像传感器的核心器件，由它制成的摄像机，可把光学图像变为视频电信号，由视频电缆接到监视器上显示，或接录像机，或接计算机进行处理。本实验使用灵敏度和分辨率甚高的黑白 CCD 摄像机，用高分辨率（800 电视线）的黑白监视器，将显微镜观察到的油滴运动图像清晰逼真地显示在屏幕上，以便观察和测量。

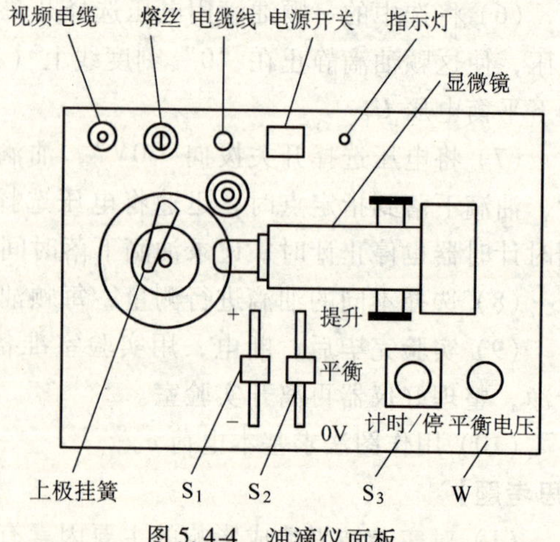

图 5.4-4 油滴仪面板

电路箱体内装有高压产生、测量显示等电路。底座装有 3 只调平手轮，面板结构见图 5.4-4。由测量显示电路产生的电子分划板在监视器的屏幕上显示白色刻度。

在面板上有两只控制平行极板电压的 3 档开关，S_1 控制上下极板电压的极性，S_2 控制极板上电压的大小。当 S_2 处于中间位置即“平衡”档时，可用电位器调节平衡电压的大小。打向“提升”档时，自动在平衡电压的基础上增加 200 ~300V 的提升电压，打向“0V”档时，极板上电压为 0。

为了提高测量精度，OM98 油滴仪将 S_2 的“平衡”、“0V”档与计时器的“计时/停”联动。在 S_2 由“平衡”打向“0V”，油滴开始匀速下落的同时开始计，并且油滴下落到预定距离时，迅速将 S_2 由“0V”档打向“平衡”档，油滴停止下落的同时停止计时。在屏幕上显示的是油滴实际的运动距离及对应的时间，这样可提高测距、测时精度。

由于空气阻力的存在，油滴是先经一段变速运动，然后进入匀速运动的，但这变速运动时间非常短，小于 0.01s，与计时器精度相当。所以可以看作当油滴自静止开始运动时，它是立即作匀速运动的，运动的油滴突然加上原平衡电压时，将立即静止下来。

OM98 油滴仪的计时器采用“计时/停”方式，即按一下开关，清 0 的同时立即开始计时，再按一下，停止计数，并保存数据。计时器的最小显示为 0.01s。

2. 作图法求基本电荷 e：

求基本电荷 e 有各种方法，如作图法、验证法、差值法、最小正整数法、平均值最小正整数法、最小二乘法、概率统计法等，下面介绍最常用的作图法。

（1）先画出坐标轴，横轴代表整数 n，纵轴代表油滴电荷量 q。

（2）在横轴上等间距地标出各坐标点（1，2，3，…，8），并通过这些点作平行于纵轴的垂线。

（3）在纵轴上标出各测得电荷量 q_1，q_2，q_3，…，q_6 的坐标位置，然后通过这些点作平行于横轴的水平直线，如此在 $n-q$ 坐标系中形成一个网状的图。

（4）现在假设电荷量最少的油滴中的电荷量子数 $n=1$，那么按照 $q=ne$ 的假设，连接 Oa 两点画出一条直线（O 为坐标原点，a 为测得最小电荷值），检查与其余几条水平线各相交点，它们应该分别落在其中任意一条垂直线上，如果不满足，说明电荷量子数不为 1，如图 5.4-5 中 Oa 连接的直线就不满足。

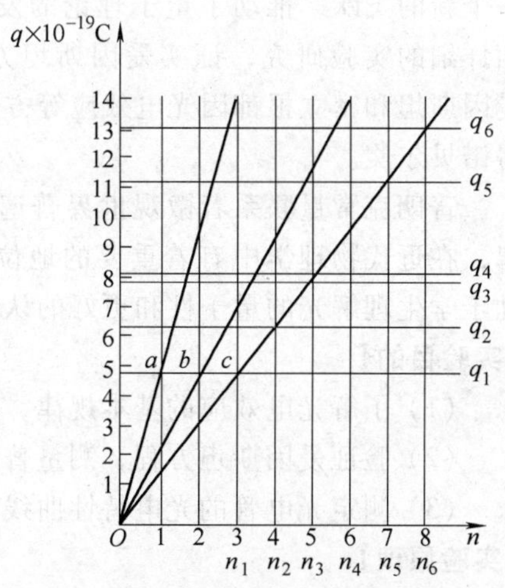

图 5.4-5　利用作图法求基本电荷

(5) 接着就再假设 $n=2, 3, \cdots, 8$，然后依次连接 Ob，Oc，…，画出直线，再检查各个相交点分别与垂直线重合的情况。实验表明，总会画出一条直线，如图 5.4-5 中的直线 Oc，它与各条水平线都有一个交点，这些交点与各水平线和垂直线的交点非常逼近或重合。从该线上可直接读出各电荷值所对应的电荷的量子数。

实验证明，实验时尽量选取 q 值小的油滴来测量，只要做到被测量油滴的电荷值 q 准确，采用这种作图处理方法得出的实验结果是十分满意的。

【参考文献】

[1] 杜占乐．密立根油滴实验的数据处理［J］．大学物理，2000. 19，(10)．

[2] 韩苏阳，罗旺．密立根油滴实验数据处理的一种方法［J］．齐齐哈尔大学学报，2006. 22，(5)．

[3] 丁红星，戴丽莉．密立根油滴实验数据处理方法的分析与改进［J］．大学物理，2005. 24，(7)．

（彭华　稿）

实验 39　用光电效应法测普朗克常量

1887 年赫兹发现紫外线照射在火花缝隙的电极上有助于放电。1888 年以后，哈耳瓦克斯、斯托列托夫、勒那德等人对光电效应作了长时间的研究，并总结了光电效应的现象。但这些现象都无法用当时的经典理论加以解释。1905 年，爱因斯坦根据普朗克的黑体辐射量子假说大胆提出了“光子”概念，成功地解释了光电效应，建立了著名的爱因斯坦方程，使人们对光的本质认识有了一个新的飞跃，推动了量子理论的发展。此后，密立根立即对光电效应开展全面详细的实验研究，证实爱因斯坦方程的正确性，并精确测出了普朗克常量。爱因斯坦和密立根都因光电效应等方面的杰出贡献，分别于 1921 年和 1923 年获得诺贝尔奖。

普朗克常量联系着微观世界普遍存在的波粒二象性和能量交换量子化的规律，在近代物理学中有着重要的地位。利用光电效应实验测量普朗克常量，有助于学生理解光的量子性和更好的认识 h 这个普适常量。

【实验目的】

(1) 了解光电效应的基本规律，加深对光的量子性的理解。

(2) 验证爱因斯坦方程，测量普朗克常量。

(3) 测定光电管的光电特性曲线，验证饱和光电流和入射光强成正比。

【实验原理】

当一定频率的光照射在金属表面，就会有电子从其表面逸出，这种现象称为光电效应。爱因斯坦认为，从一点发出的光不是按麦克斯韦电磁学说指出的那样以连续分布的形式把能量传播到空间，而是频率为 ν 的光以 $h\nu$ 为能量单位（光量子）的形式一份一份地向外辐射。根据这一理论，在光电效应中，当金属中的自由电子从入射光中吸收一个光子的 $h\nu$ 能量后，如在途中不因碰撞而损失能量，则一部分用于逸出功 W_s，剩下就是电子逸出金属表面后具有的最大动能，即

$$mv_{max}^2/2 = h\nu - W_s \tag{5.4-9}$$

这就是著名的爱因斯坦方程。式中 h 为普朗克常量，公认值为 $6.6260755 \times 10^{-34}$ J·s。

式（5.4-9）成功地解释了光电效应的规律：

1）光子能量 $h\nu < W_s$ 时，不能产生光电效应。

2）只有当入射光的频率大于阈值频率 $\nu_0 = W_s/h$ 时，才能产生光电效应。入射光的频率越高，逸出来的光电子的初动能必然越大。

3）光强的大小意味着光子流密度的大小，即光强只影响光电子形成光电流的大小。饱和光电流的大小与入射光的强度成正比。

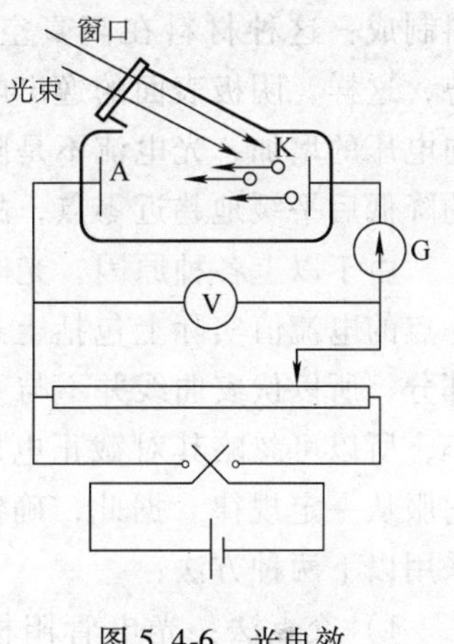

图 5.4-6　光电效应实验原理图

本实验采用减速场法。如图 5.4-6 所示，频率为 ν，光强为 I 的光照射到光电管的阴极 K 上，从 K 发射的光电子向阳极 A 运动，在外回路形成光电流。在阴极与阳极之间加有反向电压 u_{KA}，就在电极 K、A 间建立起阻止电子向阳极运动的拒斥电场。随着电压 u_{KA} 的增加，到达阳极的光电子将逐渐减小，直到动能最大的光电子也被阻止，外回路的光电流为零。此时的电压值 u_{KA} 称为截止电压 U_s，即

$$eU_s = \frac{1}{2}mv_{max}^2$$

代入式（5.4-9）得

$$eU_s = h\nu - W_s \tag{5.4-10}$$

由于金属材料的逸出功 W_s 是金属的固有属性，它与入射光的频率无关。即对同一种光电阴极来说，截止电压 U_s 与入射光的频率 ν 呈线性关系，直线的斜率为 h/e。由此可见，只要对不同频率的光测量出截止电压 U_s，作出 U_s-ν 曲线，并求出此曲线的斜率，即可求出普朗克常量 h 值。其中电子电荷量 $e = 1.60 \times 10^{-19}$C。

图 5.4-7 所示的光电流随电压变化的曲线是理论值。实际测量中还有一些不利因素会影响测量结果，稍不注意就会带来很大的误差。

1）暗电流：它是指光电管在没有光照射时，由热电子发射和管壳漏电等原因造成的。暗电流与外加电压基本上呈线性关系。

2）阳极发射电流：光电管的阳极使用逸出电位较高的铂、钨等材料做成，在使用时由于沉积了阴极材料，因而遇见可见光照射也会发射光电子，对阴极发射的拒斥电场对阳极发射就会形成反向饱和电流。仪器虽避免光束直射阳极，但从阴极散射光是不可避免的。

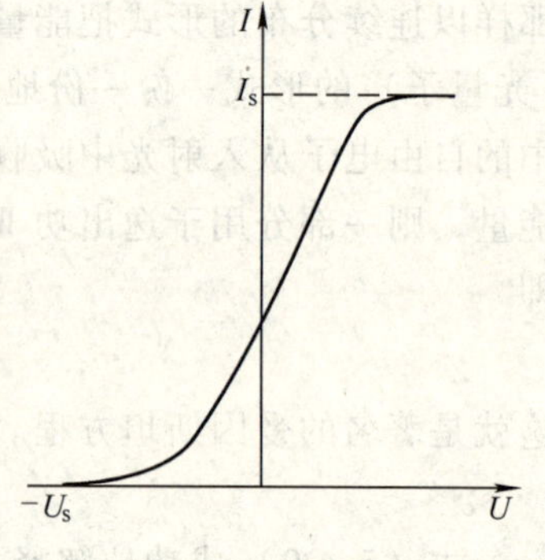

图 5.4-7　光电管的伏安特性

3）光电管的阴极采用逸出电位低的碱金属材料制成：这种材料在高真空中也有易被氧化的趋势，这样，阴极表面的逸出电位不尽相同。随着反向电压的增加，光电流不是陡然截止，而是在较快的降低后平缓地趋近零点，故需极高灵敏度的电流计才能检测。

由于以上各种原因，光电管的 I-U 关系曲线如图 5.4-8 所示。实测曲线上每一点的电流值实际上包括上述两种电流和由阴极光电效应所产生的正向电流三部分，所以伏安曲线并不与 U 轴相切。由于暗电流与阴极正向电流相比其值很小，所以可忽略其对截止电压的影响。阳极发射电流虽然在实验中较显著，但它服从一定规律。据此，确定截止电压值可采用以下两种方法：

1）交点法：光电管阳极用逸出功较大的材料制作，制作过程中尽量防止阴极材料蒸发，实验前对光电管阳极通电，减少其上溅射的阴极材料，实验中避免入射光直接照射到阳极上，这样可大大减少它的反向电流，其伏安特性曲线与图 5.4-7 十分接近，因此，实测曲线与 U 轴交点的电位差值近似等于截止电压 U_s，此即交点法。

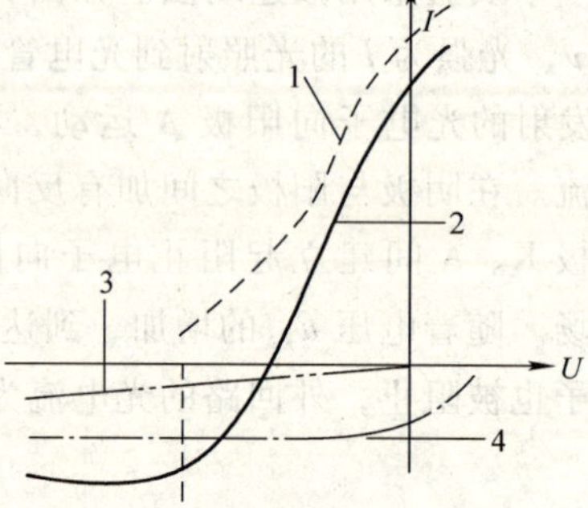

图 5.4-8　光电管的 I-U 特性曲线
1—理想阴极发射电流　2—实测曲线
3—暗电流　4—阳极发射电流

2）拐点法：光电管阳极发射光电流虽然较大，但在结构设计上，若使阳极电流能较快地饱和，则伏安特性曲线在阴极电流进入饱和段后有着明显的拐点。如图 5.4-8 所示，此拐点的电位差即为截止电压 U_s。

本实验采取的是交点法。

【实验仪器】

ZKY-GD-3 光电效应实验仪（生产单位：成都世纪中科仪器有限公司）由汞灯光源、滤色片、光阑、光电管、测试仪（含光电管电源和微电流放大器）构成，仪器结构如图 5.4-9 所示。

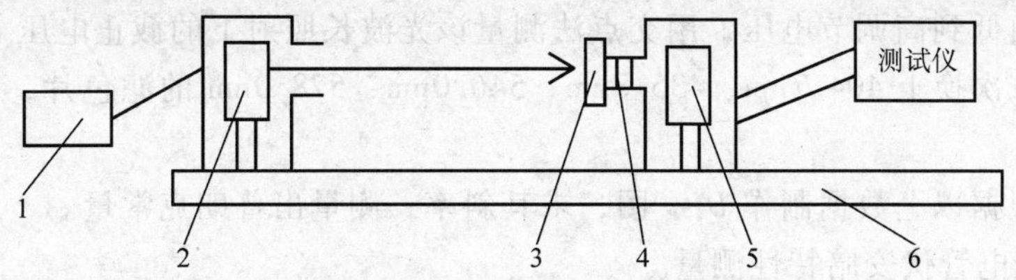

图 5.4-9　ZKY-GD-3 光电效应实验仪

1—汞灯电源　2—汞灯　3—滤色片　4—光阑　5—光电管　6—导轨底座

（1）光电管：阳极为镍圈，光谱范围 340 ~ 700nm，暗电流约 10^{-12}A。

（2）汞灯光源：在 302 ~ 872nm 的谱线范围内有 365.0nm、404.7nm、435.8nm、546.1nm、577.0nm、579.07nm 等谱线可供实验使用。

（3）滤色片组：有 5 种滤色片，中心波长分别为 365.0nm、404.7nm、435.8nm、546.0nm、578.0nm。

（4）微电流测量放大器：电流测量范围在 10^{-8} ~ 10^{-13}A，分 6 档，三位半数显。

（5）光电管工作电源：电压调节范围分 -2 ~ +2V 和 -2 ~ +30V 两档，三位半数显。稳定度≤1%。

（6）光阑：ϕ2、ϕ4、ϕ8 共三种。

【实验内容】

1. 实验前的准备工作

1）把光电管暗箱遮光盖及汞灯出光端盖罩上。

2）将测试仪及汞灯电源接通，预热 20min。

3）在导轨上调节光电管与汞灯的距离（约为 40cm）并保持不变，汞灯出光口对准光电管暗箱光输入口。

4）用专用导线将光电管电压输入端与测试仪背板上的电压输出端连接起来（注意：红—红，兰—兰）。

5）将测试仪面板上的“电流量程”选择旋钮置于合适档位（10^{-13}A）。仪器经充分预热后，可进行测试前的电流调零，即旋转“电流调零”旋钮使电流指示为 000.0。

2. 测量普朗克常量

1）将 ϕ4 光阑及 365nm 滤色片安装在光电管箱输入口上，将“电压选择”按钮置于 -2 ~ +2V 档，“电流量程”选择旋钮置于 10^{-13}A 档位。

2）用高频光缆将光电管箱的电流输出端 K 与测试仪背板的微电流输入端连接起来。

3）将 ϕ4 光阑及 365nm 滤色片安装在光电管箱输入口上（注意：此过程中

汞灯出光口盖不能拿下，以免强光打坏光电管）。

4）由低到高调节电压，用交点法测量该光波长照射下的截止电压 U_s。

5）依次换上 404.7nm、435.8nm、546.0nm、578.0nm 的滤色片，重复步骤 3）、4）。

6）根据以上数据制作 U_s-ν 图，求其斜率，测量出普朗克常量。

3. 光电管伏安暗特性测量

1）将“电压选择”按钮置于 -2 ~ +30V 档，“电流量程”选择旋钮置于 10^{-11}A 档位。

2）将测量仪电流输入电缆断开，重新进行电流调零，再接上电缆线。

3）将 ϕ2 光阑及 436nm 的滤色片安装在光电管箱输入口上。

4）由低到高调节电压，记录电流从零到饱和电流变化的电流值及对应的电压值。

5）根据以上数据制作光电管的 $I-U$ 特性曲线。

4. 验证饱和光电流与入射光强成正比

1）取 $U_{AK}=30$V，将“电流量程”选择旋钮置于 10^{-10}A 档位，将测量仪电流输入电缆断开，重新进行电流调零，再接上电缆线。

2）在采用同一种滤色片、同一入射距离的条件下，测量光阑分别为 ϕ2、ϕ4、ϕ8 时的电流（注意：入射到光电管上的光强与光阑面积成正比，用此法验证光电管饱和光电流与入射光强成正比）。

3）重复步骤 1)，在采用同一滤色片、同一光阑的条件下，测量光电管与汞灯距离不同（如 300mm，400mm）时对应的电流值。此法同样可以验证光电管饱和光电流与入射光强成正比（注意：d 为光源与光电管的距离，而照射在光电管的光强正比于 $1/d^2$）。

【思考题】

(1) 光电流是否随光源强度的变化而变化？截止电压是否因光强不同而改变？

(2) 理论上 U_s-ν 直线的截距是阴极材料的逸出电位 φ（W_s/e），实际上阴极与阳极之间存在接触电位差，因而实测曲线的截距不等于 φ。试解释接触电位差是怎么产生的，它对本实验有无影响。

(3) 讨论光电效应对建立量子概念和认识光的波粒二象性的重要意义。

【参考文献】

[1] 特里格 GL. 现代物理学中的关键性实验 [M]. 科学出版社，北京：1983.

[2] 南京工学院电子管厂. GP-1 型普朗克常数测定仪使用说明. 南京：1983.

（赵艳 稿）

5.5　光学实验与光学参量测量

实验 40　透镜和透镜组参数的测量与研究

透镜是组成光学仪器的最基本的元件，它由透明材料（如玻璃、塑料、水晶等）做成。由于单透镜成像存在像差，使成像质量明显下降，因此在光学系统中很少使用单透镜，一般采用多个透镜组成的透镜组。不同的光学系统根据不同的使用目的，需要选择不同参数的透镜和透镜组。所以，掌握透镜和透镜组参数的测量以及光路的调整技术对设计一个简单的光学系统和了解它的工作原理至关重要。

在透镜组基点的测量与研究中，单个透镜的焦距测量是最基本的。因此本实验分为两部分内容：薄透镜焦距的测量和透镜组基点的测量。

实验一　薄透镜焦距的测量和透镜像差的观察

【实验目的】

（1）通过对光具座上各元件的共轴调节，初步学会光路的调整和分析方法。

（2）掌握测量薄透镜焦距的基本方法。

（3）了解像差成因，观察单透镜几种像差的实际表现。

【实验原理】

透镜是具有两个折射面的简单的球面光学系统。当透镜的两个折射面在光轴上顶点间的距离远比它的焦距小得多的时候，可以忽略其厚度而称为薄透镜。凸透镜可使光线因折射而会聚，也称会聚透镜。凹透镜具有使光束发散的作用，又称发散透镜。

1. 薄凸透镜焦距的测量

（1）自准直法（平面镜法）　当发光点 A（物体）处在凸透镜 L 的焦平面上时，它发出的光经凸透镜后会变成一束平行光，若用与主光轴垂直的平面镜 M 将此光反射回去，反射光再次通过凸透镜，仍会聚在凸透镜的焦平面上，其汇聚点 A' 将在物光点相对于光轴对称的位置上，这时发光点与透镜之间的距离就近似等于该透镜的焦距，如图 5.5-1 所示。

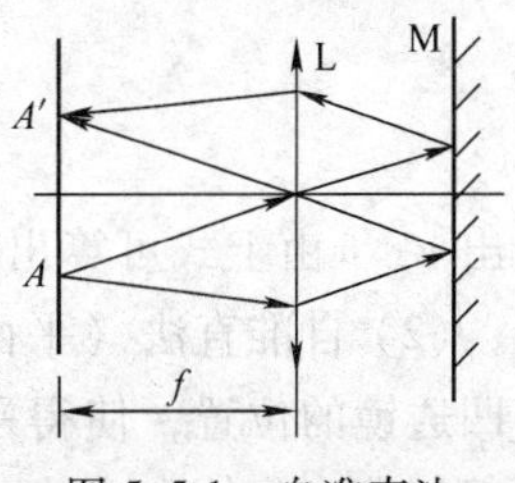

图 5.5-1　自准直法

（2）平行光法（辅助透镜法）　使物屏至已知焦距的凸透镜的距离等于该透镜的焦距，于是通过凸透镜的光为平行光。平行光通过待测的凸透镜成像于它的焦平面上，这样像屏与待测凸透镜的距离就等于其焦距。

以上两种方法测凸透镜焦距，要求确定凸透镜的光心。一般情况下，透镜的光心和几何中心不重合，所以光心很难确定，也就是说，用以上两种方法测焦距是不准确的，所以我们常用下面的方法。

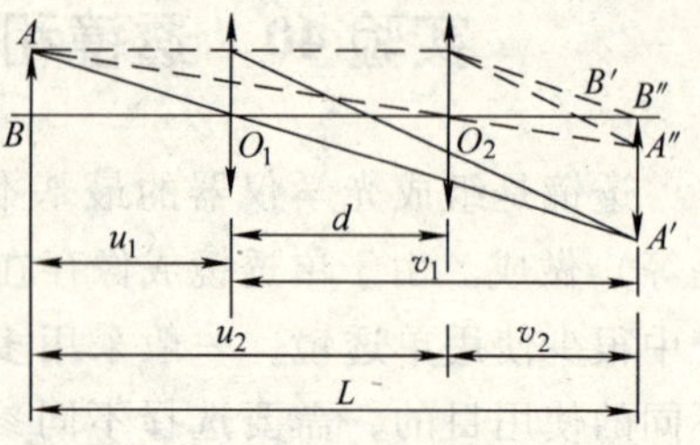

图 5.5-2 共轭法测凸透镜的焦距

(3) 共轭法（二次成像法） 物与像之间的距离 L 大于四倍焦距 $4f$，固定物与屏之间的位置，移动透镜，则必能在屏上两次成像，如图 5.5-2 所示。物距为 u_1 时，屏上将出现放大倒立清晰的实像；物距为 u_2 时，屏上将出现缩小倒立清晰的实像。透镜在两次成像的过程中移动的距离是 d。

根据透镜成像公式有

$$\frac{1}{u}+\frac{1}{L-u}=\frac{1}{f} \tag{5.5-1}$$

$$\frac{1}{u+d}+\frac{1}{L-(u+d)}=\frac{1}{f} \tag{5.5-2}$$

解上面二式得

$$u=(L-d)/2$$
$$f=(L^2-d^2)/4L \tag{5.5-3}$$

由上式可知，只要测出 L、d，即可求出 f。

这种方法的优点在于避开了因透镜光心位置不确定而带来的误差，使焦距的测量依赖于精确测量 L、d 上。

2. 薄凹透镜焦距的测量

(1) 物距-像距法 因为凹透镜是发散透镜，实物通过它得不到实像，故不能用白屏接收像的方法求焦距，为此，我们用一个辅助凸透镜 L_1 配合，如图 5.5-3 所示。发光物体 A 发出的光经过凸透镜会聚成像于 B 点，假如在凸透镜和像点 B 之间有一个焦距为 f 的凹透镜 L_2，于是光线会聚于点 B'。对于凹透镜来说，它的光心 O_2 与 B 点的距离为物距 u，O_2B' 即为像距 v，则由

$$-\frac{1}{u}+\frac{1}{v}=\frac{1}{f} \tag{5.5-4}$$

得
$$f=uv/(u-v) \tag{5.5-5}$$

测出 u、v 由上式可算出凹透镜的焦距。

(2) 自准直法（平面镜法） 将图 5.5-3 中的像屏换成平面反射镜，同时调节凹透镜的位置，使得平面镜反射回来的光线经凹透镜与凸透镜后，在物屏上出现与发光物体 A 大小相同的倒立的实像，此时从凹透镜上射向平面镜的光是

一束平行光。记下凹透镜的位置 L_1，再取下凹透镜和平面镜，放上像屏，记下像屏上呈清晰像的位置 L_2，则 $-|L_2-L_1|$ 就是凹透镜的焦距，即

$$f=-|L_2-L_1| \qquad (5.5\text{-}6)$$

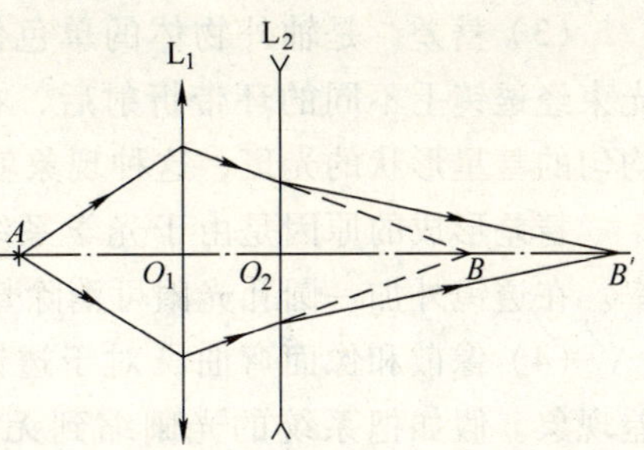

图 5.5-3　物距—像距法测凹透镜的焦距

3. 透镜成像的像差

研究透镜成像时，通常把它当作是在理想条件下：透镜很薄，孔径很小，入射光为单色近轴光线。在此情况下，像和物几何完全相似。但是，实际光学系统的透镜是有一定厚度的，光束不是单色光也不是近轴光，这使得成像质量下降，与理论上预期单色近轴光线所成的像有所差异，这种差异称为光学系统的像差。

像差按原因不同可分为单色像差和复色像差。单色像差又分为轴上物点单色像差和轴外物点单色像差。现以薄透镜为例简单说明如下：

（1）色差　属于复色像差。由于透明光学材料的折射率随波长的不同而略有不同，所以即使入射光满足近轴光线的条件，同一透镜不同波长的单色光的焦距也略有差异。如果光源是复色光，那么经透镜折射会在其后形成若干按波长由短到长的一系列像点，从而使像变得模糊并带有颜色，这种现象称为色差。如图 5.5-4a 所示。用单色光可消除色差。

在凸透镜情况下，分别测量出复色光对应的红色光和蓝色光的像点位置 Q_C 和 Q_F，这两个位置的读数之差就是该透镜对红光和蓝光的色差，即

$$\delta_{色}=Q_C-Q_F \qquad (5.5\text{-}7)$$

（2）球差　是光轴上物点的惟一单色像差。如果光轴上的物点发出大孔径的单色光束，经过透镜后，不同孔径的光汇集于光轴上的不同位置，各个像点形成一弥散的光斑，这种现象称为球差，如图 5.5-4b 所示。

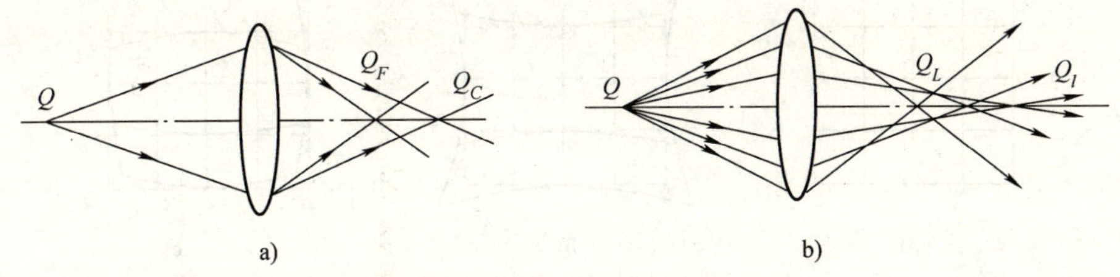

图 5.5-4　色差和球差

假如孔径小的近轴光成像于 Q_l 点，孔径大的光成像于 Q_L 点，则 Q_l、Q_L 点之间的距离表示透镜对用该孔径的球差。

$$\delta_{球}=Q_l-Q_L \qquad (5.5\text{-}8)$$

(3) 彗差　是轴外物体的单色像差。由靠近主轴的轴外一点发出的较宽的光束经透镜上不同的环带折射后，在理想面上得到的不是一像点，而是照度不均匀的彗星形状的光斑，这种现象就是彗差。

彗差形成的原因是由于光学系统的不同带区对同一轴外光点有不同的放大率。在透镜外加一圆孔光阑可消除彗差。

(4) 像散和像面弯曲　对于透镜轴外物点发出的宽光束，其像面上存在彗差现象。假如把系统的光阑缩到无限小，只允许沿主光线的无限细光束通过，则彗差不再存在，但是还有细光束像散和像面弯曲现象存在。

光束的截面一般是椭圆，但是三个位置比较特殊，其中一个位置是圆形（最小清晰圆），另外两个位置为直线（子午焦线和弧矢焦线）。子午焦线和弧矢焦线是异面直线。两焦线在光轴方向上的距离就是像散值的大小。

一个光学系统如存在像散，一个物点将形成两个像点（子午线点和弧矢线点），在它们各自的像面上不同方向的线条清晰度不同，像散严重时，轴外物点得不到清晰的像，因此光学系统的某一视场必须校正像散。

由于不同视场的细光束有不同的像散值，因此一个平面物体必然形成两个曲形像面。又因轴上物点无像散，所以两个像面必同时相切于理想像面与光轴的焦点，而子午像面和弧矢像面是以光轴为对称轴的回转曲面，人们把平面物体呈现曲形像面的现象称为像面弯曲，简称场曲。

(5) 畸变　实际物体是有一定大小的，由于透镜对离光轴距离不同的物体上各部分的横向放大率不同，将导致像与物体不相似。一方形网格物经透镜后所成的像可能为图 5.5-5b 或 c 中的形状，这种现象称为畸变，图 b 表示枕形畸变（正畸变），图 c 为桶形畸变（负畸变）。

为了减少各种像差以改善透镜的成像质量，在光学仪器中很少使用单透镜，一般采用多个透镜组成的复合透镜。

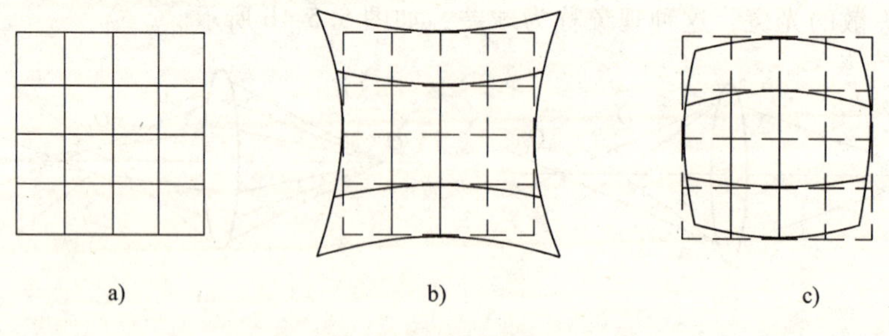

图 5.5-5　畸变

【实验仪器】

光具座、白炽灯、待测焦距凸凹透镜各一片、已知焦距凸透镜、物屏、像屏、平面镜、毛玻璃、光阑和滤波片等。

【实验内容】

1. 调节光具座上各元件使其共轴等高

在光具座上安置好物屏、像屏和已知焦距的透镜，打开白炽灯，用共轭法调节系统的“共轴等高”进行调节（每更换透镜必须重复这一调节）。

2. 测量凸透镜的焦距，观察凸透镜的成像规律

分别用自准直法、平行光法和共轭法测量凸透镜的焦距各 3 次，求焦距的平均值和不确定度。依次使物距 u 为 $u>2f$、$f<u<2f$、$u=2f$、$u<f$，观察成像的位置、像的虚实、像的大小和正倒。

3. 测量凹透镜的焦距

分别用物距-像距法和自准直法测量凹透镜的焦距各 3 次，求焦距的平均值和不确定度。

4. 观察凸透镜的球差和色差

球差和色差是透镜成像中最简单和最显著的像差。

（1）球差的观察与测量　利用平行光测凸透镜的光路，在待测凸透镜前分别放置不同半径的圆环形光阑，使光束经过透镜的不同位置，测出对应的焦距 f_1、f_2，并与近轴光线测出的焦距值进行比较。

（2）色差的观察与测量　光路同上，在光源前附加红色和蓝色滤波片，分别测出透镜的焦距。

5. 选作实验

自行设计光路，观察透镜的彗差、像散、像面弯曲和畸变。

【思考题】

（1）总结测量透镜焦距的几种方法，各有什么优缺点。你觉得还有别的测量方法吗？

（2）在用共轭法测凸透镜的焦距时，物和屏的距离为什么必须大于四倍焦距。

（3）为什么望远镜常采用双胶合透镜？它能消除哪些像差？

【参考文献】

[1] 赵凯华，钟锡华．光学［M］．北京：北京大学出版社，1984.

[2] 母国光，战元龄．光学［M］．北京：人民教育出版社，1978.

实验二　透镜组基点的测量

【实验目的】

（1）了解共轴球面系统基点及其性质，学会调节光学系统的共轴。

（2）测定透镜组的基点。

（3）验证单个薄透镜与透镜组基点间的关系，并证明成像公式的一致性。

【实验原理】

光线通过透镜折射后可以成像。大多数实际的光学系统至少有两个折射面（如透镜）或多于两个折射面。如果所有折射面的球心中心都在一直线上，则这组球面称为共轴球面系统，而该直线称为系统的主光轴。

由几何光学理论可知：确定简单的共轴球面系统（薄透镜）的物、像位置关系的高斯公式为

$$\frac{1}{s'} - \frac{1}{s} = \frac{1}{f'} \tag{5.5-9}$$

式中，s 为物距；s'为像距，f'为透镜第二焦距。以入射光从左向右入射为标准方向。各量的数值均以透镜的光心为参考点，方向与标准方向一致为正，与标准方向相反则为负。

对于透镜组或厚透镜，都有六个基点，即两个焦点 F、F'（即平行光会聚于主轴的一对共轭点上），两个主点 H、H'（即横向垂直放大率 $\beta = +1$ 的主轴上的一对共轭点），两个节点 N、N'（即角放大率 $\gamma = +1$ 的主轴上的一对共轭点）如图 5.5-6 所示。当主点和主平面（经过主点且垂直主轴的平面）被确定后，如果物距 s 为第一主平面至物的距离，像距 s'为第二主平面至像的距离，系统第二焦距 f'为第二主面至第二焦点的距离，并且仍保持单个薄透镜成像中所规定的符号定则，那么上面高斯公式仍然适用。

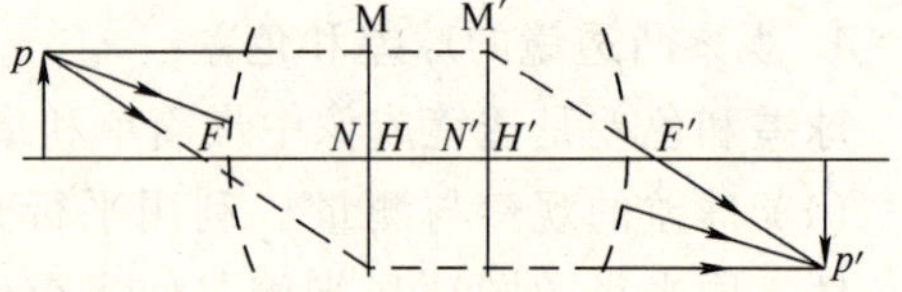

图 5.5-6 透镜组的基点

根据几何光学理论，在物空间和像空间折射率相等的球面系统内，第一焦距与第二焦距的绝对值相等，垂直放大率和角放大率相等，其节点和主点重合，这时主点兼有节点的性质，整个透镜组的基点就由六个减为四个。实际使用透镜时，多数场合是透镜组两边都是空气，即物空间和像空间的介质相同，本实验也是如此。

显然，薄透镜的两主点与透镜光心重合，而共轴球面系统两主点的位置将随各组合透镜或折射面的焦距和系统的空间特性而有所不同。现以本实验所用两个薄透镜的组合为例进行讨论。设两透镜光心间距为 d，其第二焦距分别为 f'_1、f'_2，根据光学理论推导结果，透镜组的第一、二焦距 f、f'分别为

$$f' = \frac{f'_1 f'_2}{(f'_1 + f'_2) - d} \qquad f = -f' \tag{5.5-10}$$

两主点的位置公式为

$$l' = \frac{-df'_2}{(f'_1 + f'_2) - d} \tag{5.5-11}$$

$$l = \frac{df'_1}{(f'_1 + f'_2) - d} \tag{5.5-12}$$

其中，l'从第二透镜光心量起，l从第一透镜光心量起。

从式（5.5-10）、式（5.5-11）、式（5.5-12）可看出，当 $d < (f'_1 + f'_2)$ 时，l、f'为正，而l'、f为负，两焦点在两主点之外，见图 5.5-7a。当 $d > (f'_1 + f'_2)$ 时，l、f'为负而l'、f为正，两焦点在两主点之内，见图 5.5-7b。由此可见，$[(f'_1 + f'_2) - d]$ 是一个很特殊的量，是主点、焦点位置的判断条件称为光学间隔。利用节点和主点重合及系统绕节点作不大的转动时平行光所成的像不发生横向移动的特点，可以确定系统的节点和主点，根据焦点和焦平面的定义可以确定系统的焦点和焦平面，从而定出系统的焦距，验证成像公式。

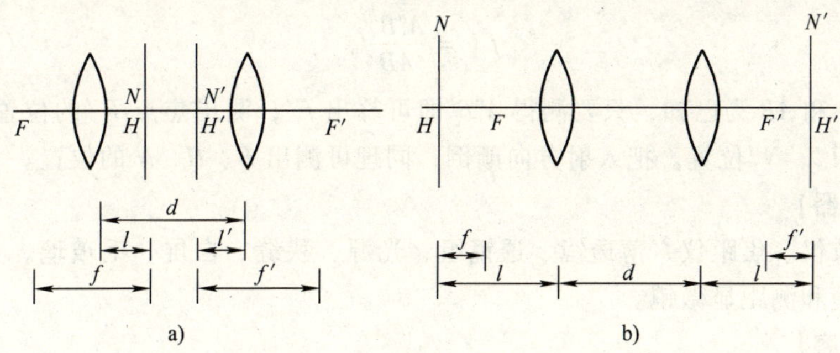

图 5.5-7　透镜组基点位置关系图

1. 用测节仪测透镜组的基点：

测节仪是一个装有导轨（或有滑槽）的平台，如图 5.5-8 所示。AB 为导轨，它可绕铅直轴 CD 转动。被测透镜组可固定在导轨的任何位置。当平行光通过透镜组后成像于白屏 P 的 F 处，调节透镜组在 AB 上的位置（即改变它与 CD 轴的距离），并轻微转动 AB，直到白屏 P 上的像点位置不因 AB 转动而变化（即像点无横向移动）时，转轴 CD 与光轴的交点即为第二节点 N'。将光具组左右倒置，同样的方法可测出第一节点 N，因透镜组两旁均为空气介质，节点与主点重合，

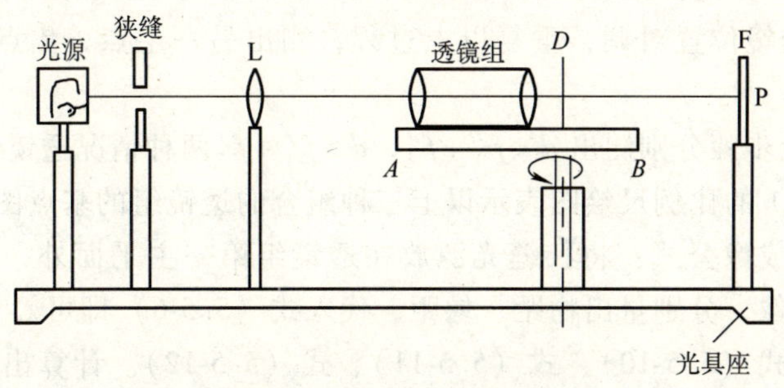

图 5.5-8　测距仪测透镜组的焦点

所以两节点也是它的主点 H'、H。

2. 用焦距仪测定透镜组的基点

焦距仪的主要部件是一个焦距较长的平行光管，如 CPG-550 型平行光管，其焦距长为 550mm。一分划板 AB 为物，经过调整将分划板准确固定在物镜的前焦面上。用小灯泡及毛玻璃把分划板照亮，平行光管即能产生多种方向的平行光。分划板上有几对距离不同的刻线，每对刻线都对称于光轴，其间距和平行光管的焦距均已知，这样对应的平行光与光轴的夹角以及两束平行光间夹角即可确定。

将被测透镜组沿平行光管的光轴放置，平行光将在透镜组后焦平面上会聚成像为 $A''B''$。根据基点的性质，可得出透镜组的焦距

$$f' = \frac{A''B''}{AB} f_0 \tag{5.5-13}$$

式中，f_0 和 AB 为已知，只要测得 $A''B''$ 即可算出 f'，测出焦点 F' 的位置并可确定主点 H'、N' 位置。把入射方向颠倒，同理可测出 F、H、N 的位置。

【实验仪器】

测节仪、焦距仪、薄透镜、透镜组、光源、狭缝、白屏、毛玻璃、光具座、显微物镜和测距显微镜。

【实验内容】

(1) 用测节仪测透镜组的基点：调节光具座上的各个光学元件实现共轴等高，并且用平行光照射透镜组，分别测出透镜组在 $d \approx 0$，$d < f_1' + f_2'$，$d > f_1' + f_2'$ 三种情况下的基点。

1) 将两薄透镜紧密靠拢置于导轨 AB 上，并使转轴 CD 在两透镜之间，移动白屏 P，使屏上成一清晰像，然后使 AB 绕 CD 轴作一小角度转动，这时屏上的像可能发生横向移动，再适当改变透镜组相对于转轴 CD 的位置，直到轻微转动 AB，像在屏上的位置固定不动为止，这时 CD 必通过透镜组第二节点 N'（即主点 M'），且垂直于透镜组的光轴，即位于第二主平面内，屏的位置为第二焦平面，记下 CD 和 P 的位置，其间距离即为第二焦距 f'，重复 3 次取平均值。

2) 将两透镜位置对调，重复以上过程，测出另一主点、焦点和焦距，测 3 次取平均值。

3) 按以上步骤分别测出 $d < f_1' + f_2'$，$d > f_1' + f_2'$ 两种情况透镜组的基点。

(2) 用 1:1 的比例尺绘图表示以上三种组合的透镜组的基点图。

(3) 验证成像公式：将狭缝光源放在透镜组第一主平面外，移动白屏，使其上呈清晰的像，分别量出物距、像距，代入式（5.5-6）即可。

(4) 验证式（5.5-10）、式（5.5-11）、式（5.5-12）。计算出三种不同组合时的主点、焦点位置，并画图和进行实验结果比较。

(5) 选做实验

自行设计用焦距仪测透镜组基点的光路，测出待测目镜的基点，并与理论值进行比较。

【思考题】

(1) 透镜组的焦点位置与f'_1、f'_2和 d 的关系如何？什么情况下焦点位于透镜组的中间？

(2) 用测节仪转动透镜组时，像的相对移动方向与节点位置和转轴有何关系？

(3) 如何测发散透镜组的基点？

【参考文献】

[1] 赵凯华，钟锡华．光学［M］．北京：北京大学出版社，1984.

[2] 母国光，战元龄．光学［M］．北京：人民教育出版社，1978.

（赵艳　稿）

实验 41　分光计的调整与玻璃三棱镜折射率的测量

分光计（亦称光学测角仪）是一种精确测量角度的典型光学仪器。利用它不但能直接测出反射角、透明物质的折射角、光栅的衍射角、劈尖的角度，而且能确定与这些角度有关的物理量（如折射率、光波波长、色散率、光栅常数等）。除此之外，分光计还可以用作多种光学现象的定性观察，如光波的衍射和干涉现象。分光计不仅用途广泛，而且构造精密，因此，要求学生必须掌握分光计的调整和使用方法。

【实验目的】

(1) 了解分光计的主要构造及各部分的作用。

(2) 掌握分光计的调节要求和调节方法。

(3) 学会用最小偏向角法测量玻璃三棱镜的折射率。

【实验原理】

折射率可以衡量物质的折光性能，是光学玻璃的主要特性参数，并与通过物质的光波波长有关。根据折射定律 $n=\sin i/\sin r$（式中 i 为入射角；r 为折射角)，只要测出 i 和 r，就可确定物体的折射率。本实验用最小偏向角法测定三棱镜的折射率。

当单色光通过玻璃三棱镜时，传播方向发生改变，入射光 E 与出射光 H 所成的夹角称为偏向角，用 δ 表示，如图 5.5-9 所示。

$$\delta=(i_1-r_1)+(i_2-r_2)=i_1+i_2-(r_1+r_2)$$

因顶角 $A=r_1+r_2$，所以

$$\delta = i_1 + i_2 - A \tag{5.5-14}$$

对于给定的三棱镜，顶角 A 和折射率是一定的，故偏向角只随入射角 i_1 而变。对某一 i_1 值，偏向角有一最小值 δ_{min}。由式（5.5-14）对 i_1 求导数得

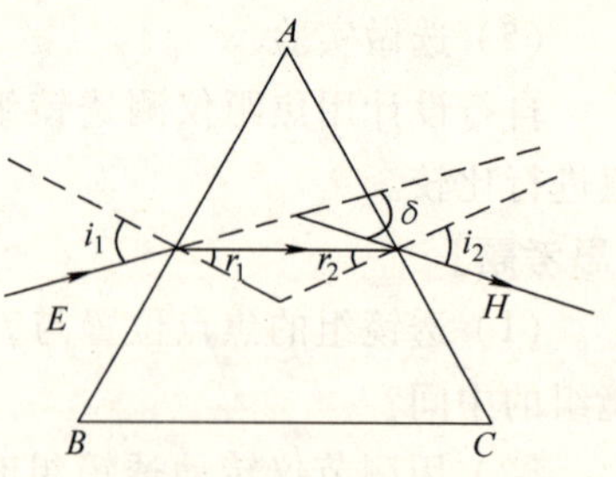

图 5.5-9　光在棱镜主截面内的折射

$$d\delta/di_1 = 1 + \frac{di_2}{di_1}$$

由 δ_{min}的必要条件 $d\delta/di_1=0$，得

$$\frac{di_2}{di_1} = -1 \tag{5.5-15}$$

按折射定律，光在 AB 及 AC 面折射时有

$$\left.\begin{aligned} n\sin r_1 &= \sin i_1 \\ n\sin r_2 &= \sin i_2 \end{aligned}\right\} \tag{5.5-16}$$

又可得 $\frac{di_2}{di_1}=\frac{di_2}{dr_2}\cdot\frac{dr_2}{dr_1}\cdot\frac{dr_1}{di_1}=\frac{n\cos r_2}{\cos i_2}\cdot(-1)\cdot\frac{\cos i_1}{n\cos r_1}$

利用式（5.5-15）可得　　$\cos r_2\cos i_1=\cos r_1\cos i_2$

将上式平方并利用式（5.5-16）得

$$\frac{(1-\sin^2 i_1)}{(n^2-\sin^2 i_1)} = \frac{(1-\sin^2 i_2)}{(n^2-\sin^2 i_2)} \tag{5.5-17}$$

因 i_1、i_2 必小于 $\pi/2$，故只有当 $i_1=i_2$ 时式（5.5-17）成立。这就说明光线在棱镜 AB 侧面上的入射角在数值上等于光线在 AC 侧面上的折射角是偏向角取最小值的必要条件。此时 $r_1=r_2$、$i_1=i_2$ 并且

$$\delta_{min} = 2i_1 - A \tag{5.5-18}$$

或

$$i_1 = \frac{(\delta_{min}+A)}{2} \tag{5.5-19}$$

由于 $A=r_1+r_2=2r_1$　或　$r_1=A/2$　(5.5-20)

根据折射定理

$$n = \frac{\sin(A+\delta_{min})/2}{\sin A/2} \tag{5.5-21}$$

故只要测得三棱镜的顶角 A 和最小偏向角 δ_{min}，就可测量出玻璃对单色光的折射率。

【实验仪器】

分光计（生产单位：浙江光学仪器厂）、三棱镜、钠光灯（或荧光灯）、6.3V 变压器电源。

分光计的具体介绍详见第 3 章常用光学仪器部分。

【实验内容】

1. 分光计的调整

为了精确测量三棱镜的顶角和最小偏向角，必须将分光计调整好。调节分光计的要求是：平行光管发出平行光，望远镜接收平行光（聚焦于无穷远处），平行光管和望远镜的主光轴与分光计主轴垂直；三棱镜的主截面与分光计主轴垂直。具体调节方法参阅第 3 章 3.7 节常用光学仪器部分。

2. 顶角 A 的测定

三棱镜的顶角 A 是指 A 的两个侧面 AB 和 BC 面的二面角。在望远镜调好的基础上，将三棱镜按照图 5.5-10 所示位置放在载物台的中央。由于三棱镜的两底面一般不是主截面，载物台也不像光学面那样平整，所以还必须将载物台重新进行调整。首先转动游标盘，在望远镜中注意观察三棱镜的三个侧面是否有反射回来的亮十字像，若能看到两面有亮十字像，第三面没有，可边来回转动游标盘边调节该面所对着的调平螺钉。使望远镜能看到反射回来的亮十字像，待三侧面反射回来的亮十字都能看到后，再调节各面所对着的调平螺钉，按每面缩小亮十字横线与分划板上方横向叉丝之间距离 1/3 的方法逐渐逼近（在此过程中，若三个亮十字像都在上方横向叉丝的同一侧，则说明望远镜未调好，必须重新调节望远镜），最后调整到精确重合为止，这时三棱镜主截面与仪器的中心转轴垂直。

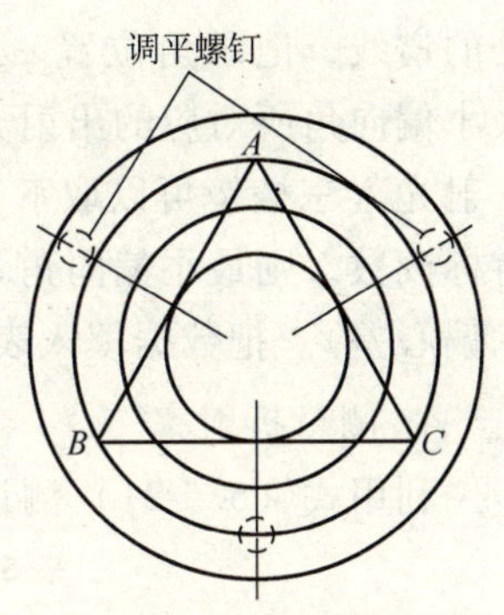

图 5.5-10　三棱镜在载物台上的位置

当望远镜的主光轴和三棱镜的主截面已调到与分光计主轴垂直时，固定望远镜，转动游标盘使侧面 AB 反射回来的亮十字像与分划板上方的横十字叉丝精确重合（如有困难可以锁紧游标盘，调节望远镜的微调螺钉，实现精确重合），记下游标 1 和游标 2 的读数 φ_1'、φ_1''。继续转动游标盘使侧面 AC 反射回来的亮十字像与分划板上方的横十字叉丝精确重合，记下游标 1 和游标 2 的读数 φ_2'、φ_2''。两侧面法线的角位置之差 $|\varphi_1'-\varphi_2'|$ 与 $|\varphi_1''-\varphi_2''|$ 就是两个侧面法线的夹角 φ'、φ''。

为消除偏心差，求其平均值。

$$\bar{\varphi}=(\varphi'+\varphi'')/2=(|\varphi_1'-\varphi_2'|+|\varphi_1''-\varphi_2''|)/2$$

可以证明，顶角 $A=180°-\varphi$。

为提高测量精度，重复测量一次，把数据填入表 5.5-1。

3. 最小偏向角 $\delta_{\min}$ 的测定

移动游标盘带动载物台，使三棱镜处于如图 5.5-11 所示的位置（不要移动平台上的三棱镜），先用眼睛直接找到折射光的大致方向，再用望远镜观察。当棱镜随着载物台转动（即改变入射角）时，应使望远镜跟随一条光谱线（例如 546.1nm 的绿光）转动。这个过程中会发现出射光线有一个转折现象。即入射角改变到某一位置再继续改变时，视场内的该谱线不再沿原来方向移动，而开始向相反方向移动。把游标盘固定，望远镜纵向叉丝对准这个转折处的谱线，记录角位置 φ_o 的两个游标读数。此位置即是最小偏向角所对应的出射光线的位置。然后使望远镜对准入射光（三棱镜可以取下），读取入射光角位置 φ_i 的两个游标读数，则最小偏向角 $\delta_{\min}=|\varphi_o-\varphi_i|$（同样应注意消除偏心差）。把数据填入表 5.5-2。

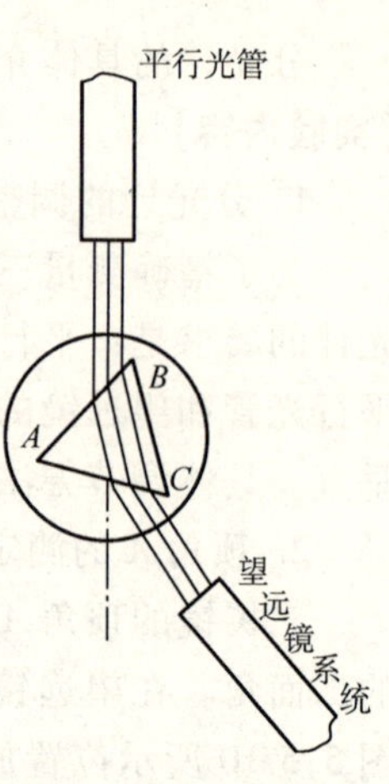

图 5.5-11 出射光线的观察

4. 测量折射率

利用式（5.5-21）测量冕牌玻璃对黄光的折射率。（$n=1.51630$）。

表 5.5-1 测三棱镜的折射率数据记录表

次数	游标	φ_1	φ_2	$\varphi_i=\|\varphi_1-\varphi_2\|$	$\overline{\varphi}_i$	$\varphi=(\overline{\varphi}_1+\overline{\varphi}_2)/2$
1	$I\ (\varphi')$					
	$I\ (\varphi'')$					
2	$I\ (\varphi')$					$A=180°-\varphi$
	$I\ (\varphi'')$					

表 5.5-2 测最小偏向角数据记录表

次数	游标	φ_o	φ_i	$\delta_{\min}=\|\varphi_o-\varphi_i\|$	$\overline{\delta}_{\min}$	$\overline{\delta}_{\min}=(\delta_{\min1}+\delta_{\min2})/2$
1	$I\ (\varphi')$					
	$I\ (\varphi'')$					
2	$I\ (\varphi')$					
	$I\ (\varphi'')$					

【思考题】

（1）试考虑另外一种用分光计测量三棱镜顶角的方法并解释原理。

（2）在调节仪器中发现，当我们的眼睛上下、左右移动时，亮十字像也在分划板上方十字叉丝处上下、左右相对移动，此现象称为视差。视差的存在影响测量的准确度，怎样消除视差？

（3）如何利用自准直望远镜调节分光计到正常工作状态。

（4）试证明双游标可以消除偏心差。

（5）当望远镜的主光轴、反射平面镜的法线未与仪器中心轴垂直而进行调整时，反射回来的亮十字像可能的相对位置及其变化规律怎样？

【参考文献】

［1］ 赵凯华，钟锡．［M］．光学．北京：北京大学出版社，1984.

［2］ 母国光，战元龄．［M］．光学．北京：人民教育出版社，1978.

（赵艳　稿）

实验 42　等厚干涉——劈尖和牛顿环

光的干涉现象是光的波动性的基本特征之一，在对光的本性的认识过程中，它为光的波动性提供了重要的实验证据。劈尖和牛顿环干涉都是用分振幅方法产生的干涉，其特点是同一级干涉条纹处，两反射面间的厚度相等，故劈尖和牛顿环干涉都属于等厚干涉。在实际工作中，通常利用劈尖干涉来测量薄膜的厚度和固体的热膨胀系数，利用牛顿环干涉来检查光学元件表面的光洁度、平整度和加工精度。

【实验目的】

（1）掌握等厚干涉现象的原理及特点。

（2）学习利用等厚干涉测量薄片厚度和曲率半径等物理量的方法。

（3）学会调节和使用读数显微镜。

【实验原理】

1. 劈尖干涉

如图 5.5-12 所示，将两块光学平玻璃叠合在一起，一端插入厚度为 e 的薄片或细丝，则在两玻璃片的下表面和上表面之间形成一空气劈尖。空气的折射率用 n 来表示。当用单色光垂直照射时，在劈尖薄膜上、下表面反射的两束光发生干涉，所形成的干涉图像为明暗相间的平行于两薄片交界棱边的直线。

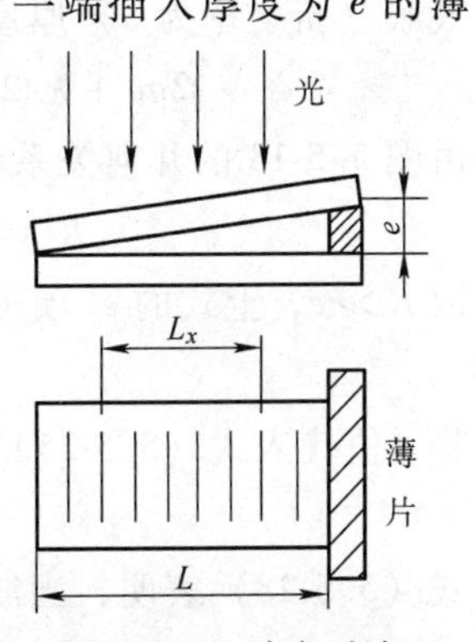

图 5.5-12　劈尖干涉

干涉中两光束的光程差为

$$\delta = 2ne + \frac{\lambda}{2}$$

式中，n 为介质的折射率；$\lambda/2$ 是因为光线由光疏介质（空气）进入光密介质（玻璃）在交界面反射时有一位

相 π 的突变而引起的附加光程差（称半波损失），其干涉情况为

当 $2ne+\lambda/2=(2k+1)\lambda/2$ （$k=0, 1, 2, 3, \cdots$）时产生暗条纹 (5.5-22)

$2ne+\lambda/2=k\lambda$ （$k=1, 2, 3, \cdots$）时产生明条纹

式（5.5-22）化简之后为 $e=k\lambda/2n$ （$k=0, 1, 2, 3, \cdots$） (5.5-23)

由式（5.5-23）可知，只要知道从两玻璃片交界的棱边到空气劈尖内薄片边缘的暗条纹总数 k，即可得到薄片 e 的值。由于总条纹数 k 较大，为避免误读 k，实验时采用先测出 X（=20）个条纹间隔的长度 L_x，则相邻条纹间的距离为 L_x/X，若劈尖的总长为 L，则干涉暗条纹总数 $k=XL/L_x$，代入式（5.5-23），得到薄片厚度为

$$e=\frac{\lambda XL}{2nL_x} \tag{5.5-24}$$

2. 牛顿环

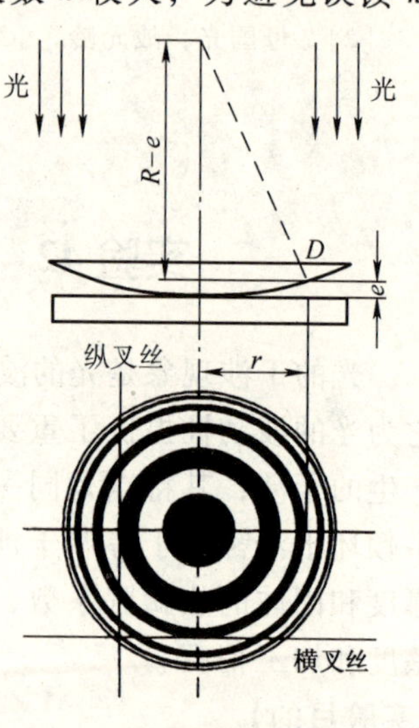

图 5.5-13 牛顿环及其装置

牛顿环是牛顿 1675 年在制作天文望远镜时偶然将一个望远镜物镜放在平玻璃上发现的。牛顿环是一种典型的等厚干涉，是分振幅法产生的定域干涉。当一个曲率半径较大的平凸透镜的凸面放在一片平玻璃上（如图 5.5-13 所示），二者之间就形成自中心向外逐渐变厚的空气薄层，当入射光垂直地射向平凸透镜时，由于透镜下表面（凸面）所反射的光和平玻璃片上表面所反射的光互相干涉，结果形成干涉条纹。如果光束是单色光，将观察到中心为暗斑的宽窄不等，明暗相间的同心环形条纹。此圆环即被称为牛顿环。

设平凸透镜的曲率半径为 R，第 k 级暗纹的半径为 r，而该环纹处对应的空气膜（折射率为 n）厚度为 e。则由干涉条件可得

$$2ne+\lambda/2=(2k+1)\lambda/2 \quad (k=0,1,2,3,\cdots) \tag{5.5-25}$$

由图 5.5-13 的几何关系看出：

$$R^2=r^2+(R-e)^2=r^2+R^2-2Re+e^2 \tag{5.5-26}$$

因 $R\gg e$，上式的 e^2 项可忽略，因此得

$$e=r^2/2R \tag{5.5-27}$$

将 e 值代入式（5.5-25）化简得

$$nr^2=k\lambda R \tag{5.5-28}$$

式（5.5-28）表明，当波长 λ 已知时，只要测出第 k 环对应的半径 r，即可算出透镜的曲率半径 R；相反当 R 已知时，则可求出 λ 的值。

但是，由于玻璃的弹性形变及接触处不会绝对干净，因而接触处不可能是一个几何点，环心的干涉结果会是一个较大的暗斑。暗斑中可能包含若干个圆环（设为 p_0 个环），且近圆心处的环纹比较模糊和粗阔，以致难于确定牛顿环的中心位置，也难以精确测定其半径和干涉级数。实测时直接引用式（5.5-28）会增大误差。为了减少误差，提高测量精度，将式（5.5-28）作如下的推演：

$$nD_p^2 = 4\lambda R(p + p_0)$$

$$nD_q^2 = 4\lambda R(q + p_0) \tag{5.5-29}$$

式中，D_p^2、D_q^2 分别是第 $p+p_0$ 级与第 $q+p_0$ 级暗环的直径。两式相减

$$R = \frac{n(D_p^2 - D_q^2)}{4\lambda(p - q)} \tag{5.5-30}$$

利用式(5.5-30)测定曲率半径 R,尽管暗环的中心位置不易确定,但暗环直径可以测定;尽管中心暗斑包含的环数不知,p 和 q 级次不易测准,但两个暗环级数之差 $(p-q)$ 却是准确的,从而可由式(5.5-30)测定平凸透镜凸面的曲率半径 R。

【实验仪器】

读数显微镜、钠光灯、平玻璃片、牛顿环装置。

【实验内容】

1. 读数显微镜的调节

当钠光灯通电发出黄光后，调节反光玻片的角度和方向，以及显微镜、钠光灯的位置，使显微镜内视场明亮均匀。调节目镜使叉丝像清晰。

2. 用牛顿环测平凸透镜凸面的曲率半径

1）将牛顿环放于载物台上，由下往上调节望远镜筒，得到清晰的干涉条纹；调节牛顿环装置的位置和叉丝方向，使牛顿环中某环在纵向叉丝沿主尺方向移动时始终与横向叉丝相切。

2）观察牛顿环条纹的分布情况，并测量环的直径。记录环数时以中心暗斑为 0 级计数，取最大环数为 16，最小环数为 5。读数过程中为了消除回程差，纵向叉丝只能向一个方向移动。

3）根据式（5.5-30）使用逐差法处理测量数据，计算 R，并与标准值比较。

4）根据 $D_p^2 = 4\lambda R$（$p + p_0$）用最小二乘法处理测量数据，计算 R，并与标准值比较。

3. 观察劈尖干涉，测量薄片厚度

把劈尖装置放在读数显微镜的载物台上，参照牛顿环实验调节光路，使待测薄片的直边与干涉条纹平行。根据式（5.5-24）测量薄片的厚度 e。

【思考题】

(1) 有哪些因素会使劈尖条纹由直变弯？改变薄片在二玻璃片的位置，条

纹将如何变化？

(2) 牛顿环条纹各级宽窄不同的原因是什么？若中心是亮斑，是何原因？试想透射牛顿环与反射的有何不同？

(3) 如果在纵向叉丝沿主尺移动时，与横向叉丝相切的某环不再与之相切，这对测量结果有何影响？怎样消除？

(4) 如何利用牛顿环装置测气体或液体的折射率？

【参考文献】

[1] 赵凯华，钟锡华．[M]．光学．北京：北京大学出版社，1984.
[2] 母国光，战元龄．[M]．光学．北京：人民教育出版社，1978.

（赵艳　稿）

实验 43　迈克尔逊干涉仪

迈克尔逊干涉仪是 1880 年美国物理学家迈克尔逊为研究“以太”漂移速度而设计的，1887 年他和美国物理学家莫雷合作进一步用实验否定了“以太”的存在，为爱因斯坦建立狭义相对论奠定了有力的实验基础。此后迈克尔逊又用它做了两个重要实验，首次系统地研究了光谱的精细结构以及直接用光谱线的波长标定标准米尺，为近代物理和近代计量技术作出了重要的贡献。由于发明了以他的名字命名的精密光学仪器以及借助这些仪器所作的基本度量学上的研究，迈克尔逊于 1907 年获得诺贝尔物理学奖。

迈克尔逊干涉仪是现代干涉仪的原型。后人利用该干涉仪的原理又研制出多种形式的干涉测量仪器，如用于检测棱镜的泰曼干涉仪，研究光谱分布的傅里叶干涉分光计等。这些仪器被广泛应用在近代物理和计量技术中。

【实验目的】

(1) 学习迈克尔逊干涉仪的设计原理、结构及调整方法。

(2) 通过实验观察等倾干涉、等厚干涉的形成条件和条纹形状特点。

(3) 应用迈克尔逊干涉仪测定光波波长及透明薄膜的厚度。

【实验原理】

1. 光路

迈克尔逊干涉仪是一种分振幅双光束的干涉仪，光路如图 5.5-14 所示。从光源 S 发出的光被平面玻璃板 G_1（分光板）分成相互垂直的两部分光束Ⅰ和Ⅱ，分别经过平面镜 M_1 和 M_2 反射，再通过 G_1 形成相互平行的两束光，叠加起来互相干涉，在 E 点成像于透镜焦平面上或进入观察者的眼睛。应该指出的是，经过 M_1 反射的光束Ⅰ在 G_1 中通过了三次，而经过 M_2 反射的光束Ⅱ在 G_1 中仅通过了一次，因此把一块材料和厚度与 G_1 完全相同的平面平行玻璃板 G_2（补偿板），以与 G_1 严格平行的位置加到光束Ⅱ的光路上。G_2 使两臂上任何波长的光受平面玻璃的影响都一致，于是白光也能产生干涉。G_2 的加入使得在计算光束Ⅰ和光束Ⅱ的光程差时，只需考虑二者在空气中的几何路程差，无需计算它们在分光板中的光程。观察者在 E 点向 G_1 看，不仅能看到 M_1 镜，还能看到被 G_1 反射的 M_2 的虚像 M_2'。光束Ⅱ就好像是从 M_2' 反射而来的。显然，光线经过 M_2' 反射到达 E 点的光程与经过 M_2 反射到达 E 点的光程严格相等，故在 E 点观察到的干涉现象可以认为是由于存在于 M_1 和 M_2' 之间的空气薄膜产生的。

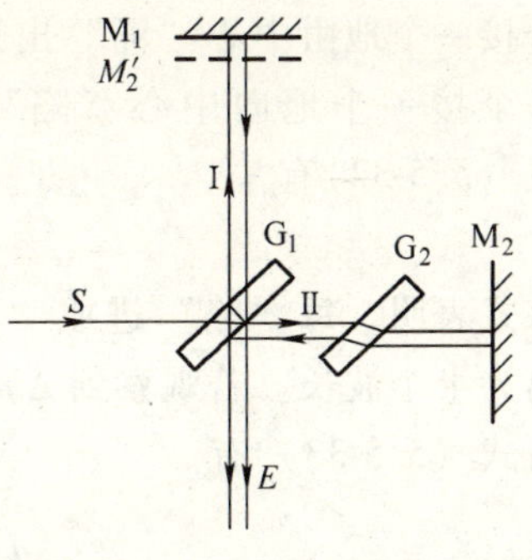

图 5.5-14　迈克尔逊干涉仪的基本光路

从以上简介可以看到迈克尔逊干涉仪有两个优点：第一，两相干光束分离甚远，互不相扰，便于在一支光路中布置其他光学部件以进行特殊实验；第二，M_2' 不是实际物体，M_1 和 M_2' 的空气层可以任意调节，甚至完全重合。

2. 等倾干涉的产生和单色光波长的测量

当 M_1 和 M_2' 平行时（也就是 M_1 与 M_2 垂直时），扩展光源 S 发出入射角为 θ 的光线经 M_1 和 M_2 反射形成的光束Ⅰ和光束Ⅱ相互平行，在无穷远处相交，如图 5.5-15 所示。若在 E 点置一凸透镜（或用眼睛观看），两束光汇聚在焦平面上而形成干涉图像。这两条光束的光程差为

$$\Delta = 2d\cos\theta \tag{5.5-31}$$

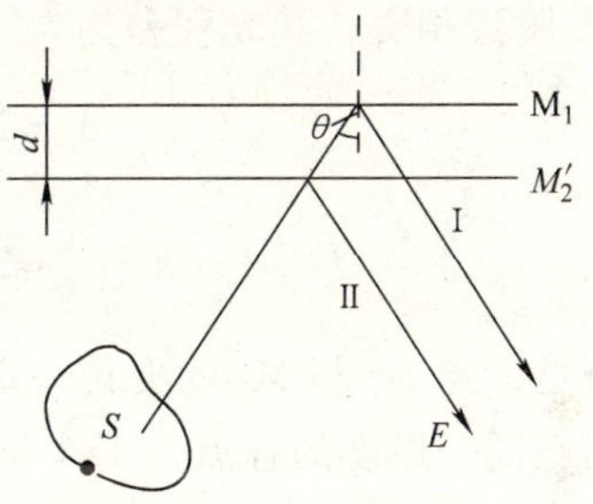

图 5.5-15　扩展光源等倾干涉

由式（5.5-31）知，当 M_1 和 M_2' 的距离 d 一定时，所有入射角相同的光束都具有相同的光程差，干涉情况完全相同。由扩展光源 S 发出的相同倾角的光线将汇聚于焦平面且以光轴为中心的圆周上，从而形成等倾干涉条纹。由于光源发出各种倾角的发散光，因而在焦平面上形成明暗相间的同心圆环。当光程差等于半波长的偶数倍时，形成明条纹；光程差等于半波长的奇数倍时，形成暗条纹。第 m 级明环的形成条件是

$$2d\cos\theta = m\lambda \tag{5.5-32}$$

当 d 一定时，θ 愈小，$\cos\theta$ 愈大，级数 m 就愈大，干涉条纹的级数就愈高。干涉条纹的圆心处是平行于透镜光轴的光的汇聚点，$\theta = 0$。由上式得知，其干涉条纹具有最高的级数，由圆心向外逐次降低。

移动 M_1 的位置，使 d 逐渐增大，对第 m 级亮环而言，$\cos\theta$ 应逐渐减小，对应的 θ 变大，即该亮环的半径将逐渐变大。连续增大 d，观察者将看到干涉环一

个接一个地由中心“涌”出来；反过来，使 d 逐渐减小时，便会观察到干涉环一个接一个地向中心“陷”进去。对于圆心处的条纹来说，由于 $\theta=0$，由式（5.5-32)有

$$d = m\lambda/2 \tag{5.5-33}$$

该式表明，每“陷”进或“涌”出一个干涉环，对应于 M_1 被移近或移远的距离为半个波长。若观察到 Δm 个干涉环的变化，则 M_1 与 M_2'的距离 d 变化了 Δd，由式（5.5-33）有

$$\Delta d = \Delta m \frac{\lambda}{2} \quad 或 \quad \lambda = \frac{2\Delta d}{\Delta m} \tag{5.5-34}$$

由此关系可知，只要测出 M_1 移动的距离 Δd，并数出“陷”进或“涌”出的干涉环的数目 Δm，便可算出单色光源的波长。

3. 等厚干涉条纹的形成和薄膜厚度的测定

如果 M_1 与 M_2 和分光板 G_1 距离大致相等但不精确垂直，而是存在一很小的夹角 θ 时，M_1 与 M_2'便形成劈形空气膜，可用眼睛观察到定域在劈形膜附近的等厚干涉条纹，由扩展光源 S 发出的不同的两束光Ⅰ和Ⅱ，经 M_1 与 M_2 反射后在 M_1 附近相交，其光程差为

$$\Delta = 2d\cos\theta = 2d\left(1-2\sin^2\frac{\theta}{2}\right)$$

$$\approx 2d\left(1-\frac{\theta^2}{2}\right) = 2d - d\theta^2 \tag{5.5-35}$$

可见，当 M_1 与 M_2 的夹角一定时，在不同的厚度处，相干光的光程差也不相同。而在同一厚度的各点，干涉条件完全一样，从而形成等厚干涉条纹。

当 M_1 与 M_2 相交时，在交线 $\theta=0$，所以 $\Delta=0$，但光束Ⅰ在 G_1 反射时有半波损失，使两条相干光出现了半个波长的光程差，故在交线上出现了暗条纹，称为中央条纹。在交线两侧是两个劈尖干涉，当 θ 很小时，$d\theta^2$ 可以忽略，光程差 $\Delta=2d$，使干涉条纹近似成为平行于中央条纹的直线形。离中央条纹较远处，$d\theta^2$ 影响增大，条纹发生弯曲，并突向中央条纹，离交线越远，条纹越弯曲，如图 5.5-16 所示。

4. 点光源和扩展光源的干涉

点光源和扩展光源都可以产生等倾干涉和等厚干涉。点光源等倾干涉的等效光路图如图 5.5-17 所示。显然 S_1'和 S_2'是两相干光源，只要观察屏 E 放在两点光源发出的光的重叠区域内，都能看到干涉现象，故这种干涉称为非定域干涉。而扩展光源的等倾干涉定域于无穷远处或透镜的后焦平面上，属于定域干涉。同样，点

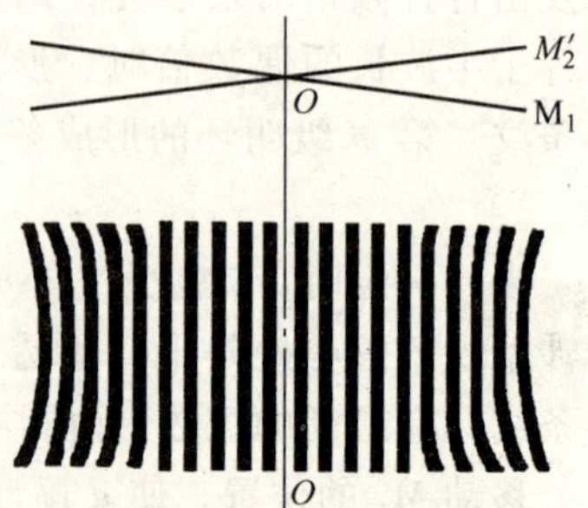

图 5.5-16 等厚干涉

光源的等厚干涉是非定域干涉，而扩展光源的等厚干涉属于定域干涉。

5. 白光干涉

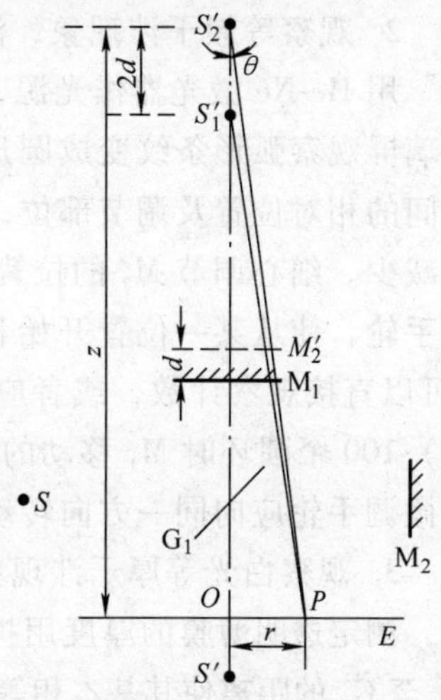

图 5.5-17 点光源等倾干涉等效光路图

由于干涉条纹的明暗程度取决于光程差 Δ 与光源波长的关系，当用白光作光源时，各种波长的光产生的干涉条纹相互重叠；只有在中央（零级）条纹两侧可看到几条彩色条纹，极大和极小很明显；较远处，只能看到较弱的黑白相间的条纹。即只有当 M_1 和 M_2'之间的距离接近为零时，才能看到白光的彩色干涉条纹。

利用迈克尔逊干涉仪光路分为两束这一特点，可在一支光路上加入被研究的物质。例如，加入气体盒测定气体的折射率，加入透明薄板研究其光学均匀性等。本实验中将测定透明薄膜的厚度。

用扩展白光作光源，当把透明薄膜置于一支光路上时，由于光程差的变化，中央条纹将移出视场中央。设薄膜厚度为 t，折射率为 n，空气折射率为 n_0，则光程变化 $\Delta' = 2t\ (n - n_0)$。调节 M_1 的位置使中央条纹重新出现在原来位置，即视场中央，此时因 M_1 移动而引起的光程变化为 $2d'n_0$，正好与插入薄膜所引起的光程变化相等，即

$$2d'n_0 = 2t(n - n_0) \tag{5.5-36}$$

或写成

$$t = \frac{d'n_0}{(n - n_0)} \tag{5.5-37}$$

测得 M_1 的移动距离 d'，则可算得薄膜的厚度 t。

【实验仪器】

迈克尔逊干涉仪（生产单位：浙江光学仪器厂）、钠光灯或 He-Ne 激光器、扩束镜、日光灯、干涉条纹记数器。

迈克尔逊干涉仪的具体介绍详见第 3 章 3.7 节常用光学仪器部分。

【实验内容】

1. 干涉仪的调节

采用 He-Ne 激光器点光源产生入射光或用钠光灯照明，在 E 处用毛玻璃通过分光板可以看到光源的若干个像，用 M_1 与 M_2 镜架背面的螺钉细心调整镜面方位，使最亮的两个像（分别经 M_1 与 M_2 反射的光束所成，可用纸片分别切断 M_1 与 M_2 的光路而加以判断）重合，再在光源后加上扩束镜（短焦距透镜），就可以在屏上看到干涉条纹，然后用微调拉簧螺钉调整干涉条纹形状以满足实验

需要。

2. 观察等倾干涉现象，测定 He-Ne 激光的波长或钠黄光的波长

用 He-Ne 激光器作光源，按实验内容 1 中的方法调节出干涉条纹，通过毛玻璃屏观察弧形条纹变成圆形条纹的过程，根据条纹形状的变化判断 M_1 与 M_2 之间的相对位置及调节部位，移动 M_1 并从干涉条纹的变化情况判断 d 是增大还是减少。细心调节 M_2 的拉簧螺钉，使屏上呈现圆形等倾干涉圆环，慢慢转动微调手轮，使从某一位置开始移动以改变 d 的大小，同时对干涉条纹的变化计数（可以直接观察计数，或者应用干涉条纹计数器），测定每“陷”入（或“涌”出）100 个圆环时 M_1 移动的距离 Δd，连续测定 6 次。为了减小回程差，测量过程微调手轮应向同一方向转动。

3. 观察白光等厚干涉现象，测量透明薄膜的厚度

测定透明薄膜的厚度用扩展白光光源（日光灯）来照明，首先应调整 M_1 与 M_2 至 G_1 的距离使其基本相等，因为白光相干长度很短。只有在 $d\approx0$ 的范围内才能看到干涉条纹。为使调整工作简单，可以直接在光源上（如日光灯管）作出调节标记“·”或“+”，通过分光板观察调节反射镜的方位螺钉，使标记的像重合，即可出现干涉条纹，再用拉簧螺钉细心调整干涉条纹的亮度、形状和宽度，转动微调手轮，使条纹渐渐平直，直至中央条纹出现在视场中部，记下反射镜 M_1 的位置。将待测薄膜置于 M_2 之前，则中央条纹移出视场，调节微动手轮，使中央条纹重新出现在视场中部，记下 M_1 的位置读数。连续测量六次。

He-Ne 激光波长公认值为 $\lambda=632.8\text{nm}$。薄膜折射率由实验室给出，空气折射率在本实验中取值为 $n_0=1.0003$。

【思考题】

（1）根据迈克尔逊干涉仪的光路，说明各光学元件的作用。

（2）结合实验调节中观察到的现象，总结迈克尔逊干涉仪调节的要点。

（3）在等倾干涉中为什么 M_1 和 M_2' 之间的间距 d 变小时，干涉条纹比较稀疏？

【参考文献】

［1］ 赵凯华．钟锡华．光学［M］．北京：北京大学出版社，1984.

［2］ 母国光．战元龄．光学［M］．北京：人民教育出版社，1978.

（赵艳 稿）

实验 44 单缝衍射及在现代检测中的应用

光的衍射现象是光的波动性的一个重要表现。衍射现象分两大类：夫琅禾

费衍射和菲涅耳衍射。本实验仅研究夫琅禾费衍射（即平行光衍射）。研究光的衍射不仅有助于加深对光的波动特性的理解，也有助于进一步学习现代光学实验技术（如光电测量、光谱分析、晶体结构分析、全息照相、光学信息处理等）。

衍射现象导致了光强在空间的重新分布，利用光电元件测量光强的相对变化，也是近代测量技术中的一个常用方法。本实验采用了电荷耦合器件 CCD (Charge Coupled Devices)，它是 1970 年问世的新型光电器件，具有尺寸小、重量轻、功耗小、噪声低、线性好、灵敏度高、动态范围大、性能稳定和自扫描能力强等优点，在物体外型测量、表面检测、工程检测、电视摄像等各个领域得到了广泛应用。采用这种测量方法还具有如下优点：

1）不必在望远镜、读数显微镜、测微目镜的视场中采用目视的方法测量。只需通过 CCD 传感器，在计算机显示器或示波器显示屏上可直接观察物理现象并进行数据测量、记录、处理。

2）能更直观地观测发光强度的相对分布情况，通过定标，可以定量测量发光强度的分布情况。

3）对衍射峰值、谷值、发光强度随空间位置变化率等的确定和测量不再是凭借人眼的感受和受心理影响的主观判断，而是对发光强度分布转化后的数字信号进行计算机处理从而得出精确的判断，因而测量结果更精确、更客观。

4）测量所得的数据、图形可方便地进行比较、计算、存档、输出。

5）这种方法可与力、热、声、光等多领域的技术手段相结合以满足科学研究和工程技术中更多的需要。

【实验目的】

(1) 掌握夫琅禾费单缝衍射的发光强度分布规律。

(2) 观察单缝衍射现象，学会使用测微目镜间接测缝的宽度。

(3) 学会测量发光强度分布的方法，并利用 SI-Ⅰ智能单缝衍射仪测量单缝衍射的发光强度分布。

(4) 利用 SI-Ⅰ智能单缝衍射仪实现细丝直径的智能检测。

(5) 学习利用单缝衍射模型设计传感器。

【实验原理】

本实验采用单缝夫琅禾费衍射，如图 5.5-18 所示，平行光垂直照射在宽度为 b 的狭缝上，当 b 很小时，就可以在接收屏看到狭缝的衍射花样，中央是亮而宽的明条纹，在它两侧是较弱的明暗相间的条纹，中央明条纹宽度是两侧明条纹宽度的两倍。

根据惠更斯—菲涅尔原理，狭缝上每一点都可看成是发射子波的新波源，由于子波叠加的结果，在屏上可以得到一组平行于狭缝的明暗相间的衍射条纹，

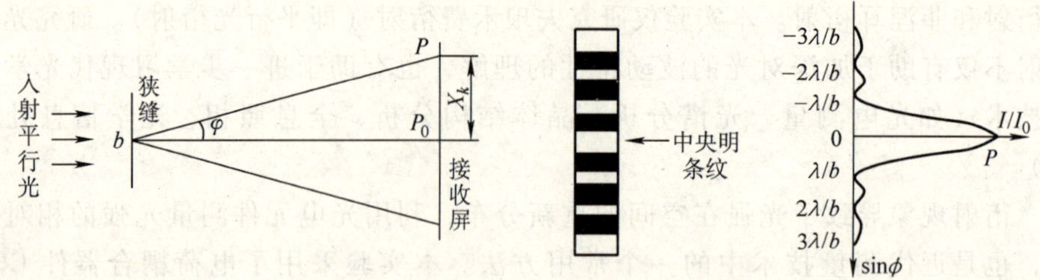

图 5.5-18 单缝衍射场的分布规律

其光强分布规律为

$$I = \frac{I_0 \sin^2 u}{u^2}, \text{其中 } u = \frac{\pi b \sin\varphi}{\lambda} \tag{5.5-38}$$

式中，φ 为衍射角；λ 为入射光波长，当 $\varphi=0$ 时，衍射场中央 P_0 处的光强 $I=I_0$ 为最大值，称 I_0 为衍射场中央主极大的强度。从上式出发可得衍射场的分布规律：

1）当 $-\lambda < b\sin\varphi < \lambda$ 时为中央明纹 (5.5-39)

2）当 $\sin\varphi = \pm 1.43\lambda/b$，$\pm 2.46\lambda/b$，$\pm 3.47\lambda/b\cdots$ 时为各次级亮纹位置 (5.5-40)

上式近似为 $b\sin\varphi = \pm(k+1/2)\lambda$，$k=1, 2, 3\cdots$ (5.5-41)

3）当 $b\sin\varphi = \pm k\lambda$，$k=1, 2, 3\cdots$ 时为衍射场的暗纹位置 (5.5-42)

【实验仪器】

SI-Ⅰ智能单缝衍射仪（生产单位：重庆大学物理实验中心）1 台、光具座（生产单位：重庆大学物理实验中心）1 台、He-Ne 激光器（生产单位：北京大学物理系工厂）1 台、计算机 1 台、光强衰减器、衍射单缝、待测细丝、透镜、测微目镜。

实验一 利用单缝衍射测单缝宽度

如图 5.5-19 所示，钠光源 S 发出的光投射到光源狭缝 P_1 上，狭缝 P_1 相当于一个线光源，位于透镜 L_1 的焦面上，从狭缝 P_1 发出的单色光经透镜 L_1 后成平行光束，这一平行光束垂直照射在衍射狭缝 P_2 上，当衍射狭缝 P_2 的缝宽 b 很小时，就可以在透镜 L_2 的焦面处的 P_3 屏看到与狭缝 P_2 平行的衍射花样。

设左右第 k 级暗条纹间距离为 x_k，L_2 至屏的距离为 f，当 φ 角很小时，$\sin\varphi=\tan\varphi$，而 $\tan\varphi = \frac{x_k/2}{f} = \frac{x_k}{2f}$，代入式（5.5-42）得 $b\sin\varphi = k\lambda = b\frac{x_k}{2f}$，于是

$$b = \frac{2\lambda f}{x_k/k} \tag{5.5-43}$$

由式（5.5-43）可测定单缝的宽度。

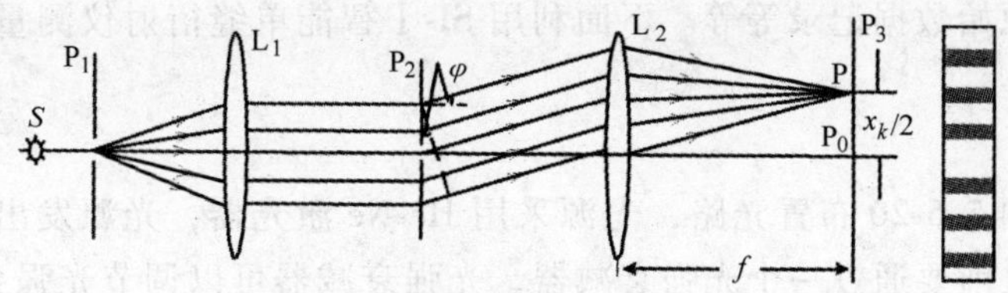

图 5.5-19　单缝衍射光路结构及原理图

【实验内容】

(1) 将 P_1 放在 L_1 的焦面处，接收屏 P_3 采用测微目镜，测微目镜放在 L_2 的焦面处。

(2) 调节光具座上各元件，使它们等高共轴。

(3) 调节衍射缝 P_2 的宽度，同时适当地调节狭缝光源 P_1 的宽度，使测微目镜中出现清晰的衍射条纹。

(4) 调节测微目镜，使分划板上的叉丝和刻线清楚。

(5) 转动测微目镜的螺旋，从左边第 4 条暗纹起到右边第 4 条暗纹止，依次读出各条暗纹的位置，然后，为测量精确，再从右边第 4 条暗纹起读到左边第 4 条暗纹止，依次读出各条暗纹的位置，两次求平均值。计算左右第 k 级暗条纹之间的距离 x_k 及 x_k/k 的值。

(6) 从光具座上读出透镜 L_2 到测微目镜分划板间的距离 f。

(7) 取下单缝 P_2（注意：取下与移动过程中不能改变缝的宽度，否则前功尽弃），用读数显微镜测量缝宽 b3 次，取平均值作为狭缝宽度的标准值。

(8) 将数据代入式（5.5-43），计算单缝的宽度及不确定度，并与标准值进行比较，求百分误差。

实验二　利用 SI-Ⅰ智能单缝衍射仪测量光强分布

在很多实际问题（如干涉计量、激光散斑、光谱分析、光学信息处理等等）中都需要测量光强的分布，尤其是根据光强分布并利用计算机完成复杂丰富的功能更是现代检测中常用的技术。但是，采用普通方法不便于测量，例如采用接收屏和游标卡尺，在测量条纹之间的间距时，手工定位会带来一定的误差，对条纹光强的极大值或条纹边缘位置的判断都存在误差，对光强强弱分布情况的判断也只有通过人眼粗略判断（而人眼对光强的响应恰恰是很不敏感的）。SI-Ⅰ智能单缝衍射仪的传感器采用 CCD 线阵器件，CCD 器件是将光强的相对大小转化为相应大小电信号的一个光电二极管探测阵列，它有线阵和面阵两大类，这里采用的是线阵，电信号经 SI-Ⅰ智能单缝衍射仪处理后传送到计算机，在计算机中可实时显示光强的分布并实现各种功能，如存储、打印、数据处理、坐标变换、测量、特征值搜索、对比处理、数据后处理、数据校正、图形缩放、频谱分析、原始数据记录等等。下面利用 SI-Ⅰ智能单缝衍射仪测量单缝衍射的光强分布。

【实验内容】

（1）如图 5.5-20 布置光路，光源采用 He-Ne 激光器，光源发出的平行光在投射到狭缝之前要通过一个光强衰减器，光强衰减器可以调节光强到适当大小，在狭缝后面放置 SI-Ⅰ智能单缝衍射仪。

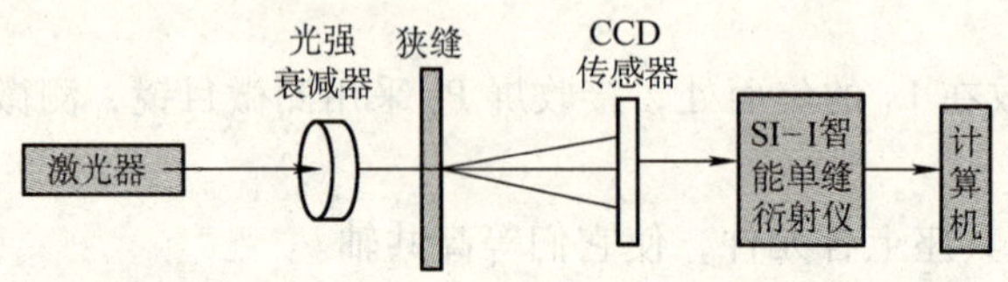

图 5.5-20 衍射光强分布的测量

（2）点燃激光器，调整激光管的俯仰和水平方位角，使激光管的俯视投影与光具座的中心轴线重合且激光束与光具座导轨面平行，并用小孔光阑检查激光束是否同轴等高。

（3）打开 SI-Ⅰ智能单缝衍射仪电源，打开计算机，运行仪器配套应用软件，确保串口设置正确后，选择连续采集即可实时采集 SI-Ⅰ光电转换器上的光强分布。

（4）调整狭缝的位置使光束垂直入射并使产生的衍射光斑分布在 SI-Ⅰ光电转换器的中心位置，调整 SI-Ⅰ光电转换器的位置（上下、左右或俯仰调节）及光强衰减器到适当位置，直到显示图 5.5-21 所示的衍射光强分布曲线图，如果需要，参考 SI-Ⅰ智能单缝衍射仪系统软件手册，对曲线进行滤波处理或多次测量求平均值等处理，使得到的曲线平滑，减少噪声的影响。

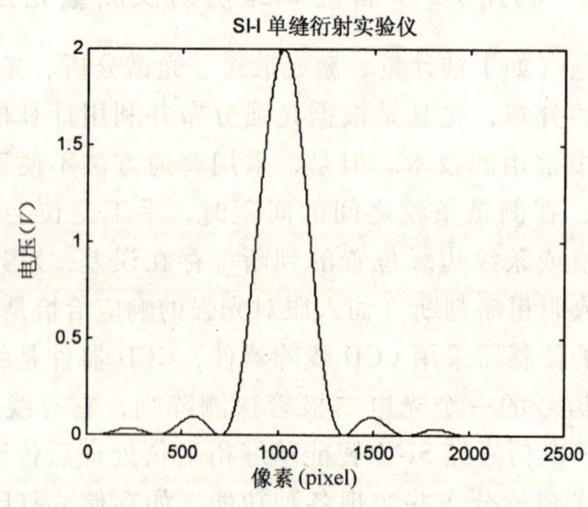

图 5.5-21 单缝衍射的光强分布曲线

（5）参考 SI-Ⅰ智能单缝衍射仪系统软件手册，测量单缝衍射主峰、次极大点光强值的相对大小，测量各峰值、谷值坐标，看看光强分布与单缝衍射的光强理论分布是否相合，分析实验结果与理论分布间误差的原因。

（6）改变狭缝宽度，观察衍射花样有什么变化。

实验三　利用 SI-Ⅰ智能单缝衍射仪实现细丝直径的智能测量

在生产实践中，经常涉及到各种微小尺寸的测量或在线测量，如钟表游丝、光导纤维、化学纤维、电阻丝、微孔等等，如果设计出适应应用要求的光学机械系统，再在 SI-Ⅰ智能单缝衍射仪系统软件上增加相应的软件模块，就可以实现各种应用，甚至可以实现在线测量。

在平行光的照射下，根据补偿原理，细丝的衍射光强相对分布与相同尺寸的单缝衍射是一样的，因此在实现细丝的智能测量中，我们还是采用图 5.5-20 所示的光路结构。

在单丝衍射测量中，首先需要把如图 5.5-21 所示的衍射光强分布调节出来，利用 SI-Ⅰ智能单缝衍射仪系统软件的特征值搜索功能很容易找到光强的中央主极大、两侧次极大以及光强最小的暗纹位置，由于第 1 级明条纹与中央明条纹之比是 0.0472，得到的光强分布曲线中次级明条纹不是很明显，同时要求光强的最大值只能在 CCD 的饱和范围之内，调节范围比较小，因此测出的条纹间距偏差比较大，要得到好的效果也比较困难，所以我们通过增大光强让 CCD 部分像元达到饱和，从而使次极大突出，如图 5.5-22，利用各次级明纹间距或暗纹间距求缝宽。

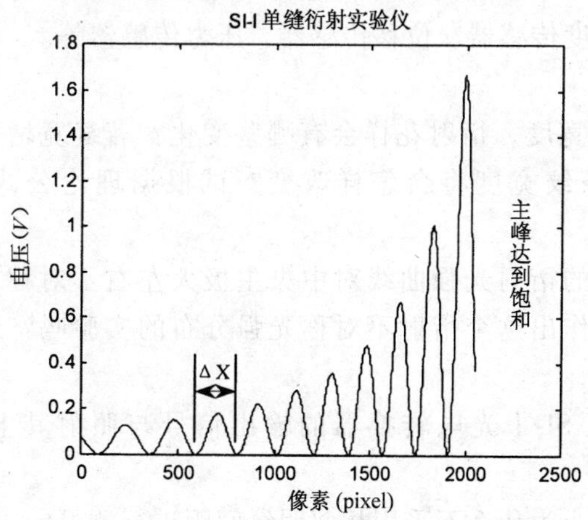

图 5.5-22　主峰饱和的单丝衍射发光强度分布图

由衍射光强分布规律式（5.5-38）～式（5.5-42），如果测量出的是相邻两暗纹的间距，对相邻暗纹有：$\sin\varphi_{k+1} - \sin\varphi_k = \lambda/b$，一般 φ 角很小，因此

$$\sin\varphi_{k+1} - \sin\varphi_k \approx \frac{x_{k+1}}{L} - \frac{x_k}{L} = \frac{\Delta x}{L}$$

由上两式可得
$$b = \frac{\lambda L}{\Delta x} \tag{5.5-44}$$

式中，L 为细丝到屏的距离；Δx 为相邻暗纹的距离；φ_k 和 x_k 分别为第 k 级暗条纹的衍射角和位置坐标。由此可见，通过测量相邻暗纹间距 Δx，即可求出细丝 b。

【实验内容】

(1) 如图 5.5-20 布置光路，要求同实验内容 2，但是采用待测细丝替换狭缝作为衍射元件。

(2) 类似实验二中的第 3、4 步骤，调节光路和设置计算机软件直到得到如图 5.5-22 所示的主峰饱和的单丝衍射光强分布图。

(3) 参照SI-Ⅰ智能单缝衍射仪系统软件说明书，测量相邻暗纹的间距，记录数据；测量单丝到光电转换器之间的距离 L；为了减小误差，可以多次测量求平均值，把这些数据带入式 (5.5-44)，计算单丝的宽度 b，也可利用系统软件中的工具来进行计算。

(4) 计算单丝宽度 b 测量结果的不确定度，用完整表达式表示结果，并与用读数显微镜测得的宽度值比较，计算百分误差。

(5) 根据以上三个实验利用单缝衍射光强分布计算单缝（单丝）宽度 b 的原理以及实验二中实验内容第 6 条的实际体验，可以想象，将缝宽与物理量的变化联系起来就是一个很好的设计传感器的理论模型，由此请设计一个你感兴趣的传感器，如温度传感器、位移传感器、压力传感器等。

【思考题】

(1) 改变狭缝宽度，衍射花样会有哪些变化？若缝宽增加或减小一倍，衍射花样的光强和条纹宽度将会怎样改变？试根据理论公式结合观察作出判断。

(2) 如果测出的衍射光强曲线对中央主极大左右不对称，试分析一下是什么原因造成？你能作出这个衍射不对称光强分布的实验吗？怎样调整装置才能纠正之？

(3) 怎样验证 SI-Ⅰ光电转换器的输出信号与照射其上的光强呈线性关系？

(4) 在实验中，为什么不采用相邻明纹间距进行测量？

（汪涛　稿）

实验45　光栅衍射

衍射光栅是根据多缝衍射原理制成的一种光学元件，它由大量等宽、等间距的平行狭缝所组成。和棱镜一样，光栅是一种分光元件。由于光栅衍射条纹狭窄细锐，分辨本领非常高，所以常用光栅作光谱仪的色散元件。光栅衍射原理是晶体 X 射线结构分析和近代频谱分析与光学信息处理的基础，以衍射光栅为色散元件组成的摄谱仪和单色仪也是物质光谱分析的基本仪器之一。

过去制作光栅都是在精密的刻线机上用金刚钻在玻璃的表面上刻出许多等宽等间距的平行刻痕。精制的光栅在 1cm 内刻痕可以多达一万条以上，所以刻划光栅是一项较难的技术。常用的光栅是精制的刻线母光栅的优良塑制品或复制品。20 世纪 60 年代以来，随着激光技术的发展，又制作出了全息光栅。光栅有透射式和反射式两种，本实验采用透射式光栅。

【实验目的】

（1）观察光栅的衍射现象，了解衍射光栅的主要特性。

（2）进一步熟悉分光计的调整和使用方法。

（3）学习利用衍射光栅测定光波波长及光栅常数、色散率的原理和方法。

【实验原理】

1. 光栅方程

根据夫琅禾费衍射理论，当平行光垂直照射到光栅平面产生衍射时，可以证明，在满足条件

$$d\sin\varphi = k\lambda \qquad k = 0, \pm 1, \pm 2, \cdots \tag{5.5-45}$$

时衍射光加强，得到明条纹。式中，d 为光栅透光部分的宽度 a 和不透光部分的宽度 b 之和，又称为光栅常数；φ 为衍射角；k 为光谱的级数。式（5.5-45）称为光栅方程。

如果用会聚透镜把这些衍射后的平行光会聚起来，在透镜的焦平面上将出现亮线，称为谱线。在 $\varphi=0$ 的方向上可观察到中央极强，称为零级谱线，对于 k 的其他数值，符号“±”相当于两级谱线，对称的分布于零级谱线的两侧。如图 5.5-23 所示。

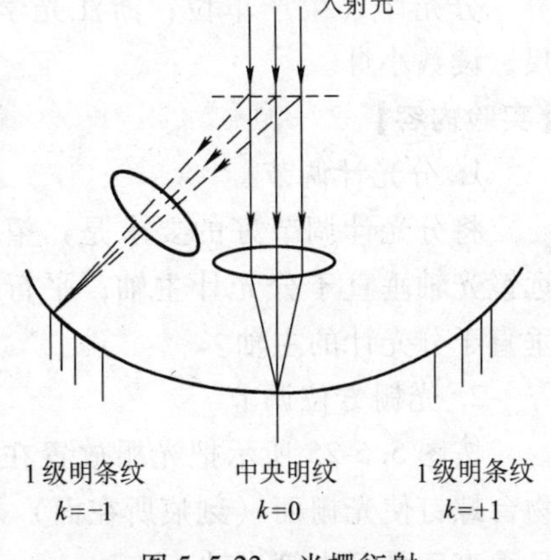

图 5.5-23　光栅衍射

如果光源中包括几种不同的波长，则同一级谱线对不同的波长有不同的衍射角，从而在不同的地方形成谱线，称为光谱。根据式（5.5-45），只要谱线的波长或光栅常数

有一个量为已知，就可以通过相关衍射角的测量得到另一个量。

2. 衍射光栅的基本特性：分辨本领和色散率

1）分辨本领 R 定义为两条刚可被分开的谱线的平均波长 λ 与两条谱线的波长差 $\Delta\lambda$ 之比，即

$$R = \lambda/\Delta\lambda \tag{5.5-46}$$

根据瑞利条件，所谓刚可被分开谱线可规定为其中一条谱线的极强应落在另一条谱线的极弱上，如图 5.5-24 所示，由此可推得

$$R = kL/d = kN \tag{5.5-47}$$

式中，$1/d$ 为光栅常数的倒数；L 为光栅的有效长度；N 为光栅的总刻线数，一般 k 取 1。所以光栅的分辨本领主要取决于狭缝数目 N，为了达到高分辨率，人们制造了刻线很多的光栅。

2）角色散率 D 定义为同级的两条谱线角距离 $\Delta\varphi$ 与波长差 $\Delta\lambda$ 之比，即

$$D = \Delta\varphi/\Delta\lambda \tag{5.5-48}$$

对光栅方程式（5.5-45）两边求微分，整理可得到

$$D = \frac{k}{d\cos\varphi} \tag{5.5-49}$$

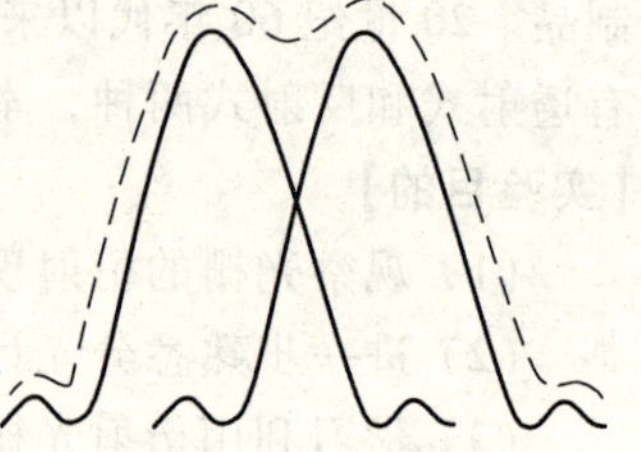

图 5.5-24 瑞利条件

角色散是光栅、棱镜等分光元件的重要参数，它可理解为在一个小的波长间隔内两单色入射光之间所产生的角间距的量度。由式（5.5-49）可知，d 愈小，角色散愈大，即单位长度光栅的缝数愈多，角色散愈大。并且在不同的光谱级内，角色散也不同，k 愈大，角色散越大。此外，在一级之内，各光谱线波长对应的衍射角变化不大，$\cos\varphi$ 很接近，$\Delta\varphi$ 与 $\Delta\lambda$ 成正比，光栅的 $\varphi-\lambda$ 色散曲线近似直线，这也说明了光栅光谱的匀排特点。

【实验仪器】

分光计（生产单位：浙江光学仪器厂）、透射光栅、日光灯、三棱镜、直尺、读数小灯。

【实验内容】

1. 分光计调节

将分光计调节好的要求是：望远镜聚焦于无穷远处，望远镜光轴垂直于分光计主轴；平行光管产生平行光，其光轴垂直于分光计的主轴。

2. 光栅方位调节

按图 5.5-25 所示把光栅放置在载物台上，调节光栅和载物台螺钉使光栅面（刻痕所在面）及刻痕与分光计主轴平行，且垂直于平行光管光轴。

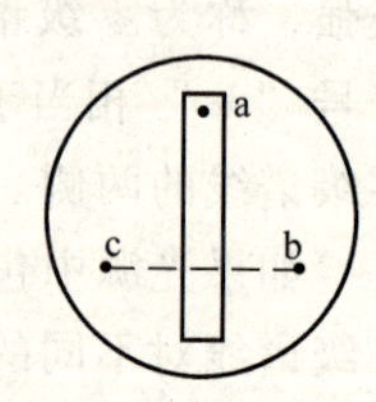

图 5.5-25 光栅在载物台上的位置

1）转动游标圆盘，将看到由光栅面反射的亮十字像，选调载物台下的调平螺钉 c 和 b，直到反射回的亮十字像与叉丝上横丝重合，则光栅面与分光计主轴平行。

2）移动光源或分光计，使平行光管光轴对准光源以保证有足够的光强，调节平行光管有关部分使狭缝像清晰，宽度和高度适中，此时转到望远镜就可以看到位于中央零级两侧的各条谱线。如果左右谱线高低不等，说明刻痕与分光计主轴不平行，须调节载物台下的调平螺钉 a，然后再复查上一步的十字重合，若有变动应予以恢复。

3. 测量 1、2 级谱线对应的衍射角

从零级谱线左（右）侧起沿一个方向向右（左）移动望远镜，使望远镜纵向叉丝依次与左（右）第 2 级、第 1 级衍射光谱中某谱线相重合，记下对应位置的读数。继续移动望远镜，依次记录右（左）侧各级谱线对应位置的读数。

4. 用直尺测光栅的有效长度 L

5. 利用绿光的一级衍射角和波长值（546.1nm）计算光栅常数

利用测得的光栅常数和黄光 1、黄光 2、紫光的 1 级衍射角计算这些谱线的波长；用式（5.5-47）计算光栅的分辨本领；计算紫光（435.8nm）、绿光和黄光三种波长光的角色散率。

【思考题】

（1）衍射光栅的光谱是不是正比于光栅？与棱镜光谱相比，光栅光谱有什么特点？

（2）如果光栅面与仪器主轴平行，刻痕与转轴不平行，那么整个光栅有什么异常？对测量有无影响？

（3）用式（5.5-45）测光栅常数的前提是什么？实验时是否满足该前提？

（4）解释为什么 $\varphi=0$（即望远镜、光栅法线及狭缝在一直线上）时观察不到光谱。

【参考文献】

［1］　赵凯华．钟锡华．光学：上册［M］．北京：北京大学出版社，1984.

［2］　倪光炯．王炎森等．改变世界的物理学［M］．上海：复旦大学出版社，1998.

（赵艳　稿）

实验 46　照相技术

照相（又称摄影）能够真实、准确、迅速地将各种实物、图像、文字资料记录和保存下来，是人们在生活、工作、学习和科研中不可缺少的一种基本实验技术。它常被用来记录实物形象、实验过程、实验结果或某些瞬变过程的图像，是人们获取、处理、传递、记录与保存信息的重要手段，在诸如示波器瞬间摄影、金相分析、光谱分析、X光分析、全息摄影、航空测量以及空间技术等方面有着广泛的应用。同时，摄影也是反映现实生活，记录社会和自然现象的一种形象化手段。摄影以其形象真实、直观和可视之特点，成为人们在社会联系、交流思想和传播信息中的一种共同语言。作为高等院校的学生—未来的高级人才，掌握好摄影这门技术无疑是很重要的。

【实验目的】

（1）了解照相机的基本构造，操作使用方法。

（2）学习照相技术的全过程。

（3）掌握拍摄、冲洗、印相放大的操作方法。

【实验原理】

1. 照相概述

照相技术包含了拍摄和暗室处理两大过程。拍摄是用照相机把选中的景物拍摄记录在胶片上；暗室处理是将曝过光的胶片在暗室里进行显、定影处理，得到一张与景物明暗反转的底片（负片），再以底片为物对相纸印相或放大曝光，最后相纸经显、定影处理，就得到一张与原景物明暗相同的相片（正片）。

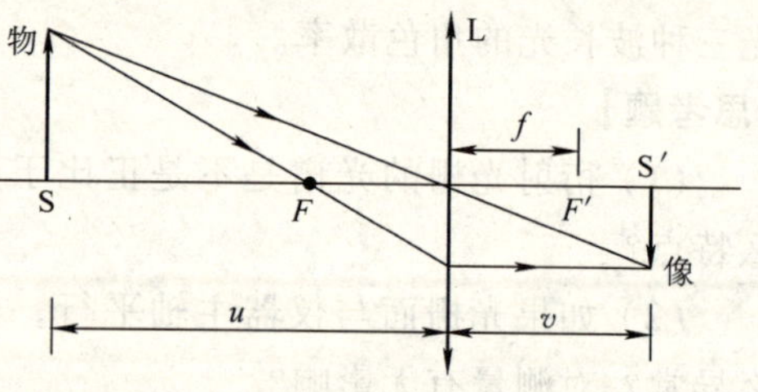

图 5.5-26　相机拍摄的成像光路

拍摄时的成像光路如图 5.5-26 所示，物 S 发出的光经照相机镜头 L 成像在感光胶片 S′上，经曝光形成一幅潜在的图像（称为潜影）。

2. 照相机的基本构造（如图 5.5-27 所示）

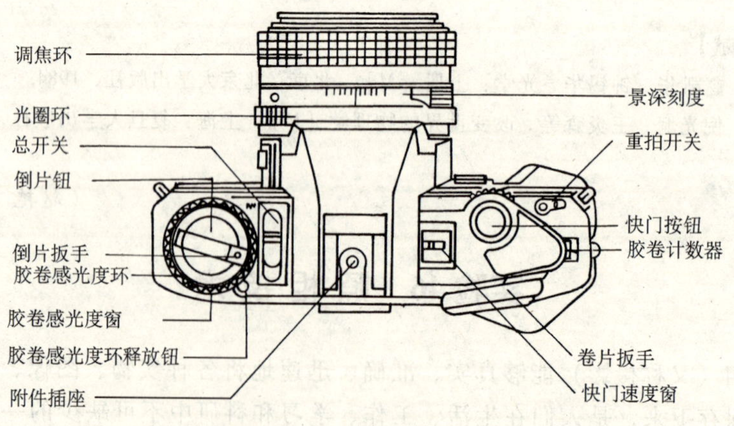

图 5.5-27　海欧 DF-1000 型照相机基本构造示意图

（1）镜头　由光学镜片、镜筒、光圈等组成，它是照相机的重要组成部分，其作用是：把被摄景物成像于感光胶片上，而光圈控制光通量及景深。

镜头的基本性能指标是焦距 f 和孔径 d，一般标在镜头的前端或边缘。如："1∶2.8 $f=50$mm"，它表示该镜头焦距为 50mm；相对孔径（镜头的孔径 d 与其焦距 f 之比）$d/f=1/2.8$。

焦距是指从透镜后节点到焦点垂直平面间的距离（也就是从照相机镜头最后一块透镜到相机内感光片的距离），它反映镜头的聚光能力。根据焦距的不同，表 5.5-3 概括了常用镜头的种类。

所谓光圈是指镜头中间一组能开大和缩小的金属薄片组成的挡光装置，如图 5.5-28 所示。光圈有两个作用：一是控制光通量，二是调节景深。通常通过改变光圈的大小来控制光通量的大小。若镜头相对孔径为 d/f，其倒数 f/d 称为光圈 F。显然，F 数越大，通光孔径越小，单位时间内的光通量也越小。镜头的 F 数标在镜筒上，常为：2、2.8、4、5.6、8、11、16、22、32 等。

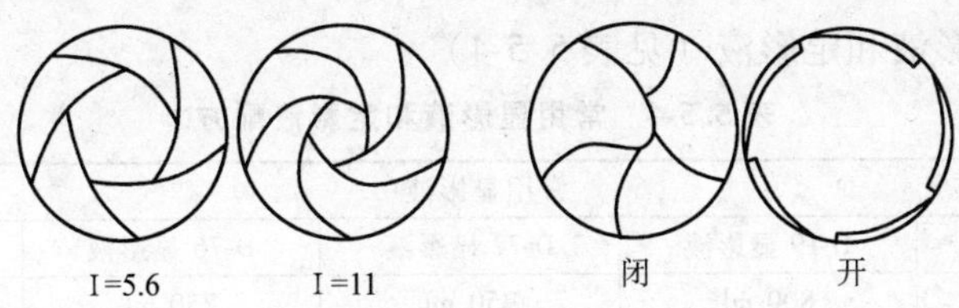

图 5.5-28　光圈

表 5.5-3　不同镜头的焦距及视场角

镜头名称	焦距 f 范围	视场角
鱼眼镜头	<18mm	约 180°
广角镜头	18～30mm	约 63°
标准镜头	35～50mm	约 45°
中焦镜头	60～105mm	22.5°
长焦镜头	>105mm	约 7°

相机拍摄一幅清晰的画面所涉及的最近物和最远物之间的空间范围（在相机光轴方向上）称为清晰景深空间，简称景深。当镜头一定时，景深随设定的光圈值变化：光圈大（例如 $f/2$）则景深小；光圈小（例如 $f/16$）则景深大。

（2）快门　是相机上控制胶片曝光时间长短的机械装置。快门开启的时间称为曝光时间，快门上所示刻度是指快门开启时间的倒数，一般标示为：B、1、2、4、8、15、30、60、125、200 等。例如，标记值"60"，表示该档所对应的曝光时间为 1/60s，也称为快门速度。B 门为慢门，它是在按动快门钮时开启，抬手就关闭，实现人为控制曝光时间。

（3）取景器　用来观察和选取理想的摄影景物。

(4) 机身和卷片、记数装置　机身是照相机的躯体，外壳起暗箱的作用，机身的后壁是放置感光片的部位，传递感光片的部件称为卷片装置，只要转动轴钮，便可以将感光片一张一张地按顺序卷过去，实现分幅拍摄。同时还有记数装置，供人们随时观察已拍张数。

照相机上还有别的控制器，如：自拍控制钮、闪光联动装置等。

3. 感光材料

感光材料包括感光片（胶卷）和相纸（用于印相和放大）。它们之所以能对光敏感（感光），是由于感光乳胶中含有感光物质卤化银（AgBr）。曝光时，在光子的作用下，卤化银中的银离子被还原成金属银。由于光越强还原出的银原子数越多，因而曝光后银原子数在底片上将按光照强弱形成一定的分布。但是，在曝光时尚不能产生大量的银原子，故在感光材料上仅形成了看不见的潜像，只有经过适当的化学方法处理，即显影和定影后，才能在感光材料上观察到与景物明暗相反（指底片）或相同（指相纸）的影像。

4. 常用显影液和定影液（见表 5.5-4）

表 5.5-4　常用显影液和定影液配方

常用显影液				
配料名称	D-19 显影液	D-72 显影液	D-76 显影液	作用
温水（50℃）	800 ml	750 ml	750 ml	
米吐尔	2g	3.1g	2g	显影剂
无水亚硫酸钠	90g	45g	100g	保护剂
对苯二酚	8g	12g	5g	显影剂
无水碳酸钠	48g	67.5g	/	促进剂
溴化钾	5g	2g	/	抑制剂
硼砂	/	/	2g	促进剂
加冷水至	1000ml	1000ml	1000ml	

常用定影液		
配料名称	F-5 定影液	作　用
温水（50℃）	600ml	
硫代硫酸钠	240g	溶去未感光的溴化银
无水亚硫酸钠	15g	保护剂
冰醋酸	13.5	停显剂、中和显影液
硼酸	7.5g	坚膜剂
硫酸铝钾矾	15g	防止发生白色沉淀
加冷水至	1000ml	1000ml

上表中 D-19 属高反差强力显影剂，一般用于全息照相；D-72 属中性显影剂，底片、相纸均可用；D-76 属微粒显影剂，显出影像较软，一般用于层次丰富的底片。

【实验仪器】

海鸥 DF-1000 型照相机、放大机、温度计、定时钟以及暗室里的全套用具等。

【实验内容】

1. 摄影

操作程序为：装片、选择光圈、选择快门速度、调焦、上弦（卷片）、轻按快门。

(1) 安装胶卷　按规定方法打开后盖，装入胶卷，检查一下胶卷是否安放妥当，有无偏斜、脱片等现象，确保无误后，盖上后盖，卷片至指定位置，所照张数由卷片计数窗口显示。

(2) 调节光圈、快门　根据景物和光照条件，适当地选择光圈和快门速度，注意卷片上弦动作要准确到位，否则按不动快门按钮或快门无法释放。

注意：光圈的大小是连续变化的，速度的改变是分级而非连续的，因此光圈可拨在两数之间（如 11 与 16 之间），而速度只能拨在各规定值上（如只能拨到 1/60S 或 1/125S 上），而不能拨在两档之间。

(3) 取景与调焦　选择适当的拍摄角度、高度、方向，确定景物在照片中的布局。进行调焦：使景物在底片上形成清晰影像。

(4) 拍摄　完成以上步骤后，在对突出主题最有利的瞬间轻按快门使胶片曝光（感光）。

注意：在进行了以上操作过程后，我们并不能看到有清晰影像的底片（因为现在只是潜影），还必须经过暗室工作程序后才能得到成品的底片。

暗室处理分为：（印相、放大）显影、停显、定影、清水洗、晾干（烘干上光）。

潜像显影过程（冲卷）——把经过感光后的感光片用显影液（还原剂）加以处理，使已被感光的感光物质（AgBr）中的卤化银白色晶粒还原成黑色的银原子（所以显影液越浓、显影时间越长，还原出的银原子越多，底片越黑）。

停显（水洗）——底片从显影液中取出后，表面上附着的显影液仍然起着作用，同时也为了避免显影液混入定影液中使定影液失效，所以必须进行停显，即用清水把底片上附着的显影液冲洗干净。

定影——经过显影的底片还不能直接使用，因为其中有未被感光的银盐存在，如果底片见白光将会继续曝光，这样原来显出的影像将遭到破坏，所以必须将这些未被感光的银盐去掉，使已感光并且经过显影得到的影像固定下来，这样的过程称为定影。

2. 冲洗胶卷

在全黑的条件下取出胶卷，放入清水中使乳胶浸水，再将其放入显影液显影，并不停地翻动（注意：不能刮伤胶片的药膜面），使其充分均匀地显影（在

20℃条件下，显影时间大约为5~15min)，经过2/3显影时间后，方可打开安全绿灯，观察底片，若反差不够再继续显影，直到底片反差正常为止，然后将其放在清水中洗掉显影液（停影）后，再进行定影。定影时要使底片充分均匀地与定影液接触，直到底片黑白层次清楚、胶片透明为止（在20℃条件下，定影时间为10~15min)。

定影后的胶卷放在清水中充分漂洗，大约浸漂30min后，晾干（或冷风吹干)。

3. 印相或放大

(1) 印相　根据底片的密度与反差，选取适当的印相纸。印相的全过程为：曝光、显影、停显、定影、水洗、晾干（或烘干上光)。印相时应注意的问题有：

1）整个操作在弱红光下进行。

2）使底片的药膜面朝上，相纸的正面朝下（两者相对而放)，放在曝光箱的毛玻璃上。

3）选择适当的曝光时间（通过"纸条试验法"来测试)。

(2) 放大照片

1）放大原理：放大机和照相机在结构上很相似，所以放大原理和照相原理也基本相似。拍照是外界景物通过镜头成像在相机内部的感光胶片上；放大是底片影像通过镜头结像在放大机外部的放大纸上。

2）放大机的使用：放大时，首先把底片放在底片夹中（底片药膜面朝下)，然后把底片夹放在集光镜和镜头的中间，上下移动机身调整选择合适的放大尺寸，并进行调焦，直至影像清晰，关闭电源（或用红色挡光片遮住白光)，把相纸放在尺板上（正面朝上)，方可曝光（即重新打开电源或打开挡光片，对相纸进行曝光)。使用放大机放大时要注意以下几点：

①　调焦时开大镜头光圈，使光线明亮，便于观察影像清晰度，焦距调整后再缩小光圈，以收缩二级左右为宜。

②　放大机内的底片夹、聚光镜、镜头要保持清洁，机身要稳固，防止震动，以免影响放大照片的质量。

③　放大时，曝光必须准确，以保证照片影调明朗、层次丰富。

④　放大时为了取得准确的曝光时间，应先用试纸进行试样，最后选择合乎要求的曝光时间，才可照此标准正式进行放大。

⑤　将已曝光的放大纸进行显影（显影时间约2min)、停显、定影（定影时间6~10min)、水洗浸泡（10~20min)、晾干（或烘干、上光）后，便得到所需的放大照片。

4. 选择较好的1~2张照片，贴在实验报告纸上，报告要求写简要的原理步骤（程序），依顺序填好实验数据记录表，并对照片质量作必要的分析讨论或写出实验心得。

【实验数据记录】

1. 拍摄

胶卷型号	景物名称	光照条件	快门	光圈	拍摄效果	备注

2. 冲洗胶卷

冲洗方式（罐显或是盘显） 水温：

操作程序	水浸泡	显影	停显	定影	水洗	底片质量分析
时　间						

3. 印放照片

内容	底片反差	相纸（号）	曝光时间/s	显影时间/min	停显/min	定影/min	相片质量分析

【思考题】

1. 照相时光圈和快门怎样搭配较好？

2. 冲洗后的底片，如果过黑（太厚）或黑度不足（太薄），可能是什么原因？

3. 印好一张照片与哪些因素有关？

4. 在印相或放大照片时，底片的药面和相纸的正面应怎样放置？

天　气	光　圈	快　门

【参考文献】

[1] 丁慎训，张连芳，物理实验教程［M］．北京：清华大学出版社，2002.

[2] 陈群宇．大学物理实验［M］．北京：电子工业出版社，2003.

[3] 赵家凤．大学物理实验［M］．北京：科学出版社，1999.

（文琼　稿）

实验 47 全息摄影

全息摄影是当代最引人注目的新技术之一，它是随着激光器的问世而蓬勃发展起来的一门立体摄影和波阵面再现技术，已成为近代光学领域的重要分支并广泛地应用在干涉计量、无损检测、光信息处理、遥感技术、夜视技术和生物医学等领域。全息摄影技术（简称全息术）在这样短的时间内获得如此成功的应用，应该是20世纪光学领域里的一个奇迹。

【实验目的】

（1）理解全息摄影技术的原理。

（2）掌握拍摄静物菲涅耳全息图的方法。

（3）了解全息术的应用。

【实验原理】

全息术博得如此的声望，其奥妙何在？其实全息术并不神秘，它完全是建立在人们所熟悉的光的干涉和衍射原理的基础之上的。记录全息图是光的干涉现象，全息图再现是光的衍射现象。

众所周知，光波是信息的载体，它有两个特征，即振幅特征和位相特征。当来自物体的光波进入我们的眼睛时，我们便看到了物体的全貌——一个具有立体感的三维物体。在普通摄影技术中，照相底片上记录的只是由物体上各点散射的光波振幅信息，而丧失了位相信息。正因为丢失了这部分信息，才使相片失去了立体感。新崛起的全息术的基本原理是：一束携带被摄物体信息的光波和另一束辅助性的参考光束在记录介质（即全息干版）处线性叠加形成干涉图样，图样对记录介质曝光。经过显影、定影后的记录介质用参考光束照射，人们便可以看到一个清晰度惊人、富于立体感的物体像。

下面将全息术的有关问题作必要的介绍：

1. 全息图的记录和再现概述

记录菲涅耳全息图的光路图如图 5.5-29 所示，来自激光器（1）的激光束经光开关（2）、分束镜（3）以后，被分成了两束光。由分束镜透射出的光束Ⅰ经过平面镜（4）反射、再由扩束镜（7）扩束成球面光波后照射在被摄物体（8）上，经物体漫反射后照射在全息干版（9）上。这束光是由物体漫反射而来故称为物光；另一束光即光束Ⅱ由分束镜（3）、反射镜（5）反射，再经扩束镜（6）扩束成球面光波后直接照射到全息干版（9）上，这一束光称为参考光。物光和参考光出自同一光源并且两束光的光程差在激光的相干长度以内，因而物光和参考光是相互干涉的，在全息干版上形成较复杂的干涉图样（肉眼在一般情况下不能观察到这些图样）。

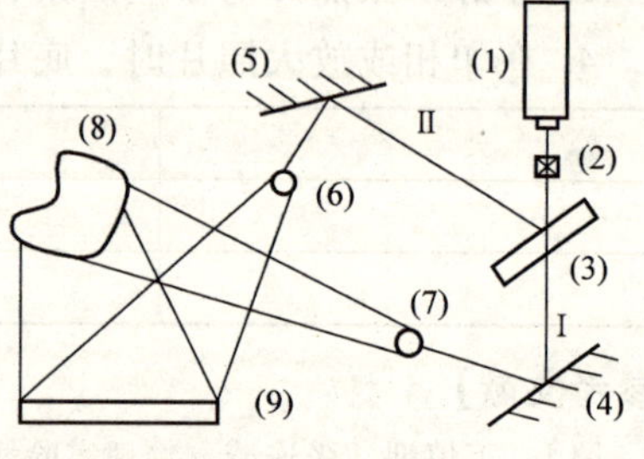

图 5.5-29

曝光后的全息干版经显影、定影处理后即成为全息图。其上记录了物光和参考光相互叠加所形成的干涉图样，干涉条纹的对比度、走向以及疏密取决于物光和参考光的振幅和位相，因而全息干版上记录的干涉条纹包含了被摄物体的振幅信息和位相信息。在高倍显微镜下观察，全息图是一幅复杂的光栅结构图样。

用于观察立体像的再现光路可以有多种方式。如果用参考光照明再现，则在全息图后可看到物体的原始像（虚像），它位于原来物体所在的位置上，与物体非常逼真。这个虚像是由 +1 级衍射光形成的。此外，还存在 0 级和 −1 级衍射光。0 级衍射光为直接透射光，不携带被摄物体的信息，而 −1 级衍射光形成与原始像共轭的像，简称共轭像。在一定的条件下共轭像为一实像，图 5.5-30 示出了用参考光照明全息图的再现光路。

2. 全息图的特点

全息图作为一种全新的光学元件出现在现代光学的舞台上是因为它具有一些独特的性能，概括起来这些性能是：

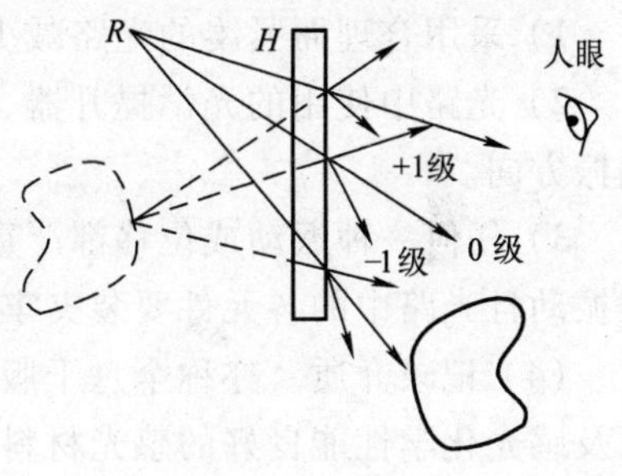

图　5.5-30

1）全息图具有衍射成像的性能，能再现物体的三维立体像，具有显著的视差特性。

2）普通照像是物和像的点-点对应记录，而全息图是记录物点对应的物光波的分布，因而全息图一般说来具有可分割的特性。当它被敲碎（或被掩盖、被污染了一部分），取任一碎片仍然能再现出完整的被摄物像（只是分辨率下降）。

3）全息图的再现像亮度可调。再现时的入射光越强，再现像就越亮。这种亮暗的调节可达 10^3 倍以上。

4）一张全息干版允许进行多次曝光记录而且再现像不会发生重叠。方法是：除第一次外，在每次拍摄前稍改变全息干版的方位角（转一小角度即可），或改变参考光束的入射角度，或改变物体的空间位置，再现观察时，只要适当转动全息图就能奏效。

5）由于激光的相干长度可以很大，所以全息图再现像的景深很大。

6）全息图的再现像可放大或缩小（在这两种情况下再现像存在各级像差）。

3. 用于全息摄影的设备及其技术要求

全息摄影的实验装置由四部分组成，即全息平台、光源、光路系统和记录介质。现分别把它们的作用及技术要求简述如下：

(1) 全息平台　其上放置光学机构及元件，光源也可放于其上。一般全息平台用平整度较高的大铸铁板（或钢板，大理石板）以及几个气垫或厚泡沫组成。任何全息平台必须是防震的。要获得较好的防震效果，实验台应设在底楼并远离振源。防震效果可用迈克尔逊光路系统检查，若在所需的曝光时间内干涉条纹稳定不动，即表明满足了要求。

(2) 光源　记录全息图是一种记录干涉图样的过程，因此拍摄全息图必须采用相干性能极好的光源。He-Ne 激光的光学稳定性好，相干长度大，适宜于作拍摄全息图的光源。小型 He-Ne 激光器（功率 1～3mW）可用于拍摄较小的漫反射物体。若激光器的功率大些，拍摄全息图的曝光时间可相应缩短，也可拍摄较大的物体，因此功率大些效果更好。此外，氩离子激光器、红宝石激光器等也常用作拍摄全息图的光源。

(3) 光路系统　要获得高质量的全息图必须采用合理而紧凑的光路。光路中各元件必须要有良好的机械稳定性。安排光路时应考虑：

1) 采用合理而紧凑的光路减少光能量损失和干扰。

2) 光路中使用的光学提升器、反射镜之类的元件不应改变线偏振激光器的偏振方向。

3) 任何一种振动或位移都严重影响物光和参考光的干涉效果，因此，要杜绝振动且光路中的各元件要装夹牢固。

(4) 记录介质　亦称全息干版。制作全息图必须采用分辨率高，灵敏度高，以及感光化学性能良好的感光材料，如天津产的全息 I 型干版。

全息干涉理论告诉我们，全息干涉条纹的空间频率（或间距）取决于物光 O 和参考光 R 的夹角 θ，如图 5.5-31 所示。空间频率满足如下关系

$$\eta = \frac{2\sin\dfrac{\theta}{2}}{\lambda} \qquad (5.5\text{-}50)$$

式中，λ 为激光波长。干涉条纹间距和空间频率的关系为

$$\Delta = 1/\eta \qquad (5.5\text{-}51)$$

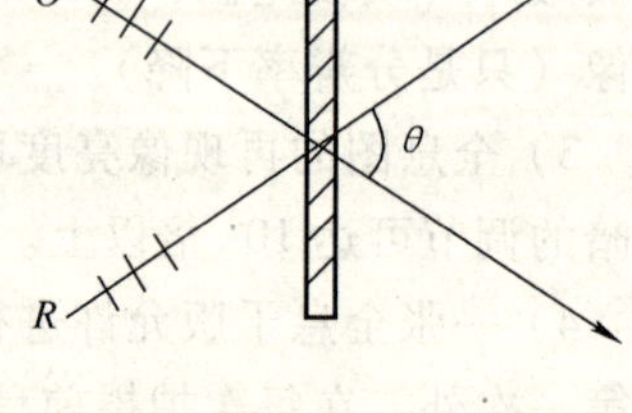

图 5.5-31

例如，当物光与参考光夹角 $\theta = 60°$，$\lambda = 632.8\text{nm}$ 时，那么空间频率 $\eta = 1580\text{lines/mm}$，条纹间距 $\Delta = 0.6328 \times 10^{-3}\text{mm}$。由此可见，全息图干涉条纹的空间频率很高，间距很小，故应当采用分辨率高的感光材料。天津全息 I 型干版，分辨率达 3000lines/mm（注：普通照像感光胶片的分辨率仅约 50～100lines/mm），能满足要求。

感光材料分辨率高，乳胶里的银粒很细，将导致感光速度下降，因此全息摄影的曝光时间远超过普通照相时间，一般需要几秒甚至几十分钟。具体曝光时间由激光器功率、被摄物尺寸和反射性能决定。

此外，不同型号的全息干版感光波长范围不同。全息 I 型干版对红光 (632.8nm) 感光，适合于 He-Ne 激光拍摄，它对绿光不敏感，因此绿光灯可以作为暗室的安全灯。

【实验仪器】

He-Ne 激光器（生产单位：北京大学物理系工厂）、OHT-Ⅱ～Ⅳ型激光全息实验仪（生产单位：重庆大学物理实验中心）、显定影液及暗室处理器具一套。

【实验内容】

1. 制作（记录）全息图

(1) 按图 5.5-29 安排光学元件并调整好光路，同时需注意：

1）从分束镜起，用软尺（或软绳）量物光路和参考光路的光程，使两光路的光程差尽可能小。

2）使物光与参考光在全息干版处的夹角合适（30°～90°），最好物体正对全息干版，参考光与干版成45°角，这样安置有利于今后观察。

3）物光与参考光的强度比例要适当。

(1) 由激光器功率、物体的尺寸和表面反射率确定曝光时间，并把曝光定时器的时间旋纽置于相应的位置上。

(2) 关闭室内照明灯，在暗室条件下把全息干版夹持在干版架上，注意乳胶面向着物体。

(3) 杜绝噪声，保持暗室里空气的稳定，待一两分种后按动曝光定时器按钮（注意手不得触动平台）。

(4) 将曝光后的全息干版取下并放入已稀释的 D19 显影液里，待干版有一定的黑度后取出，用清水冲洗一下（最好进停显液）后再放入定影液内定影，6min 后取出并用清水冲洗 15min（最好定影后再作漂白处理），若全息图不作保留，只用清水冲洗一下就行了，最后取出干版吹干后就得到一张全息图。

2. 观察（再现）全息图

(1) 把吹干后的全息图按原来的方向夹持在干版架上，挡住物光束，适当调整观察方向就可以看到被摄物的三维立体虚像并仔细观察立体像的视差现象。

(2) 用黑纸把全息图挡掉一部分（相当于把全息图打碎后再观察）再观察被摄物的虚像。

(3) 用激光细光束再现并用白屏接收被摄物的实像。

(4) 打开室内照明灯（白炽灯），观察全息图的色散现象。

【思考题】

(1) 在记录全息图前为什么要求物光和参考光的光程差尽量小？

(2) 没有单色再现光源时你如何检验手中的全息干版记录了信息？为什么？

(3) 为什么被打碎的全息图仍然能再现出被摄物的立体像？

(4) 全息图上肉眼可见的黑色斑纹就是记录的物体信息吗？

（陶纯匡　稿）

实验 48　光学信号的空间频谱与空间滤波

一个光信号与它的频谱是同一事物在两个空间的表现，光信号分布于坐标空间（x，y），而它的频谱存在于频率空间（f_x，f_y）。由信号到频谱可以通过透镜（欲获得准确的变换，当然不是一般的透镜所能凑效的）来实现。阿贝成像理论以及阿贝-波特实验告诉人类：可以通过对信号的频谱进行处理（滤波）来达到对信号本身作相应处理的目的，这正是现代光学信息处理最基本的思想和内容。

阿贝-波特实验告诉我们，人类已迈进了光学信息处理的大门。

【实验目的】

（1）理解信号与频谱的关系以及透镜的傅里叶变换功能。

（2）掌握现代成像原理和空间滤波的基本原理，理解成像过程中“分频”和“合成”的作用。

（3）学习光学滤波技术，观察各种光学滤波器产生的滤波效果，加深对光学信息处理基本思想的认识。

【实验原理】

1. 光学信号的傅里叶频谱

一个光学信号 $g(x, y)$ 往往是空间变量 x，y 的二维函数，其傅里叶变换被定义为

$$G(f_x, f_y) = \iint_{-\infty}^{+\infty} g(x,y)\, e^{-j2\pi(f_x \cdot x + f_y \cdot y)}\, dx dy = FT\{g(x,y)\} \qquad (5.5\text{-}52)$$

符号 FT{ } 表示傅里叶变换。$G(f_x, f_y)$ 本身也是两个自变量 f_x，f_y 的函数。f_x，f_y 分别是与 x，y 方向对应的空间频率变量。$G(f_x, f_y)$ 被称为光信号 $g(x, y)$ 的傅里叶频谱，亦称空间频谱。一般地说，$g(x, y)$ 是非周期函数，$G(f_x, f_y)$ 应该是 f_x，f_y 的连续函数。式（5.5-52）的逆运算被称为逆傅里叶变换，即

$$g(x,y) = \iint_{-\infty}^{+\infty} G(f_x, f_y)\, e^{j2\pi(f_x \cdot x + f_y \cdot y)}\, df_x df_y \qquad (5.5\text{-}53)$$

上式可以理解为：一个复杂光学信号可以看做由无穷多列平面波的干涉叠加组成，每列平面波的权重就是 $G(f_x, f_y)$。

应该指出，式（5.5-52）、式（5.5-53）所代表的傅里叶变换运算是通过透镜来完成的。换句话说，透镜（正透镜）除了具备我们已熟悉的成像功能外，还有一个功能就是能完成傅里叶变换，这是现代光学赋予它的新任务。如图 5.5-32 所示的是一个光学信息处理中最基本的 $4f$ 系统光路。图中 C 为扩束镜；L_0 为准直镜；L_1，L_2 为两个傅里叶变换透镜；P_1 为输入平面（物面）；P_2 为傅

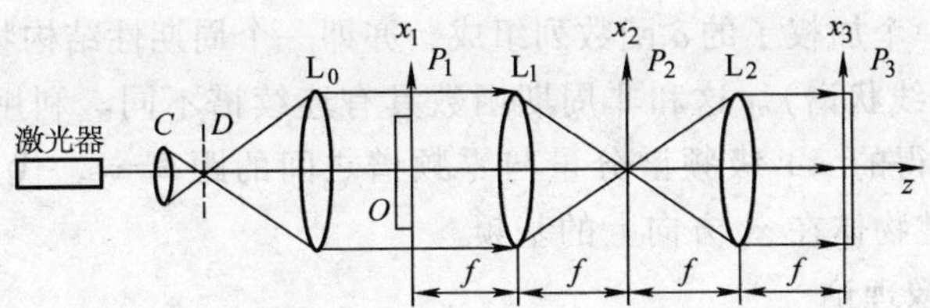

图 5.5-32　4f 系统光路

里叶变换平面（或频谱平面，频率平面）；P_3 为输出平面（像面）；D 为小孔屏（可不用）。当我们把光信号 $g(x_1, y_1)$ 置于 P_1 平面时，在 P_2 平面就能得到它的频谱 $G(f_x, f_y)$。频率变量 f_x，f_y 与坐标 x_2，y_2 的关系为

$$\begin{cases} f_x = \dfrac{x_2}{\lambda f} \\ f_y = \dfrac{y_2}{\lambda f} \end{cases} \tag{5.5-54}$$

式中，λ 为单色准直光波长；f 为傅里叶透镜 L_1 的焦距。空间频率变量 f_x，f_y 的单位为 lines/mm 或 1/mm。当测得频谱面 P_2 上一点在 x_2，y_2 方向的值时，利用式（5.5-54）就可以获得相应的频率值。

2. 周期结构物的频谱以及基频的测量

光学实验中有很大一类实际元器件具有周期结构，例如一片光栅，一个网格物体都属这一类，这类物体可用周期函数来表述。数学级数理论告诉我们，一个周期函数只要满足狄里赫利条件，就可以把它展成级数。为简单起见，我们采用一维周期函数

$$g(x) = \sum_{m=-\infty}^{\infty} c_m e^{j2\pi m f_0 x} \tag{5.5-55}$$

式中，m 为级次数；f_0 为周期函数的空间基频率，空间基频率为空间周期 d 的倒数，即 $f_0 = 1/d$。周期函数 $g(x)$ 的空间频谱为

$$G(f_x) = \int_{-\infty}^{\infty} \left[\sum_{m=-\infty}^{\infty} c_m e^{j2\pi m f_0 x} \right] e^{-j2\pi f_x x} dx = \sum_{m=-\infty}^{\infty} c_m \int_{-\infty}^{\infty} e^{-j2\pi (f_x - m f_0) x} dx$$

由复指数函数的正交性可得

$$\int_{-\infty}^{\infty} e^{-j2\pi (f_x - m f_0) x} dx = \delta(f_x - m f_0)$$

上式中 $\delta(f_x - m f_0)$ 称为 δ 函数，于是

$$G(f_x) = \sum_{m=-\infty}^{\infty} c_m \delta(f_x - m f_0) \tag{5.5-56}$$

由 δ 函数的性质可知，当 $f_x - m f_0 = 0$ 时，$\delta(f_x - m f_0)$ 取值才不为零；但是当 $f_x - m f_0 \neq 0$ 时，δ 函数衰减为零。从式（5.5-56）我们看到，一个周期性结构物体的

傅里叶频谱由一个加权了的 δ 函数列组成，亦即一个周期性结构物体具有离散谱（亦称分立谱、线状谱）。这和非周期函数具有连续谱不同。利用上述性质可以由 P_2 平面上测得的 ±1 级频谱分量与零频谱之间的距离 x_2，代入式（5.5-54）求得这个周期性物体在 x_2 方向上的基频。

3. 阿贝成像理论

如图 5.5-33 所示，阿贝成像原理认为：透镜成像过程可分为两步：第一步是通过物的衍射光在系统的频谱面上形成空间频谱（夫琅禾费衍射图样），这是衍射所引起的“分频”作用；第二步是代表不同空间频率的各光束在像平面上相干叠加而形成物体的像，这是干涉所引起的“合成”作用。这两步从本质上讲对应着两次傅里叶变换。如果这两次傅里叶变换完全理想，即信息没有任何损失，则像和物完全一样。这也是人们常说的“两次衍射成像理论”。

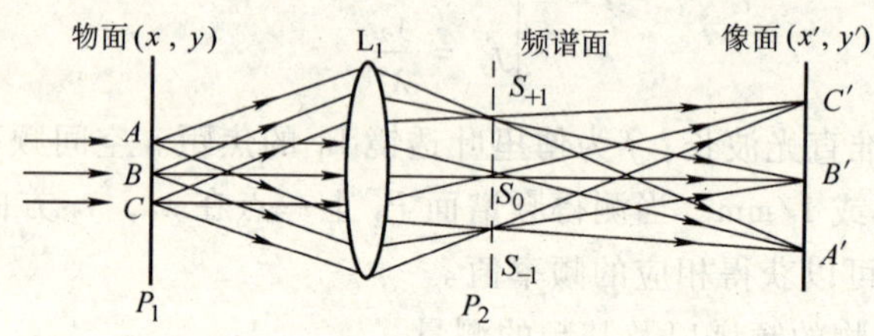

图 5.5-33 阿贝成像原理示意图

现以一维光栅作为物，插入图 5.5-32 所示的 $4f$ 系统中的 P_1 处，单色平行光垂直照射其上，产生衍射光，这是一组沿不同角度传播的平面波。它们向透镜 L_1 投射，L_1 将它们变换成会聚球面波，并在频率平面 P_2 上形成夫琅禾费衍射图样，一组光点阵列，每一个光点代表了一个傅里叶分量，这是第一次夫琅禾费衍射实现的分频。光通过 P_2 平面后立刻成为发散球面波，若 P_2 至 P_3 间的距离足够长，光束能够自动完成又一次夫琅禾费衍射，各个光束在像平面实现干涉叠加形成输出像。但图 5.5-32 的第二次变换不是由长距离来完成夫琅禾费衍射的，而是通过透镜 L_2 来实现的，这些由 P_2 平面上各光点发射的发散球面波被 L_2 变换成不同角度传播的平面波在输出平面 P_3 处实现干涉叠加，形成输出像。

4. 光学信号的空间滤波

如前所述，光学信号经傅里叶变换透镜变换在频谱面上形成信号的频谱（信号的夫琅禾费衍射图样）。如果在频谱面上设置各种空间滤波器，挡去频谱中某一些空间频率分量，或改变某些分量的位相，则将明显地影响图像，这就是空间滤波。光学信息处理的实质就是设法在频谱面上滤去无用信息分量或改变某些分量而保留有用分量，从而在输出面上获得所需要的图像信息。

总之，空间滤波是光学信号处理的一种重要技术，它是通过对物频谱的改造处理来达到对信号（物分布）作相应改造处理的，这也正是相干光信息处理的基本思想与内容。

【实验仪器】

OIP-Ⅰ（或 OIP-Ⅱ）光学信号处理系统（生产单位：重庆大学物理实验中心）、He-Ne 激光器（或半导体激光器）、测微目镜（或横卧显微镜）、游标卡尺。

【实验内容】

（1）打开激光器，将小孔屏插入固定滑座，小孔屏高度适中。让激光通过小孔，当滑座在整个导轨上移动，激光束都通过了小孔时，说明对激光器的调节已完成了，否则还应调节激光器。

（2）按图 5.5-32 排布光路，顺序是傅里叶透镜 L_1、L_2、准直镜 L_0，使它们等高共轴后再加入扩束镜 C。

（3）在 L_1 的前焦面 P_1 上放物（网格物，或低频正交光栅），在 L_1 的后焦平面（P_2 平面）处放置白屏，其上呈现出网格的傅里叶频谱，改变物面与 L_1 的距离，观察频谱大小有无变化（注意观察并和后面提到的图 5.5-34 光路进行比较），再将网格物放置在 L_1 的前焦面上。

（4）用游标卡尺测量 x_2 及 y_2 方向 ±1 级光斑的距离 $2X_2$ 和 $2Y_2$，它们的一半代入式（5.5-54），求物信号在 x_2 及 y_2 方向的基频。

（5）取下 P_2 处的白屏换成滤波器，P_3 放置测微目镜（或横卧显微镜），微调测微目镜使图像最佳，变换不同滤波器，观察系统的输出，完成表 5.5-5。

表 5.5-5　空间滤波实验结果对应表

输入图像	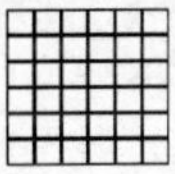	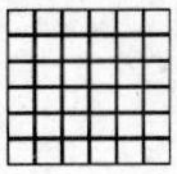	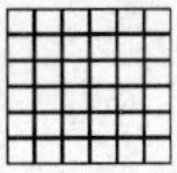	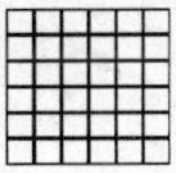	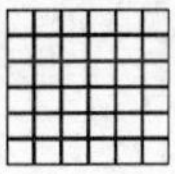	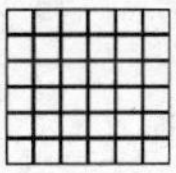	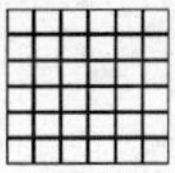	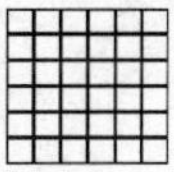
滤波器								
通过的频谱								
输出图像								
说明	频谱全部通过，得到输入物原像。	频谱在竖直方向上通过，输出水平横线条。	频谱在水平方向上通过，输出竖直线条。	频谱在 45° 斜方向分量通过，输出斜线，空频增大。	频谱在 −45° 斜方向分量通过，输出斜线方向与左对称。	自己制作纸质滤波器，挡去 ±1 级分量，输出网格空频加倍。	只让 0 级通过，网格全部消失。	挡去 0 级，输出网格像衬度反转。

（6）将光路改为图 5.5-34 所示的单透镜光路，再做一次实验，注意：①改变物和傅里叶透镜间的距离，观察频谱面位置是否发生了变化；②改变物和傅里叶透镜的距离，观察频谱面上输入物的夫琅禾费衍射图样的大小有无变化；③ 改变扩束镜 C 和傅里叶透镜 L 之间的距离（物不变），观察频谱面位置是否发生了变化。

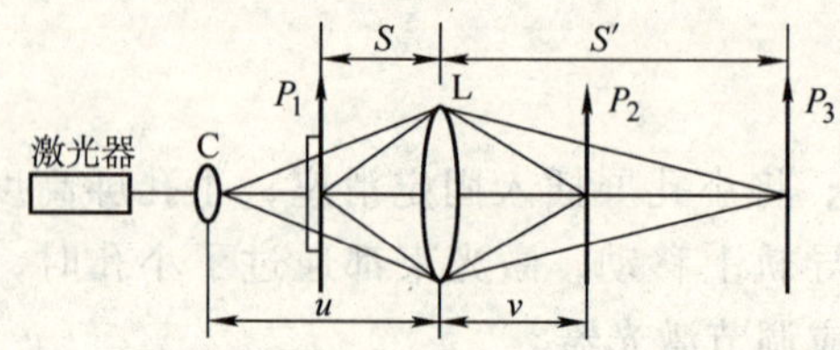

图 5.5-34 单透镜系统光路

【思考题】

（1）为什么笼统地说频谱平面就是傅里叶透镜的后焦平面是错误的？

（2）分析总结单透镜系统光路的特点。

（3）为什么采用一维方向滤波器滤波，当让 45°斜方向的频谱分量通过时，输出像的条纹间距比让水平和竖直分量通过时的条纹间距小（条纹变密）？

【参考文献】

［1］ 顾德门．傅里叶光学导论［M］．北京：科学出版社，1978.

［2］ 王绿苹．光全息和信息处理实验［M］．重庆：重庆大学出版社，1991.

（陶纯匡 稿）

第6章 综合性实验

6.1 一般综合性实验

实验49 传感器系列实验

传感器技术是现代信息技术的三大基础之一。它不仅能代替人的某些感知功能，也能感知一些人的感官所不能感受的信息，在工业自动化、能源、交通、灾害预测、安全防卫、环境保护、医疗卫生、航天等领域有着广泛的应用。

实验一 箔式应变片原理及其性能参数测试

【实验目的】

（1）掌握箔式应变片的原理、结构及使用方法。

（2）掌握应变片电桥测量电路原理及性能。

【实验原理】

1. 应变片的原理及结构

应变片是最常用的测力传感元件之一。其工作原理基于导体的应变—电阻效应：导体或半导体在应力作用下发生应变，使其电阻值相应地发生变化。在弹性范围内，电阻的相对变化与应变间的关系为

$$K_0 = \frac{\Delta R/R}{\Delta L/L} \qquad (6.1\text{-}1)$$

式中，K_0 称为应变灵敏系数，其物理意义为单位应变引起的物体电阻的相对变化。

为了使应变片既有一定的电阻，又不太长，应变片都是做成栅状，其结构如图6.1-1所示。它能近似反映其覆盖面积上的平均应变。

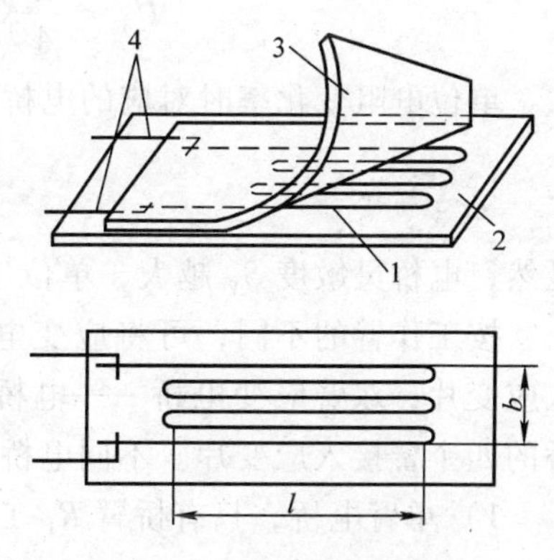

图6.1-1 栅状应变片结构

1—金属丝 2—基质

3—保护膜 4—引线

实际使用时，应变片应当牢固粘贴在试件表面，以使试件应变充分传递到敏感栅。

应变片的结构形式有丝式、箔式和薄膜

式三种。箔式应变片的敏感栅是金属箔片，其横向部分特别粗，可大大减小横向效应；与基底的接触面积大，能更好地随同试件变形；另外，箔式应变片线段表面积大，散热条件好，允许通过较大的电流，其结构见图 6.1-2。

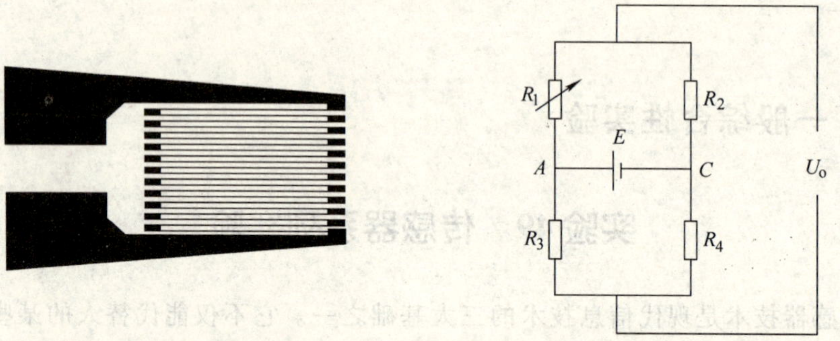

图 6.1-2 箔式应变片　　图 6.1-3 电桥电路

2. 用应变电桥测量电路及其特性

电桥电路是常用的电阻测量电路，其电路如图 6.1-3 所示。输出电压 U_o 为

$$U_o = E\frac{R_1R_4 - R_2R_3}{(R_1 + R_2)(R_3 + R_4)} \tag{6.1-2}$$

电桥平衡（$R_1R_4 = R_2R_3$）时，由上式知电桥输出电压 $U_o = 0$。

设电阻 R_1、R_2、R_3、R_4 的相对变化分别为 $\Delta R_1/R_1$、$\Delta R_2/R_2$、$\Delta R_3/R_3$、$\Delta R_4/R_4$，$R_1 = R_2 = R_3 = R_4$，则在一阶近似情况下，有

$$U_o = \frac{E}{4}\left(\frac{\Delta R_1}{R_1} - \frac{\Delta R_2}{R_2} - \frac{\Delta R_3}{R_3} + \frac{\Delta R_4}{R_4}\right) \tag{6.1-3}$$

令　$\varepsilon = \Delta L/L$，由式（6.1-1）和式（6.1-3），有

$$U_o = \frac{E}{4}K_0(\varepsilon_1 - \varepsilon_2 - \varepsilon_3 + \varepsilon_4) \tag{6.1-4}$$

单位电阻变化率时对应的电桥输出电压大小定义为电桥的灵敏度 S_V，即

$$S_V = \frac{U_o}{\Delta R/R} \tag{6.1-5}$$

显然，电桥灵敏度 S_V 越大，单位应变的输出电压越大。

按工作臂的不同，可将应变电桥分为：单臂应变电桥——电桥的一个臂接入应变片；双臂应变电桥——电桥的两个臂接入应变片；全臂应变电桥——电桥的四个臂接入应变片。不同电桥工作时的灵敏度是不同的。

1）单臂电桥，只有桥臂 R_1 工作，则 $S_V = E/4$。

2）双臂电桥

若 R_1 和 R_2 为工作臂，且 $\varepsilon_1 = -\varepsilon_2 = \varepsilon$，则 $S_V = E/2$。

若 R_1 和 R_4 为工作臂，且 $\varepsilon_1 = \varepsilon_4 = \varepsilon$，则同样有 $S_V = E/2$。

3）全臂电桥 $\varepsilon_1=\varepsilon_4=-\varepsilon_2=-\varepsilon_3=\varepsilon$，$U_o=ES\varepsilon$，$S_V=U_oR/\Delta R=E$。

【实验仪器】

直流稳压电源（±4V 档）、电桥、差动放大器、箔式应变片、螺旋测微头、双孔悬臂梁、电压表

【实验内容】

1. 单臂电桥箔式应变片性能的测量

1）差动放大器调零：开启仪器电源，差动放大器增益置 100 倍（顺时针旋到底），“+”、“-”输入端用实验线对地短路，输出端接数字电压表。调整差动放大器“调零”电位器使其输出电压为零，然后拔掉连线。调零后电位器位置不要变化。

如需使用毫伏表，则将毫伏表输入端对地短路，调整“调零”电位器，使指针居“零”位。拨掉短路线，指针有偏转是有源指针式电压表输入端悬空时的正常情况。调零后关闭仪器电源。

2）电路连接：按图 6.1-4 连接电路，R_2、R_3、R_4 为固定电阻，R_x 为应变片（可任选上下梁中的一个应变片），直流激励电源为 ±4V。

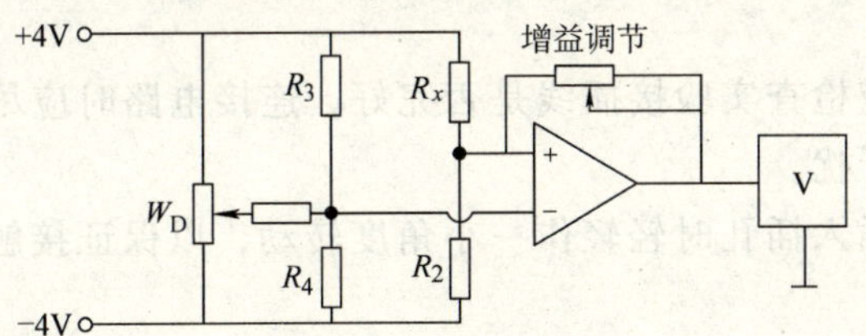

图 6.1-4　测量电路

3）调节弹性梁上的测微头，使弹性梁尽量处于水平状态（目测）。记录此时测微头的位置作为本次实验中测微头的“0”点。

4）检查线路连接，确认无误后开启仪器电源，预热 3～5min，然后调整调零电位器 W_D，使系统输出为零。调零后电位器 W_D 位置不要变化。

5）旋动测微头使其向上运动并带动弹性梁向上弯曲。以实验开始时弹性梁的水平状态为实验测量的起点（此时输出电压为零），测微头向上每移动 0.500mm 记录一次差动放大器输出电压值，直到测微头向上移动 5.00mm。测量数据记入表 6.1-1 中。

6）反方向旋动测微头使其退回 5.00mm，弹性梁回到水平状态。由于应变片的机械滞后效应，此时放大器输出信号可能不为零，记下此时电压表的读数。静等 1～2min，观察电压表上读数有无变化，然后调节调零电位器 W_D 使放大器的输出再次为零。

7）旋动测微头使其向下运动并带动弹性梁向下弯曲。测微头向下每移动

0.500mm，记录一次差动放大器输出电压值，直到测微头向下移动 5.000mm。测量数据记入表 6.1-1 中。

表 6.1-1 位移和输出电压数据记录表

向上位移 X/mm										
电压 U/V										
向下位移 X/mm										
电压 U/V										

2. 半桥电路箔式应变片性能的测量

将图 6.1-4 中 R_4 换成箔式应变片，注意应变片方向，重复 1 中步骤 1）～7）。

3. 全桥电路箔式应变片性能的测量

将图 6.1-4 中 R_2 和 R_3 也换成箔式应变片，注意应变片方向，重复 1 中步骤 3）～7）。

4. 在同一坐标纸上分别作出单臂、半桥和全桥三种电路的 U-X 关系曲线，计算并比较其电路灵敏度 $S_V = \Delta U/\Delta X$。

【注意事项】

（1）实验前应检查实验接插线是否完好，连接电路时应尽量使用较短的接插线，以免引入干扰。

（2）接插线插入插孔时轻轻作一小角度转动，以保证接触良好。拔出时也轻轻转动再拔出。

（3）稳压电源不要对地短路。

（4）在半桥电路和全桥电路中，应变片接入时应注意受力方向，一定是接成差动形式。

（5）直流激励电压不能过大，以免造成应变片自热损坏。

（6）由于弹性梁存在机械滞后效应，因此计算应变片灵敏度时可分别计算正 ΔX 的灵敏度和负 ΔX 的灵敏度，最后取其平均值。

【思考题】

应变片因应变而产生的电阻值的变化能否直接用数字万用表测量？为什么？

实验二 光纤传感器的使用

光纤传感器是 20 世纪 70 年代中期发展起来的一种新技术，它是伴随着光纤及光通信技术的发展逐步形成的。同传统的各类传感器相比，光纤传感器有不受电磁干扰、体积小、重量轻、可绕曲、灵敏度高、耐腐蚀、高绝缘强度等特点，能用于温度、压力、应变、位移、速度、加速度、磁、电、声和 PH 值等物理量的测量，具有十分广泛的应用潜力和发展前景。

【实验目的】

(1) 掌握光纤的结构及传光原理。

(2) 掌握传光型光纤传感器的结构及工作原理。

(3) 掌握光纤传感器测量位移、转速的原理和方法。

【实验原理】

1. 光纤的结构及其传光原理

光纤是一种特殊结构的光学纤纤维，其基本结构包括纤芯、包层和涂敷保护层（见图 6.1-5）。

光纤的核心部分是折射率 n_1 较大的纤芯和折射率 n_2 较小的包层构成的双层同心圆柱结构。当光线以入射角 θ_1 由光密媒质（折射率为 n_1）入射到光疏媒质（折射率为 n_2）时，折射角 θ_2 满足

$$n_1\sin\theta_1 = n_2\sin\theta_2 \tag{6.1-6}$$

入射角 θ_1 大于临界角 θ_c 时，光线在光密媒质中形成全反射，此为光的全内反射现象。临界角 θ_c 表示为

$$\sin\theta_c = \frac{n_2}{n_1} \tag{6.1-7}$$

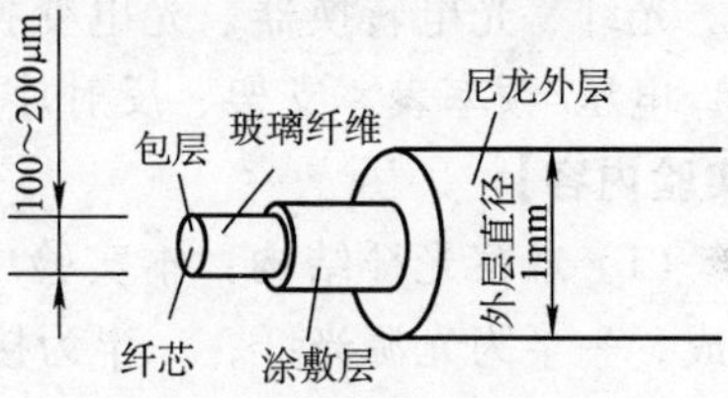

图 6.1-5　光纤的基本结构

因此，光线射入光纤端面时，只要入射角大于临界角，光线即可在光纤纤芯和包层的界面上不断产生全反射而向前传播，从而由光纤的一端以光速传播到另一端。

2. 光纤传感器测位移和速度的原理

光纤传感器一般分为两类：一类是利用光纤本身的某种敏感特性或功能制成的功能型光纤传感器，又称为传感型传感器；另一类是仅仅起传输光的介质作用的非功能型光纤传感器，又称为传光型传感器，它需要在光纤端面或中间加装其他敏感元件感受被测量的变化。本实验所用的反射式光纤位移传感器是传光型光纤，它由光源、敏感元件（光纤或非光纤的）、光接收器、信号处理系统以及光纤构成。

图 6.1-6 所示为反射式光纤位移传感器，它基于光强度调制原理。光纤采用 Y 型结构，两束多模光纤一端合并组成光纤探头，另一端分为两束，分别作接收光纤和光源光纤。光源发出的红光经光源光纤照射到反射体，被反射后有一部分经接收光纤传到光电转换元件，将接收到的光信号转换为电信号。输出的光强受反射体与光纤端面间的距离 x 调制，通过测量反射光的强度，就可知道物体位置的变化 x。

当光纤探头与反射面的相对位置发生周期性变化时，光电变换器输出电荷量也发生相应的周期性变化，经 V/F 电路变换成方波频率信号输出，即可实现

转速测量。

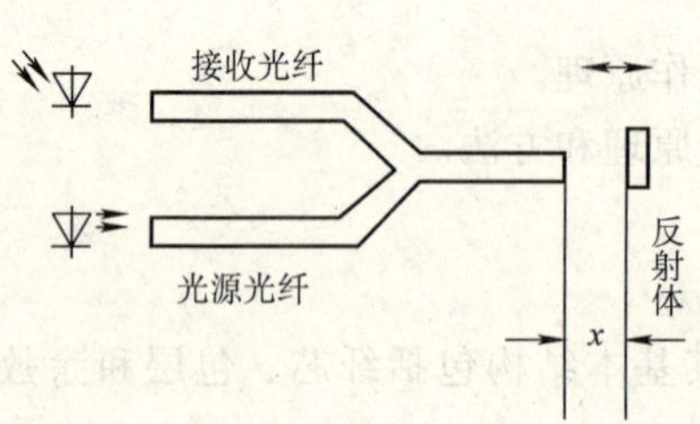

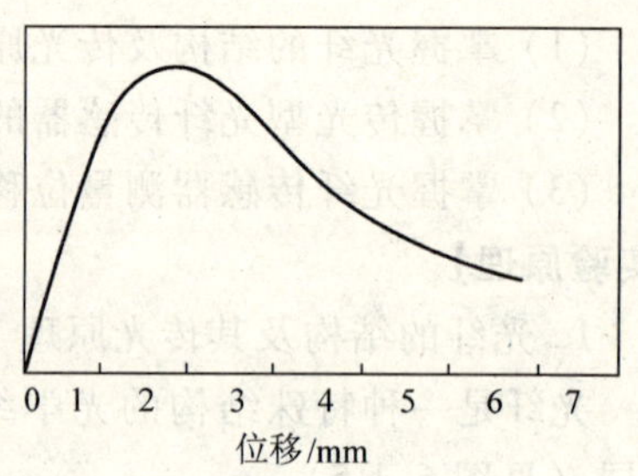

图 6.1-6　反射式光纤位移传感器原理图及输出特性曲线

【实验仪器】

光纤、光电转换器、光电变换器、低频振荡器、示波器、测速电动机及转盘、电压/频率表、支架、反射片、测微头。

【实验内容】

(1) 观察光纤结构：本实验中光纤探头为半圆型结构，由数百根光导纤维组成，一半为光源光纤，一半为接收光纤。

(2) 将原装电涡流线圈支架上的电涡流线圈取下，装上光纤探头，探头对准镀铬反射片（即电涡流片）。

(3) 测位移：振动台上装上测微头，开启电源，光电变换器 U_D 端接电压表。旋动测微头，带动振动平台，使光纤探头端面紧贴反射镜面，此时 U_D 输出为最小。然后旋动测微头，使反射镜面离开探头。每隔 0.250mm 记录一次 U_D 电压值，填入下表，作出 U_D-X 曲线。

X	0.000	0.250	0.500	0.750	1.000	1.250	1.500	1.750	2.000	2.250	2.500
U_D											

输出电压曲线分前坡和后坡，通常测量是采用线性较好的前坡。

(4) 测转速：装上光纤探头，将探头转一角度置于测速电动机上方，并调整探头高度使其距转盘 1mm 左右，光纤探头以对准转盘边缘内 3mm 处为宜。

(5) 光电变换器 F_0 端分别接电压/频率表的“2kHz”档和示波器“DC”档。开启电动机开关，调节转盘转速，用示波器观察输出波形并读出频率。

【注意事项】

(1) 光纤探头在支架上固定时应保持与转盘面平行，但不可相擦，以免光纤端面受损。

(2) 实验时应避免强光直接照射转盘端面，以免造成测试误差。

【参考文献】

[1]　浙江大学仪器系 CSY 系列传感器系统实验仪实验指导书

（何光宏　稿）

实验 50　声光衍射与液体中声速的测定

声波就其本质而言是一种机械压力波。当声波振动频率超过 20kHz 时，此时的声波我们就称为超声波。

声波的传播需要介质，这与电磁波传播机理完全不同。离开了传播介质，声波就无法传播。当声波在气体、液体介质中传播时，由于气体与液体的切变模量 $G=0$，这时声波只能以纵波的形式存在；当声波在固体中传播时，由于 $G\neq0$，所以在固体中的声波既可能是声纵波，还可能是声横波、声表面波等。因此，笼统地说声波是纵波是错误的。

声波是能量传播的一种形式。它既是信息的载体，也可以作为能量应用于清洗和加工，例如利用超声波加工金属零件等。值得一提的是：

1）超声波对人类是安全的，不会因为它的存在带来环境污染。

2）超声表面波具有极强的抗干扰能力，因此信息领域里人们更是对其青睐有加。

可以预料，超声波的科学应用在 21 世纪将获得飞速发展。

布里渊于 1923 年首次提出声波对光作用会产生衍射效应。随着激光技术的发展，声光相互作用已经成为控制光的强度、传播方向等最实用的方法之一，其中声光衍射技术得到最为广泛的应用。

【实验目的】

（1）理解声光相互作用的机理和超声光栅的原理。

（2）观察声光衍射现象。

（3）学会用超声光栅测定液体中的声速。

【实验原理】

声波在气体、液体介质中传播时，会引起介质密度呈疏密交替的变化并形成液体声场。当光通过这种声场时，就相当于通过一个透射光栅并发生衍射，这种衍射称为“声光衍射”。存在着声波场的介质则称为“声光栅”，当采用超声波时，通常就称为“超声光栅”。本实验研究的就是以液体为介质的超声光栅对光的衍射作用。

超声波在液体中传播的方式可以是行波也可以是驻波。行波形式的超声光栅，栅面在空间随时间移动。图 6.1-7 示出了声行波在某一瞬间的情况。图 6.1-7a 表示存在超声场时，液体内呈现疏密相间的周期性密度分布。图 6.1-7b 为相应的折射率分布，n_0 表示不存在超声场时该液体的折射率。由图可见，密度和折射率两者都是周期性变化的，且具有相同的周期，相应的波长正是超声波的波长 λ_s。因为是行波，折射率的这种分布以声速 v_s 向前推进，并可表示为

$$n(z,t) = n_0 + \Delta n(z,t)$$

$$\Delta n(z,t) = \Delta n \sin(K_s z - \omega_s t) \tag{6.1-8}$$

式中，z 为超声波传播方向上的坐标；ω_s 为超声波的角频率；λ_s 为超声波波长；$K_s = 2\pi/\lambda_s$。由式（6.1-8）可见折射率增量 Δn（z，t）按正弦规律变化。

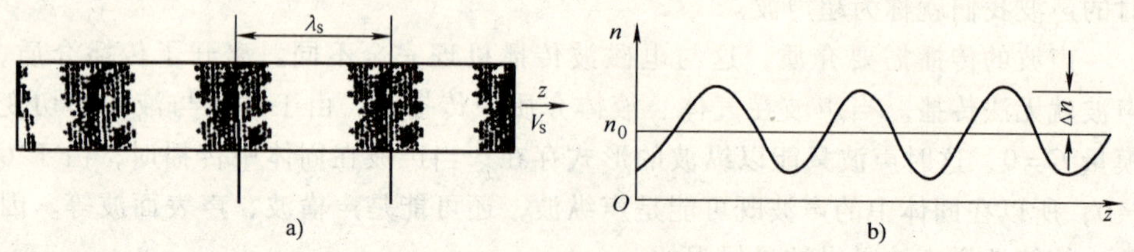

图 6.1-7　液体介质中的声波

如果在超声波前进方向上的适当位置垂直地设置一个反射面，则可获得超声驻波。对于超声驻波，可以认为超声光栅是固定于空间的。设前进波和反射波的方程分别为

$$\left.\begin{aligned} a_1(z,t) &= A\sin 2\pi\left(\frac{t}{T_s} - \frac{z}{\lambda_s}\right) \\ a_2(z,t) &= A\sin 2\pi\left(\frac{t}{T_s} + \frac{z}{\lambda_s}\right) \end{aligned}\right\} \tag{6.1-9}$$

两者叠加，$a(z,t) = a_1(z,t) + a_2(z,t)$，得

$$a(z,t) = 2A\cos 2\pi \frac{z}{\lambda_s} \sin 2\pi \frac{t}{T_s} \tag{6.1-10}$$

式（6.1-10）说明叠加的结果产生了一个新的声波；振幅为 $2A\cos(2\pi z/\lambda_s)$，即在 z 方向上各点振幅是不同的，呈周期变化，波长为 λ_s（即原来的声波波长），它不随时间变化；相位 $2\pi t/T_s$ 是时间的函数，但不随空间变化，这就是超声驻波的特征。

计算表明，相应的折射率变化可表示为

$$\Delta n(z,t) = 2\Delta n \sin K_s z \cos \omega_s t \tag{6.1-11}$$

上式中各符号意义如式（6.1-8）所示，相应的图像表示在图 6.1-8 中。可以看出，在不同时刻 $\Delta n(z, t)$ 的分布是不同的，也就是说对于空间任一点，折射率随时间变化，变化的周期是 T_s，并且对应 z 轴上某些点的折射率可以达到极大值或极小值；对于同一时刻，z 轴上的折射率也呈周期性分布，其相应的波长就是 λ_s。总之，驻波超声光栅的光栅常数就是超声波的波长。

当一束单色准直光垂直入射到超声光栅上（光的传播方向在光栅的栅面内）时，出射光即为衍射光，如图 6.1-9 所示。图中 m 为衍射级次数，θ_m 为第 m 级衍射光的衍射角，可以证明，与光学光栅一样，形成各级衍射的条件是

$$\sin\theta_m = \pm m\lambda/\lambda_s \quad (m = 0, \pm1, \pm2, \cdots) \tag{6.1-12}$$

式中，λ 为入射光波长；λ_s 为超声波波长。

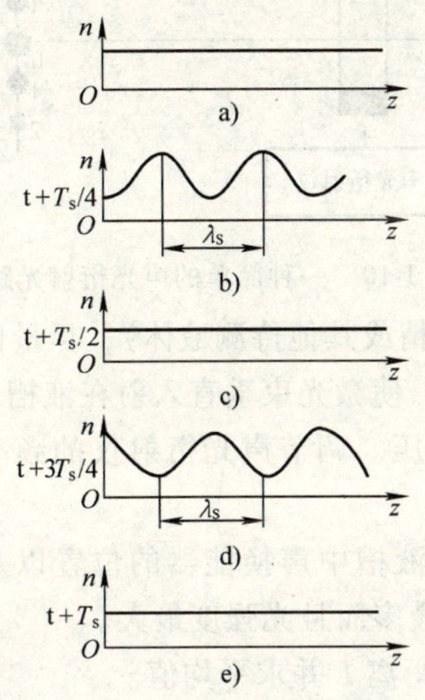

图 6.1-8　超声驻波场中的折射率分布

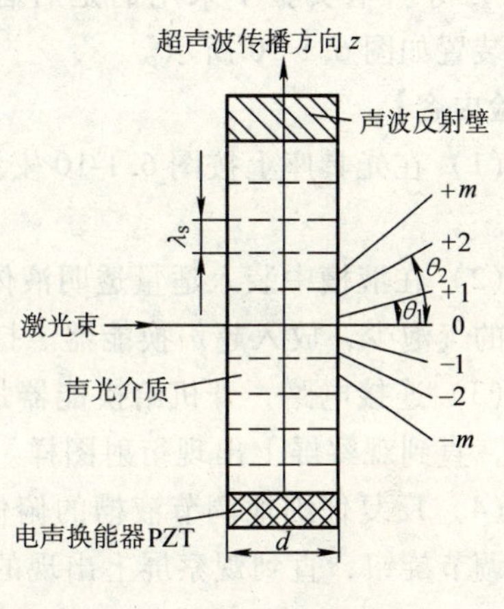

图 6.1-9　超声光栅对光束的衍射作用

像上述这种能产生多级衍射的声光衍射现象称为喇曼-奈斯（Raman-Nath）衍射，只有当超声波频率较低，入射角较小时才能产生这种衍射。另一种声光衍射称为布喇格衍射，它只产生零级及惟一的 +1 级或 −1 级衍射。这种情况只在超声波频率较高、声光作用长度较大，且光束以一定的角度倾斜入射时才能发生。布拉格衍射效率较高，常用于光偏转、光调制等技术中。本实验中只涉及喇曼-奈斯衍射。

由式（6.1-12），考虑到 θ_m 很小，有 $\sin\theta_m \approx x_m/2L$，当光波长 λ 已知，则可测出超声波的波长 λ_s。假如还能测出超声波的频率 f_s，则超声波在该液体中的传播速度为

$$v_s = \lambda_s f_s \tag{6.1-13}$$

以上方法是测量超声波传播速度的有效方法之一。

【实验仪器】

SLD—Ⅱ声光衍射仪（生产单位：重庆大学物理实验中心），光具座（生产单位：重庆大学物理实验中心），He-Ne 激光器（生产单位：北京大学物理系工厂），游标卡尺，米尺，酒精温度计。

本实验中采用压电材料的逆压电效应产生超声波并在液槽中产生超声驻波场，形成超声光栅。压电材料在这里起电声换能的作用，在交变电场作用下产生超声振动。当交变电压的频率达到换能器的固有频率时，由于共振的结果，

此时换能器的输出振幅达到极大值。常见的具有显著压电效应的材料有石英、铌酸锂等晶体和锆钛酸铅陶瓷（PZT）等。本实验中采用的是后者。实验装置如图 6.1-10 所示。

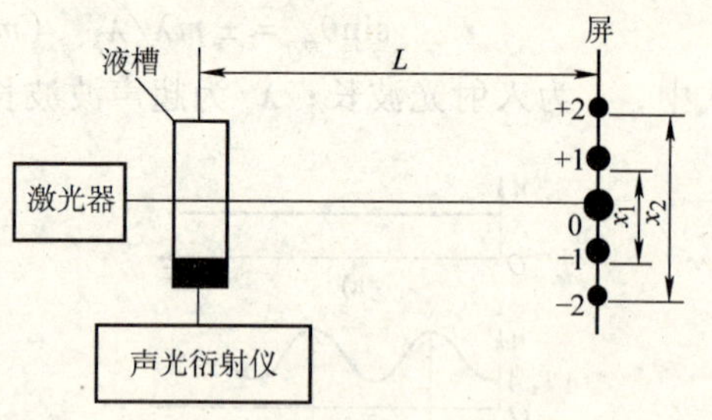

图 6.1-10 一种简单的声光衍射光路

【实验内容】

(1) 在光具座上按图 6.1-10 安排光路。

(2) 在液槽中装入适量透明液体（水、酒精或其他待测液体），尽量使液槽器壁的气泡少，放入超声换能器。打开激光器，使激光束垂直入射在液槽上。

(3) 连接电路，开机给换能器加上激励电压。调节声光衍射仪的频率调节旋钮，直到观察屏上出现衍射图样。

(4) 反复仔细地调节液槽的俯仰、方位、液槽中声换能器的位置以及仪器频率调节旋钮，直到观察屏上出现的衍射光斑最多而且光强度最大。

(5) 用米尺测量液槽中心到观察屏之间的距离 L 并求平均值。

(6) 用游标卡尺测量第 $\pm m$ 级衍射光斑间的距离 x_m（为避免找光斑中心而出现的失误，应当测量两个同级光斑边缘的距离再加或减光斑的直径）。

(7) 用温度计测量液体的温度。

(8) 测出超声振荡的频率 f_s，由式（6.1-13）计算该温度下的声速 v_s 并求平均值。

(9) 改变液槽中液体的温度，测量不同温度下的声速，注意温度对于声速的影响。

(10) 推荐内容：

1) 按图 6.1-11 安排光路并使各元件共轴等高，将狭缝宽度调节到合适并调节透镜的位置，使观察屏上出现清晰的狭缝像。

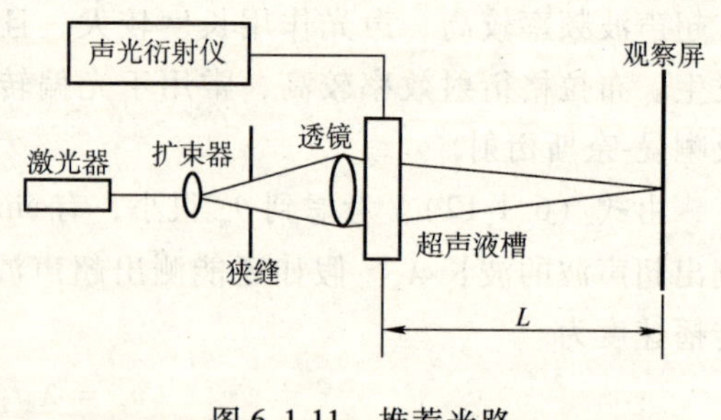

图 6.1-11 推荐光路

2) 重复实验内容 (2)、(3)、(4)，使观察屏上出现的各级衍射狭缝像最多且清晰。

3) 测量 L、各级衍射狭缝像的距离 x_m 以及 f_s，求该液体中超声波的速度。

【注意事项】

(1) 为避免激光烧伤眼睛，不得以眼睛直视未经扩束的激光细束（衍射细光束也不例外），为此不得取下观察屏。

(2) 超声换能器是仪器振荡电路的一部分，未接上超声换能器时仪器不能工作。

(3) 超声换能器很娇气，使用中注意以下两点：

1) 超声换能器未插入液体介质中不要开机。另外，实验完毕要先关机，再把换能器从液槽中取出。

2) 不要用手触摸压电晶片。

【思考题】

(1) 温度改变，液体折射率将改变，超声光栅的参数也将改变，温度对液体中的声速会带来什么样的影响?

(2) 设想一下，当在液槽两个相互垂直的方向上，例如 z、x 方向各安置一个相同的超声换能器，能得到一个什么样的超声光栅?

(陶纯匡　稿)

实验 51　夫兰克-赫兹实验

根据卢瑟福提出的原子模型，在玻尔提出原子理论后的第二年，即 1914 年，夫兰克和赫兹用实验的方法证明了原子内部量子化能级的存在，完成了著名的夫兰克-赫兹实验，给玻尔理论提供了直接的实验证据，对原子理论的发展起到了重大作用，成为物理学发展史上的重要里程碑。因这一重大科学成就，夫兰克-赫兹获得了 1925 年度诺贝尔物理学奖。

20 世纪初，在对原子光谱的研究中，确认了原子能级的存在。原子光谱中的每根谱线就是原子从某个较高能级跃迁时的辐射而形成的。而夫兰克-赫兹用了一种很直接的方法来研究证实原子能级的存在。他们用慢电子与稀薄气体原子碰撞的方法，观察、研究碰撞前后电子速度的变化，发现原子与电子碰撞时能量总是以一定值交换，且用实验的方法测定了汞原子的第一激发电位，证明了原子内部量子化能级的存在。

通过这一实验，了解夫兰克-赫兹在研究原子内部能量状态时，将难于直接观测的电子与原子碰撞、能量交换以及能量状态变化的微观过程用宏观量反映出来的科学方法。学习其巧妙的科学实验思想，培养学生创造性思维和解决实际问题的能力。

【实验目的】

(1) 理解夫兰克-赫兹实验的原理和方法。

(2) 用实验的方法测定氩原子的第一激发电位，证明原子能级的存在。

【实验原理】

在卢瑟福的原子模型基础上，玻尔的原子理论指出：

1）电子在原子中可以在一些特定的圆轨道上运动，而不辐射电磁波，这时原子处于稳定状态，并具有一定的能量。

2）原子从高能量 E_2 的定态跃迁到低能量 E_1 的定态要发射频率为 ν 的光子，且

$$h\nu = E_2 - E_1 \tag{6.1-14}$$

式中，h 为普朗克常量，$h = 6.63 \times 10^{-34}\,\mathrm{J \cdot s}$。

处于正常状态的原子，其电子在第一轨道运动，原子的能量最低，即处于最低能级，此状态叫做基态。原子从基态跃迁到较高能量值的状态叫激发态。原子从基态跃迁到第一激发态时所需能量称做临界能量。而原子的状态发生改变的条件通常是：

1）原子本身吸收或放出电磁辐射。

2）原子与其他粒子发生碰撞而交换能量。

夫兰克-赫兹就采用了后者。他们利用具有一定能量的电子与汞原子相碰撞而发生能量交换使汞原子状态改变。

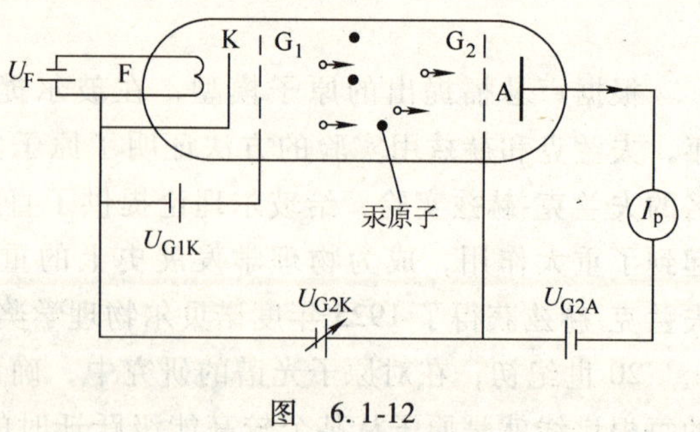

图 6.1-12

夫兰克-赫兹实验装置原理如图 6.1-12 所示。在夫兰克-赫兹管中充入汞并加热成汞蒸气。由热阴极发射出电子，在 U_{G1K} 的作用下，趋向 G_1G_2 空间，经电压 U_{G2K} 加速向栅极运动。在板极与栅极间加有反向拒斥电压 U_{G2A}。只要电子的能量足够克服拒斥电压 U_{G2A} 的作用而到达板极 A，就会形成电子流 I_p，由微电流计显示。

实验中保持 U_{G1K}、U_{G2A} 不变，逐渐增大 U_{G2K}，电子的能量也逐渐增大，I_p 亦随之增加。在该过程中，电子与管中汞原子发生弹性碰撞，汞原子不能获得电子的能量。随着 U_{G2K} 的增大，当电子的能量等于或大于汞原子的临界能量时，电子的能量全部或大部分传递给汞原子，则电子的能量就急剧减小，以至于不能克服拒斥电压 U_{G2A} 的作用，致使到达板极的电子急剧减少，则导致 I_p 急剧降低。此过程中，电子与原子发生非弹性碰撞，汞原子从电子那里得到能量后由基态跃迁到激发态。继续增加 U_{G2K}，电子又获得加速，其能量又获得增大，克服拒斥电压达到板极的电子流 I_p 又继续增大。当电子的能量又等于或大于汞原子的临界能量时，电子的能量又全部或大部分传递给汞原子，则电子的能量又急剧减少，使得大多数电子又不能到达板极，即极板电流 I_p 又一次急剧下降。就这样，随着 U_{G2K} 的继续增加，电子获得加速，到达板极，复而 I_p 随之增加。只要当电子的能量又等于或大于汞原子的临界能量时，汞原子就可以从电子那

里获得能量而激发。电子则损失全部或大部分能量而不能到达板极，复而 I_p 急剧下降。即随着 U_{G2K} 的增加，I_p 的变化表现出明显的峰谷特征，如图 6.1-13 所示，且具有明显的规律性。

这表明了原子吸收能量的量子化特性。由 I_p-U_{G2K} 曲线发现：相邻两峰间的电位差都基本相等，为 4.9V，即当 U_{G2K} 为该电位差的整数倍时，I_p 都会急剧下降。因此可以认为该电位差是把汞原子从基态激发到第一激发态所需要的能量。由此可知，I_p-U_{G2K} 曲线相邻两峰间的电位差即是汞原子的第一激发电位 $U_0=4.9\text{V}$，则汞原子获得从电子传递来的临界能量值就是

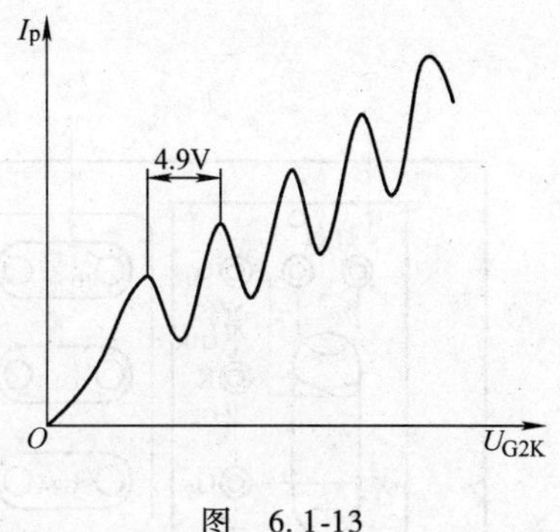

图 6.1-13

$$eU_0=E_2-E_1 \tag{6.1-15}$$

一般原子处于激发态的时间不长，它会自动跃迁回基态，同时释放出获得的能量，并以光的形式辐射出来，其频率为

$$\nu=eU/h \tag{6.1-16}$$

可以推测，在该实验中应该能看到汞原子从第一激发态跃迁回基态时所发出的辐射，其能量为 eU_0，以光量子的形式发射出来的波长为

$$\lambda=hc/eU_0 \tag{6.1-17}$$

式中，普朗克常量 $h=6.63\times10^{-34}\text{J}\cdot\text{s}$，光在真空中的传播速度 $c=3.00\times10^8\text{m/s}$，电子电荷 $e=1.6\times10^{-19}\text{C}$，汞原子的第一激发电位 $U_0=4.9\text{V}$，代入式（6.1-17）得

$$\lambda=6.63\times10^{-34}\times3.00\times10^8/1.6\times10^{-19}\times4.9\text{m}=2.54\times10^2\text{nm}$$

夫兰克-赫兹在实验中观察到了 $\lambda=2.53\times10^2\text{nm}$ 的谱线。这同用 $U_0=4.9\text{V}$ 的计算结果即 $\lambda=2.54\times10^2\text{nm}$ 符合得很好。这就充分证实了原子能级的确是存在的，要使原子受激到激发态，原子必须吸收一定量值的能量，而这些能量是不连续的。

如果在夫兰克-赫兹管中充以其他元素，也能测得这些元素的第一激发电位。下表列出几种元素的第一激发电位及从第一激发态到基态辐射的波长。

元素	钠（Na）	钾（K）	锂（Li）	镁（Mg）	氦（He）	氖（Ne）	氩（Ar）
U_0/V	2.12	1.63	1.84	2.71	21.2	16.8	11.8
λ/nm	589.0 589.6	766.4 769.9	690.8	457.1	58.4	74.4	106.6

【实验仪器】

智能夫兰克-赫兹实验仪（管内充以氩气）。（生产单位：成都世纪中科教学仪器公司）。仪器面板如图 6.1-14 所示，按功能划分为八个区。

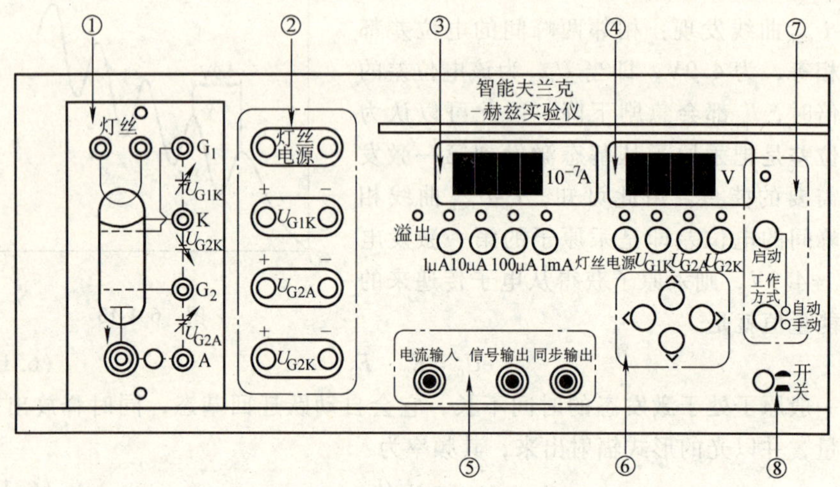

图　6.1-14

① 区为夫兰克-赫兹管各输入电压连接插孔、极板电流输出插孔座。

② 区为夫兰克-赫兹管所需激励电压的输出插孔。左侧为正极，右侧为负极。

③ 区为测试电流指示区，有四个电流量程档位，每一个量程同时备有一个选择指示灯指示当前选择的电流量程档位。

④ 区为测试电压指示区，四个电压源选择按键用于选择不同的电压源，每个电压源选择都备有一个指示灯指示当前的选择。

⑤ 区为测试信号输入输出区，电流输入插座输入夫兰克-赫兹管极板电流。信号输出和同步输出插座可将信号送示波器显示。

⑥ 区为调整按键区，用于改变当前电压源电压设定值，设置查询电压。

⑦ 区为工作状态指示区，通信指示灯指示实验仪与计算机的通信状态。启动按键与工作方式按键共同完成手动测试或自动测试操作。

⑧ 区为电源开关。

【实验内容】

（1）按原理接插线，接线如图 6.1-15 所示，确认正确无误后开启电源开关（详见仪器使用说明）

（2）选择适当电流量程、档位。

（3）选择并设定合适的灯丝电压 U_F 及各电压源（U_{G1K}、U_{G2A}）电压（按仪

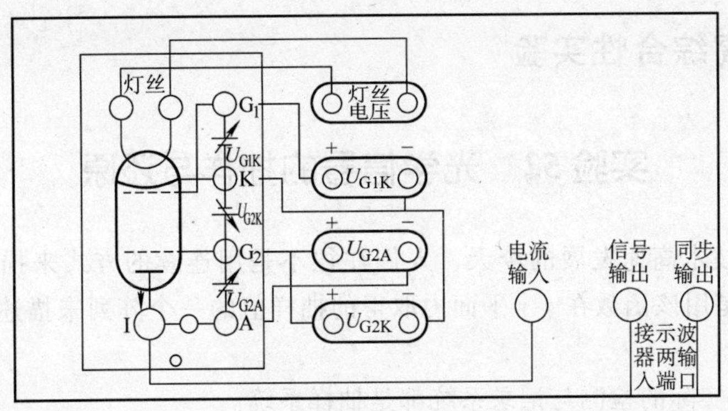

图　6.1-15

器标定值设定）。

（4）选择“手动”工作方式。

（5）改变 U_{G2K} 电源电压，从 0 起，每增加 0.5V 记读对应的 I_p 值，观察 I_p 变化情况（注意：U_{G2K} 终止值应小于仪器限定值）。

（6）用坐标纸作出 I_p-U_{G2K} 曲线。

（7）由 I_p-U_{G2K} 曲线确定氩原子的第一激发电位，并计算相应氩原子所辐射的波长。

【注意事项】

（1）面板接插线必须反复检查，切勿连错。

（2）夫兰克-赫兹管很容易因电压设置不合适而遭到损坏，所以，一定要按照规定的实验步骤和适当的状态进行实验。

【思考题】

（1）由实验观察到极板电流并不降为零，其原因是什么？

（2）从 I_p-U_{G2K} 曲线可见，电流 I_p 并不是突然改变的，而是每个峰和谷都有圆滑的过度，为什么？

【参考文献】

［1］李相银．大学物理实验［M］．北京：高等教育出版社，2004.

［2］陈早生，任才贵，等．大学物理实验［M］．上海：华东理工大学出版社，2003.

［3］丁慎讯，张连芳．物理实验教程［M］．北京：清华大学出版社，2002.

［4］东南大学等七所工科院．马文蔚，等．物理学［M］．北京：高等教育出版社，1999.

［5］茅林川，等．大学物理实验［M］．天津：天津大学出版社，1997.

［6］陈守川．大学物理实验教程［M］．杭州：浙江大学出版社，1995.

（赵及则　稿）

6.2 提高综合性实验

实验52 光学信号的抽样与还原

在科学技术高速发展的今天，人们往往不是用连续的方式来描述一个函数 $f(x, y)$，而是用该函数在 x-y 平面内取得的抽样值的一个阵列来描述它。其原因在于：

1）任何实际的检测与记录系统都是抽样系统。

2）任何计算机的信息处理容量都是有限的。

但是，只要我们所采用的离散抽样阵列值能准确地描述这个连续函数，那么这种描述方式就是可行的。例如我们用数码相机拍摄一幅景物，经 CCD 转换最终输出的图像就是景物的一个二维抽样值阵列。

抽样定理是一切信息理论的基本定理，无论电信息、光信息或其他信息，因此，其重要性是显然的。我们推荐光学信号的抽样与还原实验的理由除了前面提到的以外还在于：

1）不必动用昂贵的频谱分析仪和复杂的电子线路。

2）光学信号的抽样与还原人眼看得见，形象、直观、容易理解，对学生学习抽样定理帮助极大。

【实验目的】

（1）理解抽样定理的数学模型与物理过程。

（2）掌握实现光学信号抽样与还原的光学实验过程。

（3）学会测量带限信号（函数）频带宽度的方法。

【实验原理】

抽样定理是信息论的先驱 Whittaker 与 Shannon 提出并加以研究推广的。抽样定理是指，一个带限函数 $f(x, y)$，从其抽样值的一个间隔合适的矩形阵列，可以绝对准确地还原这个带限函数，抽样定理的数学表达式为

$$f(x,y) = 4w_x w_y x_s y_s \sum_{n=-\infty}^{+\infty}\sum_{m=-\infty}^{+\infty} f(nx_s, my_s) \times \frac{\sin 2w_x\pi(x-nx_s)}{2w_x\pi(x-nx_s)}\frac{\sin 2w_y\pi(y-my_s)}{2w_y\pi(y-my_s)}$$

式中，x_s、y_s 就是抽样间隔；$2w_x$、$2w_y$ 是函数在 x 和 y 这两个方向上的频带宽度。

光信息理论的先驱 D. Gabor 曾说过，任何一个光波前到达孔径 A 上，它包

含了低于每厘米 B 线对的空间变化时，如果以 $[1/(2B)]$ cm 的间距对该波前的幅度抽样，那么便可以完全确定这个波前。D. Gabor 的上述论述是用光学术语形象地描述了抽样定理的基本含义。

1. 函数的抽样

设函数 $f(x)$（为简便起见，采用一维函数）是一个带限函数，它的傅里叶频谱 $F(\xi)$ 只在频率域 ξ 的一个有限区域 D 上不为零，即

$$F(\xi) = 0 \qquad |\xi| \geqslant w \in D \tag{6.2-1}$$

设采用梳状函数对 $f(x)$ 进行抽样，梳状函数 $S(x)$ 是一个等间距的 δ 函数序列，间距为 x_s（这也是抽样间距）。

$$S(x) = \frac{1}{x_s}\mathrm{comb}\left(\frac{x}{x_s}\right) = \sum_{n=-\infty}^{+\infty}\delta(x - nx_s) \tag{6.2-2}$$

$S(x)$ 的图形如图 6.2-1 所示。

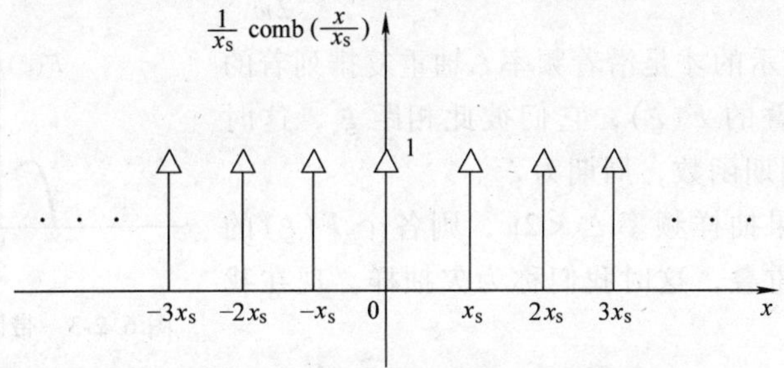

图 6.2-1　梳状函数

如图 6.2-2 所示，对函数 $f(x)$ 进行抽样就是用梳状函数 $S(x)$ 与它相乘。相乘结果被称为样本函数，用 $f_s(x)$ 表示

$$f_s(x) = f(x)\,\frac{1}{x_s}\mathrm{comb}\left(\frac{x}{x_s}\right) = \sum_{n=-\infty}^{+\infty} f(nx_s)\delta(x - nx_s) \tag{6.2-3}$$

这是一组等间距的被加权了的 δ 函数序列，也可以说等间距排列的 δ 函数序列被连续函数 $f(x)$ 调制了，权重刚好等于 $f(x)$ 在抽样点 $x = nx_s$ 的函数值 $f(nx_s)$。

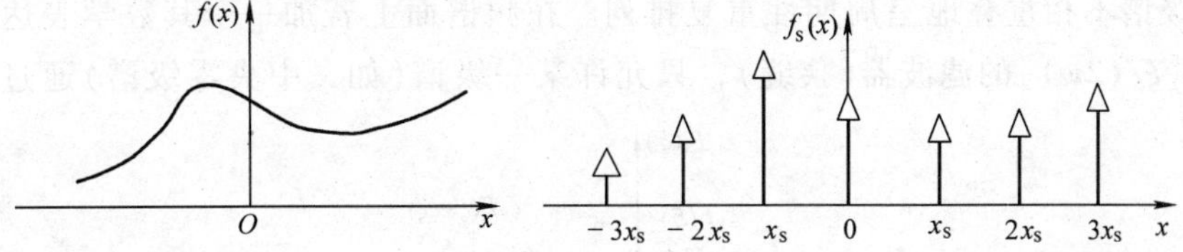

图 6.2-2　函数的抽样

2. 样本函数的频谱，尼奎斯特抽样频率

在光学信号空间滤波实验(实验48)中我们看到，在空间频率域里研究处理问题往往会使问题变得比较简单。$f_s(x)$的频谱为

$$F_s(\xi) = \mathrm{FT}\{f_s(x)\} = \mathrm{FT}\left\{f(x)\frac{1}{x_s}\mathrm{comb}\left(\frac{x}{x_s}\right)\right\} = \frac{1}{x_s}\sum_{n=-\infty}^{+\infty}F\left(\xi-\frac{n}{x_s}\right) \tag{6.2-4}$$

式(6.2-4)中符号 FT{　}表示傅里叶变换。另外，x_s 为坐标空间里的抽样间隔，其倒数 $1/x_s=\xi_s$ 就被定义为频率空间里的抽样频率，因此，式(6.2-4)还可写成

$$F_s(\xi) = \xi_s\sum_{n=-\infty}^{+\infty}F(\xi-n\xi_s) \tag{6.2-5}$$

由于 $F(\xi)$是带限函数，$F(\xi)$的图形如图6.2-3所示，$F(\xi)$的底部宽度 $2w$ 称为光学信号 $f(x)$的频带宽度。只有

$$\xi_s \geqslant 2w \text{ 或 } x_s \leqslant \frac{1}{2w} \tag{6.2-6}$$

式(6.2-5)所表示的才是沿着频率 ξ 轴重复排列着的一系列不相重叠的 $F(\xi)$，它们彼此相距 ξ_s，这时 $F_s(\xi)$是一个周期函数，周期为 ξ_s。

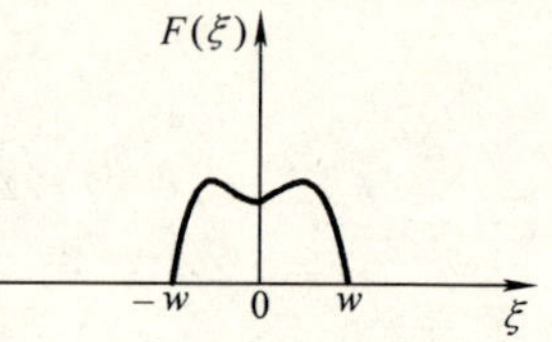

图6.2-3　带限函数的频谱

但是，如果抽样频率 $\xi_s<2w$，则各个 $F(\xi)$的底部将会出现重叠，这时我们称为欠抽样。现在我们定义

$$\xi_s = \xi_N = 2w \tag{6.2-7}$$

为最佳抽样频率，这时各 $F(\xi)$的底部刚好不相重叠。这一频率也称为尼奎斯特频率 ξ_N，下角标 N 就是为了纪念信息论的先驱尼奎斯特。另外，此时 ξ_N 的倒数 $x_N=1/\xi_N$ 我们称为尼奎斯特抽样间隔。x_N 是一个极限，当我们采用的抽样间隔大于 x_N，那么就不能准确地还原信号 $f(x)$了。因此，式(6.2-6)是抽样时必须满足的条件——抽样条件。

3. 滤波与还原

$F_s(\xi)$位于频谱面上，当 $\xi_s\geqslant 2w$[或 $x_s\leqslant 1/(2w)$]得到满足，如图6.2-4所示其各级谱不相重叠地呈周期性重复排列。在频谱面上若加一个其数学表达式为 $x_s\mathrm{rect}[\xi/(2w)]$的滤波器(狭缝)，只允许某一级谱(如，中央零级谱)通过。那

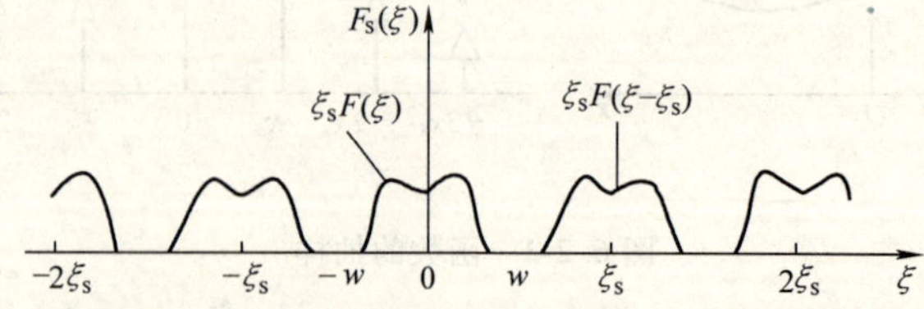

图6.2-4　样本函数 $f_s(x)$的频谱是一个周期函数

么，能通过狭缝的频谱分量，即为输出频谱 $G(\xi)$，并且

$$G(\xi) = F_s(\xi)x_s\text{rect}\left(\frac{\xi}{2w}\right) = F(\xi) \tag{6.2-8}$$

综上所述，由 $f(x)$ 的抽样得到样本函数及其频谱，滤波后仍然得到信号 $f(x)$ 的频谱 $F(\xi)$，只要进行一次逆傅里叶变换信号就可以还原。

另外，对式(6.2-8)中的 $F(\xi)$ 进行逆变换，还可检验是否能用样本函数代替原函数 $f(x)$

$$\begin{aligned}
\text{FT}^{-1}\{F(\xi)\} &= \text{FT}^{-1}\left\{F_s(\xi)x_s\text{rect}\frac{\xi}{2w}\right\} \\
&= \text{FT}^{-1}\{F_s(\xi)\} * \text{FT}^{-1}\left\{x_s\text{rect}\left(\frac{\xi}{2w}\right)\right\} \\
&= f_s(x) * 2wx_s\frac{\sin 2\pi wx}{2\pi wx} \\
&= \sum_{n=-\infty}^{+\infty} f(nx_s)\delta(x-nx_s) * (2wx_s)\frac{\sin 2\pi wx}{2\pi wx} \qquad (6.2\text{-}9) \\
&= 2wx_s\sum_{n=-\infty}^{+\infty} f(nx_s)\frac{\sin 2\pi w(x-nx_s)}{2\pi w(x-nx_s)}
\end{aligned}$$

式中，* 表示卷积运算，如果我们采用尼奎斯特频率进行抽样，即抽样频率正好等于信号频带宽度，这时有

$$x_s = x_N = \frac{1}{2w}$$

式(6.2-9)可简化为

$$f(x) = \sum_{n=-\infty}^{+\infty} f(nx_s)\frac{\sin 2\pi w(x-nx_s)}{2\pi w(x-nx_s)}$$

或

$$= \sum_{n=-\infty}^{+\infty} f\left(\frac{n}{2w}\right)\frac{\sin 2\pi w\left(x-\frac{n}{2w}\right)}{2\pi w\left(x-\frac{n}{2w}\right)} \tag{6.2-10}$$

于是，一个带限信号，在采用满足式(6.2-6)的条件下对其抽样，样本值是可以准确地代表这个信号的。式(6.2-9)、式(6.2-10)就是一维情况下的抽样定理 C. E. Shannon 公式。

一维情况的结果可以很容易地推广到二维情况。这时的抽样函数是二维梳状函数。

$$S(x,y) = \frac{1}{x_s}\text{comb}\left(\frac{x}{x_s}\right)\frac{1}{y_s}\text{comb}\left(\frac{y}{y_s}\right) \tag{6.2-11}$$

应满足的抽样条件为

$$\begin{cases} \dfrac{1}{x_s} \geqslant 2w_x & x_s \leqslant \dfrac{1}{2w_x} \\ & \text{或} \\ \dfrac{1}{y_s} \geqslant 2w_y & y_s \leqslant \dfrac{1}{2w_y} \end{cases} \tag{6.2-12}$$

二维滤波函数

$$H(\xi,\eta) = \mathrm{rect}\left(\frac{\xi}{2w_x}\right)\mathrm{rect}\left(\frac{\eta}{2w_y}\right) \tag{6.2-13}$$

二维抽样定理的数学表达式为

$$f(x,y) = \sum_{n=-\infty}^{+\infty}\sum_{m=-\infty}^{+\infty} f(nx_s, my_s)\,\frac{\sin 2\pi w_x(x-nx_s)}{2\pi w_x(x-nx_s)}\,\frac{\sin 2\pi w_y(y-my_s)}{2\pi w_y(y-my_s)} \tag{6.2-14}$$

4. 实现抽样定理的光学系统

前面关于抽样定理的介绍虽然有些冗繁，但我们仔细分析其思路却是清晰的，即带限信号$\xrightarrow{\text{抽样}}$样本函数$\xrightarrow{\text{傅里叶变换}}$样本函数的频谱$\xrightarrow{\text{滤波}}$输出频谱$\xrightarrow{\text{逆变换}}$信号回归。因此，用光学实验可以一气呵成地实现上述过程。

首先，可以实现信号抽样与还原的光学系统是相干 4*f* 光学信息处理系统，如图 6.2-5 所示，其中各元件的介绍如图 5.5-32 所示。其次，可以对信号进行抽样的元件是光栅(最好是相位光栅)。

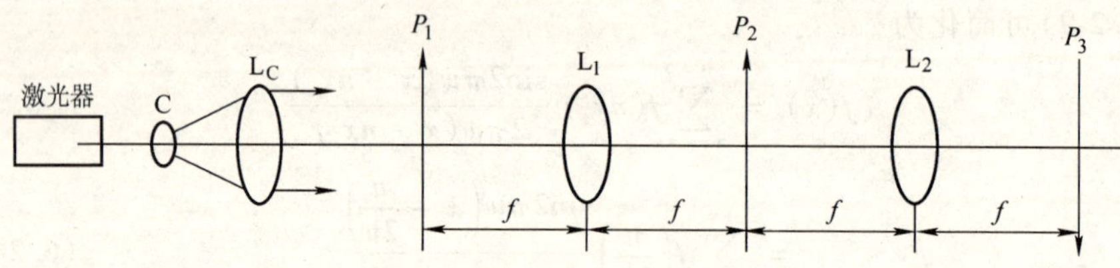

图 6.2-5　4*f* 系统光路

具体过程是：

1）选用带限信号，可选用三角形孔屏或透镜成像实验中的箭屏为信号物，光照在屏上自然成为一个该图样的光学信号(严格地说是准带限光学信号)。

2）选用一片光栅，光栅空间频率 f_0 足够高，$f_0 \geqslant 2w$。光栅尺寸大于信号孔，就可以忽略光栅的边框函数。为简便起见，设光栅为正弦振幅光栅(全息光栅)，其透过率函数为

$$t(x,y) = [1 + \cos 2\pi f_0 x] \tag{6.2-15}$$

其中 $f_0 \geqslant 2w$ 为光栅空间频率。当光栅紧贴在信号屏上，就实现了抽样，这时样

本函数为

$$f_s(x,y) = f(x,y)t(x,y) \tag{6.2-16}$$

3）将紧贴了光栅的信号屏置于图 6.2-5 中的 P_1 位置。通过透镜 L_1 的变换得到 $f_s(x)$ 的频谱，即

$$\begin{aligned} F_s(\xi,\eta) &= \mathrm{FT}(f(x,y)t(x,y)) \\ &= \mathrm{FT}(f(x,y)) * \mathrm{FT}(t(x,y)) \\ &= F(\xi,\eta) + \frac{1}{2}F(\xi - f_0,\eta) + \frac{1}{2}F(\xi + f_0,\eta) \end{aligned} \tag{6.2-17}$$

此时我们看到在频率平面上，分布着 $F_s(\xi)$ 的 0 级、+1 级和 -1 级频谱分量，只要 $f_0 \geqslant 2w$，则各分量就不会重叠。以上采用的正弦振幅型光栅，若采用相位型光栅，频谱面上的分量还会更多(理论上是无限多)。

4）选用可调狭缝作为滤波器(狭缝宽度刚好 $2w$)，将其插入图 6.2-5 中的 P_2 平面，调节可调狭缝的横向调节机构就可以使样本函数 $f_s(x, y)$ 的某级谱通过系统(设零级谱通过了滤波器)，系统的输出频谱为

$$G(\xi,\eta) = F(\xi,\eta) \tag{6.2-18}$$

5）逆傅里叶变换还原信号本身，由滤波器出来的频谱经 L_2 透镜变换获得

$$\mathrm{FT}\{G(\xi,\eta)\} = \mathrm{FT}\{F(\xi,\eta)\} = f(-x,-y) \tag{6.2-19}$$

由于透镜只能进行正变换，因此式（6.2-19）里 x、y 均多一个负号，反映在图像上就是图形和原物相比较是倒置的，如果取反射坐标，那么，我们就得到原信号本身，也就是还原了信号。

【实验仪器】

OIP—Ⅰ或（OIP—Ⅱ）光学信息处理系统 1 台（生产单位：重庆大学物理实验中心），2mwHe-Ne 激光器（或半导体激光器）1 台，游标卡尺 1 把。

【实验内容】

（1）按图 6.2-5 建立 4f 系统光路，注意各元件共轴等高以及相互间的距离。

（2）将物屏（三角形屏、圆孔屏、箭屏或 1 字屏均可）插入 P_1 平面，在 P_2 平面放一白屏，将观察到信号的频谱。用游标卡尺测量频谱在水平方向（x_2 方向）上的尺寸 x_0。测完后白屏暂不拿掉。

（3）信号频带宽度 $2w = x_0/(\lambda f)$，光栅空间频率满足 $f_0 \geqslant x_0/(\lambda f)$（$\lambda$ 为激光波长，f 为傅氏透镜的焦距，f_0 为光栅在 x_2 方向上的空间频率），从一组不同空间频率的光栅中选择符合抽样要求的光栅。

（4）将空间频率为 f_0 的一维光栅紧贴在物屏孔径上（注意光栅线纹与孔径

底边垂直)。对物屏进行抽样。再将物屏插入 P_1 平面内。在 P_2 平面处的白屏上观察贴上光栅后物屏（样本函数）的各级频谱（亦即夫琅和费衍射图样)。

（5）拿掉 P_2 处的白屏并将其置于 P_3 处。在 P_2 平面放置机械可调狭缝，横向微调使零级谱通过，观察 P_3 平面处白屏的图像是否和信号一样。

（6）横向移动机械狭缝位置分别使 ±1 级频谱通过，观看 P_3 处白屏上的图像。

（7）换一个小孔径孔屏，再换一低频光栅 $f_0' < f_0$。这时 f_0' 严重不满足式(6.2-6)，再进行实验。

【注意事项】

眼睛不得直视未经扩束的激光细束。

【思考题】

（1）有两个孔屏，孔的形状完全一样，只是一个大一些，一个小很多，问哪一个孔屏产生信号的频带要宽一些？为什么?

（2）在上述实验中若采用二维正交光栅对信号进行抽样，样本函数的频谱呈什么分布？画出图形来。对这种情况自己设计制作一纸质光学滤波器，再进行一次实验。

（3）分析实验内容（7）的结果。

【参考文献】

[1] 顾德门．傅里叶光学导论［M］．北京：科学出版社，1978.

[2] D·加斯基尔．线性系统·傅里叶变换光学［M］．封开印译．北京：国防工业出版社，1984.

[3] 于美文．光学全息及信息处理［M］．北京：国防工业出版社，1984.

（陶纯匡　稿）

实验 53　声光信息处理

声学是物理学中渗透性很强的一个分支学科。声学技术与众多学科相互交叉，相互促进，发展极为迅速。超声波是声波的一部分，在 20 世纪末 21 世纪初迎来了发展的高潮。超声波技术包含内容极为广泛，它与多种学科、多种技术相互渗透交叉，一些新的实验、新的效应不断产生，例如，激光超声技术的产生使人类可以利用激光作用在介质上产生超声波。反过来，超声波作用于光束，也会使光束改变方向，使其出现振幅、相位受到调制的有趣现象，我们介绍的声光法信息处理正是后者。该实验把声学技术、光的衍射和光信息处理融为一体，成为一个综合性很强的物理实验。

【实验目的】

(1) 理解超声波在透明介质中传播形成超声光栅的机理。

(2) 掌握获得超声光栅的夫琅禾费衍射图样的方法和滤波技术。

(3) 正确确定不同相干信息处理光路中频谱面的准确位置。

【实验原理】

1. 正弦型相位光栅的频谱

根据傅里叶光学知识，我们知道一个正弦型相位光栅的透过率函数被定义为

$$t(x_1,y_1) = \exp\left[j\frac{u}{2}\sin(2\pi f_0 x_1)\right]\mathrm{rect}\left(\frac{x_1}{l}\right)\mathrm{rect}\left(\frac{y_1}{l}\right) \tag{6.2-20}$$

式中，u 为相位延迟的峰-峰幅度；f_0 表示光栅的空间频率；$\mathrm{rect}\left(\frac{x_1}{l}\right)\mathrm{rect}\left(\frac{y_1}{l}\right)$为矩形函数，它表示该光栅是一个长、宽都为 l 的正方形光栅。

在图 6.2-6 所示的光路中，将光栅置于 P_1 平面，在 P_2 平面就得到光栅的频谱，也就是光栅的夫琅禾费衍射图样的复振幅分布

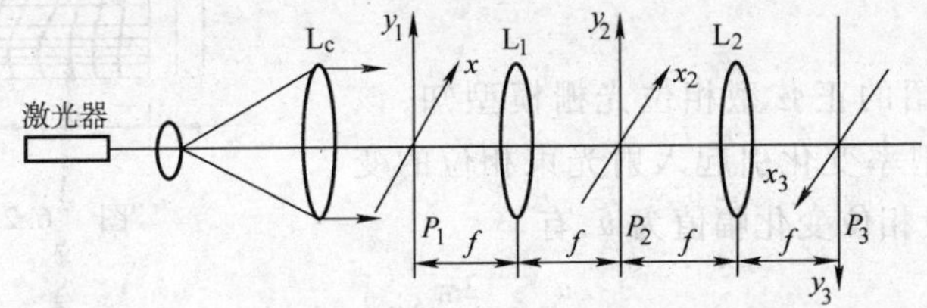

图 6.2-6　相干 4f 光路

$$U(x_2,y_2) = C_1\sum_{m=-\infty}^{+\infty} J_m\left(\frac{u}{2}\right)\frac{\sin\left[\frac{\pi l}{\lambda}\left(\frac{x_2}{f}-mf_0\lambda\right)\right]}{\frac{\pi l}{\lambda}\left(\frac{x_2}{f}-mf_0\lambda\right)}\frac{\sin\frac{\pi l y_2}{\lambda f}}{\frac{\pi l y_2}{\lambda f}} \tag{6.2-21}$$

式中，C_1 为一个不重要的复常数；J_m 为 m 阶第一类贝塞尔函数；f 表示透镜 L_1 的焦距；λ 为激光波长。

如果设 $f_0 \geqslant 2/l$，则 P_2 平面的光强度图样为

$$\begin{aligned} I(x_2,y_2) &= U(x_2,y_2)U^*(x_2,y_2) \\ &= C_2\sum_{m=-\infty}^{+\infty} J_m^2\left(\frac{u}{2}\right)\left\{\frac{\sin\left[\frac{\pi l}{\lambda}\left(\frac{x_2}{f}-mf_0\lambda\right)\right]}{\frac{\pi l}{\lambda}\left(\frac{x_2}{f}-mf_0\lambda\right)}\right\}^2\left(\frac{\sin\frac{\pi l y_2}{\lambda f}}{\frac{\pi l y_2}{\lambda f}}\right)^2 \end{aligned} \tag{6.2-22}$$

式中，$U^*(x_2,y_2)$ 是复振幅分布 $U(x_2,y_2)$ 的复共轭；C_2 为一个不重要的实常数。

2. 超声光栅是一个正弦型相位光栅

在实验50中我们已看到，当平面超声波沿 x_1 方向(图6.2-7)通过透明液体介质，液体的密度将沿 x_1 方向有周期性变化，对于驻波场有

$$\rho(x_1,t) = \rho_0 + 2\Delta\rho\sin k_s x_1 \cos\omega_s t \tag{6.2-23}$$

式中，ρ_0 为介质的平均密度；$\Delta\rho$ 为密度变化的幅值；ω_s 为超声波的角频率，若 λ_s 为超声波波长，则 $k_s = 2\pi/\lambda_s$ 为超声波圆波数。液体介质密度的变化引起介质折射率的变化，对于驻波场有

$$n = n_0 + 2\Delta n\sin k_s x_1 \cos\omega_s t \tag{6.2-24}$$

式中，n_0 为介质平均折射率，Δn 为折射率变化幅值。

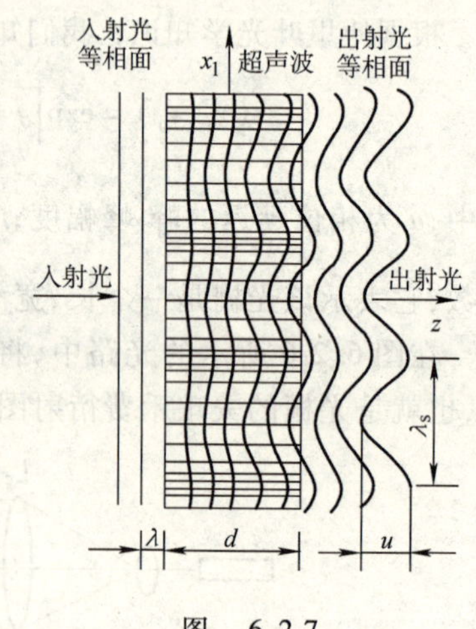

图 6.2-7

式(6.2-24)告诉我们，均匀透明介质在平面超声波的作用下具有了折射率的空间周期变化结构，而空间周期在 x_1 方向上就是超声波的波长 λ_s，这时液体声池的作用就相当于一个正弦型相位光栅——超声光栅，模型如图6.2-7所示。

由前面介绍的正弦型相位光栅模型知，该超声光栅的折射率变化引起入射光束相位的变化(被调制)，设相位变化幅值为 u，有

$$\frac{u}{2} = \frac{2\pi}{\lambda}\Delta nd \tag{6.2-25}$$

式中，d 为光束垂直入射的超声光栅厚度；λ 为光波长。

超声波场对入射光的相位调制为

$$\frac{u(x_1)}{2} = \frac{2\pi}{\lambda}\Delta nd\sin 2\pi f_0 x_1 \tag{6.2-26}$$

这样，超声光栅的透过率函数可写为

$$t(x_1,y_1) = \exp\left\{j\frac{2\pi}{\lambda}\Delta nd\sin(2\pi f_0 x_1)\right\}\mathrm{rect}\left(\frac{x_1}{l}\right)\mathrm{rect}\left(\frac{y_1}{l}\right) \tag{6.2-27}$$

式中，同样假设光栅被光照射的区域在 x_1、y_1 方向均为 l；f_0 为光栅的空间频率并且 $f_0 = 1/\lambda_s$ 以及 $k_s = 2\pi f_0$。

如果把上述超声光栅作为输入物置于图6.2-6光路中的 P_1 平面，在 $4f$ 光路系统的频谱面(即 P_2 平面)上就得到超声光栅的频谱

$$U(x_2,y_2) = C_1\sum_{m=-\infty}^{+\infty} J_m\left(\frac{2\pi}{\lambda}\Delta nd\right)\frac{\sin\left[\frac{\pi l}{\lambda}\left(\frac{x_2}{f} - mf_0\lambda\right)\right]}{\frac{\pi l}{\lambda}\left(\frac{x_2}{f} - mf_0\lambda\right)}\frac{\sin\frac{\pi l y_2}{\lambda f}}{\frac{\pi l y_2}{\lambda f}} \tag{6.2-28}$$

式中，C_1 为一个不重要的复常数。

在 P_2 平面里相应的夫琅禾费衍射光强度分布为

$$I(x_2,y_2) = C_2\sum_{m=-\infty}^{+\infty} J_m^2\left(\frac{2\pi}{\lambda}\Delta nd\right)\left\{\frac{\sin\left[\frac{\pi l}{\lambda}\left(\frac{x_2}{f}-mf_0\lambda\right)\right]}{\frac{\pi l}{\lambda}\left(\frac{x_2}{f}-mf_0\lambda\right)}\right\}^2\left(\frac{\sin\frac{\pi l y_2}{\lambda f}}{\frac{\pi l y_2}{\lambda f}}\right)^2 \tag{6.2-29}$$

式中，C_2 为一个不重要的实常数。上式在 x_2 方向的截面图如图 6.2-8 所示，我们可以看到很多级衍射光极大点。

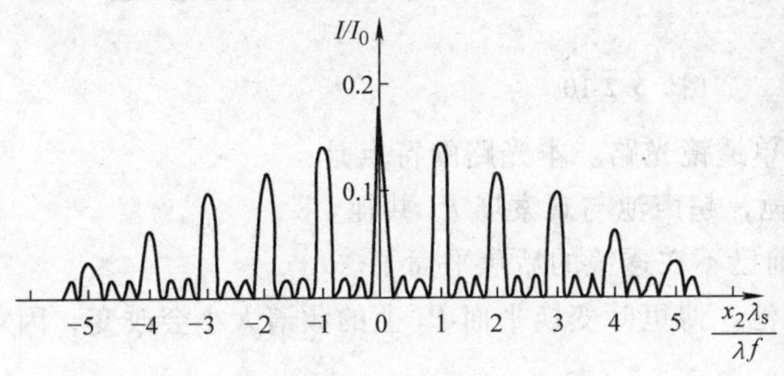

图 6.2-8　一维超声光栅的频谱分布

图 6.2-9　二维正交超声光栅的频谱分布

3. 声光信息处理

在光学信号空间滤波实验中我们已经看到，将一片正交光栅或网格子物置于 4f 光路中的 P_1 平面，在 P_2 平面将得到输入物的频谱。若在 P_2 平面放置不同的光学滤波器，在 P_3 平面将得到不同的图像。现在我们把一个二维正交超声光栅（有两个声换能器，一个在 x_1 方向，另一个在 y_1 方向。每个声换能器各激发一个方向的振动，各产生一个一维光栅。两个方向合起来形成的就是一个二维正交光栅）置于 4f 光路中的 P_1 平面，在 P_2 平面就可以看到如图 6.2-9 所示的二维正交光栅的夫琅禾费衍射图样，在 P_2 平面设置不同的滤波器，让特定的傅里叶频谱分量通过，在 4f 光路的输出平面 P_3 处就可以获得被处理后的图像。具体滤波方法可参考实验 48 光学信号空间滤波。

前面提及的信息处理 4f 光路是典型的光路，优点是信号变换以及逆变换（透镜只能完成正变换）的关系很清楚，且物像放大率 $\beta=-1$，便于理论分析。但实验中频谱大小是固定的，不同输入物需配备不同的滤波器，因而不够灵活、方便。下面推荐两个实用光路。

如图 6.2-10 所示的光路中傅里叶频谱面仍然在 L_1 的后焦平面，频谱大小仍然不能调节，但光路中加入了场镜 L_2，超声池与观察屏 P_3 满足成像关系，调节 s、s' 的距离可得到放大的输出像。在观察屏 P_3（白屏）上直接观察，省去了测微目镜或显微镜观察。

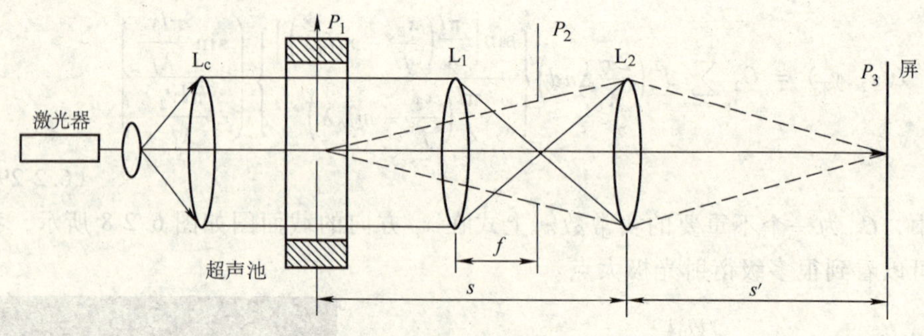

图 6.2-10

如图 6.2-11 所示的光路为单透镜光路。本光路的特点是：

1）扩束镜 C 与 P_2 平面共轭，超声池与观察屏 P_3 共轭。

2）傅里叶变换平面 P_2 目前已不在透镜的后焦平面了。

3）在光轴方向上移动超声池，傅里叶变换平面 P_2 上的频谱大小会改变，因此一个滤波器可适用于多个物。

4）移动超声池，P_2 的位置并不改变（为什么），但屏 P_3 上的输出像大小会改变。

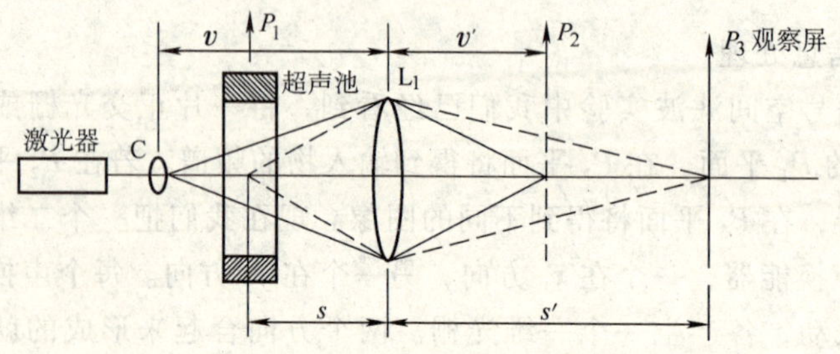

图 6.2-11 单透镜系统光路

【实验仪器】

OIP—Ⅰ（或 OIP—Ⅱ）光学信息处理系统（生产单位：重庆大学物理实验中心），SLD—IV 声光衍射仪，（生产单位：重庆大学物理实验中心），He-Ne 激光器（生产单位：北京大学物理系工厂），滤波器 1 组。

【实验内容】

（1）按图 6.2-6 安排光路，并进行共轴等高调节。

（2）在 P_2 平面处放一白屏，盛满透明液体（如水）的超声池插入 P_1 平面处，反复调节声光衍射仪调节旋钮，反复调节换能器的位置和微调旋钮，以及超声池的调节架俯仰与水平旋转旋钮，使傅里叶变换平面 P_2 上的夫琅禾费衍射图样的傅里叶分量（光点）最多，光点也最亮。

(3) 用游标卡尺测定 P_2 平面（白屏）上 x_2 及 y_2 方向的正、负 1 级频谱点的间距 $2X_2$、$2Y_2$。求超声光栅在 x_2 及 y_2 方向上的空间频率（$f_x = X_2/\lambda f$，$f_y = Y_2/\lambda f$），具体方法参考实验 48 光学信号空间滤波。

(4) 在 P_2 安置各种滤波器（用三爪透镜架夹持），在 P_3 处借助测微目镜观察输出图像。

(5) 利用图 6.2-11 的光路再进行一次滤波实验，注意观察超声池与透镜 L_1 位置变化时，P_2 平面上频谱大小的变化。

【注意事项】

(1) 声换能器插入盛满透明液体的液槽后才允许与声光衍射仪相连接，并通电开机，以防声换能器损坏。

(2) 眼睛不能直视未经扩束的激光束，以防激光伤害眼睛。

(3) 声换能器的谐振频率不止一个，但有一个谐振频率能够使频谱面的夫琅禾费衍射图样达到最佳，因此，通过调节电容来达到调节频率时应仔细调节。

【思考题】

(1) 假设超声光栅的空间频率 $f_0 = 10\text{lines/mm}$，试问用什么方法可以使我们在 $4f$ 系统光路中观察的图像频率是 20lines/mm？

(2) 若在 P_3 平面处的测微目镜里观察的光栅图像背景光太强，对比度小，采用什么方法可以使这一情况得到改善？

(3) 采用图 6.2-11 的光路做本实验，改变 P_1（即光栅）与透镜 L_1 的距离，光栅频谱的大小会改变，但为什么频谱面 P_2 的位置并不改变？频谱面 P_2 的位置是由什么因素决定的？

【参考文献】

[1] 顾德门. 傅里叶光学导论 [M]. 北京：科学出版社，1978.

[2] 潘人培. 物理实验教学参考书 [M]. 北京：高等教育出版社，1990.

[3] 于连生. 声光原理及其实验 [M]. 1985.

（陶纯匡 稿）

实验 54 测量方法与 B 类不确定度的分析

B 类不确定度是不能用统计的方法进行计算的不确定度分量，它可以由仪器误差产生，也可以由测量的方法产生。B 类不确定度直接影响测量结果的精确性，特别是当 B 类不确定度与 A 类不确定度相比较大时，它就成为影响测量精确度的主要因素。此时，发现和消除 B 类不确定度就特别重要，但 B 类不确定度的处理没有完整的理论和方法，需要根据具体情况进行处理，也有赖于实验人员的素质、经验和实验技巧。

【实验目的】

（1）了解 B 类不确定度产生的机理。

（2）学习分析和处理 B 类不确定度的方法。

【实验原理】

气垫导轨实验是力学实验中一种精确度较高的实验，实验中，由于气垫对滑块的作用，避免了滑动摩擦力的影响；同时，采用了光电门和数字毫秒计计时，使时间测量达到很高的精度，但是，实验方法如果不合理，或者对实验过程中的 B 类不确定度没有作适当的修正，则这些 B 类不确定度也将反映出来，造成实验结果不理想。下面分别讨论气垫导轨实验中常见的几种 B 类不确定度及其修正方法。

1. 空气阻力的影响

滑块在导轨上运动时，受到空气阻力的作用，造成速度的损失，这部分速度损失通常被忽略了。可以证明，当滑块的速度不是很大时，在空气阻力作用下，其相应的速度损失 Δv 为

$$\Delta v = -\frac{\eta}{m}s \tag{6.2-30}$$

式中，m 为滑块的质量；η 为空气对滑块的阻力系数，与滑块形状有关，可在倾斜导轨上用往复法进行测量；s 为滑块运动所经过的距离；负号表示速度减小。

空气阻力所引起的速度损失对测量结果的影响与具体实验参数的选择有关，举例说明如下：

设 $\eta = 2.0\text{g/s}$，滑块的质量 $m = 200.0\text{g}$，则当滑块运动的距离分别为 10.0cm 和 100.0cm 时，速度损失分别为

$$\text{当 } s = 10.0\text{cm 时，} \Delta v = \frac{2.0 \times 10.0}{200.0}\text{cm/s} = 0.10\text{cm/s}$$

$$\text{当 } s = 100.0\text{cm 时，} \Delta v = \frac{2.0 \times 100.0}{2000.0}\text{cm/s} = 1.0\text{cm/s}$$

当滑块的实际速度为 $v = 10.0\text{cm/s}$ 时，在以上两个不同距离时，速度损失所占的百分比分别为 1.0% 和 10%，后者占的比例就相当大。如果滑块速度增大到 50.0cm/s，则相应的百分比降为 0.20% 和 2.0%。

由此可知，为了减小空气阻力所引起的测量不确定度，可以适当缩短滑动运动的距离和选用较大的速度。例如，在水平导轨上进行碰撞实验时，应尽可能缩短滑块自碰撞点到测速点之间的距离，并适当选用较大的碰撞速度。如果碰撞点到测速点的距离较大，或碰撞速度较低，则应加以修正。

对空气阻力影响的修正举例如下，如图 6.2-12 所示，在倾斜导轨测量重力加速度的实验中，滑块的运动方程为

$$ma = mg\sin\theta - \eta v \tag{6.2-31}$$

式中，ηv 为空气阻力。

如果滑块经过光电门 K_1、K_2 的速度分别为 v_1'、v_2'，v_2' 中包含有空气阻力造成的速度损失及滑块从 K_1 运动到 K_2 所用时间 t_{12}' 内的速度变化。t_{12}' 为有空气阻力的情况下，滑块从 K_1 到 K_2 的时间，它比无空气阻力时间长，对式（6.2-31）作变换并积分

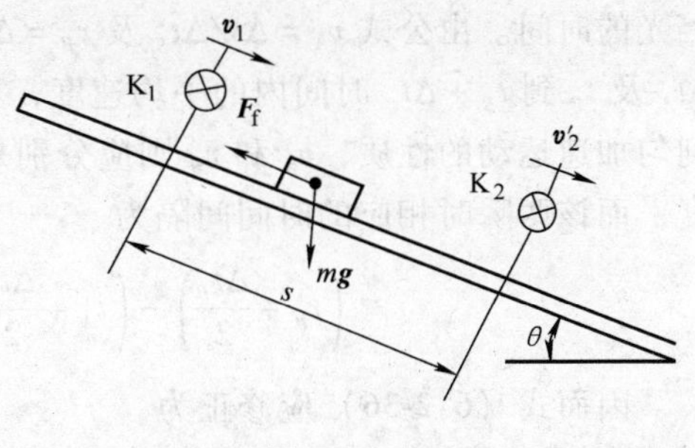

图　6.2-12

$$\int_{v_1}^{v_2'} \mathrm{d}v = \int_0^{t_{12}'} g\sin\theta \mathrm{d}t - \int_0^{s} \frac{\eta}{m}\mathrm{d}s \tag{6.2-32}$$

$$v_2' - v_1 = g\sin\theta t_{12}' - \frac{\eta}{m}s \tag{6.2-33}$$

$$\frac{v_2' - v_1}{t_{12}'} = g\sin\theta - \frac{\eta}{m}\bar{v} \tag{6.2-34}$$

式中，$(v_2' - v_1)/t_{12}'$ 为有空气阻力时测得的加速度用 a' 表示；$g\sin\theta$ 为没有空气阻力时理论加速度值（即重力加速度沿斜面方向的分加速度）用 a 表示；最后一项是空气阻力所引起的附加加速度，用 a_z 表示；$\bar{v}$ 为滑块从 K_1 到 K_2 的平均速度，$\bar{v} = s/t_{12}'$。

因此，在倾斜导轨测量重力加速度的实验中，考虑到空气阻力的影响后，对实测加速度 a' 应作如下的修正，即

$$a_1 = a' + \frac{\eta\bar{v}}{m} \tag{6.2-35}$$

2. 用平均速度代替瞬时速度所造成的不确定度

如果不考虑空气阻力的影响，滑块沿斜面下滑的加速度公式为

$$a = \frac{v_B - v_A}{t_{AB}} \tag{6.2-36}$$

式中，v_B、v_A 均是瞬时速度，t_{AB} 则是对应的时间。

在气垫导轨实验中，所测的 v_A 和 v_B 均是某段时间间隔内的平均速度，因而代入式（6.2-36）计算加速度时，就存在 B 类不确定度。用图 6.2-13 来说明，设滑块开始运动作为计时起点，用 t_A 和 t_B 分别表示滑块上中间开槽的挡光片的前沿到达光电门的时间，用 Δt_A 和 Δt_B 分别表示宽度为 Δs 的挡光片经光电门 A 和 B 时

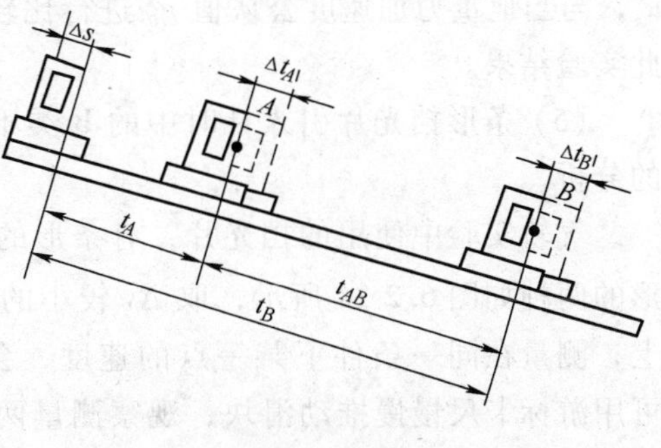

图　6.2-13

挡光的时间。由公式 $v_A=\Delta s/\Delta t_A$ 及 $v_B=\Delta s/\Delta t_B$ 所计算的速度是滑块在 t_A 到 $t_A+\Delta t_A$ 及 t_B 到 $t_B+\Delta t_B$ 时间内的平均速度，不能看做 A 点和 B 点的瞬时速度。考虑到匀加速运动的性质，v_A 和 v_B 则应分别是 $t_A+\Delta t_A/2$ 及 $t_B+\Delta t_B/2$ 时刻的瞬时速度，而该两瞬时相应的时间间隔为

$$\left(t_B+\frac{\Delta t_B}{2}\right)-\left(t_A+\frac{\Delta t_A}{2}\right)=t_{AB}-\frac{\Delta t_A}{2}+\frac{\Delta t_B}{2}$$

因而式（6.2-36）应修正为

$$a=\frac{\Delta s}{t_{AB}-\dfrac{\Delta t_A}{2}+\dfrac{\Delta t_B}{2}}\left(\frac{1}{\Delta t_B}-\frac{1}{\Delta t_A}\right) \tag{6.2-37}$$

3. 条形挡光片引入的计时中的 B 类不确定度。

请学生自己去探索（比较两种挡光片的测量值；慢慢移动挡光片，观察计时器的动作）。

【实验仪器】

气垫导轨，数字毫秒计（生产单位：北京青峰）、滑块、挡光片、光电门等。

【实验内容】

（1）将气轨调成水平是气轨实验的基本操作，由于气轨本身有一定的挠度，因此将整个气轨调成水平是不可能的，通常是将两光电门所在处调平。

用动态法调平是较好的方法，它是从观测滑块通过光电门的时间去判断，请思考应如何判断是否调平？注意滑块受到空气阻力的作用。

（2）在调平导轨上测量空气阻力系数 η，自己拟订方案。

（3）用倾斜气轨测量重力加速度时，实验之初导轨未调平将引入 B 类不确定度，设计一可防止此项 B 类不确定度的测量方案。

（4）在倾斜气轨上测量滑块加速度 a 和导轨的倾角 θ，按前述 a 进行补正后求 g 及不确定度 u_g，与当地重力加速度公认值 g_0 进行比较，评价此实验结果。

（5）条形挡光片引入计时中的 B 类不确定度的分析

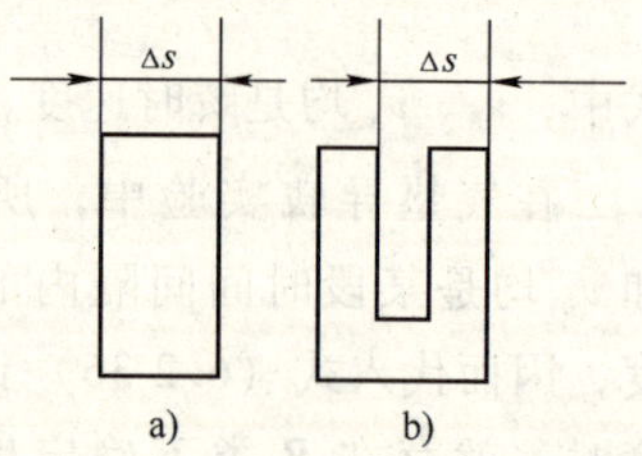

图 6.2-14

气轨实验中使用的挡光片，有条形的和 U 字形的两种如图 6.2-14 所示，取 Δs 较小的（约 1cm）两种挡光片，在倾斜气轨上，测量在同一条件下某一点的速度，会发现两挡光片的测量值有明显差异。可用游标卡尺慢慢推动滑块，观察测量两挡光片从开始计时到终止计时的移动距离的差异，进行分析。

【参考文献】

[1]　杨述武等．普通物理实验（综合及设计部分）［M］．北京：高等教育出版社，2000.

[2]　吕斯骅，段家祇．基础物理实验［M］．北京：北京大学出版社，2002.

（吴世春　稿）

实验 55　扫描隧道显微镜的使用

1982 年国际商业机器公司苏黎世实验室 Gerd Binnig 博士和 Heinrich Rohrer 博士利用量子力学中的隧道效应研制出世界首台扫描隧道显微镜（STM），使人类第一次能够实时地观察单个原子在物质表面的排列状态和与表面电子行为有关的物理化学性质，为纳米技术的发展提供了强有力的观察和实验工具，成为纳米技术发展历史上里程碑式的发明，并被国际科学界公认为 20 世纪 80 年代世界十大科技成就之一，其发明者在 1986 年被授予诺贝尔物理学奖。

STM 具有的独特优点主要有：具有原子级高分辨率；可实时地得到在实空间中表面的三维图像，可用于具有周期性或不具备周期性的表面结构研究；能够观察单个原子层的局部表面结构，而不是体相或整个表面的平均性质。因而可直接观察到表面缺陷、表面重构、表面吸附体的形态和位置，以及由吸附体引起的表面重构等；可以对单个的原子、分子进行加工；可在真空、大气、常温等不同环境下工作，甚至可将样品浸在水或其他液体中，不需要特别的制样技术，并且探测过程对样品无损伤；结合扫描隧道谱（STS）可以得到有关表面电子结构的信息。

【实验目的】

（1）掌握扫描隧道显微镜的基本原理。

（2）学习扫描探针的制备方法。

（3）学会正确使用 STM. IPC—205B 型机测量标准石墨的表面形貌。

【实验原理】

扫描隧道显微镜的基本工作原理是利用量子力学中的隧道效应，将原子线度的极细探针和被研究物质的表面作为两个电极。在样品和针尖之间加一定的电压，当样品与针尖的距离非常接近时，由于量子隧道效应，样品和针尖之间将产生隧道电流，如图 6.2-15 所示。

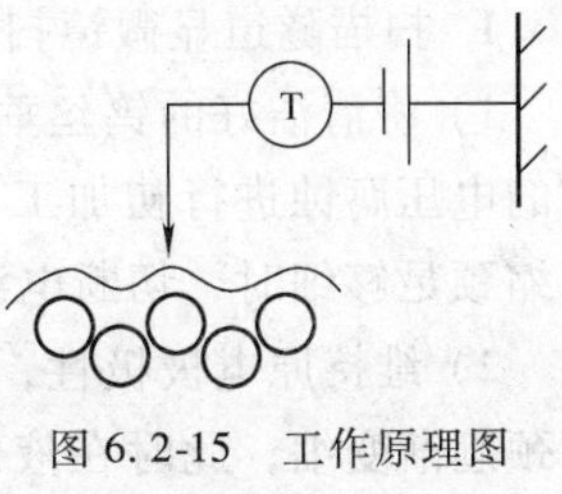

图 6.2-15　工作原理图

在低温低压条件下，隧道电流 I 可近似地表示为

$$I \propto \exp(-2kd) \tag{6.2-38}$$

考虑到大多数 STM 实际的工作条件并非如此，常常采用如下经过修正的隧道电流表达式

$$I = \frac{2\pi}{\hbar^2}\sum_{\mu U} f(E_\mu)[1 - f(E_U + eU)]M_{\mu U}|^2\delta(E_\mu - E_U) \tag{6.2-39}$$

式中，$M_{\mu U}$ 为隧道矩阵元；$f(E_\mu)$ 为费米函数；U 为势垒两边的偏压；E_μ 为状态 μ 的能量；μU 为针尖和样品表面的所有状态。$M_{\mu U}$ 还可具体表示为

$$M_{\mu U} = \frac{h^2}{2m}\int \mathrm{d}S\cdot(\Psi_\mu^* \nabla \Psi_U - \Psi_U^* \nabla \Psi_\mu^U) \tag{6.2-40}$$

由式(6.2-39)可知，隧道电流 I 并非表面起伏的简单函数，它表征样品表面和针尖电子波函数的重叠程度。我们可将隧道电流 I 与针尖和样品表面之间距离 d 以及平均功函数 Φ 之间的关系表示为

$$I \propto U_b \exp(-A\Phi^{1/2}d) \tag{6.2-41}$$

式中，U_b 为针尖与样品之间所加的偏压；Φ 为针尖与样品表面的平均功函数；A 为常数。

在真空条件下，A 近似为 1。由式（6.2-41）也可算出：隧道电流对样品的微观表面起伏特别敏感，当样品和针尖的距离减少 0.1nm 时，隧道电流将增加一个数量级。因此，利用电子反馈线路控制隧道电流的恒定，并利用压电陶瓷材料控制针尖在样品表面的扫描，则探针在垂直样品方向上高低的变化就反映出样品表面的起伏。

【实验仪器】

STM. IPC—205B 型机、高序定向石墨、稳压电源、探针制备材料及辅助工具等。

【实验内容】

本实验中，针尖与样品间间隙应具有较高的稳定性，即让它们保持较高的自锁能力，这就对 Z 高压运算放大器与反馈回路的稳定性提出了很高的要求；希望能在较大范围内选择感兴趣的区域进行精密扫描，同时又能在较大的范围内对探针的绝对和相对位置进行精确定位。这也是大范围快速扫描和纳米级加工的基本要求。

1. 扫描隧道显微镜扫描探针的制备

1）将清洁好的钨丝垂直浸入 10% 的 NaOH 溶液中约 2mm。先用 10 ~ 15V 左右的电压腐蚀进行初加工，仔细观察液面附近的钨丝，当其出现明显的缩颈且当缩颈足够细时，切断电源（注意：不可使针尖断掉）。

2）维持原电极极性，将针尖浸入溶液，用 5V 左右的电压进行细加工，使缩颈逐渐变细，此时在液面附近可听到清晰的啪啪声，仔细倾听，一旦啪啪声

停止，缩颈断掉时立即切断电源。

3）对针尖加几个直流脉冲电压，以得到稳定性好的针尖。做好的针尖必须经过酒精冲洗后才能使用。

2. 测量高序定向石墨 001 面的 STM 图像

（1）安置样品　手动调整测针座，使其上移，把石墨放在工作台的压簧下。载样平台上用于固定石墨的夹具采用弹簧片结构，可以对石墨的位置进行调整，同时又可以保证其牢靠性。

（2）逼近　逼近的目的是使 STM 针尖与石墨表面之间进入隧道状态，并确保探针与石墨表面之间不发生碰撞。可以先手动调整测针座，使 STM 探针距石墨表面 1mm 左右，再启动水平纵向与横向电动机，将石墨待测点移到探针下，罩上屏蔽外罩，启动垂直方向电动机，当针尖与石墨之间的距离达到了设置值，回路出现隧道电流时，电动机自动停止并带电自锁，至此镜体除压电陶瓷管外，都暂时停止工作。

（3）扫描　当与石墨表面间距达到有效作用距离时，STM 探针就会动作，系统会发出进车停止命令，避免样品与针尖发生破坏性碰撞，适当选择进车深度就可以进行扫描工作了。我们设置偏压 $U=50\text{mV}$，隧道电流 $I=1\text{nA}$，扫描时间约为几分钟，放大倍数从小向大直到信号足够大。

（4）收图　扫描完成后，先停止扫描，将所得图像进行存储，可多次重复以上步骤，以获取几组图样供选择。

（5）退针　收图结束后，按键进入粗逼近状态界面，放大倍数调到 0，选退针。若欲换针尖或样品，需要退 1mm 左右，否则只需退 0.02～0.03mm 即可。

（6）关机　退出测试程序，关闭主机电源及总电源。

（7）图像处理　STM 测量并不是直接输出数字结果，而都是得到形象化的二维灰阶图，这时需要利用机器提供的图像处理专用软件对图像进一步加工。

【注意事项】

（1）实验过程中，安置样品时应注意避免损坏样品的表面，尤其不能在样品表面弄出划痕。

（2）检验隧道状态。用调节旋钮使隧道电流 I 很快变化（如从 0.5nA 升至 5nA），观察 Z 电压的变化，若 Z 电压的变化较大，或者说观察到 Z 电压表表针位置的变化明显，则意味着针尖样品之间不是处在隧道状态而是欧姆接触，必须对针尖或样品重新进行处理。

（3）在扫描过程中，应注意不能让探针与样品有任何接触，以免损坏探针。

【思考题】

（1）如何判断 STM 的精度是否达到设计要求？

（2）STM 有恒流和恒高度两种扫描模式，思考并比较其优缺点。

【参考文献】

［1］ G. Binnig，H. Rohrer，Ch. Gerber，W. Weibel ［J］. Physica，1982，109&110B：2075.

［2］ G. Binnig，H. Rohrer，Ch. Gerber，W. Weibel ［J］. Phys，1982，49 ~ 57.

［3］ 白春礼．扫描隧道显微技术及其应用［M］．上海：上海科技出版社，1992.

［4］ 何光宏，王银峰．通用 STM 控制软件的设计［J］．基础自动化，2001（11）.

［5］ 杨学恒，王银峰．IPC-205 系列扫描隧道显微镜的研制及其应用［J］．无损检测，2002，24（5）.

【附录】

STM. IPC—205B 型机外观图及测量的典型图片

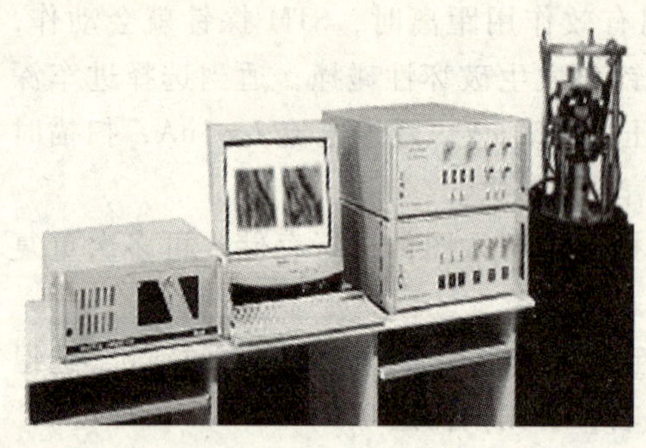

图 6.2-16 恒瑞纳米技术工作站 STM. IPC—205B 型机

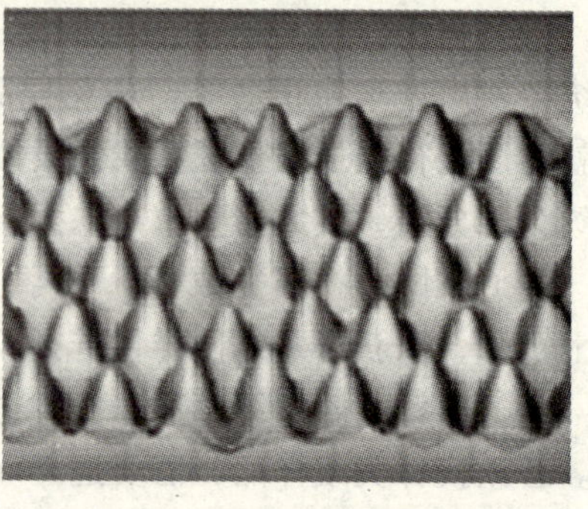

图 6.2-17 高序定向石墨 001 面三维形貌图

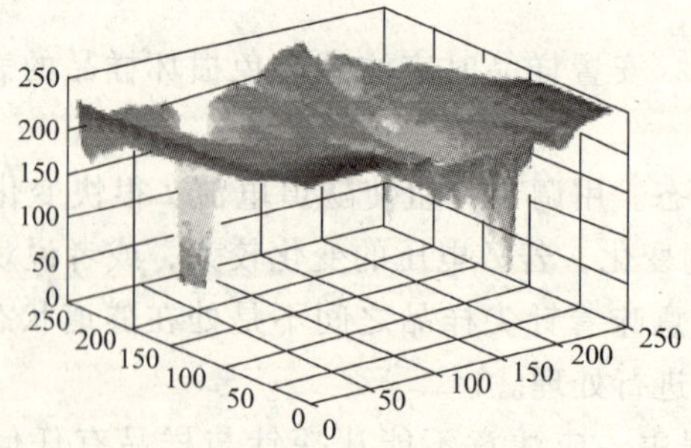

STM.IPC-205B-2-2000-SM1,800X800 nm^2

图 6.2-18 不锈钢表面形貌

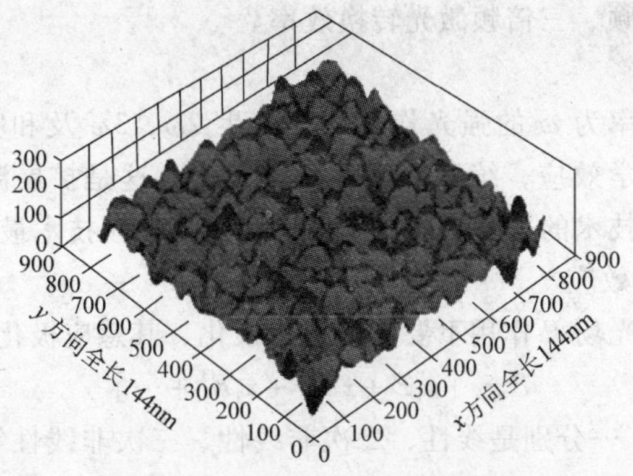

图 6.2-19　碳酸钙纳米晶体形貌图

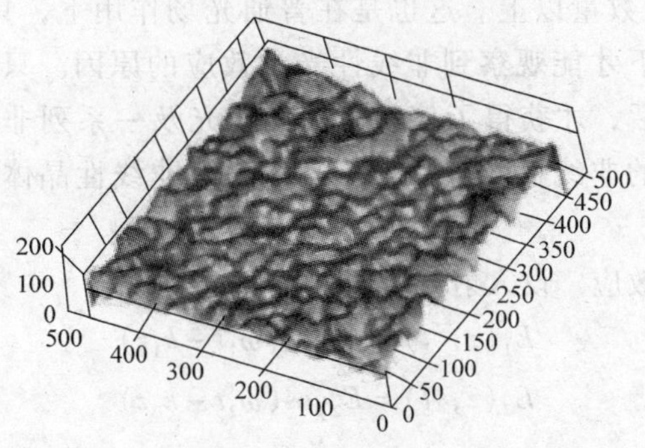

图 6.2-20　碳纳米管形貌图

（王银峰　稿）

实验 56　固体激光器的倍频实验

激光器从 1960 年美国梅曼（T. H. Maiman）成功地运转以来，经过 50 多年的发展，已获得各类激光器（固、气、液、半导体）和各种运转方式（连续、脉冲、调 Q、放大、锁模），激光技术也不断发展完善，使激光的输出波长从深紫外到远红外。激光是强相干辐射，它与物质的相互作用而产生一系列非线性光学效应，开辟了光与物质相互作用的新领域，同时激光的二倍频、三倍频、和频、差频、参量振荡、参量放大技术也是拓展激光波长覆盖范围的有效手段，为激光器的应用开拓了更广阔的空间。

【实验目的】

（1）掌握倍频的基本原理和调试技术。

（2）了解影响倍频效率的主要因素。

（3）测量二倍频、三倍频激光转换效率。

【实验原理】

某些晶体在频率为 ω 的强光作用下，产生 2ω、3ω 及和频、差频、参量振荡、参量放大等光学效应，统称非线性光学效应。这是扩展激光输出波长的有效方法，也是激光技术的重要内容。其中倍频、三倍频技术最为基础和重要。

1. 非线性极化效应

光学介质在强光场 E 作用下要产生感应极化，其感应极化强度可写为

$$P = [x_1E + x_2E^2 + x_3E^3 + \cdots] \tag{6.2-42}$$

式中，x_1，x_2，x_3，…分别是线性、二次非线性、三次非线性等高阶次非线性极化系数。其值的大小数量级分别为1，10^{-10}，10^{-17}，…，也即线性极化率为非线性极化率的10个数量以上。这也是在普通光场作用下，只能出现线性效应，只有在强光场作用下才能观察到非线性光学效应的原因。只有高强度的相干辐射——激光诞生之后，才获得了倍频光、三倍光及一系列非线性光学效应。如忽略三次及其以上的非线性效应，分析光场通过非线性晶体的二次非线性效应会更简洁。

（1）和、差频效应　设入射光为两列行波

$$\begin{aligned} E_1(z,\ t) &= E_1\cos(\omega_1 t - k_1 z) \\ E_2(z,\ t) &= E_2\cos(\omega_2 t - k_2 z) \end{aligned} \tag{6.2-43}$$

则极化波有

$$\begin{aligned} P &= x_1[E_1(z,\ t) + E_2(z,\ t)] + x_2[E_1(z,\ t) + E_2(z,\ t)]^2 \\ &= x_1E_1\cos(\omega_1 t - k_1 z) + x_1E_2\cos(\omega_2 t - k_2 z) + \frac{1}{2}x_2E_1^2\cos(2\omega_1 t - 2k_1 z) + \\ &\quad \frac{1}{2}x_2E_2\cos(2\omega_2 t - 2k_2 z) + x_2E_1E_2\cos[(\omega_1 + \omega_2)t - (k_1 + k_2)z] + \\ &\quad x_2E_1E_2\cos[(\omega_1 - \omega_2)t - (k_1 - k_2)z] + \frac{1}{2}x_2(E_1^2 + E_2^2) \\ &= P(\omega_1) + P(\omega_2) + P(2\omega_1) + P(2\omega_2) + P(\omega_1 + \omega_2) + P(\omega_1 - \omega_2) + P(0) \end{aligned} \tag{6.2-44}$$

极化波中不仅含有基频 ω_1、ω_2，倍频 $2\omega_1$、ω_2，直波分量 $P(0)$，同时还出现了和频$(\omega_1+\omega_2)$、差频$(\omega_1-\omega_2)$，这是由不同频率成分极化波之间能量交换的结果，这是产生倍频和差频、混频效应的基础。

（2）二倍频、三倍频效应　如果入射的两列波频率、波矢相同，$\omega_1=\omega_2$，$k_1=k_2$，则极化波里只有基频项 $P(\omega)$、直流 $P(0)$ 和倍频项 $P(2\omega)$（和频项也变为倍频项 $\omega+\omega=2\omega$），也即当强基频光 ω 入射非线性晶体时，晶体中会产生直流和倍频波 2ω。

如果入射的两列波频率分别为 ω_1 和 $2\omega_1$，则其和频波为 $\omega_1+2\omega_1=3\omega_1$，即为三倍频波。

例如，以 YAG 激光器输出波长 1.06μm 为基频，入射非线性晶体，出射光将含有较强的波长为 0.53μm 的二倍频绿光，绿光是海水通信、全息、泵浦钛宝石激光器的极好光源。同时出射光还含有波长为 1.06μm 的基频，若沿倍频光传播方向，再放置和频晶体，则还可获得波长为 0.35μm 的三倍频激光输出。而波长为 0.35μm 的光对于视力纠正和微细加工是极好的光源。

2. 倍频效率

由理论分析可得倍频效率公式为

$$\eta_{SHG}=C\omega^2 l^2\frac{\sin^2(l\Delta k/2)}{(l\Delta k/2)^2}\frac{P(\omega)}{A} \tag{6.2-45}$$

式中，C 为晶体材料非线性系数相关的常量；ω 为入射光的角频率；l 为晶体通光长度；$P(\omega)$ 为基频光功率；A 为入射光截面。

由公式可知，当 C、ω、l 一定时，倍频效率与两个因子相关，$\sin^2(l\Delta k/2)/(l\Delta k/2)^2$，即相位匹配因子和基波功率密度因子 $P(\omega)/A$ 成正比，要提高倍频效率必须提高入射基频光的功率密度，同时使相应匹配因子 $\sin^2(l\Delta k/2)/(l\Delta k/2)^2$ 达到极大值。

3. 相位匹配条件

倍频效率与 $l\Delta k/2$ 关系曲线和衍射光强与衍射角关系曲线相似。当 $l\Delta k/2=0$ 时

$$\frac{\sin^2(l\Delta k/2)}{(l\Delta k/2)^2}\to 1 \tag{6.2-46}$$

倍频效率得到最大值。其中 $\Delta k=2k_1-k_2=4\pi/\lambda_1[n(\omega)-(2\omega)]$，显然欲使 $l\Delta k/2=0$，必须使 $\Delta k=0$，即

$$n(\omega)=n(2\omega) \tag{6.2-47}$$

式中，$n(\omega)$ 为晶体对基频光的折射率；$n(2\omega)$ 为晶体对倍频光的折射率。

只有当基频光和倍频光折射率相等时，倍频效率最高。因此，将式（6.2-47）称为相位匹配条件。其物理意义为：在晶体中基频光的传播速度为 $c/n(\omega)$，倍频光的为 $c/n(2\omega)$，当相位匹配条件满足时，$c/n(\omega)=c/n(2\omega)$，两者速度相等，基频光在晶体中沿途各点激发的“微观”倍频光传播到出射面时，有相同的相位，这些倍频光因相干在传播方向上互相加强，得到效果最好的“宏观”倍频光。

对于一般正常色散介质 $n(2\omega)>n(\omega)$，不能满足相位匹配。而对各向异性的双折射晶体，可以利用不同偏振态之间折射率关系实现相位匹配。

以常用的负单轴晶体 KDP 为例说明相位匹配原理：负单轴晶体对基频和倍

频光折射率可用折射面来表示。如图 6.2-21，图中虚线是倍频光的折射面，实线为基频光的折射面。球面为 o 光，椭球为 e 光折射率面，对曲率中心矢径长度表示此方向为波矢法线的光波折射率。

同时可以看出，对基频的 o 光、倍频的 e 光总可以找到交点，交点对曲率中心的连线与光轴的夹角为 θ_m，当光波在晶体中沿此方向传播时，基频 o 光与倍频 e 光折射率相等，传播速度相同，实现了双折射晶体中不同偏振态的匹配。

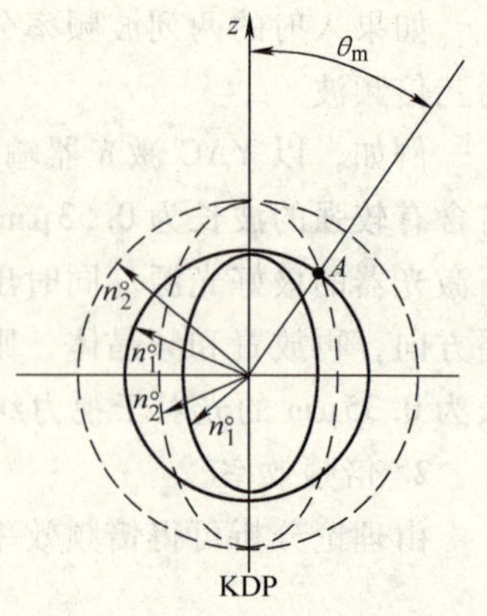

图 6.2-21　相位匹配条件

总之，将要实现激光的非线性数效应必须具备的五个条件：强激光光源、入射光是线偏振光、晶体具有大的非线性系数、必须是双折射晶体、满足相位匹配条件。

4. 温度匹配

在相位匹配条件下，光波在倍频晶体中传播时，基频光强衰减，倍频光强增强，与它们在晶体中透过距离 l 的平方成正比。基频的 o 光和倍频的 e 光在不断传播过程中方向将产生离散，两光在传播一定距离之后将失弃能量耦合作用，倍频效率降低，称为光孔效应。有些晶体（如 $LiNbO_3$、KDP、ADP）它们的折射率 $n_e(2\omega)$ 随温度的改变量要比 $n_o(\omega)$ 大得多，如采用 $\theta_m=90°$ 相位匹配，则 o、e 光共轴平行传播，再改变控制温度，以满足

$$n_e(2\omega T_m)=n_o(\omega T_m)$$

式中，T_m 为匹配温度。这种匹配技术为温度匹配；有利于提高倍频效率。如 $LiNbO_3$ 倍频晶体 $\theta_m=90°$，匹配温度 $T_m=63℃$ 时倍频效率为 $\eta_{SHG}=20\%\sim30\%$。

【实验仪器】

N_d^{3+}：YAG 倍频激光器（生产单位：长春光机所）、WDG30 单色仪（生产单位：北京光学仪器厂）。

根据不同激光器功率密度分布的特点，倍频装置分为腔内倍频和腔外倍频两类。连续激光器采用腔内倍频，这是因为连续激光器腔内功率密度高于腔外 $(1-R)^{-1}$ 倍，R 为输出腔镜反射率，一般为 90% 左右。倍频晶体应放在腔内激光束最小的位置。Q 激光器输出功率很高，采用腔外倍频。

本实验要用电光调 Q 的 YAG 脉冲激光器腔外倍频。实验装置如图 6.2-22 所示。

若用染料调 QN_d：YAG 激光器，则需在倍频晶体前安置起偏器。若用连续 YAG 激光器，则应采用腔内倍频，且腔内应安置起偏器。倍频晶体切割时，注意截面的法线与晶体光轴 OO' 夹角应为为晶体的相位匹配角 θ_m，只需入射光垂

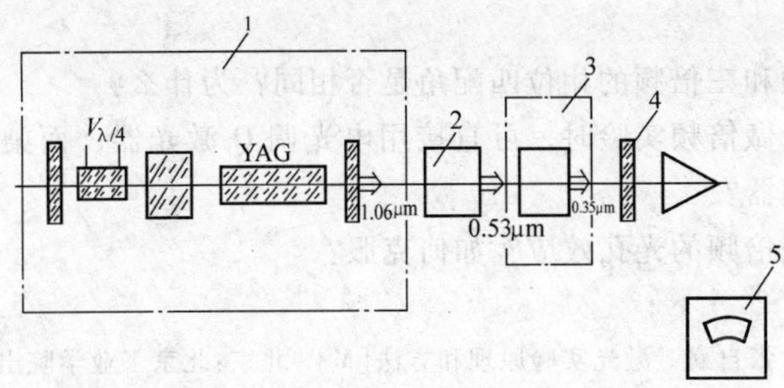

图 6.2-22　电光调 Q 的 YAG 激光器腔外倍频装置
1—电光调 Q 的 YAG 激光器　2—倍频晶体　3—三倍频晶体
4—滤光片(或分光棱镜)　5—激光能量计

直入射晶体，便能获得好的倍频效果，如图 6.2-23 所示。

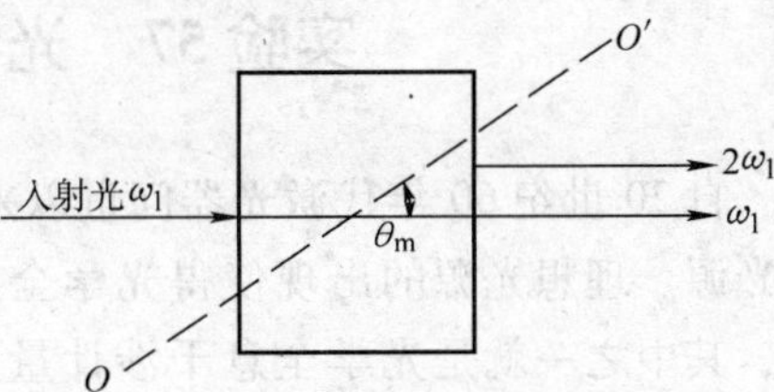

图 6.2-23　倍频晶体切割及入射方向

为了调节入射角和进行温度匹配实验，倍频晶体应放在可调温恒温炉内，且该炉应置于调整架上。

倍频晶体可用磷酸二氢钾(KDP)、磷酸二氘钾(KD^*P)、铌酸锂($LiNbO_3$)、碘酸锂($LiIO_3$)等，和用极化系数大、破坏阈值高、不易潮解、易相位匹配的，如 β-硼酸钡(BBO)、磷酸钛氧钾(KTP)等。

【实验内容】

1. 二倍频实验

调节倍频晶体在空间的位置，俯仰角、方位角能使其光轴与入射光的传播方向夹角满足相位匹配，从而获得最佳倍频效率。

2. 三倍频实验

将倍频后的绿光(波长为 0.53μm)和剩余的基频(波长为 1.06μm)光入射到和频晶体上，并调节光轴与入射夹角，使其满足和频光所需相倍匹配条件，用涂有水杨酸钠的纸(或白色的确良)屏接收紫外光(波长为 0.35μm 的三倍频)，以便观察和调试。

3. 测转换效率

用激光能量计分别测出波长为 1.06μm、0.53μm、0.35μm 光的输出能量，分别计算出倍频光对基频光的转换效率。

4. 进行温度匹配实验

调整倍频晶体光轴与入射光方向或 90°角后，逐渐改变恒温炉温度，测量相应的倍频输出能量，找出最佳匹配温度。

【思考题】

(1) 二倍频和三倍频的相位匹配角是否相同？为什么？

(2) 为什么做倍频实验时，可直接用电光调 Q 激光器，而染料调 Q 和连续激光器需用起偏器？

(3) 什么是倍频的光孔效应？如何克服？

【参考文献】

[1] 屠钦澧,张自襄. 激光实验原理和方法[M]. 北京:北京工业学院出版社,1988.

[2] 徐荣甫,刘敬海. 激光器件与技术[M]. 北京:北京工业学院出版社,1995.

[3] 克希奈尔. 固体激光工程[M]. 北京:科学出版社,1976.

(陈安 稿)

实验 57 光学全息无损检测

自 20 世纪 60 年代激光器问世以来人们获得了高度单色、高度相干、高亮度的光源。理想光源的出现使得光学全息术有了迅速的发展并产生了若干应用分支，其中之一就是光学全息干涉计量，而光学全息无损检测正是光学全息干涉计量在无损检测领域中的直接应用。光学全息无损检测是利用全息图能再现同一物体在两种状态下的三维像，这两个像相互干涉并产生干涉条纹，通过干涉条纹的形状、变化来判断缺陷的有无、缺陷的位置和大小，因此光学全息无损检测是一种崭新的检测方法。

【实验目的】

(1) 掌握光学全息摄影的基本原理，了解其应用。

(2) 熟悉光学全息无损检测的光路及检测方法和内容。

(3) 用实时法或二次曝光法对一给定样品进行检测并观察和分析缺陷分布情况。

【实验原理】

由光学全息术的基本理论我们知道，全息图记录着来自物体的物光波的振幅和相位信息。若用参考光照明全息图，在适当的位置可以观察到原物体的三维虚像。如果被摄物是一个工件，通过外力、热或振动的作用使其产生变形，并影响其表面形状（变形前与变形后时的表面形状仅有很小的差异，人的肉眼是无法辨别的），于是，将变形前和变形后的物体对同一张全息干版进行两次曝光，再进行暗室处理即得一张全息图。用原参考光照明全息图，再现光场将呈现两个物光波面，这两个波束是相干的，可以观察到它们之间的干涉条纹。若工件没有缺陷，则干涉条纹呈现出有规则的变化。这种干涉条纹反映了加载后物体（工件）的变形是整体的均匀变形，因此人们称它为无用变形条纹。但是，当工件内部或表面存在缺陷时则在对应的工件表面上出现干涉条纹的反常现象。例如，条纹的走向不再是均匀的，条纹呈封闭环，条纹发生折断（不连续）等。它们均表现了工件存在的缺陷，这些条纹则称为特征条纹。一般来说，封闭环纹反映工件内部存在缺陷，而突变条纹反映工件表面存在缺陷。实践证明，这些特征条纹所在的位置及覆盖的面积，反映了工件内部缺陷或表面缺陷的位置和大小。

图 6.2-24 所示为最常采用的记录与检测光路，图中，K 为光开关；M_1、M_2、M_3 是反射镜；C_1、C_2 是扩束镜；BS 为分光镜（透反比 95∶5）；H 为全息干版；O 为待测物（机械零件）。

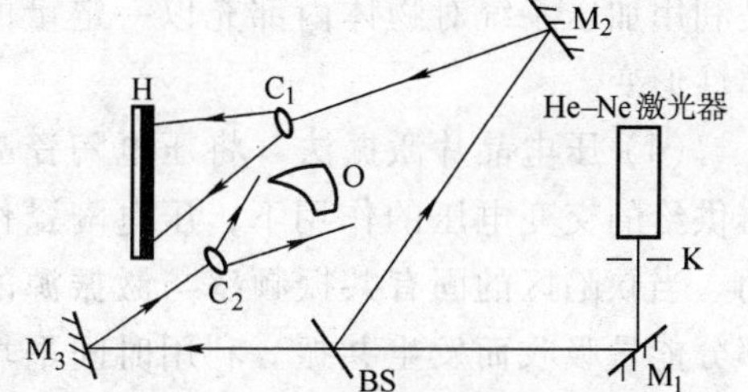

图 6.2-24　不透明物体的全息无损检测光路

全息无损检测近年发展很快，使得无损检测领域里原来不能实现的实验成为现实。其间人们也总结出很多好的经验和方法，使全息无损检测向实用和高效率方向发展。这些方法是：

1. 对于全息图进行记录和再现的方法

（1）实时法（单次曝光法）　在没有变形的正常状态下，首先把从工件反射（或透射）来的波面的全息图拍摄下来并进行实时显影。然后使工件变形，则从工件反射（或透射）来的波面与参考光照射全息图重建的原工件波面相互干涉。用此方法可观测到随着工件被加载后的不断变形而不断变化的干涉条纹。

（2）二次曝光法　首先拍摄从没有变形的工件反射回来的波面的全息图，暂不显影，然后再对变形后的工件反射回来的波面拍摄一次，经两次曝光后才进行显影处理。再现时同时对工件变形前后的反射波面的干涉花样进行观察。

（3）时间平均法　这种方法是对周期振动着的工件作单次全息记录。假定记录全息图时曝光时间比一个振动周期长，全息图有效地存储了许多像的总效果，它们与物体振动过程中的所有位置的时间平均相对应。因此，全息图的再现是所有像总效果之间的干涉，所产生的干涉花样着重反映了工件变形的极限位置。

2. 加载方法

全息无损检测常用的加载方法有直接机械加力法、热加载法、压差加载法和压电晶片激振法，可根据被测物体的形状来决定选择何种方法。

（1）直接机械加力法　由简单的拉伸、压缩、弯曲或施加点载荷的方式使被检测物加载，适用于各种金属工件及复合材料的检测。

（2）热加载法　用电吹风、红外灯、电加热器、微波烘烤等对被测物体加热，使之产生热变形，这种方法简便易行。

(3) 压差加载法　使被检测的物体内外产生一定的压力差，从而使之承受载荷。产生压力差的方法有表面真空室吸附法、真空室法和内部充气法。表面真空室吸附法是将被测物体作为表面真空室的一壁，适用于材料本身抗弯强度较高、表面平直的物体；真空室法是将物体周围密封，置于一真空室中，利用材料内部存留的空气与真空室间的压力差，灵敏地显露内部缺陷；内部充气法是利用加压系统对物体内部充以一定量的气体或放掉一定量气体，使物体产生弹性形变。

(4) 压电晶片激振法　将压电陶瓷晶片粘接在待测物体表面，在信号发生器供给的交变电压的作用下，压电陶瓷作弯曲振动，同时推动待测物体强迫振动。当缺陷区的固有共振频率与激振源的激振频率相同时，则能将激振源的大部分能量吸收而发生共振。利用时间平均法照相，即可在再现像上观察到表征其内部缺陷的干涉条纹。

3. 实时法中的光强匹配问题

在实时法照相中，为了获得最大的反差，使干涉条纹最清晰，通常要求再现像亮度与物体亮度之比为1∶1。因此，实时观察法存在光强匹配问题。光强匹配的方法一般有两种：一种是照相时在参考光路中加入一块减光板，再现时移出以加强参考光，从而改变再现像的亮度来实现光强匹配；另一种方法是在实时观察时在物体光路中加入一块减光板，使物体的亮度减弱来达到光强匹配。

【实验仪器】

OHT—Ⅱ型或OHT—Ⅲ型激光全息实验仪1台（生产单位：重庆大学物理实验中心），He-Ne激光器1台，待测试样，电热吹风器，显定影液及暗室处理器材。

【实验内容】

(1) 按图6.2-24安排好光路。物光、参考光取等光程，两者夹角30°～40°，两者光强比为1∶3左右。

(2) 对未加载的机械零件拍一张全息图 H_1，曝光后利用实时原位暗室处理装置对干版进行原位暗室处理（显影、定影、水洗），再用电热吹风器的冷风吹干。

(3) 用原光路照明处理好的全息图，可观察到物体上重叠着它的再现像，通过仪器配备的加载装置慢慢地给物体（机械零件）加力，一边加力一边观察再现像上条纹的变化情况，当条纹最清楚时，记下这个最佳力的位置。

(4) 关闭光开关，取下拍好的全息图，换上一块未曝过光的干版 H_2，去掉加在零件上的力，调整好光路对零件进行第一次曝光，缓慢给零件加力到实时法中找出的最佳力为止，对零件第二次曝光，将两次曝光的干版进行常规的显影、定影、水洗、吹干等处理，得一全息图 H_2。

（5）将 H_2 放入原光路中用原参考光照明，再现像上出现干涉条纹，用相机拍摄条纹，以便进行分析（有条件则输入计算机计算分析）。

（6）在教师的指导下分析机械零件的缺陷性质和分布情况。

【思考题】

（1）比较和分析实时法与二次曝光法的优点和缺点。

（2）用热加载法重复做以上实验。

（3）逐渐增加加载量，特征条纹会发生什么变化？若加载过量，图像会发生什么现象？

（陶纯匡　稿）

实验 58　CT 实验——计算机层析扫描技术应用

CT（Computed Tomography）即计算机断层成像技术，分为医学 CT（MCT）和工业 CT（ICT），它是与一般辐射成像完全不同的成像方法。一般辐射成像是将三维物体投影到二维平面成像，各层面影像重叠，造成相互干扰，不仅图像模糊，且损失了深度信息，不能满足分析评价要求。CT 是把被测体所检测断层孤立出来成像，避免了其余部分的干扰和影响，图像质量高，能清晰、准确地展示所测部位内部的结构关系、物质组成及缺陷状况，检测效果是其他传统的无损检测方法所不及的。

【实验目的】

（1）理解 CT 的基本原理。

（2）掌握 CT 的使用方法。

（3）能够应用 CT 实验装置进行工件扫描和图像处理。

【实验原理】

1. CT 的基本原理

CT 是一种绝妙的成像技术，早在 1917 年，丹麦数学家雷当（J. Radon）的研究工作已为 CT 技术建立了数学理论基础。他从数学上证明了某种物理参量的二维分布函数，由该函数在其定义域内的所有线积分完全确定。

物理研究指出，一束射线穿过物质并与物质相互作用后，射线强度将受到射线路径上物质的吸收或散射而衰减，衰减规律由比尔定律确定。考虑一般性，如图 6.2-25 所示，设物质是非均匀的，一个截面上衰减系数分布为 $\mu(x, y)$，入射强度为 I_0 的射线经衰减后以强度 I 穿出，射线在面内的路径长度为 L，由比

尔定律确定的 I_0、I 及 $\mu(x、y)$ 的关系如下：

$$I = I_0 \exp\left[-\int_L \mu(x,y)\,\mathrm{d}x\mathrm{d}y\right] \tag{6.2-48}$$

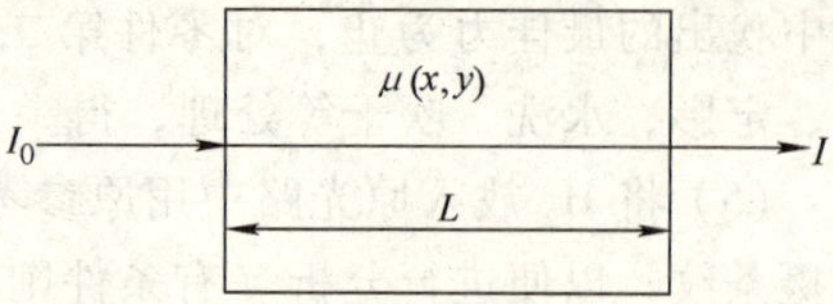

图 6.2-25　射线穿过衰减系数为 μ

由式(6.2-48)可得

$$\int_L \mu(x,y)\,\mathrm{d}x\mathrm{d}y = \mathrm{In}(I_0/I) \tag{6.2-49}$$

式中，I_0 和 I 可用探测器测得，则路径 L 上衰减系数的线积分可算出，当射线以不同方向和位置穿过该物质面时，对应的所有路径上的衰减系数线积分值均可照此求出，从而得到一个线积分集合。该集合若是无穷大，则可精确无误地确定该物质面的衰减系数二维分布，反之，则是具有一定误差的估计。因为物质的衰减系数与物质的质量密度直接相关（当然还与原子序数有关），故衰减系数的二维分布也可体现为密度的二维分布，由此转换成的断面图像能够展现其结构关系和物质组成。

有了上述基础后，还需解决两个主要问题：一是如何提取检测断层衰减系数线积分的数据集，二是如何根据该数据集确定出衰减系数的二维分布。解决第一个问题可采用扫描检测方法，即用射线束有规律地（含方向、位置、数量等）穿过被测体所检测断层并相应进行射线强度测量，围绕提高扫描检测效率，可采用各具特色的扫描检测模式。解决第二个问题则是利用衰减系数线积分的数据集，按照一定的图像重建算法进行数学运算求解。

2. 扫描检测模式

(1) 平行束扫描检测模式　这是 CT 技术最早使用从而被称为第一代的扫描检测模式。其基本结构特点是：射线源产生一束截面很小的射线；每个单位检测时间内检测空间只存在这束截面很小的射线，仅有一个探测器检测该射线强度。

重建 $N \times N$ 像素阵列断层图像，一般应有由 $N \times N$ 个衰减系数线积分组成的数据集。为此，常采用从 N 个方向且每个方向均有 N 束射线供探测器检测的数据结构，如图 6.2-26 所示。

平行束扫描检测的运动方式为“平移 + 旋转”。为完成扫描检测，可以有三种具体形式，即：被测体固定，“射线源—探测器”组合既平移又旋转；“射线源—探测器”组合固定，被测体平移和旋转；“射线源—探测器”组合平移，被测体旋转。

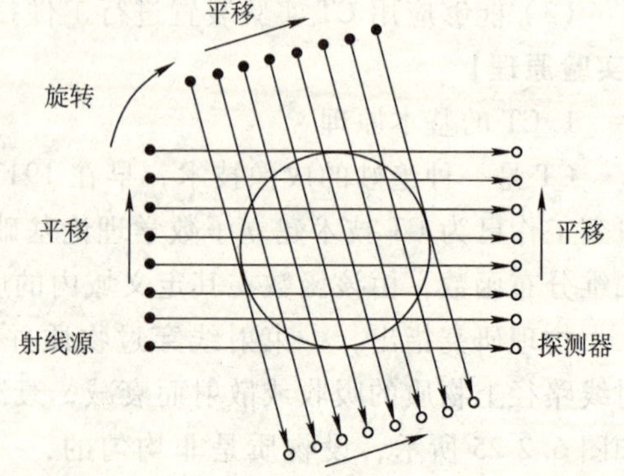

图 6.2-26　平行束扫描检测模式射线源

此扫描检测模式虽有许多优点，但由于只用一个探测器完成 $N \times N$ 个数据检测，存在检测效率过低的致命弱点，实用上已被淘汰。不过，它仍不失原理上说明和了解的作用。

(2) 窄角扇形束扫描检测模式　这是为改善平行束扫描检测效率太低而发展的并被称为第二代的扫描检测模式。其基本结构特点为：射线源产生角度小、厚度薄的扇形射线束，使用数量不多的 n 个（$n<N$）检测器同时检测，断层内最多有 n 条射线路径上衰减系数线积分值可同时测量，在每个检测方位的多个检测点上射线束未能包容所测断层。

该模式（见图 6.2-27）的扫描检测特点与平行束的相似，即：每个检测方位，“射线源—探测器”组合与被测体间，按等距步进量及等单位检测时间，相对平移（$N/n-1$）次，穿过并遍及所测断层，取得 N 个检测数据；按设定角频进量，“射线源—探测器”组合与被测体间，以某一固定转轴线为中心相对转动一角步进量，在恢复起始位置条件下，重复前一过程，完成第二个方位对断层的检测，又获得 N 个检测数据；按此重复进行，可在 180°的圆周角上，等分 N 个检测方位，并在每个方位上完成相同检测，最终获得由 $N\times N$ 个数据所组成的数据集。

(3) 广角扇形束扫描检测模式　这是在窄角扇形束扫描检测模式基础上，进一步提高扫描检测效率，被称为第三代的扫描检测模式（见图 6.2-28）。其基本结构特点为：射线源产生角度大、厚度薄的扇形射线束，一般使用 N 个探测器同时检测，断层内最多有 N 条射线路径上衰减系数线积分值可同时测量，射线束的边缘全包容所测断层。

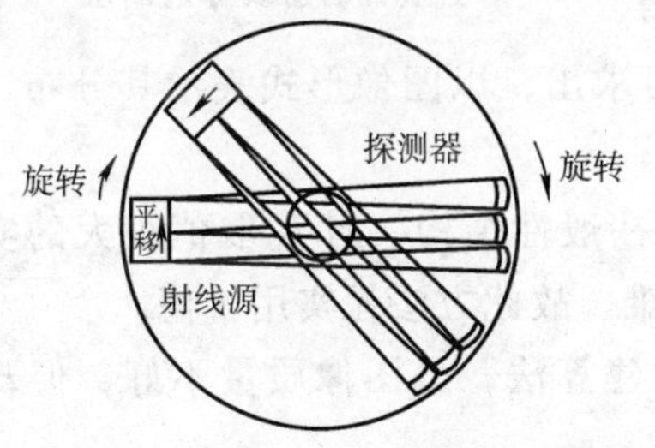

图 6.2-27　窄角扇形束扫描检测模式

图 6.2-28　广角扇形束扫描检测模式

其扫描检测特点为：对每个检测断层，“射线源—探测器”组合与被测体间仅有相对旋转运动；在 360°的圆周角上等分为 N 个扫描检测方位，每个检测方位射线束全包容并穿过所测断层，均可取得 N 个检测数据；相对旋转一周，完成一个断层扫描检测，获得由 $N\times N$ 个数据组成的数据集。

3. 图像重建

断层图像重建过程是以扫描检测所得的衰减系数线积分数据集为基础，经必要的数据校正，按一定的图像重建算法，通过计算机运算，得到衰减系数具体的二维分布，再将其以灰度形式显示，从而生成断层图像。图像重建涉及数学较多，在此只作概念性介绍。

(1) 重建的初步概念　这里举出解联立方程组的方法以建立图像重建的初步概念，设有由 3×3 单元组成的断层，各单元衰减系数分别为 μ_1 至 μ_9，它们是未知待求的。显然，只要能建立包含这些变量并相互独立的 9 个方程，即可求出 μ_1 至 μ_9 的变量，得到该断层衰减系数的具体分布并显示为图像，从而完成图像重建。为建立这样的方程，用 9 条射线按路径互不完全重叠穿过该断层，检测它们的衰减系数线积分，基本结构如图 6.2-29 所示。由图 6.2-29 建立方程组如下：

$$\left.\begin{aligned}
&\mu_7+\mu_8+\mu_9=P_1\\
&\mu_4+\mu_5+\mu_6=P_2\\
&\mu_1+\mu_2+\mu_2=P_3\\
&\mu_4+\mu_8=P_4\\
&\mu_1+\mu_5+\mu_9=P_5\\
&\mu_2+\mu_6=P_6\\
&\mu_1+\mu_4+\mu_7=P_7\\
&\mu_2+\mu_5+\mu_8=P_8\\
&\mu_3+\mu_6+\mu_9=P_9
\end{aligned}\right\}\qquad(6.2\text{-}50)$$

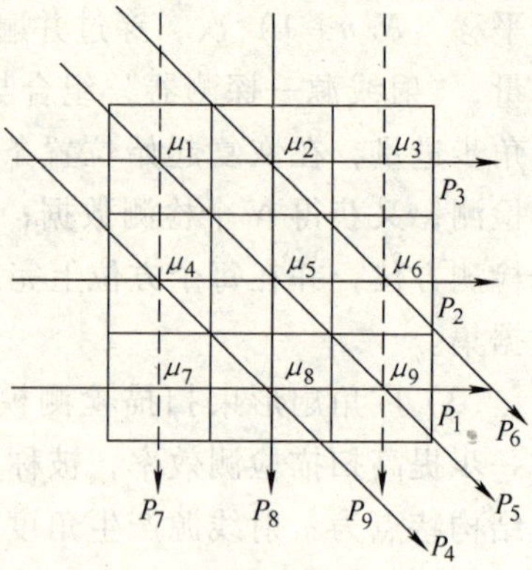

图 6.2-29　9 条路径互不完全重叠的射线穿过断层

式中的 P_1 至 P_9 为不同射线路径上衰减系数线积分值（用取和近似），通过探测器检测得到，视为已知数。解此方程组，μ_1 至 μ_9 即可求出，以图像形式表示其分布，则断层图像生成，图像重建完成。

上述简单结构的例子可推广为 $N\times N$ 的一般性结构，对 N 取值很大的实际情况，原理上虽可实现，但实际完成却很困难，故此方法无实用价值。

(2) 反投影法　这是一种古老的图像重建算法，虽图像质量不好，但却是实用的卷积反投影法的基础。

将射线穿过断层所检测到的数据称为投影，而把射线路径对应于图像上的所有像素点赋以相同的投影值则称反投影，反投影以灰度表示将形成一个图形或图案。对断层各个方向上的投影完成反投影并形成相应的图形或图案，将所有的反投影图形或图案叠加，则得到由反投影法重建的断层图像。

为简单起见，设断层是 3×3 单元结构，仅中心单元的衰减系数为 1，其余均为 0。当射线经中心单元穿出后，检测到的投影值（即射线路径上衰减系数线积分值）为 1，将此值反投影，即是将此射线路径上所有单元所对应的图像区全部赋以相同的投影值 1，如图 6.2-30 所示。

又设一含有高密度轴线的圆柱体，射线束对一个断层扫描检测，用反投影法进行图像重建，如图 6.2-31 所示。图 6.2-31a 为该圆柱体的横截面，图 6.2-31b 为一个方向上的反投影图形，图 6.2-31c 为所有反投影图形叠加而成的断层图像。

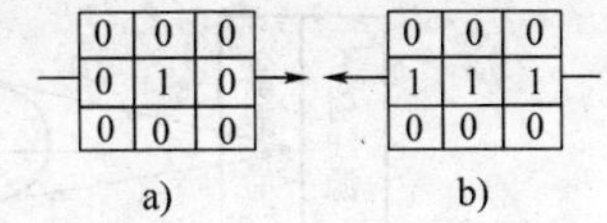

图 6.2-30　反投影法

a）投影，射线穿过断层的投影值为 1

b）反投影，将投影值 1 赋给对应的图像区

（3）卷积反投影法　这是至今为止最实用的重建算法，为 CT 设备普遍采用，因为它兼顾了图像质量和重建速度。卷积反投影法是在反投影法基础上发展起来的一种图像重建算法，由于这种算法较复杂，故仅从其实现思想来加以说明。

一幅图像是由像素点构成的面阵，可用二维函数描述，常称为图像函数。若断层物理结构对应的图像称为真实图像，其图像函数用 F 表示：反投影法重建所得图像是一幅模糊图像，其图像函数用 FB 表示，它是真实图像函数与点扩散函数 R 卷积运算的结果，即

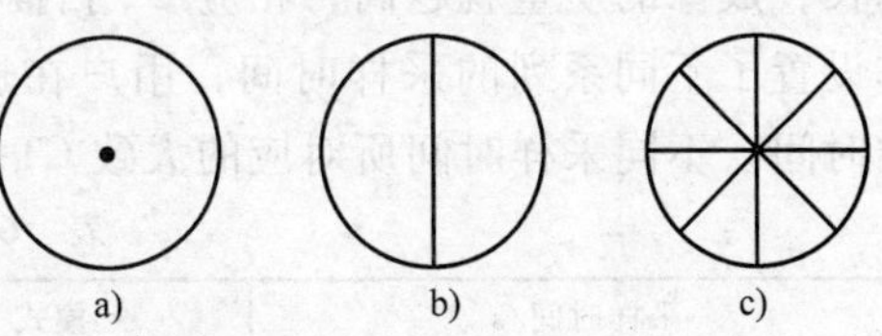

图 6.2-31　反投影法图像重建

$$FB = R * F \tag{6.2-51}$$

式中的符号“＊”表示卷积。很自然想到，若以点扩散函数的反函数 R^{-1} 对反投影图像函数 FB 进行卷积，则可消除点扩散函数的模糊效应。遗憾的是，此扩散函数 R 我们并不知道，从而也无法准确地确定其反函数，虽然如此，我们还是可以根据造成模糊的基本机理，建立一定形式的函数对反投影图像函数进行卷积运算校正，以减弱星状模糊或点扩散函数效应的影响。该校正函数常称为卷积核，其具体形式将明显影响图像质量。

在实际工作中，既可以对反投影图像整体卷积修正，也可先对投影数据卷积修正后再反投影和叠加，一般以后者为主。

【实验仪器】

教学 ICT 实验机，图 6.2-32 为该装置示意图。

【实验内容】

1．参数设置

1）进入 CT 扫描参数设置。

2）样品信息设置。

3）图像模式设置。本仪器有两种图像矩阵可选择，64×64 和 128×128，代表不同的 CT 成像分辨率，分别用代号 1 和代号 2 表示。

4）采样时间设置。采样时间就是 CT 扫描过程中单次测量时间。采样时间

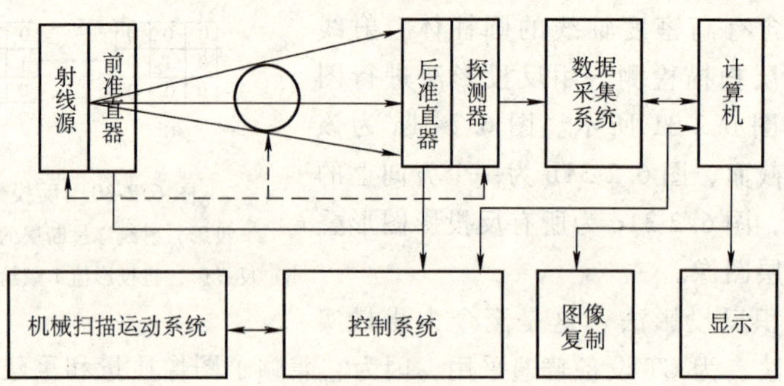

图 6.2-32　CT 实验系统组成示意图

越长，成像的质量就越高，相应 CT 扫描的时间加长。本仪器针对不同的像素矩阵设置了不同系列的采样时间，用户在选择扫描像素矩阵后，再选择对应的采样时间。不同采样时间所对应的大致 CT 扫描时间如表 6.2-1 所示。

表　6.2-1

采样时间/s	模式一需要时间/min	模式二需要时间/min
0.1	2	8
0.2	4	16
0.3	—	24
0.4	7	28
0.6	11	44
0.7	14	56
1.0	18	78
1.5	30	—
2.0	36	—

5）后准直孔宽度设置。后准直孔尺寸与 CT 图像的分辨率有关。本仪器设计的后准直孔宽度有两种，代号为 1 和 2，分别代表 1mm 和 2mm 的后准直孔宽度。

注意：后准直孔宽度的设置必须与实际采用的后准直孔的尺寸一致，否则会引起图像的模糊。

2. 开始 CT 扫描

在开始 CT 扫描前，请检查：动力电源是否已打开并自检通过，辐射源是否已打开并处于工作位，扫描参数是否已设置好。若所有条件都满足，则用鼠标单击计算机扫描工作主画面下的“断层扫描”按钮，系统就开始 CT 扫描。

3. 图像处理

图像处理包括以下几个方面：①图像处理的进入；②图像管理；③视图处理。经过图像处理后，即可以得到满意的扫描图像了。

（韩忠　稿）

实验 59　康普顿散射

康普顿效应是射线与物质相互作用的三种效应之一。康普顿效应是入射光子与物质原子中的核外电子产生非弹性碰撞而被散射的现象。康普顿散射发生时，入射光子把部分能量转移给电子，使它脱离原子成为反冲电子，而散射光子的能量和运动方向发生变化。

【实验目的】

(1) 掌握康普顿散射的物理模型。

(2) 通过实验来验证康普顿散射的 γ 光子能量及微分散射截面与散射角的关系。

(3) 学习测量微分散射截面的实验技术。

【实验原理】

1. 康普顿散射

当入射光子与电子发生康普顿效应时，其散射示意图如图 6.2-33 所示，其中 $h\nu$ 是入射 γ 光子的能量，$h\nu'$是散射 γ 光子的能量，θ 是散射角，e 是反冲电子，Φ 是反冲角。

由于发生康普顿散射的 γ 光子的能量比电子的束缚能要大得多，所以入射 γ 光子与原子中的电子作用时，可以把电子的束缚能忽略，看成是自由电子，并视为散射发生以前电子是静止的，动能为 0，只有静止能量 m_0c^2，散射后，电子获得速度 v，此时电子的能量 $E = m_0c^2/\sqrt{1-\beta^2}$，动量为 $mv = m_0v/\sqrt{1-\beta^2}$，其中，$\beta = v/c$，$c$ 为光速。

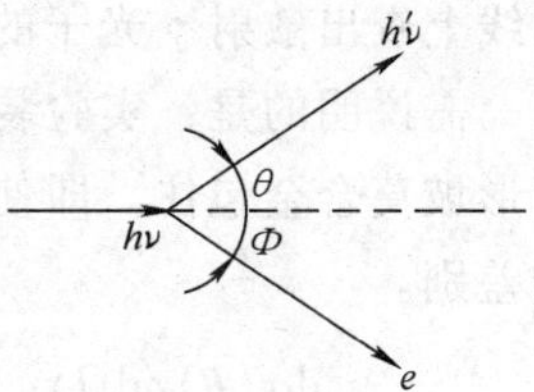

图 6.2-33　康普顿散射示意

用相对论的能量和动量守恒定律就可以得到

$$m_0c^2 + h\nu = m_0c^2/\sqrt{1-\beta^2} + h\nu' \tag{6.2-52}$$

$$h\nu/c = h\nu'/c\cos\theta + m_0v/\sqrt{1-\beta^2}\cos\Phi \tag{6.2-53}$$

式中，$h\nu/c$ 是入射 γ 光子的动量；$h\nu'/c$ 是散射 γ 光子的动量。

$$h\nu'/c\sin\theta = m_0v/\sqrt{1-\beta^2}\sin\Phi \tag{6.2-54}$$

由式（6.2-52）、式（6.2-53）、式（6.2-54）可得出

$$h\nu' = \frac{h\nu}{1 + \frac{h\nu}{m_0c^2}(1-\cos\theta)} \tag{6.2-55}$$

此式就表示散射 γ 光子能量与入射 γ 光子能量及散射角的关系。

2. 康普顿散射的微分截面

康普顿散射的微分截面的意义是：一个能量为 $h\nu$ 的入射 γ 光子与一个电子作用后被散射到 θ 方向单位立体角里的几率。记作 $\mathrm{d}\sigma(\theta)/\mathrm{d}\Omega$（$\mathrm{cm}^2$/单位立体角），它的表达式为

$$\frac{\mathrm{d}\sigma(\theta)}{\mathrm{d}\Omega}=\frac{r_0}{2}\left(\frac{h\nu}{h\nu}\right)^2\left(\frac{h\nu}{h\nu'}+\frac{h\nu'}{h\nu}-\sin^2\theta\right) \tag{6.2-56}$$

式中 $r_0=2.818\times10^{-13}\mathrm{cm}$ 是光电子的经典半径，式(6.2-56)通常称为“克来因-任科”公式，此式所描述的就是微分截面与入射 γ 光子能量及散射角的关系。

本实验用闪烁谱仪测量各散射角的散射 γ 光子能谱，用光电峰峰位及光电峰面积得出散射 γ 光子能量 $h\nu$，并计算出微分截面的相对值

$$\frac{\mathrm{d}\sigma(\theta)/\mathrm{d}\Omega}{\mathrm{d}\sigma(\theta_0)/\mathrm{d}\Omega}$$

3. $h\nu''$及$\left(\frac{\mathrm{d}\sigma(\theta)/\mathrm{d}\Omega}{\mathrm{d}\sigma(\theta_0)/\mathrm{d}\Omega}\right)'$的实验测定原理

（1）$h\nu''$的测量

1）对谱仪进行能量刻度，作出能量-道数的曲线。

2）由散射 γ 光子能谱光电峰峰位的道数在步骤 1）中所作的能量-道数刻度曲线上查出散射 γ 光子的能量 $h\nu$。

需说明的是：实验装置中已考虑了克服地磁场的影响，光电倍增管已用圆筒形坡莫合金包住。即使这样，不同 θ 角的散射光子的能量刻度曲线仍有少量的差别。

（2）$\left(\frac{\mathrm{d}\sigma(\theta)/\mathrm{d}\Omega}{\mathrm{d}\sigma(\theta_0)/\mathrm{d}\Omega}\right)'$的测量　根据微分散射截面的定义，当有 N_0 个光子入射时，与样品中 N_e 个电子发生作用，在忽略多次散射自吸收的情况下，散射到 θ 方向 Ω 立体角里的光子数 $N(\theta)$ 应为

$$N(\theta)=\frac{\mathrm{d}\sigma(\theta)}{\mathrm{d}\Omega}N_0N_e\Omega f \tag{6.2-57}$$

式中，f 是散射样品的自吸收因子，我们假定 f 为常数，即不随散射 γ 光子能量变化。

由图 6.2-33 可以看出，在 θ 方向上，NaI 晶体对散射样品（看成一个点）所张的立体角 Ω 为 S/R^2，S 是晶体表面面积，R 是晶体表面到样品中心的距离。Ω 已知，则 $N(\theta)$ 就是入射到晶体上的散射 γ 光子数。我们测量的是散射 γ 光子能谱的光电峰计数 $N_p(\theta)$，假定晶体的光电峰本征效率为 $\varepsilon_f(\theta)$，则有

$$N_p(\theta)=N(\theta)\varepsilon_f(\theta) \tag{6.2-58}$$

已知晶体对点源的总探测效率 $\eta(\theta)$ 与能量的关系（见表 6.2-2），及晶体的

峰总比 $R(\theta)$ 与能量的关系(见表6.2-3)，设晶体的总本征效率为 $\varepsilon(\theta)$，则有

$$\frac{\varepsilon_f(\theta)}{\varepsilon(\theta)}=R(\theta) \tag{6.2-59}$$

$$\eta(\theta)=\frac{\Omega}{4\pi}\varepsilon(\theta) \tag{6.2-60}$$

由式(6.2-59)、式(6.2-60)可得

$$\varepsilon_f=R(\theta)\eta(\theta)\frac{4\pi}{\Omega} \tag{6.2-61}$$

将式(6.2-61)代入式(6.2-58)则有

$$N_p(\theta)=N(\theta)R(\theta)\eta(\theta)\frac{4\pi}{\Omega} \tag{6.2-62}$$

将式(6.2-57)代入式(6.2-62)则有

$$N_p(\theta)=\frac{d\sigma(\theta)}{d\Omega}R(\theta)\eta(\theta)\frac{4\pi}{\Omega}N_0N_e\Omega f \tag{6.2-63}$$

由式(6.2-63)可得

$$\frac{d\sigma(\theta)}{d\Omega}=\frac{N_p(\theta)}{4\pi N_0N_e fR(\theta)\eta(\theta)} \tag{6.2-64}$$

表 6.2-2　距点源 30cm，Φ40×40mmNaI(T1)对点源总探测效率 $\eta(\theta)$ 与能量的关系

E/MeV	0.1	0.15	0.2	0.3	0.4	0.5	0.6	0.8	1.0
$\eta(\theta)$	1.09×10^{-3}	1.07×10^{-3}	1.04×10^{-3}	9.17×10^{-4}	8.11×10^{-4}	7.37×10^{-4}	6.87×10^{-4}	6.17×10^{-4}	5.69×10^{-4}

表 6.2-3　距点源 10cm，Φ40×40mmNaI(T1)对点源的峰总比 $R(\theta)$ 与能量的关系

E/MeV	0.2	0.3	0.4	0.5	0.6	0.662	0.8	1.0
$R(\theta)$	0.8841	0.7236	0.5875	0.4912	0.4266	0.3914	0.3373	0.2977

这里需要说明：η、R、ε、ε_f 都是能量的函数，但在我们的具体情况下，散射 γ 光子的能量就取决于 θ，所以为了简便起见，我们都将它们写成了 θ 的函数。

式(6.2-64)给出了微分截面 $d\sigma(\theta)d\Omega$ 与各参量的关系，若各量均可测量或已知，则微分截面可求。实际上有些量无法测准(如 N_0、N_e 等)，只能求得微分截面的相对值 $\{[d\sigma(\theta)/d\Omega]/[d\sigma(\theta_0)/d\Omega]\}'$，在此过程中，一些未知量都消掉了。例如，我们取 $\theta=20°$，由式(6.2-64)不难得到

$$\left[\frac{d\sigma(\theta)/d\Omega}{d\sigma(\theta_0)/d\Omega}\right]'=\frac{N_p(\theta)/[R(\theta)\eta(\theta)]}{N_p(\theta_0)/[R(\theta_0)\eta(\theta_0)]} \tag{6.2-65}$$

由式(6.2-65)可看出，实验测量的就是 $N_p(\theta)$。

注意，$N_p(\theta)$ 和 $N_p(\theta_0)$ 的测量条件应相同。

4. 误差简要分析

(1) $h\nu'$ 测量中的误差主要来源

1）仪器在测量过程中，散射 γ 光子峰位漂移。

2）调整散射角 θ 的偏差。

3）能量刻度曲线引起的误差。

（2）$[\mathrm{d}\sigma(\theta)/\mathrm{d}\Omega]/[\mathrm{d}\sigma(\theta_0)/\mathrm{d}\Omega]$测量中的误差主要来源

1）所取光电峰峰位道数不准而产生的峰面积计数误差。

2）峰面积计数的统计误差。

3）$R(\theta)$、$\eta(\theta)$引用的参照数据，与该实验的条件不完全一致。

4）自吸收因子 f 引进的误差。

【实验仪器】

康普顿散射实验仪（生产单位：北京核仪器厂）、微机、打印机。

【实验内容】

1. 实验预习

1）复习康普顿散射的有关知识，掌握微分截面的概念及各公式的意义。

2）根据实验时提供的数据表作曲线。

3）计算不同散射角下的散射 γ 光子的能量 $h\nu'$（$\theta=0°$、20°、40°、60°、80°、100°、120°、180°），并作 $h\nu'$-θ 曲线。

4）计算：$[\mathrm{d}\sigma(\theta)/\mathrm{d}\Omega]/[\mathrm{d}\sigma(\theta_0)/\mathrm{d}\Omega]$

并作$[\mathrm{d}\sigma(\theta)/\mathrm{d}\Omega]/[\mathrm{d}\sigma(\theta_0)/\mathrm{d}\Omega]$-$\theta$ 曲线。（已知：$h\nu=662\mathrm{keV}$，$m_0c^2=511\mathrm{keV}$，$r_0=2.818\times10^{-13}\mathrm{cm}$，$\theta=20°$）

2. 实验准备

1）仪器各部件连接好，预热 30min。实验框图如图 6.2-34 所示。

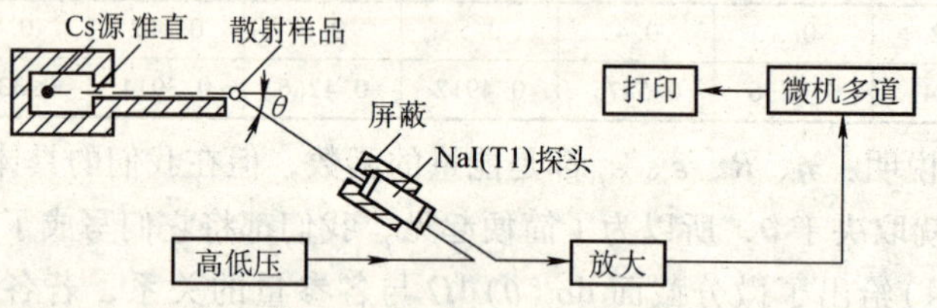

图 6.2-34　康普顿散射实验框图

2）调整仪器，使其处于较佳的工作状态。

3）双击微机桌面上的 UMS 图标，进入测量程序的显示状态。

3. 能量刻度

1）移动探头，使 $\theta=0°$；取下散射样品，将放射源打开至标记位置。

2）按〈F1〉键进入待采状态，按〈F10〉键程序弹出“输入停止时间”窗口，输入测量所需的时间（单位默认为 s）后按〈Enter〉键回到待采状态，再按〈F1〉键即进入采集状态，即正在测量；测量完毕后，程序弹出“时间已到”窗口，此时按〈ESC〉键回到待采状态，再按〈ESC〉键回到显示状态，按〈F3〉键平滑曲线，记录光电峰峰位。

3）关闭 ^{137}Cs 源：将 ^{60}Co 源放在探头前方并对准探头的准直孔，按步骤 2)的测量方法测量，将得到的各光电峰峰位的道数值记录下来。

4）作能量刻度曲线。

4. 改变散射角 θ，测量其相应的散射光子能量及不同 θ 散射光子能峰的净峰面积

1）移动探头，使 $\theta=20°$。

2）放上散射样品，打开放射源。

3）输入测量时间测量散射光子能谱即总谱，测量完毕经平滑后记录光电峰峰位、上下边界道数和总峰面积的值(具体测量方法同 3. 能量刻度)。上下边界道数的取法应为两边都取平坦部分且尽量接近散射峰(图 6.2-35)。

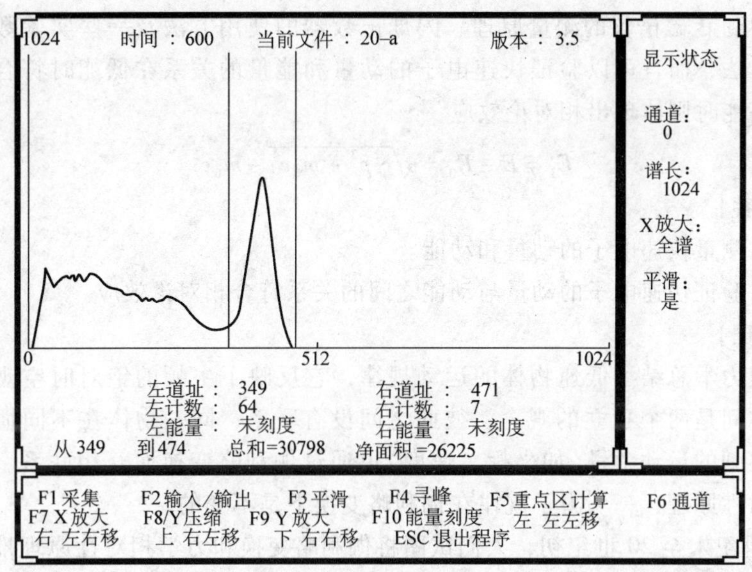

图 6.2-35　总峰面积的取值方法

4）取下散射样品，在相同的测量时间内测量本底谱，测量完毕经平滑后在对应的上下边界道数间求出本底面积。

5）净峰面积 = 总峰面积 − 本底面积。

6）其他角度下的测量方法相同。

7）将放射源屏蔽后锁好。

5. 计算

1）根据各光电峰峰位的道数值在能量刻度曲线上找出对应的散射光子能量的实验值 $h\nu''$，再由此能量在 $\eta(\theta)$-E 和 $R(\theta)$-E 曲线上找出对应的 $\eta(\theta)$ 和 $R(\theta)$ 值，计算出散射光子的 $\{[\mathrm{d}\sigma(\theta)/\mathrm{d}\Omega]/[\mathrm{d}\sigma(\theta_0)/\mathrm{d}\Omega]\}'$ 值。

2）将散射光子能量的实验值 $h\nu''$-θ 曲线画在实验预习 3）的同一坐标纸上，计算实验值 $h\nu''$ 与理论值 $h\nu'$ 的误差。

3）将散射光子的微分截面的实验值 $[\mathrm{d}\sigma(\theta)/\mathrm{d}\Omega]/[\mathrm{d}\sigma(\theta_0)/\mathrm{d}\Omega]'$-$\theta$ 曲线画在同一坐标纸上，计算实验值与理论值的误差。

（韩忠 稿）

实验 60 相对论效应的实验研究

通过 NaI(Tl) 单晶 γ 闪烁谱仪和半圆聚焦 β 磁谱仪的联合应用，就可以采用 β 磁分离及闪烁探测的方法同时准确测定单能电子的动量和动能。这样，不但将从中学习到 β 磁谱仪的测量原理、闪烁记数器的使用方法及一些实验数据处理的思想方法，而且可以验证快速电子的动量和能量的关系在低能时符合经典表达式，高能时则体现出相对论效应

$$E_{\mathrm{k}} = E - E_0 = \sqrt{c^2 p^2 + m_0^2 c^4} - m_0 c^2$$

【实验内容】

（1）测量快速电子的动量和动能。

（2）验证快速电子的动量与动能之间的关系符合相对论效应。

【实验原理】

经典力学总结了低速物体的运动规律，它反映了牛顿的绝对时空观，认为时间和空间是两个独立的观念，彼此之间没有联系；同一物体在不同惯性参考系中观察到的运动学量(如坐标、速度)可通过伽利略变换而互相联系。这就是力学相对性原理：一切力学规律在伽利略变换下是不变的。

19 世纪末至 20 世纪初，人们试图将伽利略变换和力学相对性原理推广到电磁学和光学时遇到了困难。实验证明，对高速运动的物体伽利略变换是不正确的，实验还证明，在所有惯性参考系中光在真空中的传播速度为同一常数。在此基础上，爱因斯坦于 1905 年提出了狭义相对论，并据此导出从一个惯性系到另一惯性系的变换方程即“洛伦兹变换”。洛伦兹变换下，静止质量为 m_0，速度为 v 的物体，狭义相对论定义的动量 p 为

$$p = \frac{m_0}{\sqrt{1-\beta^2}} v = mv \tag{6.2-66}$$

式中，$m = m_0/\sqrt{1-\beta^2}$，$\beta = v/c$。

相对论的能量 E 为

$$E = mc^2 \tag{6.2-67}$$

这就是著名的质能关系。mc^2 是运动物体的总能量，当物体静止时 $v=0$，物体的能量为 $E_0=m_0c^2$ 称为静止能量，两者之差为物体的动能 E_k，即

$$E_k=mc^2-m_0c^2=m_0c^2\left(\frac{1}{\sqrt{1-\beta^2}}-1\right) \tag{6.2-68}$$

当 $\beta \ll 1$ 时，式(6.2-68)可展开为

$$E_k=m_0c^2\left(1+\frac{1}{2}\frac{v^2}{c^2}+\cdots\right)-m_0c^2\approx\frac{1}{2}m_0v^2=\frac{1}{2}\frac{p^2}{m_0} \tag{6.2-69}$$

即得经典力学中的动量-能量关系。

由式(6.2-66)和式(6.2-67)可得

$$E^2-c^2p^2=E_0^2 \tag{6.2-70}$$

这就是狭义相对论的动量与能量关系。而动能与动量的关系为

$$E_k=E-E_0=\sqrt{c^2p^2+m_0^2c^4}-m_0c^2 \tag{6.2-71}$$

这就是我们要验证的狭义相对论的动量与动能的关系。对高速电子其关系如图 6.2-36 所示，图中 pc 的单位为 MeV，电子的 $m_0c^2=0.511\text{MeV}$。式(6.2-69)可化为

$$K_k=\frac{1}{2}\frac{p^2c^2}{m_0c^2}=\frac{p^2c^2}{2\times0.511}$$

以利于计算。相对论效应实验装置原理图如图 6.2-37 所示。

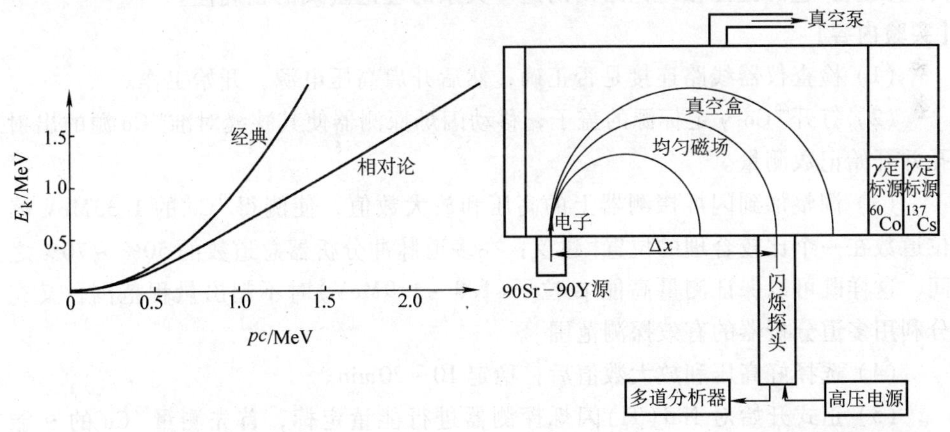

图 6.2-36　　图 6.2-37　相对论效应实验装置原理图

【实验仪器】

实验装置主要由以下部分组成：①真空、非真空半圆聚焦 β 磁谱仪；②β 放射源 ^{90}Sr—^{90}Y(强度≈1 毫居里)，定标用 γ 放射源 ^{137}Cs 和 ^{60}Co(强度≈2 微居里)；③200μmAl 窗 NaI(Tl)闪烁探头；④数据处理计算软件；⑤高压电源、放大器、多道脉冲幅度分析器。

β 源射出的高速 β 粒子经准直后垂直射入一均匀磁场中($\overline{V} \perp \overline{B}$)，粒子因受到与运动方向垂直的洛伦兹力的作用而作圆周运动。如果不考虑在空气中的能量损失(一般情况下为小量)，则粒子具有恒定的动量数值而仅仅是方向的不断变化。

粒子作圆周运动的方程为

$$\frac{\mathrm{d}p}{\mathrm{d}t} = -ev \times B \tag{6.2-72}$$

式中，e 为电子电荷量；v 为粒子速度；B 为磁感应强度。由式(6.2-66)可知 $p = mv$，对某一确定的动量数值 p，其运动速率为一常数，所以质量 m 是不变的，故

$$\frac{\mathrm{d}p}{\mathrm{d}t} = m\frac{\mathrm{d}v}{\mathrm{d}t}, \quad 且 \left|\frac{\mathrm{d}v}{\mathrm{d}t}\right| = \frac{v^2}{R}$$

所以

$$p = eBR \tag{6.2-73}$$

式中，R 为 β 粒子轨道的半径，为源与探测器间距的一半。

在磁场外距 β 源 x 处放置一个 β 能量探测器来接收从该处出射的 β 粒子，则这些粒子的能量(即动能)即可由探测器直接测出，而粒子的动量值即为：$p = eBR = eB\Delta x/2$。由于 β 源${}^{90}_{38}Sr - {}^{90}_{38}Y$(0～2.27MeV)射出的 β 粒子具有连续的能量分布(0～2.27MeV)，因此，探测器在不同位置(不同 Δx)就可测得一系列不同的能量与对应的动量值，这样就可以用实验方法确定测量范围内动能与动量的对应关系，进而验证相对论给出的这一关系的理论公式的正确性。

【实验内容】

(1) 检查仪器线路连接是否正确，然后开启高压电源，开始工作。

(2) 打开${}^{60}Co$ γ 定标源的盖子，移动闪烁探测器使其狭缝对准${}^{60}Co$ 源的出射孔并开始记数测量。

(3) 调整加到闪烁探测器上的高压和放大数值，使测得${}^{60}Co$ 的 1.33MeV 峰位道数在一个比较合理的位置[建议：在多道脉冲分析器总道数的 50%～70% 之间，这样既可以保证测量高能 β 粒子(1.8～1.9MeV)时不超出量程范围，又充分利用多道分析器的有效探测范围]。

(4) 选择好高压和放大数值后，稳定 10～20min。

(5) 正式开始对 NaI(Tl) 闪烁探测器进行能量定标，首先测量${}^{60}Co$ 的 γ 能谱，当 1.33MeV 光电峰的峰顶记数达到 1000 以上后(尽量减少统计涨落带来的误差)，对能谱进行数据分析，记录下 1.17MeV 和 1.33MeV 两个光电峰在多道能谱分析器上对应的道数 CH_3、CH_4。

(6) 移开探测器，关上${}^{60}Co$γ 定标源的盖子，然后打开${}^{137}Cs$ γ 定标源的盖子并移动闪烁探测器使其狭缝对准${}^{137}Cs$ 源的出射孔并开始记数测量，等 0.661MeV 光电峰的峰顶记数达到 1000 后对能谱进行数据分析，记录下 0.184MeV 反散射

峰和 0.661 MeV 光电峰在多道能谱分析器上对应的道数 CH_1、CH_2。

(7) 关上 $^{137}Cs\gamma$ 定标源，打开机械泵抽真空（机械泵正常运转 2～3min 即可停止工作）。

(8) 盖上有机玻璃罩，打开 β 源的盖子开始测量快速电子的动量和动能，探测器与 β 源的距离 Δx 最近要小于 9cm，最远要大于 24cm，保证获得动能范围 0.4～1.8MeV 的电子。

(9) 选定探测器位置后逐个测量单能电子能峰，记下峰位道数 CH 和相应的位置坐标 x。

(10) 全部数据测量完毕后关闭 β 源及仪器电源，进行数据处理和计算。

【思考题】

(1) 观察狭缝的定位方式，试从半圆聚焦 β 磁谱仪的成像原理来论证其合理性。

(2) 本实验在寻求 p 与 Δx 的关系时使用了一定的近似，能否用其他方法更为确切地得出 p 与 Δx 的关系？

(3) 用 γ 放射源进行能量定标时，为什么不需要对 γ 射线穿过 220μm 厚的铝膜时进行“能量损失的修正”？

(4) 为什么用 γ 放射源进行能量定标的闪烁探测器可以直接用来测量 β 粒子的能量？

(5) 试论述相对论效应实验的设计思想。

(6) 当相对论效应比较显著时，电子速度如何？

(7) 实验是否可以在非真空状态下进行？如何进行？

(8) 对实验误差进行分析。

【附录】

表 6.2-4　空气对 β 粒子的能量吸收系数（取空气密度 $\rho = 1.290\text{mg/cm}^3$）

β 粒子能量/MeV	$\frac{dE}{\rho dx}$/(MeV · cm²/g)	$\frac{dE}{dx}$/(MeV · cm)
0.1	3.6294	4.682×10^{-3}
0.2	2.4703	3.187×10^{-3}
0.3	2.0871	2.692×10^{-3}
0.4	1.9070	2.460×10^{-3}
0.5	1.8087	2.333×10^{-3}
0.6	1.7510	2.259×10^{-3}
0.7	1.7159	2.214×10^{-3}
0.8	1.6945	2.186×10^{-3}
0.9	1.6819	2.170×10^{-3}
1.0	1.6752	2.161×10^{-3}
2.0	1.7140	2.211×10^{-3}

【参考文献】

[1] C. E. 克劳塞梅尔 . 应用γ射线能谱学[M]. 高物，伍实译 . 北京：原子能出版社，1977.

[2] 清华大学物理系核物理教研组 . 原子核物理实验[M]. 1982.

（韩忠 编）

实验 61 α粒子在空气中的射程及散射截面的研究

20 世纪初，人们知道了物质是由原子构成的，并且由气体性质和热力学理论也知道了原子的大概尺寸，约为 10^{-10} m。在 1897 年，汤姆逊(J. J. Thomson)发现了电子，而且建立了"镶嵌"式原子模型。然而，1909 年，卢瑟福(Lord Ernst Rutherford)和他的合作者盖革(H. Geiger)及马斯顿(E. Marsden)进行了α粒子的散射实验，发现了大角度散射的存在，从而否定了汤姆逊的原子模型，建立了原子核式结构模型，指出原子核的半径近似为 10^{-15} m，描绘了正确的有关原子结构的图像，为现代核物理奠定了基础。

【实验目的】

(1) 掌握α粒子的基本性质，了解金硅面垒 Si(Au)α粒子探测系统的工作原理。

(2) 学习α粒子在空气中的射程的测量方法。

(3) 学会测量α粒子的微分散射截面的方法，验证微分散射截面及其与散射角的关系。

【实验原理】

1. 瞄准距离与散射角的关系

如果把α粒子和原子都看成点电荷，并且假设两者之间的静电斥力是惟一的相互作用力。设一个α粒子以速度 $\boldsymbol{v}_0$ 沿 AT 方向入射，由于受到核电荷的库仑力作用，α粒子将沿轨道 ABC 出射。通常，散射原子的质量比α粒子的质量大得多，可以近似认为核静止不动。按库仑定律，相距为 r 的α粒子和原子核之间的库仑磁力的大小为

$$F=\frac{2Ze^2}{4\pi\varepsilon_0 r^2} \tag{6.2-74}$$

式中，Z 为靶核电荷量数。

α粒子的轨迹为双曲线的一支，如图 6.2-38 所示。原子核与α粒子入射方向之间的垂直距离 b 称为瞄准距离(或碰撞参数)，θ 是入射方向与散射方向之间的夹角。由牛顿第二定律，可以导出散射角与瞄准距离之间的关系为

$$\cot(\theta/2) = 2b/D \tag{6.2-75}$$

其中

$$D = \frac{1}{4\pi\varepsilon_0}\frac{2Ze^2}{mv_0^2/2} \tag{6.2-76}$$

式中，m 为 α 粒子的质量。

2. 微分散射截面及其与散射角的关系

由散射角与瞄准距离的关系式(6.2-75)可以看出，瞄准距离 b 越大，散射角 θ 就越小；反之，b 越小，θ 就越大。只要瞄准距离 b 足够小，θ 就可以足够大，这就解释了大角度散射的可能性。但要从实验上来验证式(6.2-75)显然是不可能的，因为我们无法测量瞄准距离 b。然而我们可以求出 α 粒子按瞄准距离的分布，根据这种分布和式(6.2-74)，就可以推出散射 α 粒子的角分布，而这个角分布是可以测量的。

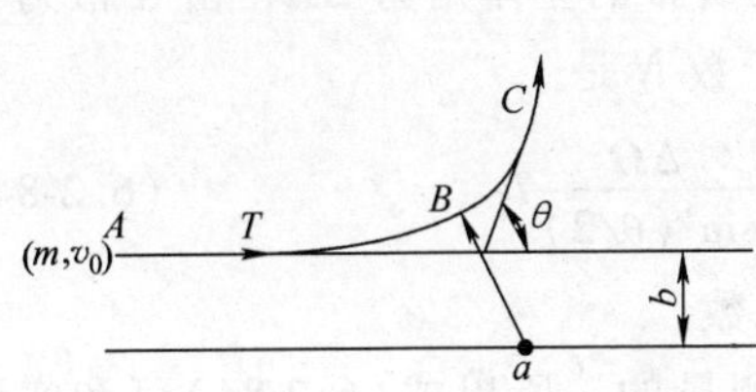

图 6.2-38　α 散射角与瞄准距离的关系

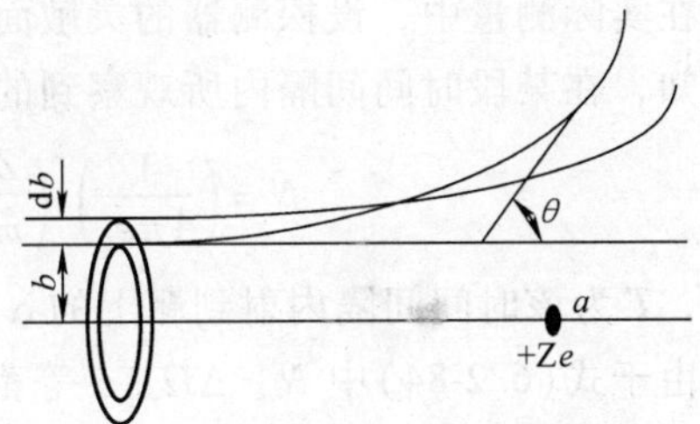

图 6.2-39　入射 α 粒子散射到 dθ 角度范围内的几率

如图 6.2-39 所示，设有截面积为 S 的 α 粒子束射到厚度为 t 的靶上。其中某一 α 粒子在通过靶时相对于靶中某一原子核 a 的瞄准距离在 $b \sim (b+\mathrm{d}b)$ 之间的概率应等于圆心在 a 而圆周半径分别为 b、$b+\mathrm{d}b$ 的圆环面积与入射截面积 S 之比。若靶的原子数密度为 n，则 α 粒子束所经过的这块体积内共有 nSb 个原子核，因此，该 α 粒子相对于靶中任一原子核的瞄准距离在 $b \sim (b+\mathrm{d}b)$ 之间的概率为

$$\mathrm{d}w = 2\pi ntb\mathrm{d}b \tag{6.2-77}$$

这也就是该 α 粒子被散射到 $\theta \sim (\theta+\mathrm{d}\theta)$ 之间的概率，即落到角度为 θ 和 $\theta+\mathrm{d}\theta$ 的两个圆锥面之间的概率。由式(6.2-75)求微分可得

$$b\,|\,\mathrm{d}b\,| = \frac{1}{2}\left(\frac{D}{2}\right)^2\frac{\cos(\theta/2)}{\sin^3(\theta/2)}\mathrm{d}\theta \tag{6.2-78}$$

于是有

$$\mathrm{d}w = \pi\left(\frac{D}{2}\right)^2 nt\frac{\cos(\theta/2)}{\sin^3(\theta/2)}\mathrm{d}\theta \tag{6.2-79}$$

另外，由角度为 θ 和 $\theta+\mathrm{d}\theta$ 的两个圆锥面所围成的立体角为

$$\mathrm{d}\Omega = \frac{\mathrm{d}A}{r^2} = \frac{2\pi r\sin\theta r\mathrm{d}\theta}{r^2} = 2\pi\sin\theta\mathrm{d}\theta \tag{6.2-80}$$

式中，A 为散射截面的面积。

因此，α 粒子被散射到该范围内单位立体角内的概率为

$$\frac{\mathrm{d}w}{\mathrm{d}\Omega}=\left(\frac{D}{4}\right)^2 nt\frac{1}{\sin^4(\theta/2)} \tag{6.2-81}$$

把上式两边除以单位面积的靶原子数 nt 可得微分散射截面面积

$$\frac{\mathrm{d}\sigma}{\mathrm{d}\Omega}=\left(\frac{D}{4}\right)^2\frac{1}{\sin^4(\theta/2)}=\left(\frac{1}{4\pi\varepsilon_0}\right)^2\left(\frac{Ze^2}{mv_0^2}\right)^2\frac{1}{\sin^4(\theta/2)} \tag{6.2-82}$$

这就是 α 粒子的散射公式。

代入各常数值，以 E 代表入射 α 粒子的能量，得到公式

$$\frac{\mathrm{d}\sigma}{\mathrm{d}\Omega}=1.296\left(\frac{2Z}{E}\right)^2\frac{1}{\sin^4(\theta/2)} \tag{6.2-83}$$

在实际测量中，设探测器的灵敏面积对靶所张的立体角为 $\Delta\Omega$，由 α 散射公式可知，在某段时间间隔内所观察到的 α 粒子数 N 是

$$N=\left(\frac{1}{4\pi\varepsilon_0}\right)^2\left(\frac{Ze^2}{mv_0^2}\right)^2 nt\frac{\Delta\Omega}{\sin^4(\theta/2)}T \tag{6.2-84}$$

式中，T 为该时间间隔内射到靶上的 α 粒子总数。

由于式(6.2-84)中 N、$\Delta\Omega$、θ 等都是可测量的，所以式(6.2-84)可和实验进行比较。由该式可见，在 θ 方向上 $\Delta\Omega$、θ 内所观察到的 α 粒子数 N 与散射靶的核电荷数 Z、α 粒子的动能 $mv^2/2$ 及散射角 θ 等因素都有关。我们将用具体的实验来验证 N 与散射角 θ 的相互关系。

【实验仪器】

金硅面垒 Si(Au)α 粒子测量系统。

为了测量 α 粒子在空气中的射程和在不同角度上出射 α 粒子的计数率，我们将用到金硅面垒 Si(Au)α 粒子探测系统。在这一系统中，我们使用 ^{241}Am 作为 α 粒子源，这种源放射出的单能 α 射线的能量为 5.486MeV。考虑到 α 粒子是重带电粒子，在空气中具有很强的电离作用，我们设计了一个低真空散射室来测量 N 与散射角 θ 的相互关系。因此，我们这个测量系统主要由三个部分组成，即散射真空室部分、电子学系统部分和步进电动机控制部分。下面作一简要介绍：

1. 散射真空室部分

散射真空室里主要包括有：

1）^{241}Am（镅）α 放射源，该 α 放射源放射出的单能 α 粒子的能量是 5.486MeV。

2）散射样品台，该样品台上设有样品架，样品架由一高一低的两根开槽的立柱构成。低的一边不会挡住 α 放射源放射出的 α 粒子，我们就以此方向为角

度的正方向。

3）金硅面垒 α 粒子探头。

4）步进电动机及传动机构。

2. 电子学系统部分

为测量 α 粒子的微分散射截面，由式(6.2-84)可知，需要测量在不同角度的出射 α 粒子的计数率。所用的 α 粒子探测器为金硅面垒探测器，本部分还包括电荷灵敏前置放大器、主放大器、计数器、探测器偏置电源、NIM 机箱与低压电源等，其结构如图 6.2-40 所示。

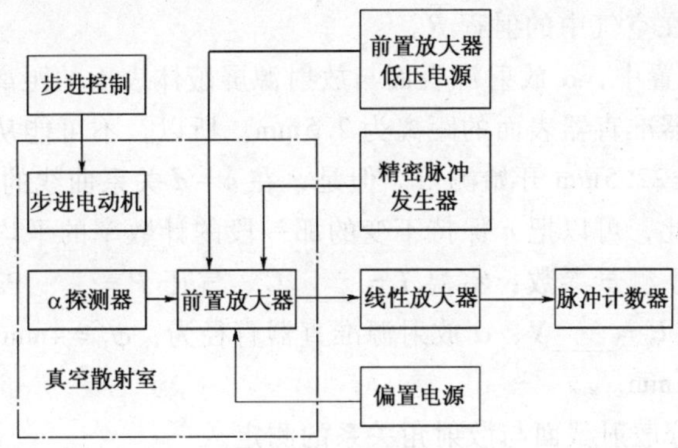

图 6.2-40　α 散射装置的电子学测量系统结构框图

3. 步进电动机及其控制部分

在测量过程中，有时需要在真空条件下测量不同散射角出射 α 粒子的计数率，这样就需要经常变换散射角度。在本装置中，我们利用步进电动机来控制散射角 θ，在不打开真空室的情况下，通过在真空室外控制步进电机的转动来调节相应的角度即可。由于步进电动机具有定位准确的特性，简单的开环控制即可达到所需的精度。本装置的控制精度为 1°。狭义的步进电动机只是一个执行部件，需要与控制系统、驱动器及负载一起组成步进电动机驱动系统，如图 6.2-41 所示。

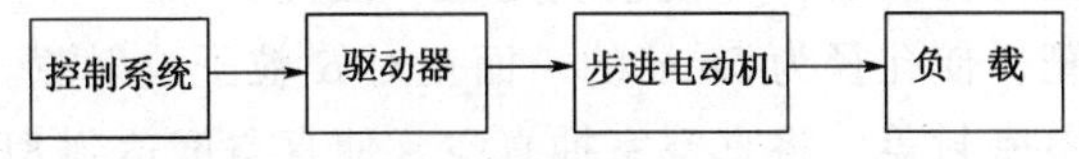

图 6.2-41　步进电动机驱动系统框图

【实验内容】

1. α 粒子在空气中的射程的测量

α 粒子在空气中的射程即为 α 粒子在空气中的平均射程 $\overline{R}$。实验中，可按以下步骤来进行测量：

1）确定 α 粒子源正对探测器，即确定系统的零位置。在这一步骤中，我们先让探测器的准直孔基本对准 α 粒子源的准直孔，把该位置确定为 N 度，然后在 $N+15$ 度和 $N-15$ 度的方向上每隔 1°测量一组计数，最后把计数的峰位置确定为 0 度，并让 α 粒子源回到 0 度处且使系统的位置记录器置零。

2）在 0°位置，让探测器离 α 粒子源最近，测量 α 粒子通过一定厚度的空气层后的计数率。

3）不断增加 α 粒子源与探测器之间的距离，逐次测量 α 粒子通过不同厚度的空气层后的计数率，直到计数率为零。

4）作出计数率 n 与空气层厚度 d 的关系曲线，确定计数率为 $n_0/2$ 时的空气层厚度为 α 粒子在空气中的射程 $\overline{R}$。

5）在实验装置中，α 放射源表面与放射源屏蔽体表面的距离为 20. 0mm，探测器表面与探测器准直器表面的距离为 2. 5mm。所以，不可能从 $d=0$ 处开始测量，而只能从 $d=22.5$mm 开始测量。但是，在 $n-d$ 关系曲线的起始部分，计数率基本不变，因此，可以把 n 保持不变的那一段的计数率的平均值作为 $d=0$ 处的计数率。记录下测量参数：室温 $T=$____℃、气压 $P=$____Pa、采样时间 $t=$____s、偏置电压 $U=$____V，α 放射源准直器直径为：$\phi_1=4$mm、探测器灵敏区的直径为：$\phi_2=5$mm。

2. α 粒子微分散射截面与散射角关系的测定

在对 α 散射的研究中，最突出、最重要的特征就是式(6. 2-84)中的散射计数率与散射角的关系。实验中，我们使 α 粒子放射源发出的 α 粒子经过准直器后，准直为直径约 4mm 的 α 粒子束。准直后的 α 粒子沿准直方向轰击金靶并发生散射。金靶入射面设有直径为 5mm 的孔，也起到准直作用，金靶的出射面孔径为 8mm。在靶上散射后的 α 粒子进入金硅面垒探测器，在探测器中形成脉冲信号。探测器每输出一个脉冲信号则表示探测到一个散射的 α 粒子，记录探测器输出的脉冲计数率随散射角度的变化，则对 α 粒子在金箔靶上的微分散射截面进行了相对测量。通过分析散射角 θ 与散射计数率 n 的关系，就可以验证式(6. 2-84)的正确性。具体的测量步骤如下

1）让放射源正对探测器，即使系统处在 0 位置。

2）安装金箔靶，使孔径为 5mm 的一面正对 α 粒子放射源。

3）盖上真空室密封盖，将真空室抽真空，使真空度达到 8Pa 以下。

4）从 0°开始，每隔 1°(当散射角大于 35°后间隔 5°)测量一组 α 粒子的散射计数率 n，直到散射角 $\theta=90°$；

5）对 N 与 $\sin^4(\theta/2)$ 的关系进行拟合，确定拟合参数 P；验证 α 粒子微分散射截面与散射角关系。

3. 数据处理方法

(1) α 粒子在空气中的射程测量　据测量获得的数据，可以算出几乎没有变

化的计数率为：$\overline{n}_0 = \sum_{i=1}^{k} n_i/K$，作出 n-d 关系曲线。由曲线找出与计数率为 $\overline{n}_0/2$ 所对应的空气层厚度 d，d 即为 α 粒子在空气中的射程 $\overline{R}$。根据经验公式，α 粒子在标准状态的空气中的射程为

$$R_{0\alpha} = (0.285 + 0.005E_\alpha)E_\alpha^{3/2}$$

将我们所用的单能 α 粒子的能量 $E_\alpha = 5.486\text{MeV}$ 代入上式有

$$R_{0\alpha} = (0.285 + 0.005E_\alpha)E_\alpha^{3/2} = (0.285 + 0.005 \times 5.486) \times 5.486^{3/2}\text{cm}$$
$$= 4.02\text{cm} = 40.2\text{mm}$$

将这一理论结果与实验测得的 α 粒子在空气中的射程 R 相比较，计算其相对误差。

（2）微分散射截面及其与散射角的关系的验证　对所采集的数据按 3σ 原则去掉异常数据以后，通过对可靠组数据求算术平均值，得到拟合参数的平均值为 $\overline{P}$。验证这些数据中的所有 N 与 $\sin^4(\theta/2)$ 在误差范围内是否符合函数关系式（6.2-84）的等价式

$$N = \frac{P}{\sin^4(\theta/2)} \tag{6.2-85}$$

从测量的结果来看，当 $\theta \leqslant 2°$ 和 $\theta \geqslant 85°$ 时，N 与 θ 的关系和式（6.2-85）是否符合。观察在角度很大时是否检测到了一定数量的 α 粒子，讨论 α 粒子散射是否存在大角度散射。在实验误差范围内证明式（6.2-84）中散射角与散射计数率关系的正确性，从而验证 α 粒子的微分散射截面与散射角的关系。

（韩忠　稿）

第 7 章　设计与研究性实验

7.1　初级设计性实验

实验 62　三用电表的设计、制作与校正

万用电表是一种多功能、多量程的电学仪表，它可在几个不同量程测量直流电流、直流与交流电压，还可测电阻等。由于它功能较多，在实验中获得广泛应用；但也有其不足，就是准确度较低。本实验组装三用电表（测直流电流、直流电压、电阻），分两次实验完成，为的是让学生在使用万用电表方面打下一个基础，也作为一个设计性实验的一种训练。

实验一　表头内阻的测定和三用电表的设计

【实验目的】

(1) 了解磁电式电表的结构与其主要符号的意义。

(2) 学会测量表头内阻的一种（或两种）方法。

(3) 初步了解三用电表的基本原理并进行设计。

【实验仪器】

100μA 表头、直流电流表、电阻箱、滑线电阻器、直流稳压电源、单刀开关（或单刀双掷开关）2 只、导线若干。

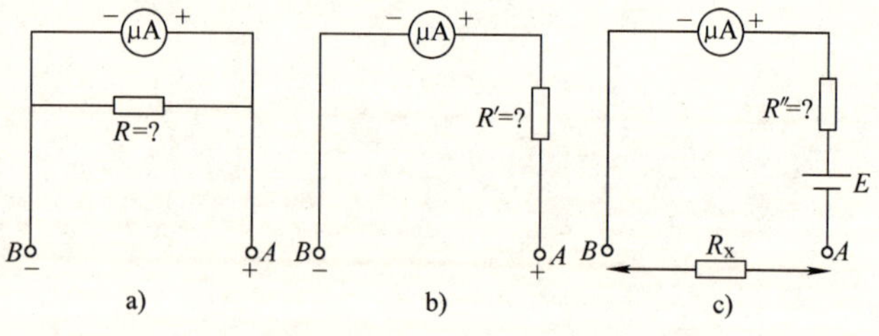

图 7.1-1　电流表、电压表、欧姆表的设计
a) 电流表　b) 电压表　c) 欧姆表

【实验原理】

1. 三用电表的构成

万用电表功能虽多，但归纳起来主要功能有三个：测电流、电压、电阻。本实验所制作的三用电表是以一个磁电式微安表（亦称表头）为核心组装而成。学习与练习以微安表为显示器的三用表（直流电流表、直流电压表、欧姆表[⊖]）的设计与组装。

⊖ 欧姆表是俗称，标准应称为绝缘电阻表。

上述三种功能如果分开孤立地设计是比较容易的，如图 7.1-1a、b、c 所示。由图可知，设计直流电流表就是计算分流电阻值；设计直流电压表就是计算串联电阻 R 值；设计欧姆表就是直流电压表加一直流电源，当在欧姆表两端 A，B 接入一电阻 R_x 时，表头指针偏转的大小来测量待测电阻 R_x 值。

2. 表头内阻的测定

要实现三用表的正确设计、制作，首先要准确测定表头的内阻 R_g。测表头内阻的方法较多，常用的有半值法与替代法，线路如图 7.1-2 与图 7.1-3 所示。

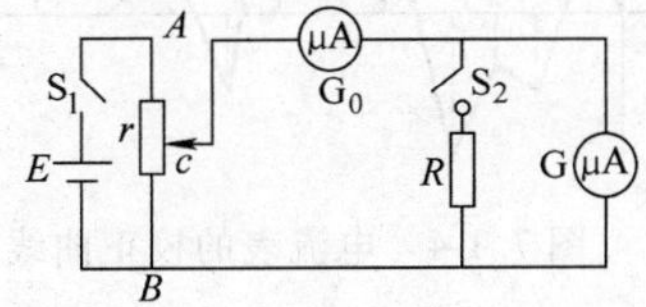

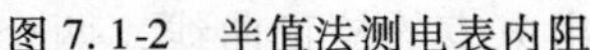
图 7.1-2　半值法测电表内阻

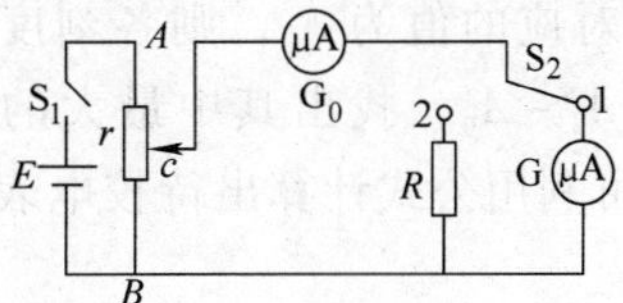

图 7.1-3　替代法测电表内阻

采用半值法测量表头内阻的线路如图 7.1-2 所示，图中 G 是待测量的表头（100μA），G_0 是监控电表（0～150μA），r 滑线电阻，R 电阻箱，E 直流稳压电源。合上开关 S_1，断开 S_2，G_0 与 G 是串联回路，此时调滑线电阻 r，滑动触头 c 逐渐向 A 点移动（使输出电压增大），使 G 满度（或某一个定值）。显然，流过 G 与 G_0 的电流相等，记下它们的读数后合上 S_2，此时整个电路的电阻发生变化，G_0 与 G 表的读数不会相等，调节滑线电阻 r 的大小，使 G_0 的读数保持原值不变，同时调节电阻箱 R 的大小，使 G 的读数为原值的一半。这时，流过电阻箱 R 上的电流与流过表头 G 的电流相等，则 $R=R_g$。

替代法测表头内阻的线路如图 7.1-3 所示，先将开关 S_2 倒向 1 端，再合上 S_1，调节 c 点位置，使 G 满度（或某一定值），此时记下 G_0 的读数，尔后把 S_2 倒向 2 端，（先调 R，使 R 约有 5000Ω 左右），再调 R 的值，使 G_0 保持原值不变，此时 $R=R_g$。

3. 电表的基本误差与校正

用任何电表测量都会产生误差。电表误差常用绝对误差、相对误差和最大引用误差（又称电表的基本误差）等表示。

绝对误差是电表示值 A_i 与被测量的实际值 A_0（一般用电表准确度等级较高的标准表的示值给出）的差值，即 $\Delta_i=A_i-A_0$；相对误差是绝对误差与 A_0 的比值，通常是以百分数表示。

引用误差 η 是绝对误差与电表量限 A_m 的比值，即

$$\eta=\frac{\Delta_m}{A_m}\times 100\% \tag{7.1-1}$$

由于电表上各点的绝对误差差别不大，因而各点的引用误差也有些差异，但其差异较小；而各点的相对误差由于测量值有较大变化，致使差异很大，所

以用引用误差比用相对误差更有利于表示电表的准确度等级 K，即

$$K = \frac{\Delta_{max}}{A_m} \times 100 \tag{7.1-2}$$

电表经过改装或经过长期使用后，必须进行校正，其方法是用待校电表和一个准确度等级较高的标准表同时测量一定的电流或电压，令待校表各刻度值为 A_i，标准表所对应的值为 A_0，则各刻度的绝对误差 $\Delta_i = A_i - A_0$，找出其中最大的绝对误差 Δ_{max}，可利用公式计算出待校电表的准确度等级 K。

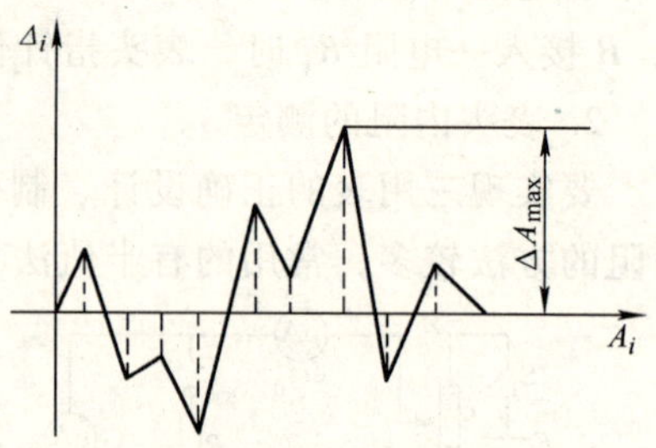

图 7.1-4 电流表的校正曲线

如果以 A_i 为横坐标，以 Δ_i 为纵坐标，可画出电表的校正曲线，两个校正准点之间用直线连接，整个图形是折线状，如图 7.1-4 所示。

【实验内容与要求】

（1）测定表头内阻：用半值法测表头内阻，接线如图 7.1-2 所示，先断开 S_2，合上 S_1，调节滑线变阻器 r 使 G 满度，记下 G_0 与 G 的读数；而后合上 S_2，调节电阻箱 R 的阻值，并同时调节 r 的大小，使 G_0 保持原值，而 G 的读数为原值的一半，此时 $R = R_g$。

注意：表头所能通过的电流是很微小的，因此，在调节 r 时滑动触头 c 要先放在输出电压最小（滑动触头 c 放在 B 端）处，尔后慢慢增大，不能使电流超过额定值，更不允许电流反向。

由于表头内阻对三用电表的组装影响大，建议用另一种方法测表头内阻，最后取满意的值或平均值作为设计值。

（2）参阅下面的实验二三用电表的参考电路（见图 7.1-5）以及有关电路进行设计。设计时，首先要看懂电路图，要了解实验室提供的表头的主要性能（内阻、量限等）；而后逐个计算各个 R 值。

（3）对照三用电表插线板，初步了解各元件位置，转换形状的作用及线图布置。

（4）写出你的设计报告。

实验二 三用电表的组装与校正

【实验目的】

（1）掌握三用电表的基本原理和设计方法。

（2）学习三用电表的组装与校正。

【仪器与器具】

100μA 表头、直流电流表、直流电压表、电阻箱、直流稳压电源、三用电表插线板、各种导线等。

【实验原理】

三用电表主要由磁电式测量机构（即表头）和转换开关控制的测量电路组成。实际上，它是根据改装电表的原理，将一个表头分别连接各种测量电路而改成多量程的电流表、电压表与欧姆表。

设计组装三用电表的要求是：直流电流 3 档，直流电压 3 档，欧姆表 1 档，设计的参考电路如图 7.1-5 所示。

1. 直流电流档的设计

图中表头的量程为 100μA，现在设计将量程扩大到 1mA、15mA、60mA，从图中摘出与这三个量限有关的电路，如图 7.1-6 所示。对于量限为 60mA 的表头设计，我们把电路改绘成如图 7.1-7 所示的电路。从图中可以看出，关键在于算出 R_1 的值。设通过表头的电流是满量程电流 I_0，则另一支路（即通过 R_1）的电流为 $0.06-I_0$，于是

$$I_0(R_3+R_2+R_g)=(0.06-I_0)R_1 \qquad (7.1\text{-}3)$$

对于量限 1mA 的表头设计，依照上述情况可画类似的如图 7.1-8 的电路图，同样可得出如下的方程

$$I_0R_g=(0.001-I_0)(R_1+R_2+R_3) \qquad (7.1\text{-}4)$$

对于 15mA 的量限，也可列出如下的方程

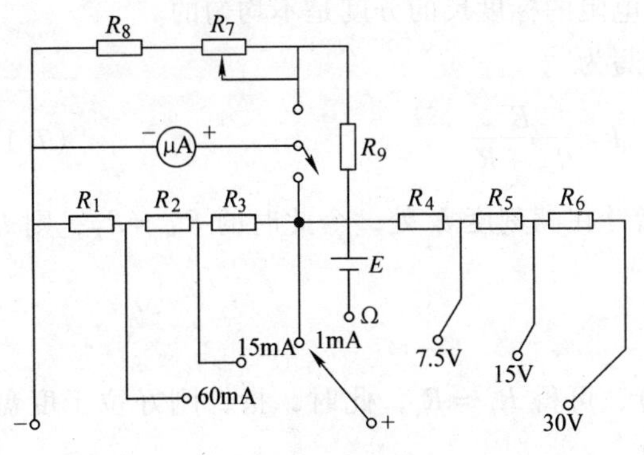

图 7.1-5　三用电表设计参考电路

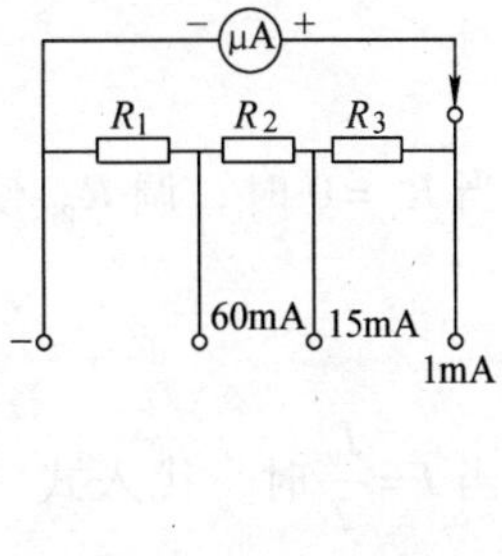

图 7.1-6　三用电表直流电流档部分电路

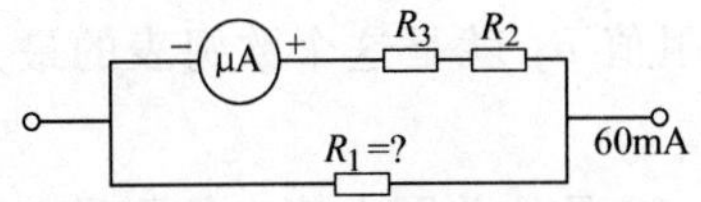

图 7.1-7　60mA 电流档电路

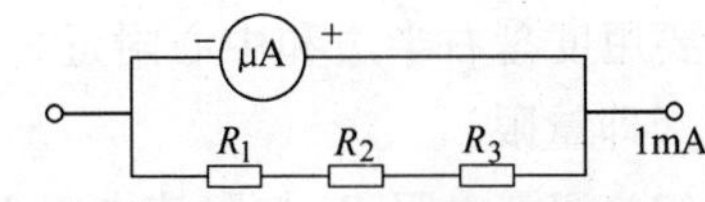

图 7.1-8　1mA 电流档电路

$$I_0(R_g+R_3)=(0.015-I_0)(R_1+R_2) \tag{7.1-5}$$

上面三个方程联立，即可获得 R_1，R_2，R_3 之值。

2. 直流电压档的设计

从图 7.1-5 中摘出测量电压的电路如图 7.1-9 所示。R_1，R_2，R_3 已经算出，故可以把虚线框看成一个等效表头的内阻，因为等效表头的总电流为 1mA，这样，据扩程的电压量程，可分别算出 R_4，R_5 与 R_6 值。

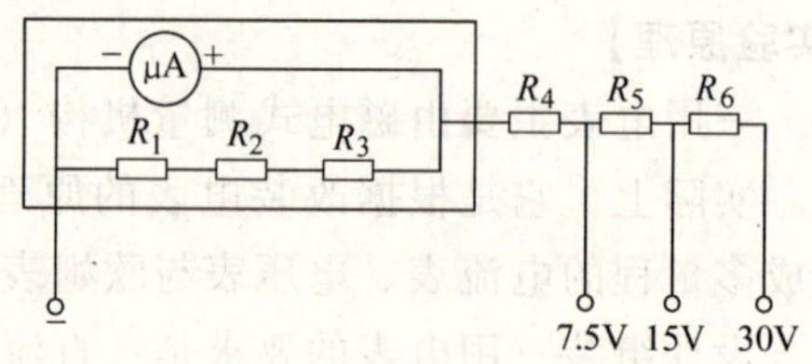

图 7.1-9　三用电表直流电压档部分电路

3. 欧姆档的设计

此项设计比前两个设计复杂，以下分三步讨论：

(1) 欧姆表的不均匀分度与中心阻值　图 7.1-1c 是欧姆表的基本原理图。表头、电池 E、可变电阻 R''及待测电阻 R_x 串联构成回路，电流 I 通过表头即可使表头指针偏转，其值为

$$I=\frac{E}{R_g+R''+R_x} \tag{7.1-6}$$

在 E 一定的条件下（一般为 1.5V），指针偏转与回路的总电阻成反比。当 R_x 改变时，电流就变化，被测电阻 R_x 越大，I 越小；当 R_x 为无穷大时，表头指针为零，因此，欧姆表的标尺刻度与电流表、电压表的标尺刻度相反，由于 I 与被测电阻 R_x 不成正比关系，所以电阻的标度尺的分度是不均匀的。

令 $R_g+R''=R_{内}$，则上式可改写为

$$I=\frac{E}{R_{内}+R_x} \tag{7.1-7}$$

当 $R_x=0$ 时，调 $R_{内}$ 使表头指针在满刻度 I_0 处，令此时的 $R_{内}=R_K$，则 $I_0=\frac{E}{R_K}$。

当 $I=\frac{I_0}{2}$时，代入式（7.1-7），可得 $R_K=R_x$，此时，指针刚好位于度盘中心，因而将此阻值称为欧姆表的中心阻值，记作 R_K（又称欧姆中心），它是欧姆表的一个重要参量。

通常把欧姆表的中心阻值 R_K 称为这个欧姆表的内阻，由于欧姆表测量电阻时主要用度盘右半边和中心附近，因而中心阻值 R_K 就是这个欧姆表的最大测量范围（即量限）。

(2) 调零电阻 R_7 与限流电阻 R_8　图 7.1-10 是从总图中摘出的测量电阻的电路。

欧姆表中电源为一节干电池，其电动势在 1.5V 左右，新电池的电动势可能接近 1.65V，旧的要低些，在这里设计中取电压最低值为 1.25V。为了适应电池电压的变化以及在 $R_x=0$ 时表头指针指向满刻度，图中设置了调零电阻 R_7 与限流电阻 R_8。

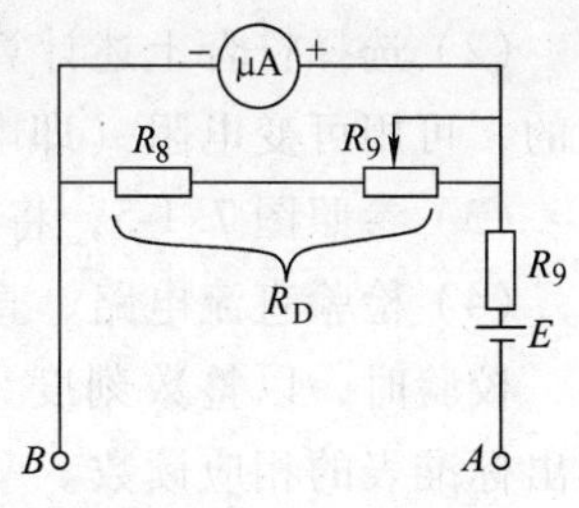

图 7.1-10　测电阻电路

（3）R_7，R_8 与 R_9 的计算　设 A、B 两端短接时（即 $R_x=0$），表头指针在满度（即 I_0）位置。忽略电池内阻，则有下式：

$$\frac{E-I_0R_g}{R_9}=I_0+\frac{I_0R_g}{R_D} \tag{7.1-8}$$

当待测电阻 $R_x=R_K$（欧姆表中心阻值）时，表头指针恰好在$\frac{I_0}{2}$处，同理有下式

$$\frac{E-\frac{I_0}{2}R_g}{R_9+R_K}=\frac{I_0}{2}+\frac{\frac{I_0}{2}R_g}{R_D} \tag{7.1-9}$$

式中，$R_D=R_7+R_8$。

解上两个方程，可得 $R_9=R_K-\frac{I_0R_gR_K}{E}$。

先取 $E=1.5\text{V}$，R_K 已知（由设计要求给出）可求 R_9，而后由式（7.1-8）求出 R_D。

R_7 的计算：用以下的方法估算，先求欧姆表回路的工作电流，因为 $E=1.5\text{V}$，而欧姆表的内阻为 R_K（即欧姆表中心阻值），所以 $I=\frac{1.5}{R_K}$。

先取 $E=1.65\text{V}$，回路总电阻为$\frac{1.65\text{V}}{I}$。

又取 $E=1.25\text{V}$，则回路总电阻为$\frac{1.25\text{V}}{I}$。

它们的差值可近似为 R_K 的变化量，由此可进一步确定 R_7，R_8 的值。

【实验内容】

（1）将 100μA 表头改装成如下规格的三用电表。

直流电流　1mA、15mA、60mA

直流电压　7.5V、15V、30V

欧姆表　　中心电阻为 12kΩ

参照有关电路，算出 $R_1 \sim R_9$ 的阻值。

注：表头的内阻要测准！

(2) 选择符合上述计算值的电阻(一般均能在插线板上找到);若找不到合适的,可用可变电阻(即电位器)调成所需的阻值。

(3) 参照图 7.1-5,将各元件及表头引线插到接线板上,连好电路。

(4) 检验直流电路、直流电压档。检验电路由自己设计。

校验时,以整数刻度(各个量程都要)校验 5 个点,被校表选整数读数,读出标准表的相应读数。

(5) 求组装表(电流、电压各 2 档)的准确度等级。

(6) 检验调零电阻的效果。

(7) 以电阻箱为准,检查欧姆表中心阻值是多少,是否符合设计要求(求百分误差)。

(8) 讨论与评价你的设计与制作工作。

【思考题】

(1) 为什么欧姆表要设置调零电阻?如何计算它的阻值?在接线板上的调零电阻是分压式还是限流(即制流)式?

(2) 为什么不宜用欧姆表测量表头内阻?能否用欧姆表测量电源内阻?

(3) 若用 15mA 直流档去测量直流电压 15V 时将会产生什么后果?为什么?

(4) 通过设计、组装、校正,总结一下万用电表使用时应注意哪些方面?

(周寅康 稿)

实验 63 显微镜、望远镜的设计与组装

显微镜和望远镜是近代科学技术的两项伟大发明,它们将人类的视觉延伸到了更加宽阔的微观和宏观世界,具有划时代的意义。显微镜和望远镜是常用的助视光学仪器,具有广泛的应用领域。它们的构成看似简单,却蕴涵着极其丰富的理论知识。了解它们的构造原理,并自己动手设计、组装显微镜和望远镜,不仅有助于加深理解透镜成像规律,也有助于调整和使用其他光学仪器。因此,本实验的可操作性、趣味性有目共睹,尤其是要观察它们的相同性和相异性。

【实验目的】

(1) 理解显微镜和望远镜的构造及成像原理,掌握基本参数。

(2) 学会设计组装显微镜和望远镜以及调节使用的方法。

(3) 学习视放大率等概念并掌握其测量方法。

【实验原理】

显微镜和望远镜都是人眼睛的辅助工具。显微镜主要用于观测近处微小

的物体，望远镜主要用于观测远处模糊的物体，它们的作用都是将被观测物体的视角加以放大。在构造上，两者的光学系统比较相似，都是由物镜和目镜组成。两者的不同点除了它们的用途不同之外，最根本的是放大率不同。常用光学显微镜的视放大率可以达到近千倍，而普通望远镜的放大率一般为几倍至几十倍。

1. 显微镜

（1）显微镜的基本结构　显微镜由两个凸透镜构成，一个作物镜 L_o、一个作目镜 L_e。其基本光学系统如图 7.1-11 所示。位于物镜焦点外的微小物体 y 经物镜后成一放大倒立的实像 y'，再经目镜放大成虚像于无穷远处，两次放大都使得张角增大。为了适合观测近处微小物体，显微镜物镜的焦距很短，而相比之下目镜的焦距较长。

（2）显微镜的视放大率 $M_{理论}$　显微镜物镜的像方焦点 F'_o 与目镜的物方焦点 F_e 之间的距离 Δ 称为光学间隔。当放大倍数一定时，其光学间隔和镜筒长度也是一个定值。显微镜的视放大率定义为：像对人眼的张角 ω' 的正切与物在明视距离 $D=250\text{mm}$ 处时对人眼的张角 ω 的正切之比，即

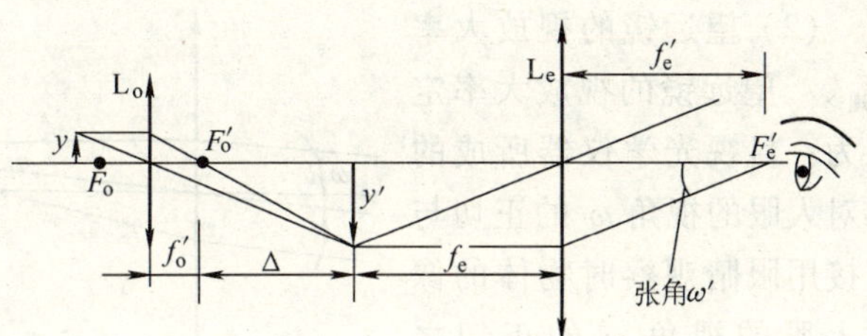

图 7.1-11　显微镜的基本光学系统

$$M_{理论}=\tan\omega'/\tan\omega \tag{7.1-10}$$

由于 $\tan\omega'=y'/f'_e$，$\tan\omega=y/D$，有

$$M_{理论}=\frac{\tan\omega'}{\tan\omega}=\frac{y'/f'_e}{y/D}=\frac{Dy'}{f'_e y}=\frac{D\Delta}{f'_e f'_o}=M_o M_e \tag{7.1-11}$$

式中，$M_o=y'/y=\Delta/f'_o$ 为物镜的放大率；$M_e=D/f'_e$ 为目镜的放大率。由式（7.1-11）可以看出：光学间隔越大，物镜、目镜焦距越短，显微镜的放大倍数就越大。

（3）显微镜的视放大率 $M_{实测}$　如图 7.1-12 所示。物体 y 经物镜后在目镜的焦平面上成一放大倒立的实像 y'，再经过目镜放大成虚像 y''。根据显微镜的视放大率定义可得

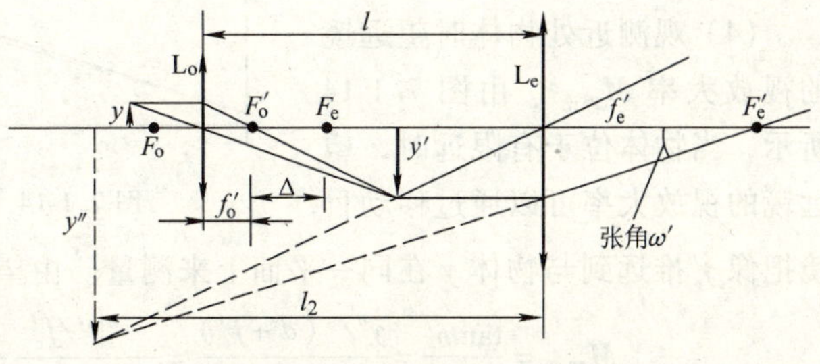

图 7.1-12　显微镜成像光路图

$$M_{理论}=\frac{\tan\omega'}{\tan\omega}=\frac{y''/(l_2+f_e')}{y/D}=\frac{y''/(l_2+f_e')}{y'/D}\frac{y'}{y}=\frac{Dy'}{f_e'y}=M_oM_e \qquad (7.1\text{-}12)$$

形式上等同于式（7.1-11）。这时，视放大率的测量可以利用一个与主光轴成45°角的半透明反射镜，将一标尺成虚像至显微镜的像平面，直接比较测量像长y''，可得出视放大率为

$$M_{实测}=y''/y$$

2. 望远镜

（1）望远镜的基本结构　普通望远镜由物镜L_o和目镜L_e组成。其基本光学系统如图7.1-13所示。远处物体经物镜后在物镜像方焦平面上成一倒立缩小的实像，再经目镜将此实像放大成像于无穷远处，使其视角增大。为了便于对远处物体进行观测，望远镜物镜的焦距一般较长而目镜的焦距较短。

（2）望远镜的视放大率$M_{理论}$　望远镜的视放大率定义为：目视光学仪器所成的像对人眼的视角ω'的正切与直接用眼睛观察时物体的像对人眼的视角ω的正切之比，即

$$M_{理论}=\tan\omega'/\tan\omega \qquad (7.1\text{-}13)$$

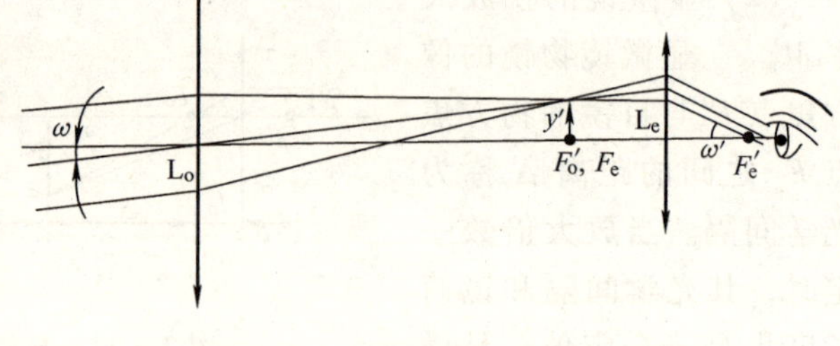

图7.1-13　望远镜的基本光学系统

（3）观测远处物体时望远镜的视放大率$M_{理论}$　由图7.1-13所示，当物体位于无穷远处时，物直接对人眼的张角等于物对望远镜的张角ω，根据几何光路可知$\tan\omega=y'/f_o'$，$\tan\omega'=y'/f_e=y'/f_e'$，则望远镜的视放大率

$$M_{理论}=\frac{\tan\omega'}{\tan\omega}=\frac{y'/f_e'}{y'/f_o'}=\frac{f_o'}{f_e'} \qquad (7.1\text{-}14)$$

由式（7.1-14）可知，物镜的焦距越长，目镜的焦距越短，望远镜的视放大率就越大。

（4）观测近处物体时望远镜的视放大率$M_{理论}$　由图7.1-14所示，当物体位于有限远时，望远镜的视放大率可以通过移动目镜把像y''推远到与物体y在同一平面上来测量。由望远镜的视放大率定义可知：

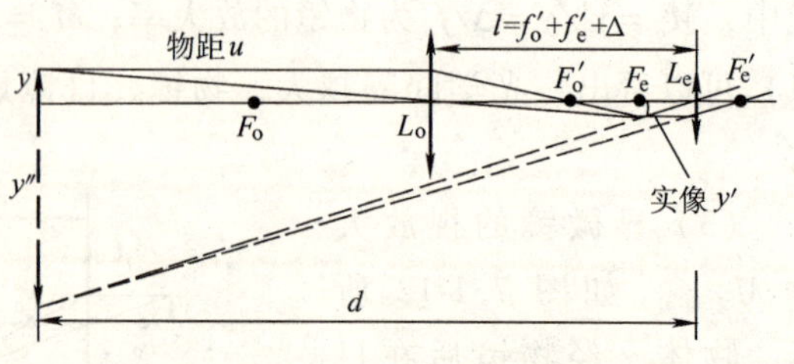

图7.1-14　望远镜成像光路图

$$M_{理论}=\frac{\tan\omega'}{\tan\omega}=\frac{y''/(d+f_e')}{y/(d+f_e')}=\frac{y'/f_e'}{y/(d+f_e')}=\frac{y'}{y}\frac{(d+f_e')}{f_e'}$$

由凸透镜成像公式可知，图 7.1-14 中$\frac{1}{u}+\frac{1}{v}=\frac{1}{f'_o}$，$1+\frac{u}{v}=\frac{u}{f'_o}$，$\frac{u}{v}=\frac{u-f'_0}{f'_o}$，$\frac{y'}{y}=\frac{v}{u}$，$\frac{y'}{y}=\frac{f'_o}{u-f'_o}$，则

$$M_{理论}=\frac{f'_o\ (d+f'_e)}{f'_e\ (u-f'_o)} \tag{7.1-15}$$

式中，d 是远处物体到目镜的距离。

（5）望远镜的视放大率 $M_{实测}$　由图 7.1-14 所示，望远镜的被观察物位于有限远时，$\tan\omega'=y''/d$，$\tan\omega=y/d$，则望远镜的视放大率为

$$M_{实测}=\frac{\tan\omega'}{\tan\omega}=\frac{y''/d}{y/d}=\frac{y''}{y} \tag{7.1-16}$$

3. 实用目镜介绍

目镜是显微镜和望远镜的重要组成部分，它的作用相当于一个放大镜。目镜将物镜的像进一步放大后，使之成像于人眼的明视距离 $D=250\text{mm}$ 或无穷远处。目前，常用的显微镜和望远镜使用的目镜有单凸透镜目镜、惠更斯目镜、冉斯登目镜、凯涅尔目镜、对称目镜、无畸变目镜和广角目镜等，本实验采用单凸透镜作目镜。

【实验仪器】

光具座、凸透镜一组（焦距分别为 f8、f10、f20、f30、f50、f75、f100、f150、f－100、f－150）、透明标尺或光栅 $d=0.05$，钢尺、平面反射镜、观察屏、台灯或白光源（生产单位：重庆大学物理实验中心）。

【实验内容】

（1）用给定的实验仪器，设计组装一台观察点位于目镜后焦点、成像于人眼明视距离 $D=250\text{mm}$ 处、视放大率 $M=250$ 倍左右的显微镜，并实际测量该显微镜的视放大率。

（2）用给定的实验仪器设计组装一台望远镜，实际测量物距 u 为离望远镜物镜 $L_0=100.00\text{cm}$ 处且物像共面时的视放大率，并计算出视放大率的理论值。

（3）画出简单的原理性光路图，并简要说明之。

（4）设计数据表格，正确处理数据并用文字进行误差分析。

（5）写出完整的实验报告。

【实验提示】

1. 显微镜

1）根据设计要求选择合适的透镜作物镜和目镜，并在光具座上调节两透镜等高共轴。

2）计算物镜与目镜的间距 l，$l=f_o+\Delta+f_e$（$\Delta=18\text{cm}$）

3）测量显微镜的视放大率 $M_{实测}$ 时，可参考图 7.1-15 进行组装。

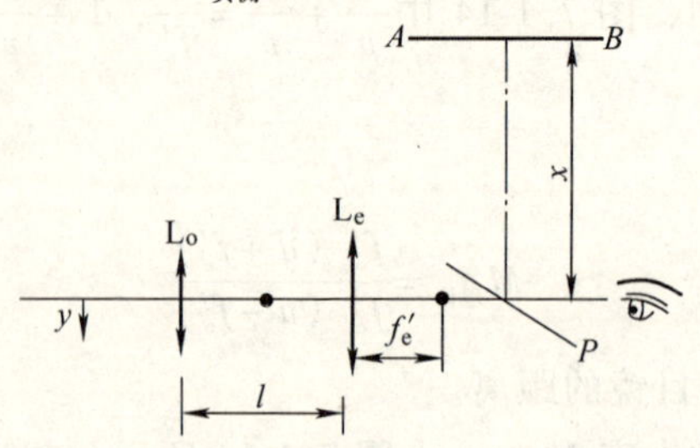

图 7.1-15 测显微镜视放大率仪器组装图

y—玻璃标尺（被观测物） P—反射镜 AB—毫米标尺 x—20cm

4）调节物距，反复加以比较，直至调整到透明尺的像放大到最粗、最清晰且无变形。转动反射镜 P，使得通过 P 同时看到毫米标尺的像和玻璃标尺的像。此时显微镜的视放大率为

$$M_{实测} = y''/y$$

2. 望远镜

1）根据设计要求选择合适的透镜作物镜和目镜，并在光具座上调节两透镜等高共轴。

2）计算物镜与目镜的间距 l，$l = f_o + \Delta + f_e$（$\Delta = 2\text{cm}$）。

3）测量望远镜的视放大率 $M_{实测}$ 时，可参考图 7.1-14 进行组装。

4）移动目镜，使得从目镜中能看到清晰的、黑白间隔的标尺板的像。然后用一只眼睛从望远镜外直接观察黑白间隔标尺板，另一只眼睛通过望远镜观察标尺板的像，一边轻轻上下晃动眼睛，一边慢慢移动目镜位置，使黑白间隔标尺板与其像之间基本没有视差。则：望远镜的视放大率为

$$M_{实测} = y''/y$$

【思考题】

（1）显微镜和望远镜在结构原理上有哪些相同点和不同点？

（2）在光具座上为何要对光学元件进行等高共轴调节？若光学元件不等高共轴会出现何种状态？

（3）组装显微镜时，物体为什么要放在一倍焦距以外、两倍焦距以内？

（4）望远镜放大倍数与视场角的关系？

（5）显微镜放大倍数与景深的关系？

【参考文献】

［1］ 丁慎训，张连芳．物理实验教程［M］．北京：清华大学出版社，2002.

［2］ 张以谟．应用光学［M］．北京：机械工业出版社，1982.

（李田 稿）

实验 64　核衰变的统计规律研究

通过反复测量放射源（^{137}Cs 或 ^{60}Co）在一段时间内的强度并作为一个随机事件，取一个样本容量为 A 的样本，来观察其结果是否符合正态分布。根据测得的数据并结合概率论和数理统计方面的知识，求出期望值和方差的无偏估计，画出放射性计数的频率直方图并与理论分布曲线作比较，用 χ^2 检验法检验放射性计数的统计分布类型。

【实验目的】

（1）掌握原子核衰变及放射性计数的统计分布规律。

（2）理解统计误差的意义，掌握计算统计误差的方法。

（3）学习检验测量数据的分布类型的方法。

【实验原理】

1. 放射性测量的随机性和统计性

在做重复的放射性测量中，即使保持完全相同的实验条件，每次的测量结果也并不完全相同，而是围绕其平均值上下涨落，有时甚至有很大的差别。也就是说，物理实验的测量结果具有偶然性，或随机性。物理测量随机性的产生原因不仅在于测量时的偶然误差，而且更是物理现象（当然包括放射性核衰变）本身的随机性质，即物理量的实际数值时刻围绕着平均值发生微小起伏。在微观现象领域，特别是在高能物理实验中，物理现象本身的统计性更为突出。按照量子力学的原理，对处于同一个状态的微观粒子，测量同一个可观测的物理量时，即使不存在任何测量误差，各次测量结果也会不同，除非粒子处于这个可观测量的本征态。比如同一种粒子的寿命，其实测值分布在从相当短到相当长的范围内。另一方面，所谓偶然的东西，是一种有必然性隐藏在里面的形式，我们正是要通过研究其统计分布规律，从而找出在随机数据中包含的规律性。

放射性原子核衰变数的统计分布可以根据数理统计分布的理论来推导。放射性原子核衰变的过程是一个相互独立，彼此无关的过程，即每一个原子核的衰变是完全独立的，与其他原子核是否衰变无关，因此，放射性原子核衰变的测量计数可以看成是一种伯努里试验问题。在 N_0 个原子核的体系中，单位时间内对于每个原子核来说只有两种可能：A 类是原子核发生衰变，B 类是没有发生核衰变。

若放射性原子核的衰变常数为 λ，设 A 类的概率为 $p=(1-e^{-\lambda t})$，其中 $(1-e^{-\lambda t})$ 为原子核发生衰变的概率；B 类的概率为 $q=1-p=e^{-\lambda t}$。由二项式分布可以知道，在 t 时间内的核衰变数 n 为一随机变量，其概率 $P(o)$ 为

$$p(n) = \frac{N_0!}{(N_0 - n)!N!}p^n(1-p)^{N_0-n} \tag{7.1-17}$$

在 t 时间内，衰变粒子数为：$m = N_0p = N_0\ (1-\mathrm{e}^{-\lambda t})$，对应方根差为 $\sigma = \sqrt{N_0pq} = \sqrt{m\ (1-p)}$。假如 $\lambda t << 1$，即时间 t 远比半衰期小，这时 q 接近于1，则 σ 可简化为 $\sigma = \sqrt{m}$。

在放射性衰变中，原子核数目 N_0 很大而 p 相对而言很小，且如果满足 $\lambda t << 1$,则二项式分布可以简化为泊松分布，因为此时 $m = N_0p << N_0$，对于在 m 附近的 N 值可得到

$$\frac{N_0!}{(N_0-n)!} = N_0(N_0-1)(N_0-2)\cdots(N_0-n+1) \approx {N_0}^n$$

$$(1-p)^{N_0-n} \approx (\mathrm{e}^{-p})^{N_0-n} = \mathrm{e}^{-pN_0}$$

代入式（7.1-17）并注意到 $m = N_0p$，就得到

$$P(N) = \frac{{N_0}^n}{N!}p^n\mathrm{e}^{-pN_0} = \frac{m^n}{N!}\mathrm{e}^{-m} \tag{7.1-18}$$

即为泊松分布。可以证明，服从泊松分布的随机变量的期望值和方差分别为：$E(x) = m$, $\sigma^2 = m$。在核衰变测量中常数 $m = N_0p$ 的意义是明确的：单位时间内，N_0 个原子核发生衰变的概率 p 为 m/N_0，因此 m 是单位时间内衰变的粒子数。

现在讨论泊松分布中 N_0 很大，从而使 m 具有较大数值的极限情况。在 n 较大时，$n!$ 可以写成 $n! = \sqrt{2\pi n}n^n\mathrm{e}^{-n}$，代入式（7.1-18），并记 $\Delta = n - m$，则有

$$P(n) = \frac{m^n}{n!}\mathrm{e}^{-m} \approx \frac{1}{\sqrt{2\pi m}}\left(\frac{m}{n}\right)^{n+1/2}\mathrm{e}^{n-m} = \frac{\mathrm{e}^{\Delta}}{\sqrt{2\pi m}}\frac{1}{(1+\Delta/m)^{m+\Delta+1/2}} \tag{7.1-19}$$

经过一系列数学处理，可以得到 $\left(1+\frac{\Delta}{m}\right)^{m+\Delta+1/2} \approx \mathrm{e}^{\Delta+\frac{\Delta^2}{2m}}$。所以有

$$P(N) = \frac{1}{\sqrt{2\pi m}}\mathrm{e}^{-\frac{\Delta^2}{2m}} = \frac{1}{\sqrt{2\pi m}}\exp\left[-\frac{(n-m)^2}{2\sigma^2}\right] \tag{7.1-20}$$

式中 $\sigma^2 = m$。即当 N 很大时，原子核衰变数趋向于正态分布，可以证明 σ^2 和 m 就是高斯（正态）分布的方差和期望值。

需要指出的是，正态分布是一种非常重要的概率分布，在近代物理实验中，凡是属于连续型的随机变量几乎都属于正态分布。在自然界中，凡在大量的、相互独立的因素共同微弱作用下所得到的随机变量也都服从正态分布。即使有些物理量不服从正态分布，但它（或它的测量平均值）也往往以正态分布为它的极限分布，泊松分布就是一个很好的例子。上面讨论原子核衰变的统计现象，

下面我们分析在放射性测量中计数值的统计分布。可以证明，原子核衰变的统计过程服从的泊松分布和正态分布也适用于计数的统计分布，只需将分布公式中的放射性核衰变数 n 换成计数 N，将衰变掉粒子的平均数 m 换成计数的平均值 M 就可以了。

$$P(N) = \frac{M^N}{N!}e^{-M} \tag{7.1-21}$$

$$P(N) = \frac{1}{\sqrt{2\pi}\sigma}e^{-\frac{(N-M)^2}{2\sigma^2}} \tag{7.1-22}$$

对于有限次的重复测量，例如测量次数为 A，则标准偏差 S_x 为

$$S_x = \sqrt{\frac{\sum_{i=1}^{A}(N_i - \overline{N})^2}{A-1}} \tag{7.1-23}$$

式中，$\overline{N} = M = \frac{1}{A}\sum_{i=1}^{A}N_i$，为测量计数的平均值。可以证明$\overline{N}$为正态分布期望值的无偏估计，$S_x$ 为正态分布方差的渐进无偏估计（即当 $N\to\infty$，$S_x\to\sigma^2$）。

当 A 足够大时，$\sigma = S_x = \sqrt{M}$，即 $\sigma^2 = M$。当 M 值较大时，σ^2 也可用某一次计数值 N 来近似，即 $\sigma^2 \approx N$，$\sigma \approx \sqrt{N}$。

由于核衰变的统计性，在相同条件下作重复测量时每次测量结果并不完全相同，围绕着平均计数值 M 有一个涨落，其大小可以用方均根差 σ 来表示。

众所周知，正态分布决定于平均值 M 及均方根差 σ 这两个参数，它对称于 $N = \overline{N}$。对于$\overline{N} = 0$，$\sigma = 1$ 则称为标准正态分布

$$n(z;0,1) = \frac{1}{\sqrt{2\pi}}e^{-\frac{z^2}{2}} \tag{7.1-24}$$

正态分布数值表都是对应于标准正态分布的。

如果对某一放射源进行多次重复测量，得到一组数据，其平均值为$\overline{N}$，那么计数值 N 落在$\overline{N} \pm \sigma$（即$\overline{N} \pm \sqrt{N}$）范围内的概率为

$$\int_{\overline{N}-\sigma}^{\overline{N}+\sigma} P(N)\,dN = \int_{\overline{N}-\sqrt{N}}^{\overline{N}+\sqrt{N}} \frac{1}{\sqrt{2\pi}}e^{-\frac{(N-\overline{N})^2}{2\sigma^2}}dN \tag{7.1-25}$$

用变量 $z = \frac{N-\overline{N}}{\sigma}$来代换化成标准正态分布并查表，上式即为

$$\int_{-1}^{1}\frac{1}{\sqrt{2\pi}}e^{-\frac{z^2}{2}}dz = 0.683 \tag{7.1-26}$$

这就是说，在某实验条件下对某次测量若计数值为 N_1，则可以认为 N_1 落在$\overline{N} \pm \sigma$（即$\overline{N} \pm \sqrt{N}$）范围内的概率为 68.3%，或者说在 $N_1 \pm \sqrt{N}$范围内包含真值的概率是 68.3%。在实际运算中，由于出现概率较大的计数值与平均值$\overline{N}$的偏差不

大，可以用$\sqrt{N_1}$来代替$\sqrt{N}$。因此，对于单次测量值N_1，可以近似地说在$N_1 \pm \sqrt{N_1}$范围内包含真值的概率是68.3%，这样一来，用单次测量值就大体上确定了真值的范围。

这种由于放射性衰变的统计性引起的误差称为统计误差。由于放射性统计涨落服从正态分布，所以用方均根偏差（也称标准误差）$\sigma \approx \sqrt{N}$来表示。当采用标准误差表示放射性的单次测量值N_1时，则可以表示为：$N_1 \pm \sigma = N_1 + \sqrt{N} \approx N_1 \pm \sqrt{N_1}$。用数理统计的术语来说，将68.3%称为“置信概率”（或“置信度”），相应的“置信区间”为$\overline{N} \pm \sigma$。同理可证，当“置信区间”为$\overline{N} \pm 2\sigma$、$\overline{N} \pm 3\sigma$时，其置信概率为95.5%、99.7%。

2. χ^2检验法

放射性核衰变的测量计数是否符合正态分布或泊松分布或者其他的分布，是一个很重要的问题，涉及到对随机变量的概率密度函数的假设检验问题。简单地判断实验装置是否存在除统计误差外的偶然误差因素，可以计算平均值与子样方差，比较两者的偏离程度即可。而放射性衰变是否符合于正态分布或泊松分布，可由一组数据的频率直方图与理论正态分布或泊松分布比较得到一个感性认识。而χ^2检验法是从数理统计意义上给出了比较精确的判别准则。它的基本思想是先比较理论分布与实测数据分布之间的差异，然后根据概率意义上的反证法，即小概率事件在一次实验中不会发生的基本原理来判断这种差别是否显著，从而接受或拒绝理论分布。

设对某一放射源进行重复测量得到了A个数值，对它们进行分组，序号用i表示，$i=1, 2, 3, \cdots m$，令

$$\chi^2 = \sum_{i=1}^{m} \frac{(f_i - f'_i)^2}{f'_i}$$

式中，m代表分组数；f_i表示各组实际观测到的次数；f'_i为根据理论分布计算得到的各组理论次数。理论次数可从正态分布概率积分表上查出各区间的正态面积再乘以总次数得到。

可以证明χ^2统计量服从χ^2分布，其自由度为$m-l-1$，1是在计算理论次数时所用的参数个数：对于具有正态分布的自由度为$m-3$，泊松分布为$m-2$。与此同时，χ^2分布的期望值即为其自由度：$\langle\chi^2\rangle = v = m-l-1$。得到根据实测数据算出的统计量$\chi^2$后，比较的方法为先设定一个小概率$\alpha$，由$\chi^2$分布表找拒绝域的临界值，若计算量$\chi^2$落入拒绝域即$\chi^2 \geqslant \chi^2_{1-\alpha}(m-l-1)$，则拒绝理论分布；反之则接受。

3. 闪烁探测器的坪曲线

在进行研究核衰变的统计规律实验时，绝对不能使工作条件（包括几何条

件和探测器状态）有丝毫改变。但在实际情况下工作电压的少量漂移在所难免，因此需要测定 NaI（T1）闪烁探测器的坪曲线，以确定合适的工作电压，即选择计数率随电压漂移变化较小的工作点。坪曲线是入射粒子的强度不变时，计数器的计数率随工作电压变化的曲线。图 7.1-16 是由某次实验所得的闪烁计数器的坪曲线。曲线（1）是源计数率与工作电压关系；曲线（2）是本底计数率与工作电压关系，可以看出本底计数率相对很低。本底计数率主要是光电倍增管的暗电流、电子学噪声、宇宙射线及环境辐射产生的。工作电压应选择源计数率随电压变化较小（曲线较平部分）以及源计数率高而本底计数率相对较低的电压，如在图 7.1-16 中，就可以选取 840V。

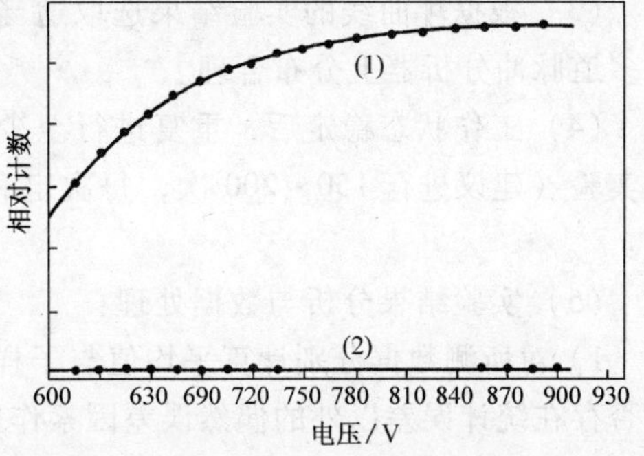

图 7.1-16　闪烁计数器特性曲线

【实验仪器】

相对论效应实验装置（生产单位：同济大学），该装置主要包括：NaI（T1）闪烁探测器（见图 7.1-17），γ 放射源（^{137}Cs 或^{60}Co），高压电源、放大器和多道脉冲幅度分析器。

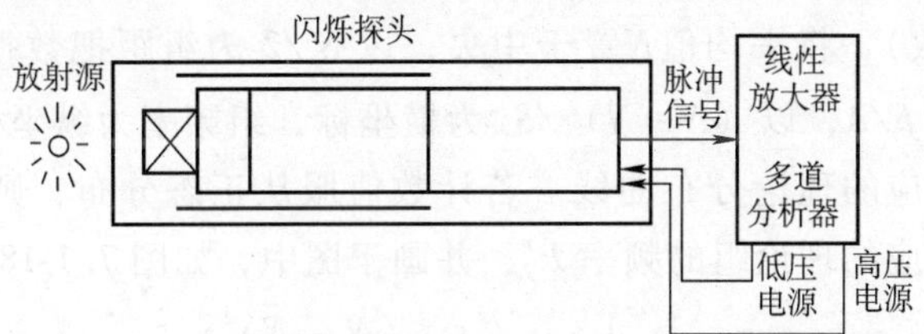

图 7.1-17　NaI（T1）闪烁探测器示意图

【实验内容】

（1）连接各仪器设备，对实验现象进行粗测，判断工作是否正常。

（2）测量 NaI（T1）闪烁探测器的坪曲线：采取定时计数的方法（建议 t = 200s，以减小统计涨落）；可以从 U = 600V 开始，ΔU = 30V 改变工作电压；一般工作电压不宜超过 1000V，以免光电倍增管发生连续放电现象而减短使用寿命。

注意：①根据所得全能谱形的实际情况可以适当截去前面计数或峰形比较杂乱的几道；②在实验中不得改变放射源和探测器的相对位置以及放大器的放大倍数，放大倍数的选取要注意当电压达到 1000V 左右（即接近电压所取最大值）时谱形不得越出多道脉冲分析器的量程。

（3）根据坪曲线的实验结果选取适当的工作电压，并确定放大倍数使谱形在多道脉冲分析器上分布合理。

（4）工作状态稳定后，重复进行至少 100 次以上独立测量放射源总计数率的实验（建议进行 150 ~200 次，每次定时 15 或 20s），并算出这组数据的平均值。

（5）实验结果分析与数据处理：

1）对所测数据分别计算平均值与子样方差，并求出标准误差，对实验装置是否存在统计误差以外的偶然误差因素作出判断。

2）对测量放射源所得数据作如下处理：

① 作频率直方图。这是一种简单直观的检验方法。把一组测量数据按一定的区间分组，以统计测量结果出现在各区间内的次数 f_i 或频率（f_i/总次数 A）为纵坐标，以测量值为横坐标，这样作出的图形在统计上称为频率直方图。将此图与理论的正态分布比较，就能粗略判断放射性衰变的计数分布是否是正态分布。

本实验中，测得 A 个数据后，计算算术平均值 $\overline{N}$ 和方均根差的估计值 S_x

$$S_x = \sqrt{\frac{\sum_{i=1}^{A}(N_i - \overline{N})^2}{A-1}}$$

（A 为总测量次数），将平均值 $\overline{N}$ 置于中央，以 $S_x/2$ 为组距把数据分组，算出相应的实验组频率 f_i/A，以 $(N-\overline{N})/S_x$ 为横坐标，组频率为纵坐标，作直方图。

② 画出相应的理论分布曲线。若计数值服从正态分布，则可算出以 $S_x/2$ 为组距的各个相应的理论组的频率 P'_i，并画于图中，如图 7.1-18 所示。

$$P'_i = \frac{1}{\sqrt{2NS_x^2}}\exp\left[-\frac{(N-\overline{N})^2}{2S_x^2}\right]dN \tag{7.1-27}$$

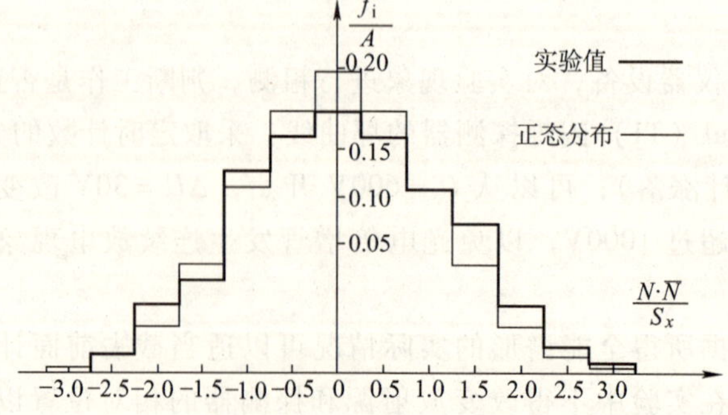

图 7.1-18 频率直方图

令 $x=\frac{N-\overline{N}}{S_x}$，则 $P_i'=\frac{1}{\sqrt{2N}}\exp\left(-\frac{x^2}{2}\right)\frac{dN}{S_x}$；因 $dN=\frac{S_x}{2}$，故

$$P_i' = \frac{1}{2\sqrt{2N}}\exp\left(-\frac{x^2}{2}\right) \tag{7.1-28}$$

③　计算测量数据落在 $\overline{N}\pm\sigma$、$\overline{N}\pm2\sigma$、$\overline{N}\pm3\sigma$ 范围内的频数，并与理论值作比较。

④　对此组数据进行 χ^2 检验。

(6) 作本底计数的实验及理论分布曲线，并对此作 χ^2 检验。

(7) 正确表示测得的单次计数值与平均计数值。

【思考题】

(1) 什么是坪曲线？谈谈坪曲线的测量在研究核衰变统计规律实验中的意义。

(2) 什么是放射性核衰变的统计性？它服从什么规律？

(3) σ 的物理意义是什么？以单次测量值 N 来表示放射性测量值时为什么是 $N\pm\sqrt{N}$？其物理意义又是什么？为什么说以多次测量结果的平均值来表示放射性测量时，其精确度要比单次测量值高？

【参考文献】

［1］ 复旦大学，清华大学，北京大学．原子核物理实验方法［M］．北京：原子能出版社，1982.

［2］ C. E. 克劳塞梅尔．应用 γ 射线能谱学［M］．高物，伍实译．北京：原子能出版社，1977.

［3］ 清华大学物理系核物理教研组，原子核物理实验［M］. 1982.

（韩忠　稿）

7.2　提高设计与综合性实验

实验 65　全息位相光栅的研究与制作

光栅是一种重要的衍射分光元件。在光栅光谱仪、光栅单色仪、光栅光度计等仪器中都能见到它的身影。光栅传统的制造方法是采用刻线机制作母光栅，然后再进行复制，但这种方法缺点不少。随着全息技术的发展，目前人类广泛地采用全息法制作光栅，它的特点将在后面介绍，这里要指出的是，选择本实验作为设计性实验，学生从原理到实际操作都能充分地发挥自己的主观能动作用，只要教师指导得法，学生肯投入，就能够制作出不错的全息光栅，学生很

有成就感；另一方面，根据要求制作不同参数的光栅，还能满足实验室里光栅衍射、光学信号空间滤波、光学信号的加减、微分、θ调制彩色编码、密度编码等实验之用。能做到这些对一个实验室来说也是一个不错的成绩。

【实验目的】

（1）掌握全息光栅的设计原理和指标参数。

（2）熟悉全息法制作全息光栅的光路。

（3）掌握暗室处理技术与漂白技术。

（4）了解全息光栅的应用。

【实验原理】

1. 全息光栅的制作原理

制作平面全息光栅是利用全息平台，在全息干版上记录两列有一定夹角的单色平面波的干涉条纹，干版经显影、定影等暗室处理后就得到一片全息光栅。

全息光栅分低频光栅和高频光栅，它们的制作光路均有差异，现分别介绍如下。

（1）低频光栅的制作原理与光路　设光栅常数为 d，其倒数就称为光栅的空间频率 $\nu = 1/d$，单位：1/mm 或 lines/mm。一般 $\nu \leqslant 200$lines/mm 被称为低频光栅，$\nu > 500$lines/mm 称为高频光栅。

如图 7.2-1 所示，Ⅰ，Ⅱ两束相干光与 P 平面的法线交角为 θ_1 和 θ_2，$\theta = \theta_1 + \theta_2$ 为两束光的会聚角。这两束相干的平行光相互叠加时，产生等间距的明暗相间的直干涉条纹，干涉条纹的间距为

$$d = \frac{\lambda}{\sin\theta_1 + \sin\theta_2} = \frac{\lambda}{2\sin\frac{1}{2}(\theta_1 + \theta_2)\cos\frac{1}{2}(\theta_1 - \theta_2)}$$

若两束光对称入射，即 $\theta_1 = \theta_2 = \theta/2$ 时，有

$$d = \frac{\lambda}{2\sin\frac{\theta}{2}} \tag{7.2-1}$$

式中，λ 为光波波长。

当 θ 很小时，

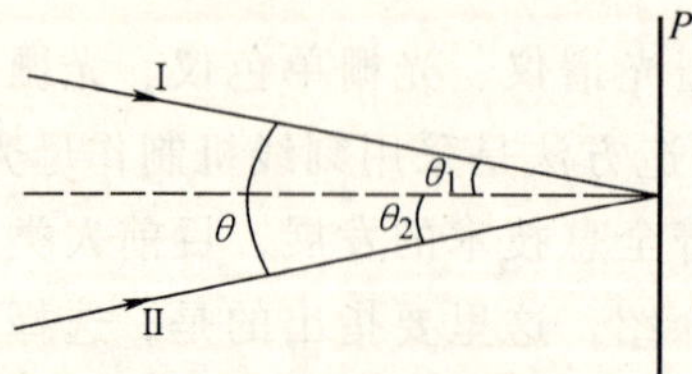

图 7.2-1　两束平行光相干涉

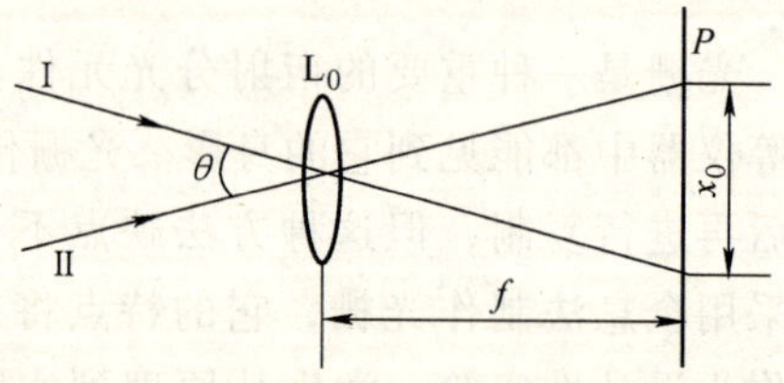

图 7.2-2　估算低频光栅空间频率的光路

$$d \approx \lambda/\theta \tag{7.2-2}$$

对制作低频光栅而言，两束光的会聚角不大，可以根据上式估算光栅的空间频率。具体办法是把透镜 L_0 放在Ⅰ、Ⅱ两束光的重合区，两束光在 L_0 的后焦面上会聚成两个亮点，设两个亮点间的距离为 x_0，透镜焦距为 f，则有 $\theta = x_0/f$

于是，可得到光栅常数

$$d = \lambda f/x_0 \tag{7.2-3}$$

而光栅的空间频率则为

$$\nu = x_0/\lambda f \tag{7.2-4}$$

记录低频光栅的常用光路是图 7.2-3 所示的马赫－曾德干涉光路。

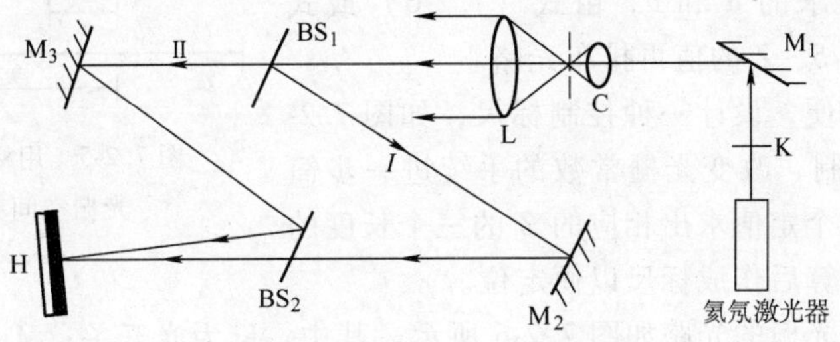

图 7.2-3 低频全息光栅光路

图中 K 为光开关；M_1，M_2，M_3 为三个平面反射镜，M_2，M_3 反射镜直径为 60mm；BS_1，BS_2 为分光镜，透反比 1:1，直径为 60mm；C 为扩束镜，放大倍数 40～60 倍；L 为准直镜，焦距 f 宜大不宜小，直径为 60mm；H 为全息干版。

注：图 7.2-2 中的 L_0 应放置在 H 处，通过 L_0 后焦平面处两光点的距离 x_0 控制两束光的夹角，L_0 的焦距对低频光栅而言是 f 宜大。

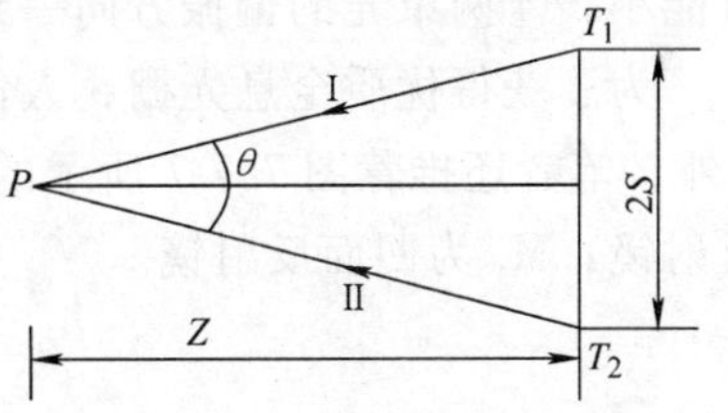

图 7.2-4 三角形干涉光路

（2）高频光栅的制作原理与光路　在 λ 一定的情况下，欲提高光栅的空频，唯一的办法就是增大两束平面波之间的夹角 θ。马赫－曾德干涉光路不能满足这一要求。欲制备空间频率较高的全息光栅，宜采用三角形干涉光路，如图 7.2-4 所示。

Ⅰ、Ⅱ两束平行光在 P 点相干，在 PT_1T_2 这个等腰三角形中，设其底边为 $2S$，高为 Z，于是

$$\sin\frac{\theta}{2} = \frac{S}{\sqrt{S^2 + Z^2}} \tag{7.2-5}$$

将式（7.2-5）代入式（7.2-1），可求得

$$d=\frac{\lambda}{2}\frac{\sqrt{S^2+Z^2}}{S}=\frac{\lambda}{2}\sqrt{1+\left(\frac{Z}{S}\right)^2} \tag{7.2-6}$$

光栅的空间频率

$$\nu=\frac{1}{d}=\frac{2}{\lambda}\frac{1}{\sqrt{1+\left(\frac{Z}{S}\right)^2}} \tag{7.2-7}$$

这样，要改变光栅的空间频率，就不必直接去改变 θ 角（那是很不方便的），而只要改变等腰三角形 PT_1T_2 的底和高的长度就行了。实际制作时可根据设计要求的 d 和 ν，由式（7.2-6）或式（7.2-7）算出 S，Z 的值再排布光路。

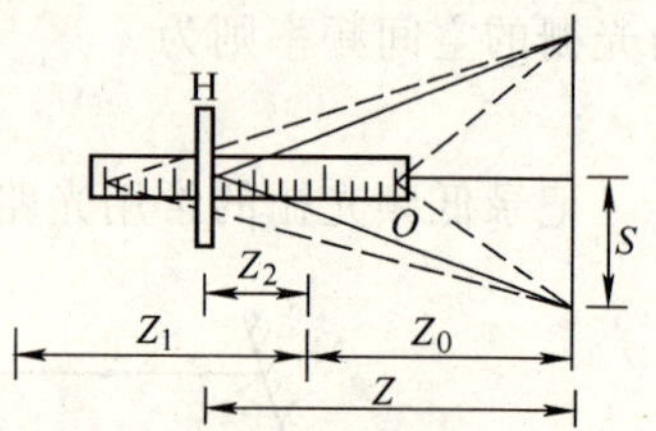

图 7.2-5 用标尺控制光栅空间频率

为了更方便，设计一种控制标尺，如图 7.2-5 所示，使控制、改变光栅常数的手续进一步简化。取 S 的三个定值求出相应的 Z 的三个长度的变化范围，计算后作成标尺以便定位。

记录高频光栅的光路如图 7.2-6 所示。其中，K 为光开关；M_1，M_2，M_3 为反射镜；C_1，C_2 为扩束镜；L_1，L_2 为准直镜；H 为全息干版。

2. 常用光路及其特点

要获得优质全息光栅，必须注意几点：①全息平台的防震性能应良好，在曝光期间，干涉条纹丝毫不能移动；②防止杂散光；③两束相干光的光程差尽可能小；④两束光的偏振方向一致。

为了获得优质全息光栅，人们排布了不同的实用光路，除图 7.2-3、图 7.2-6 外，笔者还推荐图 7.2-7 所示的光路，其中 C 为扩束镜；M_1，M_2，M_3 为平面反射镜；M_4 为凹面反射镜。

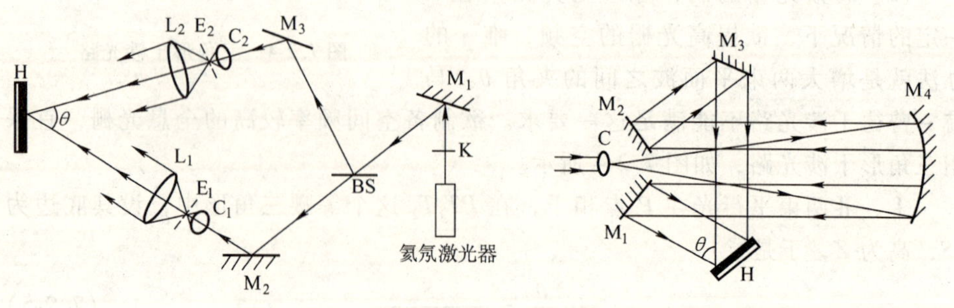

图 7.2-6 高空频全息光栅记录光路

图 7.2-7 一种实用的光路

关于图 7.2-3、图 7.2-6 光路，都具有对称性好、容易控制光程差的优点，是记录全息光栅的常用光路。但是不能不指出，要想利用上述两光路获得优质全息光栅几乎是不可能的，因为两光路无论分光、扩束、准直都采用了透射元件，必然带入严重的杂散光。因为：①在透镜、分光镜前后表面都会劈裂出多个光束。特别是进入分光镜的光束，在玻璃里多次折返，引入干扰（当分光镜较薄问题更严重）；②每个光学元件不可避免地存在折射率不均匀性 Δn，它是一种位相缺陷，将改变平面波的波阵面；③光路使用元件太多，导致干扰严重。另外，激光有很好的相干性，随之而来的是噪声问题，透射元件上的每一个尘粒都是一个次级子波源，它将产生衍射光叠加在平面波上形成噪声，越到后来影响的区域越大。因此图 7.2-3、图 7.2-6 仅是原理上的光路，优质光栅的制作并不采用它们。相反，光路图 7.2-7 则不然，只采用了 5 个元件，且多数情况下仅 4 个元件（反射镜 M_2 直接就把光反射至全息干版 H，可省去 M_3）。更主要的是光路采用反射式元件，不存在多次折返的寄生干扰以及位相缺陷 Δn 带来的干扰。

3. 曝光量的优化

选择合适的曝光量对于记录优质全息光栅是必不可少的。对于 25mW 的外腔式激光器，采用图 7.2-7 光路一般 7～8s 就行了（当然这还得看你采用的是什么记录材料）。总之，曝光量的选择是一个综合指标（它最终涉及到光栅的衍射效率），需要经过优化才能获得。

4. 暗室处理与漂白

暗室处理是指显影、停显、定影、水洗、干燥等手续，由于全息光栅是记录的干涉条纹，所以平时相馆里采用的 D72、D76（特别是 D76）配方是不能采用的，必须采用硬调的 D19，这样才能获得好的条纹反差。顺便指出，有些胶片厂家推荐 D19 配方的显影时间长达几分钟是不对的。笔者建议采用稀释显影，原液仍然用 D19，但按 1∶4 的比例稀释，获得的光栅衍射效率令人满意。仅经过暗室处理的光栅是黑白条纹的，光栅衍射效率不高，当采用了漂白处理，将黑色的银原子漂白成透明的银盐，衍射效率将大大提高，这才是我们需要的全息位相光栅。漂白剂配方有多种，人们常用的有以下几种：①铁漂白剂，铁氰化钾；②铜漂白剂，主要是硫酸铜、溴化钾等；③铬漂白剂，主要是重铬酸铵或重铬酸钾；④汞漂白剂，主要是氯化汞（有毒）。

5. 全息光栅的用途

我们这里提及的用途是实验室里的用途。

（1）用于光栅衍射实验　设光栅的空间频率为 f_0，光栅有效尺寸为 l，k 为衍射级次数，则它的分辨本领为

$$R = \frac{\lambda}{\Delta\lambda} = kf_0 l$$

因此，设计时应考虑 f_0 和 l 的大小。

（2）用于光学信号空间滤波　最好是制作正交光栅，将其作为网格输入物。

（3）用于光学信号加减　这里光栅作为滤波器，设计参数时应考虑物尺寸 b，光波波长 λ，透镜焦距 f，光栅频率为 $f_0 = b/\lambda f$。

（4）用于太伯效应实验　光栅空间频率 $f_0 < 10$lines/mm。

（5）用于光学信号的微分　制作正弦复合光栅，用于微分滤波器。

（6）用于图像识别实验　制作匹配滤波器。

（7）用于分束　全息光栅可作为激光分束元件，且具有不改变偏振状态的优点，当光栅的 θ 角大于 90°，在特定的位置只有零级和 1 级衍射级，小范围内可做到连续改变分光比。

【实验仪器】

OHT－III 激光全息实验台（生产单位：重庆大学物理实验中心），25mWHe－Ne 激光器（生产单位：北京大学物理系工厂），旋转干版架，暗室处理器具，显、定影及漂白试剂。

【实验内容】

（1）制作空间频率为 100lines/mm 的正交正弦型位相光栅。

（2）制作空间频率为 500lines/mm 的一维正弦型位相光栅。

（3）制作空间频率为 10lines/mm 的一维正弦型位相光栅。

【思考题】

（1）可采用哪些措施遏制杂散光？

（2）为什么制作空间频率特别低和特别高的光栅比较困难？难在什么地方？

【参考文献】

[1] 于美文．光学全息及信息处理［M］．北京：国防工业出版社，1984.

[2] 王绿萍．光全息和信息处理［M］．重庆：重庆大学出版社，1991.

（陶纯匡　稿）

实验 66　全息光学透镜的设计与制作

全息光学透镜与普通玻璃透镜的成像机理完全不同，普通玻璃透镜的成像是基于光的折射现象，而全息光学透镜的成像是基于光的衍射现象。最早的衍射成像元件是 1871 年瑞利制成的菲涅耳波带板，但因其衍射效率低以及多级像的存在，没有获得实际应用。20 世纪 60 年代激光技术和全息技术的大发展才推动了新型光学元件—全息透镜的发展与应用。应该指出，目前衍射成像元件已成为很庞大的家族，发展和应用日益广泛。

【实验目的】

(1) 掌握全息透镜的设计与制作原理。

(2) 学习全息透镜的制作工艺。

(3) 理解全息透镜的成像机理，了解其应用。

【实验原理】

1. 全息透镜的分类

与制作全息光栅的方法极相似，全息透镜也是利用两束相干光在叠加区域产生干涉，形成干涉条纹，记录这些干涉条纹就得到全息透镜。所不同的是制作全息光栅采用的是两束平面波的叠加，而制作全息透镜一般是采用记录平面波与球面波的干涉叠加条纹而成。当平面波与球面波的光轴重合时，全息记录材料记录的是一组包括圆心在内的同心条纹。这种全息透镜称为同轴全息透镜；当平面波与球面波的光轴有一定夹角时，全息记录材料记录的是远离圆心的同心条纹的一部分，这种全息透镜称为离轴全息透镜。同轴全息透镜与离轴全息透镜在成像方式上有较大差异，在性能和使用中也各不相同。

2. 同轴全息透镜的制作原理

同轴全息透镜的制作记录光路如图 7.2-8 所示，K 为光开关；M_1，M_2，M_3 为平面反射镜；C 为扩束镜；L_1 为单色准直镜；BS_1，BS_2 为大孔径分光镜（应该为楔形）；L_2 为聚光镜；H 为全息干版（或白屏）。

图 7.2-8 所示的是一个马赫 - 曾德干涉光路。在其中一个光臂中加入透镜 L_2，使平面波变为球面波。球面波会聚点稍偏离分光镜 BS_2；另一个光臂是一束平面波，两束光在 H 处形成稳定的同心圆环干涉条纹。这组干涉图对全息干版曝光，经显、定影处理就得到同轴全息透镜。

应该指出，制作全息透镜还可以采用两束球面波的干涉叠加，一束是发散的；另一束是会聚的。当记录介质的法线与两球面波的球心连线重合时，就是同轴全息透镜，否则，就是离轴全息透镜。

3. 离轴全息透镜的制作原理

如图 7.2-9 所示，其光路和图 7.2-8 相比，已没有了分光镜 BS_2，而代之是与 M_1，M_2 一样的大孔径反射镜。由 L_1 出射的单色平面波经分光镜 BS_1 分成两束，透射的一束经 M_2，M_3 反射后以一定倾角斜射在 H 上；反射的一束经透镜 L_2 将平面波变换成球面波向着 H 正入射去，

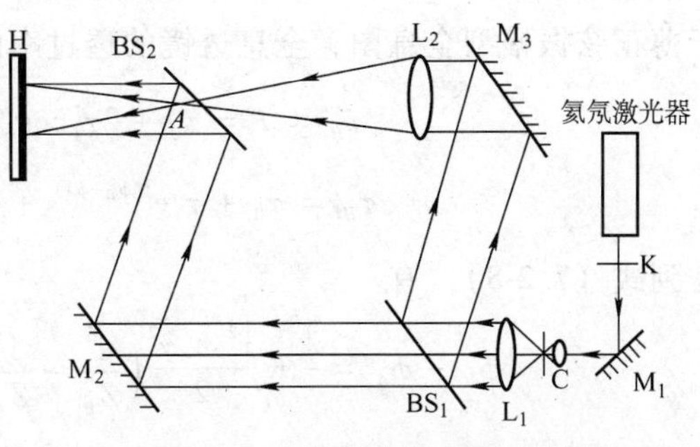

图 7.2-8　同轴全息透镜记录光路

于是平面波与球面波光轴有一定的倾角。全息材料记录的就是远离中心的同心圆环的一部分，这就是离轴全息透镜的干涉图样。

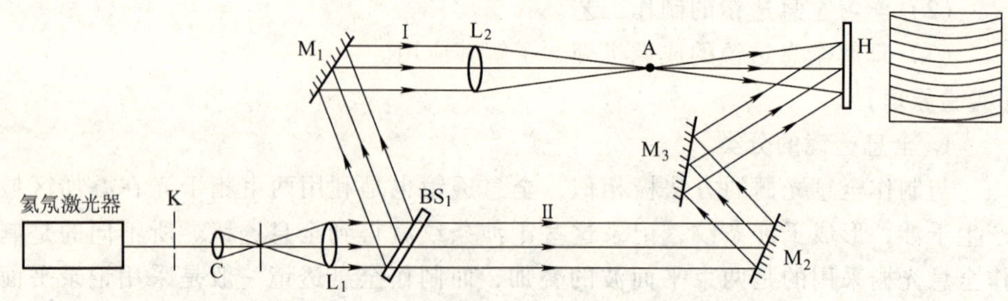

图 7.2-9 离轴全息透镜的记录光路

4. 同轴全息透镜的物像关系

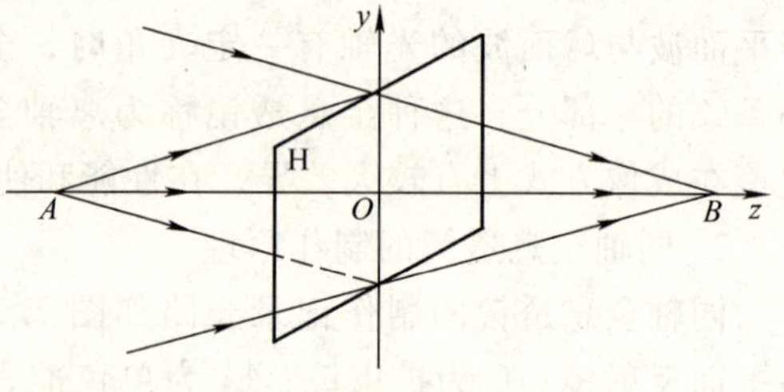

图 7.2-10 同轴全息透镜的形成

图 7.2-10 是记录同轴全息透镜的一种光路。点源 A 发出球面波，B 是另一束会聚球面波的焦点。A，B 两束光是相干的，在 O 处放置全息记录材料，经曝光和显、定影处理就能获得同轴全息透镜。

以 O 点为坐标原点，A_o，B_o 为记录介质处光波的振幅；ϕ_A、ϕ_B 为球面波的位相函数，并且

$$\begin{cases}\phi_A = -K\dfrac{x^2+y^2}{2Z_A}\\ \phi_B = -K\dfrac{x^2+y^2}{2Z_B}\end{cases} \tag{7.2-8}$$

两束光波在 H 上的复振幅分布为

$$\begin{cases}u_A = A_o e^{j\phi_A}\\ u_B = B_o e^{j\phi_B}\end{cases} \tag{7.2-9}$$

对于薄正弦振幅型全息图，全息透镜的透过率函数为

$$\tau_H \propto I = \tau_0 + 2\tau_1\cos(\phi_B - \phi_A)$$

或

$$\tau_H = \tau_0 + \tau_1 e^{j(\phi_B-\phi_A)} + \tau_1 e^{-j(\phi_B-\phi_A)} \tag{7.2-10}$$

考虑到式（7.2-8），有

$$\phi_B - \phi_A = -K\frac{x^2+y^2}{2}\left(\frac{1}{Z_B}-\frac{1}{Z_A}\right) = -K\frac{x^2+y^2}{2}\frac{1}{f} \tag{7.2-11}$$

式中，f 表示全息透镜 +1 级衍射像的像方焦距。于是得到

$$\tau_H = \tau_0 + \tau_1 \mathrm{e}^{-\mathrm{j}K\frac{x^2+y^2}{2f}} + \tau_1 \mathrm{e}^{\mathrm{j}K\frac{x^2+y^2}{2f}} \tag{7.2-12}$$

从式（7.2-12）可看到，正弦振幅型同轴全息透镜的作用相当于三个光学元件，即平板玻璃、正透镜、负透镜。也可以认为它的作用相当于三个透镜：一个透镜的焦距为∞，一个为 f，一个为 $-f$。当一束单色平面波照射在这个全息透镜上将产生三束衍射光，如图 7.2-11 所示。

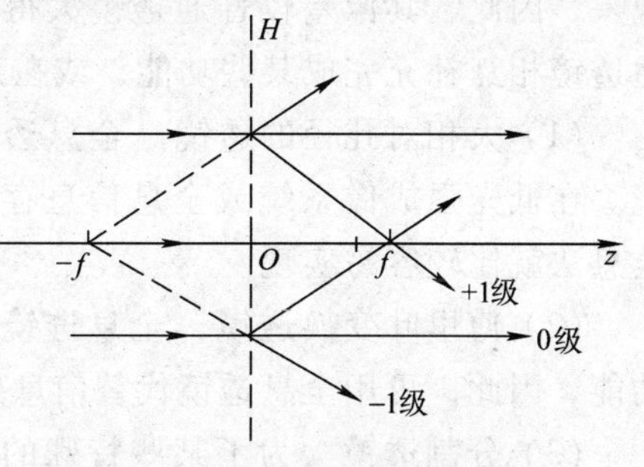

图 7.2-11　平行光通过全息透镜

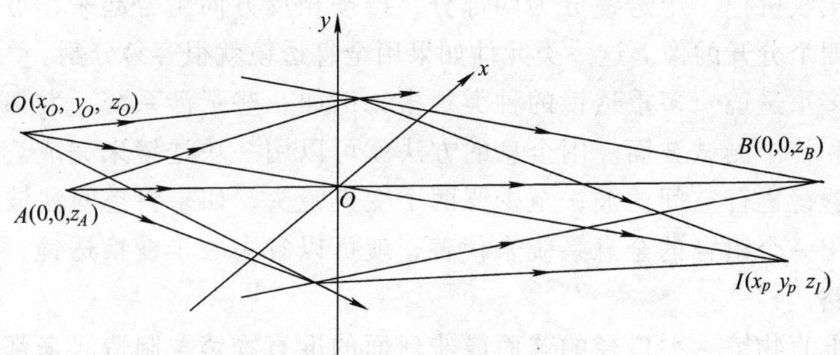

图 7.2-12　同轴全息透镜物像关系示意

设物点坐标为 O（x_o，y_o，z_o），理想像点坐标为 I（x_I，y_I，z_I），如图 7.2-12 所示，那么同轴全息透镜的物像关系为

$$\frac{1}{z_1} - \frac{1}{z_0} = m\mu\left(\frac{1}{z_B} - \frac{1}{z_A}\right) = \frac{1}{f_m} \tag{7.2-13}$$

式中，m 为衍射像级次数；$\mu = \dfrac{\lambda}{\lambda_o}$，$\lambda_o$ 为记录时的光波长，λ 为成像时物点发出的光波长。如果记录和成像时都用同样的激光，取 +1 级衍射像，有

$$\frac{1}{f_1} = \frac{1}{z_B} - \frac{1}{z_A} \tag{7.2-14}$$

说明 f_1 只与记录时的状况条件有关。

按几何光学对放大率公式的定义，全息透镜的垂轴放大率为

$$M = \frac{\Delta y_I}{\Delta y_o} = \frac{z_I}{z_o} = \frac{1}{1 + (z_o/f)} \tag{7.2-15}$$

5. 全息透镜的应用

全息透镜是用干涉法制成的一种薄膜光学元件。它的成像是基于光的衍射现象，因此，其像差较普通透镜大得多，特别是色差不易克服。但它可以与普通透镜相互补充完成某些功能，或在某些特殊情况下作独特的应用。

（1）大相对孔径的透镜　全息透镜的一大优点是便于制作大相对孔径的透镜。在低光强成像系统或全息信息存储系统中，都需要大相对孔径的透镜，用全息法就比较容易实现。

（2）傅里叶变换透镜　全息透镜同普通透镜一样，可以完成傅里叶变换的功能，因此，可用全息透镜代替信息处理系统中的傅里叶变换透镜。

（3）分割透镜　为了某些特殊的应用，有时需要把一个透镜先分割开再组合起来。例如干涉用的双半透镜，把一块透镜分为两半，使其有一定的距离。又如跟踪接收机把一个透镜分为四部分，再按相反方向组合起来，可以对一个目标产生四个分开的像。这一类元件如果用全息透镜就很容易分割。

（4）多重透镜　多重透镜的种类很多，例如一些干涉系统，大都需要一个标准波面和一个测试波面。用全息的方法就可以用一块透镜来完成。又如用傅里叶变换透镜进行空间滤波，至少要两个变换镜头，如果将空间滤波器和一个变换镜头用一个组合的全息系统来代替，就可以省去一个变换透镜，同时还可以缩短光路。

（5）准直物镜　大口径的球面或非球面的准直物镜，制造起来都是很费工的，如果用全息的方法制造就快得多了。当然，在制造时需要有一个大口径、高质量的准直物镜产生平面波。这种全息准直物镜用于干涉系统和激光系统是很合适的。

（6）把成像元件与转像元件结合起来　光学系统有时需要加一个棱镜来转像。如果用离轴透射全息透镜或者反射全息透镜，就可以同时完成成像和转像的功能。

【实验仪器】

OHT－III 激光全息实验台（生产单位：重庆大学物理实验中心）1 台，25mWHe－Ne 激光器（生产单位：北京大学物理系工厂）1 台，暗室处理器具及显影、定影、漂白药剂。

【实验内容】

（1）制作一张正弦位相型同轴全息透镜的全息图，透镜焦距 $f=200$mm。

（2）制作一张正弦位相型离轴全息透镜的全息图，并且用实验方法确定其焦距，实验者自己设计光路。

（3）用实验内容 1 的同轴全息透镜制作一个比雷对切透镜。

【注意事项】

（1）不得直视未经扩束或散射的激光细束。

（2）在全息透镜制作过程中应避免曝光量不足，以延长显影时间的方式来获得全息图的正常黑度。

【思考题】

（1）图 7.2-8 光路制作同轴全息透镜时 $Z_B=$？此时全息透镜的焦距由什么条件决定？

（2）用同轴全息透镜制作比雷对切透镜，并作一个有趣的光学实验。

（3）画一个用同轴全息透镜完成光信息处理的光路图。

【参考文献】

［1］ 顾德门. 傅里叶光学导论［M］. 北京：科学出版社，1978.

［2］ 于美文. 光学全息和信息处理［M］. 北京：国防工业出版社，1984.

［3］ 王绿萍. 光全息和信息处理实验［M］. 重庆：重庆大学出版社，1991.

（陶纯匡　稿）

实验 67　原子力显微镜的使用

用扫描隧道显微镜 STM 工作时，需要监测针尖与样品之间隧道电流的变化，因此，它只能直接观察导体和半导体类样品的表面结构。但现实世界中，许多研究对象并不导电，对于这些非导电材料，要想用 STM 进行研究，一般需要在其表面覆盖一层导电膜。但导电膜的存在往往掩盖了表面的结构细节，而这些细节可能正是我们关注的重点，即使对于导电样品，STM 观察的是对应于表面费米能级处的态密度，当表面存在非单一电子态时，STM 得到的并不是真实的表面形貌，而是表面形貌和表面电子性质的综合结果。为了弥补 STM 的这一不足，1986 年 Binnig，Quate 和 Gerber 发明了第一台原子力显微镜（AFM）。AFM 得到的是对应于表面总电子密度的形貌，因而对于导电样品，AFM 同时可以起到对 STM 观察结果的补充作用。

【实验目的】

（1）原子力显微镜的基本原理。

（2）掌握微悬臂针尖的制备方法。

（3）学会正确使用 AFM. IPC－208B 型机观测 Ta_2O_5 薄膜的微观结构。

【实验原理】

原子力显微镜（AFM）的工作原理基于量子力学中的泡利不相容原理。原子核外的电子处于不同能级，每个能级只允许容纳一个电子。当两个原子彼此靠近时，电子云发生重叠，由于泡利不相容原理，原子之间产生了排斥力，使微悬臂弯曲，通过采集微悬臂的位移，即可得到物体表面的形貌。

常用的微悬臂位移检测，有电容检测、光学检测和 STM 检测三种方法，本实验所用仪器为 STM－AFM 合用机型，其位移检测采用 STM 法（相关理论分析参见实验 55）。

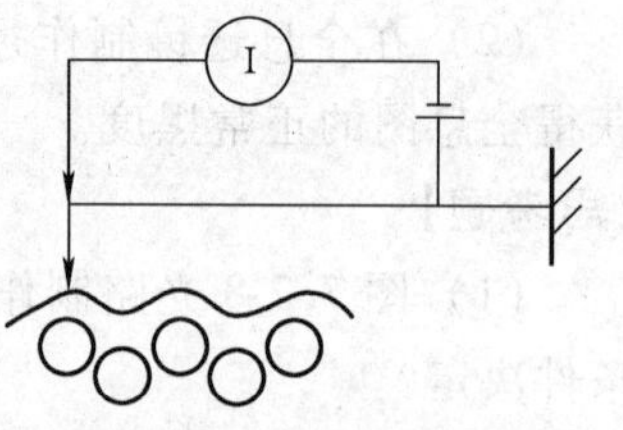

图 7.2-13 工作原理图

AFM. IPC－208B 型机采用一端固定，而另一端由装在弹性微悬臂上的探测针尖代替隧道探针，以探测微悬臂受力产生的微小形变代替探测微小的隧道电流，依靠采集微悬臂上探测针尖与样品表面原子间作用力的微弱变化来观察物质的表面结构。其工作原理如图 7.2-13 所示。

【实验仪器】

AFM.. IPC－208B 型机（生产单位：重庆大学物理实验中心）、稳压电源、Ta_2O_5 薄膜、探针制备工具及材料等。

【实验内容】

Ta_2O_5 是一种新型的多功能薄膜，作为电学膜和光学膜已经得到了人们的广泛重视，尤其作为电学膜已经被用于声表面波器件、敏感器件、太阳能电池等很多领域。其特殊的光电性质吸引我们进一步去研究它的微观结构，揭开两者之间的紧密关系。

1. 微悬臂针尖的制备

将清洁好的钨丝倾斜地浸入 10% 的 NaOH 溶液中，注意这里只能用小电压腐蚀，用 5V 左右的电压进行细加工，保持较长较尖的针尖更好。

2. 仪器调节及测量分子形态结构的典型步骤，如图 7.2-14 所示。

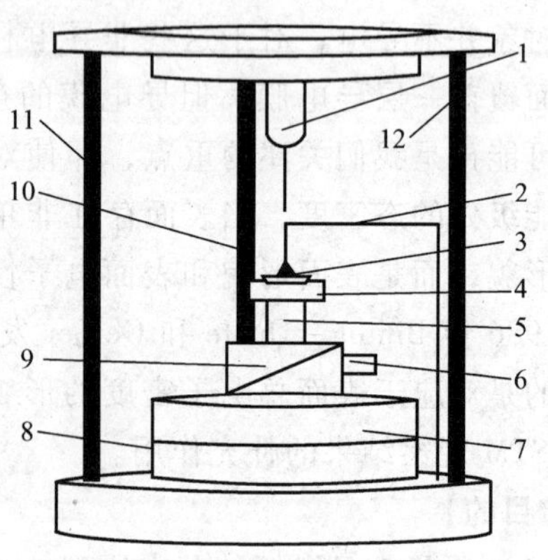

图 7.2-14 AFM. IPC－208B 型机的镜体结构示意图

（1）安置样品 将 Ta_2O_5 薄膜牢固地安放在载样平台 4 上。载样平台上用于固定样品的夹具采用弹簧片 3，可以对样品的位置进行调整，针尖与样品位置的主要粗调机构包括三根调节螺杆 10、11、12，微悬臂的水平方向调节螺钉、垂直方向螺母、蜗轮和蜗杆等。另外。细调机构包括微悬臂垂直方向螺钉、手动螺旋调节仪 6、Z_1（指针上下方向）和 Z_2（载物台上下方向）方向两个步进电动机驱动系统等。

（2）粗逼近 采用 STM 检测法的 AFM 工作需要两次逼近达到纳米级的定

位，定位机构采用粗逼近方法和微调。粗逼近的目的是使 STM 针尖与微悬臂间进入隧道状态，并确保 STM 探针与微悬臂、微悬臂针尖与样品不发生碰撞。两次逼近必须使用较慢的速度，并首先检查 Z_1，Z_2 两个方向，使 Z_1 方向位于高位，Z_2 方向位于低位，预留一定的调节空间。

1）扫描隧道显微镜（STM）的扫描探针与微悬臂铂片之间的粗逼近。探头 1 装好之后，先检查微悬臂铂片 2 与 STM 扫描探针的相对位置，此时探针针尖应该大致对准铂片的中心。通常采用手动调节三根调节螺杆 10、11、12，以及微悬臂上的水平方向调节螺钉和蜗杆，使上压电陶瓷接近微悬臂，两者之间的距离小于 1mm。

2）微悬臂针尖与样品之间的粗逼近。在载样平台 4 上固定样品时，应使需要扫描的区域大致对准微悬臂针尖 2。为实现这一目的，载样平台 4 上用于固定样品的夹具采用弹簧片结构，可以对样品的位置进行调整，同时又确保牢靠。另外，也可启动 X、Y 两个方向步进驱动系统来进行这项工作。

粗逼近时候应首先调节微悬臂上的垂直方向粗调螺母，然后调节微悬臂上的垂直方向细调螺钉，使微悬臂上的针尖接近样品，两者之间的距离小于 1mm。

（3）微调　使用较慢的速度，让 STM 针尖与微悬臂铂片之间进入隧道状态，并确保 STM 的探针与微悬臂铂片、微悬臂针尖与样品之间均不发生碰撞。

1）STM 扫描探针与微悬臂铂片之间的微调。即让带有偏压的微悬臂上铂片与 STM 探针之间产生隧道电流。该步是自动调节，方法是微悬臂不动，按键选择让 Z_1 方向步进电动机驱动传动机构，使 STM 扫描探针针尖以大于或等于每步 10nm 的速度向微悬臂移动，当针尖与微悬臂之间距离达到设置值时，因已进入隧道状态，电动机自动停止。

2）微悬臂针尖与样品位置的微调。即让微悬臂针尖与样品之间产生极其微弱的排斥力（$10^{-8} \sim 10^{-6}$N），通过扫描时控制这种力的恒定，微悬臂将对应于针尖与样品表面原子间作用力的等势面，在垂直于样品表面方向上起伏运动，进行扫描。具体方法是：微悬臂不动，让载样平台 4 向上或向下运动从而接近或远离微悬臂。用 Z_2 方向步进机带动调速装置使滑块 6 产生又一个 Z 向运动，以大于或等于每步 10nm 的速度使平台作上下升降以进入或退出测量状态，也可通过手动螺旋调节仪 6 使载物台 4 接近或远离微悬臂针尖。当载样平台与微悬臂针尖之间的距离达到了设置值时，电动机自动停止。

（4）扫描　首先进行上扫描（STM）逼近，使上面的 STM 刚好达到临界状态，再稍微抬高阈值电压，使 STM 处于一种进入隧道很浅的状态。然后把 STM 扫描器的驱动全部锁定，这样只要微悬臂有任何动作都会通过 STM 系统反映出来。最后进行下扫描（AFM）逼近，当样品与微悬臂针尖间距达到有效作用距离时，微悬臂就会动作（上升），系统会发出进车停止命令，避免样品与针尖发生破坏性的碰撞，适当选择进车深度就可以进行 AFM 扫描工作了。

(5) 收图　扫描完成后，先停止扫描，再按键存入扫完的图。此时，可再次重复以上步骤，以获取几组图样供选择研究。

(6) 退针　收图结束后，按键进入粗逼近状态界面，放大倍数调到 0，选退针。若欲换针尖或样品，需要退 1mm 左右，否则，只需退 0.02 ~ 0.03mm 即可。

(7) 关机　退针后退出测试程序，关闭主机电源及总电源，至此本次实验全部结束。我们在机械与电路的设计过程中，充分考虑到了系统的灵活性和多样性，在图 7.2-14 中去掉微悬臂 2，使 STM 探针直接接近样品表面，就可使系统工作于 STM 工作模式。

(8) 图像处理　原子力显微镜（AFM）测量的结果并没有直接的数字输出，而都是得到形象化的二维灰阶图，利用机器配置的图像处理专用软件可对图像进一步加工。

【注意事项】

(1) 实验时，要注意环境的影响，空气的相对湿度不能超过 60%；实验过程中，各仪器设备的相对位置不要随意挪动，以免影响实验效果。

(2) 针尖和样品的更换，首先应确保针尖的长度在 3 ~ 3.5cm 范围之内。更换针尖前，一定要先将系统退出隧道状态后，再继续使针尖后退约 0.5mm ，然后切断电源，换上长度合适的针尖并使其固定好后，才可再打开电源进行下一步工作。

(3) 要得到质量好的原子力显微镜（AFM）图，必须找到最佳条件。其主要是调节偏压、隧道电流、放大倍数及扫描时间，认真比较各种条件下扫出图的特点，找出信噪比高、信息量大的实验条件，即可开始正式收图。

【思考题】

(1) 原子力显微镜（AFM）与扫描隧道显微镜（STM）的工作原理有何异同？

(2) 在本实验中原子力显微镜（AFM）为何要有两次逼近？

(3) 若在实验中把原子力显微镜（AFM）转换成扫描隧道显微镜（STM）来使用应该如何处理？

【参考文献】

[1] Binnig, G. , Quate C. F. and Gerber, Ch. , Phys. Rev. lett. 1986, 56, 930.

[2] Jing Yu Lao, Jian Guo Wen, Zhi Feng Ren. Hierarchical ZnO Nanostructures. NANO LETTERS. 2002 Vol. 2 No. 11: 1287 - 1291.

[3] 白春礼．扫描隧道显微技术及其应用［M］．上海：上海科技出版社，1992.

【附录】

AFM. IPC－208B 型机的外观图及测量的典型图片

图 7.2-15 AFM..IPC-208B 型机的外观图

STM.IPC－205B－AFM.IPC－208B－2#J-孙才新-聚酰亚胺-2LBB2－050415形貌图

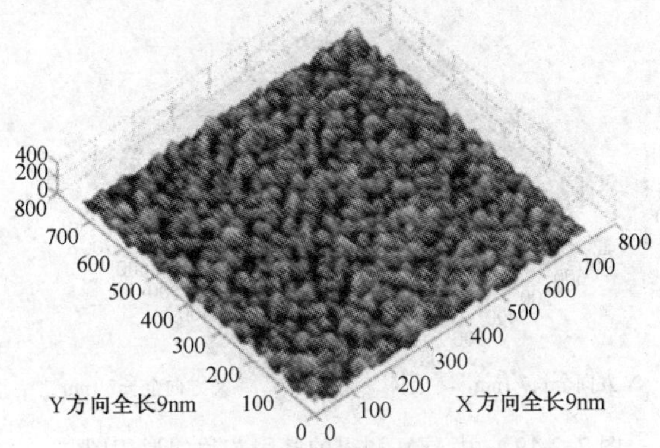

图 7.2-16 聚酰亚胺分子结构形态图

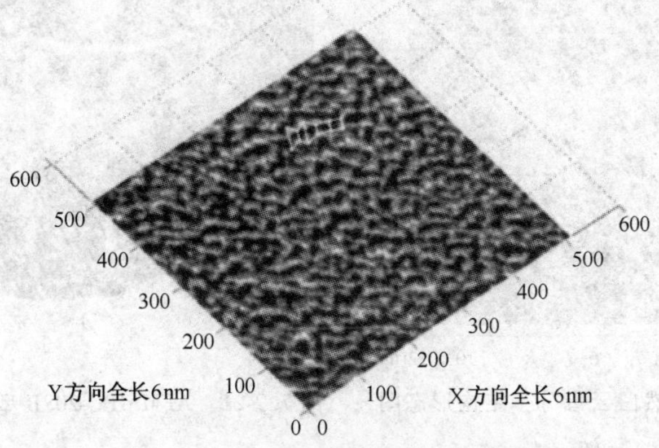

图 7.2-17 Ta_2O_5 薄膜的微观形貌图

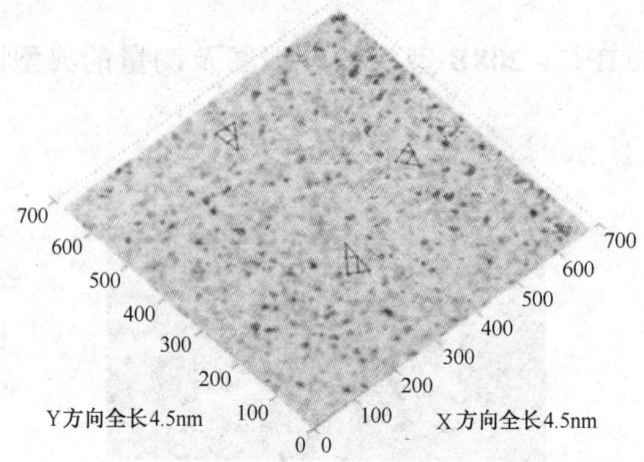

图 7.2-18 由 AFM 测得的 TiN 薄膜形貌图

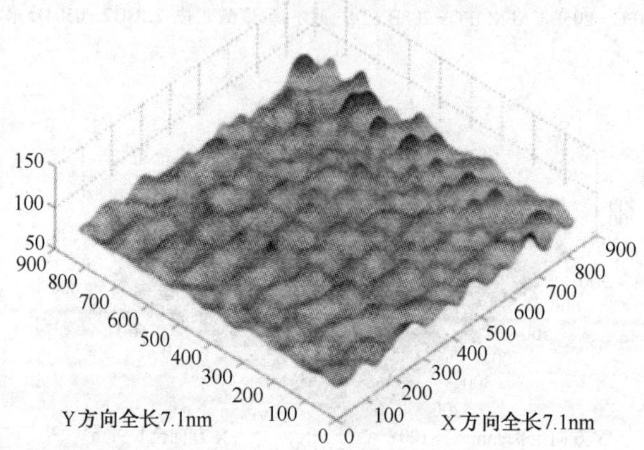

图 7.2-19 由 AFM 测得的基因芯片的形貌图

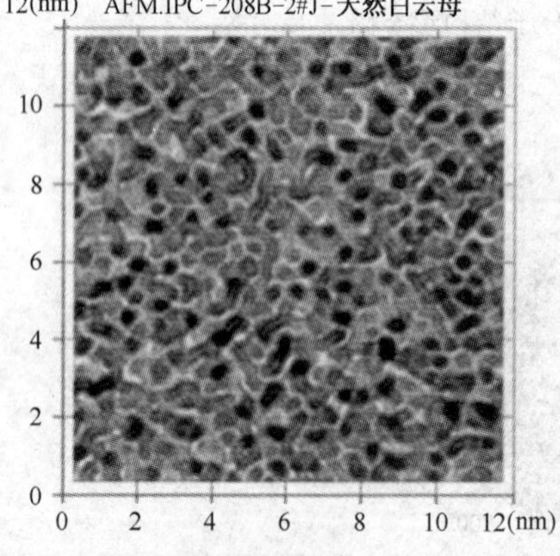

图 7.2-20 天然白云母分子结构形态图

图 7.2-21 AFM. IPC-208B 型机的镜体外观图

（王银峰 稿）

实验 68　光学位相滤波与透明材料位相缺陷的检测

显微测量中所观察的许多物体（如未染色的细菌），因其高度透明，光通过它们以后强度并不衰减，用通常的显微镜根本观察不到它们。1935 年光学信息处理技术的先驱德国光学家 F · Zernike，根据 Abbel 原理提出了一个崭新的位相反衬法。这种方法将物体的空间位相调制转换成空间强度调制，使人类能够观察到位相物体。基于 F · Zernike 的杰出成就，他获得了诺贝尔物理学奖。目前，F · Zernike 的原理已发展成光学领域的一个重要分支——光学信息处理。这种技术已深入到人类的科学研究、生产和检测工作中。

【实验目的】

（1）掌握光学位相滤波原理及特点。

（2）熟悉相干 4*f* 系统的工作原理，学会建立相干 4*f* 系统，掌握位相滤波技术。

（3）学习制作位相滤波器。

（4）了解光学位相滤波技术的应用。

【实验原理】

1. 位相物体的可见度

所谓位相物体，是指用折射率或厚度变化来指示其特性的物体。当光通过它时，光强度并不发生变化，仅引起一个随空间位置变化的位相延迟。位相物体在生物学、声学、空气动力学、医学、光学、材料学上都会经常遇到，例如生物切片、未染色的细菌、油膜、光学玻璃、透明晶体等都是位相物体。

设位相物体的透过率函数为

$$t(x_1,y_1)=e^{j\varphi(x_1,y_1)} \tag{7.2-16}$$

在单位振幅的单色平面波的照射下，位相物体的光场复振幅分布为

$$U(x_1,y_1)=1\cdot t(x_1,y_1)=e^{j\varphi(x_1,y_1)} \tag{7.2-17}$$

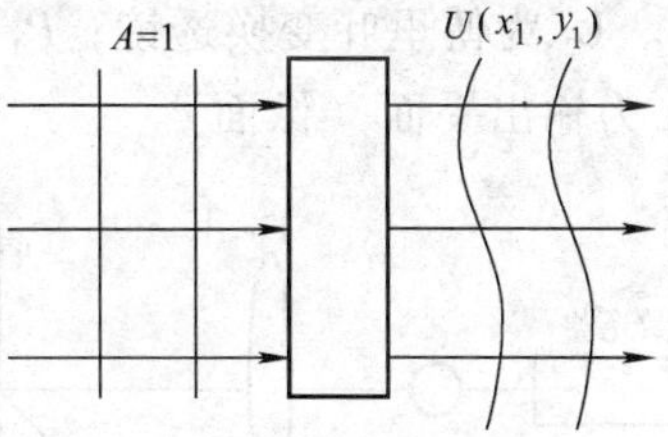

图 7.2-22　单色准直光通过位相物体后的波阵面

式（7.2-17）表明单色准直光通过位相物体后，波阵面不再是平面，而有一定的位相起伏，如图 7.2-22 所示。使我们感兴趣的是透明度高的弱位相体，有 $|\varphi(x_1,y_1)|_{max}\ll 1$，式（7.2-17）可展开成

$$U(x_1,y_1)=1+j\varphi(x_1,y_1)-\frac{1}{2}\varphi^2(x_1,y_1)+\cdots\cdots$$

忽略高级次项的影响，则

$$U(x_1,y_1) \approx 1 + j\varphi(x_1,y_1) \tag{7.2-18}$$

光强度分布为

$$I = U(x_1,y_1) \cdot U^*(x_1,y_1) = 1 + \varphi^2(x_1,y_1) \tag{7.2-19}$$

式中 U^* 为 U 的复共轭。设研究的对象为 $\varphi(x_1,y_1) = 0.1\cos(x_1)$ 的位相型直条纹，按上式计算

$$I = 1 + 0.01\cos^2(x_1)$$

其可见度（亦称衬度，对比度）

$$\gamma = \frac{I_{max} - I_{min}}{I_{max} + I_{min}} \approx 0.005 << 0.1$$

人类眼睛能够从背景分辨出物体的可见度下限是0.1，而上面所说的位相物体的可见度只有0.005，远小于0.1。因此，透明位相物体与其周围的光场没有衬度，人眼对它们视而不见，就是利用通常的成像光学仪器（如显微镜）也观察不到。换句话说，人眼不能察觉到物体的位相变化。当透明材料内有位相缺陷时，利用肉眼和普通成像光学仪器则无法发现这些缺陷的存在，这也是在很长一段时期里人类无法用成像的方法或借助成像仪器检测位相缺陷的原因。

2. 光学信息处理技术与位相滤波理论

所谓光学信息处理技术，是指人类有目的地对光信号进行处理，使其按人的主观愿望变化。这种处理方式既可以是对光信号本身进行处理，也可以对光信号的频谱进行改造，最终得到人类所需要的光学信号或图像。20 世纪发展起来的光学信息处理技术，彻底改变了人类眼睛的局限性。典型的光学信息处理系统是图 7.2-23 所示的相干 $4f$ 系统，其中 C 为激光扩束镜；L_0 为单色准直镜；L_1、L_2 为傅里叶变换透镜；P_1 为输入物平面；P_2 为傅里叶变换平面（频谱面）；P_3 为输出平面（像面）。

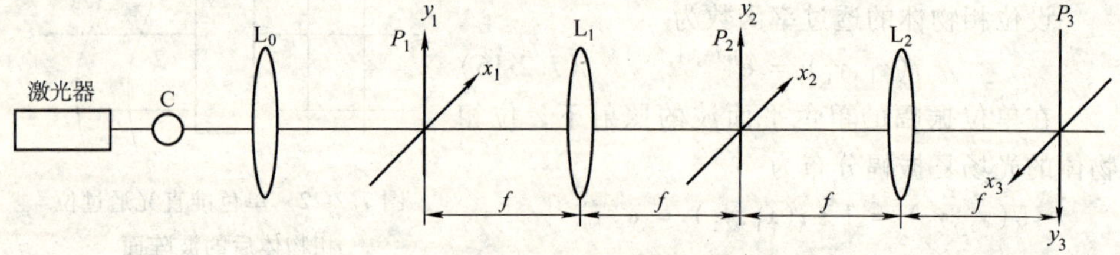

图 7.2-23 相干 $4f$ 光学信息处理系统

若将式（7.2-18）所示的位相物体插入 P_1 平面，$U(x_1,y_1)$ 经 L_1 变换在 P_2 平面上得到 $U(x_1,y_1)$ 的频谱

$$G_1(f_x,f_y) = \mathrm{FT}[U(x_1,y_1)] = \delta(f_x,f_y) + j\mathrm{FT}[\phi(x_1,y_1)] \tag{7.2-20}$$

式中，FT [ ] 表示傅里叶变换；f_x，f_y 表示空间频率变量，并且 $f_x=\dfrac{x_2}{\lambda f}$，$f_y=\dfrac{y_2}{\lambda f}$，$f$ 为傅里叶变换透镜的焦距。上式中第一项 $\delta(f_x、f_y)$ 是一个二维 δ 函数，即 $U(x_1,y_1)$ 的零级频谱分量，是频谱面 P_2 中央的一个亮点；第二项 $\mathrm{jFT}[\varphi(x_1,y_1)]$ 为一级频谱分量，它反映了位相物细节的频谱，是一个弥散的分布。比较第一、二项可知，两者之间有 π/2 位相差。

若 P_2 平面不采取任何信息处理措施（全通），则 P_3 平面上只有类似于式（7.2-19）所示的光强度分布，位相物的像可见度只有 0.005，远小于 0.1，我们什么也看不到。若在 P_2 平面放置一个位相滤波器，这个滤波器使式（7.2-20）中的第一项 $\delta(f_x,f_y)$ 的位相延滞 π/2 或 3π/2，于是

$$G_2(f_x,f_y)=G_1(f_x,f_y)\cdot H(f_x,f_y)=\pm\mathrm{j}\delta(f_x,f_y)+\mathrm{jFT}[\varphi(x_1,y_1)] \tag{7.2-21}$$

式中，$H(f_x,f_y)$ 代表系统的传递函数，它也是位相滤波器的数学描述，“+”对应于 π/2 的位相延滞，“-”对应 3π/2。式（7.2-21）表明第一项与第二项已同位相，能够实现干涉。

已处理的频谱 $G_2(f_x,f_y)$ 经过傅里叶透镜 L_2 的再一次变换，在 P_3 像平面上得到的光场复振幅分布为

$$U(x_3,y_3)=\mathrm{FT}[G_2(f_x,f_y)]=\mathrm{j}[\pm 1+\varphi(x_3,y_3)] \tag{7.2-22}$$

光场强度分布为

$$I(x_3,y_3)=U(x_3,y_3)\cdot U^*(x_3,y_3)=1\pm 2\varphi(x_3,y_3) \tag{7.2-23}$$

式（7.2-23）表明了由式（7.2-17）、式（7.2-18）代表的位相物，对光场的位相调制经光学信息处理以后变成为光场强度调制，亦即 $I(x_3,y_3)$ 与 $\varphi(x_3,y_3)$ 成线性关系。同样设 $|\varphi(x_1,y_1)|_{\max}=|0.1\cos(x_1)|_{\max}=0.1$，这时的可见度为

$$\gamma=\frac{1.2-0.8}{2}=0.2>0.1$$

这表明我们此时可以从背景中观察到位相物的细节形貌。

位相滤波器如图 7.2-24 所示，一片位相滤波器就是在一片加工完好的光学玻璃基片中央涂布一层直径为 1～3mm 的均匀透明膜。设透明膜折射率为 n，膜层厚度为 d，则有

$$n\cdot d=\lambda/4$$

即

$$d=\lambda/4n \tag{7.2-24}$$

式（7.2-24）说明当光波长为 λ、透明膜层折射率为 n 时，只要镀的膜层厚度为 $\lambda/4n$（或 $3\lambda/4n$）就行了。应当指出的是，式（7.2-24）和图 7.2-24 看似简单，但在一般实验室里制作却有一定的难度。

3. 位相滤波的应用——透明材料位相缺陷的检测

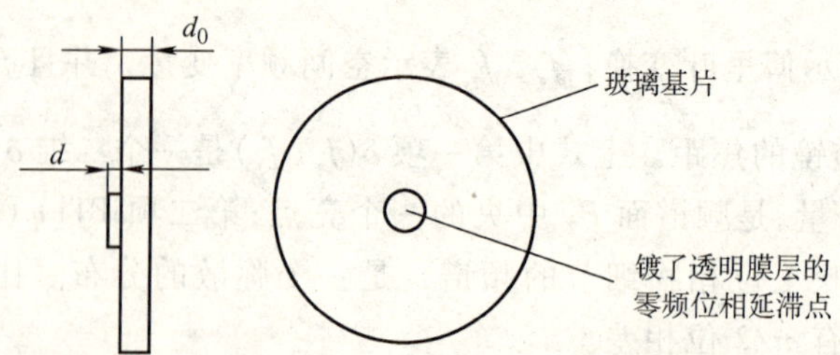

图 7.2-24 位相滤波器示意图

尽管使位相物体显现原形的信息处理方式不止一种，但位相滤波技术的最大优点在于像的强度分布与物体的位相分布成线性关系［见式（7.2-23）］，因此，位相滤波技术广泛地应用于透明材料位相缺陷的检测以及医学、生物学、空气动力学等检测中。如前所述，将一片透明材料插入光路 P_1 平面，若这是一片很平直的透明材料，它对光场的影响仅带来一个总体的常位相延滞，而不会对光场的强度（或振幅）进行衰减。透明材料的常见缺陷，如厚度异常、折射率不均匀等仍然是以改变光场位相的方式来影响光场，人类的眼睛是没法观察到这些缺陷的。若采用存在这种缺陷的光学玻璃材料（如折射率不均匀性超标）加工激光准直镜，无论加工是多么地精确到位，在使用中会发现这个激光准直镜根本无法获得像样的平面光波，这是因为材料的 $\Delta n(x,y)$ 以位相的形式改变了光场，无论怎么调节，始终无法使光波场为平面波，如图 7.2-25 所示。通常对这类缺陷的检测方法是采用太曼干涉仪，或用全息干涉计量法进行检测，虽然检测精度高，但费工、费时，更主要的是不能准确地反映缺陷分布的形貌。但是利用位相滤波技术，我们就能使这类缺陷由原来对光场的位相调制变成光强度调制，从而使缺陷原形毕露。

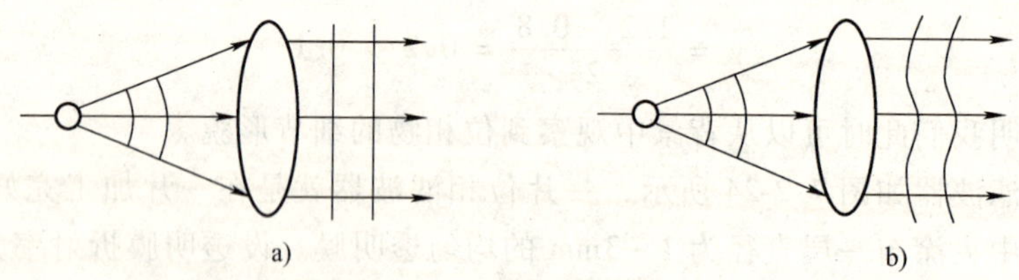

图 7.2-25 位相滤波示意图

a）理想的透镜能获得优质平面波 b）有位相缺陷的透镜没法获得平面波

【实验仪器】

OIP－Ⅰ（或 OIP－Ⅱ）光学信息处理系统（生产单位：重庆大学物理实验中心）1 台，He－Ne 激光器 1 台（1.5mW），位相滤波器 1 片，待测位相物 1 个，具有位相缺陷的透明玻璃片 1 片，光学玻璃片数片。

【实验内容】

(1) 利用加工得很好的光学玻璃片制作位相滤波器。注意：此项工作工艺性、技巧性要求较高，必须在教师的指导下进行。

(2) 在 OIP 仪导轨上建立相干 $4f$ 系统。

1) 激光细束的调节：ϕ2mm 孔屏插入 Z 滑座（只有高度可调的滑座），ϕ2mm 孔中心高度约 160～200mm，由近至远地移动 ϕ2mm 孔屏，观察激光细束是否与 OIP 仪导轨面平行且居中，反复地调节激光器的俯仰及高度，直到满足以上两条要求，为获得等高共轴的 $4f$ 系统打下良好的基础。

2) 将 $4f$ 系统涉及的光学元件与调节架（如傅氏透镜、准直镜等）插入各自的滑座，再分别放入光路中，调节其高度、俯仰与方向（注：傅氏透镜采用 xyz 滑座，准直镜、扩束镜采用 xz 滑座）。

3) 按各光学元件的焦距参数，结合图 7.2-23 的位置距离要求，插入相应的光学部件，顺序是傅氏透镜 L_1、L_2，准直镜 L_0 等。每插入一个光学部件仔细调节其高度、俯仰与方位，最后插入激光扩束镜，仔细调节之直到从准直镜出射的是垂直入射物体的平面波。

4) 在 P_1 平面处插入待测物体（圆形物采用三爪透镜架夹持，矩形物采用屏架夹持），使物体高度合适，平面光波垂直照射其上。

(3) P_2 平面（频谱面）不放置任何部件（即全通状态），观察 P_3 平面上是否有位相物体（或位相缺陷）的像。

(4) 用白纸片在傅氏透镜 L_1 的出光端的光轴上来回移动找准 P_2 平面的位置，在 P_2 平面处放置位相滤波器，使光信号频谱的中心光点［式（7.2-20）中的 δ 函数］正好打在位相滤波器的位相延滞点上，反复调节滤波器的升降，滑座横向测微头坐标以及像平面 P_3 的位置坐标，直到 P_3 平面上的图像最佳（必要时 L_2 和 P_3 之间可加光阑屏）。有条件的实验室还可以对此图像拍照，得到相应的缺陷分布记录（实验结果）。OIP－Ⅱ仪可用数字摄像系统记录并在计算机显示器上显示。

(5) 在光轴方向上移动位相滤波器的位置，使其偏离 P_2 平面，观察 P_3 平面上的图像，并与内容 4 的图像进行比较。

(6) 根据本实验提供的参考文献设计一个滤波器，用另一种滤波方法检测透明材料的位相缺陷，同时建立这种检测的数学模型，用数学推证和实验证明你的方案是可行的。

【思考题】

(1) 若在图 7.2-23 中的傅里叶变换平面 P_2 处不放置位相滤波器（全通状态），但在 P_3 平面仍能隐隐约约看见位相物的像这是什么原因造成的，试解释之。

（2）4f系统中的傅里叶变换平面的位置由什么决定？为什么说4f系统中的傅里叶变换频谱面的位置不随输入物位置的变化而变化？

（3）为什么光学信息处理一定要在准确的傅里叶变换频谱面P_2处进行才会有成效？

（4）是否还有另外的光学信息处理方法能够使位相物体在P_3平面上显现原形？使用OIP信息处理系统配备的滤波器作一下实验，并解释其原理。

（5）除4f系统外，请考虑选择另外的信息处理系统光路，完成以上检测。

【参考文献】

［1］ 顾德门．傅里叶光学导论［M］．北京：科学出版社，1978.

［2］ D. 加斯基尔．线性系统·傅里叶变换光学［M］．封开印译．北京：国防工业出版社，1984.

［3］ 于美文．光学全息及信息处理［M］．北京：国防工业出版社，1984.

（陶纯匡　稿）

实验69　CCD器件的特性研究及应用

CCD（Charge Coupled Device，电荷耦合器件）是1970年问世的新型光电半导体器件，它是在MOS集成电路技术基础上发展起来的，具有光电转换、信息存储和延时等功能，又有尺寸小、质量轻、功耗小、噪声低、线性好、灵敏度高、动态范围大、性能稳定和自扫描能力强等优点，故在图像传感、物体外型测量、工程检测、信息存储和处理等各个领域得到广泛的应用。

【实验目的】

（1）理解CCD器件的工作原理。

（2）掌握CCD器件的主要特性及测试方法。

（3）设计一个利用CCD器件进行物体位移测量的方案并进行相应实验。

【实验原理】

CCD器件主要由光电转换单元和电荷转移结构两部分组成。它有线阵列和面阵列两种结构类型，两种结构的应用都很广泛，其基本原理也是一样的。下面我们主要介绍线阵CCD器件的结构和原理。

图7.2-26a为一种单排结构，用于低位数CCD传感器。它的光敏单元与CCD移位寄存器SR分开，用转移栅控制光生信号电荷向移位寄存器转移，一般使信号转移时间远小于摄像时间（光积分时间）。转移栅关闭时，光敏单元势阱收集光信号电荷，经过一定的积分时间，形成与空间分布的光强信号对应的信号电荷图形。积分周期结束时，转移栅打开，各光敏单元收集的信号电荷并行

地转移到 CCD 移位寄存器 SR 的响应单元内。转移栅关闭后，光敏单元开始对下一行图像信号进行积分。而已转移到移位寄存器的上一行信号电荷，通过移位寄存器串行输出（通过 CCD 的转移机构——移位寄存器实现，具体原理参见相关资料），如此重复上述过程。

图 7.2-26b 为双排移位寄存器结构。光敏单元在中间，其奇偶单元的信号电荷分别传送到上、下两列移位寄存器后串行输出，最后合二为一，恢复信号电荷的原有顺序。这种方案的优点是光敏单元有较高的封装密度，转移次数减少一半，可提高转移效率，改善图像传感器性能。

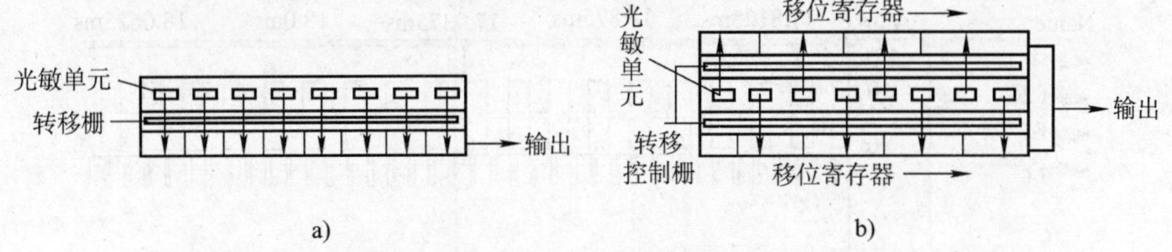

图 7.2-26　线阵 CCD 结构
a）单排结构　b）双排结构

图 7.2-27 所示的 TCD1206SUP 就是一种典型的 2048 位两相线阵 CCD。中间的光电二极管是光电转换单元，两侧的转移栅是控制光生信号电荷向移位寄存器的转移，转移栅的两侧是转移光生电荷的 CCD 移位寄存器。CCD 的驱动脉冲 SH、F1、F2、FR 的时序关系如图 7.2-28 所示。当 SH 遇到上升沿，光积分开始，光电二极管进行光电转换，转移栅关闭；当 SH 遇到下降沿，光积分结束，

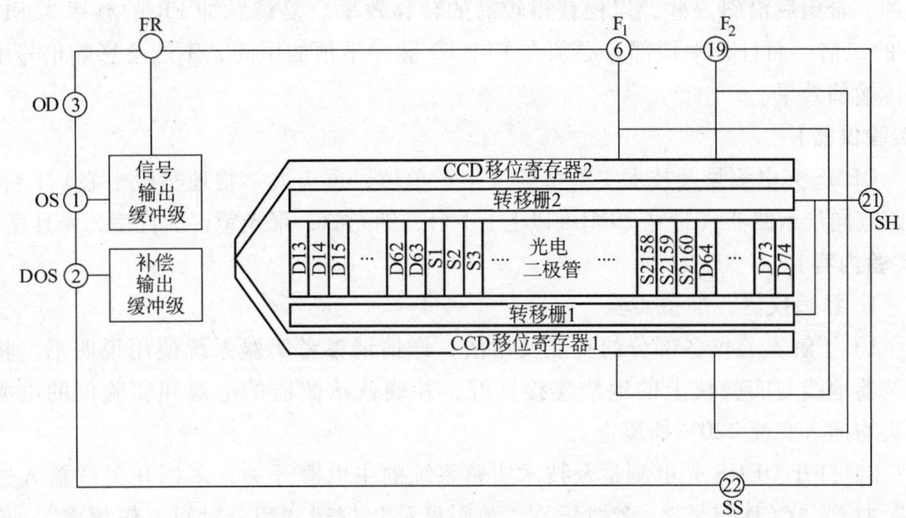

图 7.2-27　TCD1206SUP 的基本结构

光电二极管停止光电转换，转移栅打开，奇、偶光生信号电荷分别转移到 CCD 移位寄存器 1 和 CCD 移位寄存器 2，当下一个积分时间开始时，转移栅关闭，光电二极管又进行光电转换，F1、F2 控制已转移到 CCD 移位寄存器内的光生电荷依次串行输出到信号输出缓冲区（具体原理参见相关资料），再由电极 OS 输出，每输出一个信号电荷，复位控制信号 FR 就要进行复位操作，清空缓冲区，以便下一次的输出。

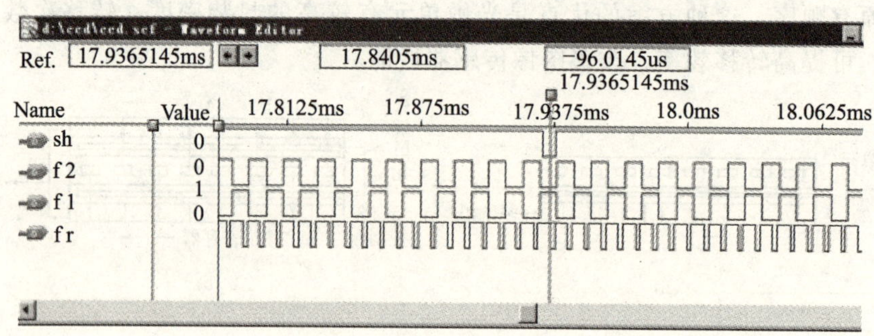

图 7.2-28　CCD 器件的驱动信号

加在 CCD 移位寄存器 1 和 2 的两相时钟脉冲时序不同，前者为 F1、F2，后者为 F2、F1，从而保证转移到 CCD 移位寄存器 2 的奇数像元的光电荷时序在前，转移到 CCD 移位寄存器 1 的偶数像元的光电荷时序在后，正好错开，合在一起成为按时序输出的串行视频信号。

光积分时间 T_{SH} 由使用者根据具体应用时光强来决定。F1、F2 为两相互补时钟，希望后沿斜一些，以便获得较高的转移效率。复位脉冲 FR 的频率为 F1、F2 的二倍，而且其平顶部分必须在 F1、F2 脉冲平顶的中间，不然会影响信号电荷传输的效果。

【实验仪器】

OEMS 光电测量及技术实验系统（生产单位：重庆大学物理实验中心）1 台，双踪迹同步示波器（带宽 20MHz 以上）1 台，钠光源，聚光镜，准直镜，光具座。

【实验内容】

1. 熟悉仪器，准备实验

1）了解实验仪各部分的功能及用法，详情请参考实验系统使用说明书。将示波器地线与实验仪上的地线连接良好，并确认示波器的电源和实验仪的电源插头均插入交流 220V 插座上。

2）打开 OEMS 光电测量及技术实验系统的主电源开关，多档开关“输入选择”打到“CCD 信号”，多档开关“数码显示”打到“积分时间工作频率”。仪器初始化结束后显示为“000”字样，前两位表示积分时间值，共分为 16 档，显示数值范围由“00” ~ “15”，数值越大表示积分时间越长；末位表示 CCD 的驱动频率，分四档，显示数值范围“0” ~ “3”。

3）调节示波器，以看清楚至少 2 个信号周期为准。分别测量 F1、F2、SH、FR 等各路脉冲信号的波形，观察它们之间的相互关系。

2. 积分时间、驱动频率对光电探测阵列影响的研究

1）将实验仪驱动频率设置为“0”档，并确认积分时间设置处于“00”档。

2）按下 CCD“电源开关”按钮，多档开关“光源”打到“A”，即白光源，保持 CH1 探头不动，运行实验软件（点击工具栏上的按钮或选择『采集』菜单中的『连续采集』，以后依此方法运行软件，将不再赘述），观测输出信号 VO 并记录。

3）测量积分时间从“00” ~ “15”之间输出信号的变化情况并作相应记录，注意观察输出信号的高电平部分的信号宽度有无变化。

4）改变驱动频率，重复上述实验，观测波形变化情况并做相应记录。

3. CCD 器件的光电转换特性及响应灵敏度测量

1）将实验仪驱动频率设置为“0”档，并确认积分时间设置处于“00”档。

2）运行实验仪软件，点击工具栏上的按钮，记录“信号属性”中的平均值（以后依此方法取信号平均值，不再赘述）。

3）多次调节镜头光阑，改变光源强度，并记录光阑大小（即光强的相对大小值），运行实验仪软件，观察并记录信号平均值。

4）绘制光电转换特性曲线，并求 CCD 器件的灵敏度。

4. 用 CCD 光电测量系统进行尺寸、位移或速度测量

1）采用钠黄光作为光源，通过聚光、准直后形成平行光，再将被测目标尽可能的贴近 CCD 线阵上，对被测目标所采集的数据。

2）将被测目标平行于 CCD 移动，目标移动前后分别记录一帧数据，分别如图 7.2-29 中的曲线 1 和曲线 2 所示，两条光强分布曲线中，曲线的下降沿或上升沿反映了目标物体的边缘，采用确定的阈值或者下降沿斜率最大点作为物体的边沿，前后两组数对应值相减就是物体的位移 S。

3）采用相关技术来求物体的位移 S，测量时先对平行光进行较正，得到校正系数，再在各元器件位置不变的前提下，记录目标移动前后分别记录一帧数据。对这两帧数据进行校正，将两帧数据进行相关性计算得出图 7.2-30 图像，曲线相关后最大值处的 x 值即为物体的位移。

5. 利用 OEMS 光电测量及技术实验系统自行设计方案测量物体的宽度、移动的速度

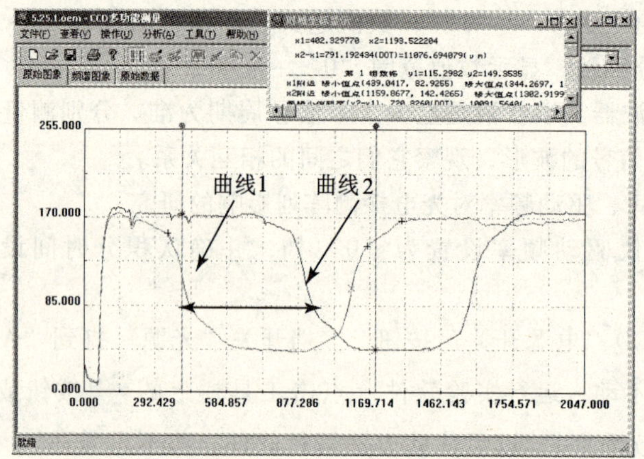

图 7.2-29 测量目标尺寸、位移或速度的一个实验结果

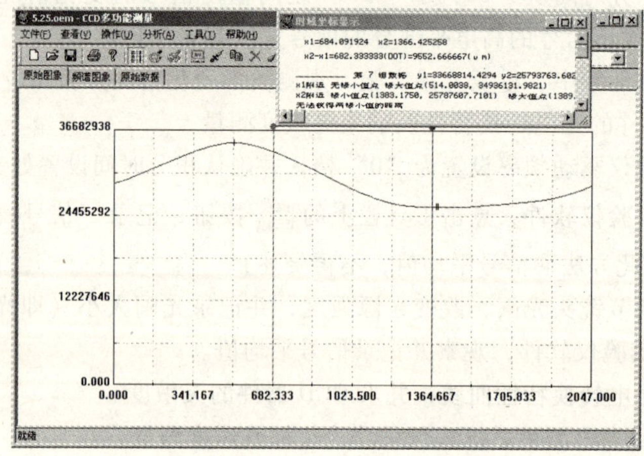

图 7.2-30 相关运算得到的图像

【思考题】

(1) 观察光电阵列输出信号的分布情况，为什么平行光照射下的 CCD 输出不是一条直线，而是有一定的起伏？可以采用什么方法来进行处理？

(2) 驱动频率和积分时间对 CCD 输出的影响是什么？

(3) 根据线性区判断，若光圈数很大（即光阑透光孔径为 0)，这时的输出为 0 吗？为什么？线性区是否严格线性？受到哪些因素影响？

(4) 响应灵敏度与积分时间、驱动频率有关吗？要提高响应灵敏度有哪些途径？

(5) 利用 OEMS 光电测量及技术实验系统测量物体的尺寸时，不同的方法的适用尺寸范围大致为多少？

【参考文献】

［1］ 袁祥辉．固体图像传感器及其应用［M］．第 2 版．重庆：重庆大学出版社，1998.

［2］ 王庆有．CCD 应用技术［M］．天津：天津大学出版社，2000.

（汪涛　稿）

实验 70　光学信号相关与信号识别

相关技术是一种重要的物理实验技术，在科学技术飞速发展的今天，很少有不涉及相关技术的仪器。

相关技术的直接应用是信号识别、匹配滤波等，因此，相关技术日益广泛地应用于军事、工业生产、农业生产以及国民经济的其他领域。例如，军事上利用光学信号相关技术识别敌机与友机；工业上，程控机床利用光学信号相关技术识别加工位置；智能流量计利用时间信号相关技术准确地计量液体流量；农业上，利用颜色信号相关技术早期判断农作物丰收与歉收等。

由于信号种类繁多，它们可以是时间信号、光学信号（空间信号）、颜色信号……所以，实现相关运算的方式也很多。一般地，人们以信号是时间、空间等把相关运算分为时间相关、空间相关等。就是光学信号相关也分为相干信号相关、非相干信号相关两大类。由于相干信号的相关处理多为静态相关，因而抗干扰能力较差；非相干信号的相关处理则有较强的抗干扰能力，加之进行动态扫描、利用调制光信号的光电转换，致使该信号不需要在全暗室下就能进行实验，亦即在半暗甚至在日光下也能进行实验。因此，人们普遍更看好非相干光信号的相关处理技术及应用，我们开设的光学信号相关扫描实验就是属于后者。

【实验目的】

（1）理解相关运算原理及自相关函数的性质，学习实现光学信号相关运算的实验方法。

（2）掌握复杂光学系统的共轴等高调节技术。

（3）学习光学信号扫描及光电转换放大的方法。

（4）学习自己设计 0 - 1 光学信号。

【实验原理】

1. 两信号相关（两函数相关）

由现代光学知识可知，两个光学信号 $f(x,y)$ 和 $g(x,y)$ 的相关运算被定义为

$$f(x,y) \star g(x,y) = \int\int_{-\infty}^{\infty} f(\alpha,\beta)\, g(\alpha - x,\beta - y)\,\mathrm{d}\alpha\mathrm{d}\beta \qquad (7.2\text{-}25)$$

式中，符号☆表示相关运算。如果函数 $f(x,y)$ 和 $g(x,y)$ 其中之一是 0－1 函数（指具有某种形状通孔的屏），那么式（7.2-25）的运算可看作是：当允许 x 或 y 变化时，寻求 $f(\alpha,\beta)$ 和 $g(\alpha-x,\beta-y)$ 重叠面积（即两函数乘积）的运算。当 $f(x,y)=g(x,y)$ 时，式（7.2-25）所指的运算则称为自相关运算。

现代光学理论告诉我们，若两个非相干信号（亦即两个实函数）为同一个信号，那么这时的相关运算结果具有两个可贵的性质：一是运算结果在坐标原点有极大值；二是运算结果为偶函数，亦即运算结果（曲线分布）对称分布于坐标轴两侧。根据这两条性质，人们还可以从千万个不同的信号中筛选出两个完全相同的信号，从而实现信号识别。

2. 自卷积运算与自相关运算的比较

在数学上两个函数 $f(x,y)$ 和 $g(x,y)$ 的卷积运算与相关运算极其类似，按卷积运算的定义

$$f(x,y)*g(x,y)=\iint_{-\infty}^{\infty} f(\alpha,\beta)g(x-\alpha,y-\beta)\,\mathrm{d}\alpha\mathrm{d}\beta \qquad (7.2\text{-}26)$$

式（7.2-26）中符号＊表示卷积运算。相关运算和卷积运算的差别仅在于式（7.2-26）中的 $g(x,y)$ 有一个折叠。当式（7.2-26）中的 $f(x,y)=g(x,y)$ 时，这时的运算称为自卷积运算。如果式（7.2-26）中 $f(x,y)$ 与 $g(x,y)$ 其中之一为 0－1 函数，这种运算所求的仍然是两者的重叠面积。

3. 0－1 函数自相关与自卷积结果的比较

在光学理论中人们把带有某种通孔的屏描述为 0－1 函数。

按式（7.2-25）和式（7.2-26）的运算定义，当 $f(x,y)$ 与 $g(x,y)$ 都为相同的矩型孔（即单缝）时，相关和卷积运算的结果相同，如图 7.2-31 所示。

图 7.2-31　两相同矩形函数的相关和卷积运算理论曲线

当 $f(x,y)$ 与 $g(x,y)$ 都为相等直径的圆形孔径时，自相关和自卷积运算的结果亦相同，如图 7.2-32 所示。

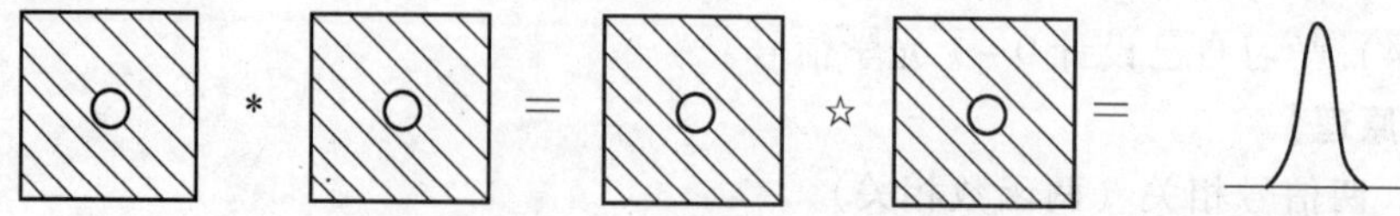

图 7.2-32　圆形孔径的自相关与自卷积运算理论曲线

而对于非对称函数，例如不等间距的三缝孔屏，其自相关与自卷积的结果就不再相同。图 7.2-33 给出了它们各自的理论曲线。

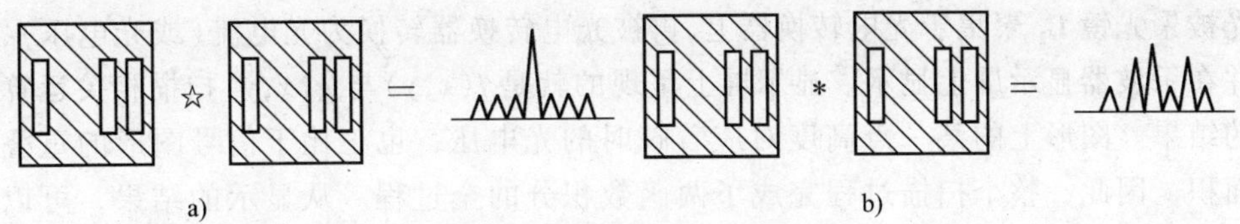

图 7.2-33　不等间距三缝的自相关和自卷积理论曲线比较
a）自相关运算结果　b）卷积运算结果

由图 7.2-31、图 7.2-32 和图 7.2-33 我们可以总结出这样一个规律：对称 0－1 函数的自卷积与自相关运算结果相同，都具有极值性和对称性；但当 0－1 函数不为对称函数时，则自卷积结果就不再具有上述两性质，而自相关运算结果依然具有极值性和对称性。由此，我们看到了采用（自）相关运算能够识别相同信号的道理。应当指出，相关运算并未限制参与运算的函数一定为 0－1 函数，我们所作的 0－1 函数的限制目的在于光学屏这时的函数形式较简单，理论结果容易获得且实验难度较小而已。

4. 光学信号相关扫描原理介绍

实现光学信号相关扫描的光路如图 7.2-34 所示。图中 S 为白光源；P_1 为光阑屏；P_2 和 P_3 是 0－1 函数信号屏；M 是扫描转镜；L_0 和 L_2 是聚光镜；L_C 为白光准直镜；L_1 为白光成像镜；PTF 为光电转换；CRT 为示波器显示屏。

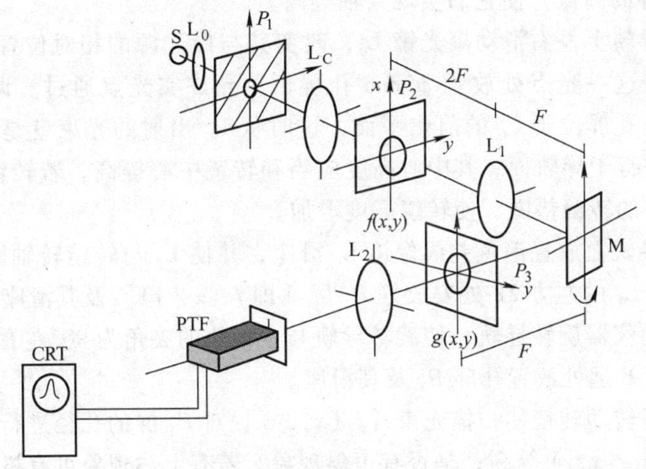

图 7.2-34　一种能实现光学信号相关扫描的光路图

图 7.2-34 所示光路的工作原理如下：S 为白光源，发出非相干白光。聚光透镜 L_0 把白光会聚到 P_1 平面，P_1 屏挡掉中心光斑以外的杂散光。P_1 屏位于白光准直镜 L_C 的焦点上，L_C 发出白光准直光并照亮 P_2 屏，P_2 屏发出的就是非相干光信号。P_2 屏位于 L_1 的 2 倍焦距处。转镜 M 位于 L_1 的后焦点处。并以稳定的转速转动使信号 $[f(x,y)]$ 周期性地对 P_3 屏 $[g(x,y)]$ 进行扫描。从 P_3 出射的

光被聚光镜 L_2 聚集于光电转换器上，再被光电转换器转换为光电流（或光电压），并在示波器显示屏上显示。显示屏上呈现的就是 $f(x,y)$ 与 $g(x,y)$ 扫描相关运算的结果。图形上的某一点高度对应着瞬时的光电压，也正比于信号图形的重叠面积，因此，整个扫描过程完成了两函数积分的全过程。从显示的结果，可以看到函数曲线具备极值性和对称性。

应当指出由光电转换器输出的是模拟电信号，还不能直接输入计算机进行计算、处理、存储和打印等。当模拟电信号经 A/D 卡转换成数字电信号后才能输入计算机，于是不但能显示运算结果，还能获得两信号的相关度等结果。

【实验仪器】

方案 1：OPC－TⅠ光学信号相关扫描仪（生产单位：重庆大学物理实验中心）1 台，精密直流电源（用于转镜）1 台，双路输出直流电源（用于光电转换及放大器）1 台，示波器 1 台，强白光源 1 台。

方案 2：OPC－TⅡ光学信号相关扫描仪（生产单位：重庆大学物理实验中心）1 台，计算机 1 台（最好配打印机），精密直流电源 1 台，双路输出直流电源 1 台，强白光源 1 台。

【仪器调节方法】

（1）以转镜中心高度为基准，调节白光源的高度，进而调节 L_0，L_C，L_1，L_2 以及小孔屏的高低，使它们实现共轴等高。

（2）在导轨上左右滑动聚光镜 L_0，改变其与白光源的相对位置，使光束会聚于一点。在这一光点处放置 ϕ5mm 孔屏，只允许实光点通过。调节 L_C 的滑座，使 ϕ5mm 孔屏位于 L_C 的前焦平面，这时从 L_C 出射的光束就是平行光（这束白光应当平行于导轨面，其中心高度应当和转镜中心等高，若转镜高度不够，可加仪器配备的转镜垫圈，使转镜高度增加。

（3）在导轨上放置消色差成像镜 L_1 滑座，并使 L_1 与转镜转轴距离为 L_1 的焦距 F，再在 L_1 的左方 2F 处安放好 P_2 屏［即 $f(x, y)$］及其滑座。

（4）转动仪器旋转导轨，使旋转导轨与主导轨的夹角为 90°左右，并在旋转导轨上离转镜 F 远处放置孔屏 P_3 及其滑座。

（5）缓慢转动转镜使扫描光束［$f(x, y)$］对 P_3 屏的孔径进行扫描，观察 $f(x,y)$ 是否与 $g(x,y)$ 等高；是否有歪斜现象。若有上述现象可有机地调节孔屏 P_2 的调节螺钉，转镜下端的螺钉或 P_3 屏的螺钉。使光束 $f(x,y)$ 对 $g(x,y)$ 进行准确的扫描。

（6）在 P_3 屏的后面放置 L_2 镜，并在 L_2 镜的后焦平面处放置 PTF（光电转换器），使 L_2 会聚的光点正好打在 PTF 的光电管上。

（7）罩上转镜罩，接通转镜电机电源（直流 12V）以及 PTF 放大器电源（直流 ±15V）。

（8）打开示波器开关，把“触发”置 TV 档，旋动示波器扫描速度钮和衰减钮，使图形稳定且图形的大小适中。

【实验内容】

（1）依次取

1) $f(x,y)$ 为矩形孔屏, $g(x,y)$ 为相同矩形孔屏。

2) $f(x,y)$ 为圆形孔屏, $g(x,y)$ 为相同圆形孔屏。

3) $f(x,y)$ 为三角孔屏, $g(x,y)$ 为相同三角形孔屏。

4) $f(x,y)$ 为不等间距三矩形孔屏, $g(x,y)$ 也为相同不等间距三矩孔屏。

分别观察它们的相关运算波形图，并用坐标纸描点。同时与图 7.2-31、图 7.2-32、图 7.2-33 的结果作对比。矩形孔径的自相关和卷积运算结果由实验者自己计算得出。

（2）折叠 P_2 屏，再观察上述配对函数的自卷积运算结果，描下波形图再与理论曲线对比，同时将此图形与自相关运算结果进行对比，得出结论。

（3）自己设计不对称 0－1 函数屏，写出数学表达式，完成实验。将实验曲线与自相关理论曲线进行比较。有条件者利用计算机软件计算相关度，获得最终结论。

【思考题】

（1）L_C 镜为什么要采用消色差透镜？不采用消色差透镜作准直镜对本实验结果有什么影响？L_1 白光成像透镜采用单透镜行吗？

（2）若用不同颜色的透明片，分别贴在孔屏 P_2 和孔屏 P_3 上会观察到什么结果？是否可用这种方法来实现颜色相关？

（3）按现代光学原理，矩形、三角形、圆形孔径都是具有所谓紧凑座底的函数，它们的相关和卷积运算结果的底座将变得怎样了？是变宽了还是窄了？

【参考文献】

[1] D. 加斯基尔. 线性系统 · 傅里叶变换 · 光学 [M]. 封开印译. 北京：国防工业出版社，1984.

[2] F. T. S. Yu，IEEE，1982.

（陶纯匡 稿）

实验 71 激光共焦扫描显微镜的应用

激光共焦扫描显微镜（俗称显微 CT）是 20 世纪 80 年代发展起来的一种具有划时代意义的新型显微镜。激光共焦扫描显微镜是一种集共焦显微术、激光技术、扫描技术、电子技术以及计算机图像处理技术于一体的高分辨率三维成像显微镜。目前它以优于传统光学显微镜衍射极限的分辨能力和层析本领广泛地应用于对各种物体的表面及亚表面特性的研究中，特别是材料学、微电子学、光电子学、医学和分子生物学领域中。它已经成为对超大规模集成电路芯片的实时检测、对基因及DNA分析的重要工具。

【实验目的】

（1）理解共焦显微成像的原理。

（2）学习激光共焦扫描显微镜的使用方法。

（3）了解显微CT的应用。

【实验原理】

1. 共焦成像系统的层析原理

普通光学显微镜从最初的研制到如今已有一个多世纪，由于它在观测微观世界时具有非破坏性，因此，对各学科领域，特别是医学、生物学、材料科学以及微电子学领域的研究非常重要。普通光学显微镜有两点不足：一是它的分辨率受到衍射极限的限制，导致其分辨率与照明光波长为同一数量级；二是它的有限焦深（特别是放大倍数很高时）对厚样品不能三维成像，限制了对有一定厚度物体的检测。

共焦显微成像概念最早是由Minsky于20世纪50年代提出的。他的初衷是为了消除普通光学显微镜在观测样品时存在的各种散射光。在他的成像系统中利用了点光源照明样品，被照明点的信息被一个孔径很小的探测器（称为点探测器）所收集，移动样品可记录样品不同部位的信息，但他的这一创新并没有受到人们的重视。随着激光技术、扫描技术、微电子技术以及计算机技术的高速发展，人们才重新审视被忽略了的共焦显微成像系统，并总结出它的三个显著优点：一是它的横向分辨率是相同孔焦比下普通显微镜的1.4倍。这种分辨率的改善是利用减小显微镜的视场获得的，但视场减小的不足可以利用系统的扫描功能来补偿；二是共焦成像使得系统具有很强的纵向（轴向）深度的分辨能力；三是系统的探测器前施加了针孔掩膜片，大大减小了离焦散射光带来的噪声。其中，共焦成像纵向深度优良的分辨能力（层析能力）正是人们记录厚样品一系列特定截面的二维像，从而借助计算机技术获得样品三维像的真正原因。

图7.2-35所示的是一个反射式共焦扫描成像系统的光学层析原理图。假设样品为一个高反射率的平面物（如一个反射镜），由激光器产生的激光经透镜L_1聚焦到样品上，所产生的反射光通过分束器后经透镜L_2会聚于带有针孔的点探测器上。当样品在焦面时（图中的实线），反射光束被精确地聚焦在点探测器上，这时探测器能接收到很强的入射光能量。当样品向右移动离开焦面（图中

虚线）时，反射光则经 L_2 被会聚在点探测器前面的某个位置上，这时的点探测器仅能收集到极少的离焦光能量，因此，离焦信号比准确对焦信号弱很多。这也意味着样品端面的位置能够被准确地确定，也就是只有当样品端面准确地位于焦面上时，其反射像才能被有效地记录下来。对于一个有一定厚度的实际物体可看做在 L_1 轴线方向上由许多平面状物体叠合组成。先记录这一系列不同纵深方向的截面像，再借助计算机图像处理技术将这些截面像重构成厚度物体的完整三维像。于是，人们不用剖析被检测物体，也能记录到这个厚物体的三维像。

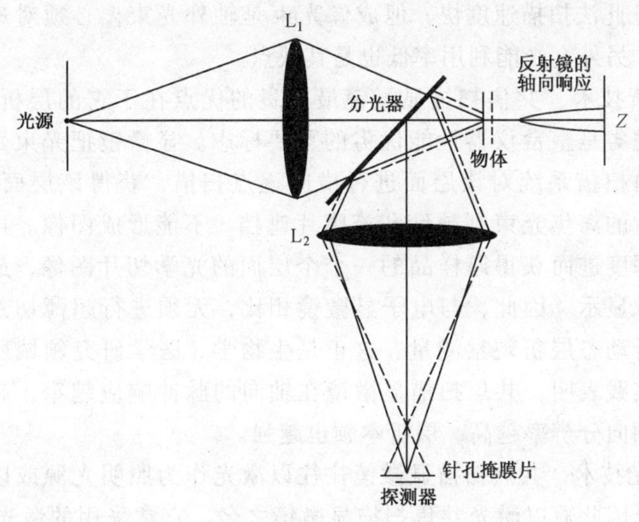

图 7.2-35 反射式共焦显微镜的光路示意图

2. 共焦扫描显微镜的关键技术

（1）共焦技术 共焦扫描显微镜采用点源——点探测的方式工作，其中探测器膜片的孔径大小起着关键作用，它直接影响系统的分辨率与信噪比。针孔过大，起不到共焦点探测的作用，既降低了系统的纵向分辨能力，又引入了过多的杂散光，使系统丧失层析能力；如果针孔太小，则扫描速度降低，导致探测效率下降。实践表明，针孔直径等于光学系统爱里斑直径时，效果很好。另外，由于针孔直径等于爱里斑直径（仅为微米量级），如果扫描光束的会聚焦点与针孔位置有偏差，则将导致信号失真，因此，扫描光束聚焦点与探测针孔的对位协调是非常重要的。

（2）扫描技术 共焦扫描显微镜是点物成点像，要获得物体的二维像，需借助于横向（即 x、y 方向）的二维扫描。不同厂家的显微镜采用了不同的扫描方式，常用的扫描方式有：①采用动样式扫描，即被测样品按一定规律移动，而照明光束不动。此法的优点是轴线平直，光路稳定，能充分发挥光学系统中心无像差的优点。缺点是需要大行程的扫描工作台，扫描速度也受到限制，快速扫描有一定困难；②用反射振镜完成扫描（LCSM2005 型仪就采用这种方式扫描），即利用扫描振镜将聚焦光点有规律地反射到物体的某一层面上，完成二维扫描，其优点是精度高，能用于高精度测量，缺点是描述速度仍不够快，但国际上的成熟商用产品都是振镜扫描；③利用声光偏转器件进行扫描，即扫描是通过改变超声波频率进而改变光束传播方向的方法进行的。此法的优点是扫描速度快，可以做到实时输出，但此项技术还不够成熟，还没有进入商用阶段；④采用 Nipkow 盘扫描，即扫描的全过程是通过旋转 Nipkow 盘（而其他元件不动）完成的。此法扫描速度快，但成像光束是轴外光束，必须对透镜的轴外像差进行校正。另外，光能利用率低也是其缺点。

（3）层析技术　共焦扫描显微镜最可贵的优点在于它的层析功能，因此，层析功能的优劣是整台仪器性能优劣的重要标志。显微镜把光束聚焦到样品的某个层面，由扫描系统对该层面进行横向逐点扫描，获得该层面的二维图像，而该层面前后的离焦光束则被针孔掩膜片遮挡，不能形成图像。再通过不断改变聚焦纵向深度进而获得厚样品的一个个层面的光学切片图像，最终由计算机完成三维图像显示。因此，与电子显微镜相比，无须进行超薄切片，从而可对活体样品进行动态层析观察测量，这正是生物学、医学研究领域所期盼的新技术。理论和实践表明，共焦扫描显微镜在轴向的脉冲响应越窄，越尖锐，则其三维成像的轴向分辨率越高，层析本领也越强。

（4）激光技术　共焦扫描显微镜往往以激光作为照明光源或以激光激发荧光进行工作，因此冠以激光共焦扫描显微镜之名。它常采用的激光有：氦-氖激光（632.8nm）、氦-镉激光（325nm）、氩离子激光（488nm 或 514.1nm）等。一般来说，表面检测多以单色激光结合偏振技术工作，而生物及医学样品多以激光激发荧光进行检测。

3. 共焦扫描显微镜的分类

共焦扫描显微镜面市的时间虽然不长，但发展很快，根据不同领域里的技术要求已经发展成一个丰富而庞大的家族，因此，有必要分类介绍。

（1）根据照明方式的不同可分为反射式和透射式两类　图 7.2-35 介绍的是反射式共焦扫描显微镜的光路示意。图 7.2-36 则是透射式共焦扫描显微镜的光路示意。早期的仪器多采用透射式，其优点是分辨率高，但存在对准光路困难

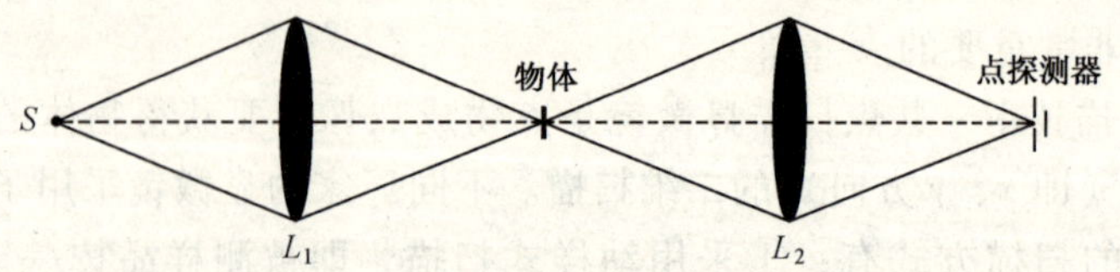

图 7.2-36　透射式共焦显微镜的光路示意图

的缺点，因此，后来多采用反射式。

（2）根据仪器扫描方式的不同可分为动样式扫描（或称台阶扫描，即移动样品）和动光式扫描（或称光束扫描）两类　动样式扫描的优点是扫描过程中光学系统完全不变，整个视场成像性能均一，有利于定量测量或图像重建，其缺点是扫描速度慢，成像过程慢，不能实时分析。动光式扫描多采用振镜、转镜、Nipkow 盘以及声光调制方式使光束偏转实现扫描。动光式扫描的优点是扫描速度较快（特别是声光器件偏转，可做到实时显示），缺点是视场中亮度不一，特别是边缘的分辨率下降。

（3）根据探测器光电接收器件的不同可分为光电倍增管（PMT）接收式和电耦合器件（CCD）接收式（当然还有光电二极管、图像光子检测管接收的，但不是主流）　PMT 接收装置的量子效率较低，不高于 20%。由于 PMT 管的暗电流很低，适合测量通过针孔的光子，因此，PMT 成为市售激光共焦扫描显微镜中应用最普遍的探测器件。CCD 接收装置是 PMT 的最佳替代者。CCD 类器件的量子效率高达 80% 以上，灵敏度高，动态范围大，线性性好，能够为图像处理提供优良条件。但 CCD 的噪声水平较高，当信号峰值水平低时，噪声水平居高将是它在该仪器上获得进一步推广的不利因素。

【实验仪器】

LCSM2005 型激光共焦扫描显微镜（生产单位：南京尖兵航天遥感信息技术有限公司）、金属样品 1 组、生物样品 1 组。

【仪器操作方法】

仪器如图 7.2-37 所示，在教师的指导下，对照 LCSM2005 型激光共焦扫描显微镜实物，认真阅读仪器使用说明书，并注意以下开、关机及操作要点：

（1）点击系统软件图标，进入图像采集系统。

（2）打开激光共焦扫描显微镜后端电源，预热。

（3）点击“联机”。

（4）点击“初始化”按钮，对系统进行初始化。此时，滤波器组合为“全部闭合”，目的是为了保护光电探测器；系统“光阑”为“第一档”。初始化结束后系统处于工作状态。

（5）打开激光光源，点击内置激光器选择框，按工作需要，打开绿色或蓝色激光器。

（6）选择激光工作通道并选择分束器组合。特别注意选择正确的分束器：即绿色激光一定要选择 532nm 分束器，蓝色激光一定要选择 473nm 分束器，以免损伤光电探测器。

（7）选择窄带滤波器。

（8）扫描图像前打开高压电源（先开低压电源，再开高压电源，高压通常

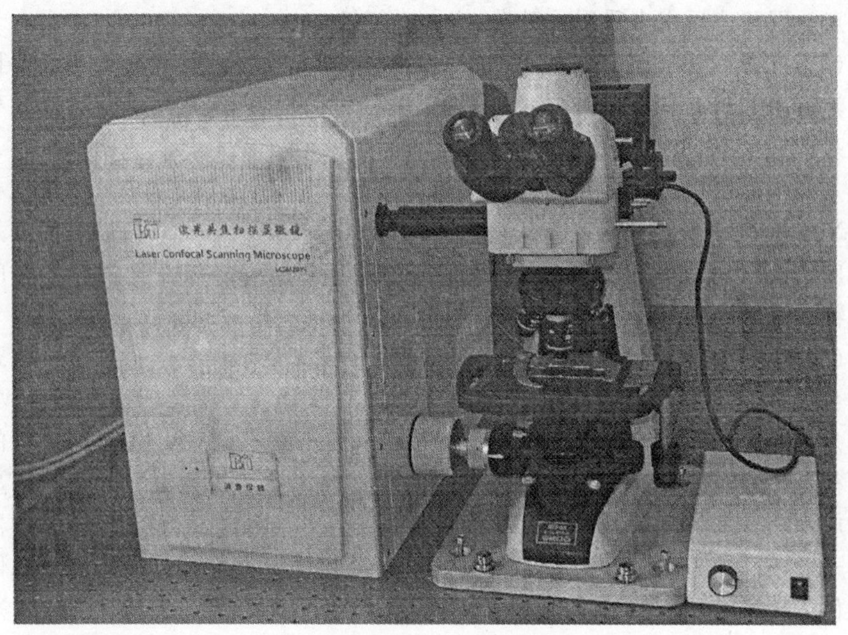

图 7.2-37 LCSM2500 型激光共焦扫描显微镜外形图

为 1500 ~ 1800V)，并预热 15min。

(9) 开始单层或多层扫描，浏览、保存扫描图像。注意：若点击扫描后未能及时显示结果图像，可能是网络传输数据出现错误，请按一下线路重置。

(10) 根据扫描结果对仪器扫描参数进行实时设置，例如扫描速度、数据滤波器、光阑、自定义扫描图像像素大小等等。注意：一般扫描图像大小最好不要超过 1024 × 1024。

(11) 若不再扫描图像，关闭高压电源（先关高压电源，再关低压电源）。

(12) 关闭服务器，退出图像采集系统。

(13) 关闭激光共焦扫描显微镜后端电源。

【实验内容】

在教师的指导下熟悉本实验资料及要求，按专业完成以下不同实验内容

实验 A：定量测量零件表面粗糙度（工科类专业适用）

建议：采用蓝色激光作光源。

实验 B：光纤面板断层扫描图像分析（理、工科类专业适用）。

实验 C：螺旋藻断层扫描图像研究（生物类专业，医科、农科专业适用）

注意：利用激光激发荧光进行实验。

实验 D：凋亡细胞、亚细胞水平的结构变化观察（生物类专业，医科、农科专业适用）

【思考题】

（1）为什么实验 A 中建议采用蓝色激光作光源。

（2）参照图 7.2-35，自行设计一个反射式激光共焦扫描显微镜光路图，该光路中只有一个凸透镜。

【参考文献】

[1]　南京尖兵航天遥感信息技术有限公司 . LCSM2005 激光共焦扫描显微镜使用说明书 .

[2]　M. 顾 . 共焦显微术的三维成像原理 [M] . 北京：新时代出版社，2000.

[3]　李楠等 . 激光扫描共聚焦显微术 [M] . 北京：人民军医出版社，1997.

[4]　Wilson T，Sheppard C. Theory and Practice of Scanning Optical Microscopy [M] . London：Academic Press，1984.

（陶纯匡　稿）